초유기체

사이언스 클래식 32

초유기체

곤충 사회의 힘과 아름다움, 정교한 질서에 대하여

베르트 횔도블러 · 에드워드 윌슨

임항교 옮김

The Superorganism

사이언스
SCIENCE
BOOKS 북스

동료이자 친구였던 마틴 린다우어에게.
그가 실험사회생물학에 남긴 선구적 업적과 영감이
우리가 곤충 사회를 기능적 초유기체로 이해하고 설명하는 데
커다란 도움을 주었다.

세상 만물에 대한 지식을 뽐내려는 사람이 있거든
무엇보다 개미 사회에 대해 먼저 이야기하라고 해 보라.
— 성 바실

사진 1 │ 베짜기개미(*Oecophylla smaragdina*) 일개미떼가 집이 될 나뭇잎을 나란히 이어 붙이려 하고 있다.

독자 여러분에게

인류가 등장하기 오래전인 100만 년 전 외계인 과학자 무리가 생명체를 연구하기 위해 지구에 왔다고 상상해 보자. 그들의 첫 보고서에는 아마도 다음과 같은 문구가 포함되어 있었을 것이다. **이 행성은 적어도 2만여 종, 1경 마리 이상의 고도로 사회적인 생명체로 가득 차 있다!** 또 최종 보고서에는 다음과 같은 점이 분명히 포함될 것이다.

- 고도의 사회성을 띤 이 동물들은 대부분 곤충으로(다리 6개, 머리에 더듬이 2개, 세 부분으로 나뉘는 몸체), 모두 땅 위에 살며 바다 속에는 없다.

- 성숙 단계에 이른 각 군락은 종에 따라 적게는 10마리에서 많게는 2000만 마리 개체로 이루어진다.

- 각 군락 구성원은 기본적으로 두 가지 계급에 속한다. 즉 한 마리 혹은 적은 수의 번식하는 개체이거나, 아니면 군락을 위해 이타적 노동을 하면서 원칙적으로는 자기 스스로 번식을 시도하지 않는 다수의 일꾼 계급에 속한다.

- 군락을 형성하는 대다수 종(예컨대 벌목(-目, Hymenoptera, 개미, 벌, 말벌 등)에 속하는 곤충)에서 군락 구성원은 모조리 암컷이다. 번식기 직전 짧은 기간 동안에만 수컷이 태어나는데, 이 번식용 수컷은 일은 하지 않고 다른 암컷의 보살핌을 받는다. 그리고 번식기가 끝날 때까지 둥지에 남아 있던 수컷은 자매뻘인 암컷들이 모조리 둥지 밖으로 쫓아내거나 죽여 버린다.

- 반면 고도의 사회성을 지닌 곤충들 중 비교적 적은 수인 흰개미목(Isoptera) 곤충들은 수컷 왕이 번식을 담당하는 여왕과 함께 산다. 벌목 곤충 일꾼과는 달리 흰개미 일꾼은 대개 암수가 섞여 있으며, 어떤 종에서는 일꾼이 담당하는 작업이 어느 정도 성별에 따라 달라지는 경우도 있다.

- 이 희한한 사회적 동물들이 사용하는 의사소통 신호의 90퍼센트 이상은 화학 물질이다. 신호 물질인 페로몬은 몸의 여기저기에 있는 외분비샘에서 분

비된다. 군락 구성원이 이 페로몬을 후각 또는 미각을 통해 감지하면, 경보 (alarm), 이끌림(attraction), 집결(assembly), 충원(recruitment) 등 특정한 행동 반응을 보인다. 많은 종의 사회성 곤충들은 또한 음파나 매질 진동, 접촉 등도 의사소통 수단으로 사용하나, 대부분 페로몬의 주된 효과에 대한 보조 수단이다. 어떤 신호는 냄새, 맛, 진동(음파), 접촉이 모두 합쳐져 복잡하다. 꿀벌의 꽁무니춤(waggle dance), 붉은불개미(fire ant)의 충원용 냄새길 (recruitment trail, 혼자 감당할 수 없는 먹이나 적 등이 있는 목적지로 많은 군락 동료를 빨리 불러 모으기 위해 안내자 역할을 하는 개체들이 특별한 페로몬으로 표지해 놓은 길 ― 옮긴이), 베짜기개미(weaver ant)의 복합 감각 의사소통 (multimodal communication, 한 가지 이상의 감각 체계, 이를테면 시각과 청각, 혹은 후각과 시각 등을 동시에 사용하여 신호나 자극 따위를 주고받는 소통 방식 ― 옮긴이) 등을 들 수 있다.

- 사회성 곤충은 더듬이에 달린 수용체로 외골격 각피에 묻어 있는 탄화수소 냄새를 감지해 같은 군락 동료를 구별할 수 있다. 이들은 탄화수소 화합물의 다양한 조합을 알아차림으로써 같은 군락 동료의 계급, 성장 단계, 나이까지 구별해 낸다.

- 각 군락은 구성원 사이 의사소통 체계와 계급에 따른 노동 분담을 통해 똘똘 뭉쳐 있어서 하나의 초유기체('Superorganism'은 '초유기체'라는 단어로 번역하였다. 저자들은 이 책에서 사회성 곤충의 '군락'은 단순한 '개체들의 집합'이 아닌 '유기체'에 비견할 만한 고도의 조직과 정교한 기능적 면모를 가진 별도의 생물학적 조직 단계임을 강조하여 '개체'와 '개체군' 사이에 그 고유한 진화적 위상을 주창하고 있기 때문에, 그 뜻을 잘 반영하기에는 개체를 강조한 '초개체' 보다 '초유기체'라는 단어가 더 적절하다고 보았다. ― 옮긴이)라 부를 수 있다. 그러나 사회 조직화 정도는 종마다 매우 다르며, 이를 통해 초유기체적 구성이 진화적으로 어느 정도에 이르렀는지도 알아낼 수 있다. '원시적(사회 조직이 덜 분화된)' 수준의 초유기체 사회 구성의 대표적 사례는 군락의 모든 구성원이 완전한 번식 능력을 보유하고 있으며 이들 구성원 사이에 번식 독점을 놓고 상당한 경쟁을 벌이는 몇몇 침개미아과(-亞科, ponerine) 종을 들 수 있다. 매우 진보된 사회 구성 사례로는 잎꾼개미(leafcutter ant) 아타속(-屬, *Atta*)과 아크로미르멕스속(*Acromyrmex*), 그리고 베짜기개미 오이코필라속

(*Oecophylla*)을 들 수 있다. 이들 사회에서는 여왕이 번식을 독점하고, 날 때부터 몸 크기가 다른 완전히 불임인 수십만 마리 일꾼들이 각자 몸 크기에 맞는 노동을 맡아서 하는 정교한 사회 조직 체계를 갖추고 있다. 이 정도로 진보된 개미 사회는 군락 안 개체 사이 갈등이 최소화되었거나 아예 존재하지 않는 등 궁극적 초유기체 상태를 보여 준다.

• 초유기체라는 생물학적 조직 단위의 생태적 지위는 그것의 구성단위인 개체와, 다시 그 초유기체 자체가 구성단위가 되는, 숲의 한 구역과 같은 생태계라는 조직 단위 사이에 자리한다. 생물학 전반에 있어 사회성 곤충이 중요한 것은 바로 이 때문이다.

우리 지구인 생물학자 두 명은 이 책에서 이러한 현상을 보다 자세히 살펴보려 한다. 우리 둘이 잘 알고 있는 개미, 벌, 말벌, 흰개미는 인간을 제외하고는 사회성이 가장 잘 발달된 생명체라 할 수 있다. 생물량(biomass) 및 생태계에 미치는 영향력이라는 기준으로 볼 때 이들 곤충 군락은 지금으로부터 적어도 과거 5000만 년 동안 육상 환경 대부분을 지배해 왔다. 물론 그 이전 5000만 년 동안에도 사회성 곤충이 존재하기는 했지만, 그다지 번성하지는 않았다. 그 옛날 개미 중 어떤 것들은 지금 살고 있는 것들과 비슷한 종들도 있었다. 실수로 자기 둥지를 밟은 공룡에게 침을 쏘거나 개미산을 뿌려 대는 개미를 상상해 보면 절로 미소가 떠오르지 않는가?

현존하는 곤충 사회가 우리에게 가르치는 바는 엄청나다. 이들은 어떻게 페로몬으로 복잡한 메시지를 '말할' 수 있는지 알려 주고, 각 작업군마다 최적 효율을 달성하기 위해 어떻게 융통성 있는 행동 프로그램으로 노동을 분담하는지 수천 가지 사례를 통해 우리에게 그 방법을 보여 준다. 또한 협동하는 개체 사이 조직망은 새로운 컴퓨터 디자인을 제안해 주었으며, 정신이 형성될 때 두뇌 속 뉴런들이 어떻게 상호 작용하는지 이해하는 데에도 도움을 주었다. 곤충 사회는 우리에게 여러 가지 면에서 영감을 준다. 하버드 대학교 애벗 로렌스 로웰(Abbott Lawrence Lowell) 총장은 1920년대의 위대한 개미학자 윌리엄 모턴 휠러(William Morton Wheeler)에게 명예 학위를 수여하는 자리에서 개미 연구가 "사회성 곤충이 이성을 사용하지 않고도 인류처럼 문명을 건설할 수 있음"을 밝혔노라고 말했다.

초유기체는 한 단계의 생물학적 조직으로부터 또 다른 단계의 조직이 출현하는 과정을 지켜볼 수 있는 아주 좋은 창구 역할을 한다. 거의 모든 현대 생물학이 복잡한 체계를 간단한 구성단위로 환원한 뒤 다시 종합해 가는 과정으로 이루어져 있기 때문에 초유기체의 이러한 역할은 매우 중요하다. 환원적 연구는 일단 복잡한 체계를 개별 구성 요소와 과정으로 해체한다. 이렇게 해체한 요소를 개별적으로 잘 이해한 뒤에야 비로소 다시 합쳐 복잡한 체계로 종합하고, 해체를 통해 새롭게 알게 된 각개 요소의 과정과 특징은 합쳐진 복잡한 체계에서 창발적으로 드러나는 현상과 특징을 설명하는 데 사용한다. 대부분 종합은 환원보다 훨씬 이해하기 어렵다. 예를 들어 생물학자들은 생명체의 근간을 구성하는 분자나 세포 소기관을 정의하고 묘사하는 데 많은 노력을 기울여 왔다. 그 다음 생물학적 조직 단계에 이르러 생물학자들은 또 세포 전체에 나타나는 수많은 창발적 구조와 특징을 꼼꼼하고 정확하게 묘사해 왔다. 하지만 이러한 성과조차 어떻게 분자와 소기관이 모이고, 조직되고, 활성화되어 하나의 살아 있는 세포를 완성하게 되는지를 완전히 설명하기에는 한참 모자라다. 이와 같은 방식으로 생물학자들은 예컨대 연못이나 숲의 일부분과 같은 생태계의 생물상을 구성하고 있는 많은 생물 종의 특성을 연구해 왔고, 물질과 에너지 순환을 포함한 여러 거대한 규모의 과정에 대해서도 이해해 왔다. 그러나 생물 종이 상호 작용하여 더 높은 단계의 양상을 만들어내는 수많은 복잡한 과정을 충분히 이해하기에는 아직도 많은 것이 부족하다.

이와는 달리 사회성 곤충은 두 가지 생물학적 조직 단계 사이 연결을 훨씬 이해하기 쉽게 해 준다. 군락의 하위 구성 단계인 개체는 군락을 이루기 위해 서로 소통하는 방식이 비교적 단순하므로 군락 자체도 세포나 생태계에 비하면 그 구조나 작동 원리 면에서 비교할 수 없을 만큼 간단하다. 또 개체와 군락 두 단계 모두 관찰하거나 실험적으로 조작하기가 쉽다. 그리하여 앞으로 살펴보겠지만, 이제는 한 단계의 단순한 조직으로부터 새로운 복잡한 체계가 발생하는 과정을 이해하고자 하는 생물학의 근본 문제에 대해 훨씬 더 나은 답을 찾을 수 있다.

우리는 다음과 같은 추측을 하면서 이 도입부를 끝맺으려 한다. 만약 외계인 과학자들이 인류가 출현하기 이전의 지구를 연구하기 위해 왔다면, 그들의 처음 계획 중 하나는 아마도 벌집이나 개미 사육 상자를 짓는 일이었을 것이다. 이는 사회성 곤충에 매료된, 특히나 과학 경력의 전부를 개미에 바친 우리 두 저자의 편견이 가미된 생각이다. 여러분은 이런 편견을 이 책 여기저기에서 발견하게 될 것이다. 우리가 앞으로 언급하는 사례의 대부분은 우리에게 가장 친숙한 대상인 개미에서 주로 찾았고 거기에 초점을 맞추었다. 허나 사회성 곤충 중에서도 특별히 가장 잘 연구된 곤충인 꿀벌의 사례는 계속해서 '빌려 오기'도 했다. 이 책은 1990년에 출판된 『개미(*The Ants*)』만큼 광범위한 저작은 아니다. 이 책에서 우리는 곤충 사회의 초유기체적 특성이 잘 드러나는 풍부하고 다양한 자연 생태적 사실을 제시하고, 진사회성(eusociality)이라는 가장 높은 단계의 사회 조직에 이르는 진화 경로를 추적하고자 했다. 노동 분담이나 의사소통 같은 군락 수준의 적응 형질을 강조하면서 초유기체라는 개념을 상기시키려는 의도에서였다. 그리고 이야기를 이렇게 풀어 나감으로써 사회성 곤충 군락이 자기를 조직하는 존재이자 자연 선택의 대상임을 보이는 것이 우리의 목적이었다.

이 책에서 우리는 곤충 군락을 하나의 거대한 유기체(organism)로 보는데, 이는 군락을 형성하는 곤충의 생물학적 면모를 이해하기 위해 반드시 연구해야 하는 단위이다. 사회성 곤충 중에서도 가장 유기체다운 곤충인 아프리카 군대개미(African driver ant, 영어로 driver ant, army ant, 혹은 legionary ant로 불리는 개미 종들은 모두 이 책에서는 '군대개미'로 통칭한다. 군대개미식 생활 방식은 세계적으로 많은 분류군에서 독립적으로 진화했고(6장 참조), 따로 우리말 이름이 지어진 적이 없기 때문에, 임의로 이름을 붙이는 것보다는 군대개미로 통칭하되 학명과 서식지를 병기하는 것이 옳은 방법이라 생각하기 때문이다. ─ 옮긴이)의 거대 군락을 생각해 보자. 멀리서 바라보면 이 거대한 포식자 행렬은 마치 하나의 살아 있는 생명체처럼 보인다. 거대한 아메바 위족처럼 펼쳐진 이 군락은 길이가 70여 미터에 이르는데, 가까이 들여다보면 땅 밑에 불규칙하게 그물처럼 파놓은 굴과 방으로부터 땅 위로 질서 정연하게 들락거리는 수백만 마리의 일개미가 만든 집합체임을 알 수 있다. 이 거대한 행렬이 지상에 모습을 드러낼 때는 마치 이불을 펼치는 것처럼 보이다가 이내 나무와 같은 모습으로 탈바꿈한다. 지하 둥지에서 자라 나온 나무 둥치와, 진행 방향으로 작은 집채만 한 넓이로 퍼진 수관(樹冠)이 생기고 그 안에 무수히 많은 가지가 서로 이어진 모습이다. 이 무리에는 지도자가 없다. 앞장 선 일개미들은 앞뒤로 바삐 움직이는데, 최전방에 나가 있는 일개미들이 짧은 거리를 내달아 나갔다가 뒤에서 몰려오는 거대한 무리 속으로 되돌아 들어가고, 그 자리로 다음 무리가 치고 나오는 식이다. 이 포식자 행렬은 앞서거니 뒤서거니 움직이는 개미들의 물결이다. 맨 앞의 무리는 시속 20미터 정도로 움직이면서 미처 행렬을 피하지 못한 다른 곤충은 물론, 심지어는 뱀을 비롯한 커다란 동물까지 잡아 죽인다. 몇 시간 뒤 이 거대한 물결의 방향은 반대로 바뀌어 지하에 있는 둥지 속으로 빨려 들어간다.

군대개미 혹은 거대한 잎꾼개미 군락(9장), 꿀벌 사회나 흰개미 군락과 같은 사회성 곤충 군락을 단지 개체들이 와글와글 모여 있는 존재 이상으로 바라보는 것은 곧 초유기체라는 개념을 염두에 두는 것인데, 이를 위해 '사회'라는 개념과 통상적으로 말하는 '유기체'라는 개념을 좀 더 자세히 비교할 필요가 있다.

우리가 『개미』(1990년)를 쓴 이래로 (특히 여기 이 책의 8장에서 독립적으로 다루는) 계통 분류학적으로 원시적인 침개미아과에 속하는 종들에 대해 어마어마한 지식이 축적되어 왔다. 침개미아과 몇몇 종의 경우는 이미 초유기체가 지니는 중요한 형질, 즉 계급 제도나 노동 분담, 정교한 의사소통 방법(5장과 6장에서 따로 다룸) 등을 발달시켰지만, 또 다른 종들은 군락 안에서 번식 독점이라는 특권을 놓고 개체들이 서로 치열하게 경쟁을 한다. 이들 군락에서는 구성원의 위계질서가 순위로 결정되어 있으나 가끔 밑에서 치고 올라오는 개체들이 이를 바꾸기도 한다. 이처럼 이들 군락의 노동 분담이나 의사소통 수준은 꽤 원시적이지만, 우월 과시나 복종 행동, 번식 지위를 알리는 화학 신호, 개체 인식 같은 군락 구성원들끼리 하는 행동을 보면 여전히 복잡하다. 이들도 초유기체적 특성을 보이고는 있지만, 군대개미나 잎꾼개미가 보여 주는 궁극의 초유기체적 조직과 비교하면 턱없이 모자라다.

차례

6

의사소통 200

7

개미의 번성 362

사진 2 │ 핀란드 남쪽 지역 숲에 사는 포르미카
폴릭테나(*Formica polyctena*) 군락이 둥지 위에
2미터 높이로 만들어 놓은 흙무덤.

1

초유기체의 건설

THE CONSTRUCTION OF A SUPERORGANISM

꽃밭에서 꽃꿀을 모으고 있는 꿀벌의 일벌을 한 번 생각해 보자. 일벌이 꽃꿀을 모으는 일이 간단해 보이지만, 실은 고도로 정교한 묘기에 가까운 작업이다. 일벌은 우선 다른 일벌이 벌집 안에서 춤으로 알려 준 꽃밭의 방향과 거리, 그리고 꽃꿀의 품질에 대한 상징적 정보를 바탕으로 여기까지 날아왔다. 사람 거리로 치면 수백 킬로미터나 되는 곳을 사람 속도로 치면 초음속으로 날아온 셈이다. 또 이들은 꽃이 꽃꿀을 가장 많이 만들어 내는 시간대에 맞추어 도착했다. 일벌은 꽃꿀의 맛과 냄새를 주의 깊게 검사해서 꽃꿀을 따 모으기에 최적인 꽃을 찾아낸 뒤에, 입과 다리를 정교하게 놀려 꽃꿀을 채취한다. 그러고는 벌집을 향해 일직선으로 날아 돌아간다. 일벌은 이 모든 일을 모래 알갱이 크기의 뇌를 가지고, 별다른 연습도 없이 해내는 것이다.

이 일벌 한 마리는 이를테면 초유기체의 일부분이라고 할 수 있다. 여기서 말하는 초유기체란 수많은 일벌들이 많은 일을 각자 나누어 맡아 처리 내는 군락 전체를 일컫는 용어로서, 생물학적 조직 분류 체계에서 볼 때 '개체'보다 한 단계 위의 대상을 이르는 말이다. 초유기체의 기본 구성단위는 세포나 조직이 아니라 밀접하게 협동을 하고 있는 동물 한 마리 한 마리이다. 집으로 향하는 일벌 한 마리를 따라가거나, 그 일벌이 들어간 벌집을 들여다보거나, 벌집 안 수많은 일벌들이 보이는 잘 조직되고 정신없이 복잡한 군락을 관찰하는 것은 결국 사회성 곤충 — 군락 생활을 하는 벌 종류, 말벌류, 개미류, 흰개미류를 통틀어 일컫는 말 — 이 육지에 사는 절지동물 중에서 어째서 가장 번성한 무리인가를 이해하기 위한 노력이다. 이런 사회성 곤충은 종 수로는 현재 약 90만 종으로 알려진 곤충 전체에서 고작 2퍼센트 정도밖에 되지 않지만, 전체 곤충 생물량의 절반 이상을 차지하고 있다. 실제로 브라질의 도시 마나우스 인근 아마존 우림 안에 있는 한 연구 구역에서는 사회성 곤충이 총 생물량의 80퍼센트를 차지하고 있는 것으로 조사되었다. 이 조사에 따르면 개미와 흰개미들이 조사 구역 내 전체 동물 생물량의 30퍼센트가량을 차지하고 있었으며, 개미류만의 생물량이 조사 구역 안 척추동물, 즉 포유류, 조류, 파충류, 양서류 생물량을 모두 합한 것보다 네 배나 더 많았다.[1] 사회성 곤충은 극한지와 극습지를 제외한 지구상 모든 삼림 생태계의 바닥부터 꼭대기까지 점령하고 있다. 페루 우림 지역 숲지붕의 생물 다양성을 조사한 결과 개미가 모든 서식 곤충 종의 69퍼센트를 차지하고 있었다.[2] 이들은 생태계의 포식자와 청소 동물 역할을 할 뿐 아니라, 나무 수액을 빨아 먹는 진딧물이나 뿔매미(treehopper) 같은 매미목 곤충을 목축하듯 돌보면서, 이들이 분비하는 단물(honeydew)을 거두어 먹는 일종의 초식동물 역할도 하고 있다.[3]

인간과 사회성 곤충 사이에는 기묘한 유사성이 있기도 하다. 약 66억 명의 인간이 척추동물 역사상 가장 사회적이면서 생태적으로 성공적인 호모 사피엔스(Homo sapiens)라는 종을 이루고 있다. 그리고 지구에 살고 있는 모든 개미의 총 개체 수는 적게 잡아 1000조(10^{15})에서 1경(10^{16}) 마리 정도로 추산하고 있다. 이 개체 수 추정치가 옳다면, 사람 한 명이 개미 한 마리보다 어림잡아 100만 내지 200만 배 더 무거운 셈이라고 할 때, 개미와 인간의 총 생물량은(어디까지나 어림값으로) 거의 비슷하다고 할 수 있겠다.[4]

---

1) E. J. Fittkau and H. Klinge, "On biomass and trophic structure of the central Amazonian rain forest ecosystem," *Biotropica* 5(1): 2-14(1973).

2) T. L. Erwin, "Canopy arthropod biodiversity: a chronology of sampling techniques and results," *Revista Peruana de Entomologia* 32: 71-77(1989).

3) J. H. Hunt, "Cryptic herbivores of the rainforest canopy," *Science* 300: 916-917(2003).

4) 생태학자 캐링턴 보너 윌리엄스(Carrington Bonner Willims)는 어느 한 시점에 지구상에 존재하는 모든 곤충의 총 개체 수는 어림잡아 10억의 10억(10^{18}) 마리 정도 될 것으로 추산했다. C. B. Williams, *Patterns in the Balance of Nature and Related Problems in Quantitative Ecology*(New York: Academic Press, 1964) 참조. 우리는 개미류가 열대 우림을 비롯한 모든 육상, 수상 서식지를 망라했을 때, 톡토기류 원시곤충 및 모든 소형 곤충까지 통틀어 지구상에 존재하는 모든 곤충 중 수적으로 최대 10퍼센트를 차지할 것으로 추정한다. 또한 건조 중량을 보면 평균적 개미는 약 0.5에서 1밀리그램, 평균적 인간은 대략 10킬로그램으로 추산한다.

군락이 우월한 이유

개미를 비롯한 사회성 곤충이 자연 환경을 지배하게 된 것은 무리 속 협동의 결과라 할 수 있다. 많은 일꾼이 같은 일거리를 동시에 작업하는 경우 '직병렬(series-parallel)' 작업 방식을 취한다. 즉 각 일꾼은 어떤 일을 하다가도 필요에 따라 다른 일거리로 바꿔 일할 수 있다 보니, 오랫동안 진척 없이 남겨지는 일거리가 없고, 일거리마다 필요한 각 단계별 작업을 빨리 끝마칠 수 있게 된다. 군락 일꾼은 또 비사회성 곤충에 비해 더 공격적이고 심지어는 자살을 감행하기도 한다. 이러한 자살 행위는 진화적으로 큰 손해가 아니다. 일꾼이 먹이를 구해 오거나 군락을 지키다 죽거나 다치는 경우에도 군락의 나머지 구성원, 특히 무엇보다 중요한 번식 계급 개체는 손실 없이 보전되며, 그렇게 죽어 없어진 일꾼은 재빨리 재생산된다. 군락 속 개체는 비단 싸울 때만 이점을 누리는 게 아니라, 많은 개체 수에서 비롯된 큰 힘과 잘 조직된 행동 덕분에 방어력 측면에서 더 튼튼하고, 그 안의 미세 기후까지 조절할 수 있는 복잡한 둥지도 만들어 낼 수 있는 것이다.

이렇게 군락 생활이 주는 이점 덕택으로, 사회성 곤충은 다른 비사회성 곤충, 이를테면 바퀴벌레, 메뚜기, 딱정벌레 같은 동물의 침입을 막고 둥지 터나 먹이 채집/사냥 영역을 지켜 온 셈이라 할 수 있다. 가장 일반적으로 이야기하자면, 육상 생태 환경의 중심부를 사회성 곤충이 점령하고, 그 주변에 다른 비사회성 곤충이 자리 잡고 있는 모양새라 할 수 있다. 사회성 곤충이 넓은 지역과 식생을 항구적으로 점령한 상황에서 비사회성 곤충은 주변부로 밀려나 가지나 잎, 진흙 벌, 축축하거나 말라 부스러진 죽은 나무 따위에 살 수밖에 없다. 요컨대 비사회성 곤충은 사회성 곤충이 사는 곳에서 멀리 떨어진 외진 곳이나 환경이 급격히 변하고 있는 장소에서만 사회성 곤충보다 더 번성하는 경향이 있다.[5]

---

5) 사회성 곤충이 생태계를 지배하는 현상과 원인에 대한 포괄적 설명은 E. O. Wilson의 저서 *Success and Dominance in Ecosystems: The Case of the Social Insects*(Oldendorf/Luhe, Germany: Ecology Institute, 1990)와 B. Hölldobler and E. O. Wilson의 *The Ants*(Cambridge, MA: The Belknap Press of Harvard University Press, 1990)에 소개되어 있음.

초유기체 건설

사회성 곤충의 생태적 성공을 생각하다 보면 생물학에서 고전이라 할 수 있는 질문에 이르게 된다. **어떻게 그렇게 작고 수명도 짧은 개체가 모여 함께 기능함으로써 초유기체라는 것이 만들어질까?** 사실 이 질문에 대한 대답은 이보다 한 단계 더 낮은 생물학적 조직 체계에 대한 연구와 그에 연관된 다음과 같은 질문에도 관련되어 있다. **어떻게 그렇게 작고 수명도 짧은 세포가 모여 함께 기능함으로써 개체라는 것이 만들어질까?**

과거 반세기 동안 이뤄진 사회성 곤충 연구는 대부분 한 구절짜리 공통 목적을 추구했다고 볼 수 있다. **초유기체의 건설**. 초유기체 건설의 첫 단계는 소위 사회 생성(sociogenesis), 즉 전체 기능 체계의 일부로서 기능하며 서로 협동할 수 있는 특성화된 사회 계급을 생산하여 군락이 성장하는 단계이다. 군락 안에 있는 계급은 개체가 태어나서 몇 차례 단계를 거쳐 마지막으로 성충이 되는 성장 과정을 순차적으로 조절하는 결정 규칙, 즉 일종의 발달 알고리즘에 의해 결정된다. 사회성 벌목 곤충(개미, 사회성 벌, 사회성 말벌 등)에서 밝혀진 순차적 결정 규칙은 개략적으로 다음과 같다. 발달 중인 암컷 알이나 암컷 애벌레가 첫 번째 발달 결정 단계에 이르면 개체의 생리적 조건에 따라 두 가지 경로 중 하나만을 따른다. 만약 애벌레가 좀 더 긴 경로를 따른다면 그 개체는 성충으로 우화할 때 여왕이 되지만, 다른 쪽으로 가면 성장과 발달이 어느 단계에서 멈추고 일꾼으로 자라나게 된다. 어떤 개미 종은 일꾼이 되는 길로 접어든 애벌레 중 일부가 한 번 더 자라는 발달 경로를 거쳐 몸집이 큰 대형 일꾼('병정개미')이 되고, 나머지는 그대로 몸집이 작은 일꾼으로 자란다.

이렇게 특화된 계급은 모두 하나의 기능 단위로서 상호 협동하면서, 다음과 같은 몇 가지 행동 법칙의 조종을 받는다. 이를테면 같은 자극이라도 주어진 맥락에 따라 일꾼은 달리 반응한다. 배고픈 애벌레가 애벌레방에서 발견되면 일꾼은 그 애벌레에게 먹이를 가져다준다. 하지만 애벌레가 다른 곳에서 발견되면 일꾼은 애벌레가 배가 고프든 말든 다른 애벌레가 모여 있는 방으로 애벌레를 들어 옮기게 된다. 이런 식으로 수십 가지 정도 되는 반응 행동 패턴을 따르게 되는 것이다. 이렇게 비교적 엉성하면서도 단순한 반응이 종합되면 그것이 바로 그 곤충 군락의 사회적 행동을 결정한다.

일꾼 개미 두뇌 속에는 사회적 질서에 대한 설계도 같은 것은 전혀 들어 있지 않다. 개미 사회에는 종합적 계획을 염두에 두고 개체의 행동을 지휘 감독하는 '두뇌 계급'이라는 것이 없다. 대신 군락 생활이란 자기 조직화의 결과라고 할 수 있다. 즉 초유기체라는 존재는 이를 구성하는 개체들이 개별적으로 프로그램된 행동을 수행하는 과정 속에서 드러나는 것이다. 개체가 따르는 조립 설명서(assembly instructions)는 계급을 만들어 내는 발달 알고리즘에 계급 구성원이 행동을 선택할 때마다 따르는 행동 알고리즘을 더한 것이다. 즉 특성화된 계급을 만들어 내는 발달 과정의 알고리즘과, 그렇게 만들어진 각 계급 구성원들이 상황에 따라 특정하게 반응하도록 만들어 주는 행동 결정의 알고리즘의 합이라 할 수 있다.

계급 발달과 행동을 결정하는 알고리즘이 초유기체 건설의 첫 단계라고 한다면, 두 번째 단계는 그런 알고리즘 자체의 유전적 진화다. 적어도 이론적으로는 천문학적 숫자의 사회적 패턴을 만들어 낼 수 있는 수많은 잠재적 알고리즘 중 실제로는 매우 극소수만이 진화를 통해 구현되어 왔다. 현존하는 곤충 종에서 실제 작동하는 알고리즘은 곤충에 따라 어느 정도 독특한데, 이는 사실 자연 선택이라는 전장에서 살아남은 생존자라 할 수 있다. 그런 알고리즘은 각 종이 진화 역사 속에서 환경이 부과한 압력에 대응함으로써 선별된 결과물인 것이다.

구성 단계

생명은 여러 단계로 이루어져 스스로를 복제하는 위계질서이다. 생물학은 바로 이 위계질서를 구성하는 각 단계를 연구한다. 각 단계에서 개별적으로 벌어지는 현상은 다른 모든 단계에서 생기는 현상과 연관될 때만 비로소 제대로 규정될 수 있다. 유전자가 단백질을 전사하고, 단백질은 스스로 조립되면서 세포를 만들고, 세포는 분화하고 모여서 기관을 이루며, 기관은 개체의 일부가 되고, 개체는 모여 순차적으로 사회와 개체군, 그리고 생태계를 구성한다. 자연 선택은 이런 조직 단계 어디에서나 단 하나의 형질만을 대상으로 작용하며 결과적으로 다른 모든 단계에 걸쳐 영향을 끼치게 된다. 이런 생명 조직의 모든 단계는 자연 선택의 일차적 혹은 부차적 표적이다. 예를 들면 1950년대에 우연히 브라질로 유입된 아프리카 꿀벌(Africanized honeybee 혹은 killer bee)은 다른 꿀벌 아종과 구분되는 특정 유전자 덕분에 다른 아종에 비해 매우 분주하게 움직이며 더 공격적인 성향을 띤다. 자연 상태에서 이런 아프리카 꿀벌 군락은 다른 꿀벌 아종 군락을 물리치고 생존 경쟁에서 살아남는다. 그리하여 아프리카 꿀벌은 특히 브라질 열대 우림 숲지붕을 비롯한 야생 생태계를 침입하여 교란시키는 지경에 이르렀다.

아프리카 꿀벌 같은 외래종의 침입이나 기후 변화, 혹은 다른 이유로 말미암아 생태계가 교란될 때 원래 생태계 종 구성의 상대적 빈도 역시 변하게 된다. 어떤 종은 더 쉽게 도태되고, 그 자리에 새로운 종이 침입한다. 그 결과 개체와 사회에 부과되는 자연 선택의 압력 자체가 변하게 되고, 적어도 어떤 종에서는 유전되는 형질까지 변이가 일어나게 되는 것이다.

생태계는 결과적으로 영원히 역동적이다. 생물학적 위계질서는 그에 속한 생물 종의 역사와 생태적 지위에 반응하는 체계로, 조건에 따라 그 안에서 사회적 질서가 진화할 수도 있고, 않을 수도 있다.

곤충의 사회성 진화에서 자연 선택이 실제 일어나는 단위는 유전자이지만, 자연 선택의 대상이 되는 것은 군락이다. 군락 형질이란 구성원의 유전적 형질 및 구성원이나 군락 사이에 존재하는 유전적으로 다른 형질의 총합이기 때문에, 사회성 곤충의 진화란 유전자 빈도가 세대에 걸쳐 변화하는 유동성에 놓여 있다. 이런 유동성은 결국 군락과 그 구성원이 보여 주는 복잡한 행동의 상호 작용을 반영하고 있다.

진사회성과 초유기체

곤충의 사회 생물학은 초유기체라는 개념을 바탕으로 기원과 진화를 생각할 때 가장 효과적으로 이해할 수 있다. 과연 곤충 사회의 어떤 면이 초유기체라 부를 만한 것일까? 넓게 본다면 진사회성을 띠는 곤충 군락은 모두 **초유기체**라 부를 수 있을 것이다. 진사회성은 다음과 같은 세 가지 형질을 모두 지니고 있는 상태를 일컫는다. 첫째, 군락의 성체는 번식을 전담하는 계급과 부분적 또는 완전 불임인 계급으로 나뉘어야 한다. 둘째, 한 군락 안에 두 세대 이상에 속하는 성체가 함께 살고 있어야 한다. 셋째, 완전 혹은 부분 불임 계급 일꾼이 어린 개체를 돌봐야 한다. 이러한 정의를 좀 더 엄격하게 적용한다면, **초유기체**라는 명칭은 진사회성 곤충 군락 중에서도 좀 더 진보된 것들에만 허용된다고 하겠다. 즉 번식을 독점하기 위해 군락 내 가임 개체 사이에 발생하는 갈등은 최소화되어야 하고, 일꾼 계급은 군락 사이 경쟁에 필요한 가장 효율적인 형질을 지니도록 선택되어야 한다.[6]

앞으로 우리는 진사회성을 가진 곤충 및 절지동물에 초점을 맞추어 사회성 진화의 각 단계별 사례를 제시할 것이다. 예를 들어 개미는 모든 종류가 진사회성이지만,[7] 사회 구성의 복잡성 측면에서는 종에 따라 변이가 매우 심하다. 특히 성숙한 군락의 크기나 일꾼이 특정 작업에 전문화된 정도 면에서 종 사이 변이가 크다. 더욱이 종에 따라 군락 구성원 사이 정보 전달률이라든지, 군락 전체로 수행하는 행동의 가짓수라든지, 이런 행동을 수행할 때 나타나는 일꾼 사이 협동 정도라든지, 둥지를 만들거나 '가축'으로 삼아 기르는 매미목 곤충을 위한 움막이나 그 외 물리적 구조물을 만드는 일 따위에서 근본적으로 서로 다르다.

개미의 사회성 진화가 보여 주는 다양한 현상 중 한 극단에는 해부학적으로 원시적 개미인 오스트레일리아산 '새벽개미(dawn ants)' 프리오노미르멕스 마크롭스(*Prionomyrmex macrops*, 이전 속명은 노토미르메키아(*Nothomyrmecia*))나 전 세계에 널리 분포하는 암블리오포네속(*Amblyopone*) 개미가 있다. 이런 개미 군락은 일꾼이 100마리가 채 되지 않으며 아주 기초적인 소통 신호만 사용한다. 이 군락은 여왕과 일꾼 구분 말고는 노동 분담이 거의 이루어지지 않으며, 아주 단순한 형태의 둥지를 짓고 산다. 이 다양성의 반대쪽 극단에는 수십만에서 수백만에 이르는 일꾼이 고도로 발달한 계급 체계에 속해 있는 막강한 아타속(*Atta*) 잎꾼개미나 도릴루스속(*Dorylus*)과 에키톤속(*Eciton*) 군대개미, 혹은 오이코필라속 베짜기개미가 있

---

6) H. K. Reeve and B. Hölldobler, "The emergence of a superorganism through intergroup competition," *Proceedings of the National Academy of Sciences USA* 104(23): 9736-9740(2007).

7) 진사회성의 완전한 성향에 조금 못 미치는 개미 중에는 일개미가 없는 기생개미들이 있다. 또 몇몇 침개미아과 종들, 이를테면 파키콘딜라 베르토우디(*Pachycondyla berthoudi*, 이전 속명은 *Ophthalmopone*)같이 교미한 일개미가 번식을 하는(소위 번식 일개미, gamergates) 경우, 세대 공존이나 명확한 계급 따위의 엄격한 정의가 적용되지 않는 경우도 있다. C. Peeters and R. Crewe, "Worker reproduction in the ponerine ant *Ophthalmopone berthoudi*: an alternative form of eusocial organization," *Behavioral Ecology and Sociobiology* 18(1):29-37(1985). 몇몇 개미 종에서는 처녀 생식(parthenogenesis)을 통해 번식을 하기도 한다. 이런 군락 안에 분화된 계급은 존재하지 않으며 군락의 모든 구성원들은 클론이다. K. Tsuji, "Obligate parthenogenesis and reproductive division of labor in the Japanese queenless ant *Pristomyrmex pungens*: comparison of intranidal and extranidal workers," *Behavioral Ecology and Sociobiology* 23(4):247-255(1988).

다. 이런 '문명화된' 개미 종은 매우 복잡하게 발달한 노동 분담 체계와 의사소통 능력을 갖추고 있으며, 몸에서 자아낸 실로 나뭇잎들을 기워 붙여 천막 같은 집을 만드는 베짜기개미나, 일꾼끼리 몸을 서로 엮어 거대한 야영 막사를 만드는 군대개미처럼 정교한 둥지를 짓고 산다.

이 두 극단적 사례의 중간에는 실현 가능한 거의 모든 사회적 복잡성의 단계적 사례를 보여 주는 개미가 수천 종이나 있다. 이들 모두가 초유기체 진화에 이르는 중간 단계를 비롯 고도로 진보된 단계의 분명한 사례를 제시하고 있는 것이다.

곤충 사회 생물학의 간략한 역사

초유기체라는 개념 자체는 이미 19세기 말에서 20세기 초 진화론적 철학에 대한 관심이 충만한 바로 그 시기에 태동했다. 당시 에른스트 헤켈(Ernst Haeckel), 허버트 스펜서(Herbert Spencer), 기티 페히너(Giti Fechner)를 비롯한 많은 탁월한 사상가들이 우주에 내재된 계층적 구조를 설명하고자 했으며, 창조의 거대한 질서 각 단계마다 존재하는 독특한 특징에 대해 많은 상상을 했다. 그리고 유명한 1911년 작인 『유기체로서 개미 군락(The Ant-Colony as an Organism)』에서 휠러가 그 개념을 비로소 명확하게 사회 생물학에 도입했다. 그는 "개미 군락은 하나의 유기체"라고 썼으며, "인간 개체와 단순히 수평 비교될 수 없다."라고 했다.[8] 휠러는 군락은 다음과 같은 몇 가지 특징으로 정의된다고 지적했다.

1| 군락은 하나의 단위로 행동한다.
2| 군락은 행동이나 크기, 구조면에서 독특한 고유 성질이 있으며, 그중 어떤 것은 종에 따라 다르거나, 한 종에서도 군락마다 특징적으로 다를 수 있다.
3| 군락은 성장과 번식을 순차적으로 반복하는데, 이는 분명히 적응적이다.
4| 군락은 '생식세포'(여왕과 수컷)와 '체세포'(일꾼 계급)로 분화된다.

---

8) W. M. Wheeler, "The ant-colony as an organism," *The Journal of Morphology* 22(2): 307–325(1911).

휠러는 또 그의 마지막 요약 저술인『사회성 곤충, 그 기원과 진화(*The Social Insects, Their Origin and Evolution*)』(1928년)에서 처음으로 사회성 곤충을 초유기체로 불렀다. 그는 군락이 자체의 성장과 번식에 최적인 조건을 유지하기 위해 여러 가지 생리적, 행동적 작용을 하여 사회적 항상성을 유지한다는 개념을 강조했다. 그는 "우리가 관찰한 바, 곤충 군락 혹은 사회는 초유기체로 간주될 수 있으며, 나아가 그 자체의 역동적 평형과 상태 보전에 전념하며 생존해 가는 하나의 총체라고 할 수 있다."라고 설명했다.

곤충 사회 생물학 연구 역사는 초유기체라는 개념이 등장했다 불러나고 다시금 등장하는 진화 과정으로 이해할 수 있다.[9] 군락살이를 하며 진보한 초유기체로 간주할 수 있는 모든 곤충 중에서, 혹은 사실상 지금껏 알려진 모든 동물 중에서 가장 잘 연구된 종은 바로 양봉꿀벌(*Apis mellifera*)이다.[10] 흰개미류에서도 진보한 초유기체적 군락이 발견되는데 아프리카 열대 지역에 둔덕 모양 집을 짓는 흰개미들(mound-building macrotermites)에서 그 절정을 볼 수 있다. 그러나 극단적으로 진보한 종을 포함 가장 많은 사회 진화 경로를 보유하며, 가장 많은 종이 최근 수십 년에 걸쳐 잘 연구된 분류군은 역시 개미다. 개미는 또 우리 저자들의 일생에 걸친 주된 연구 대상이기도 했고, 앞으로 등장할 많은 연구의 주된 소재이기도 하다.

---

9) 라트닉스(F. L. W. Ratnieks)와 리브(H. K. Reeve)는 한 군락 안에 공존하는 유전적으로 상이한 각개 구성원들 사이에는 협동뿐 아니라 반목하는 이해관계 때문에 갈등 또한 생기거나 잠재적으로 생길 수 있기 때문에, 어떤 단위를 **초유기체**라고 지칭하는 것은 문제가 있을 수 있으며 초유기체적 특성을 지닌 행동들과 그것을 지니지 않은 행동들로 구성된 '이해관계의 군집' 정도로 부르는 것이 더 나을 것이라고 제안한 바 있다. F. L. W. Ratnieks and H. K. Reeve, "Conflict in single-queen hymenopteran societies: the structure of conflict and processes that reduce conflict in advanced eusocial species," *Journal of Theoretical Biology* 158(1): 33-65(1992). 우리는 이 견해에 동의하지 않는다. 물론 모호한 구석도 있지만, **초유기체**라는 용어는 충분히 명백하게 정의되고, 생물학적 조직의 기본 단위를 분명히 구분하기 위해 사용하는 것이 학문적으로 충분히 가치 있다고 믿어 의심치 않는다. T. D. Seeley, "The honey bee colony as a superorganism," *Amercian Scientist* 77(6): 546-553(1989)도 참조할 것.

10) R. F. A. Moritz and E. E. Southwick, *Bees As Superorganism: An Evolutionary Reality*(New York: Springer-Verlag, 1992); T. D. Seeley, *The Wisdom of the Hive: The Social Physiology of Honey Bee Colonies*(Cambridge, MA: Harvard University Press, 1995); The Honeybee Genome Sequencing Consortium(C. W. Whitfield, G. E. Robinson, et al.), "Insights into social insects from the genome of the honeybee *Apis mellifera*," *Nature* 443: 931-949(2006); and R. E. Page Jr. and G. V. Amdam, "The making of a social insect: developmental architectures in social design," *BioEssays* 29(4): 334-343(2007).

일반적으로 꿀벌이나 말벌류는 군락 진화 초, 중급 단계에 대한 연구에 중요한 주제를 많이 제공하고 있다. 즉 이들은 사회성 생존 방식의 진화적 기원에 가장 흡사한 사례를 보여 준다고 할 수 있다. 반대로 개미와 흰개미는 모든 종이 진사회성을 띠기 때문에 군락 진화의 초기 단계에 대해서는 거의 시사하는 바가 없는 대신, 초유기체 진화에 대해서는 충분한 설명거리를 갖고 있다. 이 주도적인 두 분류군 중에서도 개미는 말할 나위 없이 더욱 다양하며 — 개미는 1만 4000여 종 이상, 흰개미는 2,000여 종이 알려져 있다. — 생물학적으로도 더 잘 연구되어 있다.

우리가 지금까지 이야기한 것을 전체적으로 이해하는 데 다음과 같은 개미학(myrmecology)의 역사에 대한 개요가 도움이 될 것이다.

선구적이었지만 그다지 학문적 파급 효과가 크지 않았던 연구 업적, 이를테면 르네 앙투안 페르숄 드 레오뮈르(René-Antoine Ferchault de Réaumur)의 『곤충 역사 연구를 위한 회고록(Mémoires pour Servir à l'Histoire des Insectes)』(1737년)이나 윌리엄 굴드 신부(Reverend William Gould)의 『영국 개미 연구(An Account of English Ants)』(1747년)는 제쳐 두고, 개미에 대한 근대 과학적 연구는 1810년 피에르 위베(Pierre Huber)의 『토착종 개미 습성에 관한 연구(Recherches sur les Moeurs des Fourmis Indigènes)』로부터 시작되었다고 말하는 것이 옳을 것이다. 이후 150년 동안 개미 연구는 대부분 분류학과 자연사에 치중됐다. 이런 풍부하고 생산적인 기초 연구는 오늘날까지도 여전히 계속되고 있다. 지금까지 분류된 개미 종만큼의 개미가 여전히 우리에게 알려지지 않은 채 존재하고 있을 가능성이 높으며, 알려진 종 중에서도 매우 미미한 일부분 — 1퍼센트 미만 — 만이 서식지와 연구실에서 체계적으로 연구되었을 뿐이다. 개미를 연구하는 즐거움 대부분은 잘 알려지지 않은 종, 대개 열대 지역에 서식하는 종에서 새로운 종류의 사회성 행동과 생태적 진화 현상을 발견하고 그런 새로운 지식을 개미 진화를 재구성하는 노력에 보태는 데 있다.

1950년대에부터 개미 연구 주제의 범위가 기하급수적으로 늘면서 연구자와 출판된 연구 업적물의 양도 함께 늘어 왔다. 지나치게 단순화한 것일 수도 있지만, 지난 60년에 걸친 연구 역사는 다음과 같이 요약할 수 있다.

1950년대에 시작해서 1970년대에 이르기까지는 여러 종류의 개미에서 화학적 의사소통과 계급 체계 진화, 계급 결정의 생리적 요인을 밝혀내는 기본적 연구가 주를 이루었다. 이런 연구는 사회 생물학의 기반을 이루는 데 결정적 기여를 했다.

1970년대와 1980년대에는 사회 생물학이 생리학 및 생태학, 진화 이론에 기반하여 새로운 학문 영역으로 자리 잡았다. 그리고 이렇게 학문이 통합되는 과정에서 사회적 곤충이 중심 역할을 맡았다. 이 시기의 막바지에 이르러서는 연구의 주된 관심은 특히 군락 구조와 생활사를 결정하는 진화적 압력으로 집중되었다. 하지만 특히 개미는 일반적인 개체군 생태학과 군집 생태학을 비롯하여 특히 군집 포식과 경쟁에 관한 연구에서 핵심적 역할을 하게 되었다.

1990년대와 2000년대 초기에는 일꾼 개체의 행동에서 보이는 간단한 규칙에 근거하여 군락이 자기 조직하는 과정을 분석하는 데에 중요한 발전이 많이 이루어졌다. 이 시기에는 또 개체군 유전학으로부터 군락과 개체 사이 유전적 근친도를 분석하고 몇 가지 사회적 행동의 유전적 기반을 연구하는 사회 유전학(sociogenetics)이라는 학문 분과가 새롭게 등장하기도 했다. 이런 추세는 사회 진화에 핵심이 되는 유전자를 발견하기 위해 사회성 곤충의 전체 유전체(gerome)를 해독하는 사회 유전체학(sociogenomics)으로까지 발전해 2006년에는 꿀벌의 전체 유전체 지도가 완성되기에 이르렀다.

매 10년꼴로 인기 있는 새로운 연구 주제가 등장하고 연관된 연구 산업이 성장했지만, 초기부터 활발했던 연구 주제 역시 꾸준히 선호되었다. 그렇게 오래된 두 가지 연구 주제인 분류학과 과학적 자연사 연구는 사실상 1980년대와 1990년대에 새로운 중흥기를 맞이했고, 2000년대에 이르러 더욱 가속화되고 있다.

이 모든 연구는 비록 여전히 미약하지만 분자에서부터 생태계에 이르는 생물학적 조직화 단계 전체를 일관하는 분명한 연결 고리를 만들어 왔다. 우리는 비로소 그런 통찰에 근거하여 좀 더 새로운 학문적 통합을 시도할 때가 왔음을 느끼고 있다. 우리는 지난 세기 동안 빈번히 사용된 방식처럼 유기체와 초유기체를 비유적 의미로 사용할 뿐 아니라, 더 나아가 초유기체 개념을 바탕 원리로 삼아, 유기체와 초유기체라는 두 가지 존재가 만들어지고 유지되는 원칙에 대해 더 심도 깊은 설명을 제공하고자 한다.

앞으로 위에서 언급한 잠정적 결론을 더 확장해서 설명할 것이며, 그런 설명이 생물학 전반에 걸쳐 사회성 곤충이 얼마나 중요한 존재인지를 명확히 보여 줄 것임을 믿는다. 그래서 본문은 유전학을 비롯하여 행동 과학과 생태학을 아울러 소개함으로써 인과적 설명으로 구성된 사회 생물학의 종합적 면모를 보여 주는 방식으로 구성되어 있다. 또 사회성 진화의 원동력인 군락 수준 선택에 대한 실험적 연구 결과를 강조함으로써, 사회 생물학과 행동 생태학 사이에 좀 더 생산적 통합을 꾀

했다. 마지막으로 군락의 자기 건설 과정을 통제하는 알고리즘을 강조하여, 사회 생물학과 발생 생물학이나 시스템 이론의 일반 원칙 사이에 존재하는 연관성을 좀 더 분명하게 보여 주려고도 했다.

사진 3 | 쌍살벌(*Polistes*) 여왕과 둥지, 브라질 아크레 주 리오 브랑코 시 인근(사진 제공: James H. Hunt).

2

유전학적 사회성 진화

GENETIC SOCIAL EVOLUTION

지구의 긴 역사 속에서 세균으로부터 인류에 이르기까지 많은 종류의 생명체가 적어도 그들 삶 중 일부분 동안에라도 무리를 이루어 살도록 진화해 왔다. 이 과정에서 여러 가지 분류군에 속한 극소수 동물만이 특별한 번식 계급과 불임 계급으로 나뉜 사회, 즉 초유기체를 만들어 왔다. 이 두 번째 진보에 관해 우리가 알고 있는 대부분은 현재 알려진 1만 6000여 종에 달하는 고도로 사회성을 띤 곤충 및 다른 절지동물의 사례를 통해서 얻은 것이다.[11]

사회성 진화에 관한 유전학 이론 약사[12]

유전 이론에 대한 이야기는 1859년 찰스 다윈(Charles Darwin)의 『종의 기원(*On the Origin of Species*)』으로부터 시작된다. 이 대표적 자연주의자는 자연 선택에 의한 진화라는 이론을 만들어 가는 도중에 사회성 곤충 군락을 다루다가 "처음에는 극복할 수 없는 곤란함처럼 보였다가 사실상 내 이론에 치명적이라 할 수 있는 하나의 특별한 어려움"과 마주쳤다. 그는 어떻게 개미나 다른 사회성 곤충 일꾼이 스스로 불임이 되어 후손을 남기지 못하도록 진화할 수 있었을까 자문했다. 게다가 어떻게 불임 계급은 다시 다른 종류의 고도로 전문화된 계급, 즉 많은 개미와 흰개미

---

11) 종 수에 대한 이 추정치는 진보된 '진사회성' 급 진화(번식 및 불임 계급 분화, 성체 세대 중첩, 양육)에 국한된 것이다. 에드워드 윌슨(E. O. Wilson)의 『곤충 사회(*The Insect Societies*)』 (Cambridge, MA: The Belknap Press of Harvard University Press, 1971)에 수록된 자료의 2007년 수정판에 근거한다.

12) 큰 관점에서 몇 가지 중요한 상이점에 바탕을 둔 두 번째 설명은 다음 두 문헌에 제시되어 있다. D. S. Wilson and E. O. Wilson, "Rethinking the theoretical foundation of sociobiology," *The Quarterly Review of Biology* 82(4): 327-348(2007), D. S. Wilson and E. O. Wilson, "Survival of the selfless," *New Scientist* 196: 42-46(2007).

에서 볼 수 있는 병정 계급과 왜소한 일꾼 계급으로 다시 분화될 수 있었을까? 그 해답은 사실 너무도 간단하여 다윈은 쉽게 이해할 수 있었다. 이런 곤충에 있어서 선택의 대상은 개체가 아니라 가족인 것이다. 어떤 유전 인자(오늘날 유전자라고 불리는)가 발현될 때 그 효과가 가변적이어서, 한 가족 안에서 번식을 담당하는 귀족 계급과 노동을 담당하는 불임 일꾼 계급이 나타날 수 있다고 생각해 보자. 또 그런 불임 일꾼 계급을 만들어 낼 수 있던 가족이 그렇게 별도의 계급을 만들어 낼 수 없던 가족에 비해 생존과 번식에서 더 나았다고 가정해 보자. 그러면 그런 계급 체계와 관련된 유전 인자는 서로 경쟁하는 무리로 이루어진 개체군 안에서 더 많이 퍼져 갈 것이다.

다윈에게는 곤충 군락의 진화가 마치 사람이 새로운 채소 품종을 개발하는 일처럼 비쳐졌다. 생식 기관이 아닌 부위가 가장 크고 맛있게 자라는 식물의 씨앗만 골라 재배하여, 농부가 선호하는 채소가 진화하도록 만드는 것이다. 이론적으로 골치 아팠던 개미에 대해 다윈은 다음과 같이 말했다.

> 나는 번식을 하고 있는 개체가 자연 선택의 결과로 필요에 따라 때로는 큰 몸집과 특별한 모양을 한 턱을 가진 불임 일꾼만 낳거나, 혹은 매우 다른 모양의 턱에 몸집도 작은 일꾼만 낳기도 하고, 혹은 궁극적으로는, 이는 사실 내가 직면한 최악의 곤란한 문제지만, 서로 다른 크기와 모양을 가진 일꾼 무리를 한꺼번에 낳는 종을 진화시킬 수 있다고 믿는다.(『종의 기원』, 241쪽)

이러한 다윈의 군락 수준 선택이라는 생각은 기본적으로는 옳았으나 중요한 세부 사항이 하나 빠져 있었다. 그는 곤충 군락이 유전적으로 통일되어 있다고 가정함으로써, 즉 불임 일꾼이 여왕과 수컷의 단순한 유전적 복제품이라고 가정하여 사회성 진화를 지나치게 단순화했다. 그는 각 군락에 속한 일꾼의 유전적 조성을 꽤 다양하게 변화시키는 멘델 유전학의 감수 분열과 유전자 재조합 과정을 몰랐다. 그는 또 개미와 사회성 벌, 말벌 일꾼(유전적으로 암컷)도 대부분은 여전히 난소를 지니고 있으며, 게다가 그중 다수가 스스로 번식할 수 있다는 사실도 모르고 있었다. 다시 말해서 일꾼은 때로는 자신의 어미인 여왕과 그들 서로 간에 번식에 관한 잠재적 경쟁자라는 것이다.

유전자와 재조합 과정을 통한 유전이 기정사실로 확립된 이후, 20세기 들어 앨

프리드 스터티번트(Alfred H. Sturtevant)라는 유전학자가 1938년에 처음으로 사회성 곤충 진화는 하나가 아니라 세 가지 서로 다른 수준의 선택, 즉 군락 구성원 사이, 군락 사이, 전체 개체군 사이에 작용하는 선택압들에 의해 이루어진다는 것을 알아내었다.[13] 게다가 각 단계에 작용하는 선택압은 서로 함께 작용하여 협동과 사회성 진화가 좀 더 쉽게 일어나도록 하거나, 반대로 서로 대항력으로 작동하여 사회성 진화를 늦추거나 멈추거나 심지어 거꾸로 되돌릴 수도 있다.

그리하여 다윈이 생각했듯 잘 골라 기른 채소 품종에 대한 통찰만 가지고는 불임 일꾼 문제를 완전히 해결할 수는 없었던 것이다. 초유기체 탄생에 필수적인, 혹은 적어도 상당 부분 기여하는 이타주의(altruism)는 여전히 총체적인 설명을 필요로 하고 있었다.

1945년, 진화 이론의 근대적 종합(Modern Synthesis)을 이끈 인물 중 하나인 시월 라이트(Sewall Wright)는 이타주의 문제를 해결하는 방법으로서 다수준 선택(multilevel selection)을 언급했다.[14] 그는 작은 개체군 안에서 유전적 부동(genetic drift)이 일어나 이타적 유전자 빈도가 높아지는 현상과 그에 대한 선택을 결부시켰다. 하지만 그의 모형은 개체군 전체에서 이타적 유전자가 전파되는 기작을 설명하는 데는 크게 부족한 것이었다. 1957년에는 조지 윌리엄스(G. C. Williams)와 도리스 윌리엄스(D. C. Williams)가 집단 선택(group selection)과 가까운 유전적 혈연관계(hereditary kinship)를 함께 고려한 좀 더 발전된 모형을 제시했다.[15]

하지만 이미 1932년에 근대적 종합의 또 다른 선구자 홀데인(J. B. S. Haldane)이 많은 사람들이 주목하지 않은 논문에서 다윈의 이 마지막 난제에 대해 부분적이나마 해답을 제시했다. 그는 자기를 희생하는 이타적 행동이 유전될 때 자기가 아닌 친족을 통해 그 유전자가 더 많이 전파될 수 있다면 이타주의가 진화할 수 있

---

13) A. H. Sturtevant, "Essays on evolution, II: on the effects of selection on social insects," *The Quarterly Review of Biology* 13(1): 74-76(1938).

14) S. Wright, "Tempo and mode in evolution: a critical review(a review of *Tempo and Mode in Evolution*, by George G. Simpson)," *Ecology* 26(4): 415-419(1945). 라이트를 비롯한 여타 핵심 모형을 망라한 이타주의 유전학적 이론 발전사에 대한 탁월한 설명은 E. Sober와 D. S. Wilson의 책 『타인에게로: 이타적 행동의 진화와 심리학(*Unto Others: The Evolution and Psychology of Unselfish Behavior*)』(Cambridge, MA: Harvard University Press, 1998)에 소개되어 있다.

15) G. C. Williams and D. C. Williams, "Natural selection of individually harmful social adaptation among sibs with special reference to social insects," *Evolution* 11(1):32-39(1957).

다고 보았다. "이 [이타적인] 형질을 생각하려면 우선 작은 무리를 생각해야 한다. 이런 이타적 특성은 그 유전자가 서로 혈연관계에 놓인 개체로 이루어진 어떤 무리 안에서 생겨나고, 그 유전자를 가진 개체는 자신의 이타적 행동으로 말미암아 비록 자기 생존성은 낮아지지만, 무리의 다른 개체가 자손을 남길 기회를 높임으로써, 비로소 그 유전자가 개체군 전체로 퍼져 나갈 수 있을 것이다."[16] 홀데인은 1955년에 개체군 유전학을 소개하는 책에서 이타주의 문제에 대한 정확한 해답을 내놓았다. 그는 이 문제를 인간과 사회성 곤충의 행동에 적용시켜, 더할 나위 없이 명쾌하고 정확한 설명을 제시했다.

당신이 어떤 희귀한 행동을 유발하는 유전자, 이를테면 강물에 뛰어들어 물에 빠진 어린이를 구하도록 만드는 유전자를 가지고 있다고 하자. 그런데 당신은 열 번에 한 번꼴로 결국 강물에 빠져 죽게 된다고 가정하자. 반면 그 유전자가 없는 나는 강둑에 서서 그저 그 어린이가 빠져 죽는 것을 바라보게 된다. 만일 그 어린이가 당신 자식이거나 혹은 당신의 형제나 자매라면, 그 아이 역시 당신의 희귀한 행동 유전자를 갖고 있을 확률이 50퍼센트이므로, 당신 한 사람을 희생해서 열 명의 아이를 구한다면 결국 이 희귀 행동 유전자 5개를 구하게 되는 셈이다. 만일 당신이 손자나 조카를 구하게 되는 경우라면 유전자적 보상은 당신 한 명 희생에 대해 2개 반밖에 되지 않고, 당신이 사촌을 구하는 경우라면 유전자적 보상의 효과는 상당히 미미해진다. 여기서 더 나아가 당신이 사촌의 자식을 구하려는 경우라면, 개체군으로 봐서는 이 귀중한 유전자가 퍼져 나가기보다는 사라질 가능성이 더 높아지는 것이다. 하지만 실제로 내가 물에 빠진 사람을 구했던(나 자신에게는 거의 위험하지 않았던) 과거 두 번의 사건에서, 나는 그런 계산 따위를 하고 있을 시간이 없었다. 구석기 시대 사람들 역시 그런 계산을 했을 리 없다. 이런 종류의 행위를 가능하게 하는 유전자는 작은 무리, 즉 물에 빠진 아이 대부분이 목숨을 바쳐 아이를 구하려는 사람과 필연적으로 매우 가까운 혈연인 무리에서나 퍼져 나갈 기회를 갖게 되었을 것이 틀림없다. 작은 개체군이 아니라면 그런 유전자가 어떻게 퍼져 나갈 수 있었을지 상상하기

---

16) J. B. S. Haldane, *The Causes of Evolution* (London: Longmans, Green, 1932; paperback reprint, Ithaca, NY: Cornell University Press, 1966).

란 쉽지 않다. 물론 그런 조건은 벌집이나 개미 둥지같이 모든 구성원이 그야말로 형제, 자매로만 이루어진 무리에 훨씬 잘 갖춰져 있다.[17]

나중에 혈연 선택(kin selection)[18]이라 불리게 되는 이 원리는 하지만 이후 10년간 주목받지 못하고 잊혔다. 1964년 윌리엄 해밀턴(William D. Hamilton)은 사회성 진화에 큰 영향을 끼친 유전적 이론(홀데인의 저작을 인용하여)을 출판했다. 해밀턴은 혈연 선택의 확고한 수학적 토대를 마련했으며, 혈연 선택을 좀 더 일반적 이론인 포괄 적합도(inclusive fitness) 개념으로 설명했다. 홀데인의 불균등 원리(내가 이타적 행동으로 구하려는 대상과 나 자신의 혈연 정도에 따라 이타 행동 유전자가 개체군에서 퍼져 나가는 확률이 달라진다는 원리 — 옮긴이)와 부합하면서 또 그것을 생존만이 아닌 번식 성공까지 확장한 해밀턴 법칙(Hamilton's rule)이라 불리는 이 이론은 유전적인 이타적 형질이 어떤 개체군에서 퍼져 나갈 수 있는 경우를 매우 간명하게 서술하고 있다. 즉 b를 이타적 행위의 수혜자가 그 행위 덕택에 늘릴 수 있는 자손의 수, r를 공동 조상을 가진 이타적 행위자와 수혜자가 공유하는 유전자의 비율, c를 이타적 행위로 말미암아 그 행위자가 다음 세대에 남기지 못할 자손의 수라 할 때, rb가 c를 초과하는 경우 이타적 유전자는 그 개체군에서 퍼져 나갈 수 있다.[19]

해밀턴은 자신의 법칙을 모든 이타적 행위자와 수혜자가 네트워크로 연결되어 상호 작용하는 전체 사회로까지 확장했다. 그는 이타적 행위자와 연관된 모든 상호 작용의 총합적 효과를 망라하여 '포괄 적합도'라는 이름으로 불렀다. 그는 다음과 같이 말했다.

　　　이타적 행위자 A의 유전자형은 어떤 고정된 형태의 사회적 행동을 낳으며, 이

---

17) J. B. S. Haldane, "Population genetics," *New Biology* 18:34-51(1955). 진화 생물학에서 이런 통찰이 어떻게 발전해 왔는가에 대한 훌륭한 설명을 찾는다면 리 두가킨(L. A. Dugatkin)의 『이타주의 방정식: 선의의 기원을 찾는 7명의 과학자(*The Altruism Equation: Seven Scientists Search for the Origins of Goodness*)』(Princeton, NJ: Princeton University Press, 2006)를 참조할 것.

18) 혈연 선택이라는 용어는 존 메이너드 스미스(J. Maynard Smith)의 "Group selection and kin selection," *Nature* 201: 1145-1147(1964)에서 처음 사용되었다.

19) W. D. Hamilton, "The genetical evolution of social behaviour, I, II," *Journal of Theoretical Biology* 7(1): 1-52(1964).

는 또한 그 *A*와 친척 *B*, 혹은 무리의 다른 많은 개체에 대해 일정한 평균적 효과를 가진다고 가정하자. *A*가 유발하는 모든 효과는 그 정량적 추정치인 *b*로 계산될 수 있을 것이며, 총합적으로 계산하여 *A*의 **포괄 적합도 효과**라고 부를 수 있을 것이다.……

만일 *A*의 이타적 행위가 *B*의 적응도를 높인다면, 비록 *A* 개인의 적응도는 감소한다 하더라도 *A*의 포괄 적합도는 매우 높아질 것이다.[20]

해밀턴이 1964년 발표한 연구 논문[21]에 포함된 뛰어난 관찰 사례가 없었더라면 포괄 적합도라는 개념 역시 앞서 이야기한 홀데인의 통찰처럼 주목받지 못한 채 오랫동안 묻혀 버릴 수도 있었다. 해밀턴은 사회성 곤충을 연구한 경험을 통해, 나중에 반배수체 가설(haplodiploid hypothesis)[22]이라 불리는 가설을 내놓았다. 개미, 꿀벌, 말벌을 포함한 벌목의 모든 곤충은 반수-배수체 유전을 통해 성별을 결정한다. 수정되지 않아 어미 유전자의 절반만을 지닌 반수체 알은 수컷으로 자라나고, 반대로 수정이 되어 유전자의 반을 어미로부터, 나머지 반을 아비로부터 받아 배수체인 알은 암컷으로 자라나는 것이다.

이 반배수체 유전 결과 가까운 친족 사이에 미묘하게 비대칭적인 유전적 연관 관계가 만들어지게 되는 것이다. 수컷이 가진 유전자는 모두 어미가 가진 유전자의 절반과 정확히 같으므로 아들과 어미 사이의 유전적 연관 계수는 0.5가 된다. 각 암컷이 가진 유전자 중 절반은 어미 유전자와 같고(유전적 연관 계수 0.5), 수컷 형제와는 1/4만 공유하게 되며(이것이 반배수체 가설의 핵심이다.), 다른 자매와는 3/4을 공유한다(유전적 연관 계수는 각 0.25와 0.75가 됨).[23]

---

20)   W. D. Hamilton, "Altruism and related phenomena, mainly in social insects," *Annual Review of Ecology and Systematics* 3: 193-232(1972).

21)   W. D. Hamilton, "The genetical evolution of social behaviour, I, II," *Journal of Theoretical Biology* 7(1): 1-52(1964).

22)   반배수체 가설이라는 표현이 처음 사용된 곳은 M. J. West Eberhard 의 "The evolution of social behavior by kin selection," *The Quarterly Review of Biology* 50(1): 1-33(1975)이다.

23)   반배수체 성 결정 방식에서 암컷과 관련된 유전적 연관 계수를 계산하는 방법은 다음과 같다. **암컷과 수컷**: 암컷 유전자 절반은 어미로부터, 나머지 절반은 아비로부터 오고, 그 아비와 수컷은 유전자를 공유하지 않는다(미수정란이 발생한 것이므로). 그러므로 암컷이 수컷 형제와 공유하는 유전자는 어미로부터 온 유전자(자기 유전자 중 절반)의 반, 즉 1/4이 된다. **암컷과 암컷**: 암

통상적인 배수-배수성(XX/XY 염색체) 유전일 때 한배 동기가 유전자를 공유하는 확률은 1/2인 반면, 사회성 곤충 군락의 암컷 자매는 3/4의 유전자를 서로 공유하기 때문에 이 암컷은 자기 새끼보다 자매를 더 선호하리라고 유추할 수 있다. 해밀턴이 주장한 대로 만약 이것이 사실이라면, 바로 동기들(이 경우는 자매)로 구성된 사회가 다른 어떤 곤충보다 벌목 곤충에서 등장하게 될 가능성이 높게 될 것이다.

해밀턴은 곤충이라는 분류군 안에서 고도의 사회성을 가진 무리가 보여 주는 양상 중 그가(물론 다른 이들도) 생각하기에 특별한 두 가지 특징을 반배수체 유전에 의한 효과로 설명할 수 있다고 제안했다. 첫째, 적어도 그가 연구한 1960년대에는(이 초창기라는 점이 중요함), 불임 일꾼을 가진 군락은 거의 모두 벌목 곤충에만 있었다. 당시 알려진 유일한 예외는 정상적인 배수-배수성 방식 성 결정 기작을 가진 흰개미류뿐이었다. 두 번째는 반배수체 가설로부터 예측되는 바, 사회성 벌목 곤충의 수컷은 거의 예외 없이 번식에만 참여할 뿐 암컷 자매를 돕지 않는 점이다.

이렇게 멘델 유전학을 적용한 설명은 이 책의 저자 중 하나인 에드워드 윌슨(E. O. Wilson)이 『곤충 사회(*The Insect Societies*)』(1971년)와 『사회 생물학: 새로운 종합(*Sociobiology: The New Synthesis*)』(1975년)에서 정리한 대로, 사회 생물학이라는 새로운 분야의 초기 수립 과정에서 이론적 근간이 되었다.[24] (다른 핵심 요소와 노동 분담 및 의사소통에 관한 초기의 이론적 토대는 이 책의 5장과 6장에 정리되어 있다.) 해밀턴의 포괄 적합도 이론이라는 진화론적 원칙은 광범위한 중요성을 가지고 있었다. 이 이론은 유전자 선택론의 기반이 되어 그 결과 사회성 진화를 야기하는 것은 무리 전체의 성공이라는 집단 선택론을 도태시키고, 유전적 사회성 진화의 주류 이론으로서 혈연 선택을 급부상시켰다. 리처드 도킨스(Richard Dawkins)의 명쾌한

컷들이 아비로부터 받는 유전자(자기 유전자 중 절반)는 아비가 이미 반수체인 관계로 모두 같다. 암컷 자매들이 배수체인 어미로부터 받는 유전자 절반은 또 동일하므로 어미로부터 받아 공유하는 유전자는 전체적으로 보면 반의 반, 즉 1/4이다. 1/2에 1/4을 더하여 3/4이 된다. (수컷이 가진 유전자 모두는 자매의 유전자의 1/4과 동일하다.)

24) 에드워드 윌슨은 *The Insect Societies*(Cambridge, MA: The Belknap Press of Harvard University Press, 1971)에서 개체군 생물학의 기반 위에서 처음으로 사회 생물학을 종합 저술했고, 새로운 학문 분과로서 사회 생물학이라는 명칭을 제안했다. 그의 *Sociobiology: The New Synthesis*(Cambridge, MA: The Belknap Press of Harvard University Press, 1975)는 인간을 포함한 모든 생물체에까지 이 개념을 확장했다.

베스트셀러인 『이기적 유전자(*The Selfish Gene*)』역시 거의 동시대(1976년 — 옮긴이)에, 독립적으로 이 주제를 좀 더 일반 독자층까지 확대하는 데 기여했다.[25]

반배수체 가설은 벌목 곤충에서 진사회성 진화를 유발하는 유전적 토대로 제시되었으나, 불행히도 나중에 그릇된 설명으로 판명되었다. 군서성이지만 진사회성이 진화되지 않은 많은 곤충도 반배수체 유전을 하고 있으며, 배수-배수성 유전을 하면서도 진사회성을 띠는 생물이 흰개미를 위시하여 점점 더 많이 발견된 탓이었다.

그럼에도 불구하고 반배수체 가설은 1976년 로버트 트리버스(Robert Trivers)와 호프 헤어(Hope Hare)가 제안한 것처럼 부분적 효과로서 살아남았다.[26] 그들은 반배수체 가설이 기능하기 위해서, 또 군락 암컷이 자기 딸보다 자매를 더 많이 만들기 위해 협동하도록 만들려면 수컷보다는 번식 가능한 암컷을 더 많이 만들어내기 위해 암컷이 노력하는 것이 필수적인 조건이라고 주장했다. 그와는 반대로 군락의 여왕은 반배수체 가설에 의해 딸과 아들 모두와 균등한 유전적 연관성을 가지고 있기 때문에 암수 새끼를 비슷한 수로 낳는 것을 바라야 한다고 주장했다. 이 차이는 결국 어미인 여왕과 불임 일꾼 딸 사이 갈등으로 드러나며, 이는 군락이 조직된 형태에 따라 어느 한쪽으로 영향력이 기울게 되어 암수 새끼에 대한 군락의 투자를 조절하게 만든다. 이 예측은 적어도 부분적으로는 옳은 것으로 판명되었다.[27]

---

25)   R. Dawkins, *The Selfish Gene* (New York: Oxford University Press, 1976).

26)   R. L. Trivers and H. Hare, "Haplodiploidy and the evolution of the social insects," *Science* 191: 249–263(1976).

27)   J. J. Boomsma and a. Grafe, "Intra-specific variation in ant sex ratios and the Trivers-Hare hypothesis," *Evolution* 44(4): 1026–1034(1990); J. J. Boomsma and A. Grafen, "Colony-level sex ratio selection in the eusocial Hymenoptera," *Journal of Evolutionary Biology* 4(3): 383–407(1991); L. Sundström, "Sex ratio bias, relatedness asymmetry and queen mating frequency in ants," *Nature* 367: 266–268(1994); A. F. G. Bourke and N. R. Franks, *Social Evolution in Ants* (Princeton, NJ: Princeton University Press, 1995); and N. J. Mehdiabadi, H. K. Reeve, and U. G. Mueller, "Queens versus workers: sex-ratio conflict in eusocial Hymenoptera," *Trends in Ecology and Evolution* 18(2):88–93(2003). 군락의 성비 투자를 둘러싼 여왕-일꾼 갈등에 반작용하거나 이를 무력화시킬 만한 효과 역시 추론할 수 있지만, 실험적으로 증명되지는 않았다. 만약 여왕이 1:1 성비를 가진 알을 낳고 일꾼들이 새로운 번식형 암컷과 수컷 비율을 3:1로 맞추기 위해 알과 애벌레를 없애버린다면, 비교적 낮은 정도일지라도 결국 군락 수준 적응도는 이런 갈등에 의해 낮아질 것이다.

반배수체 가설은 초창기에 높은 유전적 연관 계수가 혈연 선택의 필수 조건이라는 오해를 낳았다. 이는 혈연 선택 이론의 수학적 표현인 해밀턴 법칙의 핵심을 오해한 탓이었다. 이 원칙에 따르면 사회성 진화는 유전적 요인뿐 아니라 생태적 요인에 의해서도 영향을 받는다. 해밀턴 법칙에 따르면 이타주의는 이타적 행위자와 수혜자 사이 유전적 연관 계수(r)가 낮은 경우라도, 행위자의 손실(c)이 비교적 낮고 수혜자의 이득(b)이 매우 높을 때는 진화할 수 있다. 해밀턴 자신을 포함하여 몇몇 연구자들은 오히려 혈연 선택 이론을 적용할 때 유전적 요인에 집착한 나머지 생태적 조건을 무시하는 점을 비판했다.[28]

근본적으로는 생태적 압력이 어떤 이타적 상호 작용을 선호할 때에만, 그 이타적 유전자를 가진 행위자가 같은 유전자를 평균 이상으로 공유하는 다른 개체를 위해 이타적으로 행동하게 만드는 유전자가 개체군에서 퍼져 나갈 수 있는 것이다. 앤드루 버크(Andrew Bourke)와 나이절 프랭크스(Nigel Franks)는 유전자 선택론 관점에서 이를 다음과 같이 서술했다. "이타적 유전자 입장에서는 그 보유자가 이타적 희생으로 잃은 것의 몇 배를 그 희생 덕택에 높아진 수혜자의 생존과 번식을 통해 되찾을 수 있다."[29] 물론 행위자와 수혜자의 유전적 연관 계수가 높은 경우일수록 그런 이타적 유전자가 개체군에서 더욱 수월하게 전파될 수 있겠지만, 유전적 연관 계수의 중요성을 고려하고자 할 때는 언제나 해밀턴 법칙이 말하는 비용-편익 비율을 염두에 두어야 한다. 결론적으로 말해서 혈연 선택 이론은 친족 간 이타성 진화를 설명하고 있으며, 이는 이타적 행위자의 직계 비속뿐 아니라 비직계 친족(방계 친족)에 대한 희생까지를 포함한다.[30]

이제 오해하기 쉬운 또 다른 용어인 **혈연 선택**에 대해 이야기해 보자. 이 명칭을 고안한 존 메이너드 스미스(John Maynard Smith)의 정의에 따르면 **혈연 선택**은 "개체군 전체 번식 구조를 저해하지 않는 기작에 의해 어떤 특성을 가진 개체의 근친

---

28) 이런 오해에 대한 탁월한 설명은 A. F. G. Bourke와 N. R. Franks의 *Social Evolution in Ants* (Princeton, NJ: Princeton University Press, 1995)를 참고할 것.

29) A. F. G. Bourke and N. R. Franks, *Social Evolution in Ants* (Princeton, NJ: Princeton University Press, 1995).

30) 엄격히 용어를 적용하자면, 방계 친족보다는 비직계 친족이라는 표현이 좀 더 정확하다. 왜냐하면 직계 존속인 부모와 조부모가 도움을 받는 경우에는 적어도 용어적으로는 비직계 친족이지, 방계 친족이 아니기 때문이다. J. L. Brown의 *Helping and Communal Breeding in Birds: Ecology and Evolution*(Princeton, NJ: Princeton University Press, 1987)을 참고할 것.

의 생존을 돕는 특성이 진화하는 것을 일컫는다. 이런 의미에서 모체의 태아 돌보기(placental care) 혹은 부모의 양육 행동(parental care) 진화(부상-의태 같은 '자기 희생적' 행동을 포함한)는 도움을 받는 친족이 도움을 주는 개체의 자손인 경우가 되는 '혈연 선택'에 의해 일어난다고 할 수 있다."[31]

사실 혈연 선택 이론은 해밀턴의 포괄 적합도 이론과 같은 것이다. 따라서 유전자 선택론의 관점에서(즉 혈연 선택 이론 관점에서) 볼 때, 직계 비속을 제외하는 것은 말이 되지 않는다. 그러므로 혈연 선택 이론은 부모의 양육 진화 및 비직계 친족에 대한 이타주의 진화를 설명하기 위한 것이다.

다수준 자연 선택

엄격한 유전자 선택론이 가진 문제는 선택 대상을 정확히 명시하지 않는다는 점이다.[32] 유전자 선택론은 개체군 내 유전자 전파와 유전자 빈도 변화를 다루는데, '복제자(유전자)'에 좀 더 초점을 맞추는 대신 그 유전자를 보유한 개체의 표현형, 즉 '전달자(vehicle)'에는 관심을 덜 가진다.[33] 하지만 선택이란, 변이를 보이는 '전달자(개체나 무리)'가 가진 형질의 총체를 그 대상으로 삼는 것이다. 선택은 생물적, 비생물적 환경과 생물 형질들의 인과적 상호 작용에 기반을 둔 추려 냄의 과정이다. 이런 환경 요소에 대해 우월한 적응력을 가진 형질은 선택에 의해 다음 세대로 전달되는 반면, 적응에 덜 효율적인 형질은 그러지 못하는 것이다. 그리하여 유전적으로 결정되는 표현형들 중 우월한 특성들만이 진화적으로 선택되어 다음 세대로 전달될 수 있게 된다. 궁극적으로는 진화가 일어나고 있음을 시사하는 것은 '형질 결정 유전자'들의 군락 내 빈도 변화를 말한다. 적응적 형질을 결정하는 유전자

---

31) J. Maynard Smith, "Group selection and kin selection," *Nature* 201: 1145-1147(1964).

32) E. O. Wilson and B. Hölldobler, "Eusociality: origin and consequences," *Proceedings of the National Academy of Science USA* 102(38): 13367-13371(2005).

33) 복제자-전달자 이분법은 도킨스가 자신의 책 *The Extended Phenotype: The Gene as the Unit of Selection*(San Francisco: W. H. Freeman, 1982)과 Kings' College Sociobiology Group이 편저한 *Current Problems in Sociobiology* (New York: Cambridge University Press, 1982) pp.45-64에 수록된 '복제자와 전달자(Replicators and vehicles)'에서 잘 설명했다.

는 개체나 개체로 이루어진 무리에서 지속적으로 변하는 대립 형질의 재조합을 통해 후속 세대로 전달된다. 유전자 선택론 관점에서는 어떤 형질을 결정하는 대립 형질의 빈도가 어떻게 변화하는지 보는 것만으로 충분할 것이다. 하지만 행동 생태학과 사회 생물학의 핵심인 그 추려 냄의 기작 자체를 이해하고자 한다면 유전자 선택론만으로는 충분한 답이 될 수 없다.

모든 선택은 여러 수준에서 일어난다. 생물학적 조직화의 각 단계, 즉 유전자, 세포 소기관, 세포, 개체, 초유기체마다 유전적으로 변하는 요소들은 모두 선택 **대상**으로 기능한다. 그러나 진화의 궁극적 **단위**는 유전자, 혹은 상호 작용하는 유전자의 대립 형질들의 집합이다. 그 기본 단위에 의해 더 높은 단계 조직 단위에서 다양한 형질이 결정된다.

선택 대상을 두고 보면, 다음과 같은 자연 선택의 서로 다른 세 가지 힘이 초유기체 수준에서 작용한다고 할 수 있다.[34] 우선 군집들 사이에 작용하는 집단 선택은 사회적 행동을 결정하는 유전자의 대립 형질이 군락 전체를 통해 드러내는 표현형의 종류와 빈도에 의해 군락이라는 협동하는 단위가 생존과 번식에서 성공하거나 실패하는 기작을 일컫는다. 군락 안 개체에 직접 작용하는 **직접적 개체 선택**은 구성원 각 개체의 생존과 번식의 차등적 성공에 작용한다. **비직계 (방계) 혈연 선택**이란 방계 친족이나 기타 비직계 친족, 즉 개체의 직계 후손이 아닌 다른 친족이 선호되거나 혹은 선호되지 않는 과정을 통해 군락 구성원의 적응도가 달라짐을 말한다. 이 비직계 혈연 선택은 가계도상 유전적 연관 계수 차이에 따라 어떤 군락 구성원이 다른 구성원에게 직접적으로 가하는 상호 작용으로 이루어지며, 실제로 관찰할 수 있는 힘이다. 군락 사이 선택은 표현형적 효과에 **밀접하게 관련되는** 경향이 있다. 그것은 일반적으로 **무작위적인** 군락 안 선택인 직접적 개체 선택과 대립하는 경향을 보인다. 군락 각개 구성원과 통계적으로 그들이 구성하는 군락 유전자형의 **포괄 적합도**는 결국 이 세 가지 힘의 비가법적(nonadditive) 총합으로 계산된다.

다수준 선택(Multilevel natural selection)의 버금 원리는 만약 유전자로부터 초유기체 군락에 걸친 각 수준별 대상에서 변이가 일어나면 그 효과가 위아래 모든 조직 단위로 파급되어, 결과적으로는 경쟁하는 대립 형질에까지 영향을 미침으로

---

34) E. O. Wilson and B. Hölldobler, "Eusociality: origin and consequences," *Proceedings of the National Academy of Science USA* 102(38): 13367-13371(2005).

써 유전적 진화에 이른다는 것이다.[35]

---

35) 다수준 선택의 다양한 양상과 그에 대한 연구 역사는 다음과 같은 문헌들을 참고할 것: E. O. Wilson, *The Insect Societies*(Cambridge, MA: The Belknap Press of Harvard University Press, 1971); W. D. Hamilton, "Innate social aptitudes of man: an approach from evolutionary genetics," in R. Fox, ed., *Biosocial Anthropology*(London: Malaby Press, 1975), pp. 133-135; M. J. Wade, "Soft selection, hard selection, kin selection, and group selection," *American naturalist* 125(1): 61-73(1985); B. Hölldobler and E. O. Wilson, *The Ants* (Cambridge, MA: The Belknap Press of Harvard University Press, 1990); D. C. Queller, "Quantitative genetics, inclusive fitness, and group selection," *American naturalist* 139(3): 540-558(1992); L. A. Dugatkin and H. K. Reeve, "Behavioral ecology and levels of selection: dissolving the group selection controversy," *Advances in the Study of Behavior* 23: 101-133(1994); J. Maynard Smith and E. Szathmáry, *The Major Transitions in Evolution*(New York: W. H. Freeman, 1995); A. F. G. Bourke and N. R. Franks, *Social Evolution in Ants*(Princeton, NJ: Princeton University Press, 1995); W. D. Hamilton, *Narrow Roads of Gene Land, Volume 1: Evolution of Social Behaviour* (New York: W. H. Freeman, 1996); R. H. Crozier and P. Pamilo, *Evolution of Social Insect Colonies: Sex Allocation and Kin Selection* (New York: Oxford University Press, 1996); T. D. Seeley, "Honey bee colonies are group-level adaptive units," *American Naturalist* 150(Supplement): S22-S41(1997); S. A. Frank, *Foundations of Social Evolution*(Princeton, NJ: Princeton University Press, 1998); E. Sober and D. S. Wilson, *Unto Others: The Evolution and Psychology of Unselfish Behavior*(Cambridge, MA: Harvard University Press, 1998); multiple authors, L. Keller, ed., *Levels of Selection in Evolution*(Princeton, NJ: Princeton University Press, 1999); R. E. Page Jr. and J. Erber, "Levels of behavioral organization and the evolution of division of labor," *Naturwissenschaften* 89(3): 91-106(2002); W. J. Alonso and C. Schuck-Paim, "Sex-ratio conflicts, kin selection, and the evolution of altruism," *Proceedings of the National Academy of Sciences USA* 99(10): 6843-6847(2002); L. Avilés, J. A. Fletcher, and A. D. Cutter, "The kin composition of social groups: trading group size for degree of altruism," *American Naturalist* 164(2): 132-144(2004); R. Axelrod, R. A. Hammond, and A. Grafen, "Altruism via kin-selection strategies that rely on arbitrary tags with which they coevolve," *Evolution* 58(8):1833-1838(2004); J. Korb and J. Heinze, "Multilevel selection and social evolution of insect societies," *Naturwissenschaften* 91(6): 291-304(2004); A. F. G. Bourke, "Genetics, relatedness and social behaviour in insect societies," in M. D. E. Fellowes, G. J. Hollowway, and J. Rolff, eds., *Insect Evolutionary Ecology* (Proceedings of the 22nd Symposium of the Royal Entomological Society, University of Reading, UK, 2004)(Cambridge, MA: CABI Pub., 2005), pp. 1-30; F. L. W. Ratnieks, K. R. Foster, and T. Wenseleers, "Conflict resolution in insect societies," *Annual Review of Entomology* 51: 581-608(2006); M. A. Novak, "Five rules for the evolution of cooperation," *Science* 314: 1560-1563(2006); S. A. West, A. S. Griffin, and A. Gardner, "Social semantics: altruism, cooperation, mutualism, strong reciprocity and group selection," *Journal of Evolutionary Biology* 20(2): 415-432(2007); S. A. West, A. S. Griffin, and A. Gardner, "Evolutionary explanations for cooperation," *Current Biology* 17(16): R661-672(2007); D. S. Wilson and E. O. Wilson, "Rethinking the theoretical foundation of sociobiology," *The Quarterly Review of Biology* 82(4)" 327-348(2007); D. S. Wilson and E. O. Wilson, "Survival of the selfless," *New Scientist* 196: 42-46(2007); and E. O. Wilson, "One giant leap: how insects achieved altruism and colonial life,"

조지 윌리엄스[36]는 1966년에 해밀턴의 논증[37]과 일맥상통하는 설명을 제시했다. 즉 생물학적 조직화의 모든 수준에서 일어나는 적응이란 개체 사이, 그리고 개체가 보유한 유전자 사이에 작용하는 자연 선택에 의해 설명될 수 있다는 것으로, 이는 최절약 원리(principle of parsimony)에 부합되는 논증이다. 이 주장은 이후 새롭게 등장하는 친족 네트워크 이론과 사회에 속한 개체 사이 상호 작용 전략 이론 등에 대한 많은 연구를 불러일으켰다. 그러나 이는 또한 집단 선택의 일종인 딤 (deme, 생태학에서 최소 교배 단위를 이루는 국지 개체군을 일컫는 용어 — 옮긴이) 내 선택(intrademic selection)[38]과 딤 사이 선택(interdemic selection)[39]에 대한 관심을 부당할 정도로 위축시켰다. 결과적으로 윌리엄스의 설명은 선택의 기본 대상(선택 단위인 유전자에 대립하는 개념으로서)에 작용하는 선택 기작을 이해하는 데 있어서는 종종 불필요할 정도로 복잡하거나, 비효율적이라고 판명되었다. 특히 그의 설명은 개체를 넘어서서 군집 사이 상호 작용과 초개체군 수준의 역동성에 기반한

BioScience 58(1): 17-25(2008).

36) G. C. Williams, *Adaptation and Natural Selection*(Princeton, NJ: Princeton University Press, 1966). 기본이 되는 내용은 차후 도킨스의 *The Selfish Gene*(New York: Oxford University Press, 1976)에 다시 서술되어 있음.

37) W. D. Hamilton, "The genetical evolution of social behaviour, I, II," *Journal of Theoretical Biology* 7: 1-52(1964).

38) D. S. Wilson, "A theory of group selection," *Proceedings of the National Academy of Sciences USA* 72(1): 143-146(1975); M. J. Wade, "the evolution of social interactions by family selection," *American Naturalist* 113(3): 399-417(1979); M. J. Wade, "evolution of interference competition by individual, family, and group selection," *Proceedings of the National Academy of Sciences USA* 79(11): 3575-3578(1982).

39) 윌슨은 *Sociobiology: The New Synthesis*(Cambridge, MA: The Belknap Press of Harvard University Press, 1975)에서 딤 사이 선택(interdemic selection)에 관한 두 가지 모형을 다루었 다. Richard Levins("Extinction," in M. Gerstenhaber, ed., *Some Mathematical Questions in Biology* [Lectures on mathematics in the Life Sciences, vol. 2] [Providence, RI: american Mathematical Society, 1970], pp. 77-107)과 S. A. Boorman and P. R. Levitt("Group selection on the boundary of a stable population," *Proceedings of the National Academy of Sciences USA* 69[9]: 2711-2713, 1972). 두 모형은 이타적 대립 형질을 보유한 딤(deme)들이 그것을 보유하지 못한 다른 딤에 비해 생존 면에서 우월해지는 경우, 그런 대립 형질들이 개체군에서 퍼져 나갈 수 있는 두 가지 다른 역동적 조건을 정의했다. 예를 들어 초개체군(metapopulation) 개념을 제시한 Levins의 모형에서는, 이타 적 행위자가 희생하는 어떤 딤의 생존율 증가분이 그 이타적 행위로 말미암은 이타적 행위자 자 신의 적응도상 손실을 능가할 때 그런 이타적 대립 형질이 증가할 수 있다고 주장한다.

선택 대상을 아예 배제했다.

이와 같은 무리 사이 선택 모형에서 얻을 수 있는 결론은 상호 작용하는 군락 구성원들이 평균 이상 유전적 유사성을 가지는 경우, 이타주의가 진화할 수 있다는 사실이다. 그러나 버크와 프랭스가 지적하듯, "이런 모형에 필수적인 유전적 유사성은 이기적 혹은 이타적 행동을 결정하는 유전자 좌위(locus)에 존재한다. 또한 친족성(kinship)이란 유전적 유사성 자체를 만들어 내는 공통 요인일 뿐 아니라, 사회성 행동과 관련된 유전자 좌위와 그와 다른 좌위 사이에 유전체 내 갈등을 유발하지 않고도 사회성 행동 유전자들이 유전체 안에서 더 선호되도록 하는 기본 조건을 만드는 거의 유일한 요인으로서 중요하다."[40] 그러므로 딤 내 집단 선택을 통한 설명과 혈연 선택을 통한 설명이 갈등 관계에 있다기보다는, 이 두 설명을 둘러싼 논쟁이란 결국 의미론의 문제인 것이다.[41]

지금까지 이야기한 내용을 요약하면, 이타적 행위를 결정하는 유전자는 개체 수준 선택(무리 속 선택)이 무리 속에서 일어날 때 감소하게 된다. 왜냐하면 이타적 개체들은 적응도 면에서 손해를 보는 반면, 이기적 개체들은 적응도 면에서 손해를 보지 않을 뿐 아니라 이타적 행위자들의 희생 덕분에 오히려 이득을 얻기 때문에 결과적으로 적응도가 증가하기 때문이다. 집단 선택에 의해 이타적 유전자가 개체군에서 전파될 수 있는 유일한 경로는 이타주의자가 더 많이 살고 있는 무리가 이타주의자들이 적은 무리에 비해 번식 면에서 유리해질 때뿐이다. 즉 무리 사이 선택 덕분에 늘어난 이익이 무리 속 선택으로 발생하는 무리 전체 손실을 능가해야만 이타적 유전자가 증가한다. 이것이 바로 어째서 집단 선택이 이타적 유전자의 전파를 방해하는 무리 속 선택과 그 전파를 선호하는 방향으로 작용하는 무리 사이 선택이라는 두 가지 선택 요소들로 이루어지는지에 대한 설명이다. 이는 혈연 선택과 상충되지 않으며, 마이클 웨이드(Michael Wade)가 "이타적 행위자를 가진 무리는 그들이 없는 무리에 비해 반드시 더욱 생산적이어야 한다."[42]라고 말하며 제안한 '선택의 요소(component of selection)'라는 개념과 완벽하게 일치한다.

---

40) A. F. G. Bourke and N. R. Franks, *Social Evolution in Ants* (Priceton, NJ: Princeton University Press, 1995).

41) D. S. Wilson, "The group selection controversy: history and current status," *Annual Review of Ecology and Systematics* 14: 159–187(1983).

42) M. J. Wade, "Kind selection: its components," *Science* 210: 665–667(1980).

마지막으로 데이비드 윌슨(David S. Wilson)은 소위 약한 이타주의(weak altruism)의 진화는 굳이 유전적 연관 계수와 관련되지 않고, 유전적으로 무작위로 섞인 개체들이 모인 무리에서도 생길 수 있다고 주장했다. '약한 이타주의' 상황 하에서는 이타적 개체의 개인적 적응도가 이타적 행위에 의해 증가하지만, 다른 구성원의 적응도는 그보다 더 증가한다고 본다. 이는 그가 주장한 개체군의 **모든** 개체와 비교하여 개인적 적응도를 언급한 '강한 이타주의(strong altruism)'와 전혀 다른 것이다.[43] 이론 생물학자들은 대부분 그러한 '강한 이타주의'가 진화하기 위해서는 유전적 연관 계수나 유전적 유사성을 반드시 고려해야 한다는 점에 동의한다. 사회성 곤충들 중에도 '약한 이타주의'의 정의에 부합하는 몇몇 경우가 있기는 하다. 예를 들면 새로 짝짓기를 한 여러 여왕이 서로 도와 초기 군락을 만들어 가는 경우가 그러하다. 하지만 그런 행동은 개체 선택으로도 설명이 가능하다. 예컨대 새로 교미한 암컷 단독으로는 새로운 군락을 만들어 유지할 가능성이 아예 없거나 매우 낮을 때, 개체들은 별 수 없이 다른 후보 여왕들과 협동을 해야만 한다. 하지만 이 경우에도 군락이 성숙한 뒤에 모두가 진짜 여왕이 될 수 있는 것은 아니다.[44]

---

43) D. S. Wilson, "Structured demes and trait-group variation," *American Naturalist* 113(4): 606-610(1979); D. S. Wilson, "The group selection controversy: history and current status," *Annual Review of Ecology and Systematics* 14: 159-187(1983); D. S. Wilson, "Weak altruism, strong group selection," *Oikos* 59(1): 135-140(1990). 이 주제에 관해 좀 더 자세하고 균형 잡힌 논의를 이해하고자 한다면 A. F. G. Bourke and N. R. Franks, *Social Evolution in Ants*(Priceton, NJ: Princeton University Press, 1995)를 참고할 것.

44) 다음과 같은 사례와 논의들을 참고할 것: S. H. Bartz and B. Hölldobler, "Colony founding in *Myrmecocystus mimicus* Wheeler (Hymenoptera: Formicidae) and the evolution of foundress associations," *Behavioral Ecology and Sociobiology* 10(2): 137-147(1982); S. W. Rissing, G. B, Pollock, M. R. Higgins, R. H. Hagen, and D. R. Smith, "Foraging specialization without relatedness or dominance among co-founding ant queens," *Nature* 338: 420-422(1989); D. C. Queller, "The evolution of eusociality: reproductive head starts of workers," *Proceedings of the National Academy of Sciences USA* 86(9): 3224-3226(1989); H. K. Reeve and F. L. W. Ratnieks, "Queen-queen conflict in polygynous societies: mutual tolerance and reproductive skew," in L. Keller, ed., *Queen Number and Sociality in Insects*(New York: Oxford University Press, 1993), pp. 45-85; D. C. Queller, F. Zacchi, R. Cervo, S. Turillazzi, M. T. Henshaw, L. A. Santorelli, and J. E. Strassmann, "Unrelated helpers in social insects," *Science* 405: 784-787(2000); J. Field, G. Shreeves, S. Sumner, and M. Cairaghi, "Insurance-based advantage to helpers in a tropical hover wasp," *Nature* 404:869-871(2000); G. Shreeves and J. Field, "Group size and direct fitness in social

모든 단계에 작용하는 자연 선택의 궁극적 매개체는 언제나 환경 조건이다. 세포는 유전자와 세포 소기관의 환경이며, 개체 밖 세계는 개체와 군락의 환경이다. 환경은 이들 세 가지 수준에서 변이를 골라내는 일 이상의 역할을 한다. 환경은 유전자가 각 선택 수준의 모든 단계를 망라하여 발현되는 양상 전체에 영향을 미친다. 각 수준에서 변이를 보이는 개별 형질은 결국 유전자 대립 형질과 환경의 상호 작용에 의한 결과이다. 각 대립 형질(혹은 대립 형질의 무리)의 표현형적 발현은 다른 환경에 대한 반응으로 볼 수 있으므로 어느 정도 예측 가능한 수준에서 변이를 나타낸다. 이렇게 환경이 부과하는 특정 조건에 대한 반응으로 나타나는 표현형적 변이 양상인 소위 '평균 반응(norm of reaction)' 자체가 발현을 제어하는 유전자들과 그 유전자 집합 사이의 상호 작용에 의해서 조절되고 있는 것이다. 그러므로 이 평균 반응은 결국 선택에 대한 반응으로서 진화하게 된다. 그런 이유로 사회적 행동은 어느 정도 프로그램되어 있으면서도 동시에 변이가 가능하다. 이는 일반적인 의미로서만이 아니라, 사회성 진화에 결정적인 방식, 이를테면 표현형적 발현이 개체와 그 개체가 속한 무리 모두에 적응적인 경우를 포함한다.

마지막으로 환경 자체도 개체의 능동적 반응에 의해 어느 정도는 변화한다는 점을 말하고 싶다. 극단적으로 발전한 사회성 곤충의 경우, 미소 기후를 통제할 수 있는 둥지를 지어 결국 군락이 속한 환경을 근본적으로 바꾸어 놓을 수도 있다. 몇몇 개미 종은 버섯을 기른다든지, 단물을 만드는 공생 곤충을 둥지 안에 기르거나 근처 식물 위에 놓아기르는 일종의 '목축'을 하며 먹이를 얻기도 한다.

그렇다면 개체를 한데 불러 모아 이타적 행동을 일으키고, 결과적으로 이런 이타적 행동을 통해 개체의 모임을 새로운 초유기체로 전환시키는 동력은 과연 무엇일까? 우선 초유기체가 처음 생겨난 상황을 생각해 보자. 단독 생활을 하는 곤충들은 환경이 부과하는 엄혹하고도 끊임없는 선택 압력의 시련 속에서 진화한다. 종종 그런 환경 압력을 받은 어떤 곤충들은 좀 더 오랜 시간 새끼를 돌보게 된다. 아주 가끔은 서로 돕기 위해 모이는 경우도 있을 것이다. 그리고 그런 경우, 어떤 극단적 상황에서는 계급과 노동 분담을 포함하는 초유기체가 만들어질 것이다. 포식자는 이렇게 진화 중인 군락을 사냥하고, 군락에 기생하려는 놈들이 빌붙기 시작하고, 경쟁자들이 먹이와 둥지 터를 노리고 침입한다. 군락의 일부 혹은 군락을 처

---

queues," *American Naturalist* 159(1): 81-95(2002).

음 일으키려는 여왕 후보들은 친정을 떠나 새로운 군락을 만들 때 새로운 환경에서 만나는 온도와 습도에 적응해야만 한다. 알맞은 미세 환경을 찾아 헤맬 때, 혹은 그런 곳을 찾은 뒤에라도, 하루가 멀다 하고 새로운 곳으로 옮겨 다닐 때마다 그런 변화를 이겨 내고 살아남아야 한다. 군락이 모인 개체군은 이런 냉혹하고 복잡한 세계를 비롯한 모든 생물학적 조직화 수준에서 성공적으로 적응하여 유전적 진화를 이루거나 실패하면 그들과 그들을 만든 대립 형질은 죽어 사라지고 좀 더 성공적인 것들이 그 자리를 대체하는 것이다.

진사회성의 진화

진사회성, 즉 일꾼 계급이 번식 계급을 맡아 돌보는 행태는 곤충의 사회성 행동 중에서도 가장 진보된 단계이다. 진화 역사에서 이런 진사회성이 등장하게 되는 조건은 드물지만, 일단 갖춰지면 괄목할 만한 성공으로 귀결되었다. 진사회성 곤충, 특히 개미와 흰개미는 그들이 사는 생태 환경 속에서 가장 오래 보유할 수 있고 지키기 쉬운 곳을 독점해 왔다.

진사회성은 어째서 그토록 성공적인 것일까? 많은 연구들이 조직화된 무리가 단독 생활을 하는 개체보다 자원 확보 경쟁에 유리하고, 같은 종이라도 큰 무리가 작은 무리에 비해 더 성공적이라는 설명을 뒷받침하고 있다.[45] 그렇다면 어째서 다른 한편으로는 이런 진사회성이 상대적으로 희귀한 현상일까? 그에 대한 해답은 진사회성이 이타적 행위자가 자기 자손을 남기는 일을 포기하면서 다른 개체의 번식을 돕는, 소위 직접 유전되지 않는 이타주의를 필수 조건으로 삼는다는 사실에 있다.

진사회성에 이르는 진화 경로 초기 단계를 연구함으로써 초유기체 진화의 핵심 요소를 이해할 수 있다. 진사회성 발달 초기 단계 특성을 보이는 분류군에 속하는 현존하는 모든 종은 포식자와 기생자, 경쟁자로부터 유지와 방어가 가능한 자원을 적극적으로 지키는 행동을 보인다. 그 자원이란 언제나 둥지와 근처 영역에 있는 먹

---

45)　B. Hölldobler and E. O. Wilson, *The Ants* (Cambridge, MA: The Belknap Press of Harvard University Press, 1990); W. R. Tschinkel, *The Fire Ants* (Cambridge, MA: The Belknap Press of Harvard University Press, 2006).

이를 말하는데, 이는 진사회성을 띠는 무척추동물과 척추동물 모두에 해당한다. 후자에는 많은 연구가 이루어진 아프리카산 벌거숭이두더지쥐(naked mole rat)도 포함된다.[46]

　예를 들어 호리허리벌아목(Apocrita)에 속하는 침을 지닌 말벌류(aculeate wasp) 중 많은 종의 암컷은 스스로 둥지를 짓고, 그 안에서 자라는 애벌레에게 산 채로 마비된 곤충을 먹이로 가져다준다. 지금껏 알려진 5만~6만 종을 헤아리는 이런 말벌 중 적어도 일곱 분류군에서 독립적으로 진사회성이 등장한 것으로 밝혀져 있다.[47] 대조적으로 나머지 7만여 종에 이르는 기생성 벌목 곤충들(넓적허리벌아목(Symphyta))과, 앞서 말한 침을 지닌 사회성 말벌(aculeate wasp)을 제외한 나머지 기생성 벌(parasitica wasp) 종류는 암컷이 먹이가 될 곤충을 찾아 그 안에 알을 낳는데, 아직 이들 무리에서 진사회성이 알려진 경우는 없다. 지금까지 5,000여 종이 알려진 엄청나게 다양한 잎벌과(-科, sawfly) 및 송곳벌과(horntail) 벌 역시 단 한 종류도 진사회성을 띠지 않는다. 몇몇 잎벌과 벌에서 애벌레들끼리 모여 사는 경우가 확인되었으나 진사회성 군락의 성격이 아닌데다, 성충이 되면 이내 단독 생활을 한다.[48]

　나무좀과(Scolytidae) 및 긴나무좀과(Platypodidae)에 속하는 수천 종의 나무좀(bark beetle)과 암브로시아딱정벌레(ambrosia beetle)는 거의 모두 갓 죽은 나무를 파서 둥지를 짓고, 또 먹이로 삼는다. 또한 많은 종이 이 구멍 둥지 속에 새끼를 키우기도 한다. 극히 드문 경우지만 암브로시아딱정벌레 중 어떤 종들은 살아 있는 나무에 구멍을 파고 여러 세대가 함께 살기도 한다. 이들 중에서도 단 한 종, 오스트레일리아산 유칼립투스나무구멍벌레(eucalyptus-boring, *Platypus*(이전 속명 *Austroplatypus*) *incompertus*)만이 진사회성을 띠고 있다고 알려져 있다. 유칼립투스 나무가 죽지 않고 오래 살아남는 경우에는 이 벌레들도 한 나무에 오래 살게 되는데, 한 가족으로 추정되는 딱정벌레 무리가 한 나무에 무려 37년까지 산 것으로 알

46)　P. W. Sherman, J. U. M. Jarvis, and R. D. Alexander, eds., *The Biology of the Naked Mole-Rat* (Princeton, NJ: Princeton University Press, 1991).

47)　E. O. Wilson and B. Hölldobler, "Eusociality: origin and consequence," *Proceedings of the National Academy of Sciences USA* 102(38): 13367-13371(2005).

48)　J. T. Costa, *The Other Insect Societies* (Cambridge, MA: The Belknap Press of Harvard University Press, 2006).

려져 있다.[49]

　이와 비슷하게, 적은 수의 진사회성 진딧물과 총채벌레(thrip)는 식물에 벌레혹(gall)을 만들어 살면서 외부 침입자로부터 스스로를 보호하는 동시에 풍부한 먹이를 확보한다고 알려져 있다.[50] 하지만 나머지 4,000여 종에 이르는 진딧물(aphid, adelgid) 대부분과 5,000여 종의 총채벌레 중에 가끔 무리 지어 생활하는 사례는 있지만 벌레혹을 만들거나 노동을 분담하는 경우는 없다. 또한 지금까지 알려진 1만 여 종에 이르는 십각류(decapod crustacean) 중, 시날페우스속(*Synalpheus*)에 속하는 무는새우(snapping shrimp) 종류에서 진사회성이 확인되었다. 이들은 십각류 중에서도 매우 특이하게도 해면동물 안에 둥지를 짓고 그것을 지키며 산다.[51]

진사회성 문턱 넘어서기

　사회성을 띤 벌목 곤충에서 발견되는 진사회성을 가능하게 한 핵심적 전적응(preadaptation) 행동은 독거성 곤충에서는 개체에 직접적으로 작용하는 선택의 결과인 진행성 먹이 공급(progressive provisioning, 애벌레가 알에서 깨어나서부터 번데기가 될 때까지 성장하는 동안 필요한 먹이를 어미가 단계에 맞게 계속 공급하는 행동 ― 옮긴이)이라 할 수 있다. 이런 행동을 보이면서 진사회성 바로 이전 단계에 있는 종에 미치는 생태적 압력에 대해 직접 야외에서 실험한 연구가 아직 변변히 시작 단계에도 이르지 못한 형편이지만, 주목할 만한 결과가 하나 있다. 구멍벌과(Sphecidae) 암모필라 푸베센스(*Ammophila pubescens*) 종 암컷은 땅에 파 놓은 구멍에 알을 낳고 다른 곤충의 애벌레를 먹이로 잡아다 넣어 준다. 그런데 구멍 속 애벌

49)　D. S. Kent and J. A. Simpson, "Eusociality in the beetle *Austroplatypus incompertus* (Coleoptera: Curculionidae)," *Naturwissenschaften* 79(2): 86–87(1992).

50)　B. J. Crespi, "Eusociality in Australian gall thrips," *Nature* 359: 724–726(1992); D. L. Stern and W. A. Foster, "The evolution of soliders in aphids," *Biological Reviews of the Cambridge Philosophical Society* 71(1): 27–79(1996).

51)　J. E. Duffy, C. L. Morrison, and R. Ríos, "Multiple origins of eusociality among sponge-dwelling shrimps(Synalpheus)," *Evolution* 54(2): 503–516(2000).

레에게 계속 먹이를 공급하기 위해서는 이 구멍 둥지 입구를 매번 여닫아야 하기 때문에 그 틈을 노리고 들어오는 기생파리(cuckoo fly; Family Tachnidae)에게 알을 잃는 경우가 많다.[52] 만약 이때 다른 암모필라 암컷이 둥지 입구를 지키고 있다면, 기생 침입자에 의한 피해를 엄청나게 줄일 수 있을 것임은 논리적으로 당연한 예측이다.

여러 마리 애벌레를 동시에 길러 내기 위해서는 동시 진행성 먹이 공급이[53] 벌목 곤충에게 특히 효과적인 전적응 형질이다. 단독 생활을 위한 적응의 결과인 이 행동 방식으로부터 성충이 된 새끼가 둥지를 벗어나 자기 새끼를 낳고 기르는 대신 둥지에 남아 어미가 낳은 동기들을 기르는 행동이 진화하는 데까지는 오직 한 단계의 과정만 더 남아 있게 된다.[54]

우선 무리에 함께 사는 개체들 사이에서 협동이 진화한 것이 궁극적으로 영구적 번식 포기(reproductive altruism)에 이르는 진사회성 진화를 위한 전적응 형질이 될 수 있는지를 생각해 보자. 많은 종류의 벌과 말벌에서 완전한 번식 능력을 갖춘 여왕 후보들이 한 둥지 안에서 순위 다툼을 벌여 번식을 독점하고 포기하는 방식으로 번식을 분담하는 사례가 발견되고 있다.[55] 이런 단계는 준사회성(semisocial)이라 부른다. 이런 준사회성 무리에서도 노동 분담이 보이기는 하지만 여전히 진사회성이 아닌 이유는 노동 분담이 단지 같은 세대에 속하는 개체들 사이에서만 이루어지기 때문이다. 게다가 대개의 경우 이런 조건은 단지 일시적인 것으로 영구적 번식 분담(reproductive division of labor) 단계까지 이르지 못한다. 하지만 지배 여왕(dominant foundress) 지위를 누리는 암컷이 낳은 새끼와 그보다 낮은 지위 암컷이

52)   J. Field and S. Brace, "Pre-social benefits of extended parental care," *Nature* 428: 650–652(2004).

53)   J. Field, "The evolution of progressive provisioning," *Behavioral Ecology* 16(3): 770–778(2005).

54)   E. O. Wilson, *The Insect Societies*(Cambridge, MA: The Belknap Press of Harvard University Press, 1971); C. D. Michener, *The Social Behavior of the Bees, A Comparative Study*(Cambridge, MA: The Belknap Press of Harvard University Press, 1974).

55)   C. D. Michener, *The Bees of the World*(Baltimore, MD: Johns Hopkins University Press, 2000); S. Turillazzi and M. J. West-Eberhard, eds., *Natural History and Evolution of Paper-Wasps* (New York: Oxford University Press, 1996); J. H. Hunt, *The Evolution of Social Wasps* (New York: Oxford University Press, 2007).

낳은 새끼들이 어쩌다 함께 둥지에 남아 이들 어미가 낳은 새끼를 기르는 데 도움을 주는 경우라면 원시적 단계의 진사회성이 생길 수도 있다. 이런 군락은 세대가 중첩된 상태에서 번식 분담 행태를 보이므로 진사회성의 두 가지 중요 조건을 모두 갖추게 되는 셈이다.

여왕 후보들의 연맹과 그로부터 비롯된 준사회성은 진사회성 발전에 필수 조건은 아니다. 오히려 적어도 벌목 곤충에서는 암컷이 혼자 새끼를 낳아 먹이를 잡아 먹이고 돌보는 행동인 소위 버금 사회성(subsocial)으로부터 진사회성이 비롯된 경우가 너 많다.

그러면 다시 돌아가 부모가 새끼를 돌보는 행동이 먼저 진화하고 그로부터 손위 형제가 둥지에 남아 동생들을 돌보는 행동(동기 돌보기)이 진화하는 과정을 생각해 보자. 단계별로 자연 선택의 작용 과정을 재구성해 보면 다음과 같다.

- 우선 어떤 개체에서 특정한 대립 형질이 새로 생겨나고, 그 대립 형질을 가진 개체가 그와는 다른 대립 형질을 가진 개체에 비해 생존과 번식에서 좀 더 유리하게 된다. 이 대립 형질은 점차 더 많은 자손들에 복제되어 퍼져 나감에 따라, 전체 개체군에서 그 빈도가 점점 더 늘어난다. 이는 가장 간단한 다윈적 적응이자 그 대립 형질이 부모가 새끼를 돌보는 행동에 관계하는 것이든 아니든 모든 진화의 필수 조건이 된다.
- 다음으로 생태 조건이 부모로 하여금 새끼를 돌보게 만든다. 이를테면 부모가 된 개체가 건강한 새끼를 지키고 기르기 위해 에너지를 투자하고, 거기에 자기 생존을 거는 것이다. 그리고 그런 행동을 지시하는 대립 형질들이 그렇지 않은 다른 대립 형질들에 비해 세대에 걸쳐 빈도가 점차 늘어나게 된다. 다시 말하면 새끼를 돌보는 부모는 분명히 어떤 대가를 치르게 된다. 즉 자기 자신의 생존에 대한 위험을 감수해야 하고, 더 많은 새끼를 낳을 수 있는 여분의 에너지를 이미 태어난 새끼를 돌보는 일에 사용해야 한다. 하지만 이렇게 길러 낸 새끼가 더 많이 번식 나이에 이르게 되면 그런 손실을 벌충하게 된다.
- 만약 생태 조건이 군집 안에서 개체끼리 협동을 선호하도록 작용한다면, 협동하게 만드는 대립 형질들(예를 들면 둥지나 새끼 무리를 함께 지키는 행동)은 그런 행동을 지시하지 않는 대립 형질에 비해 그 빈도가 점점 늘어나게 된다.

협동하는 개체들은 단독 생활을 하는 개체들에 비해 평균적으로 좀 더 신체 조건이 좋은 새끼를 좀 더 많이 길러 내기 때문이다. 그리하여 **개체들**이 협동을 하도록 선택된다. 이런 협동은 혈연으로 맺어지지 않은 개체들 사이에서도 생겨날 수 있다(물론 그들이 그런 협동 유전자를 함께 갖고 있는 경우라면). 때론 이기적인 속임수를 쓰도록 하는 유전자가 돌연변이에 의해 무리 안에 나타날 수도 있겠지만, 이는 무리 사이 경쟁을 통해서 항상 드러날 수 있다. 이것이 무리(군락) 수준에 작용하는 자연 선택이다.

- 무리 사이 선택을 언급할 때 명심해야 할 것은 무리는 어디까지나 다수준 선택의 대상들 중 하나일 뿐이라는 점이다. 따라서 다른 표현형적 수준에 미치는 선택 효과를 함께 고려하는 것이 중요하다. 하지만 이 구별은 무리 사이 선택이 영향을 주는 개체군 수준 유전적 변화에 대해 더 많은 것을 알려 주지는 못한다. 유전자 중심 시각에서는 무리 속 각 구성원의 포괄 적합도에 초점을 맞추어 선택의 결과를 생각하게 된다. 간단한 수학 모형을 써서 이런 식으로 접근하다 보면 협동은 가계도상 좀 더 가까운 개체들이 모인 무리에서 훨씬 빨리 진화한다는 사실을 알게 된다. 왜냐하면 이 경우 각 개체의 포괄 적합도는 가계도상 덜 가까운 개체들이 모인 경우에 비해 훨씬 높기 때문이다. 협동하는 개체들은 또한 그로 인해 자기와 별로 혈연관계가 높지 않은 새끼에까지 투자를 하게 됨으로써 손실을 보게 된다. 하지만 그들이 자기 새끼를 낳아 키우고 보호하려 할 때 둥지 안 다른 개체들이 도와줄 수 있다(상리공생).[56] 그런 경우 비록 자기가 직접 낳아 기르는 새끼 수는 별로 많지 않다 해도, 그 새끼를 이웃들과 함께 지킴으로써 좀 더 '안정적인' 생존을 보장할 수 있게 된다. 지속적 협동을 통해 새끼를 낳아 돌보는 개체로 이루어진 무리는 많은 이기적 배신자들이 있는 무리에 비해 결과적으로 더 많은 자손을 만들어 퍼뜨릴 수 있다.

- 하지만 완전히 혈연적으로 무관한 개체들로만 구성된 협동적 무리에서도 진사회성이 진화할 수 있었는가를 설명하는 모형이나 선험적 가설을 만들어

---

56) M. J. West-Eberhard, "Polygyny and the evolution of social behavior in wasps," *Journal of the Kansas Entomological Society* 51(4): 832-856(1978); J. Seger, "Cooperation and conflict in social insects," in J. R. Krebs and N. B. Davies, eds., *Behavioural Ecology: An Evolutionary Approach*, 3rd ed.(Boston: Blackwell Scientific, 1991), pp. 338-373.

내는 것은 사실 쉽지 않다. 게다가 그렇게 협동하는 무리에 대해 알려진 모든 사례는 실제로 데이비드 윌슨이 주창한 '약한 이타주의' 범주에 속한다.

- 수학적 이론으로 생각할 때 진사회성 행동이 진화한 경로에 대한 가장 그럴 듯한 가설은 부모가 새끼를 돌보는 행동으로부터 비롯되었다고 보는 것이 타당하다. 벌목 곤충에서 새끼를 돌보는 것은 언제나 어미다. 어미가 새끼를 돌보도록 하는 대립 형질은 생태 환경이 부과하는 선택압에 의해 사회성이 진화하기 전부터 이미 선호되었다고 할 수 있다.

- 자후 더 많은 생태 압력들이 개체들로 하여금 힘을 모아 둥지를 지키게 만들 거나, 함께 먹이를 구하게(foraging) 하거나, 함께 새끼를 돌보도록 한다. 버금 사회성이 발달한 군락에서 새로 성충이 된 개체는 자기가 태어난 둥지에 어느 정도 계속 머물면서 어미가 낳은 다른 새끼를 돌보는 데 협조한다. 이것이 버금 사회성으로부터 원시적 단계의 진사회성 구조로 넘어가는 과정일 것이다.[57] 좀 더 진보된 진사회성 단계에서는 이렇게 어미가 낳은 새끼를 돌보는 사회성 동기 도우미 성충(sib-social helper)들 중 어느 정도는 영구적으로 둥지에 잔류하게 된다. 이런 성충들은 결국 어미인 여왕을 먹이고 돌보는 일꾼으로 진화하게 될 것이다. 그리하여 그들은 자신의 독립적 번식을 포기하면서 어미 여왕의 번식 성공을 늘리고, 형제를 돌보고 기르게 된다.

- 번식 분담을 행하는 무리(군락)는 특정 환경 조건에서 그러지 않는 군락에 비해 생존과 번식에서 좀 더 유리하게 된다. 그리하여 무리 사이 선택은 군락의 번식 성공도 측면에서 그런 무리를 선호하게 된다. 샘 비셔스(Sam Beshers)와 제임스 트라니엘로(James Traniello)가 버섯개미(fungus-growing ant)인 트라키미르멕스 셉텐트리오날리스(*Trachymyrmex septentrionalis*)에서 이에 관련된 놀라운 사례를 연구했다. 이 종은 각 군락마다 나타나는 일꾼의 몸집 크기 차이와 그 빈도 분포가 개체군 안에서 군락별 번식 성공에 큰 영향을 끼

---

57) D. C. Queller, "The origin and maintenance of eusociality: the advantage of extended parental care," in S. Turillazzi and M J. West-Eberhard, eds., *Natural History and Evolution of Paper-Wasps*(New York: Oxford University Press, 1996), pp. 218-234; R. Gadagkar, *The Social Biology of* Ropalidia: *Toward Understanding the Evolution of Eusociality*(Cambridge, MA: Harvard University Press, 2001); J. Field and S. Brace, "Pre-social benefits and extended parental care," *Nature* 428: 650-652(2004); E. O. Wilson, "One giant leap: how insects achieved altruism and colonial life," *BioScience* 58(1): 17-25(2008).

치고 있었다.[58)]

- "궁극적으로 진화 과정이 전개됨에 따라 군락의 시초인 여왕과 그 짝인 수컷 (들)의 유전자형에 선택이 일어나게 되는데, 그들의 새끼인 군락 일꾼의 유전 자형이 군락의 특성을 결정하고, 바로 그 특성에 선택이 작용하게 된다."[59)]

- 그리하여 지금껏 소개된 진사회성 진화에 관한 통상적 시나리오는(좀 더 진 보된 형태의 동기 돌보기 행동과 번식을 독점하는 여왕의 존재, 그리고 이를 위해 일꾼 번식이 완전히 희생된 상태) 유전적으로 연관된 개체로 이루어진 친족 무 리를 필수 조건으로 하고 있다. 이 친족성은 단지 '진사회성 유전자' 전파를 촉진하는 데만 기여하는 것이 아니다. 이 친족성이라는 조건은 무엇보다 이 런 행동에 관련된 유전자들이 생겨났을 때 제거되기보다는 널리 퍼져 나갈 수 있도록 만들어 주는 조건이다. 비록 해밀턴 법칙이 추상적 수학 모형인데 다 다수준 선택의 대상을 명확히 언급하지 않았지만 이런 유전자가 전파될 수 있는 비용-편익 분기점의 하한을 명시하고 있다. 가계도상 유전적 연관 계수가 높아질수록 이 비용-편익 분기점의 하한선은 더 낮아진다.

여기서 우리는 유전자 선택(포괄 적합도)을 설명하는 수학 모형은 사실 다수 준 선택을 설명하는 모형과 상호 교환될 수 있음을 명심해야 한다. 리 두가킨(Lee Dugatkin), 컨 리브(Kern Reeve)를 비롯한 연구자들이 확인했듯이 그 두 모형의 바 탕이 되는 수학적 원칙은 정확히 같은 것이다. 비유를 하자면 똑같은 케이크를 다 른 방향과 각도로 자른 것에 불과하다. 포괄 적합도 이론에서 개체와 친족이라는 요소는 서로 다른 것으로 구별된다. 집단 선택 이론에서는 무리 안과 무리 사이라 는 요소가 구별된다. 그러므로 연구하고자 하는 문제에 따라 적절히 선택된 접근 방식을 통해 누구나 이 두 이론을 넘나들 수 있다.[60)]

---

58) S. N. Beshers and J. F. A. Traniello, "The adaptiveness of worker demography in the attine ant *Trachymyrmex septentrionalis*," *Ecology* 75(3): 763-775(1994).

59) R. E. Owen, "The genetics of colony-level selection," in M. D. Breed and R. E. Page Jr., eds., *The Genetics of Social Evolution*(Boulder, CO: Westview Press, 1989), pp. 31-59; A. G. F. Bourke and N. R. Franks, *Social Evolution in Ants* (Princeton, NJ: Princeton University Press, 1995); E. O. Wilson, "One giant leap: how insects achieved altruism and colonial life," *BioScience* 58(1): 17-25(2008).

60) L. A. Dugatkin and H. K. Reeve, "Behavioral ecology and levels of selection: dissolving the

지금까지 소개한 표준 모형을 요약하자면, 번식 분담이란 갓 만들어진 군락 일꾼들이 자기 새끼가 아닌 다른 암컷이 낳은 새끼를 돌보는, 즉 실제로는 자기 번식을 포기하는 상태를 의미한다. 처음으로 군락을 만들 때 암컷들이 서로 돕는 준사회성 군락에서는 개체들이 이런 희생 양상을 뒤집을 수도 있다. 즉 자기 새끼를 더 많이 낳아서 다른 암컷 새끼보다 더 많이 돌본다든지, 자기 새끼를 좀 더 오랫동안 돌보는 식으로 완전한 자기희생을 줄이는 것이다. 그러나 진사회성 군락에서 보이듯 거의 완전하게 자기 번식을 포기하는, 소위 강한 이타주의의 진화는 포괄 적합도 모형이나 다수준 선택 모형이든 상관없이 혈연관계가 아닌 개체들 사이에서는 결코 예측할 수 없다.

컨 리브는 이 결론에 대해 다음과 같은 수학적 설명을 제시했다.[61]

해밀턴의 불균등 원칙(즉 $rB - r'C > 0$, 여기서 r는 이타주의자와 그 자손 사이 유전적 연관 계수이고 r'는 이타주의자와 이타적 행동 수혜자의 자식 사이 유전적 연관 계수이다.)은 우리가 등가 원리(principle of equivalence)에 입각해서 볼 때 포괄 적합도 이론, **그리고** 다수준 선택 이론 모두에 핵심적 예측이다. 이런 해밀턴의 조건이 들어맞지 않는 경우 포괄 적합도 모형 **또는** 다수준 선택 모형으로는 이타주의 진화를 설명할 수 없다. 그리하여 만약 선택이 이타주의 진화에 개입되어 있다면, 해밀턴의 원칙이야말로 이타주의의 **유일한** 출발점이 된다고 할 것이다.

위의 B와 C는 각각 이타주의자의 희생 덕택에 수혜자가 더 퍼뜨릴 수 있는 자손 수와 이타주의자 본인이 희생해야 하는 자기 자손 수를 의미한다. 즉 B가 크다는 것은 무리 사이 선택을 통해 이타주의자가 속한 무리가 얻을 수 있는 이익이 크다는 뜻이고, C가 크다는 것은 무리 속 선택에 의해 이타주의자가 무리 안에서 감수하는 손해가 크다는 말이다. 이렇게 해밀턴 원칙은 다수준 선택 이론과 밀접히 연관되어 있다. 그럼 만약 이타주의자와 수혜자가 유전적으로 연관이 없는 경우는 어떻게 될까? 그 경우 해밀턴 공식은 $-r'C > 0$만 남게 되어 C가 0보다 큰 경우(즉 이타적 행동으로 희생을 하는 경우)는 공식 자체가 성립되지 않는다. 그렇다면 이런 의문이 들 것이다. 하지만 이 경우에도 집단 선택에 의해

group selection controversy," *Advances in the Study of Behavior* 23: 101-133(1994).

61) K. Reeve, personal communication(2007).

이타주의는 여전히 진화될 수 있지 않을까? 그렇지 않다. 이타주의에 관한 그 어떤 형질－집단 선택 모형(개체뿐 아니라 무리 전체의 비용－편익을 계산하여 특정 형질의 선택을 예측하는 수리 모형 ― 옮긴이)에서도, 이타주의는 이타주의자가 **오직** 개체군 전체를 통해 이타주의자가 아닌 개체에 비해 더 많은 자손을 남길 때만 진화할 수 있다. 즉 해밀턴 원칙에서 $C < 0$인 경우이다.

그러면 사람들은 어째서 이타주의가 혈연관계가 없는 개체들로 이루어진 무리에서조차 집단 선택에 의해 진화할 수 있으리라는 오해를 하는 것인가? 그 해답은 집단 선택론을 지지하는 학자들이 이타주의라는 용어의 의미를 어떤 종류의 무리에서든 그 안에 함께 속한 다른 개체에 비해 번식 손실을 보는 모든 경우를 일컫는 뜻으로('약한 이타주의') 바꾸었기 때문이다. 하지만 이런 이타주의는 원래 해밀턴의 원칙에 등장하는 C, 즉 **개체군 전체를 통틀어 평균적으로** 이타주의자가 희생하는 자손의 수(다른 무리 구성원과 개체별로 비교해서 더 희생하는 개체 당 자손 수가 아니라)를 이야기하는 이타주의('강한 이타주의')와는 다른 것이다. 이 약한 이타주의가 혈연관계가 없는 개체들 사이에서도 집단 선택에 의해 진화될 있는 **유일한** 경우는 $C < 0$인 경우, 즉 강한 이타주의가 없는 경우뿐이다. 그리고 정확히 같은 이야기가 포괄 적합도 모형에서도 증명된다. 다시 말해 해밀턴 원칙은 강한 이타주의가 포괄 적합도 모형에 의해서든, 다수준 선택 모형에 의해서든 진화할 수 있는 공통 기본 조건인 것이다.

이 과정을 수학적으로 이해하기 위해 혈연관계가 없는 개체들로 구성된 무리에서 이타주의자가 남기는 자손 수를 **pG**(G는 이타주의자가 속한 무리 전체 자손의 총수이고, p는 그중에서 이타주의자 자손이 차지하는 비율)라 하고, 비이타주의자 자손이 차지하는 비율을 **p′**, 비이타주의자가 속한 무리의 자손 총수를 **G′**라고 하자. **p < p′**(이타주의자가 속한 무리에 불리한 무리 속 선택)이고 **G > G′**(이타주의자가 속한 무리에 유리한 무리 사이 선택)라고 가정한다. **pG > p′G′**인 경우, 즉 전체 개체군을 통틀어 이타주의자가 비이타주의자에 비해 평균적으로 더 많은 자손을 남기는 경우, 포괄 적합도 모형 및 다수준 선택 모형 모두에 의해 이타주의를 지시하는 대립 형질은 전파될 수 있다. 이렇게 약한 이타주의는 두 가지 모형 모두에 의해서 혈연관계가 없는 개체 사이에서도 진화될 수 있지만, 강한 이타주의는 두 가지 경우 모두에서 진화할 수 없다.

이제 이런 질문을 해 보자. 우리가 지금까지 가정한 '진사회성 유전자'의 기원은 무엇인가?

몇몇 연구자들이 한 가지 중요한 증거로 제안하는 대로 도우미 행동(helper behavior, 새끼가 어미를 도와 어미가 낳은 다른 새끼를 키우는 행동)은 어미가 새끼를 돌보는 행동(maternal care behavior)에서 진화적으로 유래했으리라는 것이다.[62] 초기 저작에서 메리 제인 웨스트에버하드(Mary Jane West-Eberhard)는 '난소에 든 바탕 계획(ovarian groundplan)'이라는 시나리오를 제시했는데, 여왕과 일꾼이 가지고 있는 계급 결정 유전자의 대립 형질은 같지만, 함께 물려받은 같은 발달 계획이자라는 환경에 의해 서로 다르게 유도됨으로써, 그 결과 표현형적으로 갈라지게 된다는 것이다. 이와 달리 티머시 링스베이어(Timothy Linksvayer)와 마이클 웨이드(Michael Wade)는 유전자 발현 순서가 뒤섞이는 상태(heterochrony)에서 어미가 새끼를 돌보는 행동으로부터 사회성 동기 돌보기 행동(sib-social care)이 진화했다는 모형을 제시했다.[63] 이들이 주목한 것은 이런 행동의 기원이 되는 '어미가 새끼 돌보는 행동'을 지시하는 유전자는 교미가 끝나고 번식 기능이 발달한 뒤에서야 발현될 수 있다는 점이다. 진화적으로 유래한 어떤 조건에서는 번식 기능 발달에 관계된 요소들이 미처 발현되지 않은 상태에서도, 새끼를 기르는 행동이 먼저 발현함으로써 자기 새끼가 아닌 형제를 돌보게 된다. 이렇게 어떤 행동을 드러내는 시기

---

62) R. Dawkins, "Twelve misunderstandings of kin selection," *Zeitschrift für Tierpsychologie* 51(2): 184-200(1979); M. J. West-Eberhard, "The epigenetical origins of insect sociality," in J. Eder and H. Rembold, eds., *Chemistry and Biology of Social Insects*(Proceedings of the Tenth Congress of the International Union of Social Insects, Munich, 18-22 August 1986)(Munich: Verlag J. Peperny, 1987), pp. 369-372; M. J. West-Eberhard, "Flexible strategy and social evolution," in Y. Itô, J. L. Brown, and J. Kikkawa, eds., *Animal Societies: Theories and Facts*(Tokyo: Japan Scientific Societies Press, 1987), pp. 35-51; R. D. Alexander, K. M. Noonan, and B. J. Crespi, "The evolution of eusociality," in P. W. Sherman, J. U. M Jarvis, and R. D. Alexander, *The Biology of the Naked Mole-Rat* (Princeton, NJ: Princeton University Press, 1991), pp. 3-44; M. J. West-Eberhard, "Wasp societies as microcosm for the study of development and evolution," in S. Turillazzi and M. J. West-Eberhard, eds., *Natural History and Evolution of Paper-Wasps* (New York: Oxford University Press, 1996), pp. 290-317.

63) T. A. Linksvayer, and M. J. Wade., "The evolutionary origin and elaboration of sociality in the aculeate Hymenoptera: maternal effects, sib-social effects, and heterochrony," *The Quarterly Review of Biology* 80(3): 317-336(2005); T. A. Linksvayer, "Direct, maternal, and sibsocial genetic effects on individual and colony traits in an ant," *Evolution* 60(12): 2552-2561(2006).

를 지시하는 유전자 발현이 조절되는 일(behavioral heterochrony)은 흰개미의 진사회성 진화를 비롯 다른 동물 분류군에서 동기 돌보기 행동이 진화하는 데 관련되어 있다.[64][65] 링스베이어-웨이드 모형에서는 유전적 변이가 적어도 어느 정도까지는 생리적, 행동적 특성 변이에 관계되듯이, 어미가 새끼를 돌보는 행동이 발현되는 시기를 조절하는 변이에도 관계되어 있다. 그들이 제안한 것은, "이렇게 행동 발달 순서가 교란되는 현상에 유전자들이 어느 정도까지 직접 연관되어 있어서, 일단 거기에 적절한 돌연변이가 생겨났을 때 사회성 진화를 촉진시킬 수 있었을 것이다." 그리하여 여왕과 일꾼들은 이렇게 새끼를 돌보는 행동이나 다른 행동적 특징에서 점차적으로 더 큰 차이를 보이는데, 군락의 일생 중 어떤 시점에서는 군락의 모든 개체들이 함께 새끼를 돌보아야만 할 때가 있다. 그러므로 링스베이어와 웨이드는 새끼 돌보기에 관계된 대립 형질은 새끼를 돌보는 행동을 어미뿐 아니라 동기 개체에서도 동시에 조절하며(pleiotropy, 한 유전자가 두 가지 이상의 표현형을 발현하는 현상) 이 두 행동 사이에는 어떤 유전적 상호 연관성이 유지되고 있다고 제안했다. 그밖에도 개체와 군락의 표현형이 발현하는 데 있어 사회 환경 역시 중요한 요인이다.[66] 군락 구성원들 사이에 발현되는 유전자(간접적 유전 효과)는 체세포 유전자와 더불어(직접적 유전 효과) 표현형에 작용하게 된다. 링스베이어와 웨이드는 사회성에 관련된 특성의 발현과 그것의 진화적 의미에 중요한 역할을 할 만한 직간접적 유전 효과들을 각각 분리해서 탐구할 수 있는 다양한 실험적 가능성들을 제안했다.[67]

사실 간접적 유전 효과에 대한 반응성 자체가 준사회성으로부터 진사회성으

---

64) C. A. Nalepa and C. Bandi, "Characterizing the ancestors: paedomorphosis and termite evolution," in T. Abe, D. E. Bignell, and M. Higashi, eds., *Termites: Evolution, Sociality, Symbiosis, Ecology*(Boston: Kluwer Academic Publishers, 2000), pp. 53-75; M. J. West-Eberhard, *Developmental Plasticity and Evolution*(New York: Oxford University Press, 2003).

65) I. G. Jamieson, "Behavioral heterochrony and the evolution of birds' helping at the next: an unselected consequence of communal breeding?" *American Naturalist* 133(3): 394-406(1981).

66) M. J. West-Eberhard, *Developmental Plasticity and Evolution*(New York: Oxford University Press, 2003).

67) T. A. Linksvayer, and M. J. Wade., "The evolutionary origin and elaboration of sociality in the aculeate Hymenoptera: maternal effects, sib-social effects, and heterochrony," *The Quarterly Review of Biology* 80(3): 317-336(2005).

로 전이를 선호하는 또 다른 전적응이 될 수 있는데,[68] 여러 가지 자연사적 현상들이 이 가설을 지지한다. 그중 한 가지는 꼬마광채꽃벌(*Ceratina flavipes*, Japanese stem-nesting xylocopine bee)로, 이 종의 암컷 대부분은 혼자서 둥지에 남은 새끼들에게 꽃가루와 꽃꿀을 먹이로 가져다주지만, 0.1퍼센트가 약간 넘는 예외적 경우에 암컷 두 마리가 서로 협동을 하기도 한다. 이 암컷 두 마리는 할 일을 서로 나누는데, 즉 한 마리가 알을 낳고 둥지 입구를 지키는 동안 다른 한 마리가 먹이를 구해 나른다.[69]

좀 더 놀라운 경우는 원래 자연 상태에서는 독거성이지만 인위적으로 함께 살도록 만든 경우 준사회성 행동을 보이는 벌 종류이다. 꼬마광채꽃벌속(*Ceratina*)과 꼬마꽃벌과(Halictidae) 애꽃벌속(*Lasioglossum*)에 속하는 벌들은 억지로 여러 마리를 함께 모아 놓으면 거기서 먹이 구하기, 굴 파기, 집 지키기 등 여러 가지 행동에서 다양한 분업이 이루어진다.[70] 게다가 애꽃벌속 벌 중 적어도 두 종의 암컷들은 서로 꽁무니를 쫓아 둥지로 따라 들어가기도 하는데, 이는 원시적 진사회성 벌이 가진 전형적인 행동이다. 여기서 보이는 노동 분담 행태는 독거성 벌들이 한 가지 일을 마치고 다음 일을 하는 것과 같이, 이미 존재하는 기본적 행동 규칙에서 비롯된 것으로 보인다. 진사회성 군락에서는 다른 개체가 이미 끝낸 일은 더 이상 하지 않으려는 식으로 이런 기제들이 변환된다. 그러므로 진행성 먹이 공급 행동을 하는 벌과 말벌들은 이미 일단 생태적 요인이 그런 변화에 호의적인 경우라면 기다렸다는 듯이 진사회성으로 옮겨 갈 수 있는 '만반의 준비'가 갖춰져 있음이 분명하다.

이렇게 강요된 무리생활 실험을 통해 얻어진 결과들은 이미 갖춰진 사회에서

---

68) E. O. Wilson, "One giant leap: how insects achieved altruism and colonial life," *BioScience* 58(1): 17-25(2008).

69) S. F. Sakagami and Y. Maeta, "Sociality, induced and/or natural, in the basically solitary small carpenter bees(Ceratina)," in Y. Itô, J. L. Brown, and J. Kikkawa, eds., *Animal Societies: Theories and Facts* (Tokyo: Japan Scientific Socieities Press, 1987), pp. 1-16.

70) S. F. Sakagami and Y. Maeta, "Sociality, induced and/or natural, in the basically solitary small carpenter bees(Ceratina)," in Y. Itô, J. L. Brown, and J. Kikkawa, eds., *Animal Societies: Theories and Facts* (Tokyo: Japan Scientific Societies Press, 1987), pp. 1-16; W. T. Wcislo, "Social interactions and behavioral context in a largely solitary bee, *Lasioglossum* (*Dialictus*) *figueresi* (Hymenoptera, Halictidae)," *Insectes Sociaux* 44(3): 199-208(1997); R. Jeanson, P. F. Kukuk, and J. H. Fewell, "Emergence of division of labour in halictine bees: contributions of social interactions and behavioural variance," *Animal Behaviour* 70(5): 1183-1193(2005).

노동 분담이 발생하는 과정을 설명하는 모형인 정해진 문턱값 모형(fixed threshold model)에 잘 들어맞는다.[71] 이 모형은 유전적이거나 혹은 순전히 표현형적 기원을 가진 변이가 다양한 일감마다 이미 정해져 있는 문턱값에 대한 반응으로 존재한 다고 가정한다. 즉 두 마리 이상의 개체가 서로 모여 어떤 일을 할 때, 그중 가장 낮은 문턱값을 가진 개체가 먼저 한 가지 일감을 시작한다. 그러면 이것은 다른 동료 들로 하여금 그 일 말고 남아 있는 다른 일을 시작하도록 만든다. 그러므로 예를 들 어 어떤 대립 형질의 변화가 개체에 일으킬 수 있는 유일한 표현형적 특성이 자기가 태어난 둥지를 떠나는 행동을 억제하는 것이라면, 이것이 무리 전체적으로 영향을 끼칠 때 위에 설명한 것 같은 노동 분담의 전적응 특성을 가진 종이 진사회성 문턱 을 넘어서기에 충분하다는 것이다.

어미와 불임 새끼가 맡은 역할 차이는 전혀 유전적인 것이 아니다. 오히려 원시 단계의 진사회성 종에서 밝혀진 증거를 통해서 보면 이 두 계급은 진화적으로 동 일하게 조성된 유전체의 서로 다른 표현형적 발현을 대표하는 경우일 뿐이다.

그러므로 이타주의와 진사회성은 우선 표현형적으로 가변적인 진사회성 대립 형질(혹은 그런 대립 형질들의 집합)이 나타나 어미로 하여금 진행성 먹이 공급을 하 게 만들고, 이런 특성이 자연 상태에서 무리 전체에 관련되어 새롭게 등장했을 때 이를 가진 개체가 직접적 선택(무리 속 선택)에 의해 제거되어 무리가 해체되기보다 는 무리 사이 선택에 의해 그런 형질이 선호되는 상태로부터 시작된 것이 분명하다.

말하자면 새롭게 출현한 일꾼 계급이 내딛은 작은 한 걸음이 벌목 곤충 전체로 보아서는 하나의 거대한 도약이 된 것이다.[72]

근본적으로 유전적이고 진사회성 문턱값에 걸쳐 있는 형질이 보이는 또 다 른 가변성의 사례는 땅에 집을 짓는 꼬마꽃벌과 할릭투스 섹싱크투스(*Halictus sexcinctus*)에서 찾아볼 수 있다. 이 종이 살고 있는 그리스 남부의 한 지역의 개체군

---

71) G. E. Robinson and R. E. Page Jr., "Genetic basis for division of labor in an insect society," in M. D. Breed and R. E. Page Jr., eds., *The Genetics of Social Evolution*(Boulder, CO: Westview Press, 1989), pp. 61-80; E. Bonabeau, G. Theraulaz, and J.-L. Deneubourg, "Quantitative study of the fixed threshold model for the regulation of division of labour in insect societies," *Proceedings of the Royal Society of London* B 263: 1565-1569(1996); S. N. Beshers and J. H. Fewell, "Models of division of labor in social insects," *Annual Review of Entomology* 46: 413-440(2001).

72) E. O. Wilson, "One giant leap: how insects achieved altruism and colonial life," *BioScience* 58(1): 17-25(2008).

에서 유전적 다형성(genetic polymorphism)이 나타나는데, 한 변종은 여러 암컷들이 함께 군락을 만드는 반면, 다른 변종 군락에서는 어미 한 마리가 영역을 지키고 둥지 안에서는 그것이 낳은 새끼들이 일꾼으로 일한다.[73]

노동 분담과 진사회성의 근본이 되는 유전적 구조와 발달 생리학에서 괄목할 만한 발전이 이루어졌다.[74] 사실 최근에 이루어진 여러 가지 발견들은 진사회성 진화를 설명하는 웨스트에버하드의 '난소에 든 바탕 계획' 모형과 링스베이어-웨이드의 '행동 발달 순서 교란' 모형이 만든 예측들을 지지하고 있다. 둥지에 머물러 어미가 낳은 다른 새끼를 돌보는(사회성 동기 돌보기) 성충이나 자기 새끼를 돌보는 어미가 같은 유전자를 많이 가지고 있으리라는 예측은 실제로 많은 실험적 연구들에서 밝혀지고 있다. 로버트 페이지(Robert Page)와 그로 앰덤(Gro Amdam)은 선택적 교미, 유전자 지도 작성, 기능성 유전체학, 내분비학과 생리학 등 분석적 연구를 통해서 복잡한 사회적 행동이 번식 신호 체계에서 일어나는 일시적인 간단한 순서 교란의 변화로부터 진화할 수 있다고 결론지었다. 그들에 따르면, "곤충 사회가 출현하게 되는 복잡한 사회성 행동의 기원은 조상으로부터 전해 내려온 발달 기제에서 유래한다. 이런 기제들은 이미 더 오래된 독거성 종에서부터 기원한 것이기에, 진화적으로 새롭게 만들어질 필요는 거의 없었다."[75]

정확히 어떤 종류의 선택이 종으로 하여금 진사회성 문턱을 넘어서도록 하는가? 이 적응과 그것으로부터 가능한 전이에 대한 분명한 사례는 꼬마꽃벌(halictid sweat bee)과 쌍살벌 경우에서 찾아볼 수 있다. 최근 확인된 사례에서 두 종의 꼬마꽃벌은 평소 많은 종류의 꽃에서 꽃가루를 따 모으다가 어떤 때는 적은 수의 꽃 종류에서만 꽃가루를 모으는 행동으로 바꾸는데, 이렇게 먹이를 모으는 방식이 변할 때 생활 방식 또한 원시적 진사회성 생활 방식에서 독거성으로 전환한다. 먹이로 삼은 꽃 종류를 줄이는 것은 독거성으로 전환한 종이 사는 환경에서는 좀 더 유리

---

73) M. H. Richards, E. J. von Wettberg, and A. C. Rutgers, "A novel social polymorphism in a primitively eusocial bee," *Proceedings of the National Academy of Sicences USA* 100(12): 7175-7180(2003).

74) G. E. Robinson, "Genomics and integrated analysis of division of labor in honeybee colonies," *American Naturalist* 160(6, Supplement): S160-S172(2002).

75) R. E. Page Jr. and G. V. Amdam, "The making of a social insect: developmental architectures in social design," *BioEssays* 29(4): 334-343(2007).

할 수 있다. 이런 유전적 변화는 또한 먹이를 모으는 데 필요한 시간을 줄이고, 세대가 겹칠(즉 진사회성 군락을 만들) 가능성을 없애며 둥지를 지키는 일꾼이 있을 때 생길 수 있는 이익을 없애 버린다. 이런 역방향 진화는 쉽게 이해될 수 있고, 또 실제로 그렇게 일어났을 가능성도 높다. 광범위한 먹이 식물에 대한 적응은 여러 세대의 벌들이 한 둥지 안에 동시에 거주할 수 있는 조건이 된다.[76] 비교적 원시적 진사회성 단계에 있는 말벌의 경우에서도 비슷한 증거를 찾을 수 있다.[77] 진사회성이라는 문턱을 넘어섬에 있어서 새끼(딸)를 둥지에 머무르게 하는 단 하나의 대립 형질(즉 행동 발달 순서를 교란시키는 유전자)은, 그 개체가 일꾼이 되어 둥지에 남을 때 얻을 수 있는 이익이 둥지를 떠나 자신의 새끼를 낳아 기를 때 얻을 수 있는 이익보다 충분히 클 때 개체군 전체 수준에서 유지될 수 있다.

그 과정은 진사회성에 이르는 순서의 마지막 단계에서 하나의 변화, 즉 하나 혹은 매우 적은 수의 대립 형질에 일어난 변화 덕분에 가능할 수 있다고 하는 포괄적 원칙을 따르는 것처럼 보인다. 곤충의 사회 유전학 연구에서 다른 사례를 찾을 수 있다. 예를 들면, 현존하는 수많은 개미 종들에서는 날개 달린 번식형 암컷과 날개 없는 일꾼 암컷들이 한 군락에 함께 사는 것은 군락 생활의 가장 기본적인 특징이다. 계통 분류상 충분히 멀리 떨어져 있는 파리목이나 나비목 곤충들과 비교해 봤을 때, 날개 달린 곤충들의 날개가 발달하는 과정은 똑같은 하나의 조절 유전자 네트워크에 의해 통제되고 있다. 1억 1000만 년 이전에 최초의 개미(혹은 개미와 가장 가까운 어떤 조상 종)에서 이 조절 유전자 네트워크가 변형됨으로써 먹이나 기타 환경 요인 조건에 따라 날개를 만드는 유전자가 발현되지 못하는 사건이 일어났다. 그리하여 날개 없는 일꾼 계급이 생겨나게 되었다.[78]

---

76) B. Danforth, "Evolution of sociality in a primitively eusocial lineage of bees," *Proceedings of the National Academy of Science USA* 99(1): 286–290(2002).

77) J. H. Hunt and G. V. Amdam, "Bivoltinism as an antecedent to eusociality in the paper wasp genus *Polistes*," *Science* 308: 264–267(2005).

78) E. Abouhief and G. A. Wray, "Evolution of the gene network underlying wing polyphenism in ants," *Science* 297: 249–252(2002).

선택의 상쇄적 힘

직접적 개체 선택이 진사회성이 기원하는 데 어느 정도 부수적 역할을 할 수 있었다 해도, 진사회성을 유지하고 정교하게 만드는 선택의 힘은 필연적으로 환경에 기반한 무리 사이 선택이다. 그리고 그 선택은 무리에서 생기는 새로운 특성 전체에 포괄적으로 작용한다. 가장 원시적 진사회성을 보이는 개미, 벌, 말벌의 행동에 대한 연구를 통해 밝혀진 그러한 초기의 무리적 특성의 예를 들자면 군락 내 지배권 다툼(dominance behavior), 번식 분담, 그리고 아마도 페로몬에 의해 조절되는 몇 종류의 경보 신호들이라고 할 수 있다. 진사회성의 아주 초기 단계에 있는 종은 적어도 다음과 같은 의미에서 일종의 신경 유전학적 잡종 같은 것으로 볼 수 있다. 즉 새롭게 등장하는 특성들이 한편으로는 무리를 선호하지만, 다른 한편으로 이미 그 이전 수백만 년에 걸쳐 직접적 개체 선택의 대상이 되었던 유전체의 나머지 대부분은 개체의 독립과 번식을 선호한다.

집단 선택(무리 사이 선택)에 의해 사회성이 점점 진화하게 되는 결합 효과(binding effect)가 직접적 개체 선택(무리 속 선택)에 의해 사회성보다는 개체의 생존과 번식을 선호하는 소위 와해 효과를 능가하기 위해서는 진사회성 진화의 대상이 되는 곤충 종은 진화 역사로 볼 때 반드시 아주 짧은 거리만을 건너뛸 수 있는 상태여야 한다. 다시 말해서 진사회성 군락을 이루기 위해 요구되는 새로운 특성을 갑자기 그다지 많이 필요로 하지 않는 상태의 종이어야 한다는 것이다. 이런 진화적 간격을 줄이는 것은 특정한 종류의 전적응 형질을 가지고 있음으로써 가능하다. 하지만 이렇게 딱 알맞은 종류의 전적응 형질들이 갖춰지는 일이 극도로 드물다는 점, 거기다 무리가 만들어지는 쪽으로 작동하는 무리 사이 선택의 힘을 상쇄하는 직접적 개체 선택(무리 속 선택)의 힘이 진사회성으로 넘어서는 문턱값을 더 높인다는 점이, 아마도 진사회성이 계통 분류상 보기 드문 이유가 될 것이다.

귀환 불능점을 지나서

진사회성 진화의 가장 초기 단계에서 둥지에 남은 새끼들은 진사회성 이전의 조상으로부터 물려받은 자연스러운 행동의 기본 규칙에 부합하는 일꾼의 역할을 바로 수행했으리라 상상해 볼 수 있다. 차후에 양육 유전자 발현이 먹이 구하기 행동에 앞서도록 뒤바뀌는 유전적 변이(이는 조상 종에서 일어나던 성체 발달의 기본 순서가 뒤바뀜을 의미한다.)가 일어남으로써, 형태적으로도 다른 일꾼 계급이 등장할 수 있었다.[79] 이런 행동 순서상 변화는 기본적 행동 규칙 전체를 지시하는 대립 형질들이 지닌 표현형적 유연성의 일부로 남아 있도록 유전적으로 프로그램되어 있다. 해부학적으로 구별되는 일꾼 계급의 등장은 진사회성이 더 이상 이전 상태로 되돌아가지 못하는, 즉 진화적으로 '귀환 불능점'에 다다른 사건이라고 할 수 있다.[80]

이 단계를 지남으로써 진사회성의 진화적 기원과 유지 사이에는 분명한 구분이 필요해졌다.[81] 이렇게 진보된 사회에 부과되는 생태적 선택 압력과 친족 구성의 구조는 좀 더 이른 단계의 진사회성 특징을 지닌 무리의 그것과 종종 확연히 구분된다. 이 구분은 컨 리브와 이 책의 저자 중 한 명인 베르트 횔도블러(Bert Hölldobler)가 고안한 개체 선택(포괄 적합도) 모형에 의해 이해할 수 있는데,[82] 이는 진사회성의 진화적 초기 단계와 그에 비해 좀 더 진보한 단계인 초유기체라는 상태를 구별하여 각 단계마다 독특한 환경 조건에서 부과된 자연 선택의 여러 가지 모습을 탐구하기 위한 방법이다.

개체는 자신의 에너지를 군락 사이 경쟁과 군락 속 경쟁 사이에서 어떻게 배분할 것인가 하는 문제에 봉착하게 된다. 즉 군락 사이 경쟁을 통해 확보된 자원을 자

---

79) G. V. Amdam, K. Norberg, M. K. Fondrk, and R. E. Page Jr., "Reproductive ground plan may mediate colony-level selection effects on individual foraging behavior in honey bees," *Proceedings of the National Academy of Sciences USA* 101(3): 11350-11355(2004); G. V. Amdam, A. Csondes, M. K. Fondrk, and R. E. Page Jr., "Complex social behaviour from maternal reproductive traits," *Nature* 439: 76-78(2006); R. E. Page Jr. and G. V. Amdam, "The making of a social insect: developmental architectures of social design," *BioEssays* 29(4): 334-343(2007).

80) E. O. Wilson, *The Insect Societies* (Cambridge, MA: The Belknap Press of Harvard University Press, 1971); E. O. Wilson and B. Hölldobler, "Eusociality: origin and consequence," *Proceedings of the National Academy of Sciences USA* 102(38): 13367-13371(2005).

81) A. F. G. Bourke and N. R. Franks, *Social Evolution in Ants* (Princeton, NJ: Princeton University Press, 1995); B. J. Crespi, "Comparative analysis of the origins and losses of eusociality: causal mosaics and historical uniqueness," in E. P Martins, ed., *Phylogenies and the Comparative Method in Animal Behavior* (New York: Oxford Universtiy Press, 1996), pp. 253-287; C. D. Michener, *The Bees of the World* (Baltimore, MD: Johns Hopkins University Press, 2000).

82) H. K. Reeve and B. Hölldobler, "The emergence of a superorganism through intergroup competition," *Proceedings of the National Academy of Sciences USA* 104(23): 9736-9740(2007).

신을 포함한 개체들 사이에 어떻게 나눌 것인가 하는 문제를 놓고 군락 안에서 다른 개체들과 줄다리기를 벌여야 한다는 것이다. 생태적, 유전적 요인들에 의해 어떤 생물 종이 가장 극단적 초유기체성(superorganism continuum) 단계까지 이르게 될 때, 그에 따른 선택에 의해 군락 속 개체 사이 경쟁과 관련된 형질들, 즉 자신의 진화적 이익에 손해를 끼칠 수 있는 생리학적 구조와 기능들을 완전히 없애 버리는 방향으로 군락 속 개체가 진화할 수 있다는 것이 수학적 모형에 의해서 명백하게 예측된다. 그리하여 이런 모형은 진사회성 진화에 있어서 귀환 불능점에 이르게끔 만드는 구체적 조건들을 제시한다. 그 귀환 불능점이란 이를테면 군락 속 개체의 진화적 경쟁에 중요한 난소나 저정낭(spermatheca) 같은 기관들이 퇴화하거나 아예 완전히 없어져서 개체의 '이기성(selfishness)'이라는 것이 더 이상 기능을 발휘하지 못하는 상태를 일컫는다. 즉 선택이 거듭되면서 그런 기관들은 점점 퇴화되고 사라져서 한두 번의 돌연변이만으로는 더 이상 이전 상태로 되돌아가기 어려워지는 것이다.

어떤 생태적 요인에 의해 이용 가능한 자원이 어느 곳에나 균등하게 분포되지 못하고 지리적으로 구획화(patchness)됨에 따라 군락 사이 경쟁이 촉발되고 이런 조건에 따라 협동 및 의사소통 시스템이 더욱 발달하게 된다. 리브와 휠도블러가 고안한 '군락 줄다리기(nested tug-of-war)' 모형은 서로 경쟁하는 군락 수(그리고 그 경쟁의 강도)가 증가함에 따라 군락 안에서 협동이 늘어나게 되는데, 이는 협동이 늘어날수록 군락의 경쟁성이 높아지고 경쟁하는 군락 수가 늘어날수록 군락 사이 경쟁의 압력 역시 상승하기 때문이라고 설명했다. 이런 상황에서 군락 구성원들은 다른 군락과 경쟁에서 이기기 위해 군락 안에서 협동하기 위해 자신의 모든 에너지를 쏟아 부어야 하며, 결과적으로 그 사회는 가장 온전한 의미로서 '초유기체(superorganism)' 수준에 이를 수 있게 되는 것이다. 군락 안의 유전적 연관도가 군락 사이 유전적 연관도보다 높게만 유지된다면 군락 안의 유전적 연관도가 필요 이상으로 높아야 할 이유도 줄어들게 된다. 이런 진보된 사회 구성 수준에서는 군락이 실질적으로 선택의 주요 대상으로 자리 잡게 된다. 즉 군락 자체가 군락 구성원들이 가지고 있는 유전자의 밀접한 '확장된 표현형(extended phenotype)'이 되는 것이다. 그리하여 선택에 의해 각 계급별 수적 구성과 노동 분담 방식, 의사소통 수단 따위가 군락 수준에서 최적화된다. 이를테면 먹이를 군락으로 거두어 오는 데 가장 효율적인 동원 신호 체계를 발달시킨 군락이나, 적이나 포식자에 대항하여 가장 강력한 방어 시스템을 가지고 있는 군락이 가장 많은 번식형 암컷과 수컷을 길러 낼 수 있으며, 결국 여러 군락들로 이루어진 개체군 속에서 가장 높은 적응도를 달성할 수 있게 된다. 앞서 우리는 진보된 진사회성 곤충들이 보이는 극단적 수준의 협동은 궁극적으로 군락 사이 선택의 결합력(binding force)을 고려하여 설명되어야 한다는 점을 주장했다. 즉 유전적 연관 계수만 언급하는 것은 협동을 위한 생태적 조건에서 비롯된 선택 압력을 강화할 뿐, 선택 압력 자체를 유발할 수는 없다.[83] 이 관점에 의하면 곤충의 협동을 이해하기 위해서는 반드시 무리 사이 선택이란 개념을 포함시켜야 한다. 하지만 무리 사이 경쟁에 의해 무리 안에서 생기는 협동을 설명하는 데는 일반적인 온전히 개체 중심적(포괄 적합도) 모형을 이용하는 것이 더 쉬운 일이기도 하다. 이것은 놀랄 일은 아니다. 왜냐하면 형질 집단 선택(trait group selection) 모형은 개체 선택(포괄 적합도) 모형과 수학적으로 상호 전환이 가능하며 따라서 비록 이 두 가지가 서로 다른 수준의 선택 모형이지만 결코 상호 배타적이지는 않기 때문이다.[84] 진짜 흥미로운 문제는 어떻게 사회성 군락들이 유전자를 전파하려는 목적을 위한 군락 사이 경쟁을 통해 군락 안에서 긴밀하게 협력하는 수단, 즉 초유기체 수준까지 발달할 수 있는가를(포괄 적합도 모형이든 그와 동등한 형질 집단 선택 모형에 의해서든) 결정하는 것이다.

앞서 설명한 군락 줄다리기 모형은 개체 선택(포괄 적합도) 모형이지만, 진화적 과정을 묘사함에 있어서 집단 선택의 관점으로 표현되었다 한들 서로 일치되지 않는 점은 없다. 즉 진사회성을 유지하고 정교하게 만들어 가는 집단 선택은 필연적으로 생태적 조건에 의한 선택(군락 사이 선택)이며, 이는 군락에서 새로이 등장하

83)   E. O. Wilson and B. Hölldobler, "Eusociality: origin and consequences," *Proceedings of the National Academy of Sciences USA* 102(38): 13367-13371(2005); D. S. Wilson and E. O. Wilson, "Rethinking the theoretical foundations of sociobiology," *The Quarterly Review of Biology* 82(4) 327-348(2007); D. S. Wilson and E. O. Wilson, "Survival of the selfless," *New Scientist* 196: 42-46(2007); E. O. Wilson, "One ginat leap: how insects achieved altruism and colonial life," *BioScience* 58(1): 17-25(2008).

84)   L. A. Dugatkin and H. K. Reeve, "Behavioral ecology and levels of selection: dissolving the group selection controversy," *Advances in the Study of Behavior* 23: 100-133(1994); A. Traulsen and M. A. Nowak, "Evolution of cooperation by multilevel selection," *Proceedings of the National Academy of Sciences USA* 103(29): 10952-10955(2006); L. Lehmann, L. Keller, S. West, and D. Roze, "Group selection and kin selection: two concepts but one process," *Proceedings of the National Academy of Sciences USA* 104(16):6736-6739(2007).

는 형질에 대해 언제나 군락 전체를 대상으로 작동하는 것이다.[85]

　　종종 진보된 진사회성 곤충 군락 안에도 유전적 연관 계수가 낮게 나타나는 경우가 있는데, 이것이 사회성 진화에 있어서 가계도상 연관 계수가 별로 중요하지 않다는 주장을 뒷받침하는 증거로 이용되기도 했다. 하지만 앞에서 지적한 것처럼 높은 연관 계수는 진보된 진사회성 사회를 유지하는 필요조건이 아니다. 그러므로 마찬가지로 진보된 진사회성 사회에서 볼 수 있는 고도의 유전적 변이성(다시 말해서 낮은 유전적 연관 계수)이 결국 진사회성 진화를 설명하는 데 있어 적어도 좀 더 진화적으로 진보된 단계에서만큼은 유전적 연관 계수가 중요하지 않다는 증거로 사용되어서도 안 된다.[86] 대부분 곤충학자들은 사회성 벌목 곤충에서 보이는 다수 짝짓기(multiple mating)가 진보된 진사회성의 파생 형질이라는 점에 동의하는데, 이는 여러 가지 이유에서 진화될 수 있었다.[87] 즉 귀환 불능점을 지난 군락은

85)　E. O. Wilson, "One giant leap: how insects achieved altruism and colonial life," *BioScience* 58(1): 17-25(2008); see also L. A. Dugatkin and H. K. Reeve, "Behavioral ecology and levels of selection: dissolving the group selection controversy," *Advances in the Study of Behavior* 23: 100-133(1994).

86)　이 주제들에 대한 좀 더 깊은 논의를 알고자 한다면, E. O. Wilson and B. Hölldobler, "Eusociality: origin and consequences," *Proceedings of the National Academy of Sciences USA* 102(38): 13367-13371(2005); K. R. Foster, T. Wenseleers, and F. L. W. Ratnieks, "Kin selection is the key to altruism," *Trends in Ecology and Evolution* 21(2): 57-60(2006); T. Wenseleers and F. L. W. RAtnieks, "Comparative analysis of worker reproduction and policing in eusocial Hymenoptera supports relatedness thoery," *American Naturalist* 168(6): E163-E179(2006); L. Lehmann and L. Keller, "The evolution of cooperation and altruism-a general framework and a classification of models," *Journal of Evolutionary Biology* 19(5): 1365-1376(2006), 같은 제호에 실린 논쟁도 참고할 것; H. K. Reeve and B. Hölldobler, "The emergence of a superorganism through intergroup competition," *Proceedings of the National Academy of Sciences USA* 104(23): 9736-9740(2007); D. S. Wilson and E. O. Wilson, "Rethinking the theoretical foundations of sociobiology," *The Quarterly Review of Biology* 82(4) 327-348(2007); D. S. Wilson and E. O. Wilson, "Survival of the selfless," *New Scientist* 196: 42-46(2007); E. O. Wilson, "One giant leap: how insects achieved altruism and colonial life," *BioScience* 58(1): 17-25(2008) 등을 참고할 것.

87)　R. E. Page Jr., "The evolution of multiple mating behavior by honey bee queens(*Apis mellifera* L.)," *Genetics* 96(1): 263-273(1980); R. H. Crozier and R. E. Page Jr., "On being the right size: male contributions and multiple mating in social Hymenoptera," *Behavioral Ecology and Sociobiology* 18(2): 105-115(1985); F. L. W. Ratnieks and H. K. Reeve, "Conflict in single-queen hymenopteran societies: the structure of conlict and processes that reduce conflict in advanced eusocial species," *Journal of Theoretical Biology* 158(1): 33-65(1992); M. J. F. Brown and P. Schmid-Hempel, "The evolution of female multiple mating in social Hymenoptera," *Evolution* 57(9): 2067-

평균적으로 낮은 군락 내 유전적 연관 계수를 감내할 수 있으며, 사실상 궁극적 초유기체로 간주할 수 있는 수준까지 이른 진사회성 사회에서는 높은 유전적 변이가 도리어 군락 전체로 봐서는 적응적 형질이 될 가능성이 크다. 예를 들면 여왕이 여러 마리 수컷과 짝짓기를 하면 여왕과 일꾼들이 성비 조절과 일꾼 번식을 둘러싸고 벌이는 갈등을 완화시킬 수 있고, 그리하여 군락 전체의 생산성을 오히려 증가시킬 수 있다는 주장이 늘 있어 왔다.[88]

　게다가 일꾼들 사이에서는 유전적 다양성이 질병에 대한 저항력을 증진시키는 하나의 방편으로도 쉽게 늘어날 수 있을 것이다.[89] 바로 이런 연관성이 유독성 토양균과 싸우는 잎꾼개미 아크로미르멕스 에키나티오르(*Acromyrmex echinatior*) 군락과 꿀벌에서 발견되었다.[90][91] 질병 저항성 가설을 지지하는 추가 증거들이 개미

2081(2003); H. Schlüns, R. F. A. Moritz, P. Neumann, P. Kryger, and G. Koeniger, "Multiple nuptial flights, sperm transfer and the evolution of extreme polyandry in honeybee queens," *Animal Behaviour* 70(1): 125-131(2005).

88)　C. K. Starr, "Sperm competition, kinship, and sociality in the aculeate Hymenoptera," in R. L. Smith, ed., *Sperm Competition and the Evolution of Animal Mating Systems*(New York: Academic Press, 1984), pp. 427-464; R. F. A. Moritz, "The effects of multiple mating on the worker-queen conflict in *Apis mellifera* L.," *Behavioral Ecology and Sociobiology* 16(4): 375-377; M. Woyciechowski and A. Lomnicki, "Multiple mating of queens and the sterility of workers among eusocial Hymenoptera," *Journal of Theoretical Biology* 128(3): 317-327(1987); P. Pamilo, "Evolution of colony characteristics in social insects, II: number of reproductive individuals," *American Naturalist* 138(2): 412-433(1991); D. C. Queller, "Worker control of sex ratios and selection for extreme multiple mating by queens," *American Naturalist* 142(2): 346-351(1993); F. L. W. Ratnieks and J. J. Boomsma, "Facultative sex allocation by workers and the evolution of polyandry by queens in social Hymenoptera," *American Naturalist* 145(6): 969-993(1995).

89)　P. Schmid-Hempel, *Parasites in Social Insects* (Princeton, MJ: Princeton University Press, 1998); P. W. Sherman, T. D. Seeley, and H. K. Reeve, "Parasites, pathogens, and polyandry in social Hymenoptera," *American Naturalist* 131(4): 602-610(1988); J. F. A. Traniello, R. B. Rosengaus, and K. Savoie, "The development of immunity in a social insect: evidence for the group facilitation of disease resistance," *Proceedings of the National Academy of Sciences USA* 99(10): 6838-6842(2002); A. Stow, D. Briscoe, M. Gillings, M. Holley, S. Smith, R. Leys, T. Silberbauer, C. Turnbull, and A. Beattie, "Antimicrobial defences increase with sociality in bees," *Biology Letters* 3(4):422-424(2007).

90)　W. O. H. Hughes and J. J. Boomsma, "Genetic diversity and disease resistance in leaf-cutting ant societies," *Evolution* 58(6): 1251-1260(2004).

91)　D. R. Tarpy and T. D. Seeley, "Lower disease infections in honeybee(*Apis mellifera*) colonies

를 비롯한 여러 사회성 곤충에서 차례로 발견되었는데, 이들 여왕은 여러 마리 수컷과 짝짓기를 하여 일꾼 무리의 유전적 다양성을 높인다.[92] (허나 잎꾼개미라는 분류군 전체로 볼 때는 많은 종에서 여왕이 수컷 한 마리와 짝짓기를 하며, 아크로미르멕스 에키나티오르 종 같은 사례가 있음에도 유전적 다양성을 통한 질병 저항성 증진이라는 가설은 다소 모호한 채로 남아 있는 형편이다.[93]) 질병 가설을 지지하는 증거들은 독거성 벌로부터 준사회성 종, 나아가 진보된 진사회성 종에 이를수록 항세균성 방어 능력이 급격히 상승한다는 최근의 발견들에서 잘 나타난다.[94]

또한 군락 속 유전적 다양성을 다른 기능적 의미로서 이해하고자 하는 연구들도 있는데, 예를 들면 꿀벌 군락 안에서 유전적 다양성이 늘어남으로써 벌집의 온도를 유지하는 능력과 생산성 및 적응도 모두가 함께 높아지는 연관 관계가 밝혀진 바 있다.[95] 이 온도 항상성 효과는 군락 일꾼들이 천부적으로 서로 다른 여러 가지 방식으로 환경 변화에 반응하여, 군락이 변화에 좀 더 유연하게 대처할 수 있다는 사실에서 비롯된 것으로 보인다. 이와 비슷하게, 포르미카 셀리시(*Formica selysi*)라는 개미에서 일꾼이 일감에 전문화되는 과정에 유전적 변이가 관계되어 있다는 잠정적 결론이 도출된 바 있다.[96] 게다가 수확개미(harvester ant) 포고노미르

headed by polyandrous vs monandrous queens," *Naturewissenschaften* 93(4): 195-199(2006); T. D. Seeley and D. R. Tarpy, "Queen promiscuity lowers disease within honeybee colonies," *Proceedings of the Royal Society of London* B 274: 67-72(2007).

92) R. H. Crozier and e. J. Fjerdingstad, "Polyandry in social Hymenoptera-disunity in diversity?" *Annales Zoologici Fennici* 38: 267-285(2001); A. J. Denny, N. r. Franks, S. Powell, and K. J. Edwards, "Exceptionally high levels of multiple mating in an army ant," *Naturwissenschaften* 91(8): 396-399(2004).

93) T. Murakami, S. Higashi, and D. Windsor, "Mating frequency, colony size, polyethism and sex ratio in fungus-growing ants(Attini)," *Behavioral Ecology and Sociobiology* 48(4): 276-284(2000).

94) A. Stow, D. Briscoe, M. Gillings, M. Holley, S. Smith, R. Leys, T. Silberbauer, C. Turnbull, and A. Beattie, "Antimicrobial defences increase with sociality in bees," *Biology Letters* 3(4): 422-424(2007).

95) J. C. Jones, M. R. Myerscough, S. Graham, and B. P. Oldroyd, "Honey bee nest thermoregulation: diversity promotes stability," *Science* 305: 402-404(2004); H. R. Mattila and T. D. Seeley, "Genetic diversity in honey bee colonies enhances productivity and fitness," *Science* 317: 362-364(2007).

96) T. Schwander, H. Rosset, and M. Chapuisat, "Division of labour and worker size

멕스 옥시덴탈리스(*Pogonomyrmex occidentalis*) 사례에서 밝혀졌듯이 일꾼 무리의 유전적 변이 증가가 군락 수준 선택(무리 사이 선택(between-group selection))에 의해 선호될 수도 있다. 즉 유전적 변이가 큰 군락은 변이가 더 작은 군락에 비해 압도적으로 높은 성장 속도와 번식률을 보인다.[97] 적응도 측면의 이런 증가는 이미 전문화가 유전적으로 더 진행된 일꾼 무리 안에서 노동 분화가 더욱 정교하게 발달한 탓으로 보인다. 이런 유전적 소인은 플로리다 수확개미 포고노미르멕스 바디우스(*Pogonomyrmex badius*)의 다형성 일꾼 계급에서 이미 확인되었다. 이 종에서는 종령 애벌레 단계에서 성충원기(imaginal discs)가 상대 성장(allometry)함으로써 성충이 된 일꾼들이 작은 머리를 가진 일개미와 큰 머리를 가진 병정개미로 분화되는데, 이 발달 과정에 어느 정도 유전적 소인이 확인되었다.[98] 하지만 리네피테마 후밀레(*Linepithema humile*)라는 아르헨티나산 개미에서는 유전적 연관 계수 차이와 군락 효율성 사이에 어떤 연관 관계도 발견되지 않았다.[99]

---

polymorphism in ant colonies: the impact of social and genetic factors," *Behavioral Ecology and Sociobiology* 59(2): 215-221(2005).

97)   B. J. Cole and D. C. Wiernasz, "The selective advantage of low relatedness," *Science* 285: 891-893(1999).

98)   F. E. Rheindt, C. P. Strehl, and J. Gadau, "A genetic component in the determination of worker polymorphism in the Florida harvester ant *Pogonomyrmex badius*," *Insectes Sociaux* 52(2): 163-168(2005).

99)   H. Rosset, L. Keller, and M. Chapuisat, "Experimental manipulation of colony genetic diversity had no effect on short-term task efficiency in the Argentine ant *Linepithema humile*," *Behavioral Ecology and Sociobiology* 58(1): 87-98(2005).

사진 4 | 꿀단지개미(honey ant) 미르메코키스투스
멕시카누스(*Myrmecocystus mexicanus*)의 초기 단계
군락. 알을 가득 지닌 여왕이 애벌레와 번데기를 돌보는
자기 딸(일꾼)에 둘러 싸여 있다.

3

사회 발생

SOCIOGENESIS

진화 단계의 중요한 진보나 쇠퇴는 그 자체로서 진화를 이해하는 데 매우 중요한 사건이 된다. 초유기체 발생이 바로 그런 사건이다. 현재 곤충 및 여타 절지동물은 2,600여 과에 속하는데 이 중 단 15개 과만이 진사회성 종, 즉 불임이거나 번식을 잘 하지 못하는 별도 계급이 있는 군락을 만든다.[100] 인간을 제외한 740개 과 척추동물 중에는 오직 한 종, 아프리카산 벌거숭이두더지쥐만이 곤충에서 보이는 사회성 단계에 이른 유일한 사례로 알려져 있다.[101]

사회 생물학의 가장 중요한 질문 중 하나는 어떤 종이 진사회성이라는 예외적 진보를 이루기 위해 얼마나 많은, 그리고 어떤 성격의 유전학적, 생리학적 단계를 거쳐야 하느냐는 것이다. 그 해답은 군락 구성원의 생리학과 행동을 결정하는 규칙에서 찾을 수 있는데, 이런 규칙들은 군락 구성원의 한살이(life cycle)를 통해서 유전체, 개체, 사회라는 생물학적 조직의 세 단계 전반에 걸쳐 복합적으로 또 위계적으로 작동하고 있음이 틀림없다. 게다가 진사회성에 이르는 별도의 진화 경로를 밝히기 위해서는 반드시 많은 종의 한살이를 이해해야 한다. 마찬가지로 진사회성 문턱을 넘어선 서로 다른 계통 분류학적 분류군에 작용한 다양한 생태적 압력과 조건 역시 밝혀내야 한다.

각 진사회성 동물 종은 각자가 처한 환경에서 독특한 생태적 지위(niche)를 차지하고 있음을 명심해야 한다. 이 환경이란 사회 조직이 경쟁에서 우위를 점하게 하는 독특한 주거 환경, 주거지, 먹이, 적 등의 조건들로 이루어져 있다. 인간 지능

---

100)　진사회성 종이 포함된 절지동물 과로는 꿀벌과(꿀벌, 뒤영벌, 멜리포니니족 벌 Meliponini), 꼬마꽃벌과, 개미과, 말벌과, 구멍벌과, 흰개미목의 6개 과, 긴나무좀과 (Platypodidae), 총채벌레과, 진딧물과, 무는새우과(Alphaeidae)가 있다. 절지동물 과의 수는 S. P. Parker, ed., *Synopsis and Classification of Living Organisms*, Vol. 2(New York: McGraw-Hill, 1982) 에 수록된 전문가들의 목록을 따랐다.

101)　척추동물 과의 수 역시 S. P. Parker, ed., *Synopsis and Classification of Living Organisms*, Vol. 2(New York: McGraw-Hill, 1982)를 따랐다.

은 겨우 오늘날에 이르러서야 이렇게 수천, 수백만 년 전부터 진화해 온 진사회성 동물의 한살이라는 것에 관심을 갖기 시작했다.

군락의 한살이

우리의 분석 작업을 위해서는 군락의 한살이는 여왕이 될 암컷으로 부화할 알로 부터 시작한다고 생각하는 것이 효과적이다. 대부분의 사회성 곤충의 한살이는 다음과 같은 단계를 거친다. 알로부터 애벌레와 번데기 과정을 거친 뒤 새로 우화 한 암컷은 자신이 태어난 군락을 떠난 뒤, 다른 군락 출신 수컷 한 마리 혹은 여러 마리와 교미한다. 교미 후 암컷은 새둥지를 지을 곳을 찾는다. 새로 만든 둥지에서 일꾼으로 자라날 알을 낳는다. 일꾼은 계급으로 나뉘고, 협동하여 일한다. 점차 일 꾼 수가 불어난다. 일꾼들은 페로몬을 이용해서 의사소통을 하며 그 내용은 계속 늘어난다. 이 모든 순서들이 순조롭게 이루어진다는 것은 거의 믿기 힘든 일이지 만, 일단 그렇게 되면 일꾼 수와 조직은 어느새 성숙 단계에 이르게 되고, 이때부터 여왕은 각각 수정란과 비수정란을 이용해 다음 세대 여왕으로 자라날 암컷과 수 컷을 만든다. 이런 암수 번식 개체들은 둥지를 떠나 다른 군락 출신 번식 개체들을 만나 짝짓기를 하게 된다. 그림 3-1에 보이는 유럽산 미르미카 루기노디스(*Myrmica ruginodis*)의 한살이가 이런 사례이다.

자연 선택에 의한 진화의 산물이라는 관점에서 군락의 한살이는 유전자가 다 음 세대로 더 많은 복제본을 남기려는 간접적인 방법의 하나라고 볼 수 있다.

사회성 알고리즘

글자 그대로 보면 유전자에 담긴 것은 한살이 그 자체라기보다는 후성 유전학적 (epigenetic) 프로그램, 다시 말해서 군락이 그 지시를 받아들여 스스로를 조직하 는 분자 혹은 유기체 수준의 작동 설명서라고 말할 수 있을 것이다. 많은 생물학자 들은 그 과정을 기술함에 있어서 물리학이나 컴퓨터 과학에서 사용되는 용어를 빌려 쓰는 것이 도움이 된다는 사실을 알아냈다. 반대로 물리학자나 컴퓨터 과학자들은 오히려 그들 영역에서 자기 조직화하는 시스템의 모형으로 개미나 꿀벌, 기타 사회성 곤충을 이용했다.[102] 곤충과 기계의 조직화 과정에서 볼 수 있는 이런 프로그램 단계는 **결정 규칙(decision rule)** 혹은 좀 더 생물학적으로 표현하자면 **후성 유전학적 규칙(epigenetic rule)**이라고 생각할 수 있을 것이다. 이 프로그램 상에서 차례대로 등장하는 일련의 이분법적 **결정 요구점(decision point)**에 이르게 된 개체는 두 경로 중 하나를 선택하여 그 다음 결정 요구점에 이르거나 어떤 경로 끝에 도착하게 된다. 어떤 프로그램은 개체 형태와 생리적 발달 과정을 점진적으로 유도하여 특정 계급에 속하는 성충을 만들거나 각 계급이 수행하는 다양한 작업 방식 중 어떤 변화를 초래하기도 한다. 한 결정 요구점에서 다음 단계로 이르는 과정은 어떤 전문 계급을 만드는 경우 가끔은 몇 주씩 걸리기도 하고, 군락 동료를 인식하는 행동처럼 몇 초 안에 마무리될 수도 있다. 특정 계급이나 각 계급 개체, 혹은 완전한 행동 반응 등을 만드는 한 묶음의 결정 요구점들이 늘어선 발달 순서를 일컬어 **알고리즘(algorithm)**이라고 한다. 한 결정 요구점에서 다른 점으로 나아가는 과정은 소프트웨어를 설계하는 선형 프로그램과 비슷하다고 할 수 있다. 그림 3-2에 이런 과정의 한 가지 사례인 특정 군락 냄새를 확인하는 첫 번째 절차가 그려져 있다.

전반적으로는 두 가지 포괄적 알고리즘이 곤충의 군락 건설 과정에 동시에 작용하고 있다. 개체가 아직 알이나 애벌레일 때 일련의 사건들이 일어나 이들이 번식 개체나 일꾼으로 자라나도록 발달 과정을 조절한다. 일부 개미나 흰개미 종에서는 일꾼으로 자라날 애벌레는 또 한 단계의 결정 요구점에 도착하여 해부학적으

102)   곤충 사회와 기계적 연산의 유사성을 탐구하는 선구적 업적은 D. R. Hofstadter의 저서 *Gödel, Escher, Bach: An Eternal Golden Braid* (New York: Basic Books, 1979; 1999, 저자의 새 서문이 붙은 20주년 기념판)에서 찾아볼 수 있다. 최근의 업적들은 다음 연구에 정리되어 있다. G. Weiss, ed., *Multiagent Systems, A Modern Approach to Distributed Artificial Intelligence* (Cambridge, MA: MIT Press, 1999); S. Camazine, J.-L. Deneubourg, N. R. Franks, J. Sneyd, G. Theraulaz, and E. Bonabeau, *Self-Organization in Biological Systems* (Princeton, NJ: Princeton University Press, 2001); F. Klügl, *Multiagentensimulation: Konzepte, Werkzeuge, Anwendungen* (Munich: Addison-Wesley, 2001); M. Dorigo and T. Stützle, *Ant Colony Optimization* (Cambridge, MA: MIT Press, 2004); essays by E. O. Wilson and B. Hölldobler, "Dense heterarchies and mass communication as the basis of organization in ant colonies," *Trends in Ecology and Evolution* 3(3): 65-68(1988); J. W. Pepper and G. Hoelzer, "Unveiling mechanisms of collective behavior," *Science* 294: 1466-1467(2001); B. Schouse, "Getting the behavior of social insects to compute," *Science* 295: 2357(2002); J. H. Fewell, "Social insect networks," *Science* 301: 1867-1870(2003).

로 구별되는 소형 혹은 대형 일꾼으로 성숙하는 마지막 발달 과정을 거치게 된다. 소형 일꾼은 군락 안의 여러 가지 일을 다 맡아 하지만, 대형 일꾼은 대개 병정개미나 먹이 저장 임무를 맡는다.[103]

성충이 된 사회성 곤충은 두 번째 포괄적 알고리즘으로 나이와 해부학적 형태에 따라 구분된 계급에 걸맞는 일감을 맡게 된다. 각 결정 단계마다 개체들은 각자의 감각계와 신경계가 반응하도록 결정된 방식에 따라 주어진 자극에 반응한다. 이러한 자극들이 각 계급이 속한 고도로 구체화된 감각 환경을 구성한다. 각 계급 개체들은 전문화된 작업을 하는데, 이는 개체들이 그런 특정 작업에 연계된 자극에

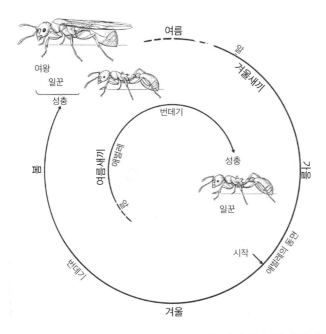

그림 3-1 │ 성숙한 미르미카 루기노디스 군락의 번식과 발생의 1년 주기 과정. 어미인 여왕은 봄과 여름에 걸쳐 간헐적으로 산란한다. 산란 주기 초기에 태어난 애벌레 대부분은 여름이 끝나기 전까지 완전히 발달한 뒤 일꾼으로 자란다(여름새끼(fast brood)). 그보다 늦게 태어나고 발달이 늦어진 나머지 애벌레는 겨울을 나고 이듬해 봄에 일꾼이나 번식형 암컷으로 자라난다(겨울새끼(slow brood)). 여름새끼는 알에서 성충이 되는 데 약 3개월이 걸리지만, 겨울새끼는 거의 1년이 필요하다. E. O. Wilson, *The Insect Societies* (Cambridge, MA: The Belknap Press of Harvard Universtiy Press, 1971)

---

103) 이런 발달 과정의 경로는 Diana E. Wheeler의 다음과 같은 문헌들에 잘 설명되어 있다. "Developmental and physiological determinants of caste in social Hymenoptera: evolutionary implications," *American Naturalist* 128(1): 13-34(1986); "The developmental basis of worker caste polymorphism in ants," *American Naturalist* 138(5): 1218-1238(1991).

대해 좀 더 쉽게 반응하도록 낮은 문턱값을 가지고 있기 때문이다. 말하자면 각 계급은 특정한 자극에 대해 상대적으로 낮은 수준의 고유 문턱값들을 가지고 있다.

하지만 각 계급 개체는 단순한 자동 반응 장치를 훨씬 뛰어넘는 존재이다. 즉 이들은 자신만의 경험에 따라 어떤 자극에 대해서는 다른 방식으로 반응을 조절할 수 있다. 물론 이런 학습 효과는 통계적으로 예측할 수 있는 범위에 속하는 제한적인 것이며, 또한 중립적이지 않다. 즉 곤충은 어떤 종류의 반응은 더 쉽게 하고, 다른 반응은 어렵게 하는(즉 자극에 저항하도록) 경향을 띠고 태어난다. 이렇게 비대칭적 반응들의 조합은 진화적 적응으로 보인다. 다시 말해 어떤 반응은 쉽게, 어떤 반응은 더 어렵게 일어나는 유연성을 보이는 사회적 상호 작용 양상이 자연 선택에 의해 만들어졌다고 믿을 만한 이유는(비록 아직 증명되지는 않았지만) 많이 있다.

사회성 곤충들은 또 각 계급과 경험에 맞게 알고리즘을 즉각 바꿀 수 있도록 프로그램되어 있다. 예를 들어 둥지 벽에 갈라진 틈을 수리하던 개미가 잘못 놓인 애벌레를 만나면 하던 일을 멈추고 자동적으로 그 애벌레를 다른 애벌레들이 모여 있는 방으로 물어 옮긴다. 그러므로 사회성 곤충의 행동은 말하자면 상황에 따라 달라진다고 할 수 있다. 물론 곤충이 사람처럼 자기 행동의 이유나 가능한 결과에 대해 생각하고 행동한다고 가정할 이유는 없다. 단지 한 가지 알고리즘에서 다른 알고리즘으로 전환하는 것에 불과하다. 군락의 성충이 한 가지 작업에서 다른 작업으로 전환하는 능력은 사회성 곤충에서 아주 잘 관찰된 보편적 현상이며, 그 융통성은 일반적으로 사회성 곤충의 생태적 성공에 있어 가장 큰 요인으로 여겨지고 있다.

자동적으로 기계적 작업을 수행하는 수백, 수천의 군락 구성원들은 얼핏 보면 무질서와 혼돈으로 보인다. 하지만 동시에 자동적으로 수행되는 알고리즘들이 모여서 개체들은 다소 혼돈스러워 보이는 군락 생활 속에서 맡은 일을 하도록 만들 수 있다. 그리고 이런 알고리즘에 의해 통제되는 개체 무리를 모두 함께 아울러 군락 전체로서 생존과 번식이 가능토록 하는 어떤 질서로 통합된 한 단계 높은 수준의 단위가 되는 군락이 만들어지도록 한다.

어떻게 그런 질서가 존재할 수 있게 되었을까? 최선의 간단한 해답은 군락 수준에 작용하는 자연 선택이 효율적인 질서를 극대화하는 알고리즘을 만들었다는 것이다. 알고리즘은 유전자들이 결정하는데, 군락 개체가 지닌 감각 문턱값들 간에 존재하는 미묘한 차이와 함께, 특정 반응을 유발하는 상황과 타고난 어느 정도의 융통성 등의 기작을 통해 개체 행동을 조절함으로써 군락이 전체로서 적절한 반응을 하도록 만든다. 군락의 운명, 그리고 결과적으로 그런 군락 건설을 결정하는 유전자의 운명을 결정짓는 것은 개체의 행동을 통제하는 규칙의 집합들이다.

지금껏 발견된 알고리즘들은 놀랄 만큼 단순하다. 대부분의 결정 요구점에서 알고리즘들은 개체로 하여금 이분법적 선택을 하도록 한다. 대조적으로 알고리즘의 마지막 결과물은 군락 수준 의사소통이라든지 노동 분담 같은 형태로 만들어

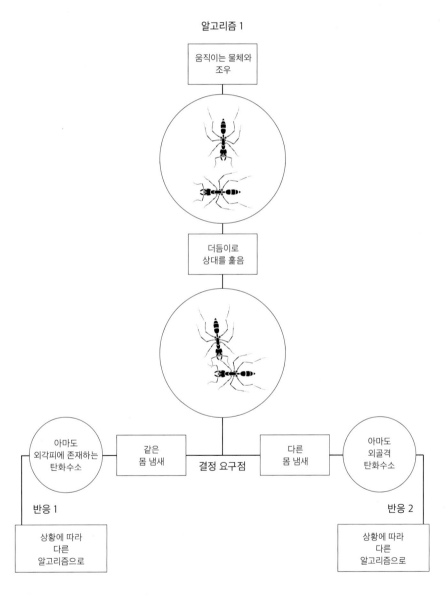

그림 3-2 | 개미의 사회성 행동을 조절하는 간단한 알고리즘의 도식. 이 경우 일꾼은 같은 군락 동료와 다른 외부 군락 개체를 구분하여 적절하게 반응한다.

지므로 다소 복잡하다. 정교하면서도 정확한 패턴을 만들어 낼 수 있는 간단한 알고리즘의 힘은 이론적으로 보면 사실상 무한하다고 할 수 있다. 그 힘은 아주 작은 뇌를 가진 동물들로 하여금 복잡한 사회를 만들게 하는 데 있어 결정적 이점을 가지고 있다. 수학적으로 보면 가장 단순한 결정 규칙이라 하더라도 수많은 다양한 선택 방법을 만들 수 있을 것이다. 예를 들어 아홉 격자로 만들어진 삼목놀이(tic-tac-toe)에는 5만 가지 조합이 가능하고, 50가지 수를 둘 수 있는 체스 게임에서 말을 놀릴 수 있는 경우의 수는 우주에 존재하는 원자 수보다 많다.[104] 규칙의 수가 곱하기로 늘어나면 가능한 결과는 기하급수적으로 늘어난다. 어떤 곤충 군락에서 결정 요구점이 3개뿐인 알고리즘은 8가지 결과밖에는 만들 수 없지만, 그런 알고리즘 7개가 모이면 가능한 결과의 수는 200만 가지가 넘게 된다. 그런 어마어마한 잠재적 가능성으로부터 극히 적은 수의 알고리즘과 그 조합들만이 자연선택에 의해 걸러져 왔다.

알고리즘을 따르고, 알고리즘을 경험 규칙으로 이용함으로써 각 일꾼은 일견 혼돈스럽게 보이는 군락 생활 와중에 재빠르게 본능적인 결정을 내릴 수가 있다. 다른 군락 구성원들과 함께 동시에 결정을 내림으로써 군락 전체로 보면 적응적인 반응들이 창발적으로 퍼져 나가는 것을 볼 수 있다. 그런 전체적 반응 양상은 개별 개체의 행동을 따로 관찰하고 분석해서는 예측하기가 매우 어렵거나 때로는 불가능하다. 알고리즘이 가진 두 가지 성격, 즉 단순함과 신속함, 그리고 그 반대편에 놓인 계산과 반응 지연이라는 특성 사이에 일종의 진화적 타협이 존재하고 있다. 이 두 가지 대척적 특징인 단순함과 계산 둘 중 하나만으로도 결과적인 창발적 반응 양식을 만들 수 있지만, 곤충이 지닌 작은 뇌 크기에 의해 계산 능력이 제한됨으로써 간단하고 빠른 결정 쪽으로 진화적 무게가 기울게 되었다.

자기 조직화와 진화적 창발

컴퓨터 공학에서 빌려 온 마지막 개념으로 보면, 사회성 곤충 일꾼들은 단세포 자동장치(cellular automaton, 높은 수준의 시스템으로서 상호 작용하며 기능하도록 프로

---

104) J. H. Holland, *Emergence: From Chaos to Order* (Reading, MA: Addison-Wesley, 1998).

그램된 행위자)라 할 수 있다. 이들이 이런 성격을 갖는 이유는 그들이 속한 군락이 전체적으로 보아서는 더 이상 상위 시스템의 명령과 통제를 받지 않기 때문이다. 군락은 환경에서 오는 여러 가지 문제에 직면한다. 일꾼은 적당한 둥지 터를 찾아내야 하고, 알맞은 먹이를 구해서 집까지 운반해야 하며, 자기 구역을 확보하고 지키고, 적을 물리치고, 새끼를 돌봐야 한다. 군락은 거의 언제나 이렇게 서로 연관되지 않은 문제들과 마주한다. 개체의 발달과 행동에 관한 알고리즘은 이런 모든 문제에 대한 해결 방법을 담고 있다. 자연 선택이 해결할 수 있도록 만들어 놓은 대로 군락은 알고리즘을 이용해 닥친 문제들을 해결한다. 문제 해결에 필수적 정보는 군락 구성원들 사이에 전파된다. 그럼으로써 개체의 개별 지능보다 뛰어난 분산된 형태의 군락 지능이 만들어지고 의사소통을 통해 끊임없이 정보가 공유되고 종합되면서 군락의 지능은 유지된다.[105]

다음 두 가지 유명한 사례는 개체의 행동에서 비롯되었지만 군락 전체로서 비로소 드러나는 창발적 특성에 관한 것이다.

- 신대륙(남북아메리카 대륙과 오세아니아 ─ 옮긴이) 열대 지방에 사는 군대개미 에키톤속(*Eciton*) 개미 군락은 휴식을 취할 때 개체들이 몸으로 거대한 움막

---

105) 분산된 지능에 근거한 자기 조직화라는 생각은 그 연원이 오래되었다. 상식에 부합해야만 하는 설명에 의존했던 아주 초창기 저자들은 곤충 사회가 어떤 중앙 통제에 의해 다스려지고 있다고 가정한 것이 사실이다. 찰스 버틀러(Charles Butler)가 당시 자신의 왕인 영국 여왕에 대한 깊은 존경심을 가지고 *The Feminine Monarchie*(Oxford: J. Barnes, 1609)에서 꿀벌을 언급하면서 말하기를, "꿀벌에서도 무정부나 다중 군주가 아닌, 신께서 보이신 가장 자연스럽고 절대적 형태의 정부인 완벽한 단독 군주정의 형태를 찾을 수 있다."라고 했다. 자기 조직화의 최초 인식은 아마도 피에르 위베(Pierre Huber)의 *Recherches sur les Moeurs des Fourmis Indigènes*(Paris: J. J. Paschoud, 1810)에 나왔을 것이다. 흑개미 둥지 건설에 대해 쓰면서 그가 말하기를, "나는 개별 개미는 다른 동료들과 독립적으로 움직이고 있음을 확신한다. 손쉬운 실행 계획을 착안한 최초의 개미가 즉시 계획 요강을 만들어 낸다. 다른 개미들은 이 첫 번째 개미가 하는 일을 보고 그것을 따라함으로써 같은 계획을 지속적으로 실행하게 된다." 1930년대 이후 연구 업적, 즉 사회성 말벌에 관한 J. 프라이슬링(J. Freisling), 군대개미에 관한 T. 슈나일라(T. C. Schneirla), 흰개미에 대한 P. 그라세(P.-P. Grassé), 꼬마꽃벌에 관한 D. 미치너(C. D. Michener)와 S. 배트라(S. W. T. Batra) 같은 일련의 저자들의 업적을 통해 군락을 다스리는 원칙으로서 자기 조직화라는 개념을 수립하는 데 좀 더 가까워졌다. 마지막으로 우리 중 한 명인 에드워드 윌슨이 1971년에 출판한 종합 저서 *The Insect Societies*(Cambridge, MA: The Belknap Press of Harvard University Press)를 통해서 이 개념은 보다 명쾌한 개념으로 자리 잡았고 이후 바로 이 책에 수록된 발견들을 주도한 적은 수의 연구자들의 연구 주제가 되어 왔다.

을 만든다. 군락은 이렇게 살아 있는 움막을 만들 곳을 먼저 찾은 뒤에 적절한 위치와 모양을 만들고, 그 안에서 온도와 습도를 조절하는 동시에 여왕을 보호하고 외적으로부터 알과 애벌레를 지킨다. 먹이를 구하러 갈 때는 수십만 마리의 일꾼이 빽빽하게 늘어서 대열을 만들거나, 혹은 이 중 한 종(*E. burchelli*)에서 보이는 사례처럼 부채꼴 모양 떼를 이루어 땅 위를 마치 거대한 하나의 유기체처럼 퍼져 나간다. 이런 사냥 무리는 많은 양의 먹이를 포획한 뒤 다시 뒤로 물러서서 원래 움막에 모여 있는 군락의 나머지 부분과 재결합한다.[106]

• 아프리카산 버섯흰개미(fungus-growing termite, *Macrotermes natalensis*)는 내부 온도와 공기 조성을 정확하게 조절할 수 있는 거대하고도 정교한 둥지를 짓는다. 둥지 중앙부 기온이 둥지 속 개체의 대사열 때문에 지나치게 오르면, 더워진 공기는 높은 천장으로 올라간 뒤 둥지 내외벽을 연결하는 촘촘히 얽혀 있는 미세한 구멍들을 통해 밖으로 퍼져 나간다. 더운 공기는 이 공동 속에서 다시 식고 어느 정도 정화된다. 이렇게 식은 공기는 다시 둥지 아랫부분으로 가라앉고 이 대류 과정은 반복된다. 이렇게 둥지 전체가 하나의 공기 조절 장치 역할을 하여 적어도 이 흰개미는 거주 구역 온도를 섭씨 30도 내외로, 이산화탄소 농도는 2.6~2.8퍼센트로 유지할 수 있다.[107]

이런 창발적 특성은 놀랍게 보이지만, 바탕이 되는 기술적인 면 자체는 그렇게 신비로울 것도 없다. 이렇게 가장 높은 수준의 특성들은 얼핏 보면 그 자체가 살아 있는 듯 보일 수도 있고, 연역적 설명이나 실험으로 그 기본 단위나 과정을 분석하기에 너무나 복잡하고 또 전체적으로 얽혀 있는 것처럼 보일 수도 있다. 그러나 우리가 보기에 그런 분리주의적 전체론은 실제로 작동하는 부분과 과정에 대해 여

---

106) 군대개미의 행동에 대한 개관은 T. C. Schneirla, *Army Ants: A Study in Social Organization*, H. R. Topoff, ed.(San Francisco: W. H. Freeman, 1971); W. H. Gotwald, *Army Ants: The Biology of Social Predation*(Ithaca, NY: Comstock Publishing Associate of Cornell University Press, 1995)에 잘 나와 있다.

107) M. Lüscher, "Air-conditioned termite nests," *Scientific American* 205(1): 138-145(1961); C. Noirot and J. P. E. C. Darlington, "Termite nests: architecture, regulation and defence," in T. Abe, D. E. Bignell, and M. Higashi, eds., *Termites: Evolution, Sociality, Symbioses, Ecology*(Norwell, MA: Kluwer Academic Publishers, 2000), pp. 121-139.

전히 잘 모르는 탓에 만들어진 착각일 뿐이다. 척추동물, 특히 인간과는 달리 곤충의 사회 생물학이 가진 중요한 이점은 구성인자들의 행동을 종합해서 군락 전체로 확대했을 때 설명이 가능해지는 창발적 현상들이 많은 경우 군락의 조직화 과정에 포함되어 있다는 점이다. 이것이 사회성 곤충 개체가 작은 두뇌 탓에 제한된 알고리즘을 통해 일반적으로 빠르고 간단한 결정을 내려야 하는 현상이 우리에게 주는 이점이다.

계통 분류학의 관성과 역동적 선택

초유기체 진화 과정은 힘과 관성의 충돌에 의해 진행된다. 환경은 생물 종마다 특별한 문제와 기회를 동시에 제공한다. 하지만 기존에 만들어져 이미 지니고 있는 적응 형질은 새로운 환경에 반응하는 종의 잠재력을 심각하게 제한하기 때문에 다음 단계 진화를 위해서 사용 가능한 해결 방법의 수는 매우 적다. 이런 계통 분류학적 관성에 의해 자연 선택의 힘이라고 일컫는 동일한 생태적 문제와 기회에 대해 각종이 드러내는 해결 방법 양상은 극단적으로 달라진다. 그 결과 거의 같은 기능을 수행하는 해부학적 구조와 행동 양식이 종에 따라 눈에 띄게 다양하게 되었다.

진화에 있어 힘과 관성의 균형은 날개 없이 땅에서 사는 개미들과, 사회 조직의 복잡성 면에서는 동등하지만 날개가 달려 날아다니는 꿀벌들의 동원(recruitment) 방법의 차이에서 생생하게 드러난다.

개미 무리를 동원하는 핵심 도구는 화학 물질로 만든 냄새길(chemical trail)이다. 그중에서도 가장 많이 연구된 종은 남아메리카 원산으로 미국에 수입된 이후 중요 해충으로 악명 높은 붉은불개미(*Solenopsis invicta*)일 것이다. 군락을 떠나 혼자서 먹이를 찾던 일꾼이 혼자 옮기기에 너무 큰 죽은 곤충 따위의 먹잇감을 발견하면 비교적 느릿느릿 군락으로 되돌아간다. 이렇게 돌아가는 중에 마치 종이에 선을 긋기 위해 펜촉을 꺼내는 것처럼 빈번히 꽁무니 침을 꺼내 땅바닥에 대고 끈다. 침이 땅 위를 스칠 때마다 배 끝부분에 위치한 작은 손가락 모양의 외분비샘인 뒤포어샘(Dufour's gland)에서 페로몬(pheromone) 혼합물이 흘러나온다. 무게로 치자면 고작 10억 분의 1그램 정도밖에 되지 않는 이 물질은 복잡한 냄새길 신호에서 각각의 특정한 기능을 하는 여러 가지 화학 물질의 혼합물이다. 그중 냄새길 방향 지시에 핵심 물질로 밝혀진 것은 알파-파네센(α-farnesene) 두 종류와 호모-파네센(homo-farnesene) 두 종류이며, 그 외 존재는 밝혀졌지만 성분은 미처 동정되지 못한 다른 한 종류의 유인 물질이 더해진다. 희한하게도 이 성분들은 같은 뒤포어샘에서 분비되는 또 한 가지의 미동정 자극 물질에 의해 자극이 되어야만 비로소 활성화된다. 이 미동정 유인 물질과 자극 물질은 실제로 방향을 지시하는 페로몬 성분에 비해 분비되는 농도가 약 250배에 달한다. 이 성분 조성의 차이를 이용해, 일개미가 좀 더 먹음직스러운 먹이를 발견했을 때 냄새길이 좀 더 강해지는 관찰 결과를 설명할 수 있다. 상대적으로 많은 양의 냄새길 페로몬이 분비되면 거기에는 일단 동원 과정을 시작하기에 충분한 양의 유인 물질과 자극 물질이 포함된다. 일단 이렇게 비교적 휘발성이 강한 신호들에 의해 자극된 다른 일개미들은 상대적으로 소량인 방향 지시용 페로몬으로 구성된 냄새길을 따라 먹이로 향하게 된다. 일개미들은 1센티미터 정도 떨어져 있는 거리에서도 휘발되는 페로몬을 감지해서 거기에 담긴 화학적 신호를 구별해 낼 수 있다. 하지만 일단 자극된 일개미들은 길에 발라진 페로몬을 따라 가는 게 아니라 휘발되어 공기 중에 확산되는 페로몬 분자들을 감지해서 움직인다. 점점이 뿌려진 페로몬 반경 어느 정도 내에 휘발된 페로몬 분자들이 일개미가 감지할 수 있는 농도로 모여 있는 반구형 공간을 소위 '활성 영역(active space)'이라고 한다. 일개미들은 이 휘발성 분자들로 이루어진 활성 영역의 터널을 통해 먹이가 놓인 곳으로 향하면서 주된 후각기인 더듬이를 끊임없이 놀려 공기를 타진하여 냄새 분자들을 확인해서 냄새길 주변 활성 영역을 벗어나지 않도록 한다[108](6장 참조).

---

108) 냄새길 페로몬이 외분비샘에서 기원했다는 사실은 1959년 에드워드 윌슨이 발견했고("Source and possible nature of the odor trail of fire ants," *Science* 129: 643-644), 이는 개미의 의사소통에서 차후로 밝혀지게 되는 외분비 신호의 긴 목록의 처음에 해당된다. 개미 냄새길의 화학적 조성과 역할에 대한 첫 연구는 1980년대에 R. K. Vander Meer와 그의 동료들에 의해 시작되었다. R. K. Vander Meer, F. M Alvarez, and C. S. Logfren, "Isolation of the trail recruiment pheromone of *Solenopsis invicta*," *Journal of Chemical Ecology* 14(3): 825-838(1988); R. K. Vander Meer, C. S. Lofgren, and F. M. Alvarez, "The orientation inducer pheromone of the fire ant *Solenopsis invicta*," *Physiological Entomology* 15(4): 483-488(1990) 등을 참고할 것. 개미의 냄새길과 다른 형태의 화학적 의사소통 전반에 관한 핵심 문제들은 다음과 같은 저술에 개관되어 있다. B. Hölldobler and E. O. Wilson, *The Ants*(Cambridge, MA: The Belknap Press of Harvard University Press, 1990)와 R. K. Vander Meer and L. E. Alonso, "Pheromone directed behavior in ants," in R. K. Vander Meer, M. D. Breed, K. E. Espelie, and M. L. Winston, eds., *Pheromone Communication in Social Insects: Ants, Wasps, Bees, and Termites*(Boulder, CO: WEstview Press,

활성 영역을 따라 가는 이 여정에서 일개미들은 먹이가 있는 곳까지 먼 거리를 갈 것인지 말 것인지, 그리고 가는 동안 자신이 페로몬을 더 보태서 냄새길을 더 보강할지 결정을 내리게 된다. 이는 마치 개미들이 페로몬으로 "맞아, 여기에 분명히 먹이가 **있어**. 그러니 너희들도 이 냄새길을 따라오는 게 좋을 거야."라고 말하는 것과 같다. 이런 상황에 따라 내린 많은 결정의 결과로 먹이의 양과 질에 대한 정보를 다수의 일개미들이 교환함으로써 모여든 일개미 무리에서 군중 의사소통(mass communication)이 이루어진다. 이 정보들은 먹이를 향해 가는 개체 수도 조절한다. 이 과정은 일개미 무리에 의해서만 만들어질 수 있고, 다른 무리의 일개미들에 의해서만 효력이 발휘되는 일종의 창발적 현상이다.

군중 의사소통이 이루어지는 방식은 다음과 같다. 군락에서 동원되어 나오는 일개미 수는 냄새길에 뿌려진 페로몬 양과 동원 행동 강도에 비례해서 늘어난다. 먹이에 도착해서 먹이를 날라 오는 일개미 수가 늘어날수록 더 많은 냄새길이 만들어지고 군락으로부터 더 많은 일개미들이 몰려 나와 먹이로 향한다. 초기 반응은 지수 함수적으로 늘어나지만 먹이에 한꺼번에 몰릴 수 있는 일개미 수는 제한이 있기 때문에 새로 등장한 일개미들은 점점 더 먹이에 접근하기가 어려워짐으로써 모여드는 일개미 수는 점차 줄어든다. 먹이에 접근하지 못한 개미들은 주변을 배회하다가 이내 다시 집으로 돌아온다. 일꾼이 만들어 내는 페로몬 활성 영역은 몇 분 내로 모두 휘발되어 사라지고 먹이를 구하지 못해 집으로 돌아가는 일꾼 수가 늘어남으로써 실제로 먹이를 운반하는 일개미 수는 필요한 최적의 수와 얼추 비슷한 적절한 수준에서 평형을 이룬다. 먹이가 점차 줄어들면서 그에 모여드는 일개미 수도 따라서 줄어든다.[109]

군중 의사소통은 일꾼 개체가 보이는 반응을 추가적으로 조율해 좀 더 미세하게 조정된 결과 평형에 이르게 된다. 좀 더 가치 있는 먹이가 발견될수록 긍정적 반응의 비율이 높아지고, 냄새길을 만드는 데 더 많은 수고를 들이며, 좀 더 많은 양의 냄새길 페로몬이 군락에 전달되고, 결과적으로 좀 더 많은 일꾼들이 군락으로부터 몰려나온다. 먹이가 군락과 가까울수록 같은 효과가 발생한다.

1998), pp. 159-192.

109) E. O. Wilson, "Chemical communicatio among workers of the fire ant *Solenopsis saevissima* (Fr. Smith)," *Animal Behaviour* 10(1-2): 134-147, 148-158, 159-164(1962).

냄새길을 만드는 이런 왕성한 작업을 좀 더 면밀히 살펴보면 다수 개체의 반응이 조절되는 과정이 훨씬 더 섬세하다는 사실을 알 수 있다. 동원 신호를 전반적으로 강화하기 위해 개체들의 페로몬 의사소통 전달에 다음과 같은 '영업 사원의 여섯 원칙'이 추가될 수 있다.

1| 냄새길은 동료를 부르러 간 일개미가 먹이가 있는 곳으로 돌아가는 와중에 만든다.
2| 동료를 부르러 가는 일개미는 빠르게 달린다.
3| 동료를 부르러 간 일개미는 군락 동료 옆에서 머리를 흔들어 댄다.
4| 동료를 부르러 간 일개미는 군락 동료를 더듬이로 쓰다듬는다.
5| 동료를 부르러 간 일개미와 그에 관심을 보이는 동료는 서로 턱을 맞대고 입에서 입으로 먹이를 게워 내는 구강영양교환 행동을 한다.
6| 동료를 부르러 간 일개미는 군락 동료를 먹이로 향하는 냄새길로 이끈다.

먹이에 대한 군락의 기대가 큰 경우, 이를테면 실험실에서 진한 설탕물을 사용해서 일꾼을 대상으로 실험을 한 경우 위에서 말한 신호 중 단지 세 가지만으로도 동원 행동을 일으키기에 충분하다. 군락의 기대가 낮은 경우, 즉 설탕물이 묽은 경우에는 위의 여섯 가지 신호가 모두 필요하다. 이렇게 서로 다르게 조합된 신호를 받는 일개미 수가 달라지기 때문에 반응이 양적으로 달라지는 것이다[110](6장 참조).

양봉꿀벌은 완전히 다른 감각 세계에 살고 있다. 먹이 채집꾼(forager)은 신진대사가 활발한 수많은 동료들에게 꽃가루와 꽃꿀을 충분히 먹일 수 있을 정도로 풍성한 꽃밭을 찾기 위해 아주 멀리 날아가야 한다. 먹이 채집꾼이 돌아다니는 장소는 방대하다. 만일 꿀벌 크기가 사람만 하고, 군락이 텍사스 주 오스틴(Austin)에 있다고 가정한다면, 군락에서 나온 먹이 채집꾼 한 마리가 먹이를 찾아 날아다니는 범위는 텍사스 주 전체를 망라할 정도이며, 주 경계까지 30분 이내에 왕복한다

---

110)   D. Cassill, "Rules of supply and demand regulate recruitment to food in an ant society," *Behavioral Ecology and Sociobiology* 54(5): 441-450(2003).

고 할 수 있다.[111]

꿀벌은 노동을 분담함으로써 꽃꿀 채집을 빠르게 진행한다. 채집꾼들은 대체로 꽃꿀 채집을 반복하지만, 군락 속으로 가져온 꽃꿀은 좀 더 어린 일벌들이 받아서 배고픈 벌들을 먹이거나 나중을 위해 벌집 안에 저장하기도 한다. 이런 작업의 전문화는 군락 전체로 보아서 효율을 높이기는 하지만 동시에 두 가지 잠재적 병목 현상을 일으키기도 한다. 우선 꽃꿀이 많은 새로운 꽃밭을 발견한 경우에는 벌통 안에서 일벌이 꽃꿀을 실제로 처리할 수 있는 양보다 많은 꽃꿀이 넘치게 들어온다. 반대로 가져오는 꽃꿀의 양이 줄어들 경우는 일을 안 하고 노는 일벌이 늘어난다.

꿀벌 군락은 상호 반응하는 세 가지 신호를 이용하여 이런 병목을 해결하고 꽃꿀 수급을 조절한다.[112]

꽁무니춤은 먹이를 찾아 돌아온 채집꾼이 수직으로 서 있는 벌집 표면에서 8자 형태를 그리며 빠르게 움직이는 동작으로, 군락 동료에게 벌집 밖에 있는 꽃꿀의 존재를 알리는 행동이다. 이 8자 형태 허리 부분이 가리키는 방향과 지속 시간(꿀벌이 몸을 옆으로 떨며 꽁무니를 흔들며 지나가는 시간)은 일벌이 벌집을 떠날 때 해의 위치와 견주어 먹이가 있는 곳의 방향을 지시하며, 벌집으로부터 떨어진 거리와 비례한다. 돌아온 채집꾼이 춤을 추는 시간과 춤의 격렬함 정도가 먹이가 얼마나 많으며, 얼마나 멀리 있고, 군락에게 얼마나 필요한지 알리는 신호가 되는 것이다.

만약 채집꾼이 군락에 필요한 만큼의 꽃꿀을 찾았지만 당장 그것을 가지고 오기에 충분한 수의 채집꾼들이 없을 때는 **흔들기 신호(shaking signal)**로 개별적으로 먹이의 존재를 알린다. 신호를 보내는 일벌은 다른 동료 위에 올라타고 다리로 붙든 뒤 1~2초 동안 몸 전체를 흔들어 떤 뒤, 다음 일벌로 옮겨 간다. 그 결과 더 많은 일벌들이 꽁무니춤을 추는 곳으로 모여들고 더 많은 채집꾼이 먹이를 구하러

---

111) 일벌 한 마리는 한 번의 채집 비행에서 시속 25킬로미터의 속도로 벌통으로부터 6킬로미터나 떨어진 곳까지 날아갔다 온다. T. D. Seeley, *The Wisdom of the Hive: The Social Physiology of Honey Bee Colonies*(Cambridge, MA: Harvard University Press, 1995, p. 47)를 참고할 것. 벌의 몸 길이를 200배 정도 되는 인간의 키로 비유하자면, 벌집을 나서서 돌아오는 한 번의 비행은 무려 2,400킬로미터 이상이라고 할 수 있으며 비행 속도는 시속 5,000킬로미터 정도 되는 셈이다.

112) 이 부분은 꿀벌의 사회성 행동 연구에 있어서 가장 권위 있는 역작인 T. D. Seeley의 *The Wisdom of the Hive: The Social Physiology of Honey Bee Colonies*(Cambridge, MA: Harvard Universtiy Press, 1995)에서 빌려 왔다.

나설 수 있게 된다.

반면 처리하기에 버거울 만큼의 꽃꿀이 날라져 들어오는 상황에서는 **떨기춤(tremble dance)**을 추어 더 많은 일벌을 군락 입구로 모은다. 이 춤을 추는 일벌은 벌집 주변을 여기저기 날아다니면서 앞다리를 위로 든 채, 마치 무도병(Sydenham Chorea) 환자처럼 몸을 상하 좌우로 흔들어 댄다.

이렇게 군락의 동료를 부르는 복잡한 행동을 하기 위해 붉은불개미나 꿀벌은 상황과 자기 자신의 경험에 근거해서 결정을 내려야 한다. 그들은 아주 원시적 수준의 마음이라고 할 만한 것을 가지고 있는지도 모르겠다. 그렇다고 해서 그들이 자기 인식과 의미를 통해 일의 경중을 따지거나, 언어적으로 해석되는 방대한 기억의 창고 속에서 여러 가지 가능한 시나리오를 검토하는, 인간적 수준의 반사적 의식(reflective consciousness)을 가지고 있다는 것은 아니다. 오히려 그들의 마음은 아주 간단한 인지적 의식(perceptual consciousness)으로 구성되어 있으며, 이를 통해 기억의 파편들이 즉각적인 시간 인지를 통해 조합됨으로써 다양한 표현과 의사소통을 가능하게 한다.[113] 자연 상태의 벌을 현장에서 많이 연구한 토머스 실리(Thomas D. Seeley)는, "꿀벌이 즉각적인 자극에 대해 간단한 반응을 보인다는 것만으로는 의사소통을 위한 신호를 만들어 내는 행동을 설명할 수 없다는 것이 분명하다. 대신 일벌의 신호 생성 행동을 이해하기 위해서는, 일벌을 특정한 상황에 적절한 일반적 양식과 구체적 형태의 신호를 만들어 내기 위해 많은 양의 정보를(현재 인지하는 것이든 기억에 저장된 것이든) 종합할 수 있는 아주 정교하고 섬세한 의사 결정자(decision maker)로 간주해야만 한다."라고 판단했다.[114]

요약하자면 꿀벌은 분명히 '생각한다.' 그것은 마치 익숙한 길을 따라 집으로 가는 운전자가 여행 자체나 차량의 작동 기작을 깊이 생각하지 않으면서 여러 가지 잠재의식 속 정보로부터 머릿속 지도와 목적지에 대한 정보를 자동적으로 종합하는 것과 같다.

곤충의 기준에서 보면 이런 모든 행동은 인지적 의식이 가능케 하는 예외적 유

---

113) 이 사고적 의식과 인지적 의식 구분은 D. R. Griffin, *Animal Minds: Beyond Cognition to Consciousness*(Chicago: Universtiy of Chicago Press, 2001)에서 제안되었다.

114) T. D. Seeley, "What studies of communication have revealed about the mids of worker honey bees," in T. Kikuchi, N. Azuma, and S. Higashi, eds., *Genes, Behavior and Evolution of Social Insects*(Sapporo, Japan: Hokkaido University Press, 2003), pp. 21-33.

연성을 지닌 매우 복잡한 것이지만, 일벌은 여전히 자신이 속한 종, 그리고 결과적으로 종의 유전체가 정해 놓은 결정 규칙을 따르고 있다. 일벌은 군락에 필요한 노동량을 가늠하고 예상 가능한 방식으로 그에 맞춰 행동한다. 일벌의 결정 규칙을 서술하자면 다음과 같다.

1| 꽃밭에서 모아 온 꽃꿀의 양이 충분치 않은가? 그렇다면, 그리고 꽃꿀을 모을 수 있는 꽃밭의 정보를 가지고 있다면 꽁무니춤을 출 것.
2| 그 꽃밭에는 꽃이 많은가, 혹은 날씨는 좋은가, 혹은 날이 이른가, 혹은 군락이 훨씬 더 많은 양의 먹이를 필요로 하는가? 여기에 맞춰 춤의 강도와 지속 시간을 늘려 가며 꽁무니춤을 출 것.
3| 꽃밭에 보낼 채집꾼의 수가 부족한가? 흔들기 신호를 보낼 것(shaking maneuver).
4| 꽃꿀을 받을 일벌 수가 날려져 오는 꽃꿀을 처리하기에 부족한가? 떨기춤을 출 것.

거의 동시에 이런 결정을 내리는 수백 마리 일벌 무리가 결국 초유기체 전체의 반응을 유발한다. 군락의 요구가 늘어날수록 의사소통은 더 널리 퍼지고 더 많은 일벌이 반응한다. 요구가 줄면 관여하는 일벌의 수 역시 점차 줄게 된다. 큰 수의 법칙(law of large number)에 따르면 일벌 개체의 성향이나 실수, 운 좋은 추측 따위는 모두 합산된다. 이런 개별적 요인들이 평균치를 벗어나 지나치게 활기차거나 미적지근한 일벌의 반응에 더해짐으로써, 점차 이런 극단적 반응은 줄어들고 군락 전체의 반응은 최적치 주위에서 변동이 점차로 좁혀들면서 매 시간 최적 반응값에 근접하게 한다.

사진 5 | 원시적 단계의 진사회성을 보이는 꼬마꽃벌(*Halictus*)이 꿀벌과 같이 꽃에 앉아 있다(사진 제공: Gro Amdam).

4

결정 규칙의
유전적 진화

THE GENETIC EVOLUTION OF DECISION RULES

이제 우리는 유기체에서 초유기체로의 전환이라는 위대한 진화적 사건에 이르렀다. 진행성 먹이 공급을 통해서 새끼를 돌보는 독거성 벌이나 말벌들은 진화적으로 보아 진사회성 사회 출현의 바로 전 단계이다. 이 단계에서 각 암컷은 자신만의 둥지를 만들고 그 안에서 자라는 새끼를 위해 꽃가루나 절지동물 등의 먹이를 일정한 간격을 두고 지속적으로 공급한다. 이 행동으로부터 군락 생활이 등장하는 과정에 필요한 요인은 성충이 된 새끼가 어미가 더 많은 새끼를 낳아 기르는 것을 돕기 위해 자기 번식을 포기하는 과정이다. 혹은 군락 행동은 성충이 자기 집을 떠나 남의 집으로 들어가서 번식을 하지 않은 채 남의 번식을 도울 때 생겨날 수도 있다.

진사회성의 유전적 기원과 진화

진사회성에 이르는 결정적 단계들이 언뜻 아주 간단해 보이지만, 진화의 역사 속에서 아주 드물게 일어났다. 전사회성-진사회성 전이를 촉발하는 데 필요한 결정적 전적응이나 충분히 강력한 선택의 작용은 이전 장들에서 알아보았다. 이제는 다음의 두 가지 질문에 답하기 위해 전이 자체의 내용에 주목할 필요가 있다.

1| 진사회성 종을 만들기 위해 얼마나 많은, 그리고 어떤 종류의 결정 규칙이 필요한가?
2| 결정 규칙을 유전적으로 만들어 내기 위해 어떤 종류의, 그리고 어느 정도의 유전적 변화가 필요한가?

진사회성 진화에 더하여 초기 단계로부터 더 진보된 초유기체에 이르는 군락 생활의 두 번째 전이가 가능하다. 예를 들면 꼬마꽃벌류의 간단한 군락으로부터 고도로 복잡한 꿀벌 군락에 이르는 것, 혹은 오스트레일리아산 프리오노미르멕스 (*Prionomyrmex*, 이전 속명 노토미르메키아) 새벽개미로부터 잎꾼개미의 고도로 조직화된 사회에 이르는 전이 같은 것을 말한다. 이 마지막 진보 단계에 이르기 위해서는 진화 역사에 있는 수많은 순차적 단계들이 필요하다. 진사회성 자체의 기원과 마찬가지로, 이 과정 역시 매우 드물게 일어났을 뿐이다. 이런 진보는 앞서 언급한 질문과 비슷한 다음 두 가지 질문을 다시 부른다.

3| 일단 진사회성 장벽을 넘어선 뒤 원시적 단계의 진사회성 종에서 진보된 단계의 진사회성 종으로 전이되는 과정에서 얼마나 많은, 그리고 어떤 종류의 결정 규칙이 필요한가?

4| 이 정도의 사회적 변화를 생성하기 위해 어떤 종류의, 그리고 어느 정도의 유전적 변화가 필요한가?

과거 40여 년 동안 사회성 곤충의 의사소통과 계급 체계에 대한 연구는 진사회성 기원과 그 이후 진사회성 사회가 밟아 온 순차적 진보 과정을 이해하려는 것이었고, 그 결과 결정 규칙을 밝히는 데 있어 괄목할 만한 발전을 이루어 냈다. 그러나 1980년대 중반에 이르러서야 비로소 결정 규칙을 생성하는 유전적 변화를 이해하기 위해 다음 단계의 생물학적 조직, 즉 유전체를 연구 대상으로 다루게 되었다. 이 연구 분야는 아직까지 걸음마 단계이고 덜 복잡하기 때문에 우리는 이제 거기에서부터 이야기를 시작하려고 한다.[115]

---

115) 벌목 곤충, 특히 꿀벌의 사회 유전학 역사는 다음 저술에 정리되어 있다. R. E. Page Jr., J. Gadau, and M. Beye, "The emergence of hymenopteran genetics," *Genetics* 160(2): 375-379(2002); R. E. Page Jr. and J. Erber, "Levels of behavioral organization and the evolution of division of labor," *Naturwissenschaften* 89(3): 91-96(2002); G. E. Robinson, "Sociogenomics takes flight," *Science* 297: 204-205(2002); G. E. Robinson and C. M. Grozinger, and C. W. Whitfield, "Sociogenomics: social life in molecular terms," *Nature Rerviews / Genetics* 6: 257-271(2005); R. E. Page Jr. and G. V. Amdam, "The making of a social insect: developmental architectures of social design," *BioEssays* 29(4): 334-343(2007).

사회 유전학과 사회 유전체학

현재까지 곤충의 사회성 행동에 대한 유전학적 연구는 양봉꿀벌에서 가장 앞서 있다. 좀 더 최근에는 개미에서도 중요한 발견들이 눈에 띄게 늘어났다. 이런 연구의 간략한 역사를 살펴보면 유전학이라는 분야 전체의 발달 과정과 흡사하다. 처음 등장한 것은 **사회 유전학**으로, 행동이나 계급 구성에 영향을 미치는 특정한 개별 유전자나 적은 수의 유전자 복합체를 찾아내고 그 변이를 밝힘과 동시에 군락 안과 군락 사이 친족 무리에서 이런 유전자들의 분포 양상을 분석하는 연구 분야이다. 일단 이런 대립 형질이 밝혀지면 염색체 상에서 그 위치를 찾고 이들이 전사하는 단백질을 동정한다. 다음으로는 특정 표현형 각각에 대해 유전자로부터 세포 구성에 이르는 기원과 발현 경로가 밝혀지고, 이어 신경 구조와 이에 관여하는 호르몬, 나아가 합성되는 페로몬과 그에 대한 반응 문턱값 조절에 이르는 모든 단계의 기원이 분석된다. 마지막으로 선택에 의해 적응적 행동을 만들어 내는 학습 과정이 분석된다.

　적어도 이론상으로는 사회 유전학은 개별 형질에 대한 분석을 통해 행동적 의사 결정 규칙과 그 규칙을 만들어 내는 분자적, 세포적 발달 과정을 망라하는 과정에 관여한 모든 유전자를 염색체 상에서 찾아낼 수 있다. 그러나 사회 유전학이 분석의 첫 열쇠가 되더라도 그것만으로는 완전한 전체 유전체 지도 작성에 충분치 않다. 이미 사회 유전학은 **사회 유전체학**[116)]의 도움을 받고 있고, 머지않아 후자에 의해 교체될 것이다. 사회 유전체학은 유전자 전부 혹은 대부분을 하나의 전체로 간주한 뒤 사회성 행동에 관여한 유전자를 골라내는, 소위 하향식 분석 방식이다. 이 방법은 각 종의 완전한(혹은 거의 완전한) 염기 서열(유전학의 '문자열')을 분석함으로써 시작되고, 그 뒤 다수의 염기 서열로 이루어지는 유전자의 좌위를 밝힌다. 염기 서열 태그(sequence tag)나 마이크로어레이(microarray) 기법을 사용하여 실제 활성화된 모든 유전자의 현재 발현 모습과, 각개 세포와 조직의 기능을 알 수 있게 된다. 비슷한 유전자의 발현 양상을 따라 사회성 행동에 영향을 미치는 유전자의 발현 양상과 타이밍을 추적할 수 있다. 마지막으로 사회 유전체학 연구자들은 환

---

116)　사회 유전체학이라는 용어는 Gene E. Robinson이 "Integrative animal behaviour and sociogenomics," *Trends in Ecology and Evolution* 14(5): 202–205(1999)에서 처음 사용했다.

경 변화에 따라 군락의 개별 구성원들에서 다르게 활성화되는 유전자들을 찾아낼 수 있다.

상향식 접근 방법인 사회 유전학은 여전히 꿀벌과 개미에서 많이 쓰이고 있는 반면, 하향식인 사회 유전체학은 아직 걸음마 단계이다. 하지만 2006년에 꿀벌의 유전체가 완전히 밝혀짐에 따라 사회 유전체학 발달에도 가속도가 붙었다.[117]

사회 유전체학의 장점은 다른 단계에서 드러난다. 사회 유전체학은 발달과 행동에 관한 결정 규칙을 명령하는 유전자를 빨리 발견하는 데 가장 효과적인 연구 도구이다. 고전적인 멘델 유전학은 질병과 관계된 다수의 대립 형질을 세대 간 분석을 통해 이해하고 좌위를 결정하는 반면, 사회 유전체학은 더 이상 이에 의존하지 않는다. 마이크로어레이 기술과 함께 사회 유전체학은 신진대사 과정 연구를 위한 새로운 창구가 되었다. 이런 정보 덕분에 연구는 세포 합성 과정 중 단백질 변화를 직접 추적하는 단백질 분석학(proteinomics)으로 더 빨리 다가갈 수 있다.

마지막으로 유전체학은 일반적으로(사회 유전체학도 마찬가지인데) 유전적으로 복잡한 형질, 즉 서로 다른 염색체 상에 퍼져 있는 다수의 유전자(반대로 다수의 대립 형질은 개체군에 걸쳐 여러 개의 대립 형질이 같은 좌위에 존재하는 경우를 말함)가 조절하는 형질을 빨리 찾아낼 수 있다. 고전 유전학은 대개 한 가지 핵심 유전자의 발현을 조절하는 '배경' 유전자들의 존재를 주로 밝혀내기 때문에 대부분, 심지어 모든 형질이 결국 다수의 유전자에 의해 결정되는 것으로 보이기까지 한다. 지금까지 동정된 인간의 다중 유전자 형질(polygenic trait) 수는 1,600여 개가 알려진 단일 유전자 형질(monogenic trait)에 비해 엄청나게 적다. 하지만 연구자들은 유전체학이 발전함에 따라 이 숫자가 결국 단일 유전자 형질을 넘어서게 될 것으로 내다보고 있다.[118] 곤충의 사회적 행동을 지시하는 유전적 분석에서도 이와 같은 반전이 일어날 것으로 기대된다.

---

117) The Honeybee Genome Sequencing Consortium, "Insights into social insects from the genome of the honeybee *Apis mellifera*," *Nature* 443: 931–949(2006).

118) A. M. Glazier, J. H. Nadeau, and T. J. Aitman, "Finding genes that underlie complex traits," *Science* 298: 2345–2349(2002).

꿀벌의 사회 유전체학

양봉꿀벌은 앞으로도 여전히 진보된 진사회성 행동을 연구하는 데 가장 중요한 소재일 것이다. 꿀벌에 대한 첫 근대적 저술인 찰스 버틀러(Charles Butler)의 『여성 왕국(*Feminie Monarchie*)』(1609년) 이래로, 카를 폰 프리슈(Karl von Frisch)가 자신의 1930년대와 1940년대의 연구를 돌아보며 다른 과학자들에게 "꿀벌의 삶은 화수분과 같다. 많이 퍼낼수록, 퍼낼 것은 점점 더 많아진다."라고 한 유명한 말을 뒷받침하듯, 유기체와 군락 수준에서 새로운 발견들이 쏟아져 나왔다.

벌꿀과 가루받이 매개체로서 역할 다음으로 양봉꿀벌의 가장 유명한 특징은 꽁무니춤일 것이다. 새로운 먹이나 둥지 터를 발견하고 둥지로 돌아온 채집꾼은 수직으로 서 있는 벌집 표면에서 8자 형태로 내달린다. 8자 가운데 부분은 일벌들이 둥지를 나서서 해야 할 비행의 성격을 상징적으로 표현한다. 8자 가운데 부분에서 이루어지는 '꽁무니 떨기(waggle run)'는 태양을 기준으로 날아가야 할 목표의 상대적 위치와 둥지로부터 거리에 대한 정보를 담고 있다. 꽁무니를 떠는 시간과 분비하는 냄새가 먹이에 대한 정보를 보탠다. 둥지 가까이 있는 목표에 대해서는 좀 더 동그란 모양의 '원형돌기춤(round dance)'이 완벽한 8자 형태의 꽁무니춤을 대신하기도 한다.

앞 장에 쓴 대로 최근 연구들은 꿀벌들이 춤 이외의 행동도 한다는 사실을 속속 밝혀내고 있다. 둥지로 돌아온 채집꾼들이 먹이를 내려놓을 때 많은 일벌들이 일하지 않고 있다는 것을 알아채면 좀 더 많은 일벌을 불러 모아 둥지 밖으로 끌어내기 위해 '흔들기춤(shaking dance)'을 춘다. 만약 상황이 그 반대, 즉 밖에서 먹이를 가지고 오는 일벌이 너무 많아서 둥지 안에서 먹이를 받아 처리 할 일벌이 부족한 경우라면, 더 많은 일벌을 먹이 받는 일을 시키기 위해 '떨기춤'을 춘다(좀 더 자세한 설명은 6장 참조).

이런 춤에 더하여 꿀벌은 페로몬을 이용한다. 페로몬은 벌의 몸 이곳저곳에 있는 분비샘에서 분비되는 물질로 군락 동료들에게 경보를 발하거나, 일꾼을 불러 모으거나, 다른 군락의 벌들과 구별하거나, 성, 계급, 나이에 따라 나누는 등 다양한 기능을 수행한다. 일벌이 성충으로 보내는 약 40일 동안 사회적 활성을 지니는 분비샘도 각 개체가 수행하는 노동 역할에 맞춰 프로그램된 순서대로 커지거나 작아진다. 이런 과정은 군락의 요구에 의해 가속되거나 혹은 순서가 뒤바뀌기도 한다. 또 일벌이 수행하는 작업이 바뀜에 따라 특정 화학 신호에 대한 반응 감도 역시 늘거나 줄기도 한다(5장 참조).

마지막으로 일벌은 비상한 기억력을 가지고 있다. 그들은 자신이 속한 군락 냄새를 기억한다. 채집 비행 동안 일벌은 여러 가지 지형 지표뿐 아니라 춤추던 다른 일벌이 전해 준 정보를 기억해 이용한다. 일벌은 최대 다섯 군데 서로 다른 꽃밭이나 기타 먹잇감의 위치를 비롯, 하루 중 언제가 가장 먹이 채취에 좋은 때인지를 기억할 수 있다.

조지 와인스톡(G. M. Weinstock)과 진 로빈슨(G. E. Robinson)이 이끄는 연구자들은 꿀벌 유전체를 분석하여[119] 일찍이 꿀벌이 가진 거의 모든 종류의 생물학적 체계가 진화 과정에서 어느 정도 변형되었음을 알아챘다. 그리하여 그들이 동정한 1만 157가지의 유전자들 중에 예상치 못한 좌위에서 예상치 못한 방법으로 변형이 널리 퍼져 있음을 발견했을 때도 놀라울 것이 없었다.

꿀벌 유전자들 중 일부는 여전히 식별 가능한 조상 전구체로부터 변형되었다. 예를 들면 황색 단백 색소 유전자는 여러 차례 증폭되고, 새로운 공주벌을 기르는 특수한 먹이인 로열 젤리 생산에 관여한다고 생각된다. 그러나 먹이 처리나 저장에 관계된 유전자를 비롯하여 향이나 맛을 처리하는 복잡한 과정을 명령하는 다른 유전자들은 분명히 양봉꿀벌(그리고 아마도 독거성 벌 중에 존재하던 꿀벌의 조상 종)이 다른 곤충 계통에서 분리되어 나온 이후에 진화했다고 보인다. 희한하게도 꿀벌 유전체를 비롯하여 지금까지 염기 서열이 밝혀진 다른 벌목 곤충(기생말벌의 한 종류) 유전체를 통해 볼 때 벌목 곤충에 이른 진화 계통수는 완전 변태를 하는 다른 곤충목(딱정벌레목, 파리목, 나비목)이 기원하기 이전에 이미 갈라져 나온 것으로 생각된다.

찰스 휫필드(C. W. Whitfield)와 로빈슨을 비롯한 학자들은 사회 유전체학 연구의 다음 단계인 노동 분담을 결정하는 유전자들을 찾아내고자 마이크로어레이 기법을 사용했다.[120] 이들은 벌집 안에서 일을 하다 채집꾼이 되어 벌집 밖으로 나가

---

119) The Honeybee Genome Sequencing Consortium, "Insights into social insects from the genome of the honeybee *Apis mellifera*," *Nature* 443: 931-949(2006).

120) C. W. Whitfield, Y. Ben-Shahar, C. Brillet, I. Leoncini, D. Crauser, Y. LeConte, S. Rodriguez-Zas, and G. E. Robinson, "Genomic dissection of behavioral maturation in the honey bee," *Proceedings of the National Academy of Sciences USA* 103(44): 16068-16075(2006).

게 된 일벌의 두뇌와 행동에서 나타나는 변화와 나이에 따라 마이크로어레이상에서 볼 수 있는 일종의 확장된 변화가 일치한다는 것을 발견했다. 이 생활 방식의 전환은 대개 새로운 성충이 우화한 뒤 약 8일째에 일어난다. 다음 5장에서 더 자세히 다룰 바와 같이, 일벌이 나이를 먹어 감에 따라 유전적 프로그램이 바뀌거나, 둥지 안 일을 하는 일벌이나 채집꾼 수가 줄어드는 등 다양한 환경적 영향에 의해, 성충이 되어서 다시 둥지 안으로 들어오거나, 혹은 둥지 밖으로 나가서 일을 하게 되는 등 작업 전환이 일어난다.

사회 유전체학적 보존

비록 아직 미미하기는 하나 사회성 곤충의 유전적 분석으로부터 드러나는 하나의 원칙은 군락 행동의 많은 부분이 독거성 조상 종으로부터 보존된 유전자에 의해 명령되고 사회적 표현형을 만들어 내도록 발현이 조절된다는 사실이다. 다시 말해 진정으로 새로운 '사회성 유전자'라는 것은 비교적 적은 수일 것이라는 점이다. 만약 이 원칙이 사실이라면 어째서 약 100만 개의 신경 세포와 고도로 복잡한 사회성 행동을 보이는 꿀벌이 그보다 4분의 1 미만의 신경 세포를 가진 채 엄청나게 단순한 행동을 하는 독거성 노랑초파리(*Drosophila melanogaster*)와 유전자 수가 비슷한지를 설명할 수 있을 것이다.[121]

유전체의 보존은 곤충의 채집 유전자(foraging gene, *for*)에서 잘 드러난다. 예를 들어 *for*^r(r는 rover, 잘 날아다니는 습성을 표현함) 대립 형질을 가진 노랑초파리는 *for*^s(s는 sitter, 잘 앉아 있는 습성을 표현함) 대립 형질을 가진 개체에 비해 더 많은 양의 *for* mRNA를 가지게 되고, 이에 따라 채집 행동을 촉진하는 키나아제 같은 단백질을 더 많이 만들어 내는 능력을 유전적으로 가지진다. 이런 r 대립 형질 개체들은 분명히 널리 퍼져 있으며 군락을 이루는 먹잇감을 더 잘 찾아내는 데 분명히 적응적이다. 같은 유전자가 꿀벌에서도 발견되나 매우 다른 사회적 기능에서 발현된다. 일벌이 나이를 먹어가거나 일꾼 중에서 채집꾼의 수가 적은 상황이 닥치면 이

121) G. L. G. Miklos and R. Maleszka, "Deus ex genomix," *Nature Neuroscience* 3(5): 424-425(2000). 비슷한 불일치 사례는 초파리(*Drosophila*)와 선충(*Caenorhabditis elegans*)에서도 보인다. 후자의 경우 비교적 복잡한 유전체를 가지고 있으나 단 302개의 신경 세포만이 있다.

채집꾼 유전자 발현이 늘어나고 이에 따라 둥지 안에서 하던 일을 접고 밖으로 나가 먹이를 찾는 채집꾼 역할을 하도록 만든다.[122] 이런 변화는 같은 시간에 일어나는 마이크로어레이 패턴 변화를 통해 분명히 알 수 있다.[123]

독거성 조상으로부터 혈연 선택을 통하여 사회성 기능을 수행하도록 변형된 두 번째 유전자는 주기 유전자(period gene)이다. 이 주기 유전자는 초파리에서 24시간 주기의 활동 리듬과 교미 행동, 알에서 성충에 이르는 발달 시간 등 다양한 시기적 현상에 영향을 미친다. 양봉꿀벌의 일벌에서 이 주기 유전자의 발현은 증가된 mRNA의 양으로 알 수 있는데, 어떤 일벌의 일감이 둥지 안 작업에서 둥지 밖 채집 작업 전환될 무렵에 발현된다. 둥지 안에서 일하는 일벌은 24시간 주기를 따라 일하지 않지만 채집꾼의 채집 행동은 분명히 24시간 주기를 따른다. 그러므로 독거성 행동에 관여한 이 유전자가 꿀벌 군락의 노동 분담을 돕는 방향으로 이용되어 온 것이다.[124]

개미의 기본적 계급 구조에서도 다른 종류의 유전체적 보존이 발견되었다. 개미 종을 통틀어서 날개 달린 번식형 암컷과 날개 없는 일꾼의 공존은 가장 기본적 특징이다. 곤충 무리에서 날개의 기원은 약 3억 년 이전으로 거슬러 올라가며 현존하는 모든 날개 달린 곤충은 분명히 적어도 그 과거 언저리에 살던 어떤 조상 곤충 한 종으로부터 기원했다. 계통 분류학적으로 아주 거리가 먼 두 무리의 날개 달린 곤충, 즉 파리목과 나비목을 통해 볼 때 날개 발달을 지시하는 보편적 조절 유전자 네트워크가 곤충을 통틀어 존재하고 있으며 벌목에 속하는 개미 역시 같은 것을 가지고 있다. 개미의 조상 종은 1억 1000만 년 이전에 존재했던 독거성 말벌에서 유래했음이 분명한데, 말벌의 날개 발달 조절 유전자 네트워크가 변형되어 어떤 유전자들은 특정 환경 자극에 반응하여 발현이 되지 않음으로써 날개 없는 일꾼 계급이 만들어지게 되었다. 이 네트워크 안의 같은 유전자들이 모든 개미를 통틀

---

122)   Y. Ben-Shahar, A. Robinson, M. B. Sokolowski, and G. E. Robinson, "Influence of gene action across different time scales on behavior," *Science* 296: 741-744(2002).

123)   C. W. Whitfield, Y. Ben-Shahar, C. Brillet, I. Leoncini, D. Crauser, Y. LeConte, S. Rodriguez-Zas, and G. E. Robinson, "Genomic dissection of behavioral maturation in the honey bee," *Proceedings of the National Academy of Sciences* USA 103(44): 16068-16075(2006).

124)   D. P. Toma, G. Bloch, D. Moore, and G. E. Robinson, "Changes in period mRNA levels in the brain and division of labor in honey bee colonies," *Proceedings of the National Academy of Sciences USA* 97(12): 6914-6919(2000).

어 동일하게 제어되고 있다고 추측된 적도 있었지만 이는 사실이 아닌 것으로 드러 났다. 연구자들이 여러 가지 개미 종을 분석한 결과 종에 따라 다른 종류의 유전자 들이 제어되고 있었다. 원래 바탕이 되는 유전체는 여전히 같은 것이지만 날개 없 는 일꾼을 만드는 유전자 발현 양상은 개미의 진화 기간을 통해 이리저리 변형되 어 온 것이다.[125] 그게 아니라면 지금껏 알려진 1만 4000종 이상의 개미 종 전체가 다계통 발생(polyphyletic), 즉 여러 종의 날개 달린 말벌 조상들로부터 두 가지 이상 의 계통이 독립적으로 진화해 온 것으로 볼 수 있다.

붉은불개미 사례

유전체가 오랜 시간 보존됨으로써 그 안에서 극소수 유전자만이 변형되는 경우에 도 결과적으로 발생하는 변화는 클 수밖에 없다. 결국 어떤 종에서 사회성 조직이 출현하는 데 몇 세대밖에 걸리지 않게 된다. 이 효과는 유전자 한 개에서 일어난 작 은 변화가 군락 구성원의 행동에 큰 변화로 확장되고, 또 군락 전체로서도 더욱 커 다란 변화가 창발적으로 드러나는 등 추가적 증폭 과정에 의해 더욱 촉진된다. 사 회성 조직의 등장은 유전자로부터 시작되는 변화의 사슬 맨 끝에 드러나는 표현형 적 변화이기 때문에, 결과적으로 드러나는 효과의 증폭이 비교적 쉬운 것이기도 하다.

이런 증폭의 교과서적 사례는 미국 남부에 서식하는 붉은불개미가 보이는 행 동 전이에서 찾아볼 수 있다. 브라질 남부와 아르헨티나 북부가 원산인 이 소형 개 미는 1930년대 중반에 해상 화물에 묻어 온 군락이 앨라배마 주 모빌 항에 상륙 하면서 미국에 퍼지기 시작했다. 1940년대 초기까지는 이 군락들은 모빌 항으로 부터 매년 8킬로미터의 속도로 외곽으로 퍼져 나가기 시작하다가 이후에는 묘목 수송이나 기타 육상 화물에 실려 더 빠르게 전국으로 퍼지게 되었다. 1970년대에 이르기까지 이 개미는 텍사스 동부로부터 캐롤라이나 주에 이르기까지 미국 남

---

125) E. Abouhief and G. A. Wray, "Evolution of the gene network underlying wing polyphenism in ants," *Science* 297: 249-252(2002). 위의 네트워크 분석에 사용된 개미 종은 불개미속(*Formica*) 과 꽁무니치레개미속(*Crematogaster*), 뿔개미속(*Myrmica*), 혹개미속(*Pheidole*)(셋 모두 미르미키 이나이아과)에 속하는 종들이다.

부 거의 전체에 퍼지게 되었다. 1990년대에는 캘리포니아 남부와 서인도 제도 일부까지 퍼져 나갔으며 그 즈음에 이미 홍콩과 중국 남부까지 이르게 되었다. 미국에 퍼진 초기 개체군들은 남아메리카 원 서식지에서처럼 군락 하나에 한 마리 (monogyne) 혹은 혈연적으로 매우 가까운 적은 수의 여왕들(oligogyne)이 번식을 담당하고 있었다. 이 군락들은 또한 영역 지킴 행동(territorial behavior)으로 군락이 뚜렷이 나뉘었다. 그러던 중 1970년대 어느 시점부터 이 단독/소수 여왕 붉은불개미 군락들이 점차 다수 여왕(polygyne)에 의한 다수 군락 번식이라는 행태로 바뀌게 되었는데, 이 경우 개체군 전체에 포함된 개별 군락들이 각자의 영역을 다른 군락으로부터 적극적으로 방어하지 않음과 동시에 몸집이 작은 여왕 여러 마리가 이 군락 저 군락 사이에 혼재하는 '범군락성(unicolonia)'을 지닌다. 다수 여왕이라는 형질을 지시하는 유전자는 미국에 수입된 모든 개미들에게 이미 내재되어 있다가 유전자 재조합과 자연 선택 과정을 거치면서 발현될 기회를 얻었을 것이다. 이미 과거에도 이들의 원 서식지, 특히 아르헨티나 지역에서 단독/소수 여왕 군락 및 다수 여왕 변형 군락들이 발견된 적이 있었다.[126]

분석 결과 이 단독/소수 여왕과 다수 여왕 변형형은 단 하나의 *Gp-9* 유전자에 생긴 변형으로부터 비롯된 것으로 드러났다.[127] 일꾼들이 이형 접합성 다수 여왕 대립 형질을 가진 경우 동형 접합성 단독 여왕 대립 형질을 가진 여왕들을 모두 죽여 버린다. 결국 군락은 다수 여왕 상태로 바뀌게 된다. 이 선택적 암살의 영향력이 매우 크기 때문에 *Gp-9* 유전자의 다수 여왕 대립 형질을 가진 일꾼이 수적으로 군락의 15퍼센트 이상을 차지하게 되면 군락은 다수 여왕 상태로 바뀐다.[128]

미국에 유입된 *Gp-9* 유전자의 두 대립 형질의 염기 서열은 이미 밝혀졌다. 이들의 발현 산물은 바로 군락 동료의 냄새를 식별하는 데 필요한 핵심 분자임이 드러났다. 다수 여왕 대립 형질이 발현되면 분명히 일꾼들 사이나 다른 군락에 속하지

---

126) K. G. Ross, E. L. Vargo, and L. Keller, "Social evolution in a new environment: the case of introduced fire ants," *Proceedings of the National Academy of Sciences USA* 93(7): 3021-3025(1996).

127) K. G. Ross and L. Keller, "Genetic control of social organization in an ant," *Proceedings of the National Academy of Sciences USA* 95(24): 14232-14237(1998).

128) L. Keller and K. G. Ross, "Selfish genes: a green beard in the red fire ant," *Nature* 394: 573-575(1998); K. G. Ross and L. Keller, "Experimental conversion of colony social organization by manipulation of worker genotype composition in fire ants(*Solenopsis invicta*)," *Behavioral Ecology and Sociobiology* 51(3): 287-295(2002).

만 알을 낳을 잠재력이 있는 여왕을 구별하는 능력을 감소시키거나 아예 없애 버린다. 자기 군락 여왕을 구분하지 못하는 현상은 여왕의 수가 달라지는 중요한 이유이기도 하다.[129]

이 단 하나의 유전자에서 일어난 변형이 미국에 유입된 붉은불개미 개체군 대부분에서 근본적 변화를 일으킨 것이다. 영역 구획이 제거됨에 따라 국지적 개체군들은 이제 서식지 전반에 걸쳐 널리 퍼져서 서로 교류하고 공존하는 거대한 하나의 무리로 통합되고 있다. 게다가 새 군락들은 더 이상 어미 둥지에서 나와 짝짓기를 한 뒤 자기 군락을 세우기 위해 흩어지는 처녀 여왕에 의해 만들어지지 않는다. 여왕의 몸은 더 작아지고, 체내에 축적된 지방도 줄어들고 초기에 낳는 알의 수도 줄어들고 있다. 새로운 군락이 만들어지는 과정, 혹은 좀 더 정확히 말하자면 이 초군락(supercolony)이 새롭게 영역을 넓힐 때는 수정란을 품은 여왕이 한 무리 일꾼들을 데리고 어미의 둥지로부터 이사해 나오는, 소위 군락 분열(fission) 방식을 이용한다.

다수 여왕을 가진 변형된 붉은불개미 군락이 보여 주는 유전자로부터 표현형에 이르는 순차적 증폭과정에는 물론 더 많은 것들이 개입되어 있다. 이를테면 대부분의 번식형 암컷은 교미하지 않은 채 둥지에 남아 초군락 속 성비를 암컷으로 기울게 한다. 마지막으로 다수 여왕 상태에서는 각 군락 영역이 얼기설기 뒤얽히고 뚜렷한 구획 없이 퍼져 나가기 때문에 일꾼과 여왕 사이 혈연관계 역시 무작위 교미에 의해 만들어지는 정도로밖에는 가까워지지 않는다.[130]

유전적 변이와 표현형적 유연성(phenotypic plasticity)

노동 분담을 비롯하여 곤충의 사회 조직에서 나타나는 기본적 현상에 기여하는 모든 행동적 특징들이 군락 구성원들 사이, 그리고 결국 군락들 사이에 유전적인 변이에 기인하는 것은 가능한 일이다. 대표적 사례로 꿀벌 군락들 사이에 존재하

129)   M. J. B. Krieger and K. G. Ross, "Identification of a major gene regulating complex social behavior," *Science* 295: 328-332(2002).

130)   붉은불개미 연구에 관한 광범위한 설명은 W. R. Tschinkel, *The Fire Ants*(Cambridge, MA: Harvard Universtiy Press, 2006)을 참고할 것.

는 대립 형질 간 차이가 벌집 안에 저장된 꽃가루 양의 변이에 59퍼센트 정도 기여한다고 추정된다.[131] 페이지와 동료들은 여왕벌의 교미와 수정을 주의 깊게 통제해서 혈통이 잘 알려진 유전적으로 동일한 군락들을 만듦으로써, 각 군락의 꽃가루 저장량에서 드러난 변이의 유전적 기원을 세 QTL(quantitative trait loci, 유전자들 혹은 연관 유전자들의 집합)에 존재하는 대립 형질이 대체된 것으로 범위를 좁혔다. 이 QTL은 다른 다양한 효과를 가지고 있는데, 꿀벌 개체가 보이는 채집 행동 및 연상 학습 행동과 설탕물 섭식에 대한 반응 문턱값 등에서 정량적 변이를 유발한다.[132] 다른 종류의 QTL 역시 꿀벌 개체 크기와 군락 방어 사이에 나타나는 행동에 관계있음이 밝혀졌다.[133]

유전적 활성이 외부 요인에 의해 조절되는 현상에 대해서도 새로운 발견이 이루어졌다. 여왕벌은 소위 '여왕 물질(queen substance)'이라 불리는 일종의 프라이머 페로몬(primer pheromone(페로몬은 그 반응의 종류에 따라 생리 반응을 유발하는 프라이머(primer) 페로몬과 행동 반응을 유발하는 해발자(releaser) 페로몬으로 구분한다. ─ 옮긴이)을 큰턱샘에서 분비하는데, 이 페로몬은 일꾼들의 몸 닦기 행동(grooming)과 구강 먹이 교환 행동(trophallaxis)을 통해 군락 전체로 퍼져 나가 일벌의 행동을 크게 제약한다. 이 페로몬은 일꾼이 가진 유전자 수백 개의 발현을 일시적으로, 그리고 적어도 19가지의 유전자 발현을 지속적으로 제어한다. 이 되먹임 고리에서 나타나는 기능 중 하나는 일꾼이 나이가 들면서 벌집 안에서 새끼를 돌보는 일로부터 집 밖으로 나가 먹이를 채집해 오는 행동으로 전이하는 시기를 늦추는 것이다. 이는 새끼 돌보기에 연관된 유전자를 활성화시키고 먹이 채집을 지시하는 유전자 발현을 억제하는 방식으로 작용하는 것이 분명하다.[134]

131) G. J. Hunt, R. E. Page Jr., M. K. Fondrk, and C. J. Dullum, "Major quantitative trait loci affecting honey bee foraging behavior," *Genetics* 141(4): 1537-1545(1995).

132) R. E. Page Jr. and J. Erber, "Levels of behavioral organization and the evolution of division of labor," *Naturwissenschaften* 89(3): 91-106(2002).

133) G. J. Hunt, R. E. Page Jr., M. K. Fondrk, and C. J. Dullum, "Major quantitative trait loci affecting honey bee foraging behavior," *Genetics* 141(4): 1537-1545(1995); R. E. Page Jr., J. Gadau, and M. Beye, "The emergence of hymenopteran genetics," *Genetics* 160(2): 375-379(2002).

134) C. M. Grozinger, N. M. Sharabash, C. W. Whitfield, and G. E. Robinson, "Pheromone-mediated gene expression in the honey bee brain," *Proceedings of the National Academy of Sciences USA* 100(Supplement 2): 14519-14525(2003).

개미와 꿀벌의 유전학 연구 초기에 이룩된 다양한 성과를 통해 군락을 구성하는 개체들이 외부로부터 받아들인 감각 자극과 호르몬 조절 활동에 의해 발현되는 유전자들이 각 개체들이 가진 작업 특이적(task-specific) 자극들의 반응 문턱값에 영향을 미친다는 사실이 밝혀졌다. 유전자는 개체의 경험과 맞물려 개체마다 같은 자극에 반응하는 문턱값을 서로 다르게 만든다. 이런 다양한 반응들이 군락 전체로 모이면 군락의 생존과 번식에 더욱 유리한 방향으로 노동 분담 양상을 결정하게 될 것이다. 결국 유전자들은 계통 분류적 토대 위에서 좀 더 생태적으로 영향을 받는 진화가 일어날 수 있는 무대를 마련하는 것이다.[135]

---

135) 이에 대한 설명은 C. Detrain, J. L. Deneubourg, and J. M. Pasteels, eds.(with multiple authors), *Information Processing in Social Insects*(Basel: Birkäuser Verlag, 1999); S. N. Beshers and J. H. Fewell, "Models of division of labor in social insects," *Annual Review of Entomology* 46: 413–440(2001).

사진 6 │ 베짜기개미 오이코필라 롱기노다 (*Oecophylla longinoda*) 대형 일꾼이 소형 일꾼만의 전문성이 필요한 일감, 이를테면 매미목 곤충에서 단물을 거두거나 작은 애벌레를 돌보는 따위의 일감이 있는 곳으로 소형 일꾼을 물어 나르고 있다.

5

노동 분담

THE DIVISION OF LABOR

초유기체는 노동 분담에 의해 자기 조직되는 개체들이 고유한 의사소통 체계를 통해 서로 연결되어 있는 군락이다. 구성원들은 군락 수준에 가해진 자연 선택으로 진화된 비교적 간단한 적은 수의 알고리즘에 의해 고유한 일감을 선택한다.

지금껏 강조해 온 것처럼, 각각의 곤충 군락은 성채 안에 들어 있는 공장으로 이해하면 될 것이다. 공장에는 알을 낳는 여왕, 그 새끼를 돌보는 일꾼과 모두를 위해 먹이를 공급하는 채집꾼 계급이 있으며, 성채에는 그것을 짓는 일꾼 계급과 그것을 지키는 병정 계급 개체들이 있다. 가장 단순한 조직화 양상을 보이는 종에서는 공장과 성채 역할이 서로 바뀔 수도 있다. 즉 일꾼의 역할은 재빨리 서로 뒤바뀔 수 있는 것이다. 그 반대로 극단적으로 진보를 이룬 가장 복잡한 종의 경우에는 일꾼의 역할은 쉽게 바뀌지 못한다. 많은 경우 일꾼이 수행하는 역할은 그 일을 수행하도록 해부학적으로 특성화된 계급에 영구적으로 고정되어 있다.

유기체와 초유기체 사이 유사성

사회성 곤충 군락의 계급 체계와 노동 분담은 유기체에 있어서 세포와 조직 간의 기능과 비슷한 특성이 많다. 초유기체와 유기체라는 두 가지 조직화 단계 사이 유사성은 1910년 휠러가 처음으로 제시했다.[136] 휠러 이후 많은 생물학자들이 궁리한 유사성을 표 5-1과 같이 현대 생물학에서 쓰이고 있는 용어로 정리할 수 있다.

이 두 수준에서 각 체계의 진화는 한 가지 중요한 차이점만 빼고는 거의 비슷한 과정을 거치며 이루어져 왔다. 즉 유기체는 각 개체의 유전적 형질을 가능한 많이

---

136) W. M. Wheeler, "The ant colony as an organism"(1910년 8월 2일, 우즈홀 해양생물학연구소(the Marine Biological Laboratory, Woods Hole, MA)에서 있었던 강연), *Journal of Morphology* 22(2): 307–325(1911).

표 5-1 | 유기체와 초유기체 간의 기능적 유사성

유기체	초유기체
세포	군락 구성원
기관	계급
생식소	번식 계급
체세포적 기관(somatic organs)	일꾼 계급
면역계	방어 계급, 경보–방어 신호, 군락 인식 표지
순환계	군락 구성원 사이 먹이 교환(trophallaxis)을 포함한 먹이 분배, 페로몬과 화학 신호 분배
감각 기관	군락 구성원의 종합적인 감각 장치
신경계	군락 구성원 사이 의사소통과 상호 작용
피부 및 골격	둥지
기관 발생(organogenesis): 배(embryo)의 성장과 발달	사회 발생(sociogenesis): 군락의 성장과 발달

복제하도록 만들어져 왔지만, 군락은 가능한 많은 초유기체적 형질을 복제토록 만들어져 온 점이다. 이 두 단계의 연관성은 인과적이다. 초유기체적 특성은 오로지 유전적으로 결정된 군락 구성원의 행동의 총합으로부터 도출되고, 반대로 개체 행동은 군락 수준에 작용하는 선택에 의해 결정된다. 초유기체적 특성 중에서도 가장 중요한 것은 계급과 노동 분담이다.

계급 체계의 생태학

각 종의 곤충은 각자의 사회 조직을 복잡한 환경 압력과 자신의 진화 역사에서 직면한 독특한 기회에 적응시켜 왔다. 가장 중요한 한 가지 특징은 군락의 크기다. 군락 크기 다음으로 의사소통 기호, 계급 체계, 노동 분담의 복잡성 정도가 중요한 특징인데 이들은 모두 간접적으로 군락 크기와 관련되어 있다.

군락 크기는 이런 특징을 제한하는 역할을 하는데, 이런 관계에 대한 놀라운 사

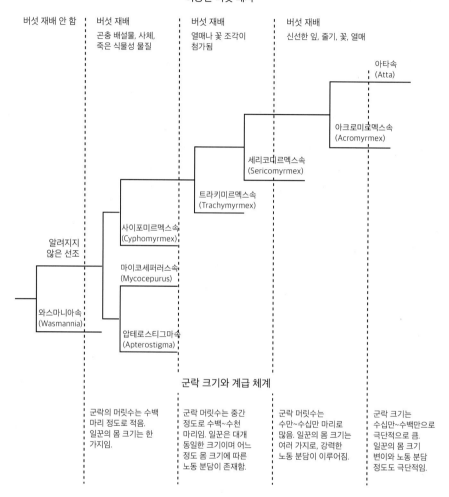

이용된 버섯 배지

| 버섯 재배 안 함 | 버섯 재배
곤충 배설물, 사체,
죽은 식물성 물질 | 버섯 재배
열매나 꽃 조각이
첨가됨 | 버섯 재배
신선한 잎, 줄기, 꽃, 열매 |

아타속
(Atta)

아크로미르멕스속
(Acromyrmex)

세리코미르멕스속
(Sericomyrmex)

트라키미르멕스속
(Trachymyrmex)

사이포미르멕스속
(Cyphomyrmex)

알려지지
않은 선조

마이코세퍼러스속
(Mycocepurus)

와스마니아속
(Wasmannia)

압테로스티그마속
(Apterostigma)

군락 크기와 계급 체계

군락의 머릿수는 수백 마리 정도로 적음. 일꾼의 몸 크기는 한 가지임.

군락 머릿수는 중간 정도로 수백~수천 마리임. 일꾼은 대개 동일한 크기이며 어느 정도 몸 크기에 따른 노동 분담이 존재함.

군락 머릿수는 수만~수십만 마리로 많음. 일꾼의 몸 크기는 여러 가지로, 강력한 노동 분담이 이루어짐.

군락 크기는 수십만~수백만으로 극단적으로 큼. 일꾼의 몸 크기 변이와 노동 분담 정도도 극단적임.

그림 5-1 │ 환경 적응의 기능으로 이해될 수 있는 아티니족(Attini) 버섯 개미들의 노동 분담과 사회적 복잡성의 진화. 각각의 적응 방산 과정 속에서 다른 종류의 버섯 재배용 배지를 사용함으로써, 아타속 개미의 종류가 늘어 온 역사는 성숙한 군락 크기 증가와 이에 상응하여 전문화된 일꾼 버금 계급과 노동 분담이 늘어 온 역사와 맞물려 있다. 계통 분류표는 J. K. Wetterer, T. R. Schultz, and R. Meier, "Phylogeny of fungus-growing ants(tribe Attini) based on mtDNA sequence and morphology," *Molecular Phylogenetics and Evolution* 9(1): 42-47(1998), 다른 자료들은 B. Hölldobler and E. O. Wilson, *The Ants*(Cambridge, MA: The Belknap Press of Harvard University Press, 1990)에 개관한 것처럼, 여러 자료에서 솎아 낸 것임.

례를 아타속 개미에서 볼 수 있다. 아티니족(Attini) 개미는 특히나 종 다양성이 높고 개체 수가 많기로 유명하며 미국 남부에서부터 아르헨티나에 걸친 영역에 분포하고 먹이로 버섯을 기른다고 알려진 유일한 개미 무리이다. 그림 5-1에서 보는 것처럼, 현존하는 종들 중 진화적으로 오래된 조상 종과 유전적 연관 관계가 가까운 종들은 곤충의 배설물이나 사체를 부패 중인 식물 조각들과 섞은 위에 곰팡이를 재배한다. 그보다 더 늦게 진화한 종들은 열매 조각들을 첨가하기도 한다. 마지막으로 아크로미르멕스속과 아타속으로 대표되는 좀 더 최근에 등장한 혈통들이 아주 중요한 발전을 이루었다. '잎꾼개미'들은 싱싱한 잎, 가지, 꽃 조각 등을 버섯 재배의 기본적 배지로 이용한다. 싱싱한 식물 재료로 배지를 바꿔 먹이 공급이 엄청나게 증가한 덕분에 잎꾼개미들은 오늘날 아메리카 대륙 열대림에 존재하는 모든 곤충 중에서도 가장 번성한 종이 되었을 뿐 아니라 초식동물 전체를 통틀어 우점종이 되었다.

버섯 개미 진화 과정에서 버섯 재배용 배지로 선호되는 대상이 늘어남에 따라 성숙한 군락의 크기 역시 커져 왔다. 중간 정도 군락 크기를 가지는 트라키미르멕스속(*Trachymyrmex*)이나 세리코미르멕스속(*Sericomyrmex*) 종들은 한 군락에 수천 마리가 살고 있으며 아크로미르멕스속과 아타속 종들은 한 군락에 수십만에서 100만 이상이 살고 있다. 이런 경향과 더불어 일꾼 계급도 더 세부적으로 나뉘어 잘 구분된 소형, 중형, 대형 일꾼들이 등장했고, 나아가 아타속에서는 초대형 일꾼까지 그에 걸맞게 복잡한 노동 분담과 더불어 등장했다(그림 5-2 및 9장 참조).

1억 년 전에 시작된 사회성 곤충의 진화 동안 노동 분담은 매우 쉽게 일어난 것처럼 보인다. 개미 종에서 노동 분담은 달리 보면 매우 기초적인 협조 단계에서조차 거의 자동적으로 이루어진다. 수확개미 포고노미르멕스 칼리포르니쿠스(*Pogonomyrmex californicus*)는 새로 짝짓기를 마친 여왕 후보들을 자연 상태에서 흔히 일어나는 현상처럼 실험실에서 인위적으로 함께 모아 놓으면 즉시 군락 건설을 위해 협동을 시작한다. 이 여왕 후보들은 노동을 분담하기 시작하는데, 이를테면 어떤 개체들은 다른 이들이 옆에서 방관하는 동안 굴을 파들어 가는 등 전문화된 행동을 시작하는 경향을 보인다. 적어도 실험실 조건에서는 여왕 후보들을 고립시켜 놓았을 때 먼저 굴

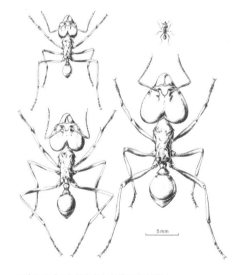

그림 5-2 | 남아메리카산 잎꾼개미 아타 라에비가타(*Atta laevigata*) 일꾼의 버금 계급. 아타속 종들은 개미 중에서도 가장 복잡한 노동 분화 체계를 갖추고 있다. G. F. Oster and E. O. Wilson, *Caste and Ecology in the Social Insects* (Princeton, NJ: Princeton University Press, 1978)의 Turid Hölldobler-Forsyth의 원판 그림.

을 파들어 가는 개체를 조사하여, 어떤 개체가 이런 작업을 수행하게 되는지 예측할 수 있다.[137] 이 종과 비슷하지만 정상적으로는 한 마리 여왕이 단독으로 군락을 만들어 가는 포고노미르멕스 바르바투스(*Pogonomyrmex barbatus*)에서조차 여왕 후보 여러 마리를 인위적으로 한데 모아 놓을 경우에 이와 같은 예측이 실제로 일어날 수 있다는 것은 놀라운 사실이다.[138] 유전적 기원이든 아니든 여러 마리 여왕 후보들이 무리를 이루게 된 경우 이들 사이 행동 변이가 이미 선험적으로 노동을 분담하도록 결정되어 있다. 어리호박벌류(xylocopine bees) 암컷들은 대개 독거성이지만 여러 마리 암컷들이 여기저기 흩어져 있는 둥지 터에 우연히 같이 모이거나, 다른 암컷으로부터 둥지 터를 빼앗은 경우 우열 질서가 만들어지고 하위 계급이 된 암컷은 둥지를 떠나거나 둥지에 남아 둥지를 지키는 일을 한다.[139]

그 이후 진화 경로에서 선험적 소질과 경험상 가장 작은 차이가 비번식적 노동 분담으로 확장될 수 있었다고 할 것이다. 북아메리카 대륙의 버섯 개미 트라키미르멕스 셉텐트리오날리스(*Pogonomyrmex septentrionalis*) 일꾼들은 개체의 해부학적 형태는 한 가지이나 각 부분 비율이 미세하게 달라서 전체 크기가 조금씩 달라진다. 하지만 그 작은 몸 크기 차이에 따라 서로 다른 개체들이 군락의 중요한 다섯 가지 일감에 서로 다르게 참여하고 있다. 작은 일꾼들은 새끼를 돌보거나 버섯 농장을 관리하는 반면, 좀 더 몸이 큰 일꾼들은 통계적으로 둥지 관리, 먹이 채

137) S. H. Cahan and J. H. Fewell, "Division of labor and the evolution of task sharing in queen associations of the harvester ant *Pogonomyrmex californicus*," *Behavioral Ecology and Sociobiology* 56(1): 9-17(2004).

138) J. H. Fewell and R. E. Page Jr., "The emergence of division of labour in forced associations of normally solitary ant queens," *Evolutionary Ecology Research* 1(5): 537-548(1999).

139) C. D. Michener, *The Social Behavior of the Bees: A Comparative Study*(Cambridge, MA: The Belknap Press of Harvard University Press, 1974); D. Gerling, H. H. W. VElthuis, and A. Hefetz, "Bionomics of the large carpenter bees of the genus *Xylocopa*," *Annual Review of Entomology* 34: 163-190(1989); T. Dunn and M. H. Richards, "When to bee social: interactions among environmental constraints, incentives, guarding, and relatedness in a facultatively social carpenter bee," *Behavioral Ecology* 14(3): 417-424(2003). 비슷한 결과가 단독 생활을 하는 꼬마꽃벌 *Lasioglossum*과 공동생활을 하는 *Lasioglossum hemichalceum*에서도 발견되었다. R. Jeanson, P. F. Kukuk, and J. H. Fewell, "Emergence of division of labour in halictine bees: contributions of social interactions and behavioural variance," *Animal Behaviour* 70(5): 1183-1193(2005).

초유기체

집, 배지 가공 등을 더 선호한다.[140] 유럽산 템노토락스 알비펜니스(*Temnothorax albipennis*, 이전 속명 렙토토락스(*Leptothora*) 개미는 갈라진 바위틈에 적은 수가 모여 사는데 일꾼 역시 단일 형태(monomorphic)이지만 지방질을 축적하여 몸이 비대해진 개체는 둥지 안에서 일하고 몸이 마른 일꾼들은 둥지 밖 채집을 전담하는 방식으로 노동을 분담한다. 이런 차이들은 아마도 다른 종류의 행동에까지 영향을 미치고 있을 것이다.[141]

데보라 고든(Deborah Gordon)과 동료들은 미국산 수확개미 포고노미르멕스 바르바투스에서 "한 일꾼 무리가 한 가지 종류의 일을 역동적으로 수행하는 정도는 다른 일꾼 무리의 활동성에 영향을 미친다. 같은 혹은 다른 종류의 일을 하고 있는 일꾼들과 잠시 더듬이를 맞부딪침으로써 그 일꾼이 다음에 시작할 일에 영향을 미칠 수 있다."라는 사실을 발견했다.[142] 고든과 동료들은 이 개미들이 특정 작업을 수행하는 무리의 일꾼을 식별하기 위해 사용하는 작업 특이적 암시(cue)를 찾아내기 위해 개미 각피의 탄화수소 혼합물을 조사했는데, 그 결과 예를 들면 순찰 개미, 채집꾼, 둥지 관리 일꾼들(사진 7) 같은 다른 작업 무리에서 분명히 다른 조성을 발견했다. 잇따른 연구에서 그들은 이런 탄화수소 혼합물 신호가 실제로 이를 감지하는 일꾼의 행동 반응을 조절하고 식별 표지로 기능할 수 있음을 실험적으로 증명했다.[143] 둥지 안에서 새끼를 돌보는 일꾼들과 야외에서 채집을 하는 일꾼들에 존재하는 각피 탄화수소 혼합물 조성 차이는 일찍이 유럽산

---

140) S. N. Beshers and J. F. A. Traniello, "Polyethism and the adaptiveness of worker size variation in the attine ant *Trachymyrmex septentrionalis*," *Journal of Insect Behavior* 9(1): 51-83(1996).

141) G. B. Blanchard, G. M. Orledge, S. E. Reynolds, and N. R. Franks, "Division of labour and seaonality in the ant *Leptothorax albipennis*: worker corpulence and its influence on behaviour," *Animal Behaviour* 59(4): 723-738(2000).

142) D. M. Gordon and N. J. Mehdiabadi, "Encounter rate and task allocation in harvester ants," *Behavioral Ecology and Sociobiology* 45(5): 370-377(1999).

143) D. M. Gordon, "Group-level dynamics in harvester ants: young colonies and the role of patrolling," *Animal Behaviour* 35(3): 833-843(1987); D. Wagner, M. J. F. Brown, P. Broun, W. Cuevas, L. E. Moses, D. L. Chao, and D. M. Gordon, "Task-related differences in the cuticular hydrocarbon composition of harvester ants, *Pogonomyrmex barbatus*," *Journal of Chemical Ecology* 24(12): 2021-2037(1998); D. M. Gordon and N. J. Mehdiabadi, "Encounter rate and task allocation in harvester ants," *Behavioral Ecology and Sociobiology* 45(5): 370-377(1999); M. J. Greene and D. M. Gordon, "Cuticular hydrocarbons inform task decisions," *Nature* 423:32(2003).

사진 7 │ 미서부산 붉은 수확개미(Western red harvester ant, 포고노미르멕스 바르바투스). 위: 개미굴을 손보는 일꾼들. 아래: 먹이를 물어 오는 일꾼들.

수확개미 캄포노투스 바구스(*Camponotus vagus*)[144]와 아시아산 침개미 하르페그나토스 살타토르(*Harpegnathos saltator*)[145], 그리고 좀 더 최근에 아프리카산 두배자루마디개미아과(myrmicine ant) 미르미카리아 에우메노이데스(*Myrmicaria eumenoides*)[146]에서 같은 현상이 발견됨에 따라 개미 전반에 보편적임을 예측할 수 있다.

계급의 진화: 원칙

비교적 잘 연구된 개미 종들에서 밝혀진 많은 사례를 통해 노동 분담의 진화에 대한 다음과 같은 몇 가지 뚜렷한 경향을 읽을 수 있다.

- 사회성 측면에서 원시적 종과 몇몇 다른 종의 군락이 갓 시작하는 단계에서는 일꾼들 사이의 비번식적 노동 분담은 아주 미약하거나 아예 없을 수도 있다. 이런 낮은 진화 단계에서, 또 어느 정도 더 높은 단계에 이르는 동안 노동은 군락의 각개 구성원들에 의해 접수된 필요에 따라 분화되는 것이 보통이다. 특정한 일을 하지 않는, 그래서 노동 가능한 일꾼들은 군락 안팎에서 일을 찾아 돌아다니거나, 일손이 필요한 곳에 있는 다른 일꾼들에 의해 작업에 끌려 들어간다.
- 좀 더 복잡한 사회 형성 단계까지 이른 종에서는 진정한 의미의 계급이 출현하는데, 계급은 새끼를 돌본다거나 둥지를 만든다거나 먹이를 채집하는 등

---

144) A. Bonavita-Cougourdan, J. L. Clément, and C. Lange, "Functional subcaste discrimination(foragers and brood-tenders) in the ant *Camponotus vagus* Scop. polymorphism of cuticular hydrocarbon patterns," *Journal of Chemical Ecology* 19(7): 1461-1477(1993).

145) J. Liebig, C. Peeters, N. J. Oldham, C. Markstädter, and B. Hölldobler, "Are variations in cuticular hydrocarbons of queens and workers a reliable signal of fertility in the ant *Harpegnathos saltator?*" *Proceedings of the National Academy of Sciences USA* 97(8): 4124-4131(2000).

146) F. Lengyel, S. A. Westerlund, and M. Kaib, "Juvenile hormone III influences task-specific cuticular hydrocarbon profile changes in the ant *Myrmicaria eumenoides*," *Journal of Chemical Ecology* 33(10): 167-181(2007); 저자들은 이 인식 표지가 애벌레호르몬의 영향을 받는다는 증거를 제시했다.

특정 종류 일감에 일생의 많은 기간을 바치는 개체로 이루어진다. 이런 종 대부분에서 계급은 기본적으로 생리학적 차이로 구분되며, 구성원 크기나 형태에서는 아주 작은 차이만 드러난다. 계급 체계는 종에 따라 다른데 군락 구성원 사이의 우열 관계나 나이 차이, 혹은 경험 차이 등 다양한 원인의 결과다.

- 좀 더 크고 복잡한 사회가 만들어지는 경향은 그 안에서 일꾼들이 버금 계급과 더 다양한 노동 역할로 나뉘어지는 더욱 견고한 기작들과 함께 등장했다. 이런 다양성의 가장 극단적 사례는 아예 해부학적으로 차이가 나는 계급을 만드는 적은 수의 종에서 발견된다. 이렇게 해부학적 차이로 나뉘는 계급 안에서 또 생리학적 차이가 나는 계급들로 더욱 세분된다.

이론적으로 완벽한 노동 체계는 일감이 군락이 필요로 하는 만큼 적절히 구분되어 처리되고, 그러한 각 일감에 전문화된 개체들로 이루어지는 것이다. 그러나 실제 개미의 계급 체계는 이런 수준에는 한참 모자란 것이다.[147] 계급의 다양성은 매 순간 심각하게 제한되고 환경과 군락에 부과되는 급박한 요구에 따라 예측할 수 없을 정도로 변동한다. 최대한의 효율을 내기 위해 일꾼들은 종종 수 분 이내에 한 가지 일감에서 다른 것으로 전환할 수 있어야 한다.

어떤 개미(혹은 흰개미) 종에서 일꾼의 버금 계급이 전혀 없는 종이 존재할 수 있을까? 그런 조건은 개별 일꾼의 몸 크기, 나이, 군락 내 위계질서 상 지위 등과 무관하게 오로지 수행할 수 있는 일감의 수량에만 근거하여 일꾼들이 통계적으로 완전히 균등하게 작업을 선택할 때만 가능하다. 하지만 이런 노동 중립성이란 분명히 매우 드문 일이어서 적어도 문헌상으로는 극히 적은 수의 사례만이 알려져 있는데 이를테면 오스트레일리아산 새벽개미 프리오노미르멕스 마크롭스[148] (사진 8)와 비교적 원시적 흰개미인 미국산 젖은나무흰개미(American dampwood termite, *Zootermopsis angusticollis*)[149] 등이 있다. 또한 오스트레일리아산 엑타톰미나이아

147)　E. O. Wilson, "The ergonomics of caste in the social insects," *American Naturalist* 102: 41-66(1968); G. F. Oster and E. O. Wilson, *Caste and Ecology in the Social Insects*(Princeton, NJ: Princeton University Press, 1978).

148)　P. Jaisson, D. Fresneau, R. W. Taylor, and A. Lenoir, "Social organization in some primitive ants, I: *Nothomyrmecia macrops* Clark," *Insectes Sociaux* 39(4): 425-438(1992).

149)　J. F. A. Traniello and R. B. Rosengaus, "Ecology, evolution and division of labour in social

사진 8 │ 오스트레일리아산 새벽개미(프리오노미르멕스 마크롭스). 위: 여왕과 일꾼의 겉모양은 여왕의 가슴 부위가 조금 더 무겁다는 점만 빼고는 흡사하다. 아래: 일꾼이 잡은 파리의 일부분을 애벌레에게 먹이고 있다.

과(ectatommine) 개미 리티도포네라 메탈리카(*Rhytidoponera metallica*)(초록머리 개미(green-headed ant)라고도 불림)의 미성숙 군락에서도 이런 경우가 알려져 있으나 이들은 군락이 성숙해 갈수록 나이에 따른 노동 분담으로 대체된다.[150] 나이에 따른 노동 분담은 원시적인 암블리오포니나이아과(amblyoponine) 개미 암블리오포네 팔리페스(*Amblyopone pallipes*)에서는 보이지 않거나, 있다 하더라도 대개 매우 약한 것으로 알려져 있다.[151] 대조적으로 가까운 종인 암블리오포네 실베스트리(*Amblyopone silvestrii*)[152]와 다른 암블리오포니나이아과에 속하는 프리오노펠타 아마빌리스(Prionopelta amabilis)[153]에서는 나이별 노동 분담의 강력한 증거가 밝혀져 있다. 젊은 일꾼들은 새끼와 여왕을 돌보는 일을 하며 늙은 일꾼들은 먹이 채집에 좀 더 활발히 참여한다. 프리오노펠타 아마빌리스의 젊은 일꾼들은 늙은 채집꾼들에 비해 난소가 조금 더 발달해 있으며, 알을 낳아 여왕에게 먹인다. 적은 수의 개미로 이루어진 두배자루마디개미 템노토락스 우니파스키아투스(*Temnothorax unifasciatus*, 이전 속명 렙토토락스)의 작은 성숙된 군락에서는 나이에 따른 노동 분담이 그저 흔적만 보일 뿐인데, 이들 일꾼들은 특정 역할이 아닌 특정 구역에 전문화되어, 그 구역 안에서 언제든 역할을 상호 전환할 수 있는 방식으로 여러 가지 작업을 수행한다.[154] 마지막으로 비번식 버금 계급은 원시적 단계의 진사회성 벌과 말벌에서는 존재하지 않는 것으로 보인다.

insects," *Animal Behaviour* 53(1): 209-213(1997).

150) M. L. Thomas and M. A. Elgar, "Colony size affects division of labour in the ponerine ant *Rhytidoponera metallica*," *Naturwissenschaften* 90(2): 88-92(2003).

151) 나이를 기준으로 한 계급은 James F. A. Traniello "Caste in a primitive ant: absence of age polyethism in *Amblyopone*," *Science* 202: 770-772(1978)에서는 발견되지 않았으나 이후 같은 종을 대상으로 한 연구인 J. P. Lachaud, D. Fresneau, and B. Corbara, "Mise en évidence de sous-castes comportementales chez *Amblyopone pallipes*," *Actes des Colloques Insectes Sociaux* 4: 141-147(1988)에서는 밝혀져 있다.

152) K. Masuko, "Temporal division of labor among workers in the ponerine ant, *Amblyopone silvestrii*(Hymenoptera: Formicidae)," *Sociobiology* 28(1): 131-151(1996).

153) B. Hölldobler and E. O. Wilson, "Ecology and behavior of the primitive cryptobiotic ant *Prionopelta amabilis*(Hymenoptera: Formicidae)," *Insectes Sociaux* 33(1): 45-58(1986).

154) A. B. Sendova-Franks and N. R. Franks, "Spatial relationships within nests of the ant *Leptothorax unifasciatus*(Latr.) and their implications for the division of labour," *Animal Behaviour* 50(1): 121-136(1995).

계급 결정 과정의 위계질서

비번식 일꾼들이 어떤 식으로 노동을 분담하는지는 초유기체 여부를 검증하는 특성 중 하나라고 할 수 있는데, 이는 진사회성 곤충에서 보편적으로 드러난다. 노동이 분화되는 가장 기초적 방법은 번식 독점을 위한 경쟁의 결과 나타나는 우열의 위계질서에 따른 것이다. 진화상으로 이 우월한 지위의 선례라고 할 것은 군락의 성충 구성원들이 각기 번식과 비번식 계급으로 나뉘지는 것이다. 이 현상은 특히 벌, 말벌, 개미에서 여러 마리의 여왕 후보들이 함께 모여 군락을 처음 만드는 과정에서 잘 드러난다.[155] 남아메리카산 침개미 파키콘딜라 인베르사(*Pachycondyla inversa*)의 경우 혈연이 아닌 여왕 후보들이 종종 함께 협동하여 군락을 만들기 시작한다. 군락이 시작되면 그들은 싸움을 통해 우열의 위계질서를 만든다. 우월한 지위를 차지하지 못한 개체는 다른 개체들이 둥지에 남아 번식 개체가 되는 동안 먹이를 채집하는 일을 맡게 된다.[156] 비슷한 양상이 수확개미 포고노미르멕스 칼리포르니쿠스와 버섯 개미 아크로미르멕스 베르시콜로르(*Acromyrmex versicolor*)에서도 일찍이 자세히 기술되었지만 우열 질서가 존재하는지는 알려지지 않았다.[157]

---

155) E. O. Wilson, *The Insect Societies* (Cambridge, MA: The Belknap Press of Harvard University Press, 1971); C. D. Michener, *The Social Behavior of the Bees: A Comparative Study* (Cambridge, MA: The Belknap Press of Harvard University Press, 1974); B. Hölldobler and E. O. Wilson, *The Ants* (Cambridge, MA: The belknap Press of Harvard University Press, 1990); K. G. Ross and R. W. Matthews, eds., *The Social Biology of Wasps* (Ithaca, NY: Comstock Publishing Associates of Cornell University Press, 1991).

156) K. Komer and J. Heinze, "Rank orders and division of labour among unrelated cofounding ant queens," *Proceedings of the Royal Society of London B* 267: 1729-1734(2000). 이 종에서 높은 지위를 차지한 여왕들은 하위 계급의 여왕들과 다른 외골격 각피 탄화수소 혼합물 조성으로 구분될 수 있는데, 이 혼합물들은 군락 구성원들이 반응하는 어떤 냄새를 분비하는 것으로 여겨진다. 특히 우월한 개체들의 탄화수소는 펜타데케인(pentadecane)과 헵타데케인(heptadecane)을 눈에 띄게 많이 함유하고 있다(J. Tentschert, K. Kolmer, B. Hölldobler, H. -J. Bestmann, J. H. C. Delabie, and J. Heinze, "Chemical profiles, division of labor and social status in *Pachycondyla* queens(Hymenoptera: Formicidae)," *Naturwissenschaften* 88(4): 175-178, 2001).

157) S. H. Cahan and J. H. Fewell, "Division of labor and the evolution of task sharing in queen associations of the harvester ant *Pogonomyrmex californicus*," *Behavioral Ecology and Sociobiology* 56(1): 9-17(2004); S. W. Rissing, G. B. Pollock, M. R. HIggins, R. H. Hagen, and D. R. Smith, "Foraging specialization without relatedness or dominance among co-founding ant queens," *Nature* 338: 420-422(1989).

이와 같은 우열 질서는 여왕 사이 노동 분담으로부터 그 다음 단계인 일꾼 사이 노동 분담으로 쉽게 퍼져 나갔다. 이 현상은 낮은 지위 일꾼은 알을 낳지 못할 뿐 아니라 더 많은 시간을 먹이 채집에 보내는 사회성 말벌 군락에서 처음 발견됐다.[158] 또 다른 사례들이 침개미에서 연구되었는데, 오스트레일리아산 파키콘딜라 수블라이비스(*Pachycondyla sublaevis*) 개미는 해부학적으로 구분되는 여왕 계급이 존재하지 않는 대신 일인자 일꾼이 교미를 하고 알을 낳으며(즉 '번식 일개미(gamergate)'가 됨) 바로 아래 지위에 있는 일꾼들과 함께 새로 태어난 새끼를 돌본다. 그리고 더 낮은 지위 일꾼은 둥지 밖에서 먹이를 채집한다. 이 종에서는 가장 젊은 일꾼이 위계의 일인자를 차지한다.[159] 개체 나이와는 무관해 보이는, 이와 비슷한 우열 질서에 기반을 둔 노동 분담은 다른 침개미 오돈토마쿠스 브루네우스(*Odontomachus brunneus*)에서도 볼 수 있다. 아메리카 대륙 아열대 지방에 사는 이 종은 윗일꾼이 아랫일꾼을 공격적 행동과 몸 닦기 행동을 통해 새로 태어나는 새끼 무리로부터 쫓아낸다. 이에 대한 반응으로 아랫일꾼은 몸을 낮추며 더듬이를 재빨리 떨어 대며 윗일꾼이 지시하는 방향으로 물러난다. 윗일꾼은 새로 태어난 알이 있는 지역에 머무르며, 그보다 낮은 중간 일꾼은 둥지 안에는 있지만 알에서는 멀리 떨어져 있고, 가장 늙고 난소가 쇠퇴한 특징이 있는 아랫일꾼은 먹이 채집을 담당하는 것이 분명하다[160](그림 5-3). 침개미류 개미들의 더욱 다양한 사례는 8장에 자세히 소개한다.

---

158) 이런 양상은 M. J. West-Eberhard, "Intragroup selection and the evolution of insect societies," in R. D. Alexnader and D. W. Tinkle, eds., *Natural Selection and Social Behavior: Recent Research and New Theory*(New York: Chiron Press, 1981), pp. 3-17에서 최적 적응도 모형(optimal fitness model)의 일부로 처음 제시되었다. 이에 대한 증거들은 R. L. Jeanne, "Polyethism," in K.G. Ross and R. W. Matthews, eds., *The Social Biology of Wasps*(Ithaca, NY: Comstock Publishing Associates of Cornell University Press, 1991), pp. 389-425에 개관되어 있다.

159) F. Ito and S. Higashi, "A linear dominance hierarchy regulating reproduction and polyethism of the queenless and *Pachycondyla sublaevis*," *Naturwissenschaften* 78(2): 80-82(1991); S. Higashi, F. Ito, N. Sugiura, and K. Ohkawara, "Worker's age regulates the linear dominance hierarchy in the queenless poenrine ant, *Pachycondyla sublaevis*(Hymenoptera: Formicidae)," *Animal Behaviour* 47(1):179-184(1994).

160) S. Powell and W. R. Tschinkel, "Ritualized conflict in *Odontomachus brunneus* and the generation of interaction-based task allocation: a new organizational mechanism in ants," *Animal Behaviour* 58(5): 965-972(1999).

그림 5-3 │ 오돈토마쿠스속(*Odontomachus*) 침개미가 우열 상호 작용을 통해 노동 분담을 조절한다. 이 그림에서 볼 수 있듯이 윗일꾼이 아랫일꾼을 알 낳는 구역에서 몰아내 먹이 채집을 하도록 시킨다. S. Powell and W. R. Tschinkel, "Ritualized conflict in *Odontomachus brunneus* and the generaion of interaction-based task allocation: a new organizational mechanism in ants," *Animal Behaviour* 58(5): 965-972(1999)를 참고함.

두배자루마디개미아과의 한 종인 아칸토미르멕스 페록스(*Acanthomyrmex ferox*)의 버금 계급은 고도로 전문화되어 있는데, 이들 사이에서 우열 질서를 만드는 행동의 놀라운 사례가 발견되었다. 이 종에는 거대한 대형 일꾼과 체구가 작은 소형 일꾼으로 이루어진 뚜렷한 버금 계급이 일꾼들 사이에 존재한다. 이상하게도 주로 병정 역할을 하는 대형 일꾼이 여왕에서나 볼 수 있는 많은 수의 소난소(ovariole)를 가지고 있다. 이와 다르게 소형 일꾼의 소난소 수는 여왕에 비해 3분의 1 정도밖에 되지 않는다. 여왕이 살아 있는 경우 대형 일꾼은 부화하지 못하는 영양란(trophic eggs)만 낳는다. 대형 일꾼은(소형 일꾼은 그렇지 않은데 비해) 가끔 더듬이를 맞부딪치거나 몸을 크게 떠는 행동 등 거친 공격적 행동을 보이기도 한다 (그림 5-4). 이런 적대적 공격 행동이 병정개미 사이에 순위를 결정하고, 여왕이 제

그림 5-4 | 아칸토미르멕스 페록스에서 대형 병정개미는 영양란을 낳는다. 여왕이 없는 경우 병정개미는 수컷으로 자라는 알을 낳기 시작한다. 개체의 역할은 그림에서처럼 공격적 과시 행동에 의해 유지되는 우열 질서에 근거해서 그때 그때 결정된다. B. Gobin and F. Ito, "Sumo wrestling in ants: major workers fight over male production in *Acanthomyrmex ferox*," *Naturwissenschaften* 90(7): 318–321(2003)을 참고함.

거된 경우 이런 과시적 경쟁 행동의 강도가 세지긴 하지만 일단 이뤄진 순위가 안정적으로 유지된다. 그러고는 모든 대형 병정개미가 수컷으로 자라는 반수체 알을 낳기 시작한다. 그러나 가장 높은 지위 개체가 가장 많은 알을 낳는다. 이 개체는 또 알 무더기를 감시하면서 자기보다 아래 지위 개체가 낳은 알을 먹어 치우기도 한다.[161]

마지막으로 언급하고자 하는 것은 개미 개체 사이 공격적 상호 작용은 때론 예상치 못한 의외의 방식으로 노동 분담 체계를 강화하는 결과에 이르기도 한다는 점이다. 잎꾼개미 아타 케팔로테스(*Atta cephalotes*) 군락에서 쓰레기를 내다 버리는 일을 전담하는 일꾼은 몸에 밴 쓰레기 냄새에 군락 동료들이 공격적으로 반응하는 탓에 계속 그 일을 하도록 강요당한다.[162]

---

161) B. Gobin and F. Ito, "Sumo wrestling in ants: major workers fight over male production in *Acanthomyrmex ferox*," *Naturwissenschaften* 90(7): 318–321(2003).

162) A. G. Hart and F. L. W. Ratnieks, "Task partitioning, division of labour and nest compartmentalisation collectively isolate hazardous waste in the leafcutting ant *Atta cephalotes*,"

시간적 계급

군락 동료 사이에 공격적 상호 작용으로 노동 분담이 이루어지는 현상은 대부분 침개미아과에 국한될 가능성이 높지만 이와 상관없이 일꾼 사이 노동 분담은 개미라는 생물 전체에 거의 보편적 현상이다. 이는 군락 구성원이 담당하는 일감과 행동이 나이를 먹어 감에 따라 통계적으로 변하는 현상이다. 이 변화는 거의 언제나 둥지 안쪽에서 알과 새끼, 혹은 번식 계급 개체를 돌보는 일 등을 하던 일꾼이 둥지 바깥쪽으로 나아가며 둥지 방어라든지 먹이 채집 같은 일감을 맡는 방식으로 일어난다.

이와 같은 경우 맡은 일감과 나이 사이 연관 관계가 그다지 밀접하지 않고, 또 둥지 안쪽에서 바깥쪽으로뿐 아니라 바깥쪽에서 안쪽으로도 일을 바꿔 가며 할 수도 있기 때문에, 이런 현상은 종종 시간적 노동 분담이라고도 불리는데 이런 역할을 맡은 무리들을 시간적 계급이라 부른다. 개체 노화가 시간적 노동 분담에 어느 정도까지 기여하는지는 아직 명확히 알려지지 않았다. 이 경우 시간적 계급은 당연히 나이 계급이라고도 불릴 수 있다. 바꿔 말하면 개체가 나이를 먹는 것과 연관된 노동 분담 양상은 그저 둥지의 지리적 구조 탓이라고도 할 수 있을 것이다. 둥지 가운데에 있는 새끼방에서 깨어난 일개미가 둥지 바깥쪽으로 일거리를 찾아 점점 멀리 나아가게 된 결과일 가능성도 있으며, 그 결과 더 나이 먹은 개체가 자연히 둥지 가장자리나 바깥쪽에서 일감을 찾게 되는 것이다.

이 가설은 1993년에 아나 센도바-프랭크스(Ana Sendova-Franks)와 남편 나이절 프랭크스(Nigel Franks), 그리고 크리스토퍼 토프츠(Christopher Tofts) 등이 함께 제안한 것이다.[163] "이 수학 모형은 일감에는 어떤 순서가 있다고 가정한다. 이는 둥지 구조를 보면 자연스럽게 생기는 가정이며, 간단히 말해서 둥지 가장 가운데 있는 알 무더기로부터 각 일감들이 수행되는 곳까지의 거리가 된다. 이 모형은 또 개미가 깨어나면 바로 알 무더기에서부터 첫 일을 시작하게 된다고 가정한다. 이런 가정에 근거하면 '일 찾아 하기'라는 전략을 이용하는 개미는 시간적 다중 노동

Behavioral Ecology and Sociobiology 49(5): 387-392(2001).

163) C. Tofts, "Algorithms for task allocation in ants(a study of temporal polyethism: theory)," *Bulletin of Mathematical Biology* 55(5): 891-918(1993).

성(temporal polyethism)을 드러내는데, 다시 말하면 시기적으로 늦은 작업을 수행하는 일개미의 나이는 시기적으로 이른 작업을 수행하는 일개미의 나이에 비해 자연히 많게 된다. 이는 새로운 일개미가 깨어남에 따라 알과 새끼 무더기에서 일할 수 있는 일개미 수가 늘어나고 평균적으로 더 나이가 많은 일개미를 대체한 결과로 나타나는 현상이다."[164]

이 세 명의 연구자들이 고안한 가설은 진화 과정에서 개미 군락이 원하는 결과를 얻기 위한 가장 간단한 알고리즘을 받아들였을 것이라는 논리적 가정에 근거하고 있다. 그리하여 이 가설은 함께 개발된 수학적 모형까지 포함해서 "일 찾아 하기 모형"로 불리게 되었다. 그러나 이 이름은 의도하지 않은 오해의 소지가 다소 있을 수 있기에, "원심성 모형"이라고 부르는 것이 더 알맞을 것이다. 곤충학자들은 이미 오래전부터 일거리 없는 일개미들이 여기저기 분주히 돌아다닌다는 것을 알고 있었다. 이런 일개미들은 둥지와 그 밖의 구역을 "순찰"하면서 되는 대로 맡아 할 수 있는 일감을 찾아다니는 것이다. 일손이 부족한 곳에서는 이런 순찰 일꾼을 붙잡아 일을 맡기기도 한다. 이와 함께 오래전부터 알려진 또 하나의 중요한 사실은 개미들이 맡아서 하는 일감 종류를 쉽게 바꿀 수 있으며, 바꾸는 정도는 일감의 맥락과 다급한 정도에 따라 다르다는 점이다. 그 결과 군락 전체로 봤을 때 노동 분배는 매우 효율적으로 이루어진다.[165]

---

164) A. Sendova-Franks and N. R. Franks, "Task allocation in ant colonies within variable environments(a study of temporal polyethism: experimental)," *Bulletin of Mathematical Biology* 55(1): 75-96(1993).

165) 순찰, 기회주의, 노동 분담과 같은 주제에 대한 심도 깊은 설명은 다음 여러 저술들에서 다양하게 다루어지고 있다. E. O. Wilson, *The Insect Societies*(Cambridge, MA: The Belknap Press of Harvard University Press, 1971); G. F. Oster and E. O. Wilson, *Caste and Ecology in the Social Insects*(Princeton, NJ: Princeton University Press, 1978); B. Hölldobler, and E. O. Wilson, *The Ants*(Cambridge, MA: The Belknap Press of Harvard University Press, 1990); G. E. Robinson, "Regulation of division of labor in insect societies," *Annual Review of Entomology* 37: 637-665(1992); A. F. G. Bourke and N. R. Franks, *Social Evolution in Ants*(Princeton, NJ: Princeton University Press, 1995); T. D. Seeley, *The Wisdom of the Hive: The Social Physiology of Honey Bee Colonies*(Princeton, NJ: Princeton University Press, 1995); D. M. Gordon, "The organization of work in social insect colonies," *Nature* 380: 121-124(1996); D. M. Gordon, "Interaction patterns and task allocation in ant colonies," in C. Detrain, J. L. Deneubourg, and J. M. Pasteels, eds., *Information Processing in Social Insects*(Basel: Birkhäuser Verlag, 1999), pp. 51-67; S. N. Beshers, G. E. Robinson, and J. E. Mittenthal, "Response thresholds and division of labor in insect colonies," in C. Detrain, J. L. Deneubourg, and J. M. Pasteels, eds., *Information Processing in Social Insects*(Basel:

그러나 두 가지 흥미로운 의문은 여전히 남는다. 첫째, 사회성 벌목뿐 아니라 일부 흰개미류에도 널리 퍼져 있는 시간적 노동 분담 현상이 개체의 노화에 따른 생리적 변화에 의해 영향을 받을 수 있는가? 둘째, 그렇다면 어떤 양상으로 어느 정도까지 이런 영향이 미치는가? 이 질문에 대한 해답을 구하는 데 있어서 원심성 모형은 모형으로서는 우아하고 발견적으로도 가치가 있지만, 이를 뒷받침하는 경험적 증거가 부족하다.[166] 여러 가지 자료에서 다음과 같은 증거를 요약할 수 있다.

- 대부분의 개미 종에서 둥지 구조는 노동 분담의 조건으로서 순수하게 원심성 방사라는 점에 오히려 불리하게 작용하고 있다. 일개미가 깨어나는 곳에서부터 둥지의 외벽, 혹은 그 바깥까지는 대부분 아주 가까워서 종종 일개미의 몸길이의 몇 배(말하자면 몇 걸음 정도)에 지나지 않는다. 그러나 갓 깨어난 일개미 중 이렇게 일 분도 채 걸리지 않는 짧은 거리를 움직여 가서 둥지 건설이나 먹이 채집 같은 일에 즉시 뛰어드는 개체는 거의 없다.

- 많은 개미 종은 번데기를 알과 애벌레가 모여 있는 방에서 따로 들고 나와 대개 둥지 중에서도 건조한 곳에 보관한다. 번데기에서 갓 깨어난 일개미는 이미 알과 애벌레로부터 멀리 떨어져 있음에도 불구하고 대개 알과 애벌레를 찾아 돌보는 일을 시작한다.

- 꿀벌에서는 시간적 계급이 꽃꿀을 처리하거나 애벌레를 돌보는 등 생리적으로 특별한 조건이 필요한 일을 하는 일벌에서 나타나지만, 둥지 방어같이 생

Birkhäuser Verlag, 1999), pp. 115–139; S. N. Beshers and J. H. Fewell, "Models of division of labor in social insects," *Annual Review of Entomology* 46: 413–440(2001); and W. R. Tschinkel, *The Fire ants*(Cambridge, MA: The Belknap Press of Harvard University Press, 2006).

166) 이와 상반되는 증거들의 설명과 원심성 모형 같은 모형에 이용되는 최소강령주의적 모형링 기법에 대한 일반적 설명들은 다음과 같은 문헌에 실려 있다. R. E. Page Jr., and Z. Y. Huang, "Temporal polyethism in social insects is a developmental process," *Animal Behaviour* 48(2): 467–469(1994); J. F. A. Traniello and R. B. Rosengaus, "Ecology, evolution and division of labour in social insects," *Animal Behaviour* 53(1): 209–213(1997); and S. K. Robson and S. N. Beshers, "Division of labour and 'foraging for work': simulating reality versus the reality of simulations," *Animal Behaviour* 53(1):214–218(1997). 이 모형에 대한 변호는 다음에 실려 있다. N. R. Franks, C. Tofts, and A. B. Sendova-Franks, "Studies of the division of labour: neither physics nor stamp collecting," *Animal Behaviour* 53(2): 219–224(1997).

리적 특화가 필요 없는 작업을 할 때는 오히려 나타나지 않는다.[167]

- 프리오노미르멕스 마크롭스 개미와 미국산 젖은나무흰개미는 중앙 집중형 둥지에 살고 있고 원심성으로 일감이 퍼져 나가는 양상을 보이고 있으나 그 안에는 토프츠-프랭크스 모형이 예측하는 것 같은 원심성 나이 분포는 찾을 수 없다. 이런 계통 분류학적 증거는 시간적 노동 분담이 원심성으로 분포하는 양상은 생물학적 특성으로서 진화한 것이지, 단순한 기하학적 현상으로 볼 수는 없다는 점을 시사한다.

- 적어도 개미와 꿀벌에서는 순전히 기하학적 원심성 모형과는 너무 대조적인 증거가 많이 발견된다. 이들에서 관찰되는 노동 분담 중 나이와 연관되어 형성되는 과정을 관장하는 행동과 생리적 특성에 내재된 발달 프로그램에 관한 증거가 많이 있다. 사회성 벌목 곤충에 널리 퍼져 있는 이런 양상은 메리 제인 웨스트에버하드가 "난소에 든 바탕 계획"이라고 명명한 독거성 침 말벌류(solitary aculeate wasps) 곤충의 진행성 먹이 공급 행동을 반영하는 것일 수도 있다. 원시적 진사회성 말벌속인 아울로푸스(*Aulopus*)와 제트루스(*Zethrus*)에서 볼 수 있는 것과 같은 이러한 기본적 설계가, 좀 더 진보된 종에서는 새로 성충이 된 개체에서 세 단계의 시간적 발달로 드러난다. 일단 낮은 지위 개체는 난소가 발달했다가 퇴화한다. 다음으로 둥지를 직접 만드는 등 원시 종 여왕과 같은 세부 행동을 하고, 마지막으로 높은 지위 개체는 여왕과 같이 알을 낳고 낮은 지위 개체는 먹이를 채집한다.[168]

이 마지막 논점에 대해 더 이야기하자면, 이렇게 내재된 구동력에는 알을 낳는 일개미들이 일인자를 차지하는 우열의 위계질서가 포함된다. 이를테면 파키콘딜라 수블라이비스 개미는 군락에 여왕이 없고, 오돈토마쿠스 브루네우스 개미는 군락에 여왕이 있는데, 이들 군락에서는 가장 어린 개체가 알을 낳는 일개미가 된다. 이 효과는 결국 시간적 다중 노동성의 모든 단계에 걸쳐 파급된다. 새롭게 발견된

---

167) B. R. Johnson, "Organization of work in the honeybee: a compromise between division of labour and behavioural flexibility," *Proceedings of the Royal Society of London B* 270: 147-152 (2003).

168) M. J. West-Eberhard, "Wasp societies as microcosms for the study of development and evolution," in S. Turillazzi and M. J. West-Eberhard, eds., *Natural History and Evolution of Paper Wasps* (New York: Oxford University Press, 1996), pp. 290-317.

이런 종류의 조절 방식이 적은 수의 몇몇 종에만 국한된 것인지 아니면 좀 더 널리 퍼져 있는지 결정하는 것은 아직 시기상조이다.

꿀벌과 개미에서 잘 연구된 것처럼 나이와 생리적 조건, 노동 사이에는 개략적 대응 관계가 보인다. 꿀벌의 일생을 통해 일어나는 변화 양상은 사실 이미 예로부터 알려진 것이다. 아리스토텔레스는 『동물의 역사(History of Animals)』에서 둥지 밖으로 나온 일벌은 몸에 털이 숭숭 빠져 있기에 더 늙은 개체임을 알고 있었다.[169] 좀 더 시간이 지난 뒤 이와 같은 현상은 버틀러의 1609년 작 『여성 왕국(Feminie Monarchie)』 이래로 400여 년에 걸쳐 점점 더 많은 세부적 내용이 관찰 기록되었다.[170] 이를 간단히 요약하면 다음과 같다(그림 5-5). 일벌의 최대 수명은 65일에서 80일이다. 첫 21일 동안 일벌은 알, 애벌레, 번데기 단계로 자라난다. 일벌이 성충이 되면 어림잡아 1~2주는 여왕벌과 알 및 애벌레, 번데기를 돌본다. 그 뒤에도 당분간 둥지 안에서 꽃꿀을 벌꿀로 만들고, 그것을 저장방에 모으는 작업을 계속하다가 마지막 단계로 20~30일 되었을 때 둥지를 나와 야외 작업, 즉 먹이 채집을 시작하는데, 일단 이 일을 시작하면 나이가 들어 죽거나, 다른 외부적인 '자연적' 이유에 의해 죽을 때까지 이 일에만 전념한다.[171]

성충이 된 일꾼은 얼마간은 단백질 성분의 먹이를 만들어 내어 애벌레를 먹이

---

169) R. E. Page Jr. and S. D. Mitchell, "Self organization and adaptation in insect societies," in Philosophy of Science Association, *Proceedings of the Biennial Meeting of the Philosophy of Science Association in 1990*, Vol. 2: *Symposia and Invited Papers*(Chicago: University of Chicago Press, 1991), pp. 289-298에서 인용.

170) Charles Butler, in *The Feminine Monarchie: On a Treatise Concerning the True Ordering of Them*(Oxford: Joseph Barnes, 1609)에서 말하기를 "최상의 상태인 젊은 일벌들은 가장 막중한 임무를 지닌다. 이들은 아침이고 밤이고 둥지 밖 일을 할 뿐 아니라 둥지 안에서도 순찰을 하고 적을 막는다…… 그러나 늙은 일벌은 오직 먹이만을 구해 올 뿐이며 날 수 있는 한 일을 그만두지 않는다."

171) 꿀벌의 시간적 계급 체계 양상에 대한 최근의 설명은 다음을 참고할 것. G. E. Robinson, "Regulation of division of labor in insect societies," *Annual Review of Entomology* 37: 637-665(1992); T. D. Seeley, *The Wisdom of the Hive: The Social Physiology of Honey Bee Colonies* (Cambridge, MA: Harvard University Press, 1995); Z.-Y. Huang and G. E. Robinson, "Social control of division of labor in honey bee colonies," in C. Detrain, J. L. Deneubourg, and J. M. Pasteels, eds., *Information Processing in Social Insects*(Basel: Birkhäuser Verlag, 1999), pp. 165-186; and R. E. Page Jr. and G. V. Amdam, "The making of a social insect: developmental architectures of social design," *BioEssays* 29(4): 334-343(2007).

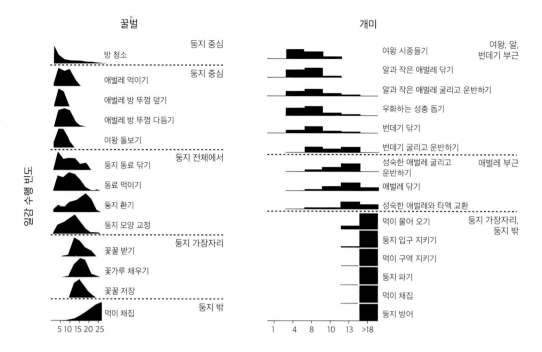

그림 5-5 │ 일벌이 나이를 먹어 감에 따라 변하는 행동을 바탕으로 만들어지는 시간적 노동 분담 사례가 꿀벌 군락에서 보이고(왼쪽), 이는 북아메리카산 개미 페이돌레 덴타타(*Pheidole dentata*)의 실험실 군락에서 소형 일개미로부터 관찰한 상호 대응적인 결과(오른쪽)와 대비된다. 양쪽 모두 활동 영역을 둥지 중심에서부터 바깥쪽으로 옮김에 따라 일련의 연관된 일감으로부터 다른 종류의 일감으로 전환하는 원심성 확장 경향을 보인다. 두 종 사이 유사성은 진화적 수렴에 기인하는 것이다. 각 도수 분포표 빈도의 합은 1.0이다. 실리(꿀벌)와 에드워드 윌슨(개미)의 자료에 근거한 B. Hölldobler and E. O. Wilson, *The Ants*(Cambridge, MA: The Belknap Press of Harvard University Press, 1990)에서 발췌.

고, 중년기에 접어들면 꽃꿀을 벌꿀로 바꾸는 효소를 만들어 내기 시작한다. 초기의 애벌레용 먹이는 애벌레호르몬(juvenile hormone)이 성장과 활성을 조절하는 인두아래분비샘이라는 기관에서 만든다. 애벌레호르몬 양이 늘어남에 따라 인두아래분비샘 크기는 줄어들고 일벌은 차츰 나이에 걸맞은 일을 하도록 변모한다. 우선 인두아래분비샘 크기가 줄어들면서 애벌레용 단백질 성분 먹이 대신 꽃꿀을 벌꿀로 만드는 전환 효소를 만들어 내기 시작한다. 애벌레호르몬이 늘어나면서 일벌은 둥지가 공격 받을 때 다른 일벌이 분비하는 경보 페로몬을 비롯하여 기타 둥지에 가해지는 여러 가지 물질적 교란 따위에 덜 민감해지기 시작한다.[172] 그 결과

---

172)   G. E. Robinson, "Modulation of alarm pheromone perception in the honey bee: evidence for division of labor based on hormonally regulated response thresholds," *Journal of Comparative Physiology* 160(5): 613–619(1987).

일벌은 일반적으로 늙은 개체에 적합한 먹이 채집이라는 한 가지 임무에 좀 더 충실해진다.[173]

꿀벌의 내부적 변화 순서는 이미 유전적으로 결정되어 있지만 각 단계의 시기는 어떤 특정한 사회적 자극이 있느냐 없느냐에 따라 조절 가능하다. 지용 후앙(Zhi-Yong Huang)과 로빈슨에 따르면 꿀벌을 한 마리씩 따로 기를 때는 정상적 사회 조건에서 살면서 같은 나이가 된 일벌에 비해 애벌레호르몬 합성량이 훨씬 일찍 늘어났고, 그에 따라 인두아래분비샘 수축도 빨리 진행되었다. 먹여야 할 애벌레와 늙은 일벌이라는 정상적 억제 자극이 없는 탓에 이렇게 고립된 일벌은 마지막 임무인 먹이 채집을 정상적 일벌보다 이른 나이에 시작했다.[174]

시간적 계급의 생리학

후앙과 로빈슨은 정상적 군락에서 그 다음으로 다음과 같은 단계로 구성된 노동 분담 조절 순서가 등장하리라고 예측했다. **군락**이 **일벌 개체**의 감각계에 신호를 보내 **뇌의 활성**을 조절하여 알라타체(corpora allata, 머리에 있는 한 쌍의 내분비샘 — 옮긴이)에 억제성 혹은 자극성 신호를 보내게 한다. 알라타체는 **애벌레호르몬**의 합성을 조절하고 이 호르몬의 양은 **인두아래분비샘**의 크기 및 활성과 더불어 일벌의 **행동**을 조절한다(그림 5-6).

후앙과 로빈슨은 자신들이 고안한 이 인과적 연쇄 반응을 시간적 노동 분담에 관한 활성-억제자 모형로 부르고 다음과 같이 설명하고 있다. "일벌은 애벌레호르몬 함량이 적은 상태에서 우화하고 이 양은 점차 늘어나도록 유전적으로 결정되어 있다. 이 애벌레호르몬의 양이 어떤 기준치에 도달하면 일벌은 먹이 채집꾼이 된

---

173) 이에 대한 혹은 이와 같은 감각 민감성의 변화와 이에 따른 노동 분담 및 기타 사회성 현상 영향 등 현상에 대한 설명은 다음 저서의 각 장들을 참고할 것: S. N. Beshers, E. Bonabeau, C. Dreller, Z.-Y. Huang, J. Mittenthal, R. F. A. Moritz, R. E. Page Jr., G. E. Robinson, and G. Theraulaz in C. Detrain, J. L. Deneubourg, and J. M. Pasteels, eds., *Information Processing in Social Insects*(Basel: Birkhäuser Verlag, 1999).

174) Z.-Y. Huang and G. E. Robinson, "Social control of division of labor in honey bee colonies," in C. Detrain, J. L. Deneubourg, and J. M. Pasteels, eds., *Information Processing in Social Insects*(Basel: Birkhäuser Verlag, 1999), pp. 165-186.

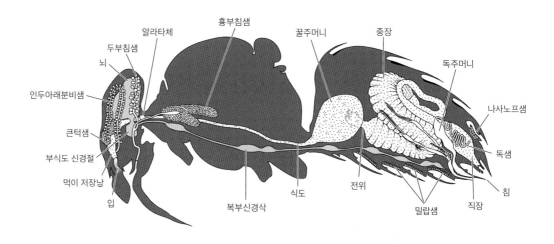

그림 5-6 │ 꿀벌 일벌의 주요 내부 기관. C. D. Michener, *The Social Behavior of the Bees: A Comparative Study*(Cambridge, MA: The Belknap Press of Harvard University Press, 1974)에서 수정.

다. 애벌레호르몬 합성을 자극하는 활성 신호와는 반대로 먹이 채집꾼 몸에서는 애벌레호르몬 합성 억제 신호의 수치가 높아질 수 있고, 이 억제 신호는 벌에서 벌로 전달되어 다른 개체의 애벌레호르몬 합성은 억제되어 먹이 채집꾼이 되지 못한다."[175]

그러므로 군락에서 보이는 균형 잡힌 역할 분담은 개체 구성원의 내분비계와 행동 주기 안에 있는 활성자와 억제자가 서로 작용하여 유지된다. 이 주기는 특정한 순서대로 진행되도록 프로그램되어 있지만 그 시간적 순서는 상황에 따라 빨라질 수도 있고 느려질 수도 있고 아주 극단적이거나 혹은 비정상적 조건에 의해 뒤바뀔 수도 있다. 1920년대 이래로 여러 실험을 통해 밀랍을 만들어 내는 일벌 수가 줄어듦에 따라 늙은 일벌이 다시금 밀랍샘을 발달시켜 벌집을 만드는 작업에 다시 복귀한다는 사실이 알려졌다.[176] 밀랍샘을 재발달시키는 가장 주된 활성 자극이

175) Z.-Y. Huang and G. E. Robinson, "Social control of division of labor in honey bee colonies," in C. Detrain, J. L. Deneubourg, and J. M. Pasteels, eds., *Information Processing in Social Insects*(Basel: Birkhäuser Verlag, 1999), pp. 165-186.

176) 특히 W. J. Nolan, G. A. Rösch, Z. Orösi-Pál, B. D. Milojevic, V. C. Moskovljevic-Filipovic, and J. B. Free(연대별 순서)와 같은 연구자들에 의한 외분비샘 발달과 퇴화까지 망라하는 초기 연구들은 E. O. Wilson, *The Insect Societies*(Cambridge, MA: The Belknap Press of Harvard University Press, 1971)에 설명되어 있고, 현재 우리가 보는 관점의 일부분이 그에 근거하고 있다.

초유기체

벌집으로 유입되는 꽃꿀이 넘치도록 많아져서 그것을 저장할 공간이 벌집 안에 더 이상 남아 있지 않은 상황 자체임을 확인한 실험들에 의해 이러한 노동 분담 변화 현상의 신빙성이 더해졌다.[177] 또 갑작스러운 폭우 따위의 천재지변에 의해 먹이 채집 일벌들이 대량 손실되고 둥지에는 먹이 채집 경험이 없는 일벌만 남은 경우, 다수의 일벌에서 인두아래분비샘이 빠르게 퇴화한다. 그 결과 이들은 더 이상 애벌레에게 먹일 만한 고품질 먹이를 만들 수 없게 되고 빠른 속도로 먹이 채집꾼으로 성숙한다. 자연적 노화 과정과는 반대되는 경우 인두아래분비샘이 자연적으로 퇴화되기 시작해야 할 시기를 넘어서까지 계속 유지된다. 때로는 벌집 안에서 애벌레를 돌보는 일벌이 대량으로 폐사한 경우 먹이 채집을 담당하는 늙은 일벌의 인두아래분비샘이 재생되어 애벌레를 돌보는 역할에 복귀하는 경우도 있다. 그러나 인두아래분비샘을 재생하기 위해서는 애벌레가 반드시 있어야 한다. 타냐 팬키프 (Tanya Pankiw)와 페이지는 실제로 일벌을 자극해서 꽃가루를 채집해 오도록 만드는 페로몬이 애벌레에서 분비된다는 사실을 발견했다.[178] 이 화학 신호는 또 인두아래분비샘의 활성에도 영향을 미치는 것으로 보인다. 게다가 애벌레를 돌보는 일벌이 먹이 채집꾼으로 변하지 않도록 억제하는 프라이머 페로몬의 일종인 에틸올레이트(ethyloleate)라는 물질도 발견되었다. 이 페로몬은 군락에서 노동 분담의 음의 되먹임 과정(negative feedback loop)에 관여하는데, 즉 먹이 채집꾼이 에틸올레이트를 생산해서 애벌레를 돌보는 일벌들과 구강 먹이 교환을 할 때 먹이에 섞어 넘겨주면 애벌레를 돌보는 일벌의 생리적 행동적 성숙을 계속 억제할 수 있다.[179]

177)   S. C. Pratt, "Optimal timing of comb construction by honeybee(*Apis mellifera*) colonies: a dynamic programming model and experimental tests," *Behavioral Ecology and Sociobiology* 46(1): 30-42(1999); S. C. Pratt, "Condition-dependent timing of comb construction by honeybee colonies: how do workers know when to start building?" *Animal Behaviour* 56(3): 603-610 91998); S. C. Pratt, "Collective control of the timing and type of comb construction by honey bees(*Apis mellifera*)," *Apidologie* 35(2): 193-205(2004).

178)   T. Pankiw, R. E. Page, and M. K. Fondrk, "Brood pheromone stimlates pollen foraging in honey bees(*Apis mellifera*)," *Behavioral Ecology and Sociobiology* 44(3): 193-198(1998).

179)   I. Leoncini, Y. Le Conte, G. Gostagliola, E. Plettner, A. L., Toth, M. Wang, Z. Huang, J.-M. Bécard, D. Crauser, K. N. Slessor, and G. E. Robinson, "Regulation of behavioral maturation by a primer pheromone produced by adult worker honey bees," *Proceedings of the National Academy of Sciences USA* 101(50): 17559-17564(2004).

흥미로운 점은 이 물질은 또한 꿀벌의 애벌레 페로몬 성분이라는 사실이다.[180] 활성-억제자 모형은 아직까지 가설 단계에 머물러 있지만 꿀벌 사회의 노동 분담에 몇 가지 행동적 생리적 되먹임 고리가 영향을 미치고 있는 것은 분명해 보인다.[181]

페이지와 동료들이 노동 분담을 이해하는 데 사용한 다른 관점은 단백질 공급원인 꽃가루를 주로 채집하는 채집자들과 탄수화물 공급원인 꽃꿀을 주로 채집하는 채집꾼들의 차이에 주목한 점이다. 이들은 각 채집꾼의 서로 다른 채집 성향에 맞춰 함께 변하는 복잡한 행동적, 생리적, 해부적 특징을 발견했다.[182] 물론 채집꾼의 채집 성향은 근본적으로는 물, 꽃꿀, 꽃가루 등 군락이 매 순간 필요로 하는 물자에 따라 결정되는 것이지만, 모든 조건이 같을 때 각개 일벌이 채집하는 물자의 종류는 성충기 초기에 이미 개체별로 결정되는 채집 성향에 따라 달라진다. 일벌은 설탕물에 대해 다양한 반응을 보이는데 이 반응 차이는 일벌이 우화한 뒤 수 시간 이내에 이미 구분 가능하다.

설탕물에 대한 반응은 여러 종류 농도로 만든 설탕물에 더듬이를 찍었을 때 나타나는 반응으로 쉽게 알아낼 수 있다. 설탕물 농도가 반응 문턱값을 넘어설 때만 일벌은 입을 뻗어 낸다. 성충으로 우화한 지 네 시간 안에 설탕물 농도에 대한 각개 일벌의 반응은 이미 달라진다. 가장 낮은 농도에도 반응하는 일벌들은 다른 개체들보다 일찍 먹이 채집에 나서는 경향이 있으며 물과 꽃가루 채집을 주로 하게 된

180) R. E. Page Jr. and T. Pankiw, "Synthetic bee pollen foraging pheromones and uses thereof," United States patent No. US 6,535,828 B2(2003).

181) Z.-Y. Huang and G. E. Robinson, "Social control of division of labor in honey bee colonies," in C. Detrain, J. L. Deneubourg, and J. M. Pasteels, eds., *Information Processing in Social Insects*(Basel: Birkhäuser Verlag, 1999), pp. 165-186.

182) R. E. Page Jr. and J. Erber, "Levels of behavioral organization and the evolution of division of labor," *Naturewissenschaften* 89(3): 91-106(2002); G. V. Amdam, K. Norber, A. Hagen, and S. W. Omholt, "Social exploitation of vitellogenin," *Proceedings of the National Academy of Sciences USA* 100(4): 1799-1802(2003); G. V. Amdam and S. W. Omholt, "The hive bee to forager transition in honey bee colonies: the double repressor hypothesis," *Journal of Theoretical Biology* 223(4): 451-464(2003); G. V. Amdam, A. Csondes, M. K. Fondrk, and R. E. Page Jr., "Complex social behaviour derived from maternal reproductive traits," *Nature* 439: 76-78(2006); and C. M. Ne.son, K. E. Ihle, M. K. Fondrk, R. E. Page Jr., and G. V. Amdam, "The gene vitellogenin has multiple coordinating effects on social organization," *PLoS Biology* 5(3): 673-677(2007).

다. 높은 농도에만 반응하는 일벌들은 꽃꿀 채집꾼이 되는 경향이 높다.[183)]

언뜻 보기에 꽃꿀 채집꾼들이 꽃가루 채집꾼들에 비해 설탕물에 대해 더 둔감하다는 사실이 이상할 수도 있다. 하지만 이런 꽃꿀 채집꾼들이 채집에 나섰을 때 만나는 다양한 종류의 꽃꿀에 반응할 때 덜 민감하기 때문에 결과적으로는 꽃밭이라는 **시장**을 검사할 때 더 까다로워지는 것이다. 꽃가루를 주로 채집하는 경향이 있는 일벌은 설탕 농도에 대해 덜 까다롭기 때문에 평균적으로 낮은 농도의 설탕물을 채집한다. 그러므로 채집꾼들이 꽃가루와 꽃꿀을 함께 채집한다 해도, 군락이 꽃가루와 꽃꿀 중 어느 한쪽을 더 필요로 하는 경우에 따라 개체 수준에서는 꽃꿀이나 꽃가루 어느 한쪽을 더 많이 채집해 오는 전문성을 띠게 된다.

페이지와 동료들이 좀 더 자세한 유전적 연구를 통해 얻은 결과에 따르면 설탕 민감성과 채집꾼이 되는 나이는 상호 작용하는 유전자 네트워크에 의해 결정되는 것으로 드러났다.[184)] 이런 행동적 생리적 특성은 아마도 곤충의 생식 신호 체계에 관련된 적어도 두 가지 조절 호르몬에 의해 조절되는 공통된 신경 생화학적 경로를 통해 연관 되어 있는 것으로 볼 수 있다. 즉 난황형성전구체(vitellogenin)와 애벌레호르몬이 그것이다. 로빈슨과 앰덤을 비롯한 동료들의 연구에 따르면 채집꾼 꿀벌은 둥지 안에서 일하는 일벌에 비해 혈액 림프에 좀 더 높은 수준의 애벌레호르몬과 낮은 수치의 난황형성전구체를 가지는 것으로 밝혀졌다.[185)] 몇 가지 연구들이 혈중 애벌레호르몬 함량이 증가하거나 혈액 림프에 메토프린(methoprene)이라는 호르몬 유사체를 더했을 때 개체들이 더 이른 나이에 채집에 나선다는 것을 밝

---

183) T. Pankiw and R. E. Page Jr., "Reponse thresholds to sucrose predict foraging division of labor in honeybees," *Behavioral Ecology and Sociobiology* 47(4): 265-267(2000).

184) R. E. Page Jr., M. K. Fondrk, G. J. Hunt, E. Guzmán-Novoa, M. A. Humphries, K. Nguyen, and A. S. Greene, "Genetic dissection of honeybee(*Apis mellifera* L.) foraging behavior," *Journal of Heredity* 91(6): 474-479(2000).

185) 이에 대한 정리로는 다음 연구들을 참고할 것: G. Bloch, D. E. Wheeler, and G. E. Robinson, "Endocrine influences on the oraganization of insect soicieties," in D. W. Pfaff, A. P. Arnold, A. M. Etgen, S. E. Fahrbach, and R. T. Rubin, eds., *Hormones, Brain and Behavior* Vol. 3(New York: Academic Press, 2002), pp. 195-235; R. E. Page Jr.s, R. Scheiner, J. Erber, and G. V. Amdam, "The development and evolution of division of laor and foraging specialization in a social insect(*Apis mellifera* L.)," *Current Topics in Developmental Biology* 74: 253-286(2006).

혀냈다.[186] 애벌레호르몬은 알라타체에서 합성되는데 알라타체는 곤충의 뇌에 연결된 한 쌍의 분비샘이다(그림 5-6 참고). 하지만 이 분비샘을 제거하여 애벌레호르몬 합성을 중단해도 꿀벌이 채집 행동을 시작하는 시기에는 영향을 미치지는 않는다. 즉 애벌레호르몬은 채집 행동을 유발하는 필요조건이 아니며, 따라서 활성-억제자 모형이 제안하는 몇 가지 가정에 의문을 제기하게 된다.

게다가 더 정밀한 분석에 따르면 애벌레호르몬과 난황형성전구체는 서로의 혈중 함량을 상호 조절하는 것으로 알려져 있다. 즉 높은 수준의 난황형성전구체는 애벌레호르몬을 억제하고, 높은 수준의 애벌레호르몬은 난황형성전구체를 억제함으로써 채집 행동이 시작되기 직전에 이 두 가지 호르몬 함량의 급격한 변화를 초래하는 것이다. 여기서 중요한 점은 난황형성전구체는 단지 호르몬일 뿐 아니라 난황 단백질 전구체 중 하나라는 것이다. 일벌들은 성충으로 우화된 뒤 곧 난황형성전구체를 합성해 내기 시작한다. 난황형성전구체의 혈중 함량이 증가할 때 애벌레호르몬 합성은 억제되어 애벌레호르몬 혈중 함량은 낮아진다. 앰덤과 동료들의 연구(또 다른 이들의 분석에서도)에 따르면 난황형성전구체 단백질들이 '애벌레 먹이'에 섞여 들어간다. 이 필수 성분은 애벌레를 돌보는 일벌의 인두아래분비샘에서 만들어지는 물질의 구성 요소가 되고 결국 자라는 애벌레에게 먹여진다. 애벌레 담당 일벌의 난황형성전구체 함량은 애벌레에게 계속 투여됨에 따라 계속 떨어져 결국 더 이상 애벌레호르몬의 합성을 억제하지 못하는 수준에 이른다. 결국 애벌레호르몬 함량은 계속 증가하게 되어 난황형성전구체 합성을 더욱 억제하며, 난황형성전구체 함량은 더 빠르게 떨어져 결국 높은 수치의 애벌레호르몬과 낮은 수치의 난황형성전구체를 유지하게 된다. 이 호르몬 수치의 균형점에서 일벌은 채집 행동을 개시한다. 따라서 높은 수치의 애벌레호르몬이 채집 행동에 나서게 만드는

---

186) 꿀벌과 몇몇 개미 종에서는 애벌레호르몬 함량이 높은 채집꾼 경우 애벌레호르몬이 나이에 따른 노동 분화를 조절하는 것으로 알려져 있지만, 원시성 진사회성 곤충을 비롯, 쌍살벌속과 로팔리디아속 말벌류에서는 애벌레호르몬 난소 발달은 촉진하지만 채집 행동을 유발하지는 않는 것으로 밝혀져 있다. P. I. Röseler, "Reproductive competition during colony establishment," in K. G. Ross and R. W. Matthews, eds., *The Social Biology of Wasps* (Ithaca, NY: Comstock Publishing Associates of Cornell University Press, 1998), pp. 309-335; M. Agrahari and R. Gadagkar, "Juvenile hormone accelerates ovarian development and does not affect age polyethism in the primitive eusocial wasp, *Roalidia marginata*," *Journal of Insect Physiology* 49(3): 217-222(2003).

데 필수 요인이 아니라는 점은 분명하지만, 그 요인이 정확하게 무엇인지는 아직 알려져 있지 않다. 아무튼 높은 수치의 애벌레호르몬과 더불어 낮은 수치의 혈중 난황형성전구체 함량이 일벌로 하여금 이제 곧 둥지 밖에서 수행해야 할 고생스러운 채집 행동을 준비하도록 만드는 것은 사실인 듯하다.

채집 행동을 하도록 유전적으로 선택된 일벌도 성충으로 우화한 직후 개체마다 혈중 난황형성전구체 함량이 다르다. 꽃가루 채집 전문인 일벌은 꽃꿀 채집 전문인 일벌에 비해 난황형성전구체 함량이 더 높다. 이것은 실험적으로 쉽게 증명이 되는데, 짧은 난황형성전구체 유전자 조각을 코딩하는 두 가닥 RNA(dsRNA)를 새롭게 우화한 일벌에 주입하면 된다. 이 두 가닥 RNA는 난황형성전구체 합성을 방해해서 혈중 난황형성전구체 함량을 크게 떨어뜨린다. 이와 같은 '난황형성전구체 결핍벌'은 정상 벌에 비해 훨씬 일찍 채집에 나서는 것으로 밝혀졌다. 또 이런 난황형성전구체 결핍에 대한 반응으로 애벌레호르몬 활성이 빠르게 증가하는데, 이는 정상 벌의 빠른 사회 행동 발달과 아울러 짧은 수명에 관련이 있다.[187] 그리하여 난황형성전구체는 꽃가루 전문 채집꾼과 꽃꿀 전문 채집꾼이 지닌 서로 다른 특징 모두에 영향을 미치는 것으로 보인다. 꽃가루 채집 전문 어린 일벌의 높은 난황형성전구체 함량은 이후 빠르게 줄어드는데, 간단히 말해서 난황형성전구체는 일벌이 꽃꿀보다는 꽃가루 채집에 전문화되는 생리적 조건을 만든다.

이런 발견들은 결국 꿀벌의 노동 분담에 관한 생리적 기작 진화에 대한 새로운 관점을 형성하게 된다. 난황형성전구체와 애벌레호르몬은 곤충에서 생식 조절 호르몬 네트워크의 일부이다. 이 물질들이 채집 행동 개시와 채집하는 먹이 선별에 개입되어 있다는 사실은 진화에서 볼 수 있는 절약성(parsimony)의 놀라운 사례라 할 수 있다. 이 발견을 계기로 앰덤과 페이지 및 동료들은 난소 발달과 채집 행동의 연관성 연구에 더욱 집중했다. 사실 일벌도 여왕벌의 그것보다 크기는 작지만 완전히 기능할 수 있는 난소를 가지고 있으며, 이들의 난소는 여왕이 존재하는 평시에는 생식 활성의 여러 성숙 단계로 존재한다. 여왕이 사라지면 어린 일벌의 난소는 성숙되어 적어도 일부 일벌들은 수벌로 자라나는 무정란을 낳을 수 있다.[188]

---

187) G. V. Amdam, K.-A. Nilsen, K. Norberg, M. K. Fondrk, and K. Hartfelder, "Variation in endocrine signaling underlies variation in social life history," *American Naturalist* 170(1): 37-46(2007).

188) 일벌은 교미를 하지 않았기 때문에 일벌이 낳은 알들은 염색체가 한 짝밖에 없고(단수

이렇게 놀라운 연구 결과들이 쏟아져 나옴에 따라 더 많은 연결 고리들이 밝혀졌다. 일벌의 난소가 클수록 난소의 성숙 정도도 더 해지고, 좀 더 이른 시기에 채집꾼이 되며, 꽃가루 채집 전문 일꾼이 되어 당분 함량이 낮은 꽃꿀을 주로 채집하게 된다. 특히나 어린 일벌이 상대적으로 큰 난소를 가지고 있으면 혈중 난황형성전구체 수치가 더 높아지는데 이는 난소 크기와 호르몬 함량, 행동이 연관되어 있다는 증거가 된다.

이 모든 연관 관계를 종합해서 연구자들은 채집, 노동 분담, 특히 꿀벌에서 채집 먹이 전문화 경향 등은 단독 생활을 하던 소상 종의 정상적 생식 주기 변화 양상으로부터 진화되었을 것이라는 결론에 이르게 되었다. 앞서 이 장과 2장에서 논의한 웨스트-에버하드의 '바탕 계획 가설' 개념이 그 예다. 우선 첫 단계로 생각해 볼 수 있는 것은 번데기 후반기에서 성충기에 걸쳐 애벌레호르몬과 다른 종류의 호르몬(엑디스테로이드/탈피호르몬(ecdysteroids)) 등이 관여하는 생식 호르몬 신호 발생 시기에 변동이 일어나는 사건이다. 어린 일벌에서 일어나는 이런 변동은 난황형성전구체 합성과 생식적 성숙에 연관된 행동을 시작하게 만든다. 그리하여 이런 단순한 한 가지 시기적 변화로 말미암아 난황형성전구체를 합성하는 암컷은 짝짓기, 둥지 찾기(dispersal), 휴지(diapause), 하면(estivation) 등 조상 종에서 볼 수 있는 번식 활동 이전의 여러 행동 단계를 생략하게 되었다. 그런 개체들은 자기 번식을 하는 대신 애벌레 돌보기, 둥지 방어, 먹이 채집 등 시기적으로 산란 후에 등장하는 번식 행동을 하게 된 것이다. 두 번째 단계는 난황형성전구체와 애벌레호르몬의 되먹임 상호 작용 진화로, 이것은 결국 난황형성전구체가 노동 분담의 완급을 조절하도록 만드는 조절 기작이 되었다. 높은 혈중 난황형성전구체 함량은 일벌로 하여금 둥지 밖 먹이 채집 대신 둥지에 남아 산란 후 번식 행동을 하도록 만든다. 이 산란 후 번식 행동은 알과 애벌레, 번데기 돌보기, 새로 채집되어 들어온 먹이의 처리와 저장, 새끼들 먹이기, 방 청소를 비롯한 기타 집안일을 포함한다.

합성된 난황형성전구체가 모두 소진되면 일벌은 자동적으로 채집 행동을 시작한다. 채집 행동으로 전환됨과 동시에 크고 활성화된 난소를 가진 일벌은 꽃가루와 그에 포함된 단백질 채집을 주로 하는데, 이는 번식하는 독거성 조상 종 개체가 새끼에게 먹이를 공급할 때 하는 행동이고, 작고 불활성 난소를 가진 일벌은 주로

성), 이 단수성 염색체를 가진 알은 수컷으로 자란다.

꽃꿀을 채집하는데, 이 또한 번식을 하지 않는 독거성 곤충 암컷이 하는 행동과 같다.[189]

아직 깊이 있게 연구되어 있지 않지만, 이와 비슷한 생리적, 행동적 변화가 개미의 노화 과정에서도 일어났을 가능성이 높다. 그 결과 유럽산 둔덕만드는나무개미 포르미카 폴릭테나(*Formica polyctena*)에서도 꿀벌과 비슷하게 유전적으로 결정된 노동 분담 순서를 확인할 수 있다(그림 5-7). 꿀벌과 마찬가지로 작업 순서는 예기치 못한 외부적 사건이 특정 나이 계급의 비율을 현저히 변화시키면 뒤바뀔 수도 있다. 이에 관한 간단하지만 멋진 사례를 들면, 소피 에어하르트(Sophie Ehrhardt)는 유럽산 빗개미 미르미카 루브라(*Myrmica rubra*) 일개미 중 애벌레를 돌보던 놈들을 흙만 담겨 있는 동떨어진 방에 옮겨 놓고, 반대로 굴을 파고 먹이 채집만 하던 놈들을 흙은 없고 애벌레만 있는 방으로 옮겨 놓았다.[190] 이 새로운 환경에서 원래 애벌레 담당이던 놈들은 즉시 흙을 파내기 시작했고, 이전에 채집꾼이던 놈들은 이내 애벌레를 돌보기 시작했다. 더욱 흥미로운 것은 두 무리 모두 원래 있던 둥지로 돌아가 다시 다른 개체들과 무리 지어 놓으면 원래 자기가 하던 일로 되돌아갔다는 점이다.

사회성 곤충, 적어도 양봉꿀벌과 사례가 잘 연구된 일부 개미 종에서는, 시간적 노동 계급의 조건은 대략 다음과 같은 양상을 따른다. 일꾼은 처음에는 대개 여왕과 애벌레를 돌보는 일부터 시작하다가 나이를 먹음에 따라 점차 둥지 안 다른 곳으로 가 일을 하고, 마지막으로 둥지 밖에서 먹이를 채집하는 순서로 이루어진 일련의 일감을 차례로 맡는다.

대부분 개미 종도 꿀벌에서처럼 일개미 난소 활성 단계에서 일어나는 변화와 더불어 맡아 하는 일감이 차례로 변한다. 둥지 안에서 일하는 어린 일꾼은 둥지 밖 일꾼들보다 난소가 더 성숙해 있다. 이 어린 일꾼은 종종 번식이 아닌 영양 공급 목적으로 영양란을 낳고, 이는 여왕과 애벌레의 먹이가 된다. 어떤 종에서는 새끼를

---

189) G. V. Amdam, K. Norbert, M. K. Fondrk, and R. E. Page Jr., "Reproductive ground plan may mediate colony-level selection effects on individual foraging behavior in honey bees," *Proceedings of the National Academy of Sciences USA* 101(31): 11350-11355(2004); G. V. Amdam, A. Csondes, M. K. Fondrk, and R. E. Page Jr., "Complex social behaviour derived from maternal reproductive traits," *Nature* 439: 76-78(2006).

190) S. Ehrhardt, "Über arbeitsteilung bei *Myrmica*- und *Messor*-Arten," *Zeitschrift für Morphologie und Ökologie der Tiere* 20(4): 755-812(1931).

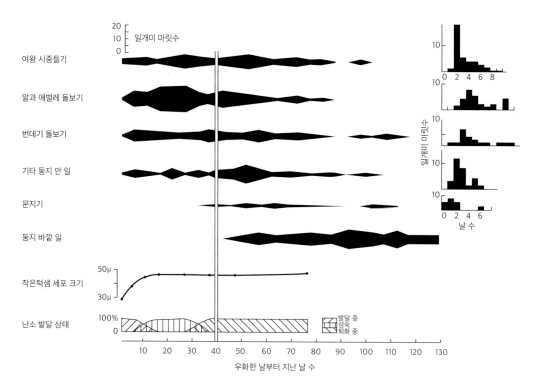

그림 5-7 │ 개미에서 관찰되는 시간적 노동 분담의 자세한 도해. 여기서 보듯이 포르미카 폴릭테나 일꾼은 나이를 먹으면서 행동과 내분비샘 발달 상태가 모두 변한다. 오른쪽 히스토그램은 주어진 일을 일개미가 며칠간 지속하는지를 나타낸다. 이 결과는 예를 들어 극히 적은 수의 일개미만 여왕을 돌보는 일에 전문화되어 있고, 비교적 많은 수의 일개미는 새로운 애벌레를 돌보는 데 전문화되어 있음을 보여 준다. 그래프 중간의 이중 실선은 대략적으로 둥지 안의 일과 먹이 채집 행동으로 나뉘는 시기를 나타낸다. E. O. Wilson, *The Insect Societies*(Cambridge, MA: The Belknap Press of Harvard University Press, 1971)에 있는 D. Otto의 자료에 근거하여 J. H. Sudd, *An Introduction to the Behaviour of Ants*(London: Arnold, 1967) 그림을 다시 그림.

담당한 일꾼이 낳은 영양란이 여왕과 미성숙 애벌레가 섭취하는 영양의 상당 부분을 차지하기도 한다. 이런 종에서는 먹이 채집꾼들이 난소에 잘 발달된 난모세포를 가지고 있다. 이런 채집꾼들은 또 많은 황색체(yellow body)를 가지고 있는데, 이는 난모세포의 근원세포에서 남은 것으로 이전에 산란한 적이 있음을 나타낸다. 알을 먹이는 현상은 계통 분류학적으로 다양한 여러 종류 개미에서 보이는 공통된 현상이다.[191]

미국 남서부에 흔한 개미인 아파이노가스테르 콕케렐리(*Aphaenogaster*

---

191)　이에 대한 개관으로 B. Hölldobler and E. O. Wilson, *The Ants*(Cambridge, MA: The Belknap Press of Harvard University Press, 1990)을 참고할 것.

초유기체

cockerelli, 이전 속명 노보메소르(*Novomessor*))와 아파이노가스테르 알비세토수스(*Aphaenogaster albisetosus*)를 예로 들자면, 애벌레를 돌보는 어린 일꾼들은 잘 발달된 난소를 가지고 있으며 영양란을 낳아 애벌레와 여왕을 먹인다(사진 9, 10). 이 종의 일부 채집꾼은 난소가 여전히 재활성화될 수 있는 동안, 양육 담당 일꾼 수가 눈에 띄게 줄어든 경우 즉시 둥지 안으로 돌아가 양육을 담당한다. 하지만 난소가 완전히 퇴화되면 이 채집꾼은 집안일을 다시 맡지 않는다.[192] 포고노미르멕스속(*Pogonomyrmex*) 수확개미와 오이코필라속 베짜기개미에서도 비슷한 사례가 관찰되었다. 채집 꿀벌처럼 채집 개미 역시 혈액 림프에 애벌레호르몬 함량이 높다는 것이 몇몇 연구에서 밝혀졌다.[193] 하지만 꿀벌에서처럼 양육과 여왕 시중 들기를 담당한 개미가 둥지 바깥 일개미보다 높은 함량의 난황형성전구체를 가졌는지는 아직 밝혀지지 않았다.

개미 노동 분담과 번식의 생리적 기작 연구를 선도한 카를 하인츠 비어(Karl Heinz Bier)는 양육 개미가 여왕과 번식형 암컷으로 자라날 애벌레에 먹이는 '향번식성 물질(profertile substances)'이 머리에 있는 손가락 모양 기관인 인두뒤분비샘에서 기원한다고 주장했다. 비어는 포르미카 폴릭테나 여왕으로부터 분리된 양육 담당 일개미가 수컷으로 자라는 알을 낳기 시작한다는 것을 관찰했다. 비어는 더 이상 여왕과 애벌레에게 향번식성 물질을 먹일 수 없는 양육 담당 일개미들이 이 고영양 물질을 이용해 자신의 난소와 알을 발달시키는 것이라고 추론했다.[194] 이후 불개미속 개미의 애벌레 양육 담당 어린 일개미들이 인두뒤분비샘에서 높은 분비 활성을 보인다는 점이 연구되었는데, 방사성 추적 물질을 이용해 양육과 여왕 시중 들기 담당 일꾼들의 인두뒤분비샘이 중요한 영양적 역할을 한다

192)　B. Hölldobler and N. F. Carlin, "Colony founding, queen control and worker reproduction in the ant *Aphaenogaster*(=*Novomessor*) *cockerrelli*(Hymenoptera: Formicidae)," *Psyche*(Cambridge, MA) 96: 131-151(1989).

193)　K. Sommer, B. Hölldobler, and H. Rembold, "Behavioral and physiological aspects of reproductive control in a *Diacamma* species from Malaysia(Formicidae, Ponerinae)," *Ethology* 94(2): 162-170(1993); C. Brent, C. Peeters, V. Dietemann, R. Crewe, and E. Vargo, "Hormonal correlates of reproductive status in the queenless ponerine ant *Streblognathus peetersi*," *Journal of Comparative Physiology* A 192(3): 315-320(2006).

194)　K. Bier, "Die Bedeutung der Jungarbeiterinnen für die Geschlechtstieraufzucht im Ameisenstaat," *Biologisches Zentralblatt* 77(3): 257-265(1958).

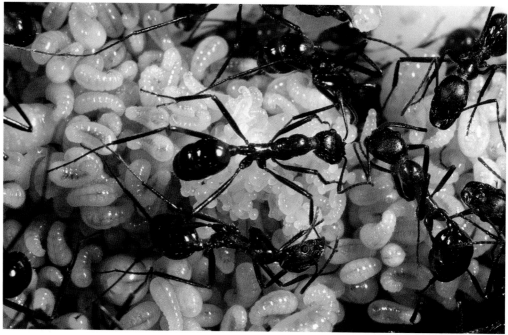

사진 9 │ 장다리개미속(Aphaenogaster) 아파이노가스테르 콕케렐리. 위: 알, 애벌레, 일꾼과 함께 있는 여왕. 아래: 여왕이 없어지면 일꾼이 성충으로 발달 가능한 알을 낳는다. 이 알들은 수정되지 않았으므로, 수컷으로 성장한다.

사진 10 | 장다리개미속 아파이노가스테르 콕케렐리. 위: 여왕이 있는 군락으로부터 떨어져 나온 일꾼은
수컷 성충으로 우화할 알을 낳기 시작한다. 아래: 이런 일꾼이 다시 원래 군락으로 복귀하면, 다른 일꾼이
공격적으로 단속하여 이들이 다시 알을 낳지 못하도록 한다.

는 사실이 밝혀졌으며 다른 개미 종에서도 같은 현상이 확인되었다.[195] 하지만 꿀벌의 '애벌레 먹이'로 작용하는 난황형성전구체가 개미에서도 애벌레 먹이 성분으로 이용되므로 비어가 제안한 개미의 향번식성 물질이 난황형성전구체와 기능적으로 연관되는가 하는 문제는 여전히 해결해야 할 숙제로 남아 있다. 다른 모든 벌목 곤충에서처럼 개미에서도 성충으로 자라날 수 있는 알에는 난황형성전구체가 반드시 함유되어 있다. 게다가 일부 불개미아과(formicine)와 두자루배마디개미아과 종들(캄포노투스 페스티나투스(*Camponotus festinatus*), 붉은불개미, 애집개미(*Monomorium pharaonis*))은 알에 꿀벌 것과 같은 종류의 난황형성전구체가 들어 있다.[196] 같은 현상이 비교적 원시적 침개미 종류인 암블리오포네속, 오돈토마쿠스속(*Odontomachus*), 플라티티레우스속(*Platythyreus*)에서도 밝혀졌다. 반면 같은 침개미 종류지만 침개미아과와 엑타토미나이아과(Ectatomminae) 난황형성전구체는 구조가 종마다 매우 다양하다.[197]

사회성 곤충 군락이 자라나는 동안, 다음 세대 번식 개체들이 미처 생산되기 전에 일꾼들은 군락 성장을 극대화하는 기계와도 같이 움직이며, 적어도 이 기간 동안 얼마간 군락은 안정된 나이 분포에 근접한다.[198] 이런 조건에서 가장 중요한 일감 분배는 적어도 통계적 중심값이 보이는 경향에 주목해서 보면 나이를 먹어 가는 순서를 따른다. 한 무리 일꾼이 한 가지 시간적 계급에서 다음 계급으로 중단 없이 옮겨 가는 것이다. 이런 현상은 실험실에서 유지되는 군락을 비롯 일정하고 비교적 안전한 환경에서 먹을 것이 풍부한 상태로 자라는 야외 군락에서도 관찰되었다.

195) 이에 대한 정리로 B. Hölldobler and E. O. Wilson, *The Ants* (Cambridge, MA: The Belknap Press of Harvard University Press, 1990)를 참고할 것.

196) T. Martinez and D. Wheeler, "Identification of vitellogenin in the ant, *Camponotus festinatus*: changes in hemolymph proteins and fat body development in workers," *Archives of Insect Biochemistry and Physiology* 17: 143–155(1991); E. L. Vargo and M. Laurel, "Studies on the mode of action of a queen primer pheromone of the fire ant *Solenopsis invicta*," *Journal of Insect Physiology* 40(7): 601–610(1994); P. V. Jensen and L. W. Børgesen, "Yolk protein in the pharaoh's ant: influence of larvae and workers on vitellogenin and vitellin content in queens," *Insectes Sociaux* 42(4): 397–409(1995).

197) D. Wheeler, J. Liebig, and B. Hölldobler, "Atypical vitellins in ponerine ants(Formicidae: Hymenoptera)," *Journal of Insect Physiology* 45(3): 287–293(1999).

198) M. V. Brian, *Social Insect Populations* (New York: Academic Press, 1965).

꿀벌과 개미에서 시간적 계급이 결정되는 양상은 현재 가장 널리 받아들여지고 있는 노화에 관한 유전적 이론과 잘 맞아떨어진다. 자연 상태에서 야외 먹이 채집이란 곤충에게 있어서는 적에게 과도하게 노출되고, 기상이 급격하게 변하고, 쉽게 길을 잃는 등의 이유로 가장 위험한 일이다. 매우 제한적 연구 결과로 추정해 보면 종에 따라 군락 전체 1~10퍼센트의 일개미가 매일 사라지며,[199] 예상대로 이런 손실은 흔히 야외 먹이 채집꾼에 집중된다. 예를 들면 성충기 첫 14일 동안 중동산 말벌 베스파 오리엔탈리스(*Vespa orientalis*) 일꾼 사망률은 둥지 안에서는 8.8퍼센트지만, 야외 먹이 채집을 시작하면 42.5퍼센트로 치솟는다.[200] 개미에서도 비슷한 결과가 관찰되었다.[201]

둥지 밖에서 현저히 높아지는 일꾼 손실률을 생각하면 군락 입장에서는 일꾼들이 늦은 나이에 먹이 채집에 나서는 것이 유리할 것이다.[202] 또 달리 생각해 보면 일꾼이 나이를 먹는 양상 자체가 계절이 변함에 따라 구할 수 있는 먹이양이 변하는 시간표를 따르며, 결과적으로 먹이 채집에 최적인 시간을 맞추게 되리라고 예측할 수 있다. 각 종은 자연 선택에 의해 군락 전체 생존과 번식에 최적인 조건으로 시간적 다중 노동성의 나머지 단계를 결정짓는다. 즉 둥지 바깥의 늙은 일꾼 손실이 늘어나면서 그 다음 차례의 젊은 일꾼들을 순차적으로 둥지 밖으로 이끌어 낸다고 할 수 있겠다.

꿀벌과 개미가 일꾼 나이에 바탕을 둔 노동 분담을 조절하는 전반적 모습은 곧 군락이 처해 있는 환경 조건에서 일어나는 중요한 변동의 시간적 순서를 반영하고 있다. 변화가 단기간에 일어날 때, 즉 좋은 먹잇감을 찾거나 번식 개체가 많이 우화하는 경우, 일꾼은 즉시 나이로 결정되는 일감의 범위 안에서 개별적으로 일감을 바꾸게 된다. 나이 제한을 넘어 다른 나잇대가 담당하던 일감으로 바뀌 새로운 역

199) E. O. Wilson, *The Insect Societies*(Cambridge, MA: The Belknap Press of Harvard University Press, 1971); S. O'Donnell and R. L. Jeannie, "Implications of sensecence patterns for the evolution of age polyethism in eusocial insects," *Behavioral Ecology* 6(3): 269-273(1995).

200) J. Ishay, H. Bytinski-Salz, and A. Shulov, "Contributions to the bionomics of the Oriental hornet(*Vespa orientalis* Fab.)," *Israel Journal of Entomology* 2: 45-106(1967).

201) B. Hölldobler and E. O. Wilson, *The Ants*(Cambridge, MA: The Belknap Press of Harvard University Press, 1990)을 볼 것.

202) A. Tofilski, "Influence of age polyethism on longevity of workers in social insects," *Behavioral Ecology and Sociobiology* 51(3): 234-237(2002).

할을 하는 일꾼의 수는 비교적 적다. 반면 변화가 장기간에 걸쳐 일어날 때(먹이 부족이 오래 계속되거나 나쁜 날씨 때문에 채집꾼들이 대량으로 손실되거나, 혹은 질병에 의해 애벌레가 죽어 나가는 등) 일꾼은 외분비적 행동 프로그램을 가속하거나 더디게 하여 군락에 발생한 간극을 충분하고도 정확하게 메우게 된다.

계급 분화의 유전적 변이성

우리가 강조한 것처럼, 시간적 계급은 절대적으로 프로그램된 것이 아니며, 오히려 통계적 경향으로 표현된다. 각 나잇대 무리의 행동적 특성은 여러 가지 이유로 인해 변이 폭이 크다. 이런 가변성을 강제하는 잠재적으로 중요한 요인 중에는 일꾼으로 하여금 처음부터 특정 일감을 더 선호하도록 만드는 유전적 변이가 있다. 일감 선택에 영향을 미치는 이런 유전적 요인에 대한 몇 가지 사례가 알려져 있는데, 그중 가장 주목할 만한 것은 꿀벌 일벌이 꽃꿀과 꽃가루 채집을 선택하는 경향에 대한 것이지만, 이런 경향이 사회성 곤충에 얼마나 널리 퍼져 있는가에 대해서는 충분한 연구가 이루어지지 않고 있다.

　　남아메리카산 사회성 말벌 폴리비아 옥시덴탈리스(*Polybia occidentalis*), 양봉꿀벌, 아메리카 대륙산 잎꾼개미 아크로미르멕스 베르시콜로르 등에는 오로지 시체 치우는 일만 전문으로 하는 일꾼들이 있다.[203] 하지만 이는 학습, 즉 같은 작업을 반복적으로 수행한 결과에 의한 것일 수도 있다. 유전적 변이에 더 호의적인 증거도 있다. 예를 들어 글레니스 줄리언(Glennis Julian)과 제니퍼 퓨얼(Jennifer Fewell)은 아크로미르멕스 베르시콜로르 개미에서 어미가 서로 다른 일개미들이 한 군락 안에 함께 살며 같은 비율로 작업을 수행하지만, 둥지 안에서 바깥 일감으로 옮겨가는 시기가 서로 다르다는 사실을 알아냈다. 게다가 이 종에서 노동 분담은 개체의 특정 일감 선호와 나이에 따른 일감 선택에 관한 유전적 경향에 영향을 받는 것

---

203)　S. O'Donnell and R. L. Jeanne, "Forager specialization and the control of next repair in *Polybia occidentalis* Olivier(Hymenoptera: Vespidae)," *Behavioral Ecology and Sociobiology* 27(5): 359-364(1990); S. T. Trumbo and G. E. Robinson, "Learning and task interference by corpse-removal specialist in honey bee colonies," *Ethology* 103(11): 966-975(1997); G. E. Julian and S. Cahan, "Undertaking specialization in the desert leaf-cutter ant *Acromyrmex versicolor*," *Animal Behaviour* 58(2): 437-442(1999).

처럼 보인다.[204] 꿀벌의 경우 일벌이 둥지 방어나 채집을 선호하는 경향은 부분적으로 유전적 이유에 근거한다.[205] 적어도 꿀벌에서는 이런 변이가 여왕 한 마리가 여러 마리 수컷과 짝짓기를 하기 때문에 일어난다. 이런 유전적 변이가 표현형적으로 드러나는 결과는, 예를 들어 채집 도중 만나는 먹이 종류에 대한 전문화 실험에서 확인된 것처럼, 감각이나 신경적 감수성 차이에 의해 조절되고 있을 것이다.[206]

그 외에도 유전적 소인이 유리한 방향으로 추구되는 또다른 선험적 경향이 있다. 꿀벌과 적어도 몇 종의 개미의 사례에 따르면, 특정 일감에 전문화된 채집꾼과 그보다는 좀 더 융통성 있게 일감을 선택하는 일벌 중에도 소위 정예라고 부를 수 있는 통계적으로 구분 가능한 무리가 존재하고 있다. 이 정예 일꾼은 작업을 수행하는 속도, 개체 생산성, 다른 일꾼을 자극하고 조직화를 돕는 정도에 있어서 언제나 군락 평균 이상으로 탁월하다.[207]

노동 분담에서 기억의 역할

단지 몇 시간만 관찰해 보면 사회성 곤충 군락은 늘 똑같은 획일적 의사 결정 규칙이 통제하는 자동 부품의 집합처럼 보일 수도 있다. 군락 구성원 개체는 그 행동에 관련된 몇 가지 방식으로 서로 구분된다. 개체는 그 자신만의 마음이 있다. 마음이라고 해서 인간처럼 사색이나 자기 인식, 폭 넓은 의식을 뜻하는 것은 아니다. 다

---

204) G. E. Julian and J. H. Fewell, "Genetic variation and task specialization in the desert leaf-cutter ant, *Acromyrmex versicolor*," *Animal Behaviour* 68(1): 1–8(2004).

205) R. E. Page Jr. and G. E. Robinson, "The genetics of division of labour in honey bee colonies," *Advances in Insect Physiology* 23: 117–169(1991).

206) T. Pankiw and R. E. Page Jr., "Response thresholds to sucrose predict foraging division of labor in honeybees," *Behavioral Ecology and Sociobiology* 47(4): 265–267(2000).

207) M. Möglich and B. Hölldobler, "Social carrying behavior and division of labor during nest moving in ants," *Psyche*(Cambridge, MA) 81(2): 219–236(1974)(정예 일꾼을 구분해서 발견한 최초의 연구 결과); G. F. Oster and E. O. Wilson, *Caste and Ecology in the Social Insects*(Princeton, NJ: Princeton University Press, 1978); S. K. Robson and J. F. A. Traniello, "Key individuals and the organization of labor in ants," in C. Detrain, J. L. Deneubourg, and J. M. Pasteels, eds., *Information Processing in Social Insects* (Basel: Birkhäuser Verlag, 1999), pp. 239–259.

만 감각계(미각, 후각, 촉각, 시각, 청각)로부터 전달되는 정보와 짧은 생애를 통해 경험한 사건에 대한 어느 정도 기억을 저장할 수 있는 비교적 복잡한 두뇌를 통해 형성되는 인지적 지각 능력을 말하는 것이다. 사실 학습 능력의 유전적 변이가 일꾼의 일감 선호에 영향을 미치는지 아직 증명되지 않았다.[208] 게다가 많은 경우 일꾼의 생애가 그리 짧은 것은 아니다. 물론 꿀벌 일벌은 몇 주 사이에 늙어 죽지만, 몇몇 개미 종 일꾼은 몇 년을 살기도 한다. 예를 들어 다음과 같은 행동은 적어도 부분적으로는 먼저 일감을 인지한 차례에 의해 우선순위가 생기고 그에 의해 순서가 만들어진다. 어떤 일감을 찾을 것, 아니면 진행 중인 어떤 일을 끝낼 것, 아니면 뭐든 일손이 필요한 일을 찾아 주변을 배회할 것, 아니면 뭔가를 지키기 위해 멈춰 설 것, 그것도 아니면 그저 쉴 것.[209]

사회성 곤충은 어떤 종류의 대상물에 대해서는 인간 기준에서 보더라도 인상적인 기억 능력을 가지고 있다. 대부분 개미 종은 외골격 각피 층에 탄화수소 계통 물질을 복잡하게 혼합하여 군락마다 독특한 향기를 만드는데, 개체는 자기 군락만의 향기를 기억할 수 있다. 꿀벌과 일부 개미 종 채집꾼들은 시각적 지형지물을 이용해서 군락의 구역을 기억할 수 있고, 채집을 마치고 둥지로 돌아 올 때는 가시광선과 분광을 이용해 경로와 방향을 취합한 천측 방위 시스템을 이용한다. 이에 대해서는 뤼디거 베너(Rüdiger Wehner)와 동료들이 카타글리피스속(Cataglyphis) 사막개미에서 매우 자세히 연구를 했다. 채집을 나선 채집꾼은 불규칙한 경로를 그리며 채집 대상을 찾지만, 둥지로 돌아오는 경로는 일직선이다. 이는 수많은 방향 전환 각도와 거리를 기억해서 취합할 수 있는 능력을 필요로 한다. 최근에 와서야 개미가 어떻게 거리를 잴 수 있는지 알게 되었다. 마티아스 비틀링거(Mathias

208) J. S. Latshaw and B. H. Smith, "Heritable variation in learning performance affects foraging preferences in the honey bee(*Apis mellifera*)," *Behavioral Ecology and Sociobiology* 58(2): 200-207(2005).

209) 꿀벌의 일벌이 가진 풍부한 인지적 지각 개념은 T. D. Seeley, "What studies of communication have revelaed about the minds of worker honey bees," in T. Kikuchi, N. Azuma, and S. Higashi, eds., *Genes, Behavior and Evolution of Social Insects*(Sapporo, Japan: Hokkaido University Press, 2003), pp. 21-33에서 논의되어 있다. 인간 수준 이하 지각 능력에 대한 일반적 논의는 D. R. Griffin, *Animal Minds: Beyond Cognition to Consciousness* (Chicago: University of Chicago Press, 2001)에 있다. 좀 더 최근의 설명은 R. Menzel, B. Brembs, and M Giurfa, "Cognition in invertebrates," in J. H. Kaas, *Evolution of nervous Systems*, Vol. 2: *Evolution of Nervous Systems in Invertebrates*(New York: Academic Press, 2006), pp. 403-422를 볼 것.

Wittlinger)와 동료는 개미 다리에 마디를 덧대어 길게 하거나 반대로 잘라서 짧게 하는 방법으로 이 문제를 연구했다. 이 독창적 연구를 통해 개미가 발걸음 숫자를 세어 거리를 잰다는 것을 알아냈다.[210] 적어도 한 종의 개미, 숲속 개미 종인 아프리카산 침개미 파키콘딜라 타르사타(*Pachycondyla tarsata*, 이전 학명 팔토티레우스 타르사투스(*Paltothyreus tarsatus*))는 채집을 나설 때 숲지붕 바로 밑을 거쳐 가는데, 이 윤곽을 자세히 기억했다가 집으로 돌아올 때는 이 정보를 역으로 계산하여 일직선 복귀 경로를 따를 수 있다.[211] 꽃밭이나 새로운 둥지 터를 찾아다니는 꿀벌 역시 거쳐 가는 풍경의 특징을 기억하는데, 숲지붕 지형을 검토하고 기억하며 지나가는 개미와 근본적으로 동일한 방법이다. 또한 둥지에서 길잡이 일벌의 꽁무니춤을 따라 둥지 밖으로 나온 일벌도 목적지를 향해 날면서 방향과 거리에 대한 정보를 기억한다. 게다가 일벌은 꽃꿀과 더불어 꽃 색깔과 모양, 향기를 기억해 두고 다음 채집 비행에서도 같은 종류 꽃을 일관되게 찾아 간다.[212]

일벌 훈련 실험을 통해 일벌이 지금껏 알려진 모든 종류 감각을 통해 신호 자극을 학습할 수 있음이 밝혀졌다. 대개의 경우 일벌은 신호를 빨리 학습하며 여러 가지 종류의 감각에 연관된 다수 작업을 동시에 해낼 수도 있다. 일벌은 하루 중 특정 시간에 서로 다른 꽃을 찾아가는 프로그램처럼 일감을 순서대로 기억해서 처리한다. 일벌을 한 마리씩 고립시킨 채로 비교적 복잡한 미로 찾기를 훈련시키면, 미로 안 두 점 사이의 거리, 각 표지 색깔, 방향 전환 각도 등과 같은 단서에 반응하여 많

---

210) R. Wehner, "The ants' celestial compass system: spectral and polaization channels," in M. Lehrer, ed., *Orinetation and Communication in Arthropods*(Basel: Birkhause Verlag, 1997), pp. 145-185; R. Wehner, "Desert ant navagation: how minature brains solve complex tasks," *Journal of Comparative Physiology A* 189(7): 579-588(2003); M. Wittlinger, R. Wehner, and H. Wolf, "The ant odometer: stepping on stilts and stumps," *Science* 312: 1965-1967(2006); M. Knaden and R. Wehner, "Ant navigation: resetting the path integrator," *Journal of Experimental Biology* 209(1): 26-31(2006).

211) B. Hölldobler, "Canopy orientation:A new kind of orientation in ants," *Science* 210: 86-88(1980); P. S. Oliveira and B. Hölldobler, "Orientation and communication in the Neotropical ant *Odontomachus bauri* Emery(Hymenoptera, Formicidae, Ponerinae)," *Ethology* 83: 154-166(1989); A. P. Baader, "The significance of visual landmarks for navigation of the giant tropical ant, *Parponera clavata*(Formicidae, Ponerinae)," *Insectes Sociausx* 43(4): 435-450(1996).

212) B. H. Smith, G. A. Wright, and K. C. Daly, "Learning-based recognition and discrimination of floral odors," in N. Dudareva and Pichersky, eds., *Biology of Floral Scent*(Boca Raton, FL: Taylor & Francis, 2006), pp. 263-295.

게는 다섯 번을 연속으로 방향을 바꿔야 하는 경우에도 미로를 통과할 수 있다. 2몰 설탕물을 보상으로 주면 일벌은 길게는 엿새 동안 색깔을 기억한다. 세 번 연속 같은 훈련을 시키면 일벌은 적어도 이주일 동안 색깔을 기억할 수도 있다. 야외에 먹이가 놓인 곳은 마지막으로 그 장소를 방문한 뒤에도 엿새에서 여드레 정도 더 기억할 수 있다. 한 연구에서 두 달 동안 겨울나기 장소에 갇혀 있다 풀려난 일벌이 이전에 방문한 먹이 위치를 알리는 꽁무니춤을 계속 추는 것이 관찰되었다. 개미 역시 비슷한 능력을 보인다. 포르미카 팔리데풀바(*Formica pallidefulva*) 일개미는 갈림길이 6개 있는 미로를 비교적 쉽게 배워서 통과할 수 있는데 실험실 쥐에 비해 불과 두세 배 느린 속도다. 포르미카 폴릭테나 일개미는 통과한 미로를 최대 나흘 까지 기억할 수 있고, 좀 더 자연적 환경에서 실험한 홍개미(*Formica rufa*) 일꾼은 서로 떨어져 있는 네 군데 표지 위치를 동시에 기억했다가 길게는 일주일 뒤에도 방향을 유지하고 목표를 찾는 데 써먹을 수 있다.[213]

그래서 곤충 군락을 언뜻 살펴보면 무질서한 만화경 같은 풍경처럼 보일 수도 있겠지만 오랜 기간 관찰해 보면 높은 조직화 수준에 의해 서로 연결된 많은 개체의 마음을 통해 이루어지는 거대한 질서를 볼 수 있다. 그러한 질서의 양은 군락 생존과 번식에 핵심이 된다.

---

213) 개미와 꿀벌의 학습 능력은 1930년대부터 1960년대에 이르기까지 널리 선호된 연구 주제였다. 이런 연구들은 매우 정교한데, 특히 R. Jander, M. Lindauer, R. Menzel, T. C. Schneirla, R. Wehner, K. Weiss 등의 실험이 그러하다. 이에 관한 많은 연구들은 E. O. Wilson, *The Insect Societies*(Cambridge, MA: The Belknap Press of Harvard University Press, 1971), pp. 210-218에 설명되어 있다. 이후 설명들은 다음을 참고할 것: R. Menzel, "Learning, memory and 'cognition' in honey bees," in R. P. Kesner and D. S. Olton, eds., *Neurobiology of Comparative Cognition* (Hillsdale, NJ: Erlbaum, 1990), pp. 237-292; R. Menzel, R. J. De Marco, and U. Greggers, "Spatial memory, navigation and dance behaviour in *Apis mellifera*," *Journal of Comparative Physiology A* 192: 889-903(2006); R. Menzel, B. Brembs, and M. Giurfa, "Cognition in invertebrates," in J. H. Kaas, *Evolution of Nervous Systems*, Vol. 2: *Evolution of Nervous Systems in Invertebrates*(New York: Academic Press, 2006), pp. 403-422; R. Menzel and M. Giurfa, "Dimensions of cognition in an insect, the honeybee," *Behavioral and Cognitive Neuroscience Reviews* 5(1): 24-40(2006); B. H. Smith, G. A. Wright, and K. C. Daly, "Learning-based recognition and discrimination of floral odors," in N. Dudareva and E. Pichersky, eds., *Biology of Floral Scent*(Boca Raton, FL: Taylor & Francis, 2006), pp. 263-295; R. Wehner, "The ants' celestial compass systems: spectral and polarization channels," in M. Lehrer, ed., *Orientation and Communication in Arthropods*(Basel: Birkhaäser Verlag, 1997), pp. 145-185.

작업 전환과 행동 가변성

군락의 성공을 위한 다원주의적 전제 조건의 일부는 일꾼이 작업을 빠르고 정확하게 전환하는 능력이다. 이 전제 조건은 이론적으로는 그것을 노동 최적화 문제로 인식해서 이해할 수 있다.[214] 독거성 말벌 같은 비사회성 곤충은 어떤 일감을 처리할 때 그것을 하나의 **단절되지 않은 연속물**로 처리해야만 한다.

군락은 그런 여러 가지 일감을 동시에 **병렬식 연속물**로 처리할 수 있다.

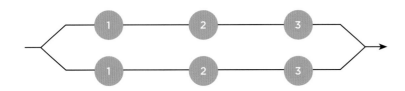

어떤 일꾼이 자신이 처리하든 일감의 종류를 쉽게 바꿀 수 있어서 가장 가까이 놓인 것은 어떤 일감이든지 닥치는 대로 작업하고, 또 다른 일꾼이 그만 둔 일에 뛰어들어 작업을 계속한다면 전체 작업은 더 빠르게 진행될 수 있다. 이를 **연속물-병렬 처리** 과정이라고 하는데 실제로 사회성 곤충이 보여 주는 것이다.

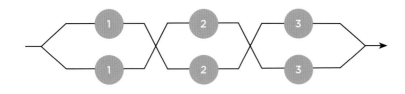

군락에 아주 다급한 일감이 생겼을 때 일감의 순서를 바꾸는 정도가 아니라 완전히 다른 종류의 일감으로도 작업 전환을 할 수 있다면, 예를 들어 둥지를 짓다 말고 잘못 놓인 애벌레를 물어다 제자리에 갖다 놓는 식의 전환이 가능하다면 군

---

214) 이에 관한 이론은 G. F. Oster and E. O. Wilson, *Caste and Ecology in the Social Insects* (Princeton, NJ: Princeton University Press, 1978)에서 어느 정도 상세히 논의되어 있다.

락 효율은 더욱 높아질 수 있다. 이런 가변성 역시 곤충 군락에서 공통적으로 발견할 수 있는 특징이기도 하다.

개미를 비롯한 사회성 곤충은 자신이 맡은 일의 전문가이며 또 협동적 노동을 통해 더 잘 해낼 수 있다. 사회성 곤충 행동은 발로-프로샨(Barlow-Proschan) 정리에 나와 있는 노동 효율성 원칙을 달성하고 있다.[215] 첫째 정리에 따르면 개체 능력이 부족한 경우 함께 활동하는 개체가 만든 조직 전체의 신뢰성은 개별적으로 일하는 개체의 개별 능력 총합보다 낮아진다. 그러나 개체 능력이 어떤 임계치보다 높으면 협동을 근간으로 하는 전체 조직의 신뢰성은 개별 개체 능력의 합보다 더 커진다. 두 번째 정리에 따르면 실제 사회성 곤충 군락이 보여 주는 사례처럼 어떤 조직이 있고 그 조직과 구성원 일부를 서로 주고받을 수 있는 여분의 조직이 있는 경우가, 그렇게 서로 교환 가능한 여분 없이 정확하게 똑같은 조직 2개가 있는 경우보다 훨씬 신뢰도가 높다.

곤충 군락 같은 조직의 효율은 일꾼 무리의 크기, 해부학적 구조, 생리적 특성, 행동적 능력 등이 특정 역할을 수행하기 위해 전문화되어 있는 경우 한 단계 더 높아질 수 있다. 노동 분담에 이르는 가장 빠르고 효과적인 길은 크기와 해부학적 구조보다는 생리적 특성과 행동을 통한 것인데 이런 특징들이 주된 역할을 바꾸는 데, 이를테면 양육 담당에서 채집꾼으로 혹은 그 반대로 가는 일을 좀 더 쉽게 만들기 때문이다. 이 역시 사회성 곤충의 노동 분담에서 쉽게 관찰되는 원칙이기도 하다.

노화에 따른 역할 변동 경향이 유전적 소인을 가지고 있다는 결론을 내린다고 해서 그것이 유전자에 의해 완전히 결정되어 있다는 뜻은 아니다. 대신 다른 모든 유전되는 단위처럼 역할 변동 순서를 프로그램하고 있는 유전자 무리가 반응 표준, 즉 특정한 발달이 일어나는 특정 환경 조건과 유전자 사이 상호 작용에 의해 결정되는 생리학적이고 행동적으로 설명이 가능한 일련의 결과물을 가지고 있다는 의미이다. 극단적으로 좁은 반응 표준은 환경 조건과는 무관하게 단 하나의 결과밖에는 일어나지 않는 경우를 뜻한다. 극단적으로 넓은 반응 표준은 어떤 환경 조건 하나가 변할 때마다 다른 형태의 발달이 일어나는 경우를 말한다.

시간적 노동 분담의 변화를 유전적으로 조절하는 것은 이 두 가지 극단 사이 어

---

215) G. F. Oster and E. O. Wilson, *Caste and Ecology in the Social Insects* (Princeton, NJ: Princeton University Press, 1978)에 응용되어 있음.

초유기체

디인가에 있으며 실제 영향을 받는 특징에 따라 그 정도가 달라진다. 즉 전반적으로는 어느 정도 유연하지만 그렇다고 무제한 변한다는 뜻은 결코 아니다. 다른 식으로 말하자면 시간적 노동 분담은 영향을 받는 특징에 따라 유전적으로 프로그램되어 있고 어떤 제한적 범위 안에서 유연하다고 할 수 있다.

시간적 노동 분담의 유전적 기초에 대한 연구는 아직 초기 단계이다. 둥지 안 일감으로부터 둥지 지키기나 채집 행동으로 바뀌는 시기는 꿀벌의 경우 다른 유전자에 의해 직접 영향을 받는 것으로 알려져 있지만, 템노토락스속(*Temnothorax*) 개미 경우는 유전적 요인이 간접적으로 관련된 듯 보인다.[216)217)] 게다가 군락에 다수 여왕을 모시는 엑타톰미나이아과(Ectatomminae) 그남프토제니스 스트리아툴라(*Gnamptogenys striatula*) 개미의 일감 분배는 일개미 어미 여왕이 누구냐에 따라 결정된다는 몇 가지 정황 증거가 있다.[218)] 마지막으로 불개미아과 포르미카 셀리시는 여왕 한 마리가 짝짓기하는 수컷 수와 군락에 존재하는 여왕 수가 군락마다 다른데, 여왕이 한 마리 있는 군락과 여러 마리 있는 군락의 비교를 통해, 일개미 크기 변이와 노동 전문화에 유전적 요인이 있다는 가능성이 제기되었다.[219)] 하지만 특정 나이에 관련된 일감 전환에 있어서 프로그램된 가변성을 나타내는 유전자와 환경 사이 상호 작용을 비롯 어떤 생태적 선택압이 작용하는지는 거의 연구되지 않은 채로 남아 있다. 실제 유전적 적응으로서 노동 역할 유연성에 대한 분석이야말로 곤충 사회 생물학 연구의 난제 중 하나로 손꼽힌다.

한편으로 군락 수준 자연 선택이 노동 역할 유연성과 군락의 노동 효율성 사이 균형을 흔들었다는 가정도 해봄직하다. 생리학과 외분비샘 물질 합성에 의해 특정

216)   G. E. Robinson, "Genomics and integrative analyses of division of labor in honeybee colonies," *American Naturalist* 160(Supplement): S160–S172(2002); G. J. Hunt, E. Guzmán-Novoa, J. L. Uribe-Rubio, and D. Prieto-Merlos, "Genotype-environment interaction in honeybee guarding bahaviour," *Animal Behaviour* 66(3): 459–467(2003).

217)   R. J. Stuart and R. E. Page Jr. "Genetic component to division of labor among workers of a leptothoracine ant," *Naturwissenschaften* 78(8): 375–377(1991).

218)   R. Blatrix, J.-L. Durand, and P. Jaisson, "Task allocation depends on matriline in the ponerine ant *Gnamptogenys striatula* Mayr," *Journal of Insect Behavior* 13(4): 553–562(2000).

219)   T. Schwander, H. Rosset, and M. Chapuisat, "Division of labour and worker size polymorphism in ant colonies: the impact of social and genetic factors," *Behavioral Ecology and Sociobiology* 59(2): 215–221(2005).

한 일감에 완벽하게 전문화된 어떤 나잇대 무리는 다른 종류 일감으로 바꾸기가 더욱 어려워질 것이 당연하다. 그 반대로 어떤 역할이든 다 해낼 수 있는 나잇대 무리는 특정 작업을 해내는 데 있어서 그 일감에 전문화된 나잇대 무리에 비해 능력이 떨어질 것이다. 이 극단적 전문화와 유연성 사이 절충이 현재까지 잘 연구된 나이에 근거한 노동 분담 사례 몇 가지를 설명할 수 있다. 예를 들면 개체의 경험이 행동에 남아 영향을 미치는 이력 현상이 가능하고, 나이에 따라 반응 임계치가 달라지는 생리적 변화가 있을 수 있으며, 적어도 꿀벌과 몇몇 개미 종에서 여왕과 교미한 여러 수컷(개미의 경우 다수 여왕인 경우도 포함하여)에서 기인한 유전적 변이가 갓 우화한 일꾼이 특정 일감에 어느 정도 전문화하는 경향에 관여하는 현상 등이다.

유연성의 양상을 개념화하는 작업이 노동 분담을 분석하는 연구에 어떤 도움을 줄 것인가? 논리적 출발점은 어떤 종 혹은 그에 속한 계급이 보여 주는 모든 사회성 행동의 목록(sociogram)을 최대한 완벽하게 작성하는 일이다.[220] 이 목록이 있으면 다른 종의 목록과 객관적으로 비교할 수 있다. 언뜻 보면 거의 모든 행동적 '행위'는 그것을 구성하는 여러 가지 요소로 나눌 수 있기 때문에 종과 종 사이에서 이런 유사점을 찾는 일은 비현실적으로 보일 수도 있다. 예를 들어 '양육'이라는 행위는 알, 애벌레, 번데기 돌보기 등의 일감으로 구성되며, 이런 각 구성 요소는 다시 닦기, 옮기기, 먹이기 등 더 세분화된 행동으로 나뉜다. 대신 둘 이상의 목록을 (예를 들어 서로 다른 연구자가 한 종의 같은 계급에 대해 작성한 둘 이상의 목록이라든지 다른 종 혹은 다른 계급에 대한 목록이라든지) 일대 일, 혹은 다대 일, 혹은 일대 다 방식으로 서로 비교 대조할 수 있다는 게 밝혀지면 그 문제는 해결될 수 있다. 다음 쪽의 예를 보라.

개별 행위 요소가 좀 더 세분화될수록 애벌레 들기와 애벌레 나르기 등 서로 떨어질 수 없는 행위 요소는 결국 같은 무리로 묶이기 시작한다. 그리하여 목록을 어느 수준까지 세부적으로 나누고 나면 더 이상 정보가 더해지지 않게 된다.

이와 비슷한 방법으로 느슨하지만 좀 더 객관적으로 행위 요소들을 무리 지으면 많은 행위 요소가 양육, 둥지 짓기, 사체 및 쓰레기 처리, 방어, 채집 등 연구 문헌에서 언급되는 역할로 묶일 수 있다. 특정 계급의 노동 유연성은 그 계급 일꾼이 다

---

220)　R. M. Fagen and R. N. Goldman, "Behavioural catalogue analysis methods," *Animal Behaviour* 25(2): 261-274(1977).

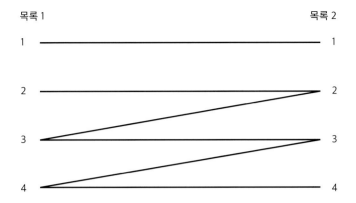

음 단계 역할에서 미처 마무리되지 않은 일감을 만났을 때, 지금 하고 있는 역할에서 다른 역할로 바꿀 수 있는 확률로 측정되고 표현될 수 있다. 먹이를 가지고 가던 채집꾼이 잘못 놓인 애벌레를 만나는 경우, r_1이 지금 하고 있는 역할이고 화살표 방향이 지금 하고 있는 역할을 버리고 해야 할 새로운 역할로 전환하는 것이고, 화살표 길이는 특정 조건에서 그 역할을 바꿀 수 있는 확률이라고 하자. 다섯 가지 역할이 있다고 치고, 화살표 끝점이 서로 연결되어 다각형을 만드는 경우라면 이 원시적 종의 유연성은 다음과 비슷한 모양으로 표현될 것이다.

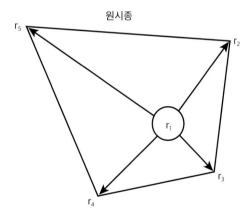

그러므로 이 종의 전문화된 노동 분담은 미약한 수준이어서 일꾼은 쉽게 하던 일을 버리고 새로운 역할을 맡는다. 반대로 더 정교한 사회 조직과 전문화된 계급을 가진 더 진보한 종의 노동 분담 다각형은 다음에서 보는 것 같은 가상의 경우에서처럼 특정 방향을 더 지향하고 덜 대칭적이라고 생각할 수 있다.

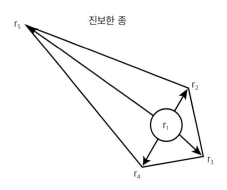

진보한 종

노동 분담 다각형의 정화한 모양이 무엇이든 간에 사회성 곤충 종에서 노동 분담 진화는 개체가 수행하는 작업의 유연성을 줄이는 쪽으로 이뤄져 왔다. 즉 복잡성이 증가할수록 더 전문화된 계급이 등장했고, 정보 흐름이 순환함에 따라 각 군락 구성원 사이에 노동이 시간적으로 더 밀접하게 분포하게 된다.

종을 비교하면 알 수 있듯, 진화 단계를 통해 노동 분담이 증가할수록 개별 일꾼이 수행하는 일감 종류는 평균적으로 줄어들었다. 동시에 군락 전체로 보았을 때는 군락을 혼자 건설한 여왕의 일감에 비해 아주 약간 종류가 늘어나는 경향을 띤다. 군락을 일으키는 여왕의 일감 종류는 그와 비슷한 독거성 종과 비슷하다.[221]

이 원칙은 개미 군락과 어미 혼자 둥지를 짓고, 새가 새끼를 키우듯 반복적으로 먹이를 물어다 새끼를 키우는 독거성 말벌 종 사례를 가지고 추상적으로 표현할 수 있다(그림 5-8).

개체 행동이 복잡해지는 상황에서는 사회성이 생겨난 경우가 없다. 대신 독거성 조상 종에 이미 프로그램된 것과 같은 수준의 복잡성을 달성하기 위해 개체 사이에 강력한 힘과 효율로써 행동이 전문화되는 과정을 통해 사회성이 생겨났다고 할 것이다. 진사회성 곤충 군락이 보여 주는 생태적 문제 해결 대부분은 표 5-2에 나열된 증거처럼 독거성 곤충에 의해서도 역시 달성될 수 있음이 알려진 사실이다.

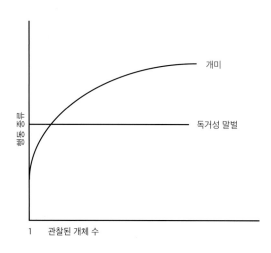

그림 5-8 | 노동 분담 덕분에 관찰한 개미 수가 늘어날수록 행동 종류 역시 늘어나지만, 독거성 말벌의 경우는 그렇지 않다.

---

221) G. F. Oster and E. O. Wilson, *Caste and Ecology in the Social Insects*(Princeton, NJ: Princeton University Press, 1978).

표 5-2 | 초유기체와 독거성 유기체의 비슷한 적응들

적응	초유기체	독거성 유기체
먹이로 삼는 둥지 안에 균류를 재배함	버섯개미(Attini)와 흰개미아과 (Macrotermitinae)	스콜리티드(Scolytid) 딱정벌레(3개 속)
단물을 빨아먹기 위해 매미목 곤충을 '가축'처럼 돌보고 지킴	많은 개미 속	가는납작벌레딱정벌레 (콕키도트로푸스속, *Coccidotrophus*), 에우노우시부스속 (*Eunousibus*)
대량 포식	군대개미	많은 비사회성 포식자
새롭고 정교한 방어 기술	많은 종류의 진사회성 곤충	많은 종류의 비사회성 곤충

미성숙 개체 노동

사회성 곤충의 공통된 경향은 시간적 전문화를 더 정교하게 만드는 것이다. 이런 진화의 궁극적 결과물은 성충 사이에서가 아니라 각 생활사 단계 사이에 존재한다. 이런 계급 체계는 이미 알에서 부화할 때부터 미성숙한 개체도 기능하는 더듬이와 다리를 가지는 등 기본적으로는 성충과 비슷한 형태를 가지고 이후 성충까지 점진적으로 더 발달하는 흰개미류에서 볼 수 있다. 흰개미 미성숙 개체 노동은 더 '상위' 종(분류학적으로 볼 때 더 진보한 흰개미과에 속하는 종)에서는 성에 의해서도 노동 분화가 더 심화되기 때문에 점점 더 복잡해진다. 가장 발달된 체계 중 하나가 아프리카 열대 지방에 사는 트리네르비테르메스속(*Trinervitermes*) 일개미 한 종에서 알려져 있는데, 이 종의 미성숙 수컷은 제1령 단계에서는 작고 평범한 일꾼으로 변한 뒤, 다음 두 단계 변화를 거쳐 대형 병정이 된다. 이 종 수컷은 제1령 애벌레에서 곧바로 병정 애벌레로 발달할 수도 있는데, 우선 몸집이 작은 병정이전 단계가 되었다가 다음 단계에서 생리적으로는 완전히 발달했으나 몸집은 여전히 작은 병정으로 성숙하는 두 단계를 거친다. 그리고 암컷은 죄다 대형 일꾼으로 자란다.[222]

---

222) C. Noirot, "Formation of castes in the higher termites," in K. Krishna and F. M. Weesner,

이렇게 다양한 흰개미 사례와는 대조적으로 벌목 사회성 곤충 애벌레는 더듬이나 다리 없이 거의 무기력한 상태로 삶을 시작하므로 미성숙 개체가 노동에 참여할 기회가 훨씬 제한된다. 게다가 벌목 곤충이 성충이 되려면 번데기 단계라는 정적인 과정을 통해 탈바꿈을 해야 한다. 하지만 이런 제한에도 불구하고 많은 사회성 벌목 곤충 애벌레도 노동 분담과 군락 내 협동 작업에 참여하고 있는데, 몇몇 경우는 별도의 계급으로 구분되어 마땅할 정도다. 온대 지역에서 흔한 말벌속(*Vespa*)과 땅벌속(*Vespula*) 말벌들 애벌레는 일꾼이 물어다 주는 곤충 먹이를 트레할로오스(trehalose)와 포도당 및 기타 탄수화물이 풍부한 분비물로 전환해서 다시 성충 일꾼에게 되먹여 준다.[223] 게다가 많은 사회성 곤충 애벌레 침샘에는 자유 아미노산들이 함유되어 있다.[224] 이런 대사성 노동 분담은 중동산 말벌인 베스파 오리엔탈리스에서 특히 잘 발달해 있는데, 이 종의 성충은 스스로 효소를 이용한 탄수화물 전환 능력이 아예 없고, 따라서 필수 에너지원인 당분 섭취는 전적으로 애벌레에 의존하고 있다.[225] 건조한 조건에 잘 적응한 열대 개미인 애집개미(흔한 집개미 일종) 일꾼은 애벌레 침샘 분비물을 받아먹는다. 수분 섭취가 극히 제한되는 악조건에서 아주 적은 수의 애벌레에게서라도 침샘 분비물을 받을 수 있는 경우 더 오래 살아남을 수 있다.[226]

이렇게 개미의 애벌레가 액상 먹이를 되뱉어 나눠 주는 행동(stomodeal trophallaxis)은 거의 모든 개미아과에서 관찰된다. (유일한 예외는 시베리아개미

eds., *Biology of Termites*, Vol. 1(New York: Academic Press, 1969), pp. 311-350; T. Abe, D. E. Bignell, and M. Higashi, eds., *Termites: Evolution, Sociality, Symbioses, Ecology*(Boston: Kluwer Academic, 2000).

223) U. Maschwitz, "Das Speichelsekret der Wespenlarven und seine biologische Bedeutung," *Zeitschrift für vergleichende Physiologie* 53(3): 228-252(1966).

224) J. H. Hunt, "Adult nourishment during larval provisioning in a primitively eusocial wasp, *Polistes metricus* Say," *Insectes Sociaux* 31(4): 452-460(1984); J. H. Hunt, "Nourishment and social evolution in wasps sensu lato," in J. H. Hunt and C. A. Nalepa, eds., *Nourishment and Evolution in Insect Societies*(Boulder, CO: Westview Press, 1994), pp. 211-244.

225) J. Ishay and R. Ikan, "Gluconeogensis in the Oriental hornet *Vespa orientalis* F.," *Ecology* 49(1): 169-171(1968).

226) M. Wüst, "Stomodeal und proctodeal Sekrete von Ameisenlarven und ihre biologische Bedeutung," *Proceedings of the Seventh Congress of the International Union for the Study of Social Insects, London* (1973), pp. 412-417.

초유기체

아과이다.[227)] 적어도 미국산 숲개미(템노토락스 쿠르비스피노수스(*Temnothorax curvispinosus*, 이전 속명 렙토토락스))는 다수 여왕이 애벌레를 찾아다니며 애벌레가 뱉어 내는 침샘 분비물을 게걸스럽게 빨아 먹는데 아마도 이런 방법으로 여왕은 대부분의 영양 물질을 공급받는 것처럼 보인다.[228)] 오스트레일리아산 수확개미 모노모리움 로텐스테이니(*Monomorium rothensteini*, 이전 속명 켈라네르(*Chelaner*)) 종령 애벌레는 일꾼이 먹이로 가져다준 씨앗을 분비물로 전환해서 다시 일꾼에게 먹여 준다.[229)] 이 분비물은 애벌레 입 쪽으로 열려 있는 유일하게 잘 발달한 외분비샘인 한 쌍의 침샘에서 분비되는 것이 거의 확실하다. 최근 데비 캐실(Deby Cassill)과 동료들은 애벌레와 성충 사이 소화 협동 사례를 새롭게 발견했다. 미국 남서부 토종 개미 페이돌레 스파도니아(*Pheidole spadonia*) 일꾼은 먹이를 작은 조각으로 잘라 종령 애벌레 입 주위에 털이 난 오목한 부분에 놓는다. 애벌레는 아마도 입술샘(labial gland)으로부터 효소를 내어 이 먹이 조각을 더 잘게 가공하여 걸쭉한 액상으로 만든 뒤 다른 군락 구성원에게 나눠 준다. 애벌레는 분명히 이 액상 먹이를 자기가 직접 먹지는 않는다. 대신 일꾼이 이것을 빨아들여 몸속 먹이 주머니에 넣었다가 다른 애벌레나 일꾼에게 되먹인다. 캐실과 동료들은 이런 액상 먹이를 가공하는 데 소요되는 시간을 측정해서 파리 1마리를 잡아 액상으로 만드는 데 평균 일꾼 5마리, 애벌레 22마리가 12.8시간을 쓰는 것을 알아냈다. 애벌레가 먹이 조각을 액상으로 만드는 데 필요한 시간은 평균 총 9.5시간이었다.[230)]

케이치 마스코(Keichi Masuko)는 작은 이주성 개미 렙타닐라 자포니카(*Leptanilla japonica*)에서 전혀 다른 양상의 애벌레와 성충 사이 구강 먹이 교환 사례를 발견했다.[231)] 이 종 애벌레는 세 번째 배 마디 양쪽에 특별한 관형 기관이 있

227) B. Hölldobler and E. O. Wilson, *The Ants*(Cambridge, MA: The Belknap Press of Harvard University Press, 1990).

228) E. O. Wilson, "Aversive behavior and compeition within colonies of the ant *Leptothorax curvispinosus*," *Annals of the Entomological Society of America* 67(5): 777–780(1974).

229) E. A. Davison, "Seed utilization by harvester ants," in R. C. Buckley, ed., *Ant-Plant Interactions in Australia*(The Hague: Dr. W. Junk, 1982), pp. 1–6.

230) D. L. Cassill, J. Butler, S. B. Vinson, and D. E. Wheeler, "Cooperation during prey digestion beween workers and larvae in the ant, *Pheidole spadonia*," *Insectes Sociaux* 52(4): 339–343(2005).

231) K. Masuko, "*Leptanilla japonica*: the first bionomic information on the enigmatic ant subfamily Leptanillinae," in J. Eder and H. Rembold, eds., *Chemistry and Biology of Social Insects*

다. 이 기관을 통해 성충은 애벌레 혈액 림프를 직접 빨아 먹는다. 특히 여왕은 이 물질에 전적으로 의존하는 것으로 보인다. 암블리오포닌 개미 암블리오포네 실베스트리 여왕 역시 애벌레 혈액 림프를 영양 공급원으로 이용한다. 이 경우에는 별도의 기관도 없이 여왕은 그저 애벌레 피부에 직접 구멍을 뚫고 이 상처로부터 혈액 림프를 빨아 먹는다. 이렇게 애벌레 피를 착취하는 행동 때문에 이 개미는 드라큘라 개미라고 불린다.[232]

열대 지방 베짜기개미에서는 성충과 애벌레 사이에 전혀 새로운 형태의 상호작용이 진화하기도 했다. 덴드로미르멕스속(*Dendromyrmex*), 오이코필라속, 왕개미속(*Camponotus*) 및 가시개미속(*Polyrhachis*) 몇 종은 종령 애벌레가 자아내는 실로 식생 위에다 둥지를 짓는다. 일꾼은 커다란 애벌레 몸 중간을 입으로 물고 앞뒤로 왕복하며 흔든다. 이렇게 하면 애벌레는 끈끈한 명주실을 자아내기 시작한다.[233]

이런 희귀하고 불규칙한 적응 사례를 제외하고는(우리가 아는 한) 벌목 곤충의 물리적 계급은 사회적 성충 안에서만 보인다. 가장 기본적이고도 보편적이랄 수 있는 계급 체계는 여왕으로 불리는 번식 담당 암컷과 일꾼으로 불리는 비번식형 암컷 사이 구분이다.[234]

(Proceedings of the Tenth Congress of the Internation Union for the Study of Social Insects, Munich, 18-22 August 1986)(Munich: Verlag J. Peperny, 1987), pp. 597-598.

232)   K. Msuko, "Larval hemolymph feeding: a nondestructive parental cannibalismin the primitive ant *Amblyopone silvestrii* Wheeler(Hymenoptera: Formicidae)," *Behavioral Ecology and Sociobiology* 19(4): 249-255(1986).

233)   베짜기개미에 관한 많은 문헌들은 B. Hölldobler and E. O. Wilson, *The Ants*(Cambridge, MA: The Belknap Press of Harvard University Press, 1990)에 소개되어 있다.

234)   많은 사회성 벌목 곤충 종에서 일꾼들도 번식을 할 능력은 있다. 하지만 대부분 경우 번식력이 떨어지고, 여왕이 없을 때만 번식이 가능하나 수컷으로 자라는 미수정란만 낳을 수 있다. 완전히 여왕을 대신하여 암수 모두를 낳을 수 있는 일꾼을 번식 일개미라 부르는데 침개미류에서 비교적 흔하다(8장 참조). 소수 종에서는 여왕과 일꾼의 중간 형태인 일꾼형 번식 개체 혹은 중간 계급이 존재하기도 한다. 수컷들은 대개 둥지에 잠시 머물다 사라지고 노동에는 참여하지 않는다. 그러므로 수컷은 무위도식하며 진정한 의미의 계급이라 할 수 없다. 알려진 예외로는 왕개미속 몇 종에서 오래 사는 수컷들이 몸 안에 액상 먹이를 저장하여 다른 군락 구성원들에게 나눠주는 경우와 오이코필라속 베짜기개미가 집을 지을 때 수컷 애벌레도 명주실을 자아내어 돕는 경우 정도이다.

유전적 계급 결정

과연 무엇이 벌목 곤충 암컷이 여왕 혹은 일꾼이 되도록 결정하는 것일까? 수많은 종에서 보이듯 도무지 중간 형태의 흔적을 찾을 수 없을 정도로 서로 다른 이 두 계급의 차이는 한눈에 보아도 유전적 통제 결과임을 알 수 있다. 그러나 실제로 유전적 결정이 증명된 사례는 매우 드물며 설사 그런 경우라도 환경 조건에 따라 꽤 유연하게 조절된다. 가장 눈에 띄고 또 여전히 논란거리인 사례로 열대 지방에 사는 침 없는 벌(stingless bee) 멜리포나속(*Melipona*)을 들 수 있는데, 여왕의 유전자형은 연관되지 않고 감수분열 시 독립적으로 대립 유전자가 분리되는 두 좌위 체계를 가진 완전한 이형 접합자이다. 기초 멘델 유전학에 부합되게 이 여왕은 각 군락의 전체 암컷 개체 중 무작위로 4분의 1 정도를 차지한다. 하지만 애벌레가 영양실조에 걸릴 때 이 비율에 심대한 변이가 일어나고 이런 변이 능력은 적응이라고 여겨진다. 즉 먹이가 부족할 때마다 유전적으로는 여왕인 개체가 일꾼으로 바뀌는 현상은 군락에게 이익이 될 것이 분명한 비상 전략이다.[235]

자연 선택은 정상인 경우 비록 어느 정도 가변성이 있다 하더라도, 유전적으로 여왕과 일꾼 분리를 결정하는 것을 반대하리라고 예측할 수 있다. 불임인 일꾼 계급은 쉽게 다음 세대로 자신의 유전자를 전달할 수 없기 때문이다. 두 가지 드문 사례로 미국 남서부 사막 지대에 사는 수확개미 포고노미르멕스 바르바투스와 포고노미르멕스 루고수스(*Pogonomyrmex rugosus*)를 들 수 있다(사진 11). 이런 사례는 극히 드물고 배울 바가 있기 때문에 더 자세한 설명이 필요하다.

이 두 종의 어떤 군락에서는 계급이 유전형에 의해 매우 융통성 없이 결정되는데 일꾼-번식 계급 분화를 관장하는 유전적 요인은 분명히 구분되는 2개의 분석적으로 고립된 혈통에서 유지되고 있다.[236] 젊은 여왕은 적어도 각 혈통의 수컷 한

---

235) W. E. Kerr, "Genetic determination of castes in the genus *Melipona*," *Genetics* 35(2): 143-152(1950); W. E. Kerr and R. A. Nielsen, "Evidences that genetically determined *Melipona* queens can become workers," *Genetics* 54(3): 859-866(1966); R. Darchen and B. Délage-Darchen, "Nouvelles expériences concernant le déterminisme des castes chez les *Mélipones*(Hyménoptères)," *Compte Rendu de l'Academie des Sciences, Paris* 278: 907-910(1974). 하지만 여기에 기술된 내용은 여전히 논쟁 중이다. F. L. W. Ratnieks, "Heirs and spares: caste conflict and excess queen production in *Melipona* bees," *Behavioral Ecology and Sociobiology* 50(5): 467-473(2001).

236) G. E. Julian, J. H. Fewell, J. Gadau, R. A. Johnson, and D. Larrabee, "Genetic

마리씩과 짝짓기를 해서 일꾼과 번식 여왕 계급을 생산한다. 일꾼 계급은 이 두 가지 서로 다른 유전적 혈통 사이에서 태어나는데 이들은 두 가지 혈통의 완전한 교잡(F_1 교잡) 형질로 구성된다. 대조적으로 여왕 계급은 같은 혈통 안에서 이루어지는 짝짓기를 통해 생겨난다. 젊은 여왕이 어쩌다 자기 혈통에 속한 수컷과만 짝짓기를 하면, 이 여왕은 절대 자신의 군락을 만들지 못한다. 이 여왕이 낳은 암컷 새끼는 모두가 여왕으로 자라도록 유전적으로 결정되어 있고 성숙한 군락 건설에 필수적인 일꾼은 생산되지 않기 때문이다. 이와 달리 여왕이 자기와 다른 혈통 수컷과만 짝짓기를 하는 경우 일꾼을 낳을 수 있고 군락은 성숙 단계까지 이를 수 있게 된다. 그러나 이런 여왕은 다음 세대 번식을 위해서는 수컷만 낳을 수 있고(미수정란에서 태어남), 여왕이 될 암컷은 낳을 수 없다(여왕을 낳기 위해 필요한 자기 혈통의 정자를 갖고 있지 않으므로). 그리하여 이 종에서는 제대로 기능하는 군락을 만들기 위해서는 개체군 안에서 두 혈통이 반드시 유지되어야 한다.[237] 이런 혈통은 의존성 혈통이다.

이런 의존성 혈통의 기원을 설명하는 세 가지 서로 다른 가설이 제안되었다. 첫 번째 가설은 다른 두 종의 잡종을 통한 기원 가설이다.[238] 이 가설에 따르면 의존성 혈통은 계급 결정에 영향을 주는 두 가지 핵심적 상호 작용을 하는 유전자 좌위 사이 불일치에서 비롯된 것이다. 과거에 환경적으로 계급이 결정되는 두 종인 포고노미르멕스 루고수스와 포고노미르멕스 바르바투스 사이에 생겨난 잡종이 두 가지 구별되는 F_3 세대를 만들어 내고 이 세대가 상호 의존적인 두 가지 혈통으로 자리 잡은 것이 된다. 이 두 종류 잡종 혈통은 각기 조상 종으로부터 받은 고정된 대

determination of the queen caste in an ant hybrid zone," *Proceedings of the National Academy of Sciences USA* 99(12): 8157-8160(2002); V. P. Volny, and D. M. Gordon, "Genetic basis for queen-worker dimorphism in a social insects," *Proceedings of the National Academy of Sciences USA* 99(9): 6108-6111(2002); S. H. Cahan, J. D. Parker, S. W. Rissing, R. A. Johnson, T. S. Polony, M. D. Weiser, and D. R. Smith, "Extreme genetic differences between queens and workers in hybridizing *Pogonomyrmex* harvester ants," *Proceedings of the Royal Society of London B* 269: 1871-1877(2002).

237) K. E. Anderson, B. Hölldobler, J. H. Fewell, B. M. Mott, and J. Gadau, "Population-wide lineage frequencies predict genetic load in the seed-harvester and *Pogonomyrmex*," *Proceedings of the National Academy of Sciences USA* 103(36): 13433-13438(2006).

238) S. H. Cahan and L. Keller, "Complex hybrid origin of genetic caste determination in harvester ants," *Nature* 424: 306-309(2003).

사진 11 │ 수확개미 일종인 포고노미르멕스 루고수스의 짝짓기 모습. 연구된 대부분 수확개미와 마찬가지로 이 종의 여왕 역시 여러 마리 수컷과 짝짓기를 한다. 위: 암컷 한 마리가 수컷과 접합되어 있는 곁에 다른 수컷이 턱으로 암컷을 물고 자기 차례를 기다리고 있다. 아래: 암컷 한 마리가 짝짓기를 하려는 적어도 5마리의 수컷과 한데 뒤엉켜 있다.

립 형질 조합을 가지고 있으며 각 혈통의 대립 형질이 만났을 때는 일꾼으로 자란다. 그러나 어떻게 이 두 가지 서로 다른 F_3 세대가 같은 장소에 자리를 잡고 서로 만날 수 있었는지 분명히 설명되지 않는다. 왜냐하면 이 과정에는 F_1 이중 이형 접합자(혈통 사이 유전체)가 완전히 번식 가능한 개체로 자라나는 전이 단계가 필요하기 때문이다.[239]

두 번째 가설은 의존적 혈통 체계가 핵 유전자와 세포질 사이 상호 작용에 의해, 즉 핵과 세포질의 어떤 융합이 여왕으로 발달하고 다른 종류는 일꾼으로 발달하면서 기원했다고 예측한다.[240] 하지만 많은 의존성 혈통을 가진 개체군에서도 거의 동일한 미토콘드리아 DNA 서열이 발견되는 것으로 보아 세포질은 혈통 사이에 비슷하게 기능한다고 할 수 있다. 실제 증거도 여왕과 일꾼 계급 모두가 동일한 세포질에서 발달한다는 것을 뒷받침하고 있다.[241]

세 번째 가설은 계급의 유전적 결정과 의존성 혈통 체계가 계급 결정에 중요한 영향을 미치는 유전자 돌연변이에 의해 생겨났다고 주장한다.[242] 이 돌연변이는 개체가 일꾼으로 발달하는 것을 막고 여왕의 표현형을 나타내기 때문에 특히 번식하는 개체에서 더욱 많아지게 된다. 그리하여 이 돌연변이는 유전체 중 다른 부분의 희생 위에서 자신의 생존을 추구하는 '이기적' 유전 요소처럼 행동한다. 개체군 안에서 이런 돌연변이는 일꾼 계급 발달을 억제하는 강력한 선택압이 되고, 그에 대한 한 가지 해결 방법은 의존성 혈통이 진화하는 것이다.

이렇게 놀라운 유전적 계급 결정을 더욱 흥미롭게 만드는 것은 이 종에 주로 환경이 계급을 결정짓는 개체군 역시 존재하고 있다는 사실이다. 이런 개체군에 속한 군락은 특정 애벌레 발달 단계에서 일꾼한테 받는 먹이의 양과 질에 따라 애벌레

239) T. A. Linksvayer, M. J. Wade, and D. M. Gordon, "Genetic caste determination in harvester ants: possible origin and maintenance by cyto-nuclear epistasis," *Ecology* 87(9): 2185-2193(2006).

240) T. A. Linksvayer, M. J. Wade, and D. M. Gordon, "Genetic caste determination in harvester ants: possible origin and maintenance by cyto-nuclear epistasis," *Ecology* 87(9): 2185-2193(2006).

241) K. E. Anderson, J. Gadau, B. M. Mott, R. A. Johnson, A. Altamirano, C. Strehl, and J. H. Fewell, "Distribution and evolution of genetic caste determination in *Pogonomyrmex* seed-harvester ants," *Ecology* 87(9): 2171-2184(2006).

242) K. E. Anderson, J. Gadau, B. M. Mott, R. A. Johnson, A. Altamirano, C. Strehl, and J. H. Fewell, "Distribution and evolution of genetic caste determination in *Pogonomyrmex* seed-harvester ants," *Ecology* 87(9): 2171-2184(2006).

초유기체

가 일꾼이나 여왕 계급으로 다르게 자라나게 된다.[243] 하지만 이렇게 개체군에 따라 서로 다른 양상이 존재한다는 사실은 이런 체계에서 생길 수 있는 유전적 부담, 예를 들어 여왕이 오로지 번식형 암컷이나 일꾼만 낳게 된다든지, 혹은 군락이 교미 비행을 할 수 없는 어떤 여건에서도 번식용 새끼만 낳게 된다든지 하는 상황을 고려하면 과연 어떻게 의존성 혈통 체계라는 것이 유지될 수 있는가 하는 의문을 낳는다.

지금까지 연구된 모든 포고노미르멕스속 종은 계급 결정이 유전적이든 환경적이든 처음 짝짓기를 하는 여왕은 큰 규모의 짝짓기 무리를 이루어 여러 마리 수컷과 짝짓기를 한다. 포고노미르멕스 바르바투스와 포고노미르멕스 루고수스 개미 군락은 모두 연중 한살이 동안 여름 우기 직후에 둥지를 떠나는 날개 달린 번식형 암컷과 수컷을 한꺼번에 몰아서 생산해 낸다. 개체군 전체에 속한 많은 둥지에서 날아오른 번식형 암수 개미는 특별한 짝짓기 장소로 날아가 암컷 한 마리가 여러 마리 수컷과 짝짓기를 한다.[244] 일단 짝짓기를 한 암컷은 짝짓기 무리를 떠나 날개를 떼고 자신만의 새 군락을 만든다. 여왕은 스스로 먹이를 찾지 않지만 오래전에 친정 둥지에서 일꾼이 먹여 주었던 먹이를 몸에 비축해 두었다가 그것으로 자기의 첫 번째 일꾼 새끼를 길러 낸다. 즉 지방과 날개 근육에 저장되어 있던 물질로 이루어진 비축된 먹이를 대사시킨다.[245]

의존성 혈통 체계가 지속될 수 있는 것은 바로 여러 마리 수컷이 여왕 한 마리를 수정시키기 때문임은 명백하다. 왜냐하면 여왕은 번식형 암컷(이후 여왕으로 자랄 수 있는 암컷)을 낳기 위해서는 같은 혈통 수컷과 짝짓기를 해야 하고, 일꾼을 낳기 위해서는 다른 혈통 수컷과 짝짓기를 해야 하기 때문이다. 물론 여왕과 수컷 모두 어떻게든 자기 혈통의 짝을 구별해서 짝짓기를 하면 적응도를 높일 수 있겠지

243)　D. E. Wheeler, "Developmental and physiological determinants of caste in social Hymenoptera: evoluionary implications," *American Naturalist* 12(1): 13-34(1986).

244)　B. Hölldobler, "The behavioral ecology of mating in harvester ants(Hymenoptera: Formicidae: *Pogonomyrmex*)," *Behavioral Ecology and Sociobiology* 1(4): 405-423; A. J. Abell, B. J. Cole, R. Reyes, and D. C. Wiernasz, "Sexual selection on body size and shape in the western harvester ant, *Pogonomyrmex occidentalis* Cresson," *Evolution* 53(2): 535-545(1999).

245)　D. A. Hahn, R. A. Johnson, N. A. Buck, and D. E. Wheeler, "Storage protein content as a functional marker for colony-founding strategies: a comparative study within the harvester ant genus *Pogonomyrmex*," *Physiologicl and Biochemical Zoology* 77(1): 100-108(2004).

만, 실제 이렇게 선별적으로 짝짓기가 일어난다는 증거는 아직 없다. 오히려 지금까지 알려진 모든 연구는 여왕이 짝짓기할 때나 정자를 사용할 때 무작위적으로 한다고 본다. 그래서 유전적 계급 결정은 크게 보았을 때 개체군 안에 있는 각 혈통의 상대 빈도와 여러 마리 수컷과 짝짓기하는 정도에 의해 군락의 성공과 실패가 달려 있는 개체군 역학 함수에 좌지우지된다고 할 수 있다.

이미 이야기한 것처럼 의존성 혈통으로 이루어진 개체군은 한살이 동안 두 번의 중대한 선택압을 만나게 된다. 첫째는 군락을 처음 이루는 단계로 이의 성공은 혈통의 희소성에 비례한다(음의 빈도 의존성).[246] 두 번째는 번식이다. 상대적으로 빈도가 낮은 혈통의 여왕 일부는 다른 혈통 수컷과만 짝을 짓게 되는데, 이 경우 모든 배수체(수정란) 알은 유전적으로 일꾼으로만 발달하게 결정되어 있다. 여왕으로 결정된 유전자형 새끼들은 군락 건설 단계에서는 엄청난 부담이 되기 때문에 이런 군락은 적어도 한살이 초기에는 유전적 부담이 생겨나지 않는다. 그러나 군락이 성숙해서 번식을 할 때에 이르면 반수체 수컷만 만들어 낼 수 있다. 이는 혈통마다 특이적인 성비가 희소한 혈통을 유지하는 데 있어서 중요한 요인이 되며 희소한 혈통이 다시 회복되지 못하고 사라지는 특정한 결정점을 만들 수 있게 됨을 의미한다.[247]

수확개미가 계급의 유전적 결정에 관련해서 감수하는 군락 건설 비용은 부분적으로는 음의 빈도 의존성 선택(negative frequency dependent selection)에 의해 안정화되는 각 혈통의 상대 빈도로 예측할 수 있다. 희소한 혈통은 무작위적으로 더 많은 다른 혈통의 정자를 얻음으로써 강력한 초기 노동력을 만들어 내기 때문에 초기 군락 건설에 더 많은 성공을 거둘 수 있다. 하지만 일단 군락이 성숙하기 시작하면 번식형 암컷 생산은 군락 여왕이 짝짓기할 때 가져온 다른 혈통과 동일 혈통 정자 비율에 의해 결정된다. 혈통 빈도가 점점 더 한쪽으로 몰리면 상대적으로 흔한 혈통은 짝짓기를 통해 일꾼보다는 번식형 암컷을 만드는 같은 혈통 정자를 더

246) S. H. Cahan, G. E. Julian, T. Schwander, and L. Keller, "Reproductive isolation between *Pogonomyrmex rugosus* and two lineages with genetic caste determination," *Ecology* 87(9): 2160-2170(2006).

247) K. E. Anderson, B. Hölldobler, J. H. Fewell, B. M. Mott, and J. Gadau, "Population-wide lineage frequencies predict genetic load in the seed-harvester ant *Pogonomyrmex*," *Proceedings of the National Academy of Sciences USA* 103(36): 13433-13438(2006).

초유기체

많이 가지게 되어 초기 군락 건설에는 이득을 볼 수 없으리라 예측할 수 있지만, 성숙 단계까지 살아남는 경우는 거의 모든 군락이 동일 혈통 수컷들과 짝짓기를 하게 될 것이며, 더 많은 번식형 암컷을 낳을 수 있다.

군락 발달 단계에서 일꾼만 전부 만들어 내야 하는 시기에도 여왕이 될 암컷을 생산한 결과 발생하는 비용은 만약 이형 접합자 일꾼이 좀 더 빨리 자라거나 질병에 강한 내성을 가진 경우라면 상쇄될 수 있을 것이다. 현재로서는 포고노미르멕스 종 개미에서 일꾼의 잡종 강세에 대한 증거는 발견된 것이 없다. 하지만 '잡종' 일꾼이 어떤 환경 조건에서는 경쟁 면에서 유리할 것이라는 점은 여전히 가능성으로 남아 있다. 실제로 글레니스 줄리언(Glennis Julian)과 새러 헬름스 커핸(Sara Helms Cahan)은 포고노미르멕스 개미에서 서로 다른 혈통의 잡종 일꾼을 보유한 것이 명백한 생태적 이익이 없는 경우에는 언제나 '정상적' 군락과 유전적으로 결정된 군락 사이에 분명한 행동상 차이가 있다는 점을 발견했다.[248] 현재까지는(그리고 이제 이 기이하고 수수께끼 같은 계급 체계에 관한 논의를 결론 내기 위해) 어째서 같은 수확개미 종 개체군에 환경적으로 계급이 결정되는 군락과 유전적으로 계급이 결정되는 것이 공존하는지에 대한 이렇다 할 설명이 없다. 아마 이 체계는 현재 비적응적 상태이며 분명히 서로 다른 종이지만 아직까지는 부분적으로만 나뉘어 있는 두 종이 중복된 결과 나타난, 앞으로 급속히 사라질 운명에 처한 그런 상태인지도 모른다.

여왕과 일꾼 차이가 유전적으로 결정되는 일이 드물고도 기이한 원인에 의한 것과는 달리 서로 다른 형태의 여왕이 유전적으로 결정되는 일은 자연 선택 이론과 아주 잘 들어맞는다. 이 현상은 적어도 두배자루마디개미아과 렙토토라키니족(Leptothoracini) 개미에서는 매우 보편적이다. 유럽산 노예사역개미(slave-making ant) 하르파곡세누스 수블라이비스(*Harpagoxenus sublaevis*)의 일꾼형 번식 개체(ergatogyne, 일꾼 형태를 지닌 번식형 암컷으로 중간 계급 혹은 중간 형태라고도 불린다.)는 단 한 개의 열성 형질 탓으로 생각되는 이유로 말미암아 정상적으로 날개 달린 여왕과 달라진다.[249] 이 종과 가까운 속인 템노토락스속 개미 중에도 날개 달

---

248)   G. Julian and S. Helms Cahan, "Behavioral differences between *Pogonomyrmex rugosus* and dependent lineage (H1/H2) harvester ants," *Ecology* 87(9): 2207-2214(2006).

249)   A. Buschinger, "Eine genetische Komponente im Polymorphismus der dulotische Ameise *Harpagoxenus sublaevis*," *Naturwissenschaften* 62(5): 239-240(1975).

린 여왕의 개체 크기가 유전적 원인에 의해 차이가 나는 경우가 알려져 있다. 이들 종에서는 새로 짝짓기를 한 여왕이 새 둥지를 찾아 퍼져 나가는 능력에 차이가 있는데, 이와 관련해서 여러 마리 수컷과 짝짓기를 하고 여러 마리 여왕이 함께 군락을 건설하는 전략을 가지고 있다는 가설로 여왕의 개체 크기 차이의 유전적 원인을 설명할 수 있다.[250] 유전적으로 결정되는 여왕의 다형성은 두배자루마디개미아과 가시방패개미(*Myrmecina graminicola*)에서도 발견된다.[251]

더욱 놀라운 계급 결정 체계는 불개미아과 카타글리피스 쿠르소르(*Cataglyphis cursor*)에서 보이는 것처럼 여왕 계급은 거의 오로지 배수체 미수정란에서 태어나는 반면(Thelytoky 혹은 thelytokous parthenogenesis, 미수정란이 암컷으로 발달하는 처녀 생식(parthenogenesis) 현상. 반대로 미수정란이 수컷으로 발달하는 처녀 생식 현상은 arrhenotoky 혹은 arrhenotokous parthenogenesis라 불림. — 옮긴이), 일개미는 수정란에서 발달한다. 군락의 체세포적 단위랄 수 있는 일꾼이 이성 사이 짝짓기를 통해 태어남으로써 초유기체 체세포군의 유전적 다양성을 보장하며, 번식형 암컷이 미수정란에서 태어남으로써 초유기체의 생식세포를 유전적 변이 없는 완전한 형태로 다음 세대로 전달할 수 있게 된다고 할 수 있다.[252]

비유전적 계급 결정

지금까지의 이야기를 정리하자면, 압도적인 대다수 사회성 곤충 중에서 번식을 하는 여왕과 비번식형 일꾼 사이 차이가 군락 구성원 사이에 존재하는 유전적 차이에 근거하는 경우는 매우 드물다. 일반적으로 군락의 모든 구성원은 계급 형성을

250) O. Rüppell, J. Heinze, and B. Hölldobler, "Genetic and social structure of the queen size dimorphic ant *Leptothorax* cf. *andrei*," *Ecological Entomology* 26(1): 76-82(2001); O. Rüppell, J. Heinze, and B. Hölldobler, "Complex determination of queen body size in the queen size dimorphic ant *Letothorax rugatulus*(Formicidae: Hymenoptera)," *Heredity* 87(1): 33-40(2001).

251) A. Buschinger, "Experimental evidence for genetically mediated queen polymorphism in the ant species *Myrmecina graminicola*(Hymenoptera: Formicidae)," *Entomologia Generalis* 27(3-4): 185-200(2005).

252) M. Pearcy, S. Aron, C. Doums, and L. Keller, "Conditional use of sex and parthenogenesis for worker and queen production in ants," *Science* 306: 1780-1782(2004).

위한 동일한 유전자형을 가지고 있으며, 이 동일한 유전자형에 주어지는 환경 차이가 새로 태어난 개체를 서로 다른 발달 경로로 보내 성충 단계에 이르러 여왕 혹은 일꾼으로 결정되는 것이다. 다시 말해 유전자는 계급을 결정하는 것이 아니라 계급의 유연성을 결정한다. 유전자는 환경 조건에 대한 반응으로서 미성숙 개체 발달 과정에서 성장 스위치를 켜거나 끔으로써 한 단계 한 단계씩 발달 과정을 유도하여 마지막으로 특정 계급으로 자라나게 만드는 것이다. 사회성 곤충의 이런 가장 기본적 이분법은 성충을 여왕이나 일꾼 둘 중 하나로 만들게 된다.[253]

그렇다면 어떤 환경 요인이 계급 형성 중 유전자 발현을 조절하는 것일까? 50여 년에 걸친 연구를 통해 다음과 같은 여섯 가지 자극이 알려져 있는데, 이들은 종에 따라 단독 혹은 여러 가지 조합으로 작용한다.[254]

1| **애벌레 영양 상태**. 꿀벌의 경우 장래 여왕이 될 애벌레는 특별한 방에 모셔지

---

253) J. D. Evans and D. E. Wheeler, "Differential gene expression beween developing queens and workers in the honey bee, *Apis mellifera*," *Proceedings of the National Academy of Sciences USA* 96(10): 5575-5580(1999). 여왕과 일꾼의 발달 경로가 분화되는 과정에서 유전적 조절이 개입되는 날개 발달 같은 경우는 개미에서 E. Abouhief and G. A. Wray, "Evolution of the gene network underlying wing polyphenism in ants," *Science* 297 : 249-252(2002)에 밝혀져 있다. 이 유전자의 네트워크 안에서 성장을 조절하는 특정 유전자들은 일꾼 발달 과정에서는 침묵하는데, 어떤 유전자가 이에 관계되는지는 개미 속에 따라 다르다. 일본 열도에 서식하는 흰개미 종에서 병정 계급이 만들어질 때 이와 비슷한 유전자 발현 경로가 있다는 사실이 T. Miura, A. Kamikouchi, M. Sawata, H. TAkeuchi, S. Natori, T. Kubo, and T. Masumoto, "Soldier caste-specific gene expression in the mandibular glands of *Hodotermopsis japonica*(Isoptera: Termopsidae)," *Proceedings of the National Academy of Sciences USA* 96(24): 13874-13879(1999)에 밝혀져 있다.

254) 좀 더 자세한 설명은 다음을 참조할 것: E. O. Wilson, *The Insect Societies* (Cambridge, MA: The Belknap Press of Harvard University Press, 1971); D. E. Wheeler, "Developmental and physiological determinants of caste in social Hymenoptera: evolutionary implications," *American Naturalist* 128(1): 13-34 91986); J. D. Evans and D. E. Wheeler, "Gene expression and the evolution of insect polyphenisms," *BioEssays* 23(1): 62068(2001); B. Hölldobler and E. O. Wilson, *The Ants*(Cambridge, MA: The Belknap Press of Harvard University PRess, 1990). 특히 1951년부터 1980년대 중반에 이르는 세월 동안 뿔개미속에 대해 선구적이면서도 엄청나게 세세한 연구를 통해 후학들에게 새로운 지표를 제시해 준 영국의 개미학자 Michael V. Brian과 그의 동료들에게 커다란 감사를 표한다. 표현형 유연성에 대한 많은 의문을 심도 깊게 설명한 최근에 발표된 M. J. West-Eberhard, "Wasp societies as microcosms for the study of development and evolution," in S. Turillazzi and M. J. West-Eberhard, eds., *Natural Hisotry and Evolution of Paper-Wasps*(New York: Oxford University Press, 1996), pp. 290-317를 참고할 것.

고 양육 담당 일벌의 인두아래분비샘에서 주로 만들어지는 특별한 분비물인 로열젤리를 자주 먹인다. 어떤 개미 종에서는 잘 먹고 자란 암컷 애벌레 중 특정 나잇대에 이르러 어느 정도 몸 크기가 되는 것은 따로 옮겨져 여왕이 되는 발달 과정에 들게 된다. 나머지 애벌레는 이런 별도 과정을 거치지 않고 그저 계속해서 일꾼으로 자란다.

2| **온도**. 북반구 온대 지방 불개미속과 뿔개미속 개미 암컷 애벌레는 성장 최적 온도에 가까운 조건에서 자라면 좀 더 쉽게 여왕으로 자라난다.

3| **겨울나기**. 불개미속 개미 알과 뿔개미속 개미 애벌레는 냉장 상태로 어느 정도 두면 여왕으로 자라난다. 냉장 상태는 겨울을 나는 상태를 모방하여 이들 개미 군락이 주로 봄에 새로운 여왕 무리를 만들어 내는 습성을 더욱 촉진하는 조건이 된다.

4| **계급의 자기 통제**. 개미, 꿀벌, 흰개미 경우 군락에 여왕이 있으면 새로운 여왕 생산이 억제된다. 이와 비슷하게 적어도 몇 종의 개미와 흰개미에서는 병정 수가 많을 때 또 다른 병정 생산이 줄어든다.[255] 이 음의 되먹임 고리는 페로몬으로 조절되며 군락 전체에서 계급 사이 비율을 안정화시킨다.

5| **알 크기**. 불개미속, 뿔개미속, 혹개미속 등에서는 여왕이 낳은 알 중 난황이 많이 들어 있는 것이 일꾼보다는 여왕으로 자라날 가능성이 높아진다.

6| **여왕의 나이**. 적어도 뿔개미속 개미에서는 여왕의 나이가 젊을수록 새로운 여왕을 덜 생산한다.

현재 알려진 증거로 미루어 볼 때, 이런 환경적 생리적 요인에 대한 민감성은 군락 전체에 가해지는 자연 선택에 대한 반응으로 진화했음이 분명하다. 이런 요인은 개별 종의 한살이에 잘 들어맞는 시기에 새로운 여왕이 생산되도록 유도한다. 그 결과 새로운 군락을 건설하기에 가장 좋은 시기에 짝짓기를 할 수 있도록 맞추어 새 여왕과 수컷을 많이 만들어 내게 되는 것이다(그림 5-9). 많은 개미 종을 비롯 거의 모든 꿀벌 및 흰개미 종에서 이런 요인은 늙은 여왕이 죽거나 일꾼 무리를 이끌고 새로운 둥지를 찾아 분봉한 경우 남은 군락에서 새로운 여왕을 만들어 내도록 한다.

---

255) 사례는 다음을 참고할 것: D. E. wheeler and H. F. Nijhout, "Soldier determination in *Pheidole bicarinata*: inhibition by adult soldiers," *Journal of Insect Physiology* 30(2): 127-135(1984).

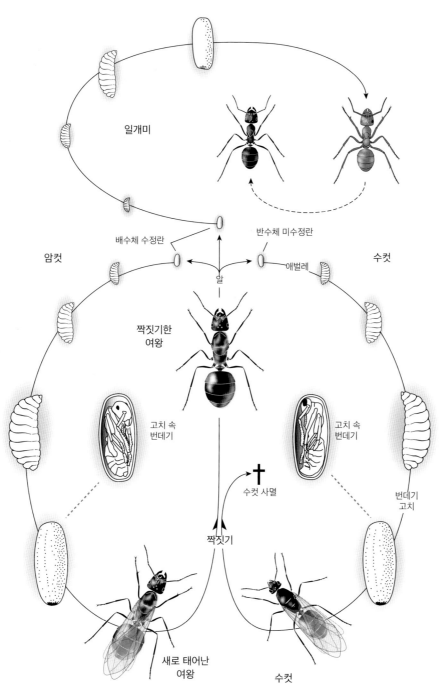

포르미카 폴릭테나 개미의 발달 단계

일개미

배수체 수정란   반수체 미수정란

암컷   수컷

알

애벌레

짝짓기한
여왕

고치 속
번데기

고치 속
번데기

번데기
고치

†
수컷 사멸

짝짓기

새로 태어난
여왕

수컷

그림 5-9 │ 유럽산 포르미카 폴릭테나에 근거한 개미 군락의 기본적 한살이. K. Gosswald, *Die
Waldameise*, Vol. 1(Wiesbaden: Aula Verlag, 1989)에 있는 Turid Hölldobler–Forsyth의 원본 도해에
근거함.

일꾼 계급 속 버금 계급

사회성 곤충 계급 진화에서 나이에 따른 노동 분담을 넘어서 확장된 마지막 단계는 바로 일꾼 중에도 형태가 다른 버금 계급이 등장하는 것이다. 흰개미는 종에 따라 소형 일꾼, 대형 일꾼, 소형 병정, 대형 병정, 일꾼형 번식 개체(중간 계급) 등 여러 종류의 물리적 형태가 다른 버금 계급이 다양한 비율로 혼재한다. 많은 개미 종은 소형 일꾼, 대형 일꾼(병정이라고도 불림), 초대형 일꾼(초대형 병정이라고도 불림)의 형태적 버금 세급으로 구성된다. 원칙적으로는 이런 병정 계급은 둥지 방어나 기타 제한적 임무에 투입된다. 게다가 병정 계급은 다른 일꾼처럼 나이를 먹는다고 작업 종류가 변하지 않는다(사진 12~14).

　형태에 따른 버금 계급은 사회성 곤충에서 보편적인 현상은 아니다. 사실 이 현상은 원칙이라기보다는 예외적이며 계통 분류상 서로 다른 무리 여기저기에 흩어져서 발견된다. 꿀벌과 말벌은 형태적 버금 계급이 전혀 없으며, 흰개미에서는 생겼다 없어진 아노플로테르메스속(*Anoplotermes*)을 제외하고는 모든 분류군에 있다. 개미는 1995년 현재 알려진 296개 속[256] 중 단 46속(15퍼센트)만이 해부학적으로 구분되는 버금 계급을 가진다고 알려져 있다.[257] 대형 및 초대형 병정이 포함된 가장 발달된 체계는 아타속, 다케톤속(*Daceton*), 에키톤속, 페이돌로게톤속(*Pheidologeton*), 혹개미속(여기에 속하는 수백 종 중 2퍼센트 미만임) 등 단지 다섯 속에서만 알려져 있다.

　버금 계급 일꾼을 선호하는 생태적 이유는 부분적으로만 알려져 있다. 초대형 계급이 있든 없든 대형 일꾼이 눈에 띄게 발달해 있는 종은 극단적 환경에 대한 적응 결과로 생기는 경우가 일반적이다. 개미의 경우 그런 생태적 압력은 종마다 다르지만 다음과 같다.[258]

---

256)　현존하는 개미 속 숫자는 Barry Bolton의 기념비적 업적인 A New General Catalogue of the Ants of the World(Cambridge, MA: Harvard University PRess, 1995)에서 빌려 왔음. 이 책의 출판 당시에 알려진 이 속들이 속한 족 수는 16개였으며 종 수는 9,536종이었다. 이후 종 수는 1만 4000종으로 늘어났으며 궁극적으로는 그 2배에 달할 것으로 추산된다.

257)　형태적 버금 계급이 알려진 개미 속 일람은 G. F. Oster and E. O. Wilson, *Caste and Ecology in the Social Insects*(Princeton, NJ: Princeton University Press, 1978)을 참고할 것.

258)　좀 더 자세한 설명은 B. Hölldobler and E. O. Wilson, *The Ants*(Cambridge, MA: The Belknap Press of Harvard University Press, 1990)을 참고할 것.

사진 12 | 남아프리카산 군대개미 에키톤 하마툼(*Eciton hamatum*). 위: 이동하는 군락 속 일꾼이 새끼를 물어 가고 있다. 아래: 병정개미가 특유의 낫 모양 턱을 내보이고 있다.

사진 13 | 다케티니족(Dacetini) 개미 일꾼에서 나타나는 상대 성장에 의한 보기 드문 형태 분화. 위: 다케톤 아르미게룸(*Daceton armigerum*). 아래: 오렉토그나투스 베르시콜로르(*Orectognathus versicolor*). 오렉토그나투스 여왕은 사진 맨 왼쪽 가장자리에 있고 그 앞에 병정개미(대형 일꾼) 두 마리가 있다. 병정개미 머리는 여왕개미 머리보다 크고, 넓적한 턱이 넓게 벌어져 있다. 사진 맨 오른쪽 위에 다른 병정개미가 보인다.

사진 14 | 알려진 모든 개미(사회성 곤충 전체를 망라하여) 중에서 가장 놀라운 일꾼 계급 개체 크기 변이는 아시아산 약탈개미(Asian marauder ant, *Pheidologeton diversus*)에서 볼 수 있다. 위: 소형, 대형, 초대형(supermajor) 일꾼. 아래: 소형 일꾼이 초대형 일꾼 머리를 핥고 있다.

- **예외적으로 복잡한 일감**. 아크로미르멕스속과 아타속 버섯 개미만의 독특한 적응이랄 수 있는 버섯 재배 배지인 신선한 식물 재료를 가공하는 작업은 형태가 다른 버금 계급을 필요로 한다.

- **다양한 먹이를 많이 구하는 작업**. 큰 먹이를 사냥하거나 무리 지어 먹이를 찾아다닐 때 방어 수단으로 긴 턱을 가진 병정의 존재는 도릴루스속 아프리카 군대개미와 아메리카 대륙 열대 군대개미 에키톤속의 중요한 적응 형질이다.

- **'장갑보병 방어'**. 병정개미는 종종 전투 용도에 맞는 강력한 해부학적 장치로 무장된 경우가 많다. 예를 들어 카타글리피스 봄비키나(*Cataglyphis bombycina*)는 날카로운 환도형 턱이 있고, 콜로봅시스속(*Colobopsis*), 케팔로테스속(*Cephalotes*), 혹개미속 몇몇 종의 대형 병정 머리는 구멍 마개 모양으로 생겨서 둥지로 침입하는 적을 막는 살아 있는 마개로 쓰이고 있으며, 혹개미속과 왕개미속을 비롯한 여러 속 개미 종의 대형 병정은 전투에 쓰이도록 근육으로 꽉 찬 큰 머리에 뿔이나 가시를 달고 있다.

- **씨앗 갈기**. 아칸토미르멕스속(*Acanthomyrmex*)과 혹개미속, 그리고 적어도 열마디개미속 한 종인 솔레놉시스 게미나타의 경우 채집한 씨앗을 깨서 속을 열기 위해 대형 일꾼은 머리가 크고 내전근으로 채워져 있다.

- **액상 먹이 저장**. 올리고미르멕스속(*Oligomyrmex*, 부분적으로는 이전 속명 에레보미르마(*Erebomyrma*)로 알려짐)과 미르메코키스투스속(*Myrmecocystus*)(사진 15), 왕개미속과 혹개미속 몇 종의 경우 액상 먹이를 담아 두었다가 먹이가 부족할 때 다른 개체에게 되뱉어 내줄 수 있도록 대형 일꾼의 확장성 먹이 주머니(전장의 뒷부분에 해당)가 발달해 있다. 아칸토미르멕스 페록스[259]와 크레마토가스테르 스미티(*Crematogaster smithi*)[260] 같은 몇 종에서는 대형 일꾼이 영양란을 낳아 애벌레와 여왕에게 먹인다.

- **베짜기**. 오이코필라속 베짜기개미의 대형 일꾼은 자살적으로 공격적인 행동으로 군락을 방어하는 동시에 다 자란 애벌레를 턱으로 물고 거기서 나오는

259) B. Gobin and F. Ito, "Sumo wrestling in ants: major workers fight over male production in *Acanthomyrmex ferox*," *Naturwissenschaften* 90(7): 318–321(2003).

260) J. Heinze, S. Foitzik, B. Oberstadt, O. Rüppell, and B. Hölldobler, "A female caste specialized for the production of unfertilized eggs in the ant *Crematogaster smithi*," *Naturwissenschaften* 86(2): 93–95(1999).

초유기체

사진 15 | 꿀단지개미(honeypot ant) 미르메코키스투스 멘닥스(*Myrmecocystus mendax*) 꿀단지. 액상 먹이가 대형 일꾼의 팽창된 배에 가득 담겨져 있다. 이 배는 콩이나 체리 크기만큼이나 늘어날 수 있다. (사진 제공: Turid Hölldobler-Forsyth)

명주실로 둥지를 만든다.

각 종의 해부학적 특징과 생활사 및 사회적 행동에 대한 면밀한 연구만이 계급 체계의 완전한 중요성을 밝혀낼 수 있을 것이다. 이를테면 전 세계에 분포하며 서반구에만 650종이 확인된 가장 큰 개미 속인 '왕머리개미'라고도 불리는 혹개미 속을 생각해 보자.[261] 이 속에 속하는 종은 종합적으로 볼 때 동서반구의 많은 온대와 열대 지역에 살며 가장 개체 수가 많은 개미 중 하나다. 알려진 모든 혹개미속 종에서 눈에 띄는 특징 한 가지는 비정상적으로 머리가 큰 병정개미이다. 이 특징은 또 다른 한 가지 특징과 함께 적응된 것으로 보이는데, 병정과 소형 일꾼 버금 계급 꽁무니 침이 퇴화해서 흔적 기관으로만 남아 있는 점이 그것이다. 이와 비슷한 침의 퇴화는 전 세계적으로 널리 퍼져 있는 큰 분류군인 시베리아개미아과와 불개미아과에서도 보이고 있다.

이런 종류의 변화는 혹개미속 군락에서 역시 비정상적으로 과중한 둥지 방어 임무가 병정개미에게 주어져 있는 극단적 노동 분담 현상이 가능하도록 만들었다. 고도로 전문화된 병정은 퇴화된 침의 대체물이며 군락의 무기인 것이다. 이런 병정은 고도로 기동화된 타격대가 되기도 한다(그림 5-10).

혹개미속의 세 번째 특징은 소형 일꾼과 병정 계급에서 난소가 완전히 사라진 점이다. 얇은 외골격과 화학 물질 무장이 빈약한 점, 침이 퇴화된 사실은 특히 소형 일꾼을 거의 '소모' 계급, 즉 작고, 가볍고, 만드는 비용이 싸고 수명이 짧은 계급으로 보이게 한다.

네 번째 특징은 병정이 위급 상황에서 소형 일꾼 작업을 대신 할 수 있다는 점이다. 병정은 소형 일꾼 계급 일부가 대량으로 손실되었을 때 비록 서툴기는 하지만 그들이 하던 일을 대신할 수 있다.

요약하자면 전형적인 혹개미속 군락은 생명력이 꽤 강한 초유기체로서 값싸게 만들어 낼 수 있는 소형 일꾼은 쉽게 희생하고 대체할 수 있으며 만들어 내는 데 큰 비용이 드는 병정 버금 계급은 주로 군락 방어에 사용하며 위급 상황에서 노동력으로 대신할 수 있다. 병정 버금 계급은 방어 용도로는 비상하게 효율적이다. 병정

---

261) E. O. Wilson, *Pheidole in the New World: A Dominant, Hyperdiverse Ant Genus*(Cambridge, MA: Harvard University Press, 2003).

그림 5-10 | 혹개미속 개미들이 보여 주는 성공적인 진화적 적응은 부분적으로는 경량이고 소모 가능한 일꾼에 의해 신속 대응 타격대로 조직될 수 있는 큰 머리와 날카로운 턱을 가진 병정의 존재 덕분이라고 할 수 있다. 이 그림에서 보이는 병정은 같은 군락 동료인 소형 일개미들과 함께 둥지를 침입하는 붉은불개미를 토막 내어 죽이고 있다. E. O. Wilson, "The organization of colony defense in the ant *Pheidole dentata* Mayr(Hymenoptera: Formicidae)," *Behavioral Ecology and Sociobiology* 1(1): 63–81(1976)에 포함된 Sarah Landry의 원본 그림을 참고.

은 소형 일꾼이 안내하여 쉽게 동원될 수 있으며, 그 결과 침이나 그 외 정교하고 에너지 효율 면에서 비싸게 먹히는 화학 물질 방어 체계 등의 필요성을 낮춘다. 이런 특징은 개체 크기가 비교적 작고 군락의 번식기가 짧다는 특징과 맞물려 혹개미속 개미들이 보여 주는 놀랄 만한 생태적 성공과 엄청난 다양성을 설명하는 이유로

여겨지고 있다.[262]

형태적 계급의 생리학과 진화

개미에서 형태적 계급 진화는 전적응 형질의 전용이라는 점에서 기회주의적이었고 이후 따르게 된 경로로 보아서는 검약적이었다. 이 진화는 개미를 비롯한 모든 완전 탈바꿈(미성숙한 애벌레 단계 성장이 최종적으로 번식 가능한 성충 단계와는 확연히 다른 것으로 정의되는 곤충의 형태 변화. 나비애벌레와 그것이 탈바꿈한 나비를 생각해 볼 것) 곤충에 해당되는 성장의 세 가지 기본 원칙을 따르고 있다. 계급을 결정하는 성장 특성은 다음과 같다.

- 성충이 되기 직전의 애벌레 크기가 결정적이다.
- 애벌레에서 성충이 되는 탈바꿈(metamorphosis) 과정은 성충의 다리, 눈, 생식소를 비롯 기타 몸 부분으로 분화할 조직 덩어리가 커지는 과정으로 구성된다. 이 조직 덩어리를 일컫는 말인 성충원기는 탈바꿈 과정에서 다른 속도로 자라난다. 그 결과 탈바꿈 이전의 애벌레 크기가 큰 경우 성충원기가 더 오래 자라며 결국 성충이 되었을 때 각 기관을 비롯한 몸의 어떤 부분이 불균형적으로 더 커진다. 이런 식으로 큰 애벌레는 작은 애벌레에 비해 몸의 다른 부분에 비해 머리가 불균형적으로 더 큰 성충으로 자라날 수 있다. 이 불균형 성장 혹은 상대 성장으로 불리는 과정은 $y=bx^a$ 혹은 $\log y=\log b+a\log x$라는 방정식으로 표현할 수 있는데, 여기서 y는 개미 성충의 머리 너비 같은 한 측정치고, x는 가슴너비 같은 두 번째 측정치이며, a와 b는 적당한 상수가 된다. 이 변수들이 개체 크기가 커짐에도 같은 수준으로 유지되면 성충의 두 가지 측정 단위(예를 들어 머리와 가슴너비)의 관계는 정수 변수 도표에서 단순 증가 곡선을 이루게 되며 로그함수 도표에서는 직선으로 나타난다. 좀 더 진보된 진화 단계에 이르면 성장 알고리즘에 의사 결정점이 추가되어 애벌레가

---

262) E. O. Wilson, *Pheidole in the New World: A Dominant, Hyperdiverse Ant Genus* (Cambridge, MA: Harvard University Press, 2003).

전체적 성장 경로상 특정 시점에서 어떤 크기 이상으로 자라난 경우 상대 성장 변수들은 더 커지거나 혹은 작아진다(그림 5-11). 이 경우 최종적으로 가장 작은 일꾼과 가장 큰 대형 일꾼의 형태적 차이는 상대 성장의 정도가 균일하게 유지되는 상황에 비해 훨씬 더 커지게 된다.

• 알에서 애벌레 단계 중 어느 시점에서도 전반적 성장률 변화는 일어날 수 있으며 그 결과 군락 내 성충의 전체적 최종 크기 빈도 분포를 한쪽으로 편중시킬 수 있다. 예를 들어 성충 크기 빈도 분포 변이와 그에 따른 상대 성장이 더욱 커지는 경우 성충의 버금 계급들 사이의 차이 역시 더욱 커진다. 그림 5-12에 보이는 상위 두 가지 사례에서 그런 진화의 초기 단계를 볼 수 있다. 여기서 크기 분류(소형, 중형, 대형)는 서로 겹치며 그런 크기 분류의 경계 역시 무작위적일 수밖에 없다. 이런 진화의 좀 더 발전된 상태에서는 두 가지 양상을 볼 수 있다. 우선 두 가지 분포가 서로 겹치는 경우이다. 그리고 제일 아래에 있는 예에서 보듯이 중형 버금 계급이 대량 감소하거나 아예 사라져서 완전히 구분되는 소형과 대형 버금 계급만 남게 된다. 개미의 진화적 계통수 중 매우 적은 수만이 이와 같은 과정의 연장을 통해 소형과 대형 버금 계급과 함께 초대형 계급도 만들어 내게 되었다.[263]

체사레 바로니 우르바니(Cesare Baroni Urbani)와 루크 파세라(Luc Passera)는 1996년에 그들이 병정이라고 칭한 차이가 뚜렷한 대형 계급의 기원에 대한 다른 설명을 제시했는데, 이 계급은 여왕 계급에서 직접 진화한 것으로 일꾼 계급 안에 있는 부차적 불균형 진화의 산물일 수 없다고 주장했다.[264] 하지만 이런 주장에

263) Charles Darwin은 *The Origin of Species*(1859)에서 개미 계급은 단일 유전자형의 유연성 때문에 만들어진다고 제안하고 따라서 자연 선택에 의한 진화라는 이론에 가장 문제되는 단 하나 장애물이라고 생각했던 것을 제거하려 했다. J. H. Huxley는 *Problems of Relative Growth*(New York: Dial Press, 1932)에서 불균형 성장이 계급 분화의 단순한 알고리즘 역할을 한다고 주장했다. E. O. Wilson이 1953년, 처음으로 상대 성장 과정과 크기 빈도 분포를 연결하여 계급 진화 열쇠로 제안했고 이 책에서 설명한 것과 같은 총체적인 진화적 단계들을 설명할 수 있었다. 이런 업적들과 이후 이루어진 많은 다른 연구 업적들은 G. F. Oster and E. O. Wilson, *Caste and Ecology in the Social Insects*(Princeton, NJ: Princeton University Press, 1978)과 B. Hölldobler and E. O. Wilson, *The Ants*(Cambridge, MA: The Belknap Press of Harvard University Press, 1990)에 좀 더 자세히 설명되어 있다.

264) C. Baroni Urbani and L. Passera, "Origin of ant soldiers," *Nature* 383: 223(1996).

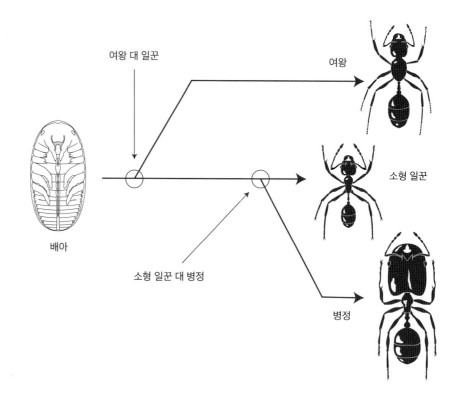

여왕 대 일꾼

여왕

소형 일꾼

배아

소형 일꾼 대 병정

병정

그림 5-11 │ 애벌레 성장 과정 중 두 번째 의사 결정점이 더해짐으로써 진화 역사를 통해 일꾼의 버금 계급이 출현했다. 페이돌레 덴타타 개미를 예로 들면 단일한 탈분화적 유전체로부터 여왕을 비롯하여 일꾼의 두 가지 버금 계급이 발달하게 되는데, 이는 발달 과정상 두 시점에서 호르몬 통합이 일어난 결과이다. G. Bloch, D. E. Wheeler, and G. E. Robinson, "Endocrine influences on the organization of insect societies," in D. W. Pfaff, A. P. Arnold, A. M. Etgen, S. E. Fahrbach, and R. T. Rubin, eds., *Hormones, Brain, and Behavior*, Vol. 3(New York: Academic Press, 2002), pp. 195–235를 참고함.

대해 필립 워드(Philip Ward)는 이 책에서 우리가 이미 언급했던 것 같은 일꾼 계급의 장기적 재편성이라는 가설을 지지하는 기원 형태의 계측학적, 발생학적, 계통 분류적인 방대하고도 강력한 반대 증거를 즉각 제시했다.[265]

　이제 일꾼의 버금 계급 기원보다 더 근본적인 문제인 여왕과 일꾼 계급 자체의 기원에 대해 생각해 보자. 이 사건은 약 1억 년 전인 백악기 중반에 일어났는데, 앞서 일꾼의 버금 계급 진화를 유도한 불균형 상대 성장(크기에 따라 서로 다른 몸의 부분이 다른 비율로 성장하는 일)과 크기 빈도에 따른 개체 수 조절이라는 과정을 동일하게 거쳤을 것이 틀림없다. 현대 종의 군락에서 일꾼과 여왕 사이 중간 형태

---

265)　P. S. Ward, "Ant soldiers are not modified queens," *Nature* 385: 494-495(1997).

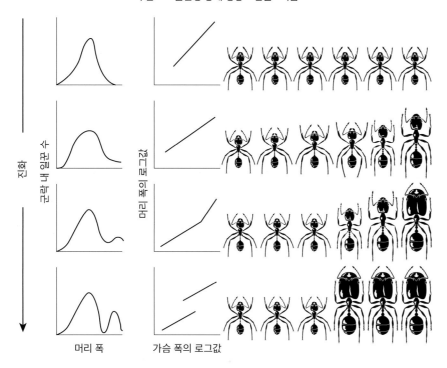

크기 분포 + 불균형 상대 성장 = 산물 : 버금

진화

군락 내 일꾼 수

머리 폭의 로그값

머리 폭

가슴 폭의 로그값

그림 5-12 | 일꾼 중 버금 계급(소형, 중형, 대형)의 진화는 성충 단계 직전의 탈바꿈 시기에 성충원기가 서로 다른 비율로 자라는 현상의 결과로 기관과 몸 크기 빈도 분포가 변한 탓에 생긴다. E. O. Wilson, "The origin and evolution of polymorphism in ants," *The Quarterly Review of Biology* 28(2): 136-156(1953)에 근거함.

(일꾼형 번식 개체 — 옮긴이)가 번식 역할을 하는 경우에도 이와 비슷한 불균형 성장과 크기 빈도 분화가 애벌레 성장 과정 중에 일어난다. 사회성 벌과 말벌 역시 여왕과 일꾼 계급 기원은 꼭 같은 진화적 단계를 거친 것으로 보인다.[266]

물론 거기에는 몸체 비율의 단순 변화보다 훨씬 복잡한 양상의 계급별 불균형 성장과 크기 빈도 분화가 일어났다. 번데기 이전 단계에서 성충원기 전체와 성충원기 각 마디에 불균형 성장이 일어나 크고 작은 효과가 유발되었다. 이 불균형 성장을 통해 특정 계급마다 표피 털의 형태, 소화 기관, 외골격 모양, 뇌와 감각 기관 회

---

266) E. O. Wilson, *The insect Societeis*(Cambridge, MA: The Belknap Press of Harvard University Press, 1971)에 설명되어 있음.

로 구조 등에서 복잡한 형질이 다르게 발현되었다. 그 결과 방어용 화학 물질, 의사소통을 위한 페로몬, 여왕과 애벌레에게 주는 먹이 등이 역시 변하게 되었다.

성장과 발달의 간단한 원칙이 변하면서 놀랄 정도로 다양한 결과가 나타난 사례는 잎꾼개미 아타 섹스덴스(*Atta sexdens*)(사진 16)의 버금 계급에서 볼 수 있다. 사회성 곤충 중에서도 가장 복잡한 종인 이 개미(9장을 참조할 것)에서 전체 몸 크기와 비례하는 독샘(동료 일꾼을 불러 모으는 데 쓰이는 화학 물질이 담겨 있음) 크기는 바로 동료 일꾼을 불러 모으는 능력이 제일 많이 필요한 계급인 야외 먹이 채집꾼과 잎꾼 계급을 포함하는 무리(머리 너비 중간값 2.2밀리미터의 크기로 구분되는)에서 가장 크다. 똑같은 현상이 방어에 쓰이는 몸 가시(body spine) 길이에서도 나타난다. 기타 외분비샘 경우 애벌레 먹이 공급에 쓰이는 분비물을 만들어 내는 인두뒤분비샘과 항생 물질을 만드는 한 쌍의 윗가슴분비샘은 예상대로 애벌레 돌보기와 버섯 농장 관리를 맡은 가장 작은 일꾼에서 몸 크기와 비교했을 때 가장 크다.[267]

과연 사회성 벌목 곤충 발달 단계상 정확이 어느 시점에 계급 발달의 결정적 순간이 놓여 있는 것인가? 알로부터 번데기 이전 혹은 번데기 초기 단계에 이르는 어떤 단계의 진화에서도 이런 일은 일어날 수 있다. 각 지점의 갈림길에서 성숙하고 있는 개체는 둘 중 한 가지 발달 경로를 따라 다음 단계로 나아간다. 혈액 림프에 애벌레호르몬이 충분히 있는 경우라면(애벌레호르몬+) 대부분, 혹은 더 불균형적으로 크기가 큰 성충으로 자라나게 된다. 이 호르몬이 부족한 경우(애벌레호르몬-), 애벌레는 일찍 우화하고 체구가 작은 성충이 된다.[268][269]

---

267) E. O. Wilson, "Caste and division of labor in leaf-cutter ants(Hymenoptera: Formicidae: *Atta*), I: The overall pattern in *A. sexdens*," *Behavioral Ecology and Sociobiology* 7(2): 143-156(1980). 턱샘이나 뒤포어샘에서는 몸 크기와 관련한 이런 뚜렷한 경향이 보이지 않는다.

268) D. E. Wheeler and H. J. Nijhout, "Soldier determination in *Pheidole bicarinata*: effect of methoprene on caste and size within castes," *Journal of Insect Physiology* 29(11): 847-854(1983); D. E. Wheeler and H. F. Nijhout, "Soldier determination in ants: new role for juvenile hormone," *Science* 213: 361-363(981); D. E. Wheeler, "The developmental basis of worker caste polymorphism in ants," *America Naturalist* 138(5): 1218-1238(1991); G. Bloch, D. E. Wheeler, and G. E. Robinson, "Endocrine influence on the organization of insect societies," in D. W. Pfaff, A. P. Arnold, A. M. Etgen, S. E. Fahrbach, and R. T. Rubin, eds., *Hormones, Brain and Behavior*, Vol. 3(New Yok: Academic Press, 2002), pp. 195-235.

269) 여왕의 몸 크기가 크다는 원칙은 불변의 진리는 아니다. 쌍살벌아과 일벌과 여왕벌

사진 16 | 잎꾼개미 아타 케팔로테스 일꾼 계급 크기 이형성. 군락 내 버섯 농장에서 작업 중인 소형과 중형 일꾼 개미.

적응적 개체군 통계학

체구에 따른 개미 사회 계급 체계를 만드는 발달 프로그램이 유전적으로 결정되어 있다는 것은 사실이다(물론 어느 특정 일꾼 계급을 결정하는 것은 개체마다 유전적으로 결정되지 않는다). 또한 더 복잡한 계급 체계를 떠받치는 크기 빈도 분포가 군락 전체로 봐서 적응적이라는 점을 뒷받침하는 증거 역시 매우 강력하다. 예를 들

은 몸의 각 부위 비율에서는 심대한 차이가 있지만 전체 크기에서는 거의 차이가 없다. R. L. Jeanne, C. A. Graf, and B. S. Yandell, "Non-size-based morphological castes in a social insect," *Naturwissenschaften* 82(6): 296-298(1995). 오스트레일리아에 사는 다른 곤충을 잡아먹는 오렉토그나투스속(Orectognathus) 개미들과 북아메리카 대륙산으로 일시적 기생 생활을 하는 포르미카 미크로기나(*Formica microgyna*) 등 몇몇 종에서는 실제로 여왕이 가장 큰 일꾼에 비해서 더 작다. 폴리라키스 다디(*Polyrhachis daddi*)와 가까운 오스트레일리아산 베짜기개미에서는 여왕이 두 종류가 있는데 그중 하나는 일꾼에 비해 눈에 띄게 몸집이 작다. J. Heinze and B. Hölldobler, "Queen polymorphism in an Australian weaver ant *Polyrhachis* cf. *doddi*," *Psyche*(Cambridge, MA) 100: 83-92(1993).

어 여러 종의 잎꾼개미에서 볼 수 있는 생태적 적응과 계급 체계에 상관관계가 있다는 점이 크기 빈도 분포의 적응성에 대한 증거 사례일 수 있다. 거의 혹은 완전히 성숙한 아타속 개미 군락 안에서 일꾼 개체 크기가 보이는 변이는 극단적일 정도로 넓고 연속적이다. 이 다양한 변이 범주 속에서 제법 넓은 분포를 차지하는 중간 크기 일꾼이 버섯 배양용으로 채집하는 신선한 식물 재료, 이를테면 잎과 꽃의 부위와 크기는 개체의 몸 크기에 걸맞게 매우 다양하다. 가장 큰 개체가 식물의 가장 두껍고 질긴 부위를 잘라오는 식이다. 아크로미르멕스 코로나투스(*Acromyrmex coronatus*) 개미와 아타속 개미 군락이 아직 작고 덜 성숙해 있는 경우는 비교적 작은 체구를 가진 일꾼을 채집에 내보내는데 이들은 풀의 연한 잎만 집중적으로 채집한다. 다른 두 종인 아크로미르멕스 옥토스피노수스(*Acromyrmex octospinosus*)와 아크로미르멕스 볼카누스(*Acromyrmex volcanus*)는 분명히 구분되는 두 종류의 크기 빈도 분포를 보이고 있다. 작은 체구 일꾼은 둥지 안에 머물고 대신 균일한 크기의 대형 일꾼은 둥지 밖에서 작은 풀을 비롯 낙엽, 열매, 꽃 등 식물 재료를 채집한다.[270]

체형에 따른 계급 체계가 군락 안에서 적응 형질로 기능하는 현상에 대한 통계는 다음 사례와 같이 아타속 잎꾼개미 군락이 성숙해 가는 동안 일꾼의 발달이 보여 주는 변화 양상을 통해 더욱 잘 알 수 있다(그림 5-13). 한 마리 여왕이 자기 몸에 축적된 영양 성분으로 군락을 만들어 가는 초기 단계에는 일꾼의 머리 너비는 0.8~1.6밀리미터 사이의 비교적 좁은 변이 범위 안에서 거의 균일한 크기 빈도 분포를 보인다. 머리 너비가 0.8~1.0밀리미터 사이 일꾼은 군락의 먹이가 되는 버섯 농장을 관리하는 데 꼭 필요하며 1.6밀리미터의 머리 너비는 보통의 식물 재료를 잘라서 채집하는 데 필요한 최소한의 크기라는 것이 이 크기 분포의 핵심 이유라 할 수 있다. 이 크기 범위는 또한 애벌레와 번데기를 돌보는 일꾼 무리의 크기 범위 또한 포함하고 있다. 그러므로 여왕은 놀라우리만큼 정확하게 군락의 필수 작업을 수행해 낼 수 있는 개체를 최소한으로 낳는 것이다. 군락이 점차 자라남에 따라 일꾼 크기 범위 역시 두 가지 방향으로 확대된다. 한 방향은 머리 너비가 0.7밀리미터 정도인 일꾼, 다른 극단은 5.0밀리미터 이상의 일꾼인데 이런 빈도 분포는 가장

---

270)   J. K. Wetterer, "The ecology and evolution of worker size-distribution in leaf-cutting ants(Hymenoptera: Formicidae)," *Sociobiology* 34(1): 119-144(1999).

작은 체구의 무리에서 가장 변이 범위가 작다. 아타속 개미의 군락 생성 과정을 지켜보면 좀 더 생리학적인 의문을 피할 수 없게 된다. 즉 크기 빈도 분포를 결정하는 데 있어서 군락 크기와 나이 중 어떤 것이 더 중요한 요인인가? 이에 대답하기 위해 우리 중 한 명(윌슨)은 1만 마리 정도 일꾼이 살고 있는 3~4년 정도 된 군락 4개를 채집해서 각 군락에 236마리의 개체만 남겨서 군락 크기를 똑같이 만들었다. 이 236마리 개체로 이루어진 실험 군락의 일꾼 크기 빈도 분포는 코스타리카에서 따로 채집한 자연 상태에서 그 정도로 어리고 작은 군락의 일꾼 크기 빈도 분포를 따라 맞춰 주었다. 그 결과 이들 실험 군락에서 처음으로 새로 태어난 일꾼 번데기의 크기 분포가 3~4년 된 군락에서 볼 수 있는 분포가 아닌 원래 236마리 정도로 이루어진 초기 군락에 해당하는 분포를 보인다는 것이 확인되었다. 그러므로 군락 크기(또 간접적으로는 군락이 생산해 낼 수 있는 먹이양)가 군락 나이보다 더 중요한 요인임이 밝혀졌다.[271]

체구에 따른 계급이 군락 수준에서 적응적이라는 가설을 지지하는 더 강력한 증거는 여왕 한 마리가 홀로 군락을 만드는 개미 종들 중 많은 혹은 대부분 경우 미님(minim) 일꾼(혹은 내니틱(nanitics) 일꾼으로 종종 불림)이 존재한다는 사실이다. 특히 여왕이 처음으로 군락을 만들 때 채집 활동을 전혀 하지 않고 오로지 자기 몸의 지방질과 날개 근육에 저장한 양분만으로 첫 배 일꾼을 길러 내는 개미 종에서, 첫 배 일꾼은 거의 대부분 이렇게 비정상적으로 작다. 다음 배에서 정상적으로 자라나는 일꾼 중에서 가장 작은 일꾼과 비슷하거나 그보다도 작은 이런 미님 일꾼은 행동 면에서도 비정상적으로 굼뜨고 조심스럽다. 이들은 다른 중형, 대형, 혹은 정상적 크기의 소형 개미의 도움이 전혀 없는 상태에서 군락의 모든 작업

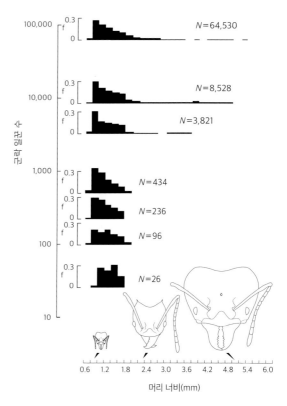

그림 5-13 | 잎꾼개미 아타 케팔로테스의 사회 발생: 야외에서 채집하거나 실험실에서 기른 군락 일곱 개에서 밝혀진 대표적 계급 체계의 개체 발생 양상이 그려져 있다. 일꾼 계급이 버금 계급으로 분화되는 과정은 몸체 각 부분이 불균형적으로 성장하는 탓에 생기는 연속적 크기 변이에 의해 생겨난다. 각 군락의 일꾼 수(N)는 전수조사로 집계했다. f는 각 크기 단계에 속한 개체 빈도. 세 가지 크기의 일꾼 머리 그림이 불균형 성장 양상을 보이고 있다. E. O. Wilson, "The sociogenesis of insect colonies," *Science* 228: 1489–1495(1985)에서 수정.

271) E. O. Wilson, "Caste and division of labor in leaf-cutter ants(Hymenoptera: Formicidae: *Atta*), IV: Colony ontogeny of *A. cephalotes*," *Behavioral Ecology and Sociobiology* 14(1): 55–60(1983).

을 치러 내야 하는 일꾼들이다.[272]

　미님 일꾼은 개체 수가 적기 때문에 이 단계 군락은 특히나 높은 위험에 처해 있는 셈이다. 이들 중 적은 수만 죽어도 여왕이 죽고 결국 이 초기 단계 군락 자체가 사멸할 수 있기 때문에 이들 미님 일꾼은 행동이 과감하지 못한 것인지도 모른다. 그렇다면 왜 완전히 체계가 잡힌 계급 대신 미님 일꾼이 존재하는 것인가? 그 해답은 바로 처음 군락을 만드는 여왕은 저장 양분이 충분치 않아서 완전히 균형 잡힌 계급 체계를 다 먹여 살릴 수 없기 때문이다. 이 단계에서는 일꾼 한 마리도 군락 전체 생산성에 미치는 영향이 매우 크기 때문에 여왕은 가능한 많은 수의 일꾼을 생산해야 한다. 또 작은 일꾼이라도 대형 일개미가 없는 상태에서 제한된 거리 안에서 작은 먹이를 채집할 수 있기 때문에 초기 단계의 작은 군락이 성장하는 데는 큰 지장이 없다.

　지금껏 알려진 모든 증거는 개미 개체 체구에 따른 계급 분포는 거의 환경적 영향에 의해 결정된다는 점을 확실히 지지하고 있다. 하지만 아주 복잡한 체계를 유지하는 종은 미성숙한 구성원의 유전적 차이가 노동 분담 양상에 작용하고 있다고 할 수 있다. 잎꾼개미인 아크로미르멕스 에키나티오르와 플로리다산 수확개미 포고노미르멕스 바디우스 여왕은 여러 차례 짝짓기를 하기 때문에 이들 군락 일개미는 서로 다른 수컷의 유전자를 지니고 있다. 이런 유전적 변이는 일꾼이 작업하는 일감 종류에 영향을 미친다.[273] 이런 유전적 다양성은 앞서 말한 것처럼 양봉 꿀벌이 여러 종류 일감에 걸맞는 유전자형을 가지고 있는 사실에서 알 수 있듯이, 군락이 맞닥뜨리는 생태적 요구에 좀 더 빠르고 효율적으로 반응할 수 있도록 한다.[274] 여러 일꾼 무리가 다양한 문턱값을 지니고 계급 결정 요인에 반응하는 경우

272)　L. A. Wood and W. R. Tschinkel, "Quantification and modification of worker size variation in the fire ant *Solenopsis invicta*," *Insectes Sociaux* 28(2): 117-128; B. Hölldobler and E. O. Wilson, *The Ants* (Cambridge, MA: The Belknap Press of Harvard University Press, 1990).

273)　W. O. H. Hughes, S. Sumner, S. Van Borm, and J. J. Boomsma, "Worker caste polymorphism has a genetic basis in *Acromyrmex* leaf-cutting ants," *Proceedings of the National Academy of Sciences USA* 100(16): 9394-9397(2003); F. E. Rheindt, C. P. Strehl, and G. Jadau, "A genetic component in the determination of worker polymorphism in the Florida harvester ant *Pogonomyrmex badius*," *Insectes Sociaux* 52(2): 163-168(2005).

274)　R. H. Crozier and R. E. Page Jr., "On being the right size: male contributions and multiple mating in social Hymenoptera," *Behavioral Ecology and sociobiology* 18(2): 105-115(1985).

는 한 가지 문턱값만을 가진 일꾼이 있는 경우에 비해 좀 더 유연한 노동 분담 체계를 만들 수 있을 것이다.

그리하여 이렇게 유전자형이 여러 종류인 군락은 예상치 못한 생태적 조건에 의해 새로운 종류의 노동 역할이 필요한 경우 빠르게 반응할 수 있는 군락을 만들어 낼 수 있다. 이런 경향이 사회성 곤충 전반에 퍼져 있는지 아니면 고도로 분화된 계급 체계를 가지고 있으며 여왕이 여러 마리 수컷과 짝짓기하는 소수 종에만 있는 것인지는 여전히 알려져 있지 않다. 어떤 경우라도 계급 체계를 결정하는 선택 대상은 군락 수준에서 창발하는 특징임은 분명하다. 군락 전체(초유기체)가 계급 빈도 구성과 각자 수행하는 일감 종류를 조절하는 군락 구성원 사이 의사소통의 되먹임 고리를 가지고 있는 것이다. 혹개미속 개미를 예로 들어 보면 대형 일꾼이 부족한 경우 평소보다 매우 높은 비율로 병정을 만들어 내도록 되먹임 고리가 활성화된다.[275] 이를테면 혹개미속 페이돌레 팔리둘라(*Pheidole pallidula*) 경우 같은 종의 다른 군락이 자기 군락 근처에 등장하면 이와 같거나 매우 비슷한 되먹임 고리가 활성화되어 병정개미 생산이 늘어난다.[276] 게다가 페이돌레 푸비벤트리스(*Pheidole pubiventris*)는 소형 일꾼을 계속 제거하여 소형과 대형 일꾼 비율이 1:1 밑으로 내려가면 대형 일꾼이 애벌레와 번데기를 돌보는 행동을 시작한다.[277]

이렇게 적응적 인구 통계학을 지지하는 실험실 군락 연구 사례와 이론적 논증에도 불구하고 자연 상태에서 이런 사례가 발견된 경우는 거의 없었는데, 앤드루 양(Andrew Yang)과 동료들이 최근 그 첫 증거를 찾아냈다.[278] 이들은 지리적으로

---

275) D. E. Wheeler and H. F. Nijhout, "soldier determination in *Pheidole bicarinata*: inhibition by adult soldiers," *Journal of insect Physiology* 30(2): 127-135(1984).

276) L. Passera, E. Roncin, B. Kaufmann, and L. Keller, "Increased soldier production in ant colonies exposed to intraspecific competition," *Nature* 379:630-631(1996). 이와 대조적으로 *Pheidole dentata* 개미의 경우 평소에 매우 즉각적으로 공격적 반응을 보이는 주적 종인 붉은불개미 군락에 오랫동안 노출되더라도 이런 병정개미 생산이 갑작스레 늘어나는 현상은 보이지 않는다. A. B. Johnston and e. O. Wilson, "Correlates of variation in the major/minor ratio of the ant, *Pheidole dentata*(Hymenoptera: Formicidae)," *Annals of the Entomological Society of America* 78(1): 8-11(1985).

277) E. O. Wilson, "Between-caste aversion as a basis for division of labor in the ant *Pheidole pubiventris*(Hymenoptera: Formicidae)," *Behavioral Ecology and Sociobiology* 17(1): 35-37(1985).

278) A. S. Yang, C. H. Martin, and H. F. Nijhout, "Geographic variation of caste structure among ant populations," *Current Biology* 14: 514-519(2004).

멀리 떨어진 페이돌레 모리시(*Pheidole morrisi*) 개체군에서 일꾼의 버금 계급 비율과 일꾼 체구가 미소 진화적 분기에 걸맞은 양상으로 서로 달라진다는 사실을 밝혀냈다. 생태 환경에서 경쟁자와 자원 조건이 변하면 군락의 적응적 인구 통계 역시 새로운 환경에 최적화된 작업 수행을 위한 모습으로 변화하리라 기대할 수 있다. 그리하여 양과 동료들 역시 다른 지리적 개체군의 군락이 이미 이전에 비셔스와 트라니엘로가 제안한 것처럼 진화적 분기 결과로 달라진 표현형을 만들어 낼 것으로 예측했다.[279]

양과 동료들은 우선 플로리다, 노스캐롤라이나, 뉴욕 세 주에 사는 페이돌레 모리시 개체군들에서 각 개체군마다 일꾼의 버금 계급 비율이 서로 다르다는 것을 확인했다. 이 비율은 군락이 비슷한 환경 조건에 놓여 있는 경우에도 지리적 개체군에 따라 달랐다. 즉 플로리다 군락은 노스캐롤라이나나 뉴욕 개체군에 비해 더 많은 대형 일꾼을 가지고 있었고, 플로리다 개체군의 소형과 대형 일꾼은 다른 두 주에 사는 일꾼에 비해 체구가 작았다. 이는 대형 일꾼 수를 늘리는 데 더 들어간 에너지 손실을 전체 일꾼 체구를 줄임으로써 어느 정도 벌충하고 있음을 시사한다. 여기서 중요한 의문 하나가 생긴다. 이런 개체군 사이 통계적 차이는 적응적으로 볼 때 어떤 중요성이 있는가? 플로리다 개체군이 병정을 더 많이 가지고 있는 것은 분명히 군락 방어를 강화할 필요에 의한 결과일 것이다. 실제로 플로리다 개체군에서는 특히 열마디개미속(Solenopsis) 종(붉은불개미를 포함하여)들과 경쟁 관계가 매우 빈번하지만, 다른 개체군에서는 매우 드물거나 아예 없다. 양과 동료들은 병정 수가 많은 플로리다 개체군들이 열마디개미속 개미들과 대적할 때 결정적으로 유리하다는 것을 일련의 실험을 통해 증명했다. 비록 이들 병정이 다른 개체군 병정에 비해 다소 크기는 작은 편이지만 열마디개미속 개미와 싸움에서는 크기보다는 수적 우세가 더 중요한 요인이었다.

이 연구 결과는 적응적 인구 통계의 매우 인상적 사례이자 계급 결정에 관여하는 발달 기작이 일꾼의 버금 계급 비율과 개체 크기의 상관관계를 설명할 수 있음을 보여 주고 있다. 또한 개미 군락이 발달적으로 또 기능적으로 초유기체적 단위로서 기능하고 있음을 보여 주는 좋은 사례이다.

---

279)   S. N. Beshers and J. F. A. Traniello, "The adaptiveness of worker demography in the attine ant *Trachymyrmex septentrionalis*," *Ecology* 75(3): 763-775(1994).

군락 수준에서 드러나는 계급 체계 적응성은 기능적인 면에서 좀 더 효율적인 계급의 구성원 수는 상대적으로 더 적다는 노동 공학 이론(ergonomic theory)과도 맞아떨어진다. 그림 5-14에서 보듯 이 결과는 군락 수준 선택에 의해 가장 잘 설명된다.[280] 이를 지지하는 사례가 일곱 가지 계통 분류군에 속하는 혹개미속 개미 10종을 비교 분석한 연구에서 밝혀졌는데, 대형 계급이 수행하는 일감의 종류가 적어질수록, 즉 담당하는 노동 역할이 좀 더 전문화되고 따라서 좀 더 효율적일수록 군락에서 이 계급에 속하는 개체 수는 더 적어졌다.[281]

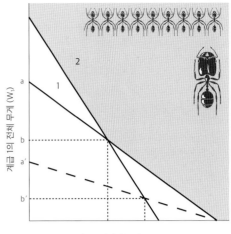

군락 수준 선택 과정은 결국 서식 환경에 의해 부과되는 선택압에 대한 반응으로 체구에 따른 계급 체계를 만들어 낼 뿐 아니라, 그런 선택압의 변이에 대한 반응으로 계급 체계 크기 빈도 분포에 유연성을 부과하기도 한다. 그림 5-15에는 여러 크기 계급의 생존 곡선과 맞물린 가설적이지만 통상적인 크기 빈도 분포가 소개되어 있다. 생존 곡선은 나이에 따른 노동 분담 체계가 최적화된 상태를 반영하는 것으로 예측할 수 있다. 그렇다면 이 생존 곡선은 또 체구에 따른 계급에서도 그들이 담당하는 노동 역할 종류를 반영하는 방식으로 변이를 보일까? 만약 그렇다면 생존율 추이는 자연적 생태 조건에서 노화의 유전적 진화 이론을 따르는 방식으로 노동 역할에 따라 결정되어야 할 것이다.[282] 게다가 실험실이

그림 5-14 | 노동 공학 이론 중 반직관적 원칙 한 가지는 선택이 군락 수준에서 이루어질 때, 효율이 β에서 β́로 늘어날 때 계급(1)에 속하는 개체 수는 늘어나지 않고 오히려 a에서 á로 줄어든다는 것인데, 만약 선택이 군락 구성원 개체에 작용하는 경우에는 그 반대 결과가 예상된다. E. O. Wilson, *The Insect Societies*(Cambridge, MA: The Belknap Press of Harvard University Press, 1971)에서 수정.

280) E. O. Wilson, "The ergonomics of caste in the social insects," *American Naturalist* 102: 41-66(1968); G. F. Oster and E. O. Wilson, *Caste and Ecology in the Social Insects*(Princeton, NJ: Princeton University Press, 1978).

281) E. O. Wilson, "The relation between caste ratios and division of labor in the ant genus *Pheidole*(Hymenoptera: Formicidae)," *Behavioral Ecology and Sociobiology* 16(1): 89-98(1984). 이 결과는 또 *Pheidole morrisi*에서 소형 일꾼 체구와 비슷한 대형 일꾼들이 그에 걸맞도록 개체 수와 수행하는 일감의 종류가 많다는 사실로도 다시 한 번 확인되었다. A. D. Patel, "An unusually broad behavioral repertory for a major worker in a dimorphic ant species: *Pheidole morrisi*(Hymenoptera: Formicidae)," *Psyche* (Cambridge, mA) 97(3-4): 181-191(1990).

282) G. C. Williams, "Pleiotropy, natural selection, and the evolution of senescence," *Evolution* 11(4): 398-441(1957). 주류 이론에 따르면 포식이나 사고 같은 자연적 원인에 의한 사멸이 초기에 일어난다면 개체의 조기 성숙과 활기찬 행동, 번식에 관계된 유전자들이 선택될 것이라고 말한다. 또 이후 시기에 일어나는 노화에 관계된 유전자 역시 내쳐지지는 않을 것이다. 게다가 그런

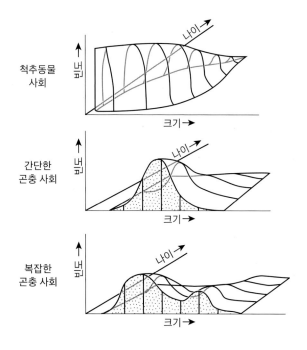

그림 5-15 | 개미 군락을 비롯한 복잡한 곤충 사회의 적응적 인구 통계 개념. 척추동물 사회에서는 개체군 수준에서는 전체적 크기와 빈도 분포가 비적응적이며, 원시적 진사회성 벌 같은 가장 단순한 곤충 사회에서도 비적응적이다. 그러나 복잡한 곤충 사회는 다양한 크기와 나이에 속한 개체 빈도가 노동 분담 효율을 결정하고 나아가 군락 전체 수준에서 적응적이다. 이러한 현실적인 두 가지 가상 사례의 곤충 사회에서 개체 나이란 거의 대부분 노동이 이루어지는 성충 단계에만 적용된다. 그리하여 더 나이를 먹는다 해도 개체 크기는 변하지 않는다. E. O. Wilson, *Sociobiology: The New Synthesis* (Cambridge, MA: The Belknap Press of Harvard University Press, 1975)에서 발췌.

나 기타 안전한 조건에 있는 개체의 노화 역시 노동 역할과 함께 변화한다. 이런 현상이 특히 잘 연구되어 온 적은 수의 개미 종 중 하나인 오이코필라속 베짜기개미 경우 이것이 사실인 것으로 여겨진다. 이들은 대형 일꾼이 먹이 채집 대부분을 담당하며 둥지 방어에서도 가장 활발하고 나이를 먹을수록 외부 침입자로부터 가장 큰 위험에 노출되는 변방의 임시 둥지로까지 퍼져 나간다.[283] 소형 일꾼은 둥지의 가장 안쪽 가까운 곳에 머무르면서 새끼와 여왕, 공생하는 깍지벌레(scale insects)를 돌본다. 안전한 실험실 둥지에서 최대한 자연 수명을 누리도록 사육한 경우 노화에 관한 유전학 이론과 아울러 관찰되는 노동 분담 현상과 잘 맞아떨어지듯 소형 일꾼이 대형 일꾼보다 더 오래 살아남았다.[284]

협동 작업

지금까지 우리가 설명한 노동 분담은 대개 개별적으로 행동하는 일꾼 개체가 수행하는 일감에 초점을 맞춘 것이다. 일꾼은 다른 일꾼의 신호에 따라 적절한 작업을 수행하러 불려 올 수도 있지만 기본적으로는 처음부터 끝까지 개체가 각자 일을 하는 경우가 대부분이다. 그리고 협동 작업에 의해 노동이 좀 더 복잡하게 조직되는 몇 가지 방법도 존재한다. 그런 경우는 한 가지 일감이 몇 가지 세부 작업 단계로 나뉘고 그 각 세부 작업은 서로 다른 일꾼이

유전자가 성충기 초기 단계에서 활발한 행동을 더욱 활성화하는 추가적 효과를 가지고 있다면 자연 선택에 의해 개체군 안에서 증가하게 된다.

283) B. Hölldobler, "Territorial vehavior in the green tree ant (*Oecophylla smaragdina*)," *Biotropica* 15(4): 241–250(1983).

284) M. Chapuisat and L. Keller, "Division of labour influences the rate of ageing in weaver ant workers," *Proceedings of the Royal Society of London B* 269: 909–913(2002).

나 일꾼 무리가 담당하게 된다. 이런 정교한 조직화는 더 높은 수준에 비해서는 비교적 단순한 과정이지만 현재까지 사회성 곤충에서 가장 명확하게 정의된 사례들이 연구된 경우는 오직 아주 적은 수의 개미 종들뿐이다.[285]

한 가지 작업을 동시에 수행하도록 스스로를 조직하는 협동 작업 중에서도 가장 복잡하고 언뜻 보기에도 가장 놀라운 현상이라고 할 수 있는 것은 오이코필라 속 베짜기개미가 집짓는 작업일 것이다. 이들은 명주실로 나뭇잎을 엮어 나무 위에 커다란 둥지를 만든다. 한 무리 대형 일꾼이 서로 협동하여 나뭇잎 여러 장을 가까이 끌어당기고 있으면 다른 대형 일꾼 무리는 종령 애벌레를 물고 가까이 마주한 나뭇잎 끝과 끝을 오가며 애벌레를 지그재그로 흔들어 댄다. 애벌레는 나뭇잎에서 나뭇잎으로 왕복할 때마다 끈끈한 명주실을 자아내어 나뭇잎이 그 자리에서 서로 붙어 있을 수 있도록 만든다. 다시 말해서 애벌레를 포함하여 각자 역할을 하는 세 무리가 동시에 협동해야만 둥지를 만들 수 있다(사진 17~19).

중남미 열대 우림산 군대개미 에키톤 부르켈리(*Eciton burchelli*)가 큰 먹이를 물어 올 때 사용하는 방법은 이와는 전혀 다르다.[286] 일단 먹이가 제압되면 사냥꾼이 먹이 위에 떼 지어 달라붙는다. 이 사냥꾼 떼에는 종종 주위를 경비하는 대형 개미도 낀다. 일꾼이 먹잇감을 끌어 대기 시작하면 이내 한 무리의 호송대가 만들어져서 군락 모두가 모여 있는 곳까지 먹이를 옮기게 된다. 아주 큰 먹잇감은 큰 일꾼만 옮길 수 있기 때문에 이 호송대의 첫 구성원은 대개 버금 대형 일꾼이다. 이 큰 일꾼이 어느 정도까지 옮기고 나면 거기서부터 군락 중심에 이를 때까지는 그보다 작은 중형 일꾼이 들러붙어 신속하게 옮긴다. 군대개미의 이런 팀은 '초효율적'이라고 할 수 있다. 즉 이들은 조각으로 나누었다가는 개별적으로 일하는 각개 구성

---

285) N. R. Franks, "The organization of worker teams in social insects," *Trends in Ecology and Evolution* 2(3): 72-75(1987); B. Hölldobler and E. O. Wilson, *The Ants*(Cambridge, MA: The Belknap Press of Harvard University Press, 1990); C. Anderson and N. R. Franks, "Teams in animal societies," *Behavioral Ecology* 12(5): 534-540(2001).

286) N. R. Franks, "Teams in social insects: group retrieval of prey by army ants(*Eciton burchelli*, Hymenoptera: Formicidae)," *Behavioral Ecology and Sociobiology* 18(6): 425-429(1986). 기원적으로 진화적 수렴이라고 할 수 있는 비슷한 팀 조직화 현상이 아프리카산 군대개미에서도 최근 보고 되었다. N. R. Franks, A. B. Sendova-Franks, J. Simmons, and M. Mogie, "Convergent evolution, superefficient team and tempo in Old and New World army ants," *Proceedings of the Royal Society of London B* 266: 1697-1701(1999).

사진 17 | 여기 보이는 것과 같이 베짜기개미 오이코필라 롱기노다의 성숙한 군락은 여러 그루 나무 꼭대기에 100개가 넘는 나뭇잎 천막을 방처럼 만들어 놓고 산다.

원들이 나르기 힘들 정도로 큰 먹잇감까지도 쉽게 나를 수 있는 것이다. 이런 효과는 적어도 부분적으로는 교대로 일하는 개별 노동력을 넘어서는 팀 능력으로 설명할 수 있다. 일꾼 무리가 충분히 조직화되면 팀의 힘은 교대로 일하는 일꾼 무리 노동력 합과 균형이 맞게 되고 결국 교대 일꾼 무리는 사라져 버림으로써 목적을 달성할 수 있게 된다.

팀은 순차적 협동에 의해서도 만들어지는데 일꾼 한 마리에서 다음 일꾼으로 전달되는 방식으로 먹이나 건설 자재가 넘겨지거나, 혹은 중단되는 식으로 이해할 수 있다. 작업 분할로 불리는 현상은 시간과 에너지 측면에서 단위 노력 당 비용 절감 효과가 있다.[287] 잎꾼개미 아타 볼렌베이데리(*Atta vollenweideri*)는 풀잎 조각을

287) R. L. Jeanne, "The organization of work in *Polybia occidentalis*: costs and benefits of specialization in a social wasp," *Behavioral Ecology and Sociobiology* 19(5): 333–341(1986); J. L. Reyes and J. Fernández Haeger, "Sequential co-operative load transport in the seed-harvesting

사진 18 │ 오이코필라속 베짜기개미의 협동 모습. 위: 일꾼들이 하나의 살아 있는 사슬을 이루어 엮으려는 잎을 원하는 곳까지 끌어당기고 있다. 아래: 다른 일꾼 무리가 잎 가장자리를 함께 물어 당기고 있다.

사진 19 | 잎이 적당한 자리를 잡은 뒤 다른 일꾼 무리가 종령 애벌레를 입에 물고 애벌레 입에서 나오는 실을 이용해 잎들을 한데 모아 여미고 있다.

나무 위에 잘 닦인 총연장 150여 미터에 달하는 수송로를 통해 집까지 운반해 올 수 있다. 좀 더 큰 일꾼이 풀잎을 조각내면 다음에 좀 더 작은 일꾼이 이를 받아 둥지까지 나른다. 이렇게 긴 수송로 위에는 2~5마리로 이루어진 운반 일꾼의 긴 사슬이 늘어서 있다. 자클린 뢰샤르(Jacqueline Röschard)와 플라비오 로체스(Flavio Roces)는 이 현상을 연구하여 이런 운반 사슬의 기본적 역할은 바로 수확해 오는 물건에 관한 정보 전달을 가속하는 것이라고 주장했다. 그러므로 사슬의 첫 시작점에 있는 일꾼은 대형 일꾼이 풀잎을 끊어 한곳에 쌓아 놓으면 갓 만들어진 냄새 길을 따라 그 풀 조각 무더기에 바로 돌아갈 수 있고 동시에 쌓인 풀이 얼마나 많고

ant *Messor barbarus*," *Insectes Sociaux* 46(2): 119-125(1999); C. Anderson and F. L. W. Ratnieks, "Task partitioning in insect societies: novel situations," *Insectes Sociaux* 47(2): 198-199(2000); C. Anderson, N. R. Franks, and D. W. McShea, "The complexity and hierarchical structure of tasks in insects societies," *Animal Behaviour* 62(4): 643-651(2001).

또 얼마나 좋은지도 바로 점검할 수 있는 것이다. 이때 화물의 양과 질이 좋아지기도 하고 나빠지기도 하면 이 첫 운반 일꾼이 그에 반응하고 그럼으로써 운반 사슬 전체가 좀 더 빠르고 정확하게 그 변화에 반응할 수 있게 되는 것이다.[288] 하지만 이런 이유 말고도 함께 혹은 배타적으로 정보를 보강함으로써도 이런 배달 사슬은 작동할 수 있다. 먹이 근처에 있는 가장 작은 일꾼이 둥지 근처나 다른 곳에 있는 가장 빠른 일꾼에게 먹이를 넘기거나, 그렇지 않으면 가장 작고 가장 약한 일꾼이 전달 받은 먹이를 가장 크고 튼튼하며 둥지에 가장 가까이 있는 일꾼에게 전달하는 방식에 의해 노동 공학적 효율 면에서 더 나은 경우도 만들 수 있다.[289] 노동 공학 이론이나 실증 분석을 이용한 이런 계급 분할에 대한 연구는 여전히 초기 단계라고 할 수 있다.

큰 그림

이제 실리가 내린 결론을 소개하는 것으로 계급과 노동 분담을 다룬 이 장을 마무리하는 것이 적절해 보인다. 양봉 꿀벌 채집 행동에 대한 실리의 연구 업적은 지금껏 연구된 어느 사회성 곤충 연구보다 가장 완전한 것이며, 그가 내린 다음 결론은 진보된 사회성 벌과 말벌, 개미와 흰개미 모두에 다 잘 적용된다고 할 것이다.

> 꿀벌 군락에 대한 최근의 실험적 연구들은 특별한 의사소통 시스템과 되먹임 조절을 포함하는 군락의 채집 효율성을 높이는 군집 수준의 놀랄 만한 적응 사례를 밝혀 왔다. …… 이런 발견은 벌 군락 전체가 개체나 벌 속 세포 하나처럼 공동의 목적을 위해 부분 부분이 밀접하게 협동하는 고도로 복잡한 생물 기계의 한 종류라는 사실을 보이고 있다. 그러므로 생물학자들이 오랜 세월 동안

288) J. Röschard and F. Roces, "Cutters, carriers and transport chains: distance-dependent foraging strategies in the grass-cutting ant *Atta vollenweidrei*," *Insectes Sociaux* 50(3): 237-244(2003).

289) C. Anderson and F. L. W. Ratnieks, "Task partitioning in insect societies, I: Effect of colony size on queueing delay and colony ergonomic efficiency," *American Naturalist* 154(5): 521-535(1999); C. Anderson, J. J. Boomsma, and J. J. Barthold, III, "Task partitioning in insect societies: bucket brigades," *Insectes Sociaux* 49(2): 171-180(2002).

이런 발견을 통해 세포나 개체가 어떻게 기능하는지 이해한 것과 똑같이 벌 무리가 어떻게 기능하는지를 분석할 수 있다는 점을 알 수 있게 된 것이다. 다단계 선택 이론은 군집 사이 선택이 군집 안 개체 선택보다 우세한 경우에는 군집도 하나의 기능적 조직으로서 진화할 수 있다는 점을 제시하고 있다.[290]

---

290)   T. D. Seeley, "Honey bee colonies are group-level adaptive units," *American Naturalist* 150(Supplement): S22–S41(1997).

사진 20 │ 신열대구 개미 다케톤 아르미게룸
일꾼 두 마리가 구강 먹이 교환을 하며 접촉 신호로
의사소통을 하고 있다.

6

의사소통

COMMUNICATION

사회적 존재의 핵심은 상호 호혜 협력적인 의사소통에 있다. 의사소통 기작을 연구하는 것이야말로 그 의사소통이 세포 소기관끼리 이루어지는 것이든 한 유기체 안에 있는 세포나 조직 사이, 한 사회에 속한 유기체 사이, 또는 상리공생 관계에 있는 서로 다른 생물 종 사이에 일어나는 것이든 상관없이 모든 사회적 상호 작용을 이해하는 핵심 과제이다. 실리는 생물학의 가장 근본 원리인 의사소통에 대해 이렇게 강조했다. "하위 단위를 그러모아 상위 단위를 만드는 일이 성공하려면 그렇게 새롭게 만들어지는 조직의 구성원 사이에 정보를 전달하는 적절한 '기술'이 반드시 확보되어야만 한다."[291]

이 장에서 우리는 사회성 곤충들, 특히 개미와 벌이 군락 구성원 사이에 정보를 전달하고 소통하기 위해 이용하고 있는 기술에 대해 우리가 알고 있는 바를 요약 정리할 것이다. 정보는 암시(cue)와 신호(signal)에 의해 전달되는데, 이 둘을 처음으로 구별한 사람은 제임스 로이드(James Lloyd)이며, 이에 대해 실리는 다음과 같이 설명하고 있다. "신호는 정보 전달이라는 특수한 목적을 위해 정보를 포함하고 전달하는 행위나 구조적 장치가 자연 선택에 의해 만들어진 경우를 말하며, 암시란 신호처럼 정보를 포함하고는 있되 그 정보가 전달되는 여러 가지 방식이 그 정보를 드러내기 위해 자연 선택에 의해 특별히 고안되지는 않은 경우를 일컫는다."[292][293]

앞으로 보게 될 사례처럼, 무리에서 개체로 정보가 전달되는 과정은 암시에 의

291) T. D. Seeley, *The Wisdom of the Hive: The Social Physiology of Honey Bee Colonies* (Cambridge, MA: Harvard University Press, 1995).

292) J. E. Lloyd, "Bioluminescence and communication in insects," *Annual Review of Entomology* 28: 131–160 (1983).

293) T. D. Seeley, *The Wisdom of the Hive: The Social Physiology of Honey Bee Colonies* (Cambridge, MA: Harvard University Press, 1995).

한 경우가 대부분이고, 반대로 개체에서 무리로 정보가 전달되는 과정은 신호에 의한 경우가 더 빈번하다. 물론 암시와 신호의 구분이라는 것도 가끔은 명확하지 않은 경우가 있으나, 그렇다 해도 의사소통 행동 기작을 분석하는 일 전체가 방해받지는 않는다. 하지만 이런 모호한 사례에서 특정한 암시와 신호가 진화적으로 어떻게 기원했는지를 이해하고자 할 때는 별도의 주의가 필요할 것이다.

꿀벌의 춤

저 유명한 꿀벌의 '춤 언어'는 동물계에서 볼 수 있는 의사소통 행동 중에서 가장 잘 연구되었을 뿐 아니라, 가장 복잡한 것 중 하나이며, 그런 이유로 사회성 곤충과 여타 초유기체 의사소통이라는 주제를 소개하기에 이상적인 사례라고 할 수 있겠다. 오스트리아 출신의 위대한 동물학자 프리슈가 1947년 이 언어에 담긴 뜻을 처음으로 해석한 이래 수많은 과학자들이 일련의 춤 행동과 거기에 관련된 많은 신호를 깊이 연구해 왔다.[294]

먹이 채집꾼 일벌이 둥지 근방에서 좋은 먹이터(꽃밭)를 발견하면 이내 둥지로 날아 돌아가 만나게 되는 몇몇 동료에게 가져온 먹이를 되뱉어 먹여 준다. 그리고 몇 차례 더 그 꽃밭을 왕복한 뒤, 둥지 안에서 원을 그리며 빙빙 도는 소위 원형돌기 춤을 추기 시작하여 둥지 안에 있는 동료들이 새롭게 발견된 꽃밭을 찾아 날아가도록 자극한다. 둥지 안 일벌들은 우선 춤추는 채집꾼의 몸을 더듬어 먹잇감 냄새를 맡고 채집꾼이 되뱉어 낸 먹이를 시식하기도 한다.

먹이가 되는 꽃밭이 둥지로부터 100미터 이상 떨어져 있는 경우 채집꾼은 꽁무니 떨기로 춤 모양을 바꾼다(그림 6-1). 어두운 둥지 내부에 수직으로 늘어선 방들의 겉면이 이들이 춤을 추는 '무대'이다. 꽃꿀이 아주 많은 꽃밭에서 돌아온 채집꾼들만이 이 춤을 춘다. 이 춤의 핵심은 바로 꽁무니를 떨며 직선으로 내달리는 춤 사위로 이는 8자 허리마디 부분에 해당되며 목표가 되는 꽃밭의 방향을 알리는 내용을 담고 있다. 수직으로 하늘을 향한 둥지가 곧 해 방향이 되고 이에 대해 내달리

---

294) K. von Frisch, *The Dance Language and Orientation of Bees*(Cambridge, MA: The Belknap Press of Harvard University Press, 1967); T. D. Seeley, *The Wisdom of the Hive: The Social Physiology of Honey Bee Colonies* (Cambridge, MA: Harvard University Press, 1995).

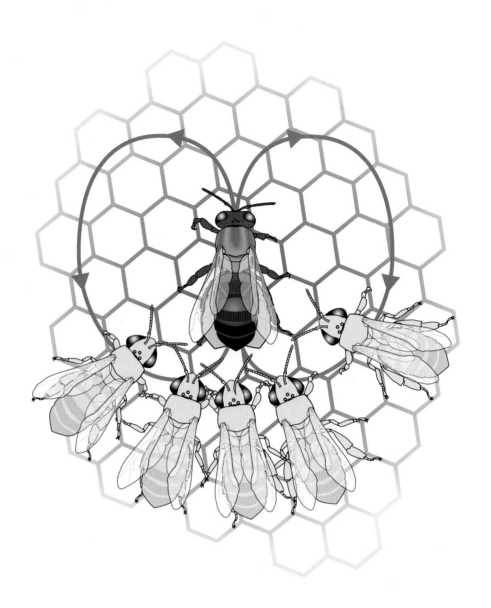

그림 6-1 | 꿀벌의 꽁무니 흔들기 춤의 전형적인 사례로, 둥지 안에 수직으로 서 있는 육각형 방 위에서 이루어진다. 동료를 동원하려는 채집꾼은 화살표 방향처럼 8자 춤을 춘다. 8자 중간에서 직선으로 움직이는 동안 채집꾼은 몸을 격렬하게 떨어 댄다. 춤에 자극된 다른 일벌은 춤을 추는 일벌에 바싹 붙어 따른다. K. von Frisch, *The Dance Language and Orientation of Bees*(Cambridge, MA: The Belknap Press of Harvard University Press, 1967)에 근거.

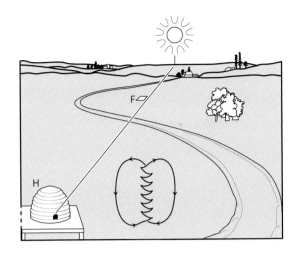

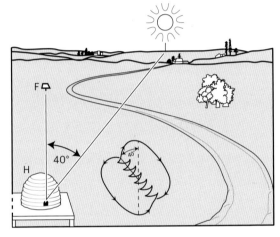

그림 6-2 │ 꿀벌 춤에 들어 있는 의미: 둥지 안에서 추는 8자 춤의 수직 중간선이 중력 방향과 어긋난 각도는 둥지(H)에서 해를 바라보았을 때 먹이(F)가 있는 곳의 각도를 나타낸다. 수직 중간선에서 춤을 추는 시간은 먹이까지 날아가야 할 거리에 비례해 늘어난다. B. Hölldobler의 "Communication in social Hymenoptera," in T. A. Sebeok, ed., *How Animals Communicate*(Bloomington, IN: Indiana University Press, 1977), pp. 418–471에 있는 Turid Hölldobler-Forsyth의 원본 그림에 근거.

는 춤사위 부분 각도는 둥지를 떠난 일꾼이 가늠해야 할 목적지와 해 사이 각도를 의미한다. 즉 날아가야 할 목적지가 해 방향으로부터 오른쪽 40도 정도 각도에 있다면 8자 허리 부분에 해당하는 직선도 방이 늘어선 수직면 오른쪽으로 40도 기운다(그림 6-2). 이렇게 꽁무니를 떨며 직선으로 8자 허리 부분을 지난 춤은 왼쪽으로 원형을 그리고 돈 뒤 다시 오른쪽으로 돌면서 처음 춤을 시작한 자리로 한 바퀴 돌아오게 된다. 이 직선 춤사위 부분에서 일벌은 몸을 초당 15회(15헤르츠) 속도로 떨어 대면서 날개를 움직여 260~270헤르츠 정도 되는 독특한 붕붕 소리를 만든다.

이 꽁무니춤은 목표까지 비행 각도만이 아니라 다른 정보도 포함하고 있다. 이를테면 몸을 떠는 동작이 지속되는 시간은 먹이까지 이르는 거리에 비례한다. 즉 꽃밭이 멀수록 몸을 떠는 춤사위 부분이 오래간다. 하지만 이 신호의 핵심 요소는 바로 붕붕거리는 소리가 지속되는 기간이라는 정황 증거들이 있다.

프리슈와 이후 연구자들은 채집꾼이 춤을 추면서 해와 먹이 사이 각도를 지시할 때, 시간이 지나면서 해가 움직임에 따라 각도가 변하는 부분까지 계산에 넣는다는 것을 알아냈다. 어두운 둥지에서 몇 시간을 보내는 상황에서도 채집꾼은 정확하게 각도 보정을 해낼 수 있다.[295] 게다가 구름 낀 날에도 조금이라도 푸른 하늘이 보이면 목표를 정확히 지정할 수 있다. 꿀벌은 구름 틈으로 들어오는 편광 패턴을 읽어서 이렇게 놀라운 일을 해내는 것이다.[296]

그런데 꿀벌은 과연 어떻게 먹이로부터 둥지까지 비행 거리를 재는 것일까? 사람들은 오랫동안 꿀벌이 비행에 소비하는 에너지 양을 가늠해서 거리를 잰다고 믿어 왔다. 어떤 상황에서는 이 방법이 보조 수단으로 쓰이기도 하지만, 실제 주로 쓰이는 측정 방법은 매우 다른 것으로 밝혀졌다. 하랄 에쉬(Harald Esch)와 만드얌 스리니바산(Mandyam Srinivasan), 그리고 동료들은 일련의 기발한 실험을 통해 꿀벌은 시각적 흐름, 즉 날아다니는 동안 만나는 시각 지표의 양을 통해 거리를 가늠한다는 사실을 알아냈다.[297]

이들이 꿀벌의 거리 측정 기작을 밝히기 위해 수행한 실험은 그 자체로 흥미로

295) 예를 들면 Martin Lindauer가 "Dauertanze im Bienenstock und ihre beziehung zure Sonnenbahn," *Naturwissencharten* 41: 506-507(1954)에서 보고한 '마라톤 춤'을 들 수 있겠다.

296) R. Wehner and S. Rossel, "The bee's celestial compass-a case study in behavioural neurobiology," in B. Hölldober and M. Lindauer, eds., *Experimental Behavioral Ecology and Sociobiology* (In Memorium Karl von Frisch 1886-1982; International Symposium of the Akademie der Wissenschaften und der Literatur, 17-19 October 1983, Mainz)(Stuttgart: Gustav Fischer Verlag, 1985), pp. 11-53.

297) H. E. Esch and J. E. Burns, "Honeybees use optic flow to measure the distance of a food source," *Naturwissenschaften* 82(1): 38-40(1995); M. V. Srinivasan, S. Zhang, M. Altwein, and J. Tautz, "Honeybee navigation: nature and calibration of the 'odometer': *Science* 287: 851-853(2000); H. E. Esch, S. Zhang, M. V. Srinivasan, and A. Si, M. V. Srinivasan, S. Zhang, "Honeybee navigation: properties of the visually driven 'odometer,'" *Journal of Experimental Biology* 2006(8): 1265-1273(2003).

운 것이지만 또 사회성 곤충이 간혹 행동 생리학 연구에 기여하는 이익을 증명했다는 점도 주목할 만하다. 이 연구자들은 우선 꿀벌을 8미터 거리 풍동을 왕복하도록 훈련시켰다. 풍동 벽은 여러 가지 패턴으로 무늬를 칠했다. (이런 훈련은 사실 독거성 곤충에서는 거의 불가능하거나 매우 어려운 것으로 정평이 나 있다.) 풍동 한쪽 끝에는 높은 당도의 설탕물이 든 먹이통이 놓여 있었다. 꿀벌은 8미터라는 짧은 거리에 압축된 많은 패턴을 마치 실제 자연 환경에서라면 더 먼 거리에 펼쳐져 있을 것이 확실한 일련의 거리 지표로 인식하는 것이 틀림없다. 이들이 추는 8자 춤은 8미터보다 훨씬 멀리 떨어진 먹잇감을 지시하고 있었다. (실제로 이렇게 가까운 거리는 8자 춤이 아니라 원형돌기춤으로 지시되는 것이 일반적이다.) 게다가 풍동 벽이 수평 무늬로만 칠해진 경우에는 거쳐 가는 거리를 가늠할 수 있는 수직 경계에 대한 지시가 전혀 없기 때문에 꿀벌은 매우 짧은 거리를 지시하는 춤 신호를 보내거나 아주 가까운 먹이를 지시하는 원형돌기춤만 춘다.

엘리자베스 페니시(Elizabeth Pennisi)는 《사이언스》에 발표한 논문에서 운전 중에 지나쳐 가는 나무나 기타 눈에 띄는 지형지물 수를 무의식적으로 계산하여 거리를 가늠하는 운전자의 사례와 꿀벌의 거리 계산을 비교 분석했다. 인간 운전자의 거리 가늠이 상대적인 것처럼 꿀벌의 거리 계산 역시 절대적 거리 가늠이 아니다. 대신 꿀벌은 비행 고도와 비행 구간의 시각 지표 밀도에 근거해서 거리를 가늠한다. 그러므로 에쉬에 따르면, "꽁무니춤이 제공하는 거리 정보의 정확성은 그와 동시에 제공되는 방향 정보에 결정적으로 의존하고 있다. 왜냐하면 새로운 채집꾼이 둥지를 떠나서 만나게 되는 환경 지표를 검증하는 정확한 비행 방향을 지시하기 때문이다. 새로운 채집꾼이 원래 춤꾼과 같은 방향으로 날아갈 때만 춤사위에 포함되어 있던 거리 정보를 정확한 비행 거리로 산출해서 결과적으로 목적지를 찾을 수 있는 것이다."[298]

일련의 기발한 실험들은 지각과 의사소통에 대한 또 다른 중요한 결과를 밝혀냈다. 풍동 안에서 먹이를 찾고 돌아온 채집꾼의 춤은 실제 비행한 거리(풍동 길이에 양쪽 끝 바깥에 있는 공간 길이를 더한 거리)가 아니라 마치 72미터에 달하는 거리

---

298) H. E. Esch, S. Zhang, M. V. Srinivasan, and J. Tautz, "Honeybee dances communicate distances measured by optic flow," *Nature* 411: 581–583(2001).

를 비행하고 왔을 때와 같은 양상을 보였다.[299] 풍동을 제거한 뒤 연구자들은 둥지로부터 35미터, 70미터, 140미터 떨어진 거리에 식별 표지를 놓고 둥지에서 얼마나 많은 일벌들이 각 거리만큼 날아오는지 조사했다. 식별 가능한 220마리 일벌 중 4분의 3에 달하는 수가 70미터 표지에 도달했고, 이는 이들이 풍동에서 훈련된 채집꾼이 춤으로 전달해 준 거리 정보를 이용했음을 시사하는 발견이었다. 이 결과는 꽁무니춤에 담긴 정보가 춤꾼 동료들에 의해 이해된다는 사실에 대한 또 하나의 놀라운 증거라 할 수 있다.

과연 이렇게 어두운 빌집 안에서 벌은 춤 속에 담긴 정보를 알아내는 것일까? 몇몇 연구 결과에 따르면 춤꾼 주위 일벌은 더듬이로 춤꾼이 만들어 내는 붕붕 소리를 듣는 것으로 보인다. 더듬이 표면에 있는 편모의 공명 주파수는 260~280헤르츠고 이는 춤꾼이 만들어 내는 붕붕 소리 주파수와 일치한다. 이 주파수는 편모 뿌리 부분에 있는 진동 감지 기관인 존스톤 기관의 최대 민감도와도 같다.[300]

벌집 구조물을 통한 매질 진동 역시 정보를 전달하는 통로가 된다. 위르겐 타우즈(Jürgen Tautz)는 일벌이 춤을 추는 무대의 구조적 특징이 새로운 일꾼을 불러 모으는 반응에 현격한 영향을 미친다는 사실을 발견했다. 춤꾼이 뚜껑 없는 빈방 위에서 춤을 추는 경우, 안에 애벌레나 번데기가 들어 있어서 뚜껑이 덮인 방 위에서 춤을 추는 경우에 비해 세 배나 많은 새로운 일꾼을 불러 모을 수 있다.[301] 타우즈와 동료들은 춤꾼이 벌집 위 매질을 통해 전파하는 200~300헤르츠의 진동을 측정했다. 또 어떤 방들에서는 진동에 특별한 변이를 일으켜 진동에 의한 신호 전달 전체 효과를 증대하는 사례도 발견했다. 꿀벌은 다리에 있는 고도로 민감한 진동 수용체인 소위 협하 기관(subgenual organ)을 통해 이런 진동 신호를 감지하는

299) 연구자들은 이미 이 방향에 대한 비행을 측정해 두었기 때문에 이 환경 조건에서 특정 거리에 대해 각 꽁무니춤이 얼마나 오래 지속되어야 하는지를 알고 있었다.

300) A. Michelsen, W. H. Kirchner, and M. Lindauer, "Sound and vibrational signals in the dance languae of the honeybee *Apis mellifera*," *Behavioral Ecology and Sociobiology* 18(3): 207-212(1986); A. Michelsen, W. F. Towne, W. H. Kirchner, and P. Kryger, "The acoustic near field of a dancing honeybee," *Journal of Comparative Physiology A* 161(5): 633-643(1987); C. Dreller and W. H. Kirchner, "Hearing in honeybees: localization of the auditory sense organ," *Journal of Comparative Physiology A* 173(3): 275-279(1993).

301) J. Tautz, "Honeybee waggle dance: recruitment success depends on the dance floor," *Journal of Experimental Biology* 199(6): 1375-1381(1996).

것으로 알려져 있다.[302]

더 예전에 꿀벌 행동을 연구한 학자들은 8자 춤 허리 부분 직선 춤사위가 춤꾼 가슴부위에서 시작된 260~270헤르츠 진동이 다리를 타고 벌 방 벽까지 더 잘 전달되도록 만들어 준다고 생각했다. 그리고 이는 사실로 밝혀졌다. 춤꾼이 만들어 내는 소리는 춤꾼이 몸을 옆으로 가장 멀리 떠는 순간 만들어진다. 에쉬는 "춤꾼이 몸을 옆으로 떠는 순간 몸무게에 의해 관성이 작용하므로 꿀벌은 반드시 벌집 방 벽을 꽉 잡아야 춤의 경로에서 떨어져 나가지 않는다."라고 했다.[303]

고속 촬영 기법을 통해 꽁무니춤의 직선 부분 동안 춤꾼은 시작부터 끝 지점까지 단 한 번 천천히 발걸음을 떼는 것이고 이 직선 부분의 길이가 얼마나 되든 그동안 춤꾼은 벌집을 꽉 붙들고 있음이 밝혀졌다.[304] 춤꾼이 몸을 앞으로 움직일 때 먹이까지 비행 거리에 따라 몸을 뻗는 거리를 조절하는 것이다. 예를 들어 먹이가 200미터 밖에 있는 경우 직선 부분 춤사위 길이는 5밀리미터가 되고 1,200미터 밖 먹이를 지시할 때는 8밀리미터씩 앞으로 나아간다.

무수한 실험을 통해 꿀벌의 꽁무니춤이 춤 그 자체만으로 먹이까지 이르는 방향과 거리를 동료에게 전달하고 있음을 확실히 보여 주는 수많은 정황 증거가 밝혀졌다. 또 이 동료들 역시 전달 받은 정보를 상당히 오랜 시간 동안 기억하고 먹이 채집에 사용할 수 있음도 알려져 있다.[305] 게다가 일찍이 프리슈가 1923년에 보고한 대로 꿀벌이 이렇게 동료를 동원할 때는 여러 가지 다양한 화학 신호와 암시를 사용한다는 사실 역시 밝혀졌다. 최초 채집꾼이 되뱉어 내는 먹이 견본과 함께 이

---

302) D. C. Sandeman, J. Tautz, and M. Lindauer, "Transmission of vibration across honeycombs and its detection by bee leg receptors," *Journal of Experimental Biology* 199(12): 2585-2594(1996); J. C. Nieh and J. Tautz, "Behaviour-locked signal analysis reveals weak 200-300 Hz comb-vibrations during the honeybee waggle dance," *Journal of Experimental Biology* 203(10): 1573-1579(2000); J. Tautz, J. Casas, and D. Sandeman, "Phase reversal of vibratory signals in honeycomb may assist dancing honeybees to attract their audiences," *Journal of Experimental Biology* 204(21): 3737-3746(2001).

303) H. Esch, "Über die Schallerzeugung beim Werbetanz der Honigbiene," *Zeitschrift für vergleichendende Physiologie* 45(1): 1-11(1961).

304) J. Tautz, K. Rohrseitz, and D. C. Sandeman, "One-strided waggle dance in bees," *Nature* 382:32(1996)

305) T. D. Seeley, *The Wisdom of the Hive: The Social Physiology of Honey Bee Colonies*(Cambridge, MA: Harvard University Press, 1995).

런 화학 신호를 통해 군락 일벌은 새로이 찾아낸 먹잇감의 특성과 품질에 대해 알게 된다. 프리슈가 관찰하고 후학들이 증명한 대로 일벌의 여섯 번째와 일곱 번째 배마디 사이에 있는 분비샘 나사노프샘에서 목표물인 먹이 주변에 페로몬이 분비된다(그림 5-6 참조). 제라니올(geraniol)과 네롤릭산(nerolic acid), 제라닉산(geranic acid)의 혼합물인 이 페로몬은 꽁무니춤에 이끌려 온 일벌을 목적지로 유도하는 역할을 한다. 이 페로몬은 특히 물같이 향기 없는 목표물을 지시할 때 유용하게 쓰인다.

꿀벌의 동원 체계에 대해서는 덧붙일 이야기가 많이 남아 있다. 실리가 보인 것처럼 꿀벌 군락 전체로서 수행되는 먹이 채집은 꽁무니춤이 이루어지는 무대에서 특정 먹이 목표에 적절히 채집꾼을 분배하는 소위 '아군 사이 경쟁'으로 이루어지는 수요 공급에 대한 대규모 정산에 근거하고 있다.

이 경쟁이 어떻게 일어나는지 이해하려면 이미 앞에서 한 번 말한 것같이, 둥지 안에서 꿀벌들이 보이는 또 다른 두 가지 의사소통용 과시 행동에 대해 이야기를 다시 꺼내야 한다. 흔들기춤과 떨기춤이 그것이다. 이 두 가지 행동은 각기 채집과 꽃꿀 저장 조절 목적으로 사용된다. 이 두 가지 춤을 통해 군락 안에서 기본적 노동 분담을 조절할 수 있다. 채집꾼은 밖에서 먹이를 가지고 들어오고, 동시에 저장꾼은 그 먹이를 받아 다른 동료에게 나누어 주거나 벌꿀 저장방에 모은다. 이 특성화된 분업은 꿀벌 군락에 한 가지 문제를 야기한다. 어떻게 먹이 채집, 특히 꽃꿀 같은 먹이 채집 속도와 그 먹이를 갈무리하는 속도가 균형을 이룰 수 있는가? 꽃꿀 갈무리 속도가 채집 속도를 넘어서면 저장꾼 수가 모자라고, 반대로 저장꾼 수가 충분치 않으면 채집꾼들이 날라 오는 먹이는 적체될 것이다.

이 문제는 아주 직접적 형태의 의사소통에 의해 해결되어 두 가지 작업 사이 균형이 유지될 수 있다. 채집꾼이 성공적으로 먹이를 채집해 오는 기간이 늘어나거나 갑자기 아주 좋은 꽃밭을 찾아낸 경우 채집꾼은 흔들기춤을 춘다. 채집꾼은 둥지 근처에서 움직이면서 초당 16회 속도로 몸을 아래위로 1~2초 동안 흔들어 댄다(그림 6-3). 이 춤을 추는 동안 간혹 앞발로 다른 동료를 붙들고 있기도 한다. 1분 이내에 각 채집꾼은 한 마리에서 스무 마리까지 동료 일꾼에게 다가가 춤을 춘다. 이 흔들기춤에 대해 다른 일벌이 보이는 두 가지 간단한 반응 중 한 가지를 통해 새로운 채집꾼을 불러 모을 수 있다. 흔들기춤을 추는 채집꾼을 만난 일벌은 무대 쪽으로 이끌려 나오는데, 거기에는 대개 꽁무니춤을 추는 다른 채집꾼이 있게 마련이

그림 6-3 | 꿀벌의 흔들기춤. 검은색으로 보이는 일벌이 몸을 흔들어 동료 일벌에게 신호를 보내고 있다. 그림의 화살표는 일벌이 몸을 아래위로 흔들어 대고 있음을 나타낸다. T. D. Seeley, *The Wisdom of the Hive: The Social Physiology of Honey Bee Colonies*(Cambridge, MA: Harvard University Press, 1995)에 근거.

다. 혹은 일부 일벌은 일단 흔들기 춤꾼을 만나면 더 이상의 신호나 암시를 받지 않고 이전에 한번 다녀 온 꽃밭으로 곧장 날아간다.[306] 결국 꽁무니춤과 함께 흔들기춤을 통해 더 많은 채집꾼이 먹이를 향해 날아가게 되는 것이다.

반대 경우, 즉 둥지로 날라 오는 먹이 양이 둥지에서 처리하는 속도보다 많은 경우 채집꾼은 프리슈가 떨기춤이라고 부른 춤을 춘다. 실리가 묘사한 대로 벌이 벌집 표면 위를 불규칙한 형태로 천천히 돌아다니면서 "다리를 마구 흔들어 대는 탓에 온몸이 앞뒤 좌우로 끊임없이 떨린다."[307] 게다가 일부 떨기춤꾼은 다른 일벌을 향해 박치기를 하듯 머리를 내 뻗으면서 불규칙한 간격을 두고 삑삑 소리를 내기도 한다.[308]

떨기춤의 존재는 일찍부터 알려져 있었지만 그 기능에 대해서는 실리가 발견한 놀라운 알고리즘, 즉 채집에서 돌아온 일벌이 먹이 저장꾼을 찾아낼 때까지 걸리

306) M. D. Allen, "The 'shaking' of worker honeybees by other workers," *Animal Behaviour* 7(3-4); 232-240(1959); S. S. Schneider, J. A. Stamps, and N. E. Gary, "The vibration dance of the honey bee, II: The effects of foraging success on daily patterns of vibration activity," *Animal Behaviour* 34(2): 386-391(1986); T. D. Seeley, A. WEidenmuller, and S. Kuhnholz, "The shaking signal of the honey bee informs workers to prepare for greater activity," *Ethology* 104(1): 10-26(1998).

307) T. D. Seeley, *The Wisdom of the Hive: The Social Physiology of Honey Bee Colonies*(Cambridge, MA: Harvard University Press, 1995).

308) J. C. Nieh, "The stop signal of honey bees: reconsidering is message," *Behavioral Ecology and Sociobiology* 33(1): 51-56(1993).

는 시간에 대해 차별적으로 반응한다는 사실을 통해 비로소 이해되었다. 꽃꿀이 풍부한 꽃밭에서 귀환한 채집꾼 대부분이 새로운 채집꾼을 불러 모으는 시간이 20초 미만이면 꿍무니춤을 춘다. 그러면 더 많은 일벌이 먹이로 날아간다. 반대로 채집꾼이 새로운 채집꾼을 불러 모으는 데 50초 이상이면 떨기춤을 춘다.[309] 게다가 단 한 번이라도 일단 떨기춤꾼의 삑삑거리는 소리가 들리면 꿍무니춤을 추던 채집꾼은 춤을 멈춤으로써 더 이상 채집꾼이 채집에 나서지 않도록 만든다.[310] 이 두 가지 기작이 합쳐지면 떨기춤과 삑삑 소리를 통해 꽃꿀 처리 속도를 높이고 채집 속도를 줄임으로써 채집과 처리 사이 균형이 이루어진다.

실리에 따르면 채집꾼은 은유적으로 말해 꿀벌 군락의 '감각 단위'이다.[311] 채집꾼은 둥지 안에서 마주친 여러 암시에 반응한다. 둥지 안 일꾼이 되뱉어 내 준 먹이의 단백질 함량을 감지하거나 배고픈 애벌레가 분비하는 페로몬 같은 신호를 알아챈다.[312] 일벌은 꿍무니춤이나 떨기춤을 추는 일벌 수가 늘고 줆에 따라 둥지 안에 채집꾼이나 먹이 저장꾼 수가 모자라거나 넘치는지 알아챈다. 이런 신호와 암시가 끊임없이 유통됨에 따라 군락(초유기체)은 하나의 단일화된 전체로서 안정적으로 먹이를 공급하기 위해 놀라울 정도로 잘 기능하고 있다.

프리슈가 일찍이 언급했듯 꿍무니춤은 어느 날 갑자기 하늘에서 떨어진 것이 아니다. 초기의 원시적 사회성 벌이 미숙한 형태로 처음 변형한 어떤 행동 신호로

---

309) T. D. Seeley, *The Wisdom of the Hive: The Social Physiology of Honey Bee Colonies* (Cambridge, MA: Harvard University Press, 1995); T. D. Seeley, "The tremble dance of the honey bee: message and meanings," *Behavioral Ecology and Sociobiology* 31(6): 375-383(1992); W. H. Kirchner and M. Lindauer, "The causes of the tremble dance in the honeybee, *Apis mellifera*," *Behavioral Ecology and Sociobiology* 35(5): 303-308(1994).

310) W. H. Kirchner, "Vibration signals in the tremble dance of the honeybee, *Apis mellifera*," *Behavioral Ecology and Sociobiology* 33(3): 169-172; J. C. Nieh, "The stop signal of honey bees: reconsidering is message," *Behavioral Ecology and Sociobiology* 33(1): 51-56(1993); C. Thom, D. C. Gilley, and J. Tautz, "Worker piping in honey bees(*Apis mellifera*): the behavior of piping nectar foragers," *Behavioral Ecology and Sociobiology* 53(4): 199-205(2003).

311) T. D. Seeley, "Honey bee foragers as sensory units for their colonies," *Behavioral Ecology and Sociobiology* 34(1): 51-62(1994).

312) T. Pankiw and W. L. Rubink, "Pollen foraging response to brood pheromone by Africanized and European honey bees(*Apis mellifera* L.)" *Annals of the Entomolgocial Society of America* 95(6): 761-767(2002).

부터 오늘날 꿀벌이 보이는 것같이 고도로 정교해진 춤의 목록에 이를 때까지의 진화적 과정에는 분명히 중간 단계 신호 형태들이 존재했을 것이다. 그리고 연구자들은 이미 반세기 이상에 걸쳐 그러한 중간 단계 신호 형태들을 발견해 냈고, 그들을 통해 꿀벌의 동원에 이르는 가장 그럴듯한 진화적 단계를 재구성해 내기에 이르렀다.[313]

이런 비교 연구를 통해 알게 된 한 가지 중요한 원칙은 꿀벌 꽁무니춤의 직선 부분은 둥지에서 목표 지역까지 날아가는 비행 형태가 고도로 의식화된 것이라는 점이다. 게다가 열대 지역에 서식하는 몇몇 침 없는 벌과 뒤영벌에서도 꿀벌의 그것과 비슷한 방식의 진동과 페로몬 신호가 더 간단한 행동적 과시와 함께 사용되는데, 이는 아마도 꽁무니춤이 기원한 원시적 형태로 볼 수 있다. 마지막으로 꽁무니춤에 이르는 진화적 적응 과정은 다음과 같은 경로를 따랐을 것으로 여겨진다. 꿀벌 조상 종은 둥지에서 멀리 떨어진 곳까지 먹이를 채집하러 다녔으며 그 결과 화학 신호로써 동료를 동원하고 방향을 지시하는 일은 점점 더 효율이 떨어졌을 것이다. 이에 대한 반응으로 꽁무니춤이 일종의 '획기적 기술 발전'으로서 진화하여 꿀벌 개체의 몸 크기에 비하자면 어마어마하게 먼 거리를 넘어서 새로운 둥지 터와 먹잇감(food resources)을 빠르고 정확하게 찾아서 이용할 수 있는 길을 열게 되었던 것이다.

개미 사회 의사소통

개미의 진화는 꿀벌과는 또 전혀 다른 이야기다. 사회성 벌과 말벌이 하늘을 주름잡는 곳에서 개미는 땅을 지배한다. 어쩌다 식물체 안에 자리를 잡고 사는 종이 있다 해도 그역시 토양과 비슷한 미세 환경을 선호한다. 땅에 발을 딛고 사는 생활방식이 가능케 된 결정적 적응 중 하나는 바로 날개 없는 일꾼 계급으로 이는 이미 1

313)   M. Lindauer, Communication Among Social Bees(Cambridge, MA: Harvard University Press, 1961); M. Hrncir, F. G. Barth, and J. Tautz, "Vibratory and airborne-sound signals in bee communication(Hymenoptera)," in S. Drosopoulous and M. F. Claridge, eds., *Insect Sounds and Communication: Physiology, Behaviour, Ecology, and Evolution*(Boca Raton, FL: Taylor & Francis, 2006), pp. 421-436; A. Dornhaus and L. Chittka, "Evolutionary origins of bee dances," *Nature* 40: 38(1999).

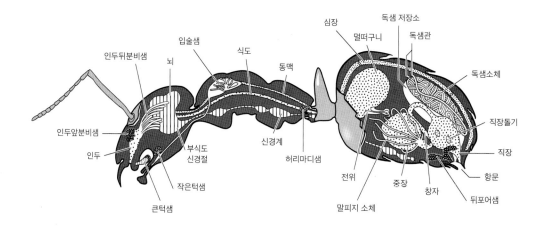

그림 6-4 │ 포르미카속 일개미 주요 내부 기관. B. Hölldobler and E. O. Wilson, *The Ants*(Cambridge, MA: The Belknap Press of Harvard University Press, 1990)에서 빌려 옴.

억 년도 더 지난 과거에 생겨난 현상이다. 그리하여 군락은 비로소 땅 위나 수북한 낙엽 밑 혹은 땅속 깊숙한 곳에서까지 효율적으로 먹이를 찾을 수 있게 되었고 날개 달린 사회성 곤충과 같은 장거리 먹이 채집 습성을 버렸다. 이 변화 덕분에 모든 목적의 의사소통이 주로 화학 물질에 의존하며 그에 따라 접촉 신호와 몸을 움직이는 과시 행동에도 제약이 가해지게 되었다.[314]

이로써 개미는 화학적 의사소통에 관한 한 천재적인 곤충이 되었다. 개미 몸은 페로몬이라는 신호용 화학 물질을 만들어 내는 여러 가지 외분비샘이 가득 들어차 있다(그림 6-4). 개미는 다양한 분비샘에서 나오는 페로몬을 혼합한다든지, 같은 페로몬도 농도를 조절하여 여러 가지 다른 의미를 부여한다든지, 맥락에 따라 페로몬 신호의 의미를 바꾸는 등 여러 가지 방법으로 화학적 의사소통 방식을 발전시켜 왔다. 개미는 또 화학 물질과 함께 사용하는 접촉이나 진동 따위 부가적 신호도 함께 만들어 내기도 한다.

곤충학자들은 지금껏 사회성 곤충의 의사소통을 다음과 같은 적어도 12가지 서로 다른 기능적 항목으로 분류해 왔는데, 그중 거의 대부분 기본적으로 혹은 온전히 화학적 의사소통 방식을 취하고 있다.[315]

---

314) B. Hölldobler, "Multimodal signals in ant communication," *Journal of Comparative Physiology A* 184(2): 129-141(1999).

315) 개미에서 발견된 이런 의사소통 종류에 대한 자세한 설명은 B. Hölldobler and E. O. Wilson, *The Ants*(Cambrdige, MA: The Belknap Press of Harvard University Press, 1990)을 참

1| 경보, 적의 침입이나 둥지 외벽을 통한 침입에 대한 반응

2| 이끌림, 동료를 모아 무리로 만들기

3| 동원, 먹이나 새로운 둥지 터, 혹은 적 등 다양한 대상

4| 손질하기, 탈바꿈을 돕거나 알과 애벌레를 돌보는 행동 포함

5| 먹이 교환, 구강을 통한 먹이 교환, 항문 및 기타 체액의 교환, 대개는 먹이 분
　배를 목적으로 하나 종종 페로몬을 교환하는 경우도 있음

6| 고형 먹이 물질 교환

7| 무리 효과, 무리 전체로서 특정 행동을 부추기거나 억제함

8| 군락 동료와 동료 사이 서로 다른 계급을 인식, 성적 성숙도나 심지어 개체 인
　식도 가능하며, 부상당하거나 죽은 개체도 인식함

9| 계급 결정, 개체가 특정 계급으로 자라나는 과정을 자극하거나 억제함

10| 경쟁하는 번식 담당 개체의 중재와 통제

11| 영역과 구역 표시 및 방향 지정

12| 성적 의사소통, 종 인식, 성별 인식, 성적 활동 시기 일치 및 성적 경쟁시 경쟁
　상대와 짝에 대한 반응 포함

　모든 개미를 통틀어 해부학적으로 구분 가능한 외분비샘이 이미 마흔 가지 이
상 발견되었으며, 그 수는 계속 늘어나고 있다. 이런 분비샘 대부분은 페로몬 합성
을 관장한다.[316] 가장 잘 연구된 개미 종은 적어도 열에서 스무 가지 이상의 신호
를 이용하며 그 대부분은 페로몬 혼합물로 때로는 접촉과 진동 자극과 함께 분비

조하고, 꿀벌에 대해서는 T. D. Seeley, *The Wisdom of the Hive: The Social Physiology of Honey Bee Colonies*(Cambridge, MA: Harvard University Press, 1995)을 참조할 것.

316)　J. Billen and E. D. Morgan, "Pheromone communication in social insects: sources and secretions," in R. K. Vander Meer, M. D. Breed, K. E. Espelie, and M. L. Winston, eds., *Pheromone Communication in Social Insects: Ants, Wasps, Bees, and Termites*(Boulder, CO: Westview Press, 1998), pp. 3-33. 사회성 곤충에서 신호용으로 쓰이지 않는 외분비샘들은 소화액, 윤활제, 방어용 화학 물질 합성에 관여한다. Johan Billen과 동료들의 탁월한 업적은 프랑스의 위대한 현미경 곤충 연구자인 Charles Janet이 일찍이 이루어 놓은 기반 연구들 덕을 보았다고 하는 것이 타당하다. 개미의 이런 외분비샘의 자세한 종류와 분포는 B. Hölldobler and E. O. Wilson, *The Ants*(Cambrdige, MA: The Belknap Press of Harvard University Press, 1990)을 참조할 것.

되기도 한다.[317] 행동 실험 기법과 화학 동정 기술이 더 발달하면 페로몬 수 역시 더 늘어날 것이다. 개미 중에서 지금껏 가장 깊이 연구된 붉은불개미는[318] 스무 가지 정도 신호를 이용하는 것으로 알려져 있는데, 이 숫자는 가장 비슷한 기능 중 서로 구별되는 것에 근거한 정확한 숫자이다. 그중 단 두 가지 신호만 접촉 신호이고 나머지는 모두 화학 신호이다.[319] 꿀벌에서 지금까지 발견된 뚜렷이 구분되는 신호 종류는 역시 대부분 페로몬으로 17가지이며 여기에 적어도 두 배 이상 되는 추가적 의미 변경용 암시들이 더해진다.[320]

이 페로몬 분자는 어떤 물질인가? 개미야말로 화학 신호에 관해 가장 많은 정보를 제공해 주는 생물이다.[321] 일개미들이 사용하는 경보 신호에는 종에 따라 매우 다양한 물질이 이용되는데, 각 종의 해부학적 특성에 근거한 진화적 유연관계와 경보 신호 물질 사이의 유연관계는 별로 밀접하지 않다. 예를 들어 우리가 아는 한도 안에서 탄화수소를 사용하는 경보 신호 물질은 오직 불개미아과에서만 알려져 있다.

일반적으로 경보 물질을 분비하는 기관은 당연히 개미 앞쪽 끝(위턱샘)이나 뒤쪽 끝(독샘, 뒤포어샘, 배끝마디샘)에 자리 잡고 있다(그림 6-5). 경보 신호에 사용되는 물질 종류는 종마다 많은 변이가 있으며 진화적 유연관계로 볼 때는 거의 무작위적으로 분포하는데, 그 종류는 알코올, 알데히드, 지방족 케톤, 환형 케톤,

317) B. Hölldobler, "Multimodal signals in ant communication," *Journal of Comparative Physiology A* 184(2): 129-141(1999).

318) W. R. Tschinkel, *The Fire Ants*(Cambrdige, MA: The Belknap Press of Harvard University Press, 2006).

319) B. Hölldobler and E. O. Wilson, *The Ants* (Cambrdige, MA: The Belknap Press of Harvard University Press, 1990); R. K. Vander Meer, "The trail pheromone complex of *Solenopsis invicta* and *Solenopsis richteri*," in C. S. Lofgren and R. K. Vander Meer, eds., *Fire Ants and Leaf-Cutting Ants: Biology and Management*(Boulder, CO: WEstview PRess, 1986), pp. 201-210.

320) T. D. Seeley, "Throughts on information and integration in honey bee colonies," *Apidologie* 29(1-2): 67-80(1998).

321) 페로몬 분비샘 종류와 그 화학적 특성에 대해 더 자세한 설명은 B. Hölldobler and E. O. Wilson, *The Ants* (Cambrdige, MA: The Belknap Press of Harvard University Press, 1990); R. K. Vander Meer, "The trail pheromone complex of *Solenopsis invicta* and *Solenopsis richteri*," in C. S. Lofgren and R. K. Vander Meer, eds., *Fire Ants and Leaf-Cutting Ants: Biology and Management*(Boulder, CO: Westview Press, 1986), pp. 201-210을 참조할 것.

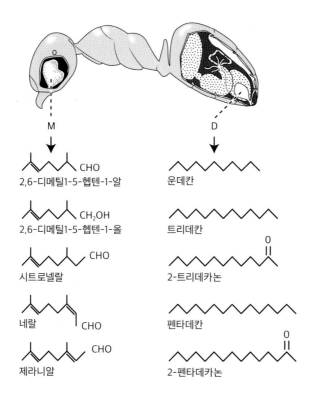

2,6-디메틸1-5-헵텐-1-알

2,6-디메틸1-5-헵텐-1-올

시트로넬랄

네랄

제라니알

운데칸

트리데칸

2-트리데카논

펜타데칸

2-펜타데카논

그림 6-5 | 북아메리카 대륙산 시트로넬라 개미(citronella ant) 라시우스 클라비게르(*Lasius claviger*, 이전 속명 아칸토미옵스(*Acanthomyops*))는 큰턱샘(M)과 뒤포어샘(D)에서 서로 다른 일련의 화학 물질을 분비하여 다양하면서도 동시 다발적으로 군락 동료들에게 경보 신호를 보내고 적을 물리친다. F. E. Regnier and E. O. Wilson, "The alarm−defence system of the ant *Acanthomyops claviger*," *Journal of Insect Physiology* 14(7): 955−970(1968)에서 빌려 옴.

에스테르, 탄화수소, 질소 복소환, 황 혼합물, 테르페노이드 알데히드(terpenoid aldehyde)를 비롯, 심지어 포름산까지 포함하며, 카르복실산 중 가장 간단한 분자인 포름산은 독으로도 사용된다.

이렇게 다양한 물질의 기능은 가까이 침입한 적이나 무너진 둥지에 대한 경보를 둥지 동료에게 발하는 것이다. 더듬이에 있는 수용체를 통해 이런 경보 페로몬을 감지한 일개미들은 물질의 발원지를 향해 움직인다. 물질 농도가 높아질수록 일개미들은 턱을 활짝 벌리고 달려들어 익숙하지 않은 냄새를 풍기며 움직이는 어떤 물체라도 무조건 격렬하게 공격한다. 만약 적이 아니라 무너진 둥지 일부를 만난 경우에는 쌓인 물질을 파내기 시작하여 그 아래 갇힌 동료를 구해 낸다.

개미가 사용하는 또 다른 중요한 페로몬은 냄새길을 만들거나 동료를 동원하는 데 쓰는 분자들인데, 이들이 가진 기능은 종과 상황에 따라 여러 가지로, 채집꾼은 이를 이용해 동료들을 멀리 떨어진 먹이나 새로운 둥지 터 혹은 다른 개미 군락 둥지 등 다양한 종류의 목적지로 동원할 수 있다. 이들 페로몬의 분비샘과 화학 구조는 앞서 말한 경보 물질 경우처럼 매우 다양하여, 종에 따라 다르지만 알코올, 알데히드, 포름산, 니콜릭산, 질소 복소환, 테르페노이드, 락톤, 이소쿠마린 등이 망라되어 있다.[322]

안내 신호의 진화

계통 분류상 비교적 원시적인 개미 종들은 많은 경우 일개미 한 마리가 혼자 먹이를 사냥하거나 물어 오기 때문에 동원 체계나 냄새길은 필요가 없다. 하지만 무리지어 사냥하거나 군대개미식 생활 방식이 진화된 몇몇 종에서는 고도로 복잡한 의사소통 방식이 생겨났다. 진화 역사상 이런 생활 방식은 암블리오포니나이아과(Amblyoponinae), 렙타닐리나이아과(Leptanillinae), 침개미아과, 배잘록침개미아과(Cerapachyinae) 등에서 독립적으로 진화한 것으로 밝혀졌다. 이런 다양한 생활 방식의 독특한 면모 때문에 우리는 각 분류군의 사례를 따로 다룰 예정이다. 특히 이 현상은 매우 중요한 것이기 때문에, 섣부른 일반화 없이 각 종의 세부 사항을 모두 다룰 것이기 때문에 이에 대해 독자들의 넓은 이해를 바라고자 한다.

놀랄 만큼 흥미로운 암블리오포니나이아과 오니코미르멕스속(*Onychomyrmex*) 사례를 들어 보자(사진 21). 오스트레일리아 북동부 우림에만 서식하는 이 개미는 독립적으로 진화한 군대개미식 행동 방식을 가지고 있는데, 정해진 둥지에 살지 않고 여기저기 흩어진 낙엽 속 둥지에서 일시적으로 숙영을 하면서 이동하며 밤이 되면 떼를 지어 움직이며 지네나 기타 절지동물을 사냥한다. 이 무리 사냥은 처음에는 적은 수의 채집꾼들로 시작했다가 감당할 수 없이 큰 먹이를 발견하면 냄새길을 만들어 지원부대를 동원한다. 이 냄새길 페로몬은 일개미 배의 제5, 6마디 중간

322)   B. Hölldobler and E. O. Wilson, *The Ants* (Cambrdige, MA: The Belknap Press of Harvard University Press, 1990); M. F. Ryan, *Insect Chemoreception: Fundamental and Applied* (Boston: Kluwer Academic Publishers, 2002); C. S. Lofgren and R. K. Vander Meer, eds., *Fire Ants and Leaf-Cutting Ants: Biology and Management* (Boulder, CO: Westview Press, 1986)

사진 21 | 오스트레일리아산 암블리오포니나이아과 개미. 위: 오니코미르멕스속 일개미들이 자기 몸집보다
엄청나게 큰 지네를 공격하고 있다. 전 세계에 분포하는 전형적 군대개미 생활 방식(매우 효율적인 동원 행동을
포함하여) 덕분에 이렇게 커다란 상대도 제압하여 잡아먹을 수 있다. 아래: 오스트레일리아산 암블리오포네
아우스트랄리스(*Amblyopone australis*)는 대개 일꾼 한 마리가 단독으로 채집 활동을 하지만 이들 역시
먹잇감이 큰 경우 페로몬을 이용 적은 수나마 다른 동료들을 동원하기도 한다.

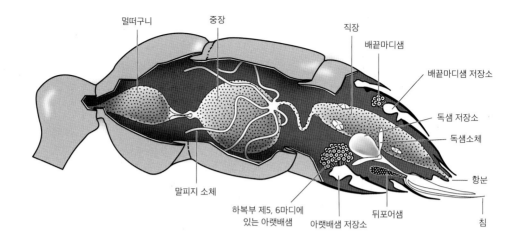

그림 6-6 | 암블리오포니나이아과 오니코미르멕스속 일개미 배(gaster)에 소화기와 주요 외분비샘이 보인다. (여기 보이지 않는 뒤꿈치샘(basitarsal gland)은 그림 6-7 참조할 것.) B. Hölldobler and E. O. Wilson, *The Ants* (Cambrdige, MA: The Belknap Press of Harvard University Press, 1990)에서 빌려 옴.

선 아랫부분에 있는 한 개의 아랫배샘에서 분비된다(그림 6-6). 먹잇감을 발견한 첨병은 본대를 사냥터로 안내하기 위해 냄새길을 뿌려 대면서 독특한 몸짓을 한다. 몸을 낮추고는 불규칙적으로 뒷다리를 뒤로 뻗어 아랫배샘을 땅 위에 갖다 댄다(그림 6-7). 이 아랫배샘 추출물로 인공적으로 냄새길을 만들어 실험실에서 기르는 군락에 갖다 대면 수많은 일개미들이 곧장 달려 나와 사냥에 나선다.[323] 이 페로몬의 화학 성분은 아직 알려져 있지 않지만 휘발성이 매우 강해서 몇 분 만에 사라진다. 그러나 일개미들은 어둠 속에서도 이 길을 어김없이 되짚어 집으로 돌아갈 수 있다. 이것이 어떻게 가능할까? 추가적 실험을 통해 밝혀진 바에 따르면 냄새길을 만드는 첨병은 휘발성이 강한 아랫배샘 페로몬만으로 길을 만드는 것이 아니라 좀 더 지속성이 강한 페로몬으로 집으로 돌아오는 자취를 남긴다. 이 페로몬의 해부학적 분비 위치는 개미 뒷발마디 중 가장 아랫마디(뒤꿈치, basitarsi)에 있다. 이 페로몬을 분비하기 위해서 첨병들은 뒷다리를 뒤로 끌어 융털이 솔처럼 돋아난 막으로 된 분비샘의 노출 부위를 땅에 닿게 해서 분비되는 페로몬을 지표면에 바른

---

323) B. Hölldobler, H. Engel, and R. W. Taylor, "A new sternal gland in ants and its function in chemical communication," *Naturwissenschaften* 69(2): 90-91 1982).

초유기체

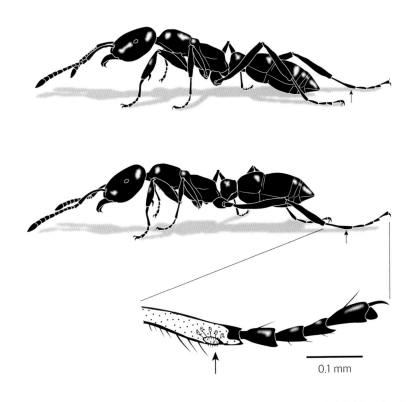

그림 6-7 │ 위: 오스트레일리아산 암블리오포니나이아과 오니코미르멕스속 일개미가 아랫배샘(그림 6-6 참조)에서 페로몬을 분비해서 동원 냄새길을 만들고 있다. 이와 동시에 일개미는 뒷다리 중 하나를 뒤로 뻗어 뒤꿈치샘(화살표가 가리키는 곳)이 땅에 닿도록 한다. 이 아랫배샘에서 나온 페로몬 길에 이끌린 군락의 다른 일개미 역시 뒷다리를 뻗어 뒤꿈치샘을 지표면에 댄 채로 기어간다. 아래: 뒤꿈치샘의 솔처럼 생긴 작은 노출 부위 위치가 확대된 그림.

다.[324] 첨병을 따르는 다른 일꾼 역시 뒷다리를 질질 끌지만 아랫배샘에서 나오는 페로몬으로 길을 만들지는 않는다. 그리하여 이 냄새길 페로몬은 마치 그리스 신화에 나오는 아리아드네의 실타래처럼 다른 신호나 암시가 없는 경우에도 집으로 돌아올 수 있게 하는 신호로 기능한다.[325]

오니코미르멕스 사례는 개미에서 흔한 일이다. 냄새길은 동료를 목적지로 유인하기도 하고 동시에 일을 마친 후 집으로 돌아가게 만드는 복합 기능이 있다. 이렇

---

324) B. Hölldobler and J. M. Palmer, "A new tarsal gland in ants and the possible rolein chemical communication," *Naturwissenschaften* 76(8): 385–386(1989).

325) 그리스 신화에서 아리아드네 공주는 테세우스가 미궁 속의 미노타우르스를 죽인 뒤 미궁을 빠져나오는 길을 표시하도록 실타래를 주었다.

게 두 가지 기능을 하는 페로몬은 같은 분비샘에서 나올 수도 있지만 오니코미르멕스 개미처럼 서로 다른 분비샘에서 낼 수도 있다.

또 다른 오스트레일리아산 암블리오포니나이아과 프리오노펠타 아마빌리스 개미는 오니코미르멕스속 개미와 해부학적으로 비슷하지만 생태적 특성은 매우 다르다. 주로 숲 바닥에 있는 썩어 가는 나무 조각에 둥지를 짓는 이 개미는 군대개미 습성을 갖고 있지 않다. 대신 채집꾼은 혼자서 둥지로 가지고 돌아올 수 있는 좀(silverfish)처럼 생긴 캄포데이드과(Campodeid) 좀붙이목(Diplura) 같은 소형 절지동물이나 기타 아주 작은 절지동물을 사냥한다.[326] 프리오노펠타 아마빌리스 일개미는 아랫배샘은 없지만, 오니코미르멕스속 개미와 아주 비슷한 모양의 뒤꿈치샘을 가지고 있다. 실험실에서 키운 군락에서는 새로운 지형을 탐색하거나 새로운 둥지 터로 이동하거나 먹이를 발견한 뒤 둥지로 돌아올 때 일개미들이 비슷하게 뒷다리를 끄는데 몸을 0.5~2초 정도 빠르게 아래위로 떨기도 한다.[327] 몸 떠는 행동을 분석한 결과 이것이 뒤꿈치샘 페로몬 효과를 상당히 증대시킨다는 사실이 밝혀졌다.

암블리오포니나이아과의 세 번째 종 역시 오스트레일리아산 암블리오포네 아우스트랄리스(*Amblyopone australis*)(사진 21 참조)인데, 이 종은 아랫배샘도 뒤꿈치샘도 없다. 대신 뒷발목마디 첫째 마디에서 분비물을 내어 '발자국길'을 만드는 것으로 알려져 있다. 이들은 일반적으로 단독 채집을 하지만 때로는 몸 흔들기와 함께 발자국길을 만들어 동료를 부른다는 증거가 있다.[328] 또 땅속을 기어 다니는 습성이 있는데, 발자국길은 땅속에서 길을 찾는 암시로도 쓰이는 것으로 알려져 있다.

마지막으로 주목할 만한 암블리오포니나이아과 개미는 마다가스카르 섬에 사는 미스트리움 로게리(*Mystrium rogeri*)로, 이들 역시 페로몬을 이용하여 먹이와 새

---

326) B. Hölldobler, E. O. Wilson, "Ecology and behavior of the primitive cryptobiotic ant Prionopelta amabilis (Hymenoptera: Formicidae)," *Insectes Sociaux* 33(1): 45-58(1986).

327) B. Hölldobler, M. Obermayer, and E. O. Wilson, "Communication in the primitive cryptobiotic ant *Prionopelta amabilis*(Hymenoptera: Formicidae)," *Journal of Comparative Physiology* A 170(1): 9-16(1992).

328) B. Hölldobler and J. M. Palmer, "Footprint glands in *Amblyopone ausralis*(Formicidae, Ponerinae)," Psyche(Cambridge, MA) 96: 111-121(1989).

사진 22 │ 위: 암블리오포니나이아과 한 종인 마다가스카르산 미스트리움 로게리 일개미들이 서로 도와 번데기를 옮기고 있다. 아래: 아프리카산 악취 개미 파키콘딜라 타르사타가 강력한 턱으로 흰개미를 잡아내고 있다.

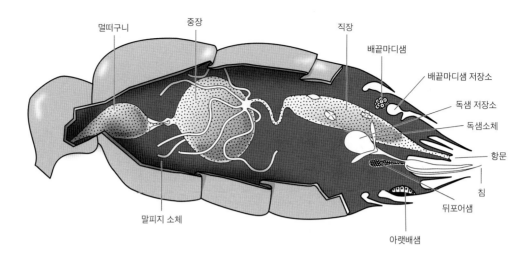

멀띠구니　　중장　　　　　　　　　　　　　　　직장

배끝마디샘

배끝마디샘 저장소

독샘 저장소

독샘소체

항문

침

뒤포어샘

말피지 소체　　　　　　　　　　　　　　　아랫배샘

그림 6-8 | 암블리오포니나이아과 미스트리움속 개미 배에 있는 소화기관과 주요 외분비샘. B. Hölldobler, M. Obermayer, and G. D. Alpert, "Chemical trail communication in the amblyoponine species *Mystrium rogeri* Forel(Hymenoptera, Formicidae, Ponerinae)," *Chemoecology* 8(3): 119–123(1998)에서 빌려 옴.

둥지 터로 일개미를 부른다(사진 22).[329] 이 종의 단독 채집꾼은 아랫배 일곱째 마디에 있는 한 곳의 아랫배샘에서 페로몬을 분비해서 냄새길을 만드는데(그림 6-8), 이 위치는 앞서 말한 오니코미르멕스속 개미의 아랫배샘 자리와는 전혀 다르며 지금까지 알려진 바로는 암블리오포니나이아과 전체에서도 오직 미스트리움속(*Mystrium*)에만 있는 특성이다. 이 첨병 채집꾼은 배를 특별한 방식으로 질질 끌면서 땅에 페로몬을 바르는데 다른 일개미들이 있는 경우는 수직으로 빠르게 몸을 떠는 행동으로 페로몬 분비를 돕는다(그림 6-9).

렙타닐리나이아과는 현존하는 개미 분류군 중에서 가장 원시적이지만 또 역설적으로 해부학적으로나 행동적으로 아주 독특하면서도 기이한 특성을 많이 가지고 있는 특별한 개미이다. 그중 렙타닐라속(*Leptanilla*)은 살아 있는 군락이 연구된 유일한 분류군인데, 1밀리미터 미만의 초소형 몸집을 자랑한다. (이들은 또 비교적 희귀하고 발견하기 힘들다. 곤충학자 중에서도 박물관 표본 말고 살아 있는 개미를 본 사람이 거의 없을 정도다.) 이 초소형 크기 덕분에 이들은 토양의 미세한 틈도 기어 다

---

329) B. Hölldobler, M. Obermayer, and G. D. Alpert, "Chemical trail communication in the amblyoponine species *Mystrium rogeri* Forel(Hymenoptera, Formicidae, Ponerinae)," *Chemoecology* 8(3): 119–123(1998).

초유기체

그림 6-9 │ 위: 마다가스카르산 암블리오포니나이아과 미스트리움 로게리 일개미가 화살표 끝에 있는 독특한 아랫배샘에서 냄새길 페로몬을 분비하고 있다. 아래: 둥지 안에서 일개미들은 몸을 아래위로 흔들어 페로몬의 신호 전달을 돕는다. B. Hölldobler, M. Obermayer, and G. D. Alpert, "Chemical trail communication in the amblyoponine species *Mystrium rogeri* Forel(Hymenoptera, Formicidae, Ponerinae)," *Chemoecology* 8(3): 119–123(1998)에 실린 Malu Obermayer의 원본 그림을 빌려 옴.

닐 수 있고, 땅속에 사는 지네를 떼지어 사냥하기도 한다.[330] 이들은 페로몬 길로 안내를 받아 사냥에 나서는데 이 페로몬은 아랫배 일곱 번째 마디에 있는 하나의 커다란 아랫배샘에서 분비되는 것으로 밝혀졌다. 이 독특한 위치의 아랫배샘이 앞서 말한 미스트리움속의 그것과 상동기관인지 아니면 서로 독립적으로 혹은 수렴 진화한 것인지는 아직 밝혀지지 않았다.[331]

---

330) K. Masuko, "*Leptanilla japonica*: the first bionomic information on the enigmatic ant subfamily Leptanillinae," in J. Eder and H. Rembold, eds., *Chemistry and Biology of Social Insects* (Proceedings of the Tenth Congress of the International Union for the Study of Social Insects, Munich, 18–22 August 1986)(Munich: Verlag J. Peperny, 1987)/ pp. 597–598.

331) B. Hölldobler, J. M. Palmer, K. Masuko, and W. L. Brown, "New exocrine glands in the legionary ants of the genus *Leptanilla*(Hymenoptera, Formicidae, Leptanillinae)," *Zoomorphology* 108(5): 225–261(1989).

침개미아과 중에서 전 세계적으로 널리 퍼져 있는 뚱보침개미속(*Pachycondyla*)(사진 22)은 냄새길 페로몬을 분비하는 분비샘과 그 화학적 특성이 종에 따라 엄청나게 다양하다. 그중 한 종인 아프리카산 악취 개미(African stink ant) 파키콘딜라 타르사타(이전 학명 팔토티레우스 타르사투스)는 제5, 6, 7배마디 사이 아래에 있는 각 한 쌍의 아랫배샘에서 나오는 페로몬으로 냄새길을 만든다.[332] 여기서 나오는 분비물은 10가지 물질의 혼합물인데 그중 하나인 9-헵타데카논(heptadecanone)이 일개미로 하여금 냄새길을 따르도록 하는 신호이다.[333] 파키콘딜라속 다른 몇 몇 종에서는 냄새길 페로몬이 배끝마디샘이라고 불리는 배의 등쪽 여섯 번째와 일곱 번째 마디 사이에 있는 한 쌍의 외분비샘에서 분비된다(그림 6-10). 이것은 특히 신열대구(아메리카 대륙의 북회귀선 이남의 열대 지역 — 옮긴이)에 서식하는 파키콘딜라 마르기나타(*Pachychondyla marginata*, 이전 속명 테르미토포네(*Termitopone*))에서 잘 드러나는데, 이 종의 일개미는 떼를 지어 흰개미 군락을 습격해서 사냥을 한다. 흰개미 군락을 발견한 첨병은 윗부분에 있는 분비샘 표면이 땅 위에 닿을 수 있도록 배를 앞쪽으로 끌어당겨 페로몬 길을 만든다(그림 6-11). 이 페로몬은 여러 가지 물질의 혼합물로 그중 시트로넬랄(citronellal, 감귤류 특유의 냄새 성분)이 가장 활성이 큰 성분인데, 여기에 이소펄리골(isopulegol)이 더해지면 활성에 상승 작용이 배가 된다.[334] 게다가 둥지에 도착한 첨병은 몸을 아래위로 흔들어 페로몬 전달 효과를 더 높인다.

파키콘딜라속 개미의 흥미진진한 이야기 제2탄은 아프리카산 대형 사냥개미 파키콘딜라 포키(*Pachycondyla fochi*, 이전 학명 *Megaponera foetens*)로 이들은 두 가지 분비샘에서 나오는 페로몬으로 무리사냥을 조율한다. 첫째, 짧은 시간 동안만 기능하는 매우 강력한 동원 페로몬이 배끝마디샘에서 분비되는 동안 좀 더 오랫동안

332)   B. Hölldobler, "Communication during foraging and nest-relocation in the African stink ant, *Paltothyreus tarsatus* Fabr.(Hymenoptera, Formicidae, Ponerinae)," *Zeitschrift für Tierpsychologie* 65(1): 40-52(1984).

333)   E. Jansen, B. Hölldobler, and H. J. Bestmann, "A trail pheromone component of the African stink ant, *Pachycondyla*(*Paltothyreus*) *tarsata* Fabricius(Hymenoptera, Formicidae: Ponerinae)," *Chemoecology* 9(1): 9-11(1999).

334)   B. Hölldobler, E. Janssen, H. J. Bestmann, I. R. Leal, P. S. Oliveira, F. Kern, and W. A. König, "Communication in the migratory termite-hunting ant *Pachycondyla*(=*Termitopone*) *marginata*(Formicidae, Ponerinae)," *Journal of Comparative Physiology A* 178(1): 47-53(1996).

초유기체

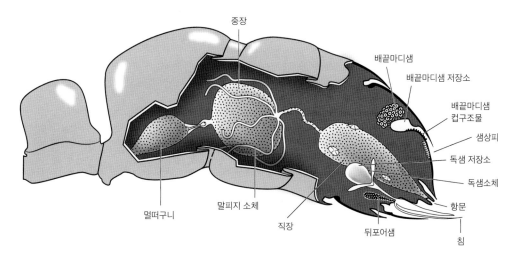

중장

배끝마디샘

배끝마디샘 저장소

배끝마디샘
컵구조물

샘상피

독샘 저장소

독샘소체

항문

침

멀떠구니

말피지 소체

직장

뒤포어샘

그림 6-10 │ 침개미아과 파키콘딜라 마르기나타 배에서 볼 수 있는 소화 기관과 주요 외분비샘. B. Hölldobler and E. O. Wilson, *The Ants* (Cambridge, MA: The Belknap Press of Harvard University Press, 1990)에서 빌려 옴.

지속되는 방향 유도 페로몬이 독샘에서 나온다.[335] 배끝마디샘에서 나오는 페로몬 성분 중 하나는 악티니딘(actinidine)으로 밝혀졌지만, 일개미로 하여금 냄새길을 따라 움직이도록 만드는 또 다른 페로몬의 화학 성분은 아직 밝혀지지 않았다. 독샘에서 나오는 방향 유도 페로몬은 N,N-디메틸우라실(dimethyluracil)로 밝혀졌다.[336]

범세계적으로 분포하는 대형 개미 렙토게니스속(*Leptogenys*) 몇몇 종은 떼지어 사냥하는 습성이 있는데, 채집 행동에서는 군대개미를 많이 닮았다. 적어도 한 종, 렙토게니스 치넨시스(*Leptogenys chinensis*)는 앞서 말한 파키콘딜라 포키처럼 두 가지 외분비샘에서 분비되는 페로몬으로 사냥꾼들을 불러 모은다.[337] 독샘에서는

335) B. Hölldobler, U. Braun, W. Gronenberg, W. H. Kirchner, and C. Peeters, "Trail communication in the ant *Megaponera foetans*(Fabr.)(Formicidae, Ponerinae)," *Journal of Insect Physiology* 40(7): 585-593(1994).

336) E. Janssen, H. J. Bestmann, B. Hölldobler, and F. Kern, "*N,N*-dimethyluracil and actinidine, two pheromones of the ponerine ant *Megaponera foetens* (Fabr.)(Hymenoptera: Formicidae)," *Journal of Chemical Ecology* 21(12): 1947-1955(1995).

337) U. Maschwitz and P. Schonegge, "Forage communication, nest moving recruitment, and prey specialization in the oriental ponerine *Leptogenys chinensis*," *Oecologia* 57(1-2): 175-182(1983).

그림 6-11 │ 위: 신열대구산 파키콘딜라 마르기나타 일개미가 배를 앞쪽으로 구부려 등쪽에 있는 배끝마디샘을 땅에 대고 거기서 나오는 페로몬으로 냄새길을 만들고 있다(그림 6-10 참조). 아래: 둥지 안에서 동료를 동원하는 일개미는 그림처럼 몸을 아래위로 움직여 신호 전달을 더 효율적으로 한다. B. Hölldobler, E. Janssen, H. J. Bestmann, I. R. Leal, P. S. Oliveira, F. Kern, and W. A. König, "Communication in the migratory termite-hunting ant *Pachycondyla* (=*Termitopone*) *marginata* (Formicidae, Ponerinae)," *Journal of Comparative Physiology A* 178: 47-53(1996)에 근거.

오래 지속되는 방향유도 페로몬이 나오고 배끝마디샘에서는(비록 매우 가까운 종인 렙토게니스 디미누타(*Leptogenys diminuta*)에서 밝혀진 것이기는 하지만) (3*R*,4*S*)-메틸-3-헵타놀로 밝혀진 강력한 동원 페로몬이 분비된다.[338]

한때 침개미아과 케라파키이니족(Cerapachyini)으로 분류되기도 했던 배잘록침개미아과는 실제로 침개미아과와 매우 가까우며, 특이한 먹잇감을 찾는 것으로 유명한데, 지금껏 연구된 이 분류군의 모든 종은 오직 다른 개미만 잡아먹는

---

338) A. B. Attygalle, O. Vostrowsky, H. J. Bestmann, S. Steghaus-Kovac, and U. Maschwitz, "(3*R*,4*S*)-Methyl-3-heptanol, the trail pheromone of the ant *Leptogenys diminuta*," *Naturwissenschaften* 75(6): 315-317(1988).

다.[339] 떼를 이룬 일개미들은 때로는 상대하기 꽤 어려운 개미 종까지 습격하여 성충은 죽이거나 물리친 뒤 애벌레와 번데기를 잡아 데려와 먹이로 삼는다. 먹잇감이 될 다른 개미 군락을 발견한 첨병 한 마리가 집으로 돌아와 많은 사냥꾼을 모아 데리고 나감으로써 공격이 시작된다. 오스트레일리아산 케라파키스 투르네리(*Cerapachys turneri*)를 자세히 연구한 결과 첨병은 독샘에서 분비되는 페로몬으로 냄새길을 만들고 이는 동시에 동원과 방향 유도 신호로 사용되는 것으로 밝혀졌다.[340] 일개미를 흥분하게 만드는 다른 페로몬은 배 뒷마디에서 분비되는 것이 분명하다. 일개미는 뒷꽁무니를 살짝 들어 올려 소위 '신호 자세'를 취한 상태에서 내달림으로써 둥지 속이나 냄새길에서 이 페로몬이 퍼지도록 한다. 이 방법으로 인해 케라파키스속(*Cerapachys*) 개미 배끝마디샘에서 나온 페로몬은 곧장 공기 중으로 퍼지는데 이는 파키콘딜라속 개미들이 배를 지면에 대서 페로몬을 분비하는 것과 정반대이다.

침개미아과 개미의 동원 신호 체계는 그들의 생태적 적응 양상처럼 극단적으로 다양한데(8장 참조), 이는 이 분류군의 진화적 기원을 반영하고 있는 것이다. 냄새길 페로몬을 분비하는 여러 종류의 아랫배샘은 렙타닐리나이아과와 침개미아과의 오니코미르멕스속, 미스트리움속, 파키콘딜라속에서 발견된다. 파키콘딜라 타르사타는 이 속의 개미 중 유일하게 아랫배샘을 이용해서 냄새길을 만드는 종이다. 파키콘딜라속 다른 종들은 배끝마디샘에서 냄새길 페로몬을 만들고, 때로는 독샘에서 나오는 페로몬으로 그 효과를 증대시키기도 한다. 배끝마디샘은 배의 뒷부분 중에서도 가장 끝에서 위로 열려 있다. 이와 비슷한 경우가 침개미아과 다른 속인 렙토게니스속에서 보인다.[341]

개미 진화 전체로 볼 때 배끝마디샘의 존재와 동원 행동에서 작용하는 기능이 매우 초기에 진화한 특성이라고 보는 데는 타당한 이유가 있다. 모든 원시 아과들

---

339) E. O. Wilson, "Observations on the behavior of the cerapachyine ants," *Insectes Sociaux* 5(1): 129-140(1958).

340) B. Hölldobler, "Communication, raiding behavior, and prey storage in *Cerapachys* (Hymenoptera: Formicidae)," *Psyche*(Cambridge, MA) 89: 3-21(1982).

341) U. Maschwitz and S. Steghaus-Kovac, "Individualismus versus Kooperation: Gegensätzliche Jagd- und Rekrutierungsstrategien bei tropischen Ponerinen(Hymenoptera: Formicidae)," *Naturwissenschaften* 78(3): 103-113(1991).

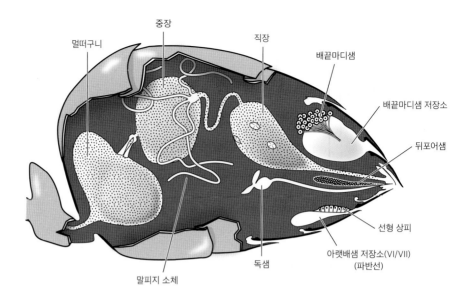

중장

멀떠구니

직장

배끝마디샘

배끝마디샘 저장소

뒤포어샘

선형 상피

아랫배샘 저장소(VI/VII)
(파반선)

독샘

말피지 소체

그림 6-12 | 시베리아개미아과 일개미 배 해부도에서 보이는 주요 외분비샘. M. Pavan and G. Roncheteri, "Studi sul la morfologia esterna e anatomia interna dell'operaia di *Iridomyrmex humilis* Mayr e ricerche chimiche e biologiche sulla iridomirmecina," *Atti della Societa Italiana di Scienze Naturali e del Museo civico di storia naturale in Milano* 94(3-4): 379-477(1995)에서 빌려 옴.

과 좀 더 늦게 진화한 아과 대부분이(불개미아과는 매우 예외적임) 배끝마디샘을 가지고 있다.[342] 그렇지만 침개미아과와 군대개미 에키톤아과에서만 배뒷마디샘이 분명히 동원에 쓰이는 페로몬을 분비한다는 것이 확인되었다. 아네우레티나이아과(Aneuretinae), 시베리아개미아과, 두배자루마디개미아과를 비롯한 다른 아과에서는 배끝마디샘에서 나오는 페로몬이 경보 신호나 퇴치용 신호로 쓰인다(그림 6-12, 6-13).

진화의 큰 안목으로 볼 때 사실 배끝마디샘은 매우 기본적 동원 행동인 소위 꽁무니 물고 달리기(tandem running)에 사용되는 것이다. 이 의사소통 방식은 파키콘딜라속, 디아캄마속(*Diacamma*), 황침개미속(*Hypoponera*) 등 침개미아과 개미뿐 아니라 불개미아과나 두배자루마디개미아과의 좀 더 '고등한' 여러 종에서도 볼 수 있는 행동이다(그림 6-14). 이 종의 일개미들은 단독으로 채집 행동을 하지만

---

342) B. Hölldobler and H. Engel, "Tergal and sternal glands in ants," *Psyche* (Cambridge, MA) 85: 285-330(1978). 불개미아과에서는 오직 사무라이개미속에만 배끝마디샘이 있는데, 이는 수렴진화 결과로 보인다. B. Hölldobler, "A new exocrine gland in the slave raiding ant genus *Polyergus*," *Psyche*(Cambridge, MA) 91: 225-235(1984) 참조.

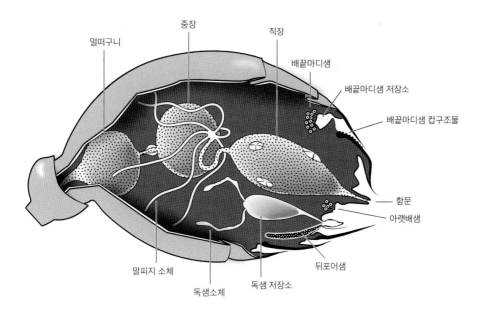

멀떠구니　　　중장　　　직장

배끝마디샘

배끝마디샘 저장소

배끝마디샘 컵구조물

항문

아랫배샘

뒤포어샘

말피지 소체

독샘소체　　독샘 저장소

그림 6-13 | 두배자루마디개미아과 아파이노가스테르속 일개미 배 안의 주요 외분비샘. B. Hölldobler and E. O. Wilson, *The Ants*(Cambrdige, MA: The Belknap Press of Harvard University Press, 1990)에서 빌려 옴.

군락 전체가 새로운 둥지 터로 옮기는 경우는 꽁무니 물고 달리기로 다른 일개미를 이끈다. 침개미 파키콘딜라 테세리노다(*Pachycondyla tesserinoda*, 이전 속명 보트로포네라(*Bothroponera*))에서 이 행동의 개별 과정이 모두 분석되었다.[343] 우선 일개미가 턱으로 다른 동료를 가볍게 물어서 자신을 따르라는 신호를 보낸 뒤 몸을 돌려 원하는 방향으로 나아가기 시작한다. 그러면 그를 따르는 일개미는 꽁무니에 바싹 붙은 채 더듬이로 앞선 개미의 뒷부분을 부지런히 더듬으며 따르게 된다. 꽁무니와 뒷다리에 계속 추종자의 접촉을 느끼는 동안은 첨병은 계속 가던 길을 간다. 이 자극이 중단된 경우 첨병은 걷기를 멈추고 때로는 뒷다리를 들어 꽁무니를 닦는 행동을 한다. 그러는 동안 첨병을 놓친 추종자는 그 주변을 빙빙 돌며 계속 첨병을 찾는다. 다시 두 마리가 접촉을 하게 되면 꽁무니 물고 달리기는 목표를 향해 다시 시작된다. 이렇게 꽁무니를 물고 달리는 두 마리 사이에 모형 개미를 넣어 실험을 해 본 결과, 꽁무니 물고 달리기에는 화학 신호와 접촉 신호 모두가 동시에 필

---

343) U. Maschwitz, B. Hölldobler, and m. Möglich, "Tandemlaufen als Rekrutierungsverhalten bei *Bothroponera tesserinoda* forel(Formicidae: Ponerinae)," *Zeitschrift für Tierpsychologie* 35(2): 113-123(1974).

그림 6-14 | 침개미아과 디아캄마속 개미들이 꽁무니 물고 달리기 행동을 보이고 있다.

요한 것으로 밝혀졌다. 두배자루마디개미아과 호리가슴개미속과 템노토락스속, 불개미아과 왕개미속 개미의 꽁무니 물고 달리기가 사진 23과 그림 10-2에 소개되어 있다.

카를라 예센(Karla Jessen)과 울리히 마슈비츠(Ulrich Maschwitz)는 파키콘딜라 테세리노다의 페로몬을 연구하면서 일개미들이 놀랄 정도로 정확하게 페로몬을 구분할 수 있음을 발견했다.[344] 꽁무니 물고 달리기로 동료를 동원하는 첨병들은 새로운 장소를 탐색하면서 동시에 목표를 향한 냄새길을 만들 수 있다.[345] 이들은 새로운 둥지 터를 찾으면서 동시에 방향을 지시하는 같은 종류 냄새길을 여러 개 만든다. 일개미들은 여기저기를 들락거리며 자신이 만든 특정 냄새길을 구분해서 어떤 것은 취하고 어떤 것은 버린다. 첨병 채집꾼은 단독으로 먹이와 새 둥지 터를 찾는다. 그리고 이들은 꽁무니 물고 달리기로 군락에게 이런 중요한 목표물이 나타났음을 알린다.

연구자들은 지금까지 이런 냄새길용 페로몬과 꽁무니 물고 달리기용 페로몬이 서로 잘 구분되지 않음을 밝혀냈다. 가령 파키콘딜라 트리덴타타(*Pachycondyla tridentata*)에서 꽁무니 물고 달리기용 페로몬 분비샘을 밝히려고 했지만 연구는

---

344) K. Jessen and U. Maschwitz, "Orientation and recruitment behavior in the ponerine ant *Pachycondyla tesserinoda*(Emery): laying of individual-specific traits during tandem running," *Behavioral Ecology and Sociobiology* 19(3): 151-155(1986).

345) 신열대구산 대형 개미 *Paraponera clavata* 일개미들 역시 동원과는 별개의 개체 특이적 방향 지시 냄새길을 만들 수 있다. M. D. Breed, J. H. Fewell, A. J. Moore, and K. R. Williams, "Graded recruitment in a ponerine ant," *Behavioral Ecology and Sociobiology* 20(6): 407-411(1987).

사진 23 | 위: 야행성 왕개미 캄포노투스 오크레아투스(*Camponotus ocreatus*) 일개미가 꽁무니 물고 달리기 방식으로 새롭게 발견한 먹이 채집 장소로 동료를 이끌어 가고 있다. 아래: 아프리카산 폴리라키스종 채집꾼이 같은 방식으로 동료 일개미 셋을 먹이로 데려가고 있다.

실패로 돌아갔다.[346] 하지만 같은 속 파키콘딜라 옵스큐리코르니스(*Pachycondyla obscuricornis*)에서는 이 페로몬이 배끝마디샘에서 분비된다는 것이 밝혀졌다. 이 페로몬은 꽁무니 물고 달리기가 시작되기 전에 일어나는 일련의 몸 손질 행동을 통해 뒷다리에 묻는다. 꽁무니 물고 달리기가 시작되면 추종자들은 첨병의 뒷다리를 더듬이로 반복적으로 더듬어서 페로몬 신호가 끊이지 않고 전달되도록 한다.[347]

침개미아과의 다른 종 일개미들은 파키콘딜라속 개미보다 훨씬 미묘하면서도 복잡한 방식으로 동원한다는 것이 이전부터 밝혀졌다. 마슈비츠와 동료들은 디아

346) A. B. Attygalle, K. Jessen, H.-J. Bestmann, A. Buschinger, and U. Maschwitz, "Oily substances from gastral intersegmental glands of the ant *Pachycondyla tridentata* (Ponerinae): lack of pheromone function in tandem running and antibiotic effects but further evidence for lubricative function," *Chemoecology* 7(1): 8-12(1996).

347) J. F. A. Traniello and B. Hölldobler, "Chemical communication during tandem running in *Pachycondyla obscuricornis* (Hymenoptera: Formicidae)," *Journal of Chemical Ecology* 10(5): 783-793(1984).

캄마 루고숨(*Diacamma rugosum*)의 일개미들이 꽁무니 물고 달리기로 동원할 때 배 끝마디샘에서 나온 페로몬은 전혀 쓰이지 않는다는 것을 발견했다. 첨병은 직장에서 나온 물질로 냄새길을 만들지만 이 페로몬은 동원용으로는 사용되지 않고 오직 방향지시용으로만 쓰인다는 것이다.[348] 쉽게 말하자면 이 종의 동원 역시 페로몬으로 이루어지지만 그 기원과 종류는 알려지지 않았다.

이 수수께끼는 10년쯤 뒤에 전혀 새로운 종류의 외분비샘을 찾아냄으로써 풀렸다. 이 새로운 분비샘은 이제는 디아캄마속과 파키콘딜라속을 포함한 여러 개미에서 광범위하게 존재한다는 것이 알려져 있다.[349] 이것은 뒷발샘(metatibial gland)으로 불리게 된 분비샘으로 일개미의 뒷'발' 위에 놓여 있다. 디아캄마속에서는 이 페로몬이 번식형 암컷이 수컷을 유혹하는 성 유인제로 쓰인다(8장 참조). 상위 번식형 암컷들은 이 뒷발샘에서 나온 페로몬을 꽁무니 등 부분에 비벼 수컷을 유인한다. 개미 뒷다리 정강이에 난 분비샘 구멍들은 각피로 만들어진 듬성듬성한 솔에 연결되어 있어서 분비된 페로몬을 꽁무니 부분에 바르기 적합하게 되어 있다. 디아캄마속과 파키콘딜라속 첨병들은 추종자를 놓친 경우 이와 비슷한 행동을 보인다. 적어도 이 많은 정황 증거로 미루어 볼 때 이는 마치 뒷발샘에서 나온 페로몬이 꽁무니 물고 달리기를 하는 동안 첨병과 추종자를 화학적으로 결합해 주는 것처럼 보인다. 잇따른 연구를 통해서 이 뒷발샘이 꽁무니 물고 달리기 동안 추종자 더듬이가 가장 자주 첨병과 접촉하는 바로 그 뒷발목마디의 정확한 자리에 놓여 있다는 사실도 밝혀졌다.

디아캄마속의 동원 행동을 더 깊이 연구한 결과 마슈비츠와 연구진은 아주 기이한 부가적 현상을 우연히 발견하게 되었다. 동남아산 불개미아과 폴리라키스 라마(*Polyrhachis lama*)는 디아캄마속 개미 군락에 기생한다. 이 사례는 서로 다른 아과의 개미(이 경우 불개미아과가 침개미아과에 기생한다.) 사이에 이런 공생이 처음 발견된 경우였다. 일반적으로 사회성 기생은 소위 에머리 법칙(Emery's rule, 처음 제안한 이탈리아 곤충학자 카를로 에머리(Carlo Emery)의 이름을 땀)에 따라 진화적 유연관계가 가까운 종을 착취하는 방향으로 진화했기 때문에, 이렇게 서로 다른 아

---

348)   U. Maschwitz, K. Jessen, and S. Knecht, "Tandem recruitment and trail laying in the ponerine ant *Diacamma rugosum*: signal analysis," *Ethology* 71(1): 30–41(1986).

349)   B. Hölldobler, M. Obermayer, and C. Peeters, "Comparative study of the metatibial gland in ants(Hymenoptera, Formicidae)," *Zoomorphology* 116(4): 157-167(1996).

과 사이에서 발견된 공생은 매우 놀랄 만한 현상이었다.

이 기생종은 디아캄마속 개미의 페로몬을 위장해서 군락에 침입하여 기생을 시작한다. 대개 폴리라키스 라마 군락은 여왕이 살고 있는 별도의 둥지에서 따로 살지만 때로는 원래 살던 둥지에서 새끼들을 데리고 가까이 있는 디아캄마속 둥지로 들어가는데, 디아캄마속 개미들은 이들이 다른 개미인 줄도 모르고 대신 길러 준다.[350] 이 기생종은 숙주 군락에 철저하게 동화될 수 있다. 가령 이 기생 일개미들은 자신이 데려온 새끼를 위해 따로 먹이 채집 따위는 하지 않는다. 디아캄마속 일개미들이 새로운 둥지로 옮길 때도 같은 종 동료뿐 아니라 기생 개미들까지 같은 꽁무니 물고 달리기 방식으로 모두 이끌어 데려간다. 폴리라키스 일개미가 첨병을 따르는 방식은 디아캄마속 개미들이 하는 것에 비해서는 서툴지만 무사히 여행을 마치는 데는 아무 문제가 없다. 일단 새 둥지 터를 알아 둔 폴리라키스 일개미들은 다시 이전 디아캄마속 둥지로 되돌아가서 남겨진 자기 종 새끼들을 마저 데려온다. 더 놀라운 것은, 이렇게 마지막으로 자기 종 새끼를 데리고 새 디아캄마속 둥지로 갈 때는 디아캄마속 첨병들이 만든 냄새길이 아니라 자신들이 직장에서 직접 분비한 물질로 만든 냄새길을 따라간다는 사실이다.[351]

냄새길과 동원 행동에 관한 폭넓은 이해를 위해서는 신열대구산 다른 개미 엑타톰마 루이둠(*Ectatomma ruidum*)을 특히 잘 알아 두어야 한다. 이 종은 원래 윌리엄 브라운(William L. Brown)의 분류를 따라 오랫동안 침개미아과에 속하는 엑타톰미니족으로 여겨져 왔다.[352] 하지만 이제는 독립된 엑타톰미나이아과(subfamily Ectatomminae)로 승격되었다. DNA 분석 결과 이 아과에 속하는 개미들은 사실 브라운 자신이 제안한 것처럼 두배자루마디개미아과와 진화적으로 매

---

350)   U. Maschwitz, C. Go, E. Kaufmann, and A. Buschinger, "A unique strategy of host colony exploitation in a parasitic ant: workers of *Polyrhachis lama* rear their brood in neighbouring host nests," *Naturwissenschaften* 91(1): 40–43(2004).

351)   U. Maschwitz, C. LIefke, and A. Buschinger, "How host and parasite communicate: signal analysis of tandem recruitment between ants of two subfamilies, *Diacamma* sp.(Ponerinae) and its inquiline *Polyrhachis lama*(Formicinae)," *Sociobiology* 37(1): 65-77(2001).

352)   W. L. Brown, "Contribution toward a reclasification of the Formicidae, II: Tribe Ectatommini(Hymenoptera)," *Bulletin of the Museum of Comparative Zoology, Harvard* 118(5): 175-362(1958).

우 가까운 것으로 밝혀졌다.[353] 엑타톰마 루이둠 일개미들은 아주 풍성한 먹잇감이나 혹은 운반하기 까다로운 먹잇감을 발견하면 냄새길을 만든다. 이 페로몬은 꽁무니에 있는 침의 부속샘인 뒤포어샘에서 분비된다.[354] 주된 페로몬 성분은 트랜스-제라닐제라닐 아세테이트(all-*trans*-geranylgeranyl acetate)로, 일개미들이 냄새길을 따라 움직이도록 자극한다.[355] 이 결과 역시 이 개미를 진화적으로도 두배자루마디개미와 가깝게 분류한 체계와 잘 맞아떨어진다. 얼마 전까지만 해도 엑타톰마속(*Ectatomma*)은 두배자루마디개미아과가 아닌 개미 중 유일하게 뒤포어샘에서 나온 페로몬으로 동원 냄새길을 만드는 개미였다. 또 두배자루마디개미아과의 모든 개미 종들은 뒤포어샘이나 독샘, 혹은 둘 모두에서 분비된 페로몬을 이용해 꽁무니 침으로 냄새길을 만든다.[356] (그림 6-13 참조)

예상대로 다른 엑타톰미나이아과 종들 중에서 가령 그남프토제니스속(*Gnamptogenys*) 종들도 뒤포어샘으로 동원용 냄새길을 만드는 것으로 알려져 있다.[357] 최근에 그남프토제니스 스트리아툴라 역시 침을 사용해서 뒤포어샘에서 나온 페로몬으로 냄새길을 만든다는 것이 확인되었다. 이 페로몬은 4-메틸제라닐 에스테르(4-methylgeranyl esters)로 구성되어 있다.[358] 게다가 오스트레일리아산 엑타톰미나이아과 중에서도 원시 종인 리티도포네라속(*Rhytidoponera*) 개미들 역시 특히 커다란 먹잇감을 운반해야 할 때 동원용 냄새길을 만든다는 증거가 있

353) C. S. Moreau, C. D. Bell, R. Vila, S. B. Archibald, and N. E. PIerce, "Phylogeny of the ants: diversification in the age of angiosperms," *Science* 313: 101-104(2006).

354) S. C. Pratt, "Recruitment and other communication behavior in the ponerine ant *Ectatomma ruidum*," *Ethology* 81(4): 313-331(1989).

355) H. J. Bestmann, E. Janssen, F. Kern, B. Liepold, and B. Hölldobler, "All-*trans*-geranylgeranyl acetate and geranylgeraniol, recruitment pheromone components in the Dufour's gland of the ponerine ant *Ectatomma ruidum*," *Naturwissenschaften* 82(7): 334-336(1995).

356) B. Hölldobler and E. O. Wilson, *The Ants*(Cambridge, MA: The Belknap Press of Harvard University Press, 1990).

357) C. A. Johnson, E. Lommelen, D. Allard, and B. Gobin, "The emergence of collective foraging in the arboreal *Gnamptogenys menadensis*(Hymenoptera: Formicidae)," *Naturwissenschaften* 90(7): 332-336(2003).

358) B. Blatrix, C. Schulz, P. Jaisson, W. Francke, and A. Hefetz, "Trail pheromone of ponerine ant *Gnamptogenys striatula*: 4-methylgeranyl esters from Dufour's gland," *Journal of Chemical Ecology* 28(12): 2557-2567(2002).

다.[359]

이제 개미 전체에서 냄새길을 만드는 페로몬을 분비하는 분비샘의 진화적 경향을 대강이나마 그려 볼 수 있는 충분한 연구 결과가 모였다. 아이닉티나이아과(Aenictinae), 도릴리나이아과(Dorylinae), 에키토니나이아과(Ecitoninae) 같은 '진' 군대개미들은 동원용 냄새길에 쓰이는 페로몬을 직장, 배뒷마디샘, 끝배뒷마디샘, 그리고 적어도 에키토니나이아과에서는 일곱 번째 배마디 아래쪽에 있는 아랫배샘 등에서 분비한다.[360] 계통 분류상 가장 가까운 아과인 아네우레티나이아과와 시베리아개미아과에서 파반샘(Pavan's gland)과 아랫배샘은 제6, 7배마디 사이 아래쪽에 있으며(그림 6-12 참조), 동원 페로몬을 분비한다.[361] 불개미아과 대부분 종에서 이 페로몬은 직장낭(rectal bladder)에서 만들어진다. 왕개미속 몇 종은 직장낭(rectal sac)에서 방향 안내 페로몬을 만들어 내고, 여기에 독샘에서 나온 포름산이 강력한 동원 페로몬으로 작용하여 방향 유도 효과를 배가한다.[362] 게다가 또 다른 변형 사례를 들자면, 오스트레일리아산 캄포노투스 에피피움(*Camponotus ephippium*) 첨병은 3마리에서 많게는 12마리까지 동료 개미 무리를 목적지까지 데려가는데, 제7배마디 아래 끝에 있는 한 쌍의 분비 세포 뭉치인 배설강샘(cloacal gland)에서 페로몬을 분비하는 동시에[363], 직장낭에서 나오는 페로몬을 곳곳에

359) M. L. Thomas and V. W. Framenau, "Foraging decisions of individual workers vary with colony size in the greenhead ant *Rhytidoponera metallica*(Formicidae, Ectatomminae)," *Insectes Sociaux* 52(1): 26–30(2005).

360) B. Hölldobler and H. Engel, "Tergal and sternal glands in ants," *Psyche*(Cambridge, MA) 85: 285–330(1978); J. Billen and E. D. Morgan, "Pheromone communication in social insects: sources and secretions," in R. K. VAnder Meer, M. D. Breed, H. L. Winston, and K. E. Espelie, eds., *Pheromone Communication in Social Insects* (Boulder, CO: Westview Press, 1998), pp. 3–33.

361) E. O. Wilson and M. Pavan, "Glandular sources and specificity of some chemical releasers of social behavior in dolichoderine ants," *Psyche*(Cambridge, MA) 66(4): 70–76(1959).

362) E. Kohl, B. Hölldobler, and H.-J. Bestmann, "Trail and recruitment pheromones in *Camponotus socius*(Hymenoptera: Formicidae)," *Chemoecology* 11(2): 67–73(2001); E. Kohl, B. Hölldobler, and H.-J. Bestmann, "Trail pheromones and Dufour gland contents in three *Camponotus* species(*C. castaneus*, *C. balzani*, *C. sericeiventris*: Formicidae, Hymenoptera)," *Chemoecology* 13(3): 113–122(2003).

363) B. Hölldobler, "The cloacal gland, a new pheromone gland in ants," *Naturwissenschaften* 69(4): 186–187(1982).

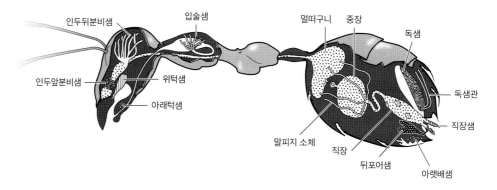

인두뒤분비샘 입술샘 멀떠구니 중장 독샘
인두앞분비샘 위턱샘 독샘관
아래턱샘 직장샘
말피지 소체 직장
뒤포어샘 아랫배샘

그림 6-15 | 오이코필라속 베짜기개미 주요 외분비샘. 소화기관과 아울러 사회 조직 활동에 쓰이는 페로몬이 분비되는 외분비샘 위치가 보인다. B. Hölldobler and E. O. Wilson, *The Ants*(Cambrdige, MA: The Belknap Press of Harvard University Press, 1990)에서 빌려 옴.

화학 표지판처럼 뿌림으로써 길을 안내한다.

주목할 것은 오이코필라속 베짜기개미는 불개미아과의 일반적 경우와 사뭇 다르다는 점이다. 이들의 냄새길 방향 안내 페로몬은 직장 상피세포가 안으로 접혀 만들어진 직장샘에서 분비된다. 여기서 나오는 페로몬은 직장낭에서 나오는 물질과는 또 다른데, 직장낭에서 나오는 물질은 군락 영역을 표시하기 위해 사용된다. 이들은 제7배마디 아래의 또 다른 특수한 아랫배샘에서 분비되는 단거리 경보 물질과 동원용 냄새길 페로몬을 이용하기도 한다[364](그림 6-15).

종 다양성과 지구 전체 풍부도에서 불개미아과와 쌍벽을 이루는 두배자루마디개미아과에서도 냄새길 페로몬 합성에 있어서 어느 정도 변이가 존재한다. 두배자루마디개미아과 대다수 속은 뒤포어샘이나 독샘 혹은 둘 모두에서 동원과 방향 지시용 페로몬을 합성하지만 한 가지 중요한 예외가 있다. 나무 위에 사는 꽁무니치레개미속(*Crematogaster*) 일개미는 뒤꿈치샘에서 냄새길 페로몬을 합성한다.[365]

개미는 1억 년 이상 진화 과정을 거치는 동안 냄새길을 이용하는 의사소통 방

---

364) B. Hölldobler and E. O. Wilson, "The multiple recruitment systems of the African weaver ant *Oecophylla longinoda*(Latreille)(Hymenoptera; Formicidae)," *Behavioral Ecology and sociobiology* 3(1): 19-60(1978).

365) R. H. Leuthold, "A tibial gland scent trail and trail-laying behavior in the ant *Crematogaster ashmeadi* Mayr," *Psyche*(Cambridge, MA) 75: 231-248(1968); D. J. C. Gletcher and J. M. Brand, "Source of the trail pheromone and method of trail laying in the ant *Crematogaster peringueyi*," *Journal of Insect Physiology* 14(6): 783-786(1968).

식을 형편에 맞는 대로 이리저리 '땜질'한 덕분에, 현존하는 분류학적 계통수에 속한 각 종이 사용하는 생화학 물질과 행동 양상은 매우 다양하게 되었다. 원시형 개미인 오스트레일리아산 불독개미(미르메키이나이아과(Myrmeciinae))는 동원이나 냄새길 신호 체계가 없다. 이 신호 체계는 또 대부분 속에서 일개미가 단독으로 포식이나 채집을 맡아 하는 암블리오포니나이아과나 침개미아과에서도 흔하지 않다. 하지만 이 두 아과의 몇몇 종들은 떼 사냥을 강화하기 위한 수단으로 이런 페로몬 체계를 가지고 있기도 하다. 시베리아개미아과, 불개미아과, 두배자루마디개미아과 등 소위 고도로 성공한 '개미 진화의 절정'이라 할 수 있는 분류군에서는 동원용 냄새길을 이용한 의사소통 방식이 불변의 법칙이고, 개미 중에서도 냄새길 신호 방식의 복잡성이 가장 고도로 발달된 종 역시 이들 아과에 속해 있다. 이런 방식으로 일개미는 먹이를 빨리 운반할 수 있고, 적을 집중적으로 공격할 수 있으며 새로운 둥지 터로 효율적으로 이사 갈 수 있다. 일부 계통수에 속한 분류군에서는 동원 행동의 필요성이 없어지기도 했다. 가령 사막에 사는 불개미아과 카타글리피스 비콜로르(Cataglyphis bicolor) 일개미들은 굉장히 멀리까지 가서 먹이를 가져오는데, 이들은 페로몬을 사용해서 방향을 유지할 필요가 없기에, 둥지 입구에만 냄새 표지를 설치할 뿐 장거리 냄새길 페로몬은 분비하지 않는다. 대신 이들은 개미에서 보기 드물게 시각을 이용해 방향을 유지하며 시각 지표 기억력도 가지고 있다.[366]

진화 과정 속에서 무슨 일이 어떻게 벌어졌기에 냄새길 페로몬 합성과 분비에 어떤 분비샘은 사용되고, 그와 거의 비슷한 정도로 잘 발달되고 알맞은 위치에 있는 다른 분비샘은 사용되지 않는 것인지 그 이유는 아직 밝혀지지 않고 있다. 또 왜 어떤 개미들은 냄새길 신호를 위해 원래 있던 독샘이나 뒤포어샘 같은 것들을 응용해서 사용하는 반면, 다른 분류군에 속한 개미들은 같은 목적을 위해 완전히 새로운 분비샘을 진화시켰는지 역시 알지 못한다.

냄새길 의사소통을 관장하는 페로몬 수용체 특이성과 효율은 페로몬 분

---

366) R. Wehner, "The ant's celestial compass system: spectral and polarization channels," in M. Lehrer, ed., *Orientation and Communication in Arthropods*(Basel: Birkhauser Verlag, 1997); R. Wehner, "Desert ant navigation: how miniature brains solve complex tasks," *Journal of Comparative Physiology A* 189(8): 579-588(2003); M. Knaden and R. Wehner, "Nest mark orientation in the desert ants *Cataglyphis*: what does it do to the path integrator?" *Animal Behaviour* 70)6): 1349-1354(2005).

자 미세 구조에 의존하고 있다.[367] 예를 들면 신열대구산 캄포노투스 루피페스(*Camponotus rufipes*)는 3,7-디메틸이소쿠마린(3,7-dimethylisocoumarin)을 냄새길 페로몬으로 사용하는 반면 친척뻘인 캄포노투스 실비콜라(*Camponotus silvicola*)는 이 물질과 비슷한 혼합물인 3,5,7-트리메틸이소쿠마린(3,5,7-trimethylisocoumarin)을 사용한다. 각 종은 자기 종이 분비하는 물질에만 반응한다.[368] 그리하여 단지 한 가지 분자에서 구조를 약간 바꾸는 것만으로 종 특이적 의사소통 체계를 구축할 수 있는 것이다.

냄새길 페로몬의 종 특이성은 또 한 가지 분자가 입체 구조를 달리함으로써 만들어지는 이성질체가 물리적 화학적으로 미세한 새로운 특성 차이를 갖게 되고, 개미가 이 차이를 구별해 낼 수 있기 때문에도 가능하다. 왕개미속은 냄새길 페로몬 분자의 (*R*)형 거울상체(enantiomer)를 (*S*)형에 비해 무척 더 선호한다.[369] 비슷한 연구 결과가 경보 페로몬에 대해서도 알려져 있다. 아타속 잎꾼개미와 포고노미르멕스(*Pogonomyrmex*) 수확개미는 위턱샘에서 자연 합성된 분자를 인공적으로 합성된 같은 거울상체 분자에 비해 수백 배나 낮은 농도에서도 분명히 구별해서 선호한다.

냄새길 페로몬의 특징적 차이는 해부학적으로 아주 비슷한 유연관계에 놓인 '자매 종'을 구분하는 데 도움을 주기도 한다. 실제로 캄포노투스 플로리다누스(*Camponotus floridanus*)와 캄포노투스 아트리켑스(*Camponotus atriceps*)(예전에는 두 종이 함께 캄포노투스 압도미날리스(*Camponotus abdominalis*)로 분류되었음)는 행동과 냄새길 페로몬 연구 결과 매우 다른 종으로 밝혀졌다.[370] 즉 *C.* 플로

367) B. Hölldobler and E. O. Wilson, *The Ants* (Cambridge, MA: The Belknap Press of Harvard University Press, 1990); R. K. Vander Meer, M. D. Breed, K. E. Espelie, and M. L. Winston, eds., *Pheromone Communication in Social Insects: Ants, Wasps, Bees, and Termites* (Boulder, CO: Westview Press, 1998).

368) E. Übler, F. Kern, H. J. Bestmann, B. Hölldobler, and A. B. Attygalle, "Trail pheromone of two formicine ants, *Camponotus silvicola* and *C. rufipes* (Hymenoptera: Formicidae)," *Naturwissenschaften* 82(11): 523-525(1995).

369) E. Kohl, B. Hölldobler, and H.-J. Bestmann, "Trail pheromones and Dufour gland contents in three *Camponotus* species(*C. castaneus, C. balzani, C. sericeiventris*: Formicidae, Hymenoptera)," *Chemoecology* 13(3): 113-122(2003).

370) M. A. Deyrup, N. Carlin, J. Trager, and G. Umphrey, "A review of the ants of the Florida

리다누스 페로몬은 네롤릭산인 반면 *C.* 아트리쳅스는 락톤 3,5-디메틸-6(1-메틸프로필)-테트라히드로피란-2-one(lactone 3,5-dimethyl-6(1-methylpropyl)-tetrahydropyran-2-one)을 사용한다.[371]

하지만 개미들이 다른 종 냄새길 페로몬을 종종 자기 종 것으로 착각하는 일도 일어난다. 그리고, 이런 착각들은 비대칭적이다. 이를테면 캄포노투스 루피페스 일개미는 캄포노투스 실비콜라 일개미 직장 내용물로 만든 냄새길을 따라가지만, 그 반대 현상은 일어나지 않는다. 어째서일까? 캄포노투스 루피페스 일개미들은 이 두 페로몬 성분을 모두 합성하지만 캄포노투스 실비콜라는 자기 종 페로몬만 합성할 수 있기 때문이다. 다른 예를 보면, 두배자루마디개미아과 아파이노가스테르 알비세토수스는 자기 종뿐 아니라 같은 속 콕케렐리 페로몬도 따라갈 수 있지만, 역시 그 반대는 되지 않는다. 콕케렐리는 자기 종만의 페로몬인 1-페닐에탄올(1-phenylethanol)(87.8퍼센트)과 알비세토수스 페로몬인 4-메틸-3-헵타논(4-methyl-3-heptanone; 10.4퍼센트) 혼합물을 냄새길 페로몬으로 사용하지만, 알비세토수스는 4-메틸-3-헵타논만 냄새길 페로몬으로 합성, 사용하기 때문이다.[372]

적어도 몇몇 다른 사례를 통해 볼 때 동원용 냄새길 페로몬은 종 특이적이지 않다. 두배자루마디개미아과 몇몇 속에 속하는 여러 종들에서 냄새길 페로몬 핵심 물질은 독샘에서 합성되는 3-에틸-2,5-디메틸피라진(3-ethyl-2,5-dimethylpirazine; EDMP)으로 알려져 있다.[373] 이 물질은 또한 두배자루마디개미아과 수확개미 포고노미르멕스속 중 같은 지역에 사는 적어도 네 종이 함께 사용

Keys," *Florida Entomologist* 71(2): 163-176(1988).

371)　U. Haak, B. Hölldobler, H. J. Bestmann, and F. Kern, "Species-specificity in trail pheromone and Dufour's gland contents of *Camponotus atriceps* and *C. floridanus*(Hymenoptera: Formicidae)," *Chemoecology* 7(2): 85-93(1996).

372)　B. Hölldobler, N. J. Oldham, E. D. Morgan, and W. A. König, "Recruitment pheromones in the ants *Aphaenogaster albisetosus* and *A. cockerelli*(Hymenoptera: Formicidae)," *Journal of Insect Physiology* 41(9): 739-744(1995).

373)　E. D. Morgan, "Insect trail pheromones: a perspective of progress," in A. R. McCaffrey and I. D. Wilson, eds., *Chromatography and Isolation of Insect Hormones and Pheromones*(New York: Plenum Press, 1990), pp. 259-270.

하는 동원 페로몬의 핵심 물질이다.[374] 반대로 나무 둥치를 타고 집으로 돌아오는 채집꾼이 사용하는 장기 지속성 냄새길에 사용되는 화학 물질은 종 특이적이다.[375] 이 냄새길은 뒤포어샘에서 분비되고 종마다 서로 다른 물질로 만들어지는 것이 분명하다. 게다가 더 중요한 점은 이 나무 둥치 위 냄새길을 만드는 혼합물은 각 군락마다 또 다르다는 사실이다.[376] 그럼으로써 이 냄새길은 은밀하면서도 오래 지속되는 군락 영역 표시용 신호로도 쓰일 수 있는 것이다.

냄새길이 군락마다 특징적인 것은 일반적이거나 적어도 매우 흔한 현상으로 밝혀졌다. 직장에서 분비된 물질에 대한 반응으로 보건대, 불개미아과 라시우스 네오니게르(*Lasius neoniger*)[377]도 일본풀개미(*Lasius japonicus*)와 이런 정도의 구분을 한다. 일본풀개미 경우는 직장뿐 아니라 뒤꿈치샘에서 나오는 물질도 일부 관여하는 것으로 알려져 있다.[378] 나무 둥치에 만든 냄새길과 영역 표시용 표지에 사용되는 직장에서 분비되는 페로몬이 군락마다 다르다는 사실은 아프리카산 베짜기개미 오이코필라 롱기노다(*Oecophylla longinoda*)에서도 밝혀진 바 있다.[379]

더욱 놀라운 발견은 일부 개미 중에는 군락 특이적인 냄새길을 만드는 것을 넘어서 각 일개미마다 특이적인 냄새길을 만드는 경우도 있다는 사실이다. 침개미아과 파키콘딜라 테세리노다와 총알개미(*Paraponera clavata*)를 비롯 두배자루마디개

374) B. Hölldobler, E. D. Morgan, N. J. Oldham, and Liebig, "Recruitment pheromone in the harvester genus *Pogonomyrmex*," *Journal of Insect Physiology* 47(4-5): 369-376(2001).

375) B. Hölldobler and E. O. Wilson, "Recruitment trails in the harvester ant *Pogonomyrmex badius*," *Psyche*(Cambridge, MA) 77: 385-399(1970).

376) B. Hölldobler, E. D. Morgan, N. J. Oldham, J. Liebig, and Y. Liu, "Dufour gland secretion in the harvester ant genus *Pogonomyrmex*," *Chemoecology* 14(2): 101-106(2004).

377) J. F. A. Traniello, "Colony specificity in the trail pheromone of an ant," *Naturwissenschaften* 67(7): 361-362(1980).

378) T. Akino, M. Morimoto, and R. Yamaoka, "The chemical basis for trail recognition in *Lasius nipponensis*(Hymenoptera: Formicidae)," *Chemoecology* 15(1): 13-20(2005); T. Akino and R. Yamaoka, "Trail discrimination signal of *Lasius japonicus*(Hymenoptera: Formicidae)," *Chemoecology* 15(1): 21-30(2005).

379) B. Hölldobler and E. O. Wilson, "Colony-specific territorial pheromone in the African weaver ant *Oecophylla longinoda*(Latreiile)," *Proceedings of the National Academy of Sciences USA* 74(5): 2072-2075(1977); B. Hölldobler, "Territories of the African weaver ant(*Oecophylla longinoda* [Latreille]): a field study," *Zeitschrift für Tierpsychologie* 51(2): 201-213(1979).

미아과 템노토락스 아피니스(*Temnothorax affinis*, 이전 속명 렙토토락스) 등이 이런 능력을 가지고 있다.[380)]

　이런 연구를 통해 페로몬을 이용한 의사소통에 관한 다음과 같은 원칙에 이르게 되었다. 페로몬 의사소통의 종 특이성은 화학 구조가 다른 페로몬 성분을 사용하기 때문에 가능한 이유도 있지만, 대개의 경우 종 특이성과 은밀성은 여러 페로몬 성분 물질이 다양한 비율로 섞이기 때문에 가능하다.[381)] 이 현상은 뒤포어샘에서 나오는 탄화수소 혼합물 경우와 여러 가지 분비샘에서 나오는 다양한 페로몬 성분 혼합물로 만들어지는 냄새길 사례에서 분명히 알 수 있다. 아타속 잎꾼개미들은 주목할 만한 또 다른 사례인데, 냄새길 페로몬은 독샘에서 만들어지는 메틸 4-메틸피롤-2-카르복실레이트(4-methylpyrrole-2-carboxylate: MMPC)와 3-에틸-2,5-디메틸피라진(EDMP) 두 가지로 이루어져 있다(9장 참조). 지금껏 연구된 모든 아타속 종은 MMPC로 만들어진 냄새길은 잘 따라가지만 EDMP로 만든 것은 따라가지 않는 것으로 밝혀졌다. 그리고 아타 섹스덴스는 EDMP는 따르되 MMPC는 따르지 않는 유일한 예외종이다. 실험을 통해 MMPC는 대부분 종에서 자극 신호로 생각되는 반면, EDMP는 종 특이성을 만드는 역할을 하는 것으로 알려졌다. 이 두 물질의 혼합 비율이 종마다 다르고 종마다 일개미가 최적으로 반응하도록 되어 있다.[382)] 데이비드 모건(David Morgan)은 이와 비슷한 양상을 보이는

---

380)　K. Jessen and U. Maschwitz, "Individual specific trails in the ant *Pachycondyla tesserinoda*(Formicidae, Ponerinae)," *Naturwissenschaften* 72(10): 549-550(1985); K. Jessen and U. Maschwitz, "Orientation and recruitment in the ponerine ant *Pachycondyla tesserinoda*(Emery): laying of individual-specific trails during tandem running," *Behavioral Ecology and Sociobiology* 19(3): 151-155(1986); U. Maschwitz, S. Lenz, and A. Buschinger, "Individual specific trails in the ant *Leptothorax affinis*(Formicidae: Myrmicinae)," *Experientia* 42(10): 1173-1174(1986); M. D. Breed and J. M. Harrison, "Individually discriminable recruitment trails in a ponerine ant," *Insectes Sociaux* 34(3): 222-226(1987).

381)　E. D. Morgan, "Chemical words and phrases in the language of pheromones for foraging and recruitment," in T. Lewis, ed., *Insect Communication*(New York: Academic Press, 1984), pp. 169-194; B. Hölldobler and N. F. Carlin, "Anonymity and specificity in the chemical communication signals of social insects," *Journal of Comparative Physiology A* 161(4): 567-581(1987).

382)　J. Billen, W. Beeckman, and E. D. Morgan, "Active trail pheromone compounds and trail following in the ant *Atta sexdens sexdens*(Hymenoptera: Formicidae)," *Ethology Ecology & Evolution* 4(2): 197-202(1992).

다른 종류에 대한 소개를 한 적이 있다.[383]

지금껏 알려진 것 중 가장 복잡한 다중 혼합물 냄새길은 외래 위해 종인 붉은 불개미가 만드는 것이다. 뒤포어샘 추출물로 냄새길을 만들면 일개미는 세 가지 반응을 보인다. 냄새길로 이끌려 간 뒤, 흥분 상태에 이르고, 길을 따라 둥지 밖으로 나간다.[384] 이 연구는 처음으로 개미에서 분비샘에서 나오는 페로몬을 확인한 사례였으나, 화학 물질의 정확한 성분과 구조를 알아내는 작업은 엄청나게 어려운 일이었고, 그 첫 시도 역시 실패하고 말았다. 그 뒤 페로몬 화학 분석의 고전적 사례가 된 로버트 반데르 미어(Robert K. Vander Meer)와 동료들의 연구에서 이 종의 냄새길 페로몬은 뒤포어샘 구조가 상호 의존적으로 기능한 결과 합성 분비되는 여러 가지 성분 물질의 혼합물임이 밝혀졌다.[385] 동료를 부르는 냄새길을 만드는 핵심 성분은 Z,E-α-파네센(farnesene)으로 확인되었으나, 이 물질 단독으로는 뒤포어샘 추출물 전체와 비교해서 활성이 떨어졌고, 뒤포어샘에 있는 다른 두 가지 호모파네센 계열의 상승작용 물질과 섞였을 때 비로소 추출물 전체와 비슷한 활성을 보였다. 더 흥미로운 점은 이 상승작용 물질만 있을 때는 역시 비활성이며, 뒤포어샘에서 합성되는 또 다른 미확인 프라이머 페로몬 성분과 섞여야만 활성이 나타난다는 것이다.

일개미 한 마리가 운반할 수 있는 이런 냄새길 페로몬의 양은 종에 따라 매우 다르지만, 알려진 예를 들면 왕개미속 2~10나노그램, 아타속과 아크로미르멕스속 잎꾼개미 0.3~3.3나노그램, 빗개미 약 6나노그램, 그물등개미속(Pristomyrmex)은 피코그램(10^{-12}그램) 정도로 일반적으로 극소량이다.[386]

---

383) E. D. Morgan, "Chemical words and phrases in the language of pheromones for foraging and recruitment," in T. Lewis, ed., *Insect Communication* (New York: Academic Press, 1984), pp. 169-194.

384) E. O. Wilson, "Source and possible nature of the odor trail of fire ants," *Science* 129: 643-644.

385) R. K. Vander Meer, "Semiochemicals and the red imported fire ant (*Solenopsis invicta* Buren) (Hymenoptera: Formicidae)," *Florida Entomologist* 66(1): 139-141(1983); R. K. Vander Meer, "The trail pheromone complex of *Solenopsis invicta* and *Solenopsis richteri*," in C. S. Lofgren and R. K. Vander Meer, eds., *Fire ants and Leaf-cutting Ants: Biology and Management* (Boulder, CO: Westview Press, 1986), pp. 201-210.

386) R. P. Evershed and E. D. morgan, "The amounts of trail pheromone substances in the venom

미세 분석 기기의 도움 없이는 절대로 인간이 감지할 수 없는 이런 극미량이도 개미에게는 완전한 의미를 전달하기에 충분한 양이다. 아타 텍사나(*Atta texana*) 냄새길 페로몬이 MMPC라는 것을 처음으로 밝혀낸 제임스 툼린슨(James H. Tumlinson)과 동료들은 이 물질 1밀리그램(얼추 한 군락 전체에서 추출할 수 있는 양)으로 최대한 효율적으로 냄새길을 만들면 그 거리는 일개미가 지구를 3바퀴 돌 수 있을 정도라고 추산했다.[387] 더 놀라운 것은 풀잎을 주로 자르는 개미 아타 볼렌베이테리 경우 실험실에서 확인된 냄새길 페로몬의 최소 반응 임계 농도로 냄새길을 만들면 1밀리그램으로 지구 둘레 60배나 되는 거리의 냄새길을 만들 수 있다는 계산이 나온다.[388] 사실 개미는 이런 가상의 여행길 위에서 차고 넘칠 정도로 많은 페로몬 분자를 만난다. 페로몬 1밀리그램으로 지구 둘레를 60바퀴 도는 냄새길을 만들어도 매 1미터마다 만나는 분자 수는 20억 개에 달하는 셈이다.

페로몬 구조 설계와 기능적 효율

이제는 생물학자들이 오랫동안 이론과 실험을 통해 궁리해 온 주제인 화학 신호의 특성에 대해서 알아보자. 화학 신호를 만드는 분자 구름의 구성 특성과 이 분자 구름을 만드는 분자 크기와 구조 등에 대한 연구에는 많은 진보가 있었다. 설계에 대한 이론 연구는 활성 공간 개념에 근거하고 있는데, 활성 공간이란 페로몬이나 기타 생물학적 활성을 띠는 화학 물질이 최저 감지 농도 이상으로 존재하는 공간적

---

of workers of four species of attine ants," *Insect biochemistry* 13(5): 469–474(1983); R. P. Evershed, E. D. Morgan, and M.-C. Cammaerts, "3-Ethyl-2,5-dimethylpyrazine, the trail pheromone from the venom gland of eight species of *Myrmica* ants," *Insect Biochemistry* 12(4): 383–391(1982); E. Janssen, B. Hölldobler, F. Kern, H.-J. Bestmann, and K. Tsuji, "Trail pheromone of myrmicine ant *Pristomyrmes pungens*," *Journal of chemical Ecology* 23(4): 1025–1034(1997).

387) J. H. Tumlinson, R. M. Silberstein, J. C. Moser, R. G. Brownlee, and J. M. Ruth, "Identification of the trail pheromone of a leaf-cutting ant, *Atta texana*," *Nature* 234: 348–349(1971).

388) C. J. Kleineidam, W. Rossler, B. Hölldobler, and F. Roces, "Perception differences in trail-following leaf-cutting ants related to body size," *Journal of Insect Physiology* 53(12): 1233–1241(2007).

영역으로 정의된다.[389] 그러므로 활성 공간은 존재 자체가 신호가 된다. 필요에 따라 활성 공간은 크게 될 수도 있고 작게 될 수도 있으며, 최대 크기에 도달하는 시간이 빠를 수도 있고 느릴 수도 있으며, 지속 시간 역시 짧거나 길게 조절될 수 있다. 이런 특성은 기본적으로 다음과 같은 세 가지 변수, 즉 직접 공기 중으로 분비 방출되는 휘발성 페로몬 성분 분자나 땅에 발라진 액상 혹은 고형 물질로부터 증발된 페로몬 분자의 양, 페로몬 분자를 감지하는 민감성 정도, 분비된 분자가 공기 중에서 확산되는 속도에 의해 결정된다. 진화 과정 속에서 종에 따라 다르게 우선 사용되는 분자 종류를 비롯하여 Q/K 비율(Q는 분비되는 물질의 양, K는 물질을 감지하는 동물이 반응하는 최저 임계 감지 농도) 같은 변수가 조정되었다. 신호 강도라 할 수 있는 Q는 분비되는 분자 수로 측정되며, 감지 능력 K는 반응을 유발하는 데 필요한 단위 부피당 최소 물질 농도로 말해진다.

화학 정보의 도달 거리와 속도는 분비율인 Q를 줄이거나 임계 감지 농도인 K를 높여서(혹은 두 가지 방법 모두를 통해) 낮출 수 있다. 이 방법을 통해 특정 신호가 빨리 사라지게 함으로써 신호 감지 곤충이 좀 더 정확한 시간과 장소에서 신호를 잡아내도록 할 수 있다. 가령 경보 신호 물질은 빨리 사라질 때 좀 더 효율적으로 기능할 수 있는데, 이를 위해서는 임계 감지 농도가 다른 페로몬들과 비교할 때 너무 높지도 낮지도 않아야 한다. 이 원칙은 수확개미 포고노미르멕스 바디우스 경보 페로몬 시스템에 아주 훌륭하게 적용되어 있다. 이 종의 경보 페로몬 주성분인 4-메틸-3-헵타논을 실험실 군락에 주었을 경우 Q/K 비율은 939~1,800 값에서 측정된다. 이 1,000단위(10^3)에서 형성된 값은 나방의 성 페로몬에서 통상적으로 볼 수 있는 100억(10^{11})단위에 비해서는 엄청나게 낮은 것이지만, 붉은불개미 냄새길 페로몬의 값인 1(10^0)에 비해서는 또 높은 것이다.

이 중도적 Q/K 값 덕분에 개미 위턱샘에서 나오는 페로몬 성분들이 공기 중으로 퍼질 때 짧은 순간 동안만 신호로 기능할 수 있게 된다. 임계 반응 농도 이상 분자 농도로 이루어진 활성 공간이라고 해 봐야 잔잔한 공기 중에서도 반경이 최대 6

---

389) W. H. Bossert and E. O. Wilson, "The analysis of olfactory communication among animals," *Journal of Theoretical Biology* 5(3): 443-469(1963); E. O. Wilson and W. H. Bossert, "Chemical communication among animals," *Recent Progress in Hormone Research* 19: 673-716(1963). B. Hölldobler and E. O. Wilson, *The Ants* (Cambridge, MA: The Belknap Press of Harvard University Press, 1990)에 이 주제에 대해 지금 이 책에서 말하려는 내용들로 최근의 설명이 이루어져 있다.

그림 6-16 | 수확개미 포고노미르멕스 바디우스 경보 페로몬 4-메틸-3-헵타논의 반응 범위. 낮은 농도(바깥원) 분자를 만난 일개미는 신호의 기원을 향해 이끌린다. 높은 농도를 감지한 일개미는 이끌림과 동시에 흥분한다. 신호의 기원에 이르렀을 때 적을 만나면 즉각 공격하고, 흙더미에 갇혀 페로몬을 내고 있는 일개미를 만나면 즉시 구출 행동을 한다. E. O. Wilson, "A chemical releaser of alarm and digging behavior in the ant *Pogonomyrmex badius* (Latreille)," *Psyche*(Cambridge, MA) 65: 41–51(1958)와 W. H. Bossert and E. O. Wilson, "The analysis of olfactory communication among animals," *Journal of Theoretical Biology* 5(3): 443–469(1963).

센티미터 정도밖에 되지 않는다. 30초 정도 지나면 분비된 일정량의 페로몬 분자가 대기 속으로 모두 확산되어 나감에 의해 활성 공간은 거의 소멸한다. 즉 신호가 사라지는 것이다. 활성 공간 바깥쪽의 낮은 농도로 유지되는 공간에 일개미가 도달하면 안쪽으로 이끌려 들어오고, 안쪽의 최대 반경 3센티미터 내외에서 약 8초 지속될 수 있는 고농도 내부 활성 공간에 이른 일개미는 상황에 따라 공격 또는 구조 행동에 즉각 착수한다(그림 6-16).

다른 종류 개미의 경보 시스템에서도 이와 비슷한 설계적 특성이 많이 연구되었다. 침입자가 초래하는 문제가 지엽적이고 단기적일 때 적은 수의 일개미만 투입해서 문제가 처리될 수 있는 경우라면 페로몬 신호 변수들이 경보 페로몬 시스템에 걸맞게 진화했음을 볼 수 있다. 반면 생긴 문제가 광범위하고 오래 지속되는 경우라면 양의 되먹임 고리가 끼어든다. 즉 현장에 다다른 일개미 중 일부가 스스로 경보 페로몬을 분비하여 문제가 어느 정도 진정될 때까지 더 많은 일개미를 계속 불러들인다.

좀 더 구체적으로 말하면 포고노미르멕스 바디우스의 농도 의존적 경보 시스템은 다음과 같은 순서로 조직되어 있다. 가령 일개미 한 마리가 둥지 속 자기 영역 안에 생긴 어떤 문제에 의해 흥분 상태가 되었다면 한 쌍의 위턱샘에서 1~3밀리그램 정도의 4-메틸-3-헵타논을 분비하기 시작한다. 근방에 있던 다른 일개미가 1세곱센티미터낭 분자 10^{10}개를 감지할 수 있는 정도의 농도 구역에 접근하면 페로몬을 감지해서 이끌리게 된다. 이들은 농도 구배를 감지하여 최초 페로몬을 분비한 일개미 쪽으로 움직인다. 농도가 10배 진해지면 일개미는 공격 행동을 보이며 날뛰게 된다.[390] 이때 활성 공간은 두 겹의 반구형 공간으로 그려질 수 있다. 이와 아주 비슷한 두 겹 반구형 활성 공간을 가진 경보 페로몬 양상이 같은 성분을 사용하는 잎꾼개미 아타 텍사나에서도 관찰된다.[391]

경보 페로몬 분비샘도 냄새길 페로몬 분비샘들처럼 많은 계통 분류군에 걸쳐 종종 다른 기능을 수행하는 페로몬 성분 물질의 혼합물을 합성 분비한다. 미국 동부산으로 전적으로 지하에만 서식하는 시트로넬라 개미 라시우스 클라비게르(*Lasius claviger*, 이전 속명 아칸토미옵스(*Acanthomyops*))에서 이렇게 밀집된 외분비계의 풍부한 사례가 잘 연구되었다. 위턱샘은 침입자에 대한 방어 물질과 동시에 동료 일개미에게 경보를 보내는 페로몬으로 쓰이는 테르페노이드 알데히드와 알코올을 분비한다. 뒤포어샘에서는 경보 페로몬으로 쓰이는 운데칸(undecane)과 주로 혹은 전적으로 방어 물질로 쓰이는 다른 탄화수소와 케톤이 합성, 분비된다.[392] 두 번째 사례는 오스트레일리아산 불독개미 미르메키아 굴로사(*Myrmecia gulosa*)

---

390) E. O. Wilson, "A chemical releaser of alarm and digging behavior in the ant *Pogonomyrmex badius*(Latreille)," *Psyche*(Cambridge, MA) 65: 41-51(1958); K. W. Vick, W. A. Drew, E. J. Eisenbraun, and D. J. McGurk, "Comparative effectiveness of aliphatic ketones in eliciting alarm behavior in *Pogonomyrmex barbatus* and *P. comanche*," *Annals of the Entomological Society of America* 62(2): 380-381(1969).

391) J. C. Moser, R. C. Brownlee, and R. Silverstein, "Alarm pheromones of the ant *Atta texana*," *Journal of Insect Physiology* 14(4): 529-530(1968).

392) F. E. Regnier and E. O. Wilson, "The alarm-defence system of the ant *Acanthomyops claviger*," *Journal of Insect Physiology* 14(7): 955-970(1968).

에서 볼 수 있다. 이 종의 일개미는 세 곳에서 나오는 페로몬을 둥지 방어에 쓴다. 직장낭에서 나오는 경보 물질, 뒤포어샘에서 분비되는 활성화 페로몬, 위턱샘에서 나오는 공격용 페로몬이 그것이다.[393]

한 가지 분비샘에서 나온 물질이 다양한 경보 반응을 일으키는 전혀 다른 경보 시스템도 존재한다. 아프리카산 베짜기개미 오이코필라 롱기노다 일개미는 놀라면 위턱샘에서 여러 물질이 뒤섞인 경보 물질을 분비하는데, 이는 곧 공기 중으로 기화되고 확산되어 퍼진다. 그러면 각 성분 물질마다 다른 확산율과 다른 반응 민감도 때문에 거리에 따라 다른 반응을 유발하며 최초 분비자에 가까울수록 반응 강도는 점점 강해지게 된다. 활성 공간 가장 바깥쪽에서 감지되는 헥사놀(hexanol)은 일개미에게 경보로 받아들여진다. 그 다음 1-헥사놀은 일개미를 안쪽으로 이끈다. 마지막으로 3-운데카논(3-undecanone)과 2-부틸-2-옥테날(2-butyl-2-octenal)은 일개미가 자기 영역에서 만나는 어떤 외부 물체든 달려들어 물거나 공격하도록 만든다(그림 6-17).[394] 이에 필적할 만한 현상이 두배자루마디개미아과 미르미카리아 에우메노이데스에서도 밝혀졌다(그림 6-17).

냄새길 페로몬 설계로 돌아가 보면, 논리적으로 볼 때 동원용 냄새길에 사용되는 페로몬은 단기간에 휘발되고, 방향 지시용 냄새길에 쓰이는 페로몬은 오래 남아 있어야 할 것이다. 냄새길을 이용한 의사소통에 작용하는 활성 공간은 개미의 화학 물질 감지 체계와 그 결과로 나타나는 반응 문턱값 자체의 조절에 의한 진화 과정을 통해 가장 즉각적으로 설계가 바뀌어 왔다고 할 수 있다. 개미는 땅 위에 놓인 액체의 자취를 쫓는 것이 아니다. 대신 이 액상 분비물에서 증발하여 공기 중으로 확산된 냄새 분자들이 만든 최소 감지 농도 이상으로 분포된 기체 분자의 '터널' 속을 움직이는 것이다. 개미는 더듬이, 엄밀히 말해 거기에 놓여 있는 후각 수용체 기관을 좌우로 움직이면서 동시에 더듬이 끝은 땅에 가깝게 놓은 채로 활성 공간 가장자리를 끊임없이 더듬으며, 활성 공간 밖으로 나가려고 하면 다시

393) P. L. Robertson, "Pheromones involved in aggressive behaviour in the ant, *Myrmecia gulosa*," *Journal of Insect Physiology* 17(4): 691-715(1971).

394) J. W. S. Bradshaw, R. Baker, and P. E. Howse, "Multicomponent alarm pheromones of the weaver ant," *Nature* 258: 230-231(1975); J. W. Bradshaw, R. Baker, and P. E. Howse, "Multicomponent alarm pheromones in the mandibular glands of major workers of the African weaver ant, *Oecophylla longinoda*," *Physiological Entomology* 4(1): 15-25(1979).

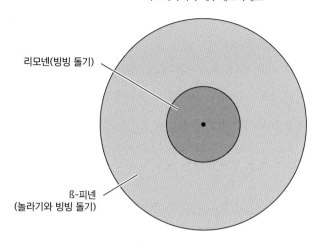

미르미카리아 에우메노이데스

리모넨(빙빙 돌기)

ß-피넨
(놀라기와 빙빙 돌기)

1 cm

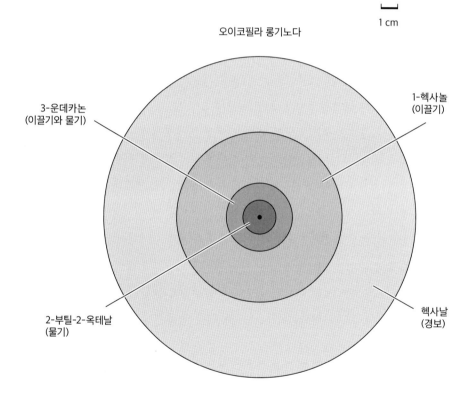

오이코필라 롱기노다

3-운데카논
(이끌기와 물기)

1-헥사놀
(이끌기)

2-부틸-2-옥테날
(물기)

헥사날
(경보)

그림 6-17 | 외분비샘에서 분비된 여러 가지 페로몬 분자들이 만드는 동심원형 활성 공간의 모습. 여기서는 원형으로 보이지만 실제 활성 공간은 페로몬 기원으로부터 땅 위로 퍼져 나가는 중첩된 반구형이다. 위: 미르미카리아 에우메노이데스의 동원에 사용되는 페로몬이 독샘에서 분비되어 퍼져 나온 지 40초 뒤 분포하는 양상. 아래: 오이코필라 롱기노다의 경보 및 동원에 사용하는 페로몬이 위턱샘에서 나와 평면에 퍼져 나간 지 20초 뒤 양상. J. W. S. Bradshaw and P. E. Howse, "Sociochemicals of ants," in W. J. Bell and R. T. Cardé, eds., *Chemical Ecology of Insects* (London: Chapman and Hall, 1984), pp. 429–473을 참고함.

초유기체

제자리로 돌아오는 방식으로 앞으로 나아간다(그림 6-18). 활성 공간이 너무 넓으면 개미가 냄새길을 쫓는 데 어려움이 생긴다. 개미는 양쪽 더듬이가 각기 감지하는 냄새 분자 농도 차이를 측정하여 냄새길을 벗어나지 않고 붙어 있을 수 있어야 한다. 월터 행가트너(Walter Hangartner)가 유럽산 풀개미 라시우스 풀리기노수스(*Lasius fuliginosus*, 식물성 섬유질(carton)로 집을 지음)에서 이런 양상의 방향 유지(오스모트로포탁시스(osmotropotaxis)) 현상을 실험적으로 증명했다.[395]

일단 냄새길에 올라선 개미는 어떻게 진행 방향을 결정하는 것일까? 다시 말해 어떤 방향이 먹이 쪽이고 어떤 방향이 둥지 쪽인지를 어떻게 알까? 적어도 낮에는 해를 이용해서 집을 떠나고 돌아올 때 해와 진행 방향 사이 각도를 가늠하여 방향을 유지할 수 있다. 좀 더 정확히 말하면 개미는 하늘에서 햇빛의 편광 패턴을 읽을 수 있다.[396] 집 밖에서 몇 시간이나 머무는 경우라도 생리적 시계를 이용해서 해가 움직이는 만큼 해와 자기 방향 사이 변화를 보정할 수 있는 능력이 있다. 개미가 해를 방향 유지 수단으로 쓴다는 사실은 행동 생리학의 선구자인 펠릭스 샌치(Felix Santschi)가 1923년에 발견한 사실이다. 그는 유명하면서도 매우 간단한 실험을 통해 일단 개미가 해를 이용해 방향을 잡도록 놓아두었다. 그리고 차양과 거울을 이용하여 해의 위치를 반대로 바꾸었다. 그러자 개미는 정확히 180도 반대로 방향을 바꾸었다. 샌치가 실험한 개미 속들인 장다리개미속(*Aphaenogaster*), 카타글리피스속, 짱구개미속(*Messor*) 일부 종들은 페로몬으로 냄새길을 만들고 방향 유지는 온전히 시각에 의존한

그림 6-18 │ 이 그림에서 보이는 불개미아과 털개미속(*Lasius*) 일개미처럼 냄새길을 쫓는 개미들은 더듬이 양쪽에서 감지되는 페로몬 농도 차이를 비교하여 활성 공간의 가장자리를 찾고 농도가 높은 쪽으로 방향을 틀어서 냄새길을 벗어나지 않고 나아갈 수 있다. B. Hölldobler, "Chemische Verstandigung im Insektenstaat am Beispiel der Hautflügler(Hymenoptera)," *Umschau* 70(21): 663-669(1970)에 수록된 Turid Hölldobler-Forsyth의 원본에 근거.

---

395) W. Hangartner, "Spezifikät und Inaktivierung des Spurpheromons von *Lasius Fuliginosus* Latr. und Orientierung der Arbeiterinnen im Duftfeld," *Zeitschrift für vergleichende Physiologie* 57(2): 103-136(1967).

396) R. Wehner, "Arthropods," in F. Papi, ed., Animal Homing(New York: Chapman & Hall, 1992), pp. 45-144; R. Wehner, "The ant's celestial compass system: spectral and polarization channels," in M. Lehrer, *Orientation and Communication in Arthropods*(Basel: Birkhauser Verlag, 1997), pp. 145-185.

다.[397)] 우리도 열마디개미속 종과 수확개미 포고노미르멕스속 종을 이용해서 실험실에서 이 실험을 반복한 적이 있는데, 암실에서 먹이 채집 행렬 양쪽에 전등을 놓고 하나는 켜고 하나는 끈 채로 개미들이 불이 켜진 전등에 적응하도록 놓아두었다. 그리고 원래 불이 켜진 등을 끄고 꺼진 등을 켰을 때, 개미들 대부분이 갑자기 방향을 180도 틀었다.

샌치에 필적할 만큼 고전이 된 일련의 연구를 통해 베너는 사막개미 카타글리피스 비콜로르를 이용해서 시각 생리학과 햇빛을 이용한 방향 설정의 자세한 특성을 밝혀냈다.[398)] 이 연구와 다른 이들의 연구를 통해 이제 우리는 개미 두뇌에 태양의 편광 패턴이 지도로 입력되어 있고, 태양의 움직임에 따라 이 패턴 역시 변한다는 사실을 알게 되었다.

베너를 비롯한 감각 생리학자들이 얻어 낸 주요 결론은 한마디로 말하면 햇빛 나침반을 이용한 방향 결정은 개미의 통합 항법 장치 중 단지 일부일 뿐이라는 사실이다. 개미의 통합 항법 장치는 햇빛뿐 아니라 다른 시각 신호와 지표뿐 아니라 상황에 따라 전혀 다른 감각 신호까지 이용하는 매우 복잡한 것이다. 이를테면 수확개미 포고노미르멕스는 장거리 이동 시 방향 유지를 위해 나무 둥치에 페로몬을 발라 냄새길을 만드는데, 이 페로몬은 뒤포어샘에서 합성 분비되는 반면, 단기간 작용하는 동원용 냄새길 페로몬 성분은 독샘에서 분비된다. 이런 화학 신호와 함께 시각적 지형지물과 지표가 사용되며 특히 먼 거리 경우 햇빛 나침반을 이용해 방향을 유지한다. 이런 세 가지 암시를 통합하여 매우 정교한 방향 설정과 유지가 가능해지는 것이다.[399)] 다른 수확개미 페이돌레 밀리티키다(*Pheidole militicida*)에서도 이와 비슷한 사례가 발견되었다.[400)]

---

397) Santschi의 실험에 중점을 둔 이 주제의 역사에 대한 설명은 R. Wehner, "On the brink of introducing sensory ecology: Felix Santschi(1872-1940)-Tabib-en-Neml," *Behavioral Ecology and Sociobiology* 27(4): 295-306(1990).

398) R. Wehner, "The ant's celestial compass system: spectral and polarization channels," in M. Lehrer, *Orientation and Communication in Arthropods*(Basel: Birkhauser Verlag, 1997), pp. 145-185.

399) B. Hölldobler, "Recruitment behavior, home range orientation and territoriality in harvester ants, *Pogonomyrmex*," *Behavioral Ecology and Sociobiology* 1(1): 3-44(1976).

400) B. Hölldobler and M. Möglich, "The foraging system of *Pheidole militicida*(Hymenoptera: Formicidae)," *Insectes Sociaux* 27(3): 237-264(1980).

채집꾼이 사용하는 신호와 암시의 정확한 구성은 종에 따라 매우 다르다. 지하 생활만 하는 종은 기본적으로 냄새길을 사용하고 냄새 농도 구배로 방향에 대한 어느 정도의 정보를 얻는다고 할 수 있다.[401] 불개미속 '유럽산 둔덕 만드는 나무개미' 종들은 화학 물질로 표지한 냄새길을 따라 늘어서 있는 시각 지표물을 기억해서 방향 유지를 한다.[402] 아마 가장 놀라운 사례는 아프리카산 대형 악취 개미 파키콘딜라 타르사타 일개미가 둥지를 떠나 이동을 할 때 바닥에서 올려다 보이는 숲지붕 나뭇가지 패턴을 기억하여 방향을 잡는 현상일 것이다. 이들은 이렇게 기억한 패턴을 반대로 되돌려 집으로 돌아오는 길을 찾을 수 있다.[403]

개미가 어떻게 냄새길 자체에 포함된 암시를 이용해 방향을 결정하는가에 대해서도 몇 가지 관찰 결과와 이에 근거한 가설들이 있다. 아시아산 약탈개미의 매우 긴 채집 행렬은 어마어마한 수의 일개미들로 가득 차 있는데, 이들은 빈손으로 집 밖으로 향하는 동료 일개미들과 먹이를 물고 집으로 향하는 다른 일개미의 움직임을 비교해서 자기가 가는 방향을 결정할 수 있다.[404] 우리가 아는 한 이것은 지금까지 알려진 유일한 사례이며, 어떤 형태의 페로몬 농도 구배도 냄새길 방향 유지에 작용하고 있지 않음을 시사하고 있다.

방향성을 가진 지표의 또 다른 가능한 경우는 둥지 주변에 개미들이 뿌려 놓은 영역 표시 페로몬들이 만들어 내는 농도 구배의 존재일 것이다. 그러나 이에 관해서는 지하의 이산화탄소 농도 구배 외에는 실제로 검증된 사례는 없다.[405] 또 다른

401) E. O. Wilson, "Chemical communication among workers of the fire ant *Solenopsis saevissima*(Fr. Smith), 3: The experimental induction of social responses," *Animal Behaviour*, 10(1-2): 159-164(1962).

402) R. Rosengren, "Route fidelity, visual memory and recruitment behaviour in foraging wood ants of the genus *Formica*(Hymenoptera, Formicidae)," *Acta Zoologica Gennica* 133: 1-106(1971).

403) B. Hölldobler, "Canopy orientation: a new kind of orientation in ants," *Science* 210: 86-88(1980).

404) M. W. Moffett, "Ants that go with the flow: a new method of orientation by mass communication," *Naturwissenschaften* 74(11): 551-553(1987).

405) E. O. Wilson, "Chemical communication among workers of the fire ant *Solenopsis saevissima*(Fr. Smith), 3: The experimental induction of social responses," *Animal Behaviour*, 10(1-2): 159-164(1962); W. Hangartner, "Carbon dioxide, a releaser for digging behavior in *Solenopsis geminata*(Hymenoptera: Formicidae)," *Psyche*(Cambridge, MA) 76: 58-67(1969).

가능성은 일찍이 실험실에서 관찰된 바처럼 냄새길이 놓인 기하학적 모양으로 방향을 결정하는 방법이다. 가정 해충인 애집개미가 만드는 냄새길은 Y자 형태로 둥지 바깥쪽으로 갈라져 나가는데, 둥지 바깥쪽으로 향하는 각도가 언제나 작기 때문에, 일개미들은 손쉽게 Y자의 뿌리 쪽을 향해 움직여서 집으로 돌아올 수 있게 된다.[406)

동원 행동 양식

동원에 사용되는 행동 양식들은 개미 종에 따라 변이가 매우 심한데, 이는 각 종마다 생활 방식과 군락 크기 및 동원 목적이 다르다는 사실을 반영한다. 한 무리에서 다른 무리로 정보를 전달하는 대중 의사소통을 생각해 보자.[407) 대중 의사소통은 외래위해종 붉은불개미에서 처음으로 보고되었는데, 둥지를 떠나는 일개미 수는 이미 둥지 밖에서 채집 활동을 하는 채집꾼들이 뿌려 놓은 냄새길 페로몬의 양에 의해 결정된다. 냄새길 페로몬의 양을 조절해서 실험한 결과 군락 전체로 볼 때 둥지 밖으로 이끌려 나오는 일개미 수는 뿌려진 페로몬 양과 비례하는 것으로 밝혀졌다. 자연 상태에서는 이런 양적 관계를 바탕으로 먹이를 날라 오기에 적절한 일꾼 숫자를 다음과 같은 방법으로 조절하게 될 것이다. 새로 발견된 먹잇감에는 일단 많은 수의 일꾼을 보낸다. 처음에는 이렇게 일꾼들이 거의 지수함수적 속도로 늘어나지만 점차 그 속도가 느려져서 일정 한계에 도달하게 되는데, 왜냐하면 일꾼들은 냄새길 없이는 다시 둥지로 되돌아가지 못하는데다 한두 마리 일꾼이 뿌린 냄새길은 불과 몇 분 만에 모두 휘발되어 사라지기 때문이다. 결국 먹잇감에 모여든 일꾼 수는 먹잇감이 차지하는 영역의 넓이에 비례하여, 결국 먹이를 뒤덮을 정도에서 점차 안정된다. 가끔은 발견된 먹잇감이 신통치 않거나 너무 멀리 있거나 군락 전체가 굶주리고 있지 않은 경우에는 일꾼이 먹이를 모두 뒤덮지 않는 낮은

---

406) D. E. Jackson, M. Holcombe, and F. L. W. Ratnieks, "Trail geometry gives polarity to ant foraging networks," *Nature* 432: 907–909(2004).

407) E. O. Wilson, "Chemical communication among workers of the fire ant *Solenopsis saevissima*(Fr. Smith), 2: An information analysis of the odour trail," *Animal Behaviour* 10(1–2): 148–158(1962).(종명 *Solenopsis saevissima*는 *Solenopsis invicta*로 개명되었음.)

밀도로 유지되기도 한다. 이와 같은 질적인 대중 의사소통은 소위 '유권자' 반응에 의해 일어나는데, 개체가 먹잇감을 살핀 뒤 냄새길을 만들지 말지 결정하는 것이다. 만약 개체들이 냄새길을 만들기로 결정하면 상황에 맞게 페로몬 양을 조절한다. 먹잇감이 쓸 만하면 긍정적 반응이 늘어나서 페로몬 냄새길을 뿌리는 일개미 수가 많아지며, 더 많은 냄새길 페로몬이 뿌려질수록 새로 둥지에서 나오는 일개미 수가 늘어나게 되는 것이다.[408]

후속 연구자들은 단 한 마리 일꾼이라도 이런 대중 의사소통 체계의 유연성에 기여할 수 있음을 밝혀냈다. 솔레놉시스 게미나타(Solenopsis geminata) 일꾼들은 둥지가 필요로 하는 특정 먹이나 발견한 먹잇감의 상태에 따라 냄새길을 만드는 페로몬 분비량을 조절할 수 있다. 행가트너는 먹이를 채집해서 둥지로 돌아오는 솔레놉시스 게미나타 일개미들을 검댕이 칠해진 유리판에 올려놓고 냄새길 페로몬을 분비하도록 만들어 군락이 굶은 기간이 길어질수록, 먹잇감 상태가 좋을수록, 먹잇감이 둥지에서 가까울수록 침샘에서 나오는 페로몬이 더 연속적으로 만들어진다는 사실을 알아냈다.[409]

게다가 캐실은 동원 신호에 대해 붉은불개미 일꾼이 보이는 반응은 부가적 접촉 및 과시 행동 신호에 의해서 더욱 정교하게 다듬어지는 것을 발견했는데, 이 신호의 강도는 역시 먹잇감의 상태와 둥지로부터 거리, 그리고 군락의 배고픔 정도에 비례하는 것으로 알려졌다. 동료를 불러 모으는 초기 단계에서만큼은 먹잇감을 발견해서 돌아오는 첨병들이 만드는 냄새길이 아니라, 둥지 밖으로부터 먹이로 향하는 냄새길이 가장 효율적이다. 새로운 먹잇감을 발견해서 냄새길을 만들며 돌아온 첨병 채집꾼은 더듬이로 둥지 속 동료들과 접촉하고, 몸을 흔드는 과시 행동을 보임과 동시에 먹이 견본을 먹여 주면서 다른 일꾼을 자극한다. 그러고는 새로운 냄새길을 뿌리면서 둥지의 일꾼들을 데리고 먹잇감으로 향한다.[410]

---

408) E. O. Wilson, "Chemical communication among workers of the fire ant *Solenopsis saevissima*(Fr. Smith), 2: An information analysis of the odour trail," *Animal Behaviour* 10(1-2): 148-158(1962).(종명 *Solenopsis saevissima*는 *Solenopsis invicta*로 개명되었음.)

409) W. Hangartner, "Carbon dioxide, a releaser for digging behavior in *Solenopsis geminata*(Hymenoptera: Formicidae)," *Psyche*(Cambridge, MA) 76: 58-67(1969).

410) D. Cassill, "Rules of supply and demand regualte recruitment to food in an ant society," *Behavioral Ecology and Sociobiology* 54(5): 441-450(2003).

이와 비슷한 사례로 메들린 비크먼(Madelein Beekman)과 동료들이 애집개미에서 발견한 바에 따르면, 600마리 이내의 적은 수로 구성된 작은 군락은 먹이 접시가 50센티미터 떨어진 경우에는 조직화된 채집 행동을 하지 못한다. 연구자들은 냄새길 페로몬 휘발성이 몹시 강하고 만들어지는 냄새길 수가 제한되기 때문에 냄새길 자체가 비효율적이라는 결론을 내렸다. 하지만 군락 크기가 커지면서 더 많은 수의 일개미들이 먹잇감에 들락거리고 그 결과 더 많은 일꾼들이 냄새길을 만들기 시작했다. 그리하여 냄새길 위에 놓인 페로몬 분자 농도가 반응 문턱값을 넘어서게 되고 일꾼들이 냄새길에 대해 완전한 반응 행동을 보인다. 결과적으로 냄새길은 채집꾼들이 둥지를 드나들 때 모두 효율적으로 작용할 수 있게 된다. 냄새길은 먹이가 놓인 곳에서 일개미들이 멀떠구니를 가득 채우는 동안, 그리고 이들이 가져오는 먹이를 둥지 안에서 완전히 부려 놓는 동안 지속적으로 기능할 수 있을 만큼 강하게 유지된다. 비크먼과 동료들은 이 과정을 무질서한 채집(냄새길 페로몬의 휘발성이 강하기 때문에 냄새길이 충분한 시간 동안 유지되지 못하는 상태)에서 질서가 잡힌 채집(냄새길에 의존한 채집 행동)으로 변모하는 일종의 '상전이(phase transition)'라 규정했고, 이는 물리학에서 말하는 1차 전이, 이를테면 임계 온도에 이른 물이 얼음으로 변하는 불연속적 과정에 비유할 수 있다고 부연했다.[411] 이런 비유를 통해 무질서로부터 군중 의사소통을 통한 냄새길 채집 행동으로 전이되는 과정에 이름을 붙인 것은 처음이지만 이 현상 자체를 알아낸 것은 아주 오래된 일이다. 사실 이 현상은 이미 40년도 더 전에 붉은불개미를 대상으로 한 연구에서 활성 공간의 개념, 행동 유발 최저 농도, 정보 전달 과정 등에 암시적으로 연관되어 있음이 밝혀진 바 있다.[412]

---

411) M. Beckman, D. J. T. Sumpter, and F. L. W. Ratnieks, "Phase transition between disordered and ordered foraging in Pharaoh's ants," *Proceedings of the National Academy of Sciences USA* 98: 9703-9706(2001).

412) E. O. Wilson, "Chemical communication among workers of the fire ant *Solenopsis saevissima*(Fr. Smith), 1: The organization of mass-foraging," *Animal Behaviour* 10(1-2): 134-147(1962). E. O. Wilson, "Chemical communication among workers of the fire ant *Solenopsis saevissima*(Fr. Smith), 2: An information analysis of the odour trail," *Animal Behaviour* 10(1-2): 148-158(1962). E. O. Wilson, "Chemical communication among workers of the fire ant *Solenopsis saevissima*(Fr. Smith), 3: The experimental inductino of social responses," *Animal Behaviour* 10(1-2): 159-164(1962).(종명 *Solenopsis saevissima*는 *Solenopsis invicta*로 개명되었음.); W. H. Bossert and E. O. Wilson, "The analysis of olfactory communication among animals," *Journal of*

동원에 사용되는 냄새길 페로몬들이 일반적으로 휘발성이 강하고, 그래서 수명이 짧긴 하지만, 이들은 종종 같은, 혹은 다른 종류 외분비샘에서 분비되는 장기 지속성 방향 지시 페로몬들과 혼합되어 사용된다. 이를테면 애집개미의 단기 지속성 동원 페로몬은 뒤포어샘에서 분비되지만 여기에 독샘에서 합성 분비되는 좀 더 오래 지속되는 귀소 혹은 방향 유지 페로몬이 더해진다는 증거가 있다. 이 귀소 페로몬은 또 개미들이 방어용으로 사용하는 퇴치용 화학 물질로도 이용된다.[413]

애집개미는 마디개미속이나 혹은 대량 동원 행동을 하는 다른 종들과 비교할 때 단기 및 장기 지속성 페로몬을 혼합해서 같은 의미의 신호를 전달한다는 점에서 서로 크게 다르지 않다.[414] 페로몬을 이용한 냄새길 의사소통 행동에 추가할 사실은 애집개미 채집꾼들이 더 이상 먹이가 없는 방향으로 난 갈림길에 '퇴치 페로몬'을 분비한다는 점이다.[415] 하지만 뒤포어샘이나 독샘 등을 대상으로 계속 실험했음에도 불구하고 어떤 외분비샘이 이렇게 군락 동료들의 반응을 막는 '퇴치용' 페로몬을 합성 분비하는지 아직 밝혀지지 않았다.[416]

전반적으로 냄새길 페로몬은 이와 같은 대량 반응 효과를 통해 개별 구성 성분

Theoretical Biology 5: 443-469(1963); E. O. Wilson and W. H. Bossert, "Chemical communication among animals," in G. Pincus, ed., *Recent Progress in Hormone Research*, Vol. 19(New York: Academic Press, 1963), pp. 673-716; E. O. Wilson, W. H. Bossert, and F. E. Regnier, "A general method for estimating threshold concentrations of odorant molecules," *Journal of Insect Physiology* 15(4): 597-610.

413) B. Hölldobler, "Chemische Strategie beim Nahrungserwerb der Diebsameise(*Solenopsis fugax* Latr.) und der Pharaoameise(*Monomorium pharaonis* L.)," *Oecologia* 11(4): 371-380(1973).

414) D. E. Jackson, S. J. Martin, M. Holcombe, and F. L. W. Ratnieks, "Longevity and detection of persistent foraging trails in Pharaoh's ants, *Monomoium pharaonis*(L.)," *Animal Behaviour* 71(2): 351-359(2006).

415) E. J. H. Robinson, D. E. Jackson, M. Holcombe, and F. L. W. Ratnieks, "'No entry' signal in ant foraging," *Nature* 438: 442(2005). 이와 비슷한 결과들이 다른 두배자루마디개미아과 종들에서도 발견되었다. 예를 들어 신열대구산 *Daceton armigerum*의 경우 독샘에서 분비된 페로몬은 장기 지속성 방향 유지용이며 아랫배샘에서 나온 페로몬은 단기용 동원 기능을 한다. B. Hölldobler, J. M. Palmer, and M. Moffett, "Chemical communication in the dacetine ant *Daceton armigerum* (Hymenptera: Formicidae)," *Journal of Chemical Ecology* 16(4): 1207-1219(1990).

416) B. Hölldobler, "Chemische Strategie beim Nahrungserwerb der Diebsameise(*Solenopsis fugax* Latr.) und der Pharaoameise(*Monomorium pharaonis* L.)," *Oecologia* 11(4): 371-380(1973); B. Hölldobler, 발표하지 않은 추가적인 연구 자료들.

의 단독 효과를 분석 종합하여 유추할 수 있는 것보다 훨씬 복잡한 기능을 하게 된다. 이런 복잡성은 다음과 같은 적어도 두 가지 서로 다른 맥락에서 페로몬이 전달하는 서로 다른 의미에 의해서 더 증가한다. 붉은불개미나 기타 여러 개미들은 자주 둥지를 옮기는데, 이때 새로운 둥지 터는 앞서 정찰 나간 일꾼들이 찾아낸다. 이들 정찰 일꾼은 새로 찾은 둥지 터에서 예전 둥지로 이르는 냄새길을 만든다. 그러면 다른 일꾼들이 이 페로몬에 의해 이끌려 나오게 된다. 새로 이끌려 온 일꾼들은 둥지 터를 직접 검사하고, 쓸 만하다 싶으면 자신의 새로운 냄새길을 추가한다. 이런 방식으로 두 둥지 터를 오가는 일개미 수는 지수 함수적으로 늘어나고 때가 되면 어린 새끼를 옮기고 여왕도 몸소 움직여 군락 이사는 마무리된다. 냄새길 페로몬은 또 경보 신호에 사용되는 페로몬 보조 신호로도 기능한다. 일꾼이 심하게 외부 교란을 받은 경우 입에서 경보 물질과 함께 소량의 냄새길 페로몬을 분비하는데, 이를 통해 주위 일꾼들이 단지 경보만 받는 게 아니라, 경보 신호를 낸 일꾼 곁으로 모여든다.

페로몬만으로 만들어진 냄새길로 의사소통 하는 것도 인상적으로 복잡한 일이지만, '머리 흔들기'에서 유래한 접촉 신호도 특히 동원 과정 초기 단계에서는 다른 일개미의 반응을 한층 더 강화하는 기능을 한다.[417]

베짜기개미의 다중적 동원 행동

아프리카산 오이코필라 롱기노다 베짜기개미는 지금껏 개미에서 알려진 가장 복잡한 냄새길 신호 체계를 가지고 있다. 이 종의 일개미들은 나무 꼭대기에서 애벌레가 자아내는 실을 가지고 둥지를 만들기 위해 사용하는 신호 체계를 포함해서, 다섯 가지 이상의 동원 방법을 이용하여 일개미를 둥지로부터 끌고 나와 둥지가 들어 있는 나무의 다른 부분이나 나무 밖 채집 장소로 이끈다. 이 다섯 가지 방식은 다음과 같다.

---

417) D. Cassill, "Rules of supply and demand regualte recruitment to food in an ant society," *Behavioral Ecology and Sociobiology* 54(5): 441-450(2003).

1| 첨병의 직장샘(그림 6-19. 그림 6-15도 참조)에서 분비된 방향 유지 페로몬과 아울러 접촉 신호와 과시 행동을 통해 동료 일꾼을 자극해서 새로운 먹이로 불러 온다. 이 접촉 신호와 과시 행동은 첨병이 턱을 벌린 채로 머리를 가볍게 흔들면서 아랫입술을 쭉 앞으로 내민 동시에 더듬이로 다른 일개미를 톡톡 치는 것이다(그림 6-20).

2| 잎으로 새 둥지를 만들거나 새 둥지 터로 동료를 동원할 때 직장샘에서 페로몬을 분비하며 몸을 앞뒤로 가볍게 흔들고 더듬이로 다른 일개미를 톡톡 친다.

3| 새로 만들어진 둥지로 동료를 이끌 때 턱으로 상대를 문 채로 몸을 흔들어 대고 동시에 직장샘에서 냄새길 페로몬을 분비한다.

4| 가까이 있는 큰 먹잇감이나 영역 침입자 쪽으로 동료를 동원할 때 마지막 배마디 아랫부분을 최대한 위로 들어 올린 후 땅 위로 짧은 거리를 끌어서 아랫배샘에서 합성되는 페로몬을 분비한다(그림 6-19와 6-15 참조). 이 행동은 위턱샘에서 나오는 경보 페로몬 분비에 의해 촉발될 가능성이 높다.

5| 멀리 있는 침입자를 향해 동료를 동원할 때 더듬이로 상대를 치고 턱을 공격적으로 쫙 벌린 상태에서 배를 높이 들어 올리고 몸을 앞뒤로 격렬하게 흔든다(그림 6-21). 직장샘에서 나온 물질로 만들어진 냄새길이 목적지로 안내한다(사진 24, 25, 26).[418]

복합 감각 신호, 신호 체계의 절약성, 신호의 의례화

연구된 바에 의하면 의사소통용 신호는 원래는 의사소통을 위한 것이 아니었던 표현형적 형질이 신호로 기능하게 되는 '의례화(ritualization)'라는 진화적 과정을 거쳐 생겨난 경우가 대부분이다. 의례화 과정은 정상적인 경우 어떤 기능을 수행하던 움직임이나 해부적 특성, 혹은 생리적 과정이 다른 맥락에 놓였을 때 의사소통용 신호로서 추가적 역할(그리고 아마도 자연히 핵심적 혹은 어떤 경우 배타적인 역할)을

418) B. Hölldobler and E. O. Wilson, "the multiple recruitment systems of the African weaver ant *Oecophylla longinoda* (Latreille)(Hymenoptera: Formicidae)," *Behavioral Ecology and Sociobiology* 3(1): 19-60(1978).

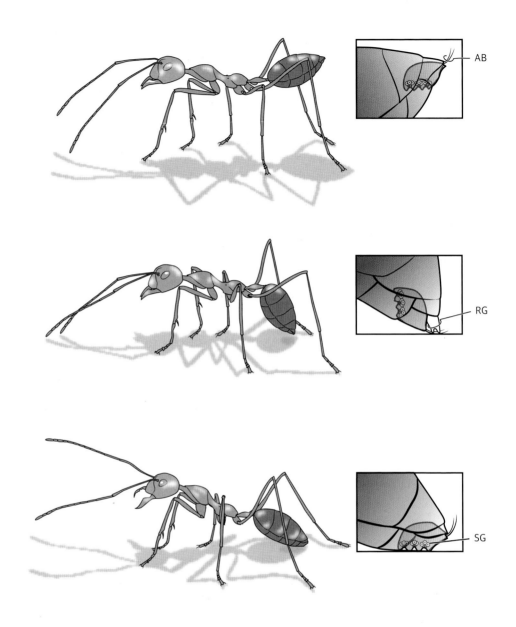

그림 6-19 │ 아프리카산 베짜기개미 오이코필라 롱기노다 일개미가 동료 일개미들을 새로운 먹잇감이나 둥지
터, 기타 목적지(장거리 동원)로 이끌기 위해 항문털(AB, 위 그림)을 이용해서 직장샘(RG, 가운데 그림)에서
분비한 냄새길 페로몬을 땅에 바르고 있다. 일개미들은 또 커다란 먹잇감이나 영역 침입자를 발견했을
때(단거리 동원) 다른 일꾼에게 경보를 하기 위해 항문 근처 구멍과 털을 아래위로 흔들어서 아랫배샘(SG, 아래
그림)에서 합성되는 페로몬을 뿌려 댄다. B. Hölldobler and E. O. Wilson, "the multiple recruitment
systems of the African weaver ant *Oecophylla longinoda*(Latreille)(Hymenoptera: Formicidae),"
Behavioral Ecology and Sociobiology 3(1): 19-60(1978)에 수록된 Turid Hölldobler-Forsyth의 원본에
근거.

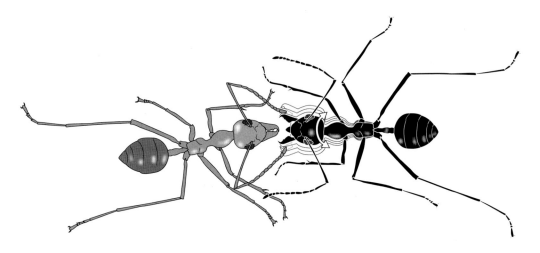

그림 6-20 │ 베짜기개미 오이코필라 롱기노다 일개미들이 동료를 먹잇감으로 이끌고 갈 때는 여기에 보이는 것과 같은 운동 과시 행동으로 직장샘에서 분비된 페로몬 냄새길을 더욱 강화하게 된다.

해야 하는 상황에서부터 시작된다.[419] 진화적 기원까지 염두에 두고 개미의 의사 소통 체계를 명확하게 분석한 연구는 비교적 적다. 하지만 어느 정도 그 기원을 밝히기에 충분한 증거들은 있다.

앞서 말한 아프리카산 베짜기개미의 다섯 가지 동원 방식이 한 예가 된다. 이 다섯 가지 방식을 통해 우리는 의례화 과정의 매우 인상적인 한 가지 특징인 생산의 경제학을 알게 된다. 각자 담고 있는 신호 내용은 서로 다르지만 이 신호들은 모두 직장샘과 아랫배샘이라는 단 두 기관에서 합성된 페로몬이 만들어 내는 것이다. 그리고 이 정보는 일련의 화학적, 기계적 요소가 추가되면서 좀 더 강화된다. 다섯 가지 방식 각각의 특이성은 원칙적으로 이런 화학적, 기계적 요소의 조합에서 비롯된 것이다. 이런 화학적, 기계적 요소의 조합 방식을 통해 일종의 원시적 신호 규칙이 만들어진다. 먹이나 새로운 장소와 둥지 터, 침입자 등 다양한 목적지로 동료 일꾼을 동원하는 행동은 모두 직장샘에서 분비된 페로몬에 의해 통제된다. 하지만 먹이를 새로 발견했을 때는 아랫입술을 내민 채로 턱을 넓게 벌리고 머리를 흔들어 대는 과시 행동에 의해 더 구체적으로 표현된다(그림 6-20 참고). 이와 달리 영역을

419) 개미의 신호 진화에서 의례화 역할에 대한 상세한 설명은 B. Hölldobler and E. O. Wilson, *The Ants*(Cambridge, MA: The Belknap Press of Harvard University Press, 1990)을 참고할 것.

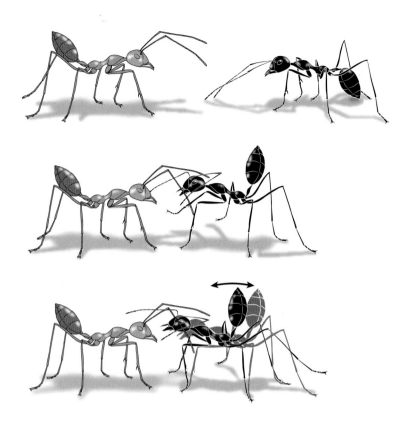

그림 6-21 | 아프리카산 베짜기개미 오이코필라 롱기노다 일개미들이 둥지에서 멀리 떨어진 곳에서 자기 영역을 침범한 침입자를 발견하여 다른 일꾼에게 경보 신호를 보낼 때는 침입자로부터 둥지에 이르는 긴 냄새길을 만들고, 둥지에 와서 만나는 다른 일꾼에게는 공격 자세를 취하면서 더듬이로 몸을 두드리며 격렬하게 몸을 떨어 댄다.

침범한 침입자까지 먼 거리를 가야 하는 경우는 격렬하게 몸을 떠는데, 이때 턱을 연 채로 아랫입술은 안쪽으로 접어 넣고 꽁무니 부분은 한껏 치켜 올린다(일개미가 보이는 이 행동은 매우 공격적인 상태임). (그림 6-21 참고) 근접 촬영을 통해 분석한 바에 따르면 먹잇감으로 동료를 동원하는 행동 뒤에는 실제로 먹이 견본을 되뱉어 내어 동료에게 먹이는 행동이 뒤따르는데, 이것은 비단 오이코필라속 개미만이 아니라 불개미아과 전반에 걸쳐 나타나는 현상이다. 이와 비슷하게 침입자에게 동료를 이끌어 갈 때 보이는 과시 행동 신호는 실제로 다른 군락에서 온 적을 만났을 때 직접 싸우기 직전에 서로 보여 주는 '공격 예비 몸짓'과 거의 똑같다(그림 6-22). 이 공격 예비 몸짓은 의례화된 행동으로 보인다. 즉 원래 싸움이라는 기능에서 동원 의사소통 체계 안에서 2차적 신호 기능을 하도록 적응된 것으로 보인다. 이 몸

초유기체

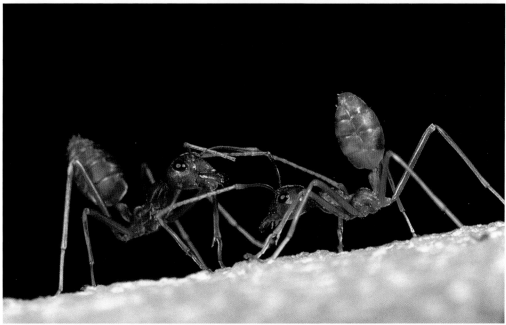

사진 24 | 위: 아프리카산 베짜기개미 오이코필라 롱기노다 일개미가 군락 영역을 침범한 침입자를 만난 뒤 직장샘에서 페로몬을 내어 냄새길을 만들고 있다. 아래: 동종 혹은 이종 침입자와 접촉한 일개미가 침입자를 물리칠 목적으로 다른 일꾼을 이끌고 가기 위해 공격적인 과시 행동을 하고 있다. 이런 신호에 반응한 일개미 역시 비슷한 공격적 과시 행동을 보이면서 목표를 향해 만들어진 냄새길을 따라가게 된다.

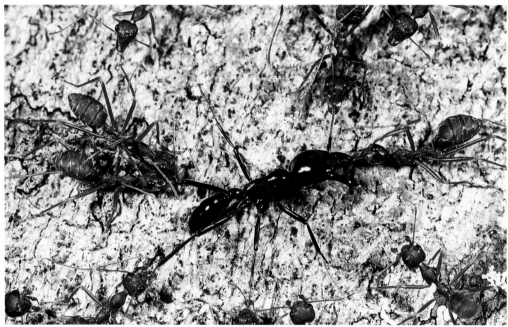

사진 25 | 위: 아프리카산 베짜기개미 일개미들이 인접 둥지에서 침입해 온 같은 종 침입자를 공격하고 있다.
아래: 베짜기개미 일개미들이 도릴루스속 아프리카 군대개미 일개미를 공격하고 있다.

사진 26 | 오스트레일리아산 베짜기개미인 녹색나무개미 오이코필라 스마라그디나 일개미들은 무리를 이뤄 덩치가 큰 먹잇감을 잡거나 운반하기 위해 아랫배샘과 아래턱샘에서 분비된 페로몬으로 근거리 동원용 냄새길을 만든다.

짓은 다른 일개미에게 어째서 지금부터 직장샘이 만든 방향 유지 냄새길을 따라 어디론가 가야 하느냐에 대한 구체적 메시지를 전달하는 상징적 신호로 쓰인다. 즉 먹이 제공 행동은 채집을 목적으로 동료를 부르는 자극으로 의례화되었고, 공격 의도를 나타내는 행동은 영역을 지킬 목적으로 동료를 부르는 신호로 의례화된 것이라고 요약할 수 있겠다.

의례화란 진화적 적응 과정의 절약성을 이루기 위해 개미들이 취한 하나의 방법이다. 기존의 어떤 생물학적 시스템이 적응도 면에서 지금 수준 이상의 손실을 더하지 않으면서 새로운 목적에 잘 부합되는 한 굳이 새로운(적어도 지금까지 연구자들이 밝혀낸 조건 하에서는) 시스템을 새로 만들어 낼 필요는 없는 것이다.

의례화는 오이코필라속 베짜기개미에서 보이는 종류의 접촉 신호에 국한된 것은 아니다. 개미의 화학 경보 의사소통 체계는 분명히 화학적 방어 행동에서 진화

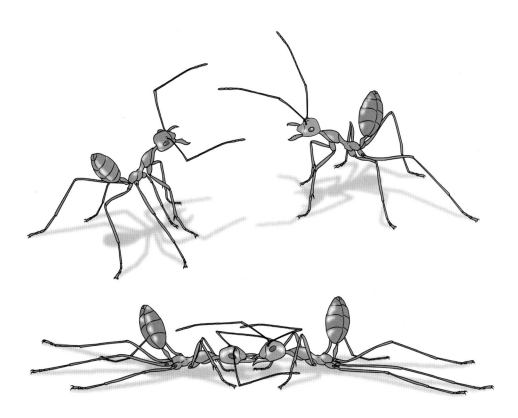

그림 6-22 | 서로 다른 군락에 속한 아프리카산 베짜기개미 일개미 두 마리가 특징적인 공격 자세를 취하여 서로를 위협한 뒤(위) 서로의 턱을 물어 싸움에 돌입한다(아래). B. Hölldobler and E. O. Wilson, "The multiple recruitment systems of the African weaver ant *Oecophylla longinoda* (Latreille)(Hym enoptera: Formicidae)," *Behavioral Ecology and Sociobiology* 3(1): 19–60(1978)에 수록된 Turid Hölldobler-Forsyth의 원본 그림에 근거.

한 것이다. 개미와 다른 사회성 곤충들도 많은 독거성 곤충과 마찬가지로 포식자를 비롯한 적을 물리치기 위해 화학 물질을 분비해서 이용한다. 사회성 곤충에서는 화학 물질 분비가 경보 시스템과 밀접하게 연관되어 있다. 한 가지 물질이 두 가지 기능을 모두 수행하는 일이 매우 빈번하게 일어난다. 이렇게 두 가지 기능을 수행하는 단일 물질로서 잘 연구된 사례는 바로 시트로넬랄인데, 라시우스 클라비게르 개미 위턱샘에서 합성된다(그림 6-5 참고).[420]

게다가 털개미속(*Lasius*)을 비롯한 불개미아과 개미들은 대개 후장 내용물을 냄새길 페로몬으로 이용하는데, 이는 배변 과정이 의례화되면서 생겨난 기능일 가능성이 높다. 이런 경향이 발달을 거듭하면 결국 오이코필라속 베짜기개미의 특별한 직장샘에서 볼 수 있듯 냄새길용 페로몬을 합성 분비하는 완전히 새로운 구조가 만들어질 수 있는 것이다. 사실 오이코필라속 일개미는 의례화된 배변 과정으로 진화했음직한 두 가지 방식으로 후장을 사용하고 있다. 첫 번째 방식은 직장샘에서 나온 분비물로 만들어진 냄새길을 이용해서 동원하는 것으로 이 분비물은 후장에서 배설물이 배출되는 것과는 완전히 독립된 분비물이다. 두 번째로 후장이 이용되는 방식은 배설물로 영역을 표시하는 것이다. 이 종은 둥지를 만들어 살고 있는 나무 둥치에 만들어진 이동로와 둥지 주변 식생 표면에 다소 일정한 형태로 배설물을 점점이 내다 버리는데, 이는 다른 종류 개미들이 대부분 쓰레기 더미나 기타 특정 장소에 배설물을 가져다 버리는 것과는 다른 현상이다. 이 작은 배설물 더미에는 자기 군락마다 독특한 물질이 섞여 있어 일개미들로 하여금 자기가 속한 군락의 둥지 영역에 있는지 다른 군락의 영역에 들어와 있는지 알 수 있게 해 준다.[421] 게다가 아랫배샘과 여기서 나오는 단거리용 동원 물질 겸 경보 페로몬이 윤활샘으로부터 진화된 것이라는 결론을 내릴 만한 근거들도 있다. 이것이 맞다면 윤활샘의 원래 기능은 개미가 방어용 물질인 포름산을 뿌리기 위해 꽁무니를 치켜올려 산을 뿜는 구멍이 전방을 향하도록 만들 때, 제6, 7배마디의 움직임을 부드럽게 하기 위한 것이다(그림 6-22).

화학 신호 의례화와 관련된 진화적 과정과 또 밀접하게 연관된 현상은 각 신호

420)   E. O. Wilson, W. H. Bossert, and F. E. Regnier, "A general method for estimating threshold concentrations of odorant molecules," *Journal of Insect Physiology* 15(4): 597-610(1969).

421)   B. Hölldobler and E. O. Wilson, "Weaver ants: social establishment and maintenance of territory," *Science* 195: 900-902(1977).

가 여러 가지 기능을 수행하게 된 점이다. 이런 기능적 다양성 역시 방어 행동과 경보 시스템이 서로 밀접한 관계가 있는 사례로부터 밝혀졌다. 이들에 관련된 행동 양상이 빈번히 서로 일치할 뿐 아니라 때로는 한 가지 화학 물질이 방어용으로 분비되거나 경보용 신호로 분비된다는 점이다(그림 6-23).

진화적 보존과 기회주의에 근거하여 사회성 곤충의 의사소통 진화에 있어서 신호 절약성의 역할을 지지하는 많은 연구 결과들이 있다.[422] 놀랄 만한 사례로 북아메리카 대륙산 '노예사역' 개미 포르미카 수빈테그라(*Formica subintegra*)가 있는데, 이 중의 일개미는 불개미속 다른 종 군락을 습격해서 번데기를 훔쳐 온다. 이렇게 납치된 번데기가 성충으로 우화하면 자기를 납치한 군락을 위해 일하기 시작한다. 포르미카 수빈테그라 일개미들은 이런 노략질을 하는 동안 뒤포어샘에서 아세테이트(acetates)를 뿌리는데, 이 물질은 동료 습격자들을 목표로 이끌어 모이게 하는 기능을 함과 동시에 습격당한 군락 일개미들에게는 초강력 경보 및 교란 물질로 기능해서 이들을 정신없이 우왕좌왕 도망치게 만든다.[423]

두 번째 사례로 붉은불개미 일개미들은 꽁무니에 있는 침 끝에 독물 방울을 만든 다음 배를 아래위로 흔들어('펄럭이기') 독물을 에어로졸 형태로 분사한다. 이 특별한 행동은 완전히 다른 두 가지 상황에서 전혀 다른 두 가지 기능을 한다. 먹이를 채집하는 곳에서 만난 다른 종 개미를 물리치기 위해서는 최대 500나노그램의 비교적 많은 양의 독물을 뿌린다. 반면 자기 둥지 안에서는 새끼를 돌보는 일개미들이 알과 애벌레 더미 위에 이 물질을 약 1나노그램 정도 뿌리는데, 이때 이 물질은 항생제 역할을 한다고 믿어진다.[424] 게다가 여왕은 독샘 분비물을 일차적으로는 여왕 주위에 수행 일개미들을 모아서 붙들어 두기 위한 페로몬으로 쓰고 다음으로는 교미를 하지 않은 여왕들이 날개를 떼어 내지 못하게 하는 생리적 작용을

422) B. Hölldobler and E. O. Wilson, *The Ants* (Cambridge, MA: The Belknap Press of Harvard University Press, 1990); M. S. Blum, "Semiochemical parsimony in the Arthropoda," *Annual Review of Entomology* 41: 353-374 (1996).

423) F. E. Regnier and E. O. Wilson, "Chemical communication and 'propaganda' in slave-maker ants," *Science* 172: 267-269 (1971).

424) M. S. Obin and R. K. Vander Meer, "Gaster flagging by fire ants (*Solenopsis* spp.): functional significane of venom dispersal behavior," *Journal of Chemical Ecology* 11(12): 1757-1768 (1985); R. K. Vander Meer and L. Morel, "Ant queens deposit pheromones and antimicrobial agents on eggs," *Naturwissenschaften* 82(2): 93-95 (1997).

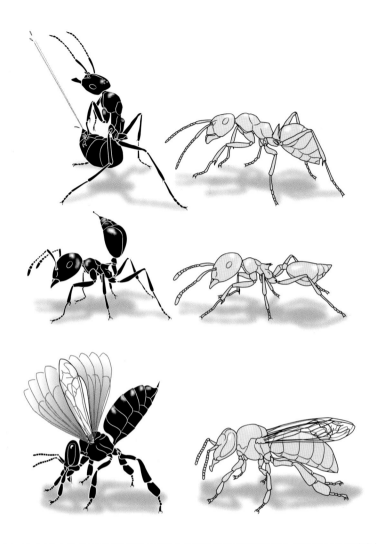

그림 6-23 | 경보-방어 행동(검정색)과 정상적인 자세(흰색)가 대조되어 있다. 위: 포르미카 폴릭테나. 중간: 크레마토가스테르 아시메아디(*Crematogaster ashmeadi*). 아래: 양봉꿀벌. B. Hölldobler, "Chemische Verstandigung im Insektenstaat am Beispiel der Hautflügler(Hymenoptera)," *Umschau* 70(21): 663-669(1970)에 수록된 Turid Hölldobler-Forsyth의 원본에 근거함.

조절하는 페로몬으로 사용된다.[425]

---

425) R. K. Vander Meer, B. M. Glancey, C. S. Lofgren, A. Glover, J. H. Tumlinson, and J. Rocca, "The poison sac of red imported fire ant queens: source of a pheromone attractant," *Annals of the Entomological Society America* 73(5): 609-612(1980); E. L. Vargo and M. Laurel, "Studies on the mode of action of a queen primer pheromone of the fire ant *Solenopsis invicta*," *Journal of Insect Physiology* 40(7): 601-610(1994); E. L. Vargo, "Reproductive development and ontogeny of queen pheromone production in the fire ant *Solenopsis invicta*," *Physiological Entomology* 24(4): 370-376(1999).

플로리다 키 제도의 맹그로브 나무 위에 살고 있는 두배자루마디개미아과 제노미르멕스 플로리다누스(*Xenomyrmex floridanus*) 일꾼은 독샘에서 나온 페로몬으로 동원 냄새길을 만든다. 또 이와는 완전히 다른 상황인 교미 비행에서 수컷은 암컷이 공중에 뿌려 놓은 같은 성분인 페로몬에 강력하게 끌린다. 실제로 실험실에서 수컷이 독샘 분비물을 바른 막대에 달려들었고, 심지어 막대를 붙들고 교미 행동을 보이기도 했다. 이와 비슷한 이중 기능성 페로몬 사례가 몇몇 다른 두배자루마디개미아과 종에서도 발견되었는데, 동원 냄새길 페로몬과 성 페로몬 합성, 분비 기관이 동일한 경우였다. 이 경우 두 가지 페로몬의 화학 성분과 조성 역시 동일할 것으로 예측된다.[426]

내용과 함의

기호학에서 다루는 중요한 주제인 내용과 함의의 차이는 개미의 의사소통을 연구하다 보면 분명히 드러난다. 일개미 하나가 자기 영역에서 다른 군락 개미를 만나 경보 신호를 내는 경우 그 신호 내용은 맥락이 변함에 따라 동료 일개미로부터 다양한 반응을 이끌어 낼 수 있다. 이 경보 신호에 사용되는 페로몬은 사회성 벌목 곤충 전반에 걸친 마슈비츠의 폭넓은 비교 연구에 의해 잘 알려져 있다. 경보 신호에 대한 반응은 그것이 미치는 시간과 공간, 게다가 서로 다른 계급에 따른 차이에 의해 엄청나게 다양하다.[427] 경보 신호가 둥지 가까운 곳에서 접수되면 공격 행동이 반응으로 나타나지만, 둥지에서 꽤 멀리 떨어진 곳에서 감지되면 도피 행동이 유발되는 식이다. 게다가 어린 일개미가 경보 신호를 감지하면 대개 둥지 안으로 도망치지만 늙은 일개미, 특히나 병정 계급에 속하는 일개미가 감지하면 공격적으로 둥지 밖으로 몰려온다.

신호가 발령되는 맥락에 따라 반응 양상이 달라지는 또 다른 사례는 포고노미르멕스속 수확개미의 경보 및 공격 행동에서 연구되었다. 이들 군락 영역에는 가장

---

426) 더 자세한 설명은 B. Hölldobler and E. O. Wilson, *The Ants* (Cambridge, MA: The Belknap Press of Harvard University Press, 1990)을 참조할 것.

427) U. Maschwitz, "Gefahrenalarmstoffe und Gefahrenalarmierung bei sozialen Hymenopteren," *Zeitschrift für vergleichende Physiolgie* 47(6): 596-655(1964).

빈번하게 먹이 채집에 이용되는 장소인 소위 '핵심 영역'이 포함된다. 이 공간은 같은 종에 속하지만 다른 군락 출신 일개미에게 극단적인 배타 영역이다. 핵심 영역 바깥의 채집 영역은 간혹 동종의 다른 군락 영역과 겹치기도 하지만 여기서 마주친 다른 군락 소속 일개미들 사이의 싸움은 대개 직접 마주친 두 마리로 국한된다. 하지만 핵심 영역 안에서 일어나는 싸움은 그 강도에서 현격한 차이가 있다. 같은 개체도 장소에 따라 싸움의 강도를 조절한다. 즉 일개미 두 마리가 핵심 영역 안에서 만난 경우, 주인 일개미는 침입자 일개미보다 훨씬 공격적으로 싸움에 임하지만 같은 일개미를 핵심 영역 밖 채집 구역에 갖다 놓으면 치열한 싸움은 단 몇 초 만에 끝나고 둘은 헤어져 자기 갈 길을 간다. 싸움은 핵심 영역 안에서 언제나 더 치열한데, 침입자 일개미는 대개 복종적 자세를 취하고, 주인 일개미는 이 침입자를 물어다 핵심 영역 밖으로 끌어낸 뒤 놓아 준다.[428]

이와 비슷하게 장소에 따라 달라지는 적대 행위와 그 결과의 비대칭적 양상은 카타글리피스속 사막개미[429]를 비롯한 몇 종에서도 발견되었는데, 몇몇 종은 각기 빈번하게 이용하는 사냥터에 군락마다 독특한 페로몬을 항문샘에서 분비하여 영역을 표시한다. 같은 종 다른 군락 출신 일개미들이 마주치는 경우, 이런 대치 상태는 대개 영역 주인 일개미의 일방적 승리로 짧은 시간 내에 마무리된다.[430] 이와 꼭 같은 사례가 아프리카산 베짜기개미 오이코필라 롱기노다에서도 발견되었는데, 실험실 사육 군락과 야외 군락 모두 광대한 3차원 영역에 화학적 영역 표시를 하고 이를 방어한다. 나뭇잎을 엮어 만든 둥지로 이루어진 핵심 영역은 군락 구역 전체를 아우르는 몇 그루나 되는 나무 지붕을 가로질러 산포되어 있다.[431]

428) B. Hölldobler, "Recruitment behavior, home range orientation and territoriality in harvester ants, *pogonomyrmex*," *Behavioral Ecology and Sociobiology* 1(1): 3-44(1976).

429) M. Knaden and R. Wehner, "Nest defense and conspecific enemy recognition in the desert ant *Cataglyphis fortis*," *Journal of Inset Behavior* 16(5): 717-730(2003).

430) T. Wenseleers, J. Billen, and a. Hefetz, "Territorial marking in the desert ant *Cataglyphis niger*: does it pay to play bourgeois?" *Journal of Insect Behavior* 15(1): 85-93(2002).

431) B. Hölldobler and E. O. Wilson, "Colony-specific territorial pheromone in the African weaver ant *Oecophylla longinoda*(Latreille)," *Proceedings of the National Academy of Sciences USA* 74(5): 2072-2075(1977); B. Hölldobler and E. O. Wilson, "The multiple recruitment systems of the African weaver ant *Oecophylla longinoda*(Latreille)(Hymenoptera: formicidae)," *Behavioral Ecology and Sociobiology* 3(1): 19-60(1978); B. Hölldobler, "Territories of the African weaver

정리하자면 동물의 의사소통을 연구할 때 내용과 함의를 구분하는 일은 매우 중요한 일인데, 특히 의사소통에 관련된 행동이 일어나는 맥락과 신호 발령자와 수령자의 행동적 상태 및 장소까지 고려해야 한다.

조절적 의사소통

개미에 있어 전달되는 정보는 조절적 의사소통에 의해서 그 내용이 눈에 띄게 강화되는데, 이는 신호를 받는 개미의 행동에 영향을 미치는 보조 신호에 의해 이루어진다. 이 보조 신호는 신호를 감지한 개미가 미리 결정된 제한된 반응을 보이게만들 뿐 아니라 다른 신호에 의해 특정 반응이 일어날 확률 자체를 바꾼다.[432]

조절적 의사소통은 복잡한 사회에서 이루어지는 정보 전달은 직접적이거나 혹은 모 아니면 도 식의 반응을 유발하는 일이 거의 없다는 좀 더 보편적 원칙과도 부합된다. 오히려 정보 전달은 대개의 경우 맥락에 따라 달라지는데, 다시 말해 주변 환경에 적절한 방식으로 조절된다. 예를 들어 사막개미 아파이노가스테르 알비세토수스와 아파이노가스테르 콕케렐리 일개미들은 페로몬에 의한 동원 효과를 높이기 위해 조절적 진동을 사용한다. 늘씬한 몸체에 온순한 성질을 가진 이들은 죽은 곤충 같은 큰 먹잇감을 발견한 뒤 재빨리 둥지까지 운반하는 데 뛰어나다. 일개미 한 마리가 혼자 져 나르기에 벅찬 먹잇감을 발견한 경우 독샘에서 페로몬을 분비하여 공기 중으로 뿌린다. 이 신호는 엄청나게 효과적인데 2미터나 떨어져 있는 일개미도 이 신호를 맡고 찾아 올 수 있다. 이들에게 시간은 아주 중요한 요소다. 이들은 자신보다 빠르지는 않지만 더 힘이 센 다른 개미들이 떼로 몰려오기 전에 먹이를 둥지로 옮겨야 한다. 이를 위해 아파이노가스테르 안내자는 독샘에서 유인 페로몬만 뿌리는 게 아니라 종종 찍찍대는 마찰음을 만들어 낸다. 이 마찰음은 두

ant(*Oecophylla longinoda* [Latreille]): a field study," *Zeitschrift für Tierpsychologie* 51:201-213(1979).

432) H. Markl and B. Hölldobler, "Recruitment as food-retrieving behavior in *Novomessor*(Formicidae, Hymenoptera), II: Vibration signals," *Behavioral Ecology and Sociobiology* 4(2): 183-216(1978); M. Markl, "Manipulation, modulation, information, cognition: some of the riddles of communication," in B. Hölldobler and M. Lindaur, eds., *Experimental Behavioral Ecology and Sociobiology: in Memorium karl von Frisch* 1886-1982(Fortschritte der Zoologie, no. 31) (Stuttgart: Gustav fischer Verlag, 1985), pp. 163-194.

번째 허리 마디 뒷부분 끝에 있는 날카로운 모서리인 '긁개'를 허리 마디와 바로 연결되는 첫 배마디 윗부분에 수평으로 나 있는 일련의 골에 비벼 댐으로써 만들어진다. 이렇게 만들어진 찍찍대는 소리는 0.1~10킬로헤르츠의 주파수로 반복되며 한 번에 5분의 1초 정도 지속된다. 이 진동을 감지한 다른 일개미들은 진동이 만들어지지 않을 때에 비해 두 배 정도 오랜 시간 동안 신호가 감지되는 영역 내에 머물게 된다. 가장 중요한 것은 이 신호를 감지한 일개미들은 더 빨리 자신의 독샘에서 페로몬을 분비하게 된다는 점이다. 종합적으로 볼 때 이런 마찰음이 페로몬에 더해지는 경우, 그렇지 않은 경우에 비해 1~2분 더 빨리 동료를 동원하고 먹이를 운반할 수 있게 되는데, 이 시간 차이는 먹잇감을 노리는 다른 종 개미들에게 먹이를 뺏기느냐 마느냐를 결정할 만큼 중요한 차이이다.

바꿔 말하면 마찰음 신호는 아파이노가스테르 일개미 동원 체계에서 증폭기 역할을 하는 셈이다. 이와 비슷하게 조절적 마찰음 신호를 이용해 냄새길 동원 효율을 높이는 사례가 두배자루마디개미아과 메소르속 개미와 침개미아과 렙토게니스속 개미에서도 발견되었다.[433][434]

화학적 동원 신호와 조화롭게 작동하는 조절적 마찰음 신호는 복합 감각 의사소통의 한 형태로 간주할 수 있다. 위 사례에서 마찰 진동은 전체 신호의 반응 유발 요소(화학 자극)에 대해 신호 수령자의 반응 임계치를 낮추는 복합 감각 신호의 일부분이라 할 수 있는 것이다. 신호 수령자는 이 복합 감각 신호 체계 중 한 가지 요소인 화학 신호에 의해서만 불려 오는 것으로 보인다.

아타속 잎꾼개미가 가진 복합 감각 의사소통 체계는 이와는 다르다(10장 참조). 진동 신호 연구의 개척자인 독일의 생리학자 후베르트 마르클(Hubert Markl)은 아타속 일개미가 만들어 내는 매질 진동 신호는 이 신호를 감지한 동료 일개미로 하

433)   M. Hahn and U. Maschwitz, "Foraging strategies and recruitment behaviour in the European harvester ant *Messor rufitarsis* (F.)," *Oecologia* 68(1): 45-51(1985); E. Schilliger and C. Baroni Urbani, "Morphologie de l'organe de stridulation et sonogrammes compares chez les ouvrieres de deux especes de fourmis moissonneuses du genre *Messor* (Hymenoptera, Formicidae)," *Bulletin de la Societe Vaudoise des Sciences Naturelles* 77(4): 377-384(1985); C. Baroni-Urbanai, M. W. Buser, and E. Schillige, "substrate vibration during recruitment in ant social organization," *Insectes Sociaux* 35(3): 241-250(1988).

434)   U. Maschwitz and P. Schonegge, "Recruitment land of *Leptogenys chinensis*: a new type of pheromone gland in ants," *Naturwissenschaften* 64(11): 589-590(1977).

여금 특정 행동 반응을 유발한다는 것을 밝혀냈다.[435] 그러나 기호학적 내용, 즉 신호자가 보내는 신호 내용과 수신자가 전달받는 의미는 상황적 맥락에 따라 변한다. 예를 들어 경보 페로몬(4-methyl-3-heptanone)은 위턱샘에서 분비되는데, 이 효과는 진동 마찰음 신호와 함께할 때 증가한다. 그러므로 일개미가 다른 개미나 혹은 실험자 핀셋에 꽉 붙들려 있는 경우 경보 페로몬과 마찰음을 동시에 낸다. 이 일개미들은 또 흙 속에 파묻혀 있는 경우, 이를테면 둥지 속 굴이 무너져 파묻힌 경우 마찰음을 낸다. 다른 일개미들은 이 마찰음만으로도 그 장소로 이끌려 가고, 마찰음을 내는 동료를 꺼낼 때까지 땅을 파기 시작한다. 하지만 모든 일개미들이 이런 상황에 동일하게 반응하는 것은 아니다. 병정 계급은 이런 신호에 거의 반응하지 않는 반면 그 순간 둥지 안에서 굴을 파고 흙을 나르고 있던 일꾼 계급이 가장 잘 반응한다. 잎꾼개미에서 경보와 구조 신호는 복합 감각 신호지만 일개미는 각 요소에 독립적으로 반응한다.

아타속 의사소통에 있어서 내용과 함의 사이 관계를 조절하는 맥락의 중요성은 마찰 진동이 채집 작업 중인 일개미들 사이에 근접 동원 신호로도 이용될 수 있다는 사실에 의해 한층 더 명백해졌다.[436] 잎꾼개미 채집꾼들이 식물을 작게 잘라 둥지로 가져오면 거기서 곰팡이 밭의 배지로 쓰기 위해 가공된다는 것은 잘 알려진 사실이다. 잘 알려진 이런 화학적 의사소통 체계 말고도 잎꾼개미들은 동료 일꾼을 동원하기 위해 물리적 신호도 사용한다. 일꾼들이 나뭇잎을 자를 때 마찰음이 발생하는데, 마찰 기관에서 만들어진 진동은 몸을 타고 앞으로는 머리까지, 아

435)   H. Markl, "Die Verstandigung durch Stridulationssignale bei Blattschneiderameisen, I: Die biologische Bedeutung der Stridulation," *Zeitschrift für vergleichende Physiologie* 57(3): 299-330(1967); H. Markl, "Die Verstandigung durch Stridulationssignale bei Blattschneiderameisen, II: Erzeugung und Eigenschaften der Signale," *Zeitschrift für vergleichende Physiologie* 60(2): 103-150(1968); H. Markl, "Die Verstandigung durch Stridulationssignale bei Blattschneiderameisen, III: die empfindlichkeit für Substratvibrationen," *Zeitschrift für vergleichende Physiologie* 69(1): 6-37(1970); W. M. Masters, J. Tautz, N. H. Fletcher, and H. Markl, "Body vibration and sound production in an insect(*Atta sexdens*) without specialized radiating structures," *Journal of comparative Physiology* 150(2): 239-249(1983).

436)   F. Roces, J. Tautz, and B. Hölldobler, "Stridulation in leaf-cutting ants: short-range recruitment through plant-borne vibrations," *Naturwissenschaften* 80(11): 521-524(1993); F. Roces and B. Hölldobler, "Vibrational communication between hitchhikers and foragers in leaf-cutting ants(*Atta cephalotes*)," *Behavioral Ecology and Sociobiology* 37(5): 297-302(1995).

래로는 올라타 있는 잎으로 전달된다. 레이저-도플러 진동 계측기 덕분에 사람 귀에는 들리지 않는(귀로 들어 보려면 연구자가 아주 젊어야 하고 개미를 귀에 바싹 댈 수 있어야 한다.) 이 마찰 신호를 측정, 녹음할 수 있게 되었다. 이 매질 진동 신호는 반복되는 연속적 펄스(찍찍거리는 소리)가 길게 연결되어 있는데, 각 펄스는 일개미 긁개 부분이 마찰 기관 골에 한 번 닿을 때마다 생긴다. 이 신호는 초당 2~20회 찍찍거리는 소리의 반복으로 이루어져 있다. 녹음된 신호의 시간적 양상은 앞서 같은 종 개미에서 기술한 경보 진동 신호의 그것과 다르지 않았다. 로체스와 동료들은 진동 신호를 들은 다른 일개미들이 신호를 보내는 일개미를 향해 이끌려 간다는 것을 밝혀냈다. 이 일개미들은 화학 신호 없이도 정확하게 진동 신호를 향해 이끌려 갔는데, 이로서 마찰 진동이 근거리에서 동원 신호로 기능한다는 것이 분명해졌다(9장 참조).

그렇다면 어떻게 이 마찰 신호라는 요소가 화학적 신호 요소와 상호 작용을 하는 것일까? 실험실에서 이루어진 연구에 다르면 이 두 가지 신호가 각각 따로 주어진 경우 일개미들은 두 신호 모두에 반응했다. 화학 신호와 마찰 신호를 서로 반대 방향에 놓고 일개미가 둘 중 하나를 선택하게 하면 언제나 화학 신호를 큰 차이로 더 선호했다. 하지만 한쪽에는 화학 신호만을, 다른 쪽에는 화학 신호에 마찰 신호를 더한 복합 감각 신호를 동시에 준 경우에는 일개미들은 언제나 복합 감각 신호를 선호했다. 실제 채집이 일어나는 자연적 조건에서는 다양한 종류의 화학적 동원 신호에 마찰 신호 요소가 더해짐으로써 근거리 동원 반응을 미세하게 조절하는 것으로 생각된다.

반면 사회성 곤충에서 음향 신호(좀 더 정확히 말하면 진동 신호)를 이용한 의사소통은 페로몬에 의한 의사소통에 비하면 극히 미미하게만 존재하는 편이다. 진동 신호가 사용되는 경우에도 대개의 경우 화학 신호와 일정 방식으로 조합된다. 대부분 진동 신호는 공기보다는 일차적으로 토양, 둥지 벽, 잎과 가지, 기타 물체 표면을 매질로 전달된다. 진동 신호를 생산하는 몇 가지 방식이 발견되었는데 몸을 매질에 대고 두드리는 경우도 있고, 턱을 둥지 벽이나 다른 딱딱한 물체 표면에 긁거나, 특별히 진화된 긁개와 줄판 같은 기관을 이용해 긁는 소리를 내는 경우가 있다.[437] 그 외에 몸을 떨거나, 흔들거나, 경련을 일으켜 진동 신호를 만들거나, 꿀벌

---

437) H. Markl, "The evolution of stridulatory communication in ants," *Proceedings of the Seventh*

이나 꽃벌 등에서 알려진 것처럼 날개 근육을 아주 빠르게 흔들어 소리나 진동 신호를 만드는 경우도 알려져 있다.[438]

동원 의사소통 중 운동 과시 행동

과거 30년 동안 축적된 연구 결과를 통해 많은 개미 종에서 첨병이 다른 동료 일개미들을 먹이나 새 둥지 터나 적을 향해 이끌어 가는 동원 의사소통 중 운동 과시 행동과 접촉 신호가 중요한 역할을 한다는 사실이 밝혀졌다. 이런 추가적 신호들은 대개 화학적 신호와 상호 작용을 한다. 오이코필라 개미에서 보았던 운동 과시가 그 한 예로서 특정한 목표 지역에 관한 내용을 전달하는 '상징'으로서 기능을 한다. 운동 과시는 붉은불개미 무리 동원 체계에도 기여하고 있으며 암블리오포니나이아과와 침개미아과, 특히 미스트리움 로게리와 파키콘딜라 마르기나타 같은 종의 간단한 동원 행동에서도 보인다. 많은 연구 문헌에서 소개된 다양한 사례를 종합해 보면 이와 같은 의사소통 방식은 개미 전반에 걸쳐 보편적으로 나타나는 것을 알 수 있다.[439]

　운동 과시 행동은 불개미아과 왕개미속과 가시개미속에서 흔한 단체 동원 과정에서 사용되는 복합 감각 의사소통에서 단계적 신호 요소로 기능한다.[440] 일

Congress of the International Union for the Study of Social Insects (10-15 September 1973, London), pp. 258-265.

438)　M. Hrncir, F. G. Barth, and J. Tautz, "Vibratory and airborne-sound signals in bee communication(Hymenoptera)," in S. Drosopoulous and M. F. Claridge, eds., *Insect Sounds and Communication: Physiology, Behaviour, Ecology, and Evolution* (Boca Raton, FL: Taylor & Francis, 2006), pp. 421-436.

439)　J. H. Sudd, "Communication and recruitment in Pharaoh's ant, *Monomorium pharaonis* (L.)," Animal Behaviour 5(3): 104-109(1957); R. Szlep and T. Jacobi, "The mechanism of recruitment to mass foraging in colonies of *Monomorium venustum* Smith, *M. subopacum* spp. *phoenicium* Em., *Tapinoma israelis* For., and *T. simrothi* v. *phoenicium*," *Insectes Sociaux* 14(1): 25-40(1967); R. H. Leuthold, "Recruitment to food in the ant *Crematogaster ashmeadi*," *Psyche*(Cambridge, MA) 75: 334-350(1968); R. Szlep-Fessel, "The regulatory mechanism in mass foraging and the recruitment of soldiers in *Pheidole*," *Insectes Sociaux* 17(4): 233-244(1970).

440)　B. Hölldobler and E. O. Wilson, *The Ants*(Cambridge, MA: The Belknap Press of Harvard

개미 한 마리가 한 번에 동원할 수 있는 동료는 2~30마리 되는데, 불려 온 일개미는 무리의 첨병에 바싹 붙어서 목적지를 향한다(그림 6-24). 이 행동에 관해 가장 잘 연구된 종은 미국 남동부산 캄포노투스 소키우스(*Camponotus socius*)이다 (사진 27).[441] 첨병은 일단 새로 발견된 먹이 주위에 신호용 냄새를 뿌린 뒤 후장에서 나온 물질로 먹이에서 둥지에 이르는 냄새길을 만든다. 이 냄새길 페로몬은 (*ZS,4R,5S*)-2,4-디메틸-5-헥사놀리드((*ZS,4R,5S*)-2,4-dimethyl-5-hexanolide) 와 2,3-디하이드로-3,5-디하이드록시-6-메틸피란-4-원(2,3-dihydro-3,5-dihydroxy-6-methylpyran-4-one)의 혼합물인데 그 자체만으로는 실질적으로 다른 일개미들을 이끌지 못한다.[442] 대신 냄새길을 만든 첨병이 둥지로 돌아가 다른 일개미와 일대일로 마주하고 몸을 흔드는 운동 과시 행동을 해야만 비로소 반응을 유발할 수 있다(그림 6-25). 개별 흔들기 행동(episode)은 한번에 0.5~1.5초 동안 지속되며 같은 대상이나 다른 대상에게 반복된다. 다른 일개미들은 이 과시 행동에 자극 받아야만 비로소 이 첨병을 따라 먹이로 향하게 된다.[443] 둥지 안에서 보이는 운동 과시 행동의 중요성은 밀랍으로 이 첨병 직장 부분 개구부를 인위적으로 막아 페로몬 신호와 운동 과시 행동을 실질적으로 분리한 실험을 통해 밝혀졌는데, 흔들기 행동을 접한 경우 훨씬 많은 일개미들이 냄새길을 따라 나섰다. 각 첨병의 과시 행동 강도와 이에 대한 다른 일개미 반응 강도는 모두 군락이 먹이를 얼마나 필요로 하는지에 밀접하게 연관된다. 굶고 있는 군락 첨병의 과시 행동은 훨씬 격렬해서, 이들은 좀 더 많은 동료와 접촉했고, 결과적으로 더 많은 동료들이 첨병을 따라 나섰다. 군락 전체 먹이는 많은 반면 첨병만 굶은 경우에는 첨병은 여전히 매우 격렬한 흔들기 과시 행동을 보이지만 반응을 보이는 동료의 수는 눈에 띠

University Press, 1990); B. Hölldobler, "Multimodal signals in ant communication," *Journal of Comparative Physiology A* 184(2): 129-141(1999); C. Liefke, B. Hölldobler, and U. Maschwitz, "Recruitment behavior in the ant genus *Polyrhachis*(Hymenoptera, Formicidae)," *Journal of Insect Behavior* 14(5): 637-657(2001).

441) B. Hölldobler, "Recruitment behavior in *Camponotus socius*(Hym. Formicidae)," *Zeitschrift für vergleichende Physiologie* 75(2): 123-142(1971).

442) E. Kohl, B. Hölldobler, and H. J. Bestmann, "Trail and recruitment pheromones in *Camponotus socius*(Hymenoptera: Formicidae)," *Chemoecology* 11(2): 67-73(2001).

443) 이 단체 동원 과정에 사용되는 주 신호는 독샘에서 분비되는 고휘발성 포름산으로 추정되며 이는 첨병의 뒤에 추종자를 바짝 '결합'하는 기능을 한다.

게 적었다. 반면 첨병을 배불리 먹인 뒤 닷새 뒤에 둥지로 돌려보낸 실험에서는 첨병들은 아주 미약한 강도로 몸을 떨 뿐이었고, 대신 상당히 많은 양의 먹이를 되뱉어 내서 동료들에게 먹였다. 이런 첨병들 중 일부는 먹잇감으로 되돌아갔지만 다른 동료들이 따라오지는 않았다. 이들이 다시 둥지로 돌아간 경우에는 평소와 다름없는 격렬한 과시 행동을 보였으며, 그 결과 많은 동료들이 그 뒤를 따라 나서게 되었다.

이런 관찰 결과 캄포노투스 소키우스 흔들기 과시 행동은 그 강도가 첨병의 배고픔 정도와 군락의 반응성에 의존하고 있는 일종의 단계적 신호로 기능한다는 사실을 알 수 있다.

캄포노투스 소키우스 일개미들은 흔들기 과시 행동 중에 대개 턱을 활짝 열고 입술을 내밀고 있다. 오이코필라속 베짜기개미처럼 이 행동은 원래 개미들이 동료 일개미들에게 입과 입으로 먹이를 전달하는 행동을 모방하고 있다. 먹이를 발견하고 돌아온 첨병들이 종종 자기 주위를 둘러 싼 동료들에게 먹이 견본을 제공하는 것도 사실이다. 그러므로 이 몸 흔들기 과시 행동은 곧 동료들에게 먹이를 주겠다는 예비 몸짓, 즉 먹이를 발견했다는 사실을 군락에 알리는 의사소통용 신호로 의례화된 행동이라고 해석하는 것이 마땅하다. 동물의 의례화된 행동이 일반적으로 그러하듯 개미의 이런 행동은 예비 몸짓보다 더 반복적이고 전형적인 패턴으로 일어난다.

캄포노투스 소키우스 일개미들이 새로운 둥지 터로 동료를 동원하기 위해서는 다른 종류의 과시 행동이 필요하다. 이는 신호를 받는 일개미의 전방위에서 몸을 격렬하게 떨어 대는 행동인데 특히 얼굴을 마주하고 있을 때 가장 빈번하게 몸을 떤다. 일반적으로 동원하는 일개미들은 다가온 동료보다 높은 자세를 취한 뒤 머리를 물어 붙들고 앞뒤로 잡아 흔든다(그림 6-25 참조). 이는 둥지 전체가 이사를

그림 6-24 │ 캄포노투스 소키우스 단체 동원. 첨병은 후장에서 분비된 장기 지속성 방향지시 냄새길과 아울러 독샘에서 나오는 단기 지속성 동원 페로몬으로 냄새길을 만든다. B. Hölldobler, "Recruitment behavior in Camponotus socius (Hym. Formicidae)," *Zeitschrift für vergleichende Physiologie* 75(2): 123–142(1971)에 근거함.

사진 27 │ 위: 왕개미 캄포노투스 소키우스 둥지 일개미들. 아래: 둥지 밖에서 꽁무니 끝을 땅에 대고 냄새길을 만들고 있는 일개미.

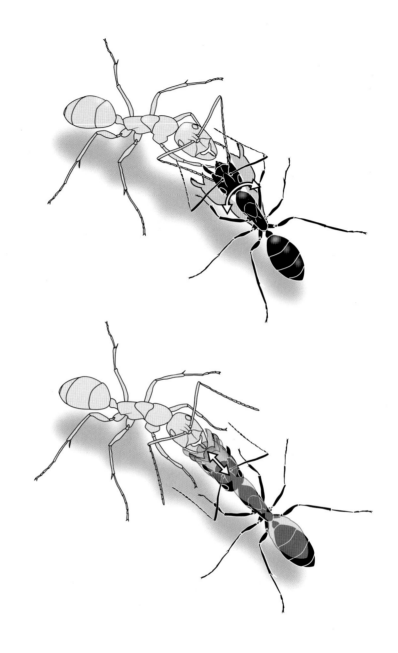

그림 6-25 │ 캄포노투스 소키우스가 먹잇감을 향해 동료를 동원하는 유도 신호(위 그림)는 몸을 좌우로 흔드는 것인데, 이는 먹이를 제공하는 행동이 의례화된 것으로 추정된다. 이 행동은 둥지를 옮길 때 동료를 동원하는 유도 신호(아래 그림)인 몸을 앞뒤로 격하게 떨어 대는 행동과는 분명히 다른데, 후자는 캄포노투스 세리케우스(*Camponotus sericeus*) 개미에서 보이는 좀 더 '원시적 형태'의 턱 잡아당기기 행동이 의례화된 것으로 보인다(그림 6-26 참조). B. Hölldobler, "Recruitment behavior in *Camponotus socius* (Hym. Formicidae)," *Zeitschrift für vergleichende Physiologie* 75(2): 123–142(1971)에 수록된 Turid Hölldobler-Forsyth의 원본 그림에 근거.

가기 위해 일개미를 불러 모은다는 특별한 신호를 전달하는 과시 행동이다. 원래 둥지가 이사 갈 때는 일개미가 일개미를 입으로 물어 나르는 일이 빈번한데, 이 과시 행동은 성충을 옮겨 나르는 행동을 시작하기 위한 예비 몸짓에서 기원한 것이 틀림없다.

캄포노투스 소키우스 일개미들이 새로운 먹잇감이나 둥지 터로 동료를 동원할 때는 후장에서 나온 페로몬에 독샘에서 나온 포름산을 자극 물질로 가미하여 방향 유지 냄새길을 만든다. 하지만 동원의 특정 목적을 구체화하기 위해 일개미들은 둥지 안에서 별도의 운동 과시 행동을 목적에 맞게 이용하는 것이다. 게다가 흔들기 과시 행동은 채집꾼 계급만 반응하는 반면, 둥지 이사에 관한 과시 행동에 대해서는 훨씬 큰 일개미들, 즉 새끼를 돌보는 일개미, 공주개미, 심지어 수개미까지 반응한다. 즉 캄포노투스 소키우스 개미는 외부 환경에 관한 정보를 복합 감각 신호를 통해 전달하는 것이다.

동물 행동학자들은 이런 신호를 '기능적으로 지시적'이라고 부른다. 마크 하우저(Marc Hauser)는 새나 원숭이에서 시시적 신호에 대하여, "어떤 신호가 그 대상이나 현상에 신뢰성 있게 연관되어 있는 경우 지시적이라고 간주한다. 이 연관 관계 덕분에 신호 수령자는 신호 발령과 관계된 잠재적 맥락의 폭을 정확하게 가늠할 수 있게 된다. 이 폭의 구체적 너비는 부분적으로는 신호가 지시하는 대상과 현상에 관한 신호의 구체성에 근거한다."라고 했다.[444] 이 설명은 척추동물 음성 신호에 관한 것이기는 하나 꿀벌의 꽁무니춤을 이용한 의사소통이나 오이코필라 롱기노다, 캄포노투스 소키우스를 비롯한 여러 개미 종 의사소통에도 정확히 적용될 수 있다.

진화 과정에서 의례화는 어떻게 새로운 신호를 형성하는가? 사회성 곤충의 의사소통 연구에 있어 이런 신호 형성의 진화적 과정을 특별히 연구 분석한 사례는 거의 없다. 예외적인 경우는 꿀벌의 꽁무니춤으로, 꿀벌과 꽃벌 여러 종에서 동원 의사소통 기작을 비교 연구함으로써 이 신호 체계가 간단한 형태에서 복잡한 형태로 단계적으로 진화하는 과정을 알 수 있게 되었다. 이 연구를 통해 꽁무니춤이 벌통에서 먹잇감으로 향하는 안내 비행 과정을 의례화한 것임을 확인하게 되었

---

444) M. D. Hauser, *The Evolution of Communication*(Cambridge, MA: MIT Press, 1996).

다.[445]

또 하나의 비교적 명백한 의례화 사례는 왕개미속 일개미들이 새 먹잇감이나 둥지 터로 동료 일개미를 이끄는 안내 행동에서 볼 수 있다. 이 안내 행동의 가장 원시적 단계는 꽁무니 물고 달리기로 캄포노투스 세리케우스(*Camponotus sericeus*) 동원 체계에서 잘 볼 수 있다. 새 먹잇감을 발견한 채집꾼은 집으로 돌아오면서 후장에서 분비된 물질로 여기저기 화학적 참고점들을 길에 뿌려 놓는다. 둥지로 돌아오면 동료 일개미들과 재빨리 구강 먹이 교환과 몸 닦아주기 행동을 하는 동시에 아주 '빠른' 달리기 행동을 한다. 동료 한 마리를 이끌기 위해 이런 의례화된 행동을 3~16회 정도 반복한다. 이 첨병은 동원을 마치고 자신이 뿌려 놓은 방향 유지 냄새 길을 따라 먹잇감으로 되돌아가는데, 둥지 안에서 꼬인 동료 일개미 몇 마리도 첨병 뒤를 따른다. 하지만 이들 중 앞장 선 첨병의 꽁무니를 더듬이로 직접 더듬을 수 있을 만큼 가까이 뒤따르는, 즉 꽁무니 물고 달리기를 할 수 있는 일개미들만 먹잇감까지 따라갈 수 있다. 이렇게 먹잇감에 이른 일개미들은 대부분 다시 둥지로 되돌아가 자기들이 직접 다른 일개미들을 동원하게 된다. 실험을 통해 첨병이 후장에서 나온 물질로 만든 냄새길 자체만으로는 동원이 이루어지지 않으며 한 번 가본 개미들만이 냄새길을 따라가며 이들 또한 냄새길은 방향 유지용으로만 사용하는 것이 밝혀졌다. 마찬가지로 꽁무니 물고 달리기 중에는 냄새길 페로몬은 의사소통에 그다지 중요한 기능을 하지 않는 것으로 보인다. 첨병과 뒤따르는 개미는 끊임없이 접촉하여 신호를 교환하고, 이를 통해 몸 표면에 있는 군락 동료 인식 물질을 계속 감지함으로써 서로 붙어 있을 수 있다. 하지만 이 종에서는 캄포노투스 소키우스 단체 동원 행동과는 달리 첨병이 독샘 주머니에서 나온 분비물을 사용한다는 어떤 증거도 발견되지 않고 있다.

꽁무니 물고 달리기가 성공하려면 첨병이 뒤에 동료가 따르고 있다는 것을 끊임없이 확인받아야 한다. 뒤따르는 개미는 정기적으로 더듬이를 첨병 꽁무니에 갖다 대고 머리를 뒷다리나 꽁무니에 부딪침으로써 이 목적을 달성한다. 뒤따르는 개미가 길을 잃거나 실험적으로 두 마리의 접촉을 끊으면 첨병은 즉시 가던 길을 멈추고 뒤따르던 개미가 다시 접촉할 때까지 한 자리에 머무르는데, 이는 마치 안개

---

445) M. Lindauer, *Communication among Social Bees*(Cambridge, MA: Harvard University Press, 1961); E. O. Wilson, *The Insect Societies*(Cambridge, MA: The Belknap Press of Harvard University Press, 1971).

긴 산길에서 산행 안내자가 하는 행동과 비슷하다. 뒤따르는 개미가 사라진 첨병은 사람 머리카락을 가지고 뒷다리를 초당 한 번꼴로 주기적으로 접촉해 주면 다시 가던 길을 가게 만들 수 있다. 이렇게 하면 첨병은 실험자를 목적지까지 안내하게 된다. 이와 비슷하게 첨병을 놓친 개미는 첨병 꽁무니를 잘라 막대에 꽂아 앞장세우면, 실험자 마음대로 어디로든 끌고 갈 수 있다. 특히 이 두 번째 실험은 앞선 채집꾼이 뿌린 방향 유지 페로몬이라든지 독샘에서 분비된 물질이 이 동원 행동에 전혀 관여하지 않음을 결정적으로 증명한다.[446]

캄포노투스 세리케우스 꽁무니 물고 달리기는 새 둥지 터로 일개미를 부를 때도 사용된다. 새 터를 찾은 일개미는 둥지로 돌아와 먹잇감으로 동료를 부를 때와는 전혀 다른 양상의 동원 과시 행동을 한다. 동료 하나와 머리를 맞대고 서서 턱으로 턱을 물고 격렬하게 앞쪽으로 끌어당긴다. 잠시 이렇게 하다가 턱을 풀고 반대로 뒤돌아서서 꽁무니를 동료에게 들이민다. 이때 동료가 자기 꽁무니로 뒷다리를 건드리면 일개미는 앞장서서 꽁무니 물고 달리기 행동을 시작한다. 이 일련의 행동은 아주 전형적이며 둥지 일개미들이 첨병을 따라 새 둥지 터로 안내될 때면 의례히 보이는 행동이다(그림 6-26).

이런 꽁무니 물고 달리기 행동이 몇 차례 있고 나면 이끌려온 개미들이 이제는 자신이 첨병 역할을 맡는다. 둥지의 동료들, 특히 어린 일개미들은 '이사꾼'들이 직접 들어 나른다. 어떤 때는 이사꾼이 입에다 동료를 한 마리 물고 나르면서 동시에 다른 일개미를 꽁무니에 물고 달리기 방식으로 이끄는 경우도 볼 수 있다(그림 6-27). 날개 달린 여왕들과 수개미들 역시 꽁무니 물고 달리기 방식으로 집을 옮긴다. 게다가 수개미는 종종 왕개미속에 특징적인 운반 방식에 의해 날라지는데, 이 경우 암컷과 수컷은 제각기 취하는 자세가 다르다(그림 6-27 참조). 둥지를 옮길 때 보이는 꽁무니 물고 달리기와 물어 나르기 행동이 시작되는 일련의 과정을 비교하면 의례화 과정을 잘 알 수 있다. 물어 나르는 행동의 시작 과정은 꽁무니 물고 달리기 시작 단계에서 보이는 안내 행동과 거의 흡사하다. 하지만 이때 물어 나르는 이사꾼은 계속 턱을 문 채로 몸을 반대 방향으로 튼다. 그 바람에 물린 일개미는 살짝 몸이 들려지면서 다리를 몸에 바짝 붙이게 되고 꽁무니를 안쪽으로 접어 넣게

---

446)　B. Hölldobler, M. Möglich, and U. Maschwitz, "Communication by tandem running in the ant *Camponotus sericeus,*" *Journal of Comparative Physiology A* 90(2): 105-127(1974).

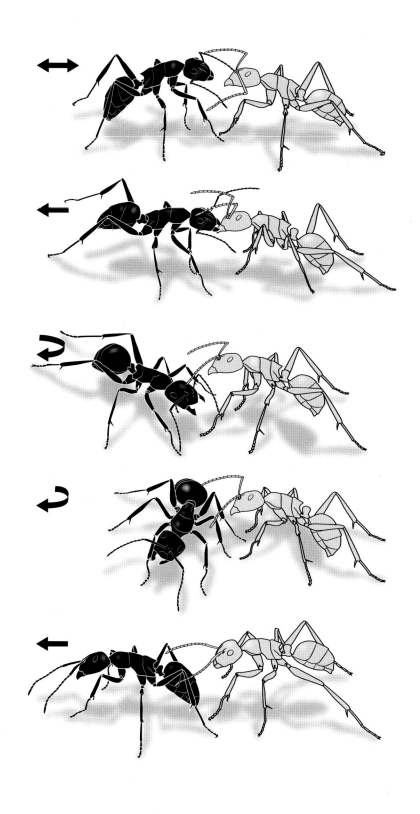

그림 6-27 │ 캄포노투스 세리케우스가 둥지를 옮길 때 성충을 직접 물어 나르거나 꽁무니 물고 달리기로 옮기고 있다. 물어 나르는 성충은 일개미(위)와 수개미(아래)에 따라 자세가 특징적이다.

된다. 이 자세를 유지하면서 목적지로 옮겨진다(그림 6-28).

군락의 다른 개미를 들어 옮기는 작업을 시작하는 행동이 둥지가 이사 갈 때 쓰이는 꽁무니 물고 달리기 방법에 의한 동원을 시작하는 행동의 선구 행동이라는 가설도 그럴듯하다. 새 둥지 터로 옮기려는 캄포노투스 소키우스 일개미가 다른 일개미들을 붙들고 몸을 떨고 가볍게 잡아끄는 행동은 캄포노투스 세리케우스 일개

그림 6-26 │ 캄포노투스 세리케우스가 둥지를 옮길 때 꽁무니 물고 달리기 방식으로 동원하는 행동은 첨병(검은색)이 의례화된 유도 행동을 보임으로써 같은 둥지 동료(회색)가 이를 따르게 만드는 데서부터 시작된다. 위에서 아래로 이 행동이 순서가 보인다. 첨병이 동료에게 접근하여 2~3초 동안 몸을 앞뒤로 격렬하게 흔들어 댄다. 그러고는 동료의 턱을 자신의 턱으로 물고는 2~20센티미터 정도 되는 거리를 앞으로 끌어낸다. 다음으로 첨병은 턱을 풀고 반대로 돌아선다. 마지막으로 후장에서 페로몬을 내서 동료를 새 둥지 터로 이끄는데, 그 동안 뒤따르는 동료 일개미는 더듬이를 첨병의 배와 뒷다리에 계속 부딪치면서 직접적인 접촉을 유지해야 한다. B. Hölldobler, M. Möglich, and U. Maschwitz, "Communication by tandem running in the ant *Camponotus sericeus*," *Journal of Comparative Physiology* 90(2): 105–127(1974)에 수록된 Turid Hölldobler-Forsyth의 원본 그림에 근거

초유기체

미가 보여 주는 행동에서 비롯되었을 가능성이 높다. 캄포노투스 세리케우스 일개미가 동료를 새 먹잇감으로 이끌려 할 때는 재빠르게 달리는 행동과 먹이 견본을 되뱉어 내는 행동을 뒤섞은 과시 행동을 보인다. 이때 몸을 흔드는 행동은 보이지 않는다. 이 역시 캄포노투스 세리케우스에서 볼 수 있는 좀 더 원시적 단계의 간단한 과시 행동이 몸 흔들기 행동에 의해 증강되어 캄포노투스 소키우스 일개미가 보여 주는 '상징적' 먹이 제공 과시 행동으로 유래되었을 것이라는 점을 시사한다.

지금껏 언급한 왕개미 종들은 후장에서 유래한 물질로 만든 냄새길이 직접적으로 다른 일개미를 꾀어 오지는 못하지만 방향 유지 역할은 하고 있다. 하지만 캄포노투스 소키우스 경우 첨병은 뒤따르는 일개미들과 직접적으로 접촉을 하지 않아도 이들을 이끌 수 있다. 첨병이 뒤따르는 개미들과 분리될 경우, 첨병은 계속 갈 길을 간다. 이때 독샘에서 포름산으로 추정되는 고휘발성 동원용 페로몬을 뿌려 댐으로써 뒤쳐진 무리가 계속 옳은 방향으로 따라오게 만든다.

왕개미속에는 이보다 한 단계 더 높은 조직화 수준을 보여 주는 사례가 유럽산 캄포노투스 리그니페르두스(*Camponotus ligniperdus*)와 캄포노투스 헤르쿨레아누스(*C. herculeanus*)를 비롯, 이들과 비슷한 북아메리카산 캄포노투스 펜실바니쿠스(*C. pennsylvanicus*)에서 발견된다. 펜실바니쿠스에서는 단체 동원 현상이 종종 관찰된다. 트라니엘로는 이 검은색 대형 개미에서 동원 행동을 매우 면밀히 관찰하여 새로 찾은 먹이를 두고 둥지로 돌아오는 첨병이 냄새길을 만든다는 사실을 밝혀냈다.[447] 둥지로 돌아온 첨병은 또 흔들기 과시 행동으로 군락 동료들을 추가적으로 자극한다. 흔들기 행동에 자극된 일개미는 앞서 만들어진 냄새길을 따라 채집에 나선다. 이 냄새길 페로몬의 주성분은 2,4-디메틸-5-헥사놀리드로 추정되는

그림 6-28 | 캄포노투스 세리케우스가 성충을 물어 나르기 시작하는 단계. 물어 나르는 일개미(검은색)가 동료(회색)에 접근해서 2~3초 동안 몸을 앞뒤로 떨어 댄다. 그러고는 턱으로 상대를 잡고 2~20센티미터 정도 앞으로 이끈다. 턱을 문채로 상대를 살짝 들어 올린 일개미는 몸을 틀기 시작한다. 이때 상대는 더듬이와 다리를 몸에 바짝 붙인 뒤 배를 앞으로 말아서 몸을 둥글게 접는다. 이사꾼은 이제 개미를 들어 새 터로 옮긴다. B. Hölldobler, M. Möglich, and U. Maschwitz, "Communication by tandem running in the ant *Camponotus sericeus*," *Journal of Comparative Physiology* 90(2): 105–127(1974)에 수록된 Turid Hölldobler-Forsyth의 원본 그림에 근거.

447) J. F. A. Traniello, "Recruitment behavior, orientation, and the organization of foraging in the carpenter ant *Camponotus pennsylvanicus* DeGeer(Hymenoptera: Formicidae)," *Behavioral Ecology and Sociobiology* 2(1): 61-79(1977).

데, 이 분자는 근연종인 캄포노투스 헤르쿨레아누스에서 냄새길 페로몬으로 동정된 바 있고, 펜실바니쿠스 일개미들도 이 페로몬을 따라 가는 것이 증명되었다.[448] 하지만 펜실바니쿠스 일개미들이 독샘에서 단기 지속성 동원 페로몬도 분비하는지는 아직 밝혀지지 않았다.

이제 우리는 왕개미속 개미 진화의 정점이라 할 수 있는, 붉은불개미에서 보이는 다중 동원 행동과 비슷한 행동 패턴을 알아볼 차례가 되었다. 이 행동을 볼 수 있는 예로 신열대구 서식 종인 은회색 털로 덮인 목수 개미 캄포노투스 세리케이벤트리스(*Camponotus sericeiventris*)를 들 수 있다. 왕개미속 다른 종들과 마찬가지로 이 종의 첨병은 둥지로 돌아오면 동료들에게 운동 과시 행동을 보이면서 동시에 더듬이로 상대를 자극한다. 하지만 동원은 냄새길과 동원 페로몬에 의해서만 완성된다. 후장에서 나오는 냄새길 페로몬의 주성분은 이소쿠마린(3,4-디하이드로-8-하이드록시-3,5,7-트리메틸이소쿠마린: 3,4-dihydro-8-hydroxy-3,5,7-trimethylisocoumarin)으로 알려져 있다. 이 분자는 단독으로는 강력한 동원 효과를 보이지 못하지만 다른 자극에 의해 이미 둥지를 떠나 냄새길에 올라 선 일개미들은 즉시 이 분자를 따라 이동한다. 이 페로몬 농도가 짙을수록 더 많은 일개미들이 길을 떠난다. 하지만 일정 농도보다 많으면 더 이상 효과가 늘어나지는 않는다.

이소쿠마린만으로 만들어진 냄새길도 채집 지역 안에 어슬렁거리는 개미들을 어느 정도는 냄새길을 따라 움직이도록 만들 수 있지만, 이 냄새길의 주된 기능은 동원이 아니다. 열 댓 마리에서 추출한 페로몬으로 만든 냄새길은 24시간이 지난 뒤에도 일개미들을 어느 정도 목적지로 이끌어 갈 수 있을 정도로 강하다(사진 28, 29). 이런 관찰을 비롯, 후장 페로몬으로 만든 냄새길만으로는 강력한 동원이 이루어지지 않는다는 사실로 미루어 볼 때, 아마도 또 다른 동원 전담 페로몬 성분이 있어서 이것이 일개미에게 '각성' 신호를 보냄으로써 일개미들이 후장에서 나온 물질로 만들어진 장기 지속 냄새길을 따르게 만드는 듯하다. 그리고 실제로도 독샘에서 분비되어 짧은 순간만 작용하는 강력한 동원 신호가 일찍이 발견되었다. 이소쿠마린으로 만들어진 냄새길(후장 물질 냄새길) 위에 독샘 분비물인 포름산을 소량 뿌려 냄새길을 만든 경우 캄포노투스 세리케이벤트리스 일개미들은 즉시 둥

448) H. J. Bestmann, U. Haak, F. Kern, and B. Hölldobler, "2,4-Dimethyl-5-hexanolide, a trail pheromone component of the carpenter ant *Camponotus herculeanus*," *Naturwissenschaften* 82(3): 142-144(1995).

지 밖으로 뛰쳐나왔다. 게다가 이들 중 많은 수가 포름산이 뿌려진 범위를 넘어 이소쿠마린으로 만들어진 냄새길을 끝까지 따라 갔다. 몇몇 추가 실험을 통해 캄포노투스 세리케이벤트리스 동원 냄새길이 적어도 두 가지 기능 요소로 만들어져 있음이 확인되었는데 이들은 후장에서 나온 장기 지속성 방향 유지 성분과 독샘에서 나온 단기 지속성이면서 매우 자극적인 동원용 페로몬 성분들이다. 고농도 포름산은 둥지 입구에서 대규모로 일꾼들을 불러 모으는 효과가 있고 이렇게 쏟아져 나온 일개미들은 후장 분비물이나 이소쿠마린으로 만들어진 냄새길을 정확히 따라 이동한다. 동원 과정 첫 단계에서는 일개미들이 첨병 없이도 둥지를 떠나 먹잇감으로 이동하지만 냄새길을 만드는 개미가 둥지를 나와 먹이로 되돌아갈 때는 대개 한 무리 다른 일개미들이 따르게 되며, 이들은 분명히 포름산에 의해 자극된 것들이다.

일단 이렇게 캄포노투스 세리케이벤트리스 동원 작업이 활발하게 진행되어 더 많은 일개미들이 둥지에서 쏟아져 나와 먹잇감을 향해 움직이는 상태가 되면 개체들이 느슨하게 조직된 무리 형태는 사라져 버리고, 일개미들은 개별적으로 냄새길을 따라 먹이로 달려간다. 먹이가 점차 사라지면 냄새길을 만드는 개미 숫자 역시 줄어들어 독샘 분비물로 만들어진 동원 신호 역시 이내 사라진다. 그 결과 먹이를 향해 둥지를 나서는 일개미 숫자 역시 급감한다.[449] 이 일련의 과정들이 보여 주는 역동성은 기본적으로 붉은불개미 경우와 같은 것이다.

동원 체계와 관련된 환경적 요소

전반적으로 많은 개미 종에서 동원 목적의 의사소통 과정에서 실제로 운동 과시와 접촉 신호들이 중요한 기능을 한다는 것이 많은 연구를 통해서 밝혀졌다. 하지만 진화 과정 속에서 이런 신호들은 화학적 동원 체계가 점점 더 증가함에 따라 그 중요성이 점차 줄어들게 되었다. 이런 진보적 과정의 생물학적 연관성에 대해서는 앞으로 연구가 더 필요하겠지만 여기에 군락 구성원 머릿수가 포함된다는 점은 분

449) E. Kohl, B. Hölldobler, and H.-J. Bestmann, "Trail pheromones and Dufour gland contents in three *Camponotus* species(*C. castaneus*, *C. balzani*, *C. sericeiventris*: Formicidae, Hymenoptera)," *Chemoecology* 13(3): 113-122(2003); B. Hölldobler, 미공개 결과.

사진 28 │ 남아메리카산 캄포노투스 세리케이벤트리스 일개미들이 수송로 위에 있다.

사진 29 │ 캄포노투스 세리케이벤트리스 일개미 두 마리가 입에서 입으로 먹이를 교환하고 있다.

명하다. 개미에서는 성숙한 군락의 크기가 큰 종일 수록 동원 과정 시작 단계에서 운동 과시보다 화학 신호를 더 많이 사용하게 되는 경향이 있다. 캄포노투스 세리케우스 군락은 수백 마리로 이루어진 비교적 작은 규모인 반면 같은 속 소키우스 종은 수천 마리로 이루어진 매우 큰 군락을 이룬다. 하지만 소키우스 종 군락은 한 군락에 속한 유전적으로 동일한 소집단들이 기능적으로 독립된 여러 개의 소규모 둥지들로 나뉘어져 살아가며 구성원을 서로 교환할 수 있는 폴리도미(polydomy) 생활 방식을 취하여, 각 둥지에는 수백 마리 미만의 일개미들이 나뉘어 살고 있다. 이에 반해 캄포노투스 세리케이벤트리스 군락은 수천 마리로 구성되어 있다.

동원 체계에 관련된 다른 요소로는 각 종이 특별히 선호하는 먹이 특성, 이를테면 각 먹잇감의 크기나 시기적으로 가용한 정도라든지 군락이 계절에 따라 필요로 하는 영양 수요 등이 있다. 이런 동원 체계 방식과 먹잇감 특성, 군락의 수요 사이 연관성 대해서는 단지 몇 가지 비교 연구가 현장에서 이루어졌을 뿐, 체계적 연구보다는 비공식적 관찰 사례가 많이 알려져 있을 뿐이다.[450] 다행스럽게 왕개미속은 혹개미속에 이어 두 번째로 큰 속이기 때문에 이에 속한 수백 종들이 장래 비교 연구를 위한 좋은 재료가 될 것이다.

지금까지 우리는 동원을 위한 의사소통의 행동적 기제에 설명을 집중해 왔는데, 이는 이런 행동들이 군락 수준에서 이루어지는 자연 선택 결과로 만들어진 행동적 특성이기 때문이었다.

---

450) 예를 들어 C. Liefke, W. H. O. Dorow, B. Hölldobler, and H. Maschwitz, "Nesting and food resources of syntopic species of the ant genus *Polyrhachis*(Hymenoptera, Formicidae) in West-Malaysia," *Insectes Sociaux* 45(4): 411-425(1998)나 다음 설명을 참고할 것: J. F. A. Traniello and S. K. Robson, "Trail and territorial communication in social insects," in R. T. Card and W. J. Bell, eds., *Chemical Ecology of Insects* 2(New York: Chapman & Hall, 1995), pp. 241-286; 몇 가지 실험적 혹은 이론적 연구에 대해서는 R. Beckers, S. Goss, J. L. Deneubourg, and J. M. Pasteels, "Colony size, communication and ant foraging strategy," *Psyche*(Cambridge, MA) 96: 239~256(1989); L. Edelstein-Keshet, J. Watmough, and G. B. Ermentrout, "Trail following in ants: individual prperties determine population behaviour," *Behavioral Ecology and Sociobiology* 36(2): 119-133(1995); E. Bonabeau, G. Theraulaz, and J.-L. Deneubourg, "Group and mass recruitment in ant colonies: the influence of contact rates," *Journal of Theoretical Biology* 195(2): 157-166(1998); M. Beekman, D. J. T. Sumpter, and F. L. W. Ratnieks, "Phase transition between disordered and ordered foraging in pharaoh's ants," *Proceedings of the National Academy of Sciences USA* 98(17): 9703-9706(2001); S. Portha, J.-L. Deneubourg, and C. Detrain, "Self-organized asymmetries in ant foraging: a functional response to food type and colony needs," *Behavioral Ecology* 13(6): 776-781(2002) 등을 참고할 것.

최근 들어 개미 군락 안에서 채집에 관련된 창발적 양상의 자기 조직화에 대한 이론적 연구가 많이 나오고 있다.[451] 이런 연구들은 다음 질문을 중점적으로 다룬다. 개미 군락이 무리로서 의사 결정을 내리는 과정에서 양의 되먹임에 의존하는가? 첨병 개미들이 서로 다른 여러 채집 장소에서 돌아왔을 때, 어떤 개체도 각 먹잇감의 품질에 대해 종합적 비교 분석을 하지 않는데, 군락은 어떻게 가장 수확률이 좋은 먹잇감으로 군락 전체의 채집 목표를 결정하는가? 몇 가지 실험적 연구를 통해 실제로 군락이 결과적으로 가장 수확률이 좋은 풍성한 먹잇감을 선호하게 될 가능성이 매우 높다는 사실이 알려졌다. 다중 동원 제계에서 냄새실에 뿌려진 동원용 냄새길 페로몬 양은 냄새길을 만든 일개미 수와 정확히 비례한다. 이 숫자는 다시 세 가지 요소에 의해 결정된다. 우선 얼마나 많은 일개미들이 먹잇감에서 멀떠구니를 채울 수 있는가? 둘째 채집꾼이 얼마나 빨리 채집한 먹이를 둥지에 내려놓을 수 있는가? 그리고 마지막으로 얼마나 빨리 채집꾼이 자기 냄새길을 만들면서 다시 먹잇감으로 되돌아갈 수 있는가? 먹이의 품질과 접근성(둥지에서 먹잇감 주변 공간까지 거리)이야말로 냄새길 만들기에 영향을 미치는 핵심 요소라 할 것이다. 거기다 동원 페로몬이 얼마나 강력하게 작용하여 얼마나 많은 수의 일개미들이 반응하느냐 하는 점이 일차적으로 중요한 요소가 된다. 여러 곳의 서로 다른 먹잇감을 향해 냄새길들이 제각기 만들어진 경우, 동원되어 나온 일개미는 대부분 페로몬 활성이 가장 강력한 냄새길을 선택하여 이동할 것이다.

캄포노투스 소키우스 단체 동원 방법에서처럼 각 일개미의 동원 영향력이 큰 경우 의사 결정 과정은 매우 빠르게 진행된다. 하지만 속도에는 대가가 따른다. 군락이 냄새길 하나에 몰입하면 이용 가능한 다른 채집 장소들은 발견되지 못할 것이다.[452] 하지만 이런 군락들은 또 여러 첨병들이 서로 다른 여러 곳의 먹잇감으로부터 돌아올 수 있다. 이들이 보이는 운동 과시 행동 강도는 각자가 발견한 먹잇감

451) T. R. Stickland, N. F. Britton, and N. R. Franks, "Complex trails and simple algorhithms in ant foraging," *Proceedings of the Royal society of London B* 260: 53–57(1995); 그리고 S. Camazine, J.-L. Deneubourg, N. R. Franks, J. Sneyd, G. Theraulaz, and E. Bonabeau, *Self-Organization in Biological Systems*(Princeton, NJ: Princeton University Press, 2001)와 C. Detrain, J.-L. Deneubourg, and J. M. Pasteels, eds., *Information Proceeding in Social insects*(Basel: Birkhauser Verlag, 1999) 등의 설명을 참고할 것.

452) T. R. Stickland, N. F. Britton, and N. R. Franks, "Complex trails and simple algorhithms in ant foraging," *Proceedings of the Royal Society of London B* 260: 53–57(1995).

의 품질과 관련이 있을 수 있다. 그렇다면 각 첨병의 신호에 의해 먹잇감으로 동원되는 일개미 무리 크기는 먹잇감에 따라 현저하게 다를 것이다. 동원되어 나온 일개미들이 점차 자신이 스스로 동원자가 된다고 가정한다면, 가장 풍성한 먹잇감을 향해 뿌려지는 방향 지시용 페로몬 농도는 지속적으로 증가하며 결과적으로 그 먹잇감이 채집꾼 전체에 의해 선택될 것이다.

단체 의사 결정은 자기 조직화 과정이지만 거기에 관계된 기작은 외부 자극에 의해 유발되는 개체 행동 반응이다. 각 개미가 사용하는 신호와 암시는 먹잇감의 전반적 질과 군락 동료들이 그 먹이를 얼마나 즉각 받아들이느냐에 관한 것이다. 결과적으로 이런 신호와 암시들은 채집꾼 동원 행동의 강도를 결정하게 된다.

이렇게 일련의 간단한 행동 규칙에서 비롯된 종합적 의사 결정 과정은 많은 이론 생물학자들에 의해 수학 모형로 만들어졌다. 이런 추상화 과정을 통해 많은 실험 및 관찰 결과 분석이 도움을 받은 것은 사실이지만, 실제 자연 세계는 단순화된 실험실 연구와 수학 모형을 통해 얻은 자료에 근거한 연구와 추상화에 비할 수 없이 훨씬 더 복잡한 것이다. 물론 종합적 행동 반응에서 비롯된 일견 복잡한 양상을 간단한 되먹임 과정과 행동 규칙들로 환원할 수 있다는 점에서 여전히 이런 추상적 접근 방법은 유용하다.

정보의 측량

사회성 곤충 의사소통 체계에 의해 전달되는 정보량은 얼마나 될까? 새로운 먹잇감으로 동료들을 동원해 가는 첨병 일개미 경우 상당히 정확한 정량적 측정이 가능하다. 위대한 영국 진화학자인 홀데인과 그의 아내이자 동료였던 헬렌 스퍼웨이 (Helen Spurway)가 처음 언급한 대로 꽁무니춤을 통해 방향을 지시 받고 둥지를 떠난 채집 꿀벌 경우 둥지에서 지시 받은 바로 그 정확한 꽃밭에 모두가 성공적으로 도착하는 것은 아니다.[453] 오히려 대부분은 원래 목표로부터 어느 정도 예상 가능한 거리 오차 범위 안에서 흩어지게 된다. 이때 원래 목표로부터 얼마나 가까운가

453) J. B. S. Haldane and H. Spurway, "A statistical analysis of communication in 'Apis mellifera' and a comparison with communication in other animals," *Insectes Sociaux* 1(3): 247-283(1954).

하는 정도는 비트로 측정된 정보량을 통해 계산할 수 있다.[454] 목표의 방향에 관계된 꽁무니춤에 담긴 정보량은 4비트 정도다(16가지 동일한 확률을 가진 경우를 선택하는 상황에 비견된다). 같은 양의 정보가 거리를 지시하는 데도 사용된다. 새로운 먹이를 찾아낸 붉은불개미 채집꾼이 만든 냄새길에 담겨 있는 거리 정보는 꿀벌의 경우와 비슷하고, 방향 정보 경우도 대략 비슷하나 냄새길 길이가 늘어남에 따라 방향 지시용 정보량도 함께 늘어난다.[455]

꿀벌과 붉은불개미의 정보 전달은 우리 인간이 청시각적 뇌와 의사소통 체계에 의해 16가지 방향 중 하나에 대한 정보를 완벽히 정확하게 전달할 수 있다는 짐을 상상해 보면 직관적으로 이해할 수 있을 것이다. 그러면 16개 방위 중 '북북서를 향하라'는 지시는 방향에 대한 log16＝4비트 정보를 전달하게 된다. 정확성에 관한 이만큼의 정보는 사실 인간이 공간 좌표를 생각하고 그것을 구두로 전달할 때 실제로 제공하는 정보량과 같다. 그러므로 우리는 '북북서'의 위치를 단지 머릿속에서 어느 정도 가늠할 뿐이지 확신을 가지고 더 이상 정확하게 맞추지는 못하는 것이다. 이것이 또한 꿀벌과 붉은불개미도 가지고 있는 능력이기도 하다.

사회성 곤충들은 왜 더는 잘 하지 못하는 걸까? 역설적으로 이 정도 수준의 정확성은 진화 과정 속에서 곤충이 이뤄낼 수 있는 최상은 아닐 테지만, 오류의 양으로 볼 때는 최적 수준일 것이다. 홀데인과 스퍼웨이가 말하기를, "자연 선택은 언제나 평균적 방향 설정에 생기는 오류를 줄일 목적으로 강력하게 작동하지만, 이 평균적 방향 주위로 산재하는 개별 오류에 대해서는 훨씬 관대하다." 이들은 함포 사격의 예를 들어 비유했다. "강력한 화력을 가진 함대가 화력이 약한 적함을 추격하는 경우, 한 발만 명중되어도 적의 속도를 떨어뜨릴 수 있기 때문에 적함의 침로에 상당히 넓은 탄착군을 형성하기 위해 많은 양의 사격을 가한다." 이 비유는 붉은불개미 경우 더욱 잘 어울린다. 붉은불개미들이 채집 도중 맞닥뜨리는 핵심적 문제 중 하나는 군락의 영역을 통과하는 도중 포착된 먹잇감이 될 만한 작은 동물을 빠

---

454) 1비트는 동전을 던지는 경우처럼 동일한 확률을 가진 두 가지 선택 중에서 한 가지 선택을 할 때 필요한 정보량이다. 만약 n가지 경우의 수가 가능한 경우 한 가지 선택은 $H＝\log_2 n$만큼 정보량을 생산하게 된다. 즉 4가지 선택은 2비트, 8가지 선택은 3비트 등등이다.

455) E. O. Wilson, "Chemical communication among workers of the fire ant *Solenopsis saevissima* (Fr. Smith), 2: An information analysis of the odour trail," *Animal Behaviour* 10(1-2): 148-158(1962).(*Solenopsis saevissima*는 *Solenopsis invicta*로 개명되었음).

른 시간 내에 무력화시킬 수 있을 만큼 충분한 수의 일개미를 동원하는 일이다. 적어도 실험실에서 키운 군락의 경우에는 먹잇감이 계속 움직이기 때문에 냄새길이 깔끔하게 만들어질 수 없고, 이 결과 일개미들이 냄새길로부터 벗어나기 때문에 오히려 움직이는 먹잇감을 성공적으로 포획하는 경우가 종종 있다.[456)]

촉각에 의한 의사소통과 구강 먹이 교환 행동

더듬이질 같은 촉각 신호 대부분의 정확한 중요성은 지금껏 알려지지 않고 있다. 촉각 신호는 앞서 살펴본 바와 같이 페로몬 위주 동원 체계 중 몇 가지 경우에 포함된 진동 신호처럼, 조절적 의사소통에 사용되는 것으로 생각된다. 반면 이제 대부분의 더듬이질은 정보를 보내기보다는 감지하는 역할임이 일반적으로 알려져 있다. 개미가 다른 개체의 몸에 더듬이질을 하는 것은 몸에 있는 냄새나 기타 페로몬을 파악하려는 것이지 어떤 접촉 신호를 통해 정보를 전달하려는 것이 아니다. 이제 이렇게 보편적으로 내려진 결론은 사실 1899년 독일 곤충학자 에리히 바스만(Erich Wasmann)이 개미의 더듬이질을 복잡 정교한 '더듬이 언어'[457)]라고 했던 오래된 유명한 해석을 폐기하는 것이다.

그럼에도 더듬이와 앞다리로 상대방의 몸을 더듬어 한 방향으로 이끄는 행동은 대부분의 동원 행동을 유발하는 기능이 있다. 일반적으로 일개미 한 마리가 다른 일개미에게 다가가 상대의 몸을 아주 가볍고 빠르게 더듬이로 두드려 대고, 때로는 앞다리 하나나 둘 모두를 들어서 더듬이와 함께 상대의 몸을 두들기기도 한다. 이때 개미는 마치 '자, 지금부터 내 말 잘 들어.'라고 말하는 것처럼 보인다. 그러고는 몸을 돌려 갓 만들어진 냄새길을 따라 가거나, 혹은 자신이 새로운 냄새길을 만들어 나가기 시작한다. 꽁무니를 물고 달리는 앞 뒤 두 마리는 언제나 긴밀하게

---

456) E. O. Wilson, "Chemical communication among workers of the fire ant *Solenopsis saevissima*(Fr. Smith), 2: An information analysis of the odour trail," *Animal Behaviour* 10(1-2): 148-158(1962).(*Solenopsis saevissima*는 *Solenopsis invicta*로 개명되었음.); J.-L. Deneubourg, J. M. Pasteels, and J. C. Verhaeghe는 이후 "Probabilistic behaviour in ants: a strategy of errors?" *Journal of Theoretical Biology* 105(2): 259-271(1983)에서 다른 종의 개미에서도 동일한 결론을 도출했다.

457) E. Wasmann, "Die psychischen Fahigkeiten der Ameisen," *Zoologica*(Stuttgart) 11(26): 1-133(1899).

접촉을 유지하는데, 이 여행을 시작하고 끝내기 위해서는 반드시 추종자가 앞선 개미를 빈번하게 접촉해야 한다.[458]

촉각 신호에 의한 의사소통 중에서 가장 잘 연구된 것은 일개미 멀떠구니에서 다른 일개미 내장으로 액상 먹이가 전달되는 구강 먹이 교환을 제어하는 행동이다(그림 6-29, 사진 30). 외형적으로 전혀 다른 딱정벌레나 기타 기생 곤충들이 개미 둥지에 기생하면서 일개미로 하여금 먹이를 되뱉어 내도록 유도하는 능력을 보면 여기에 분명히 뭔가 간단한 속임수가 필요하다는 것을 알게 된다. 이를 밝히기 위해 휠도블러는 실세로 불개미속과 뿔개미속 일개미를 다른 것도 아니고 사람 머리카락 끝으로 두드려 먹이를 되뱉어 내도록 하는 데 성공했다.[459] 일개미 사이 구강 먹이 교환의 완전한 작업 단계는 다음과 같다. 가장 쉽게 다룰 수 있는 일개미는 멀떠구니를 꽉 채워서 채집에서 갓 돌아온 개미로서 이들은 구강 먹이 교환을 통해 자신이 가지고 온 먹이 일부를 바로 내려놓으려고 상대를 찾는다. 둥지 속 일개미나 기타 기생 곤충이 이들의 주의를 끌기 위해서 해야 할 일은 그저 더듬이나 앞발로 먹이를 가지고 있는 일개미의 몸을 두드리는 일 뿐이다. 그러면 일개미는 즉시 몸을 돌려 자기를 두드린 개체를 마주 하게 된다. 어떤 때는 이렇게 두드리는 것만으로도 이미 일개미가 먹이를 한 방울 뱉어 내게끔 만들 수도 있다. 그게 아니면 다소 강한 자극, 즉 더듬이와 앞발로 먹이를 가진 일개미 입술을 두드리는데, 이는 반사적으로 먹이를 되뱉어 내도록 만드는 자극이 된다. 입과 입을 맞대고 있을 때 먹이를 받는 쪽은 어느 한쪽, 혹은 양쪽 모두가 먹이 주기나 받기를 중단할 때까지 먹이 흐름을 계속 유지하기 위해 입에 있는 촉수를 계속 정기적으로 놀린다(그림 6-29 참조).

이처럼 겉보기에 매우 복잡해 보이는 접촉 행동 때문에 이를 관찰하는 연구자들은 바스만의 초기 분석처럼 언제나 교환되는 정보에 대해 과도한 해석을 할 위험이 있다.

가장 면밀하게 연구된 두 종인 캄포노투스 바구스와 빗개미 경우에서만큼은,

---

458) 이 촉각 신호에 의한 의사소통의 여러 측면에 대해서는 B. Hölldobler and E. O. Wilson, *The Ants*(Cambridge, MA: The Belknap Press of Harvard University Press, 1990)이 정리하고 있으며, 이의 설명을 요약하고 부분적으로 다소 변경했다.

459) B. Hölldobler, "Communication between ants and their guests," *Scientific American* 224(3): 86-93(1971).

초유기체

그림 6-29 │ 불개미속 일개미 두 마리가 액상 먹이를 교환하고 있다. 위: 왼쪽 일개미가 더듬이와 앞발로 오른쪽 일개미 머리를 두드려서 먹이를 되뱉어 내도록 자극하고 있다. 아래: 먹이를 주는 오른쪽 일개미는 '군락 공동 먹이주머니' 역할을 하는 먹이 저장 기관인 멀떠구니(C)로부터 식도와 입을 거쳐 상대방의 멀떠구니까지 먹이를 보낸다. 먹이를 주는 일개미 자신의 영양 보충을 위해 작은 양의 먹이가 멀떠구니로부터 중간 창자로 옮겨지기도 한다. 찌꺼기는 직장낭(R)을 통해 몸 밖으로 배출된다. B. Hölldobler, 16mm Film E2013, Encyclopaedia Cinematographica, Göttingen, 3–11(1973)에 있는 Turid Hölldobler-Forsyth의 원본 그림에 기초.

한 가지 더듬이질에서 다른 더듬이질로 바뀌는 전이확률을 측정해 본 결과 실제로 전달되는 정보의 양은 극히 적다는 사실이 확인되었다. 연속된 두 더듬이질 사이 에는 무시해도 좋을 정도의 상관관계가 있을 뿐이었다. 다시 말해서 첫 번째와 그 다음 두 번째 더듬이질 양상이나 그에 대한 반응 모두에서 어떤 일관성을 발견할 수 없었다.[460] 아니 보나비타-쿠거댄(A. Bonavita-Cougourdan)은 왕개미속 일개 미의 구강 먹이 교환을 연구한 중요한 실험에서 더듬이 위치를 매 순간마다 정확히

---

460) A. Lenoir, "An informational analysis of antennal communication during trophallaxis in the ant *Myrmica rubra*," *Behavioural Processes* 7(1): 27–35(1982).

사진 30 | 매우 다른 두 종의 개미에서 보이는 구강 먹이 교환. 위: 북아메리카산 캄포노투스 카스타네우스(*Camponotus castaneus*), 오른쪽이 주는 쪽. 아래: 남아프리카산 다케톤 아르미게룸, 오른쪽 소형 일개미가 왼쪽 대형 일개미에게 먹이를 주고 있다.

기록하면서 방사성 금을 이용해 되뱉어지는 액상 먹이 흐름을 관찰했는데, 더듬이질이 가해지는 특정 위치와 먹이 교환의 흐름에는 상관관계가 없었다.[461] 종합적으로 볼 때 더듬이질이 가해지는 특정 위치가 먹이를 주는 쪽이나 받는 쪽에 특정한 의미를 전달할 가능성은 거의 없다.

반면 잔나 레즈니코바(Zhanna Reznikova)와 보리스 리아브코(Boris Ryabko)는 포르미카 폴릭테나 일개미들은 방향을 지시할 만한 페로몬 신호가 없는 경우 더듬이질 기간과 빈도를 조절해서 냄새길의 특정한 갈림길에서 어디로 가야 할지를 동료 일개미들에게 알릴 수 있다고 주장했다. 그들의 주장에 따르면 이 개미들은 "로마 숫자에서 쓰이는 것과 비슷한 방식으로 갈림길 수를 나타냄으로써" 이 작업이 가능하다는 것이다. 그들의 결론은 "이 종은 의미의 지속 기간과 빈도를 일치시킬 수 있고, 다음으로 사람이 로마 숫자를 쓸 때처럼 적은 숫자를 더하거나 뺄 수도 있다."라는 것이다.[462] 물론 개미가 더듬이질을 통해 추상적 정보를 전달할 수 있다는 이 놀라운 주장이 정설로 받아들여지기 위해서는 반드시 추가 연구에 의한 검증이 필요하다.

이런 저런 형태로 먹이를 공유하는 것은 곤충 군락의 기초적 결속 행태 중 하나이다. 채집꾼이 둥지로 물어 온 먹잇감이나 씨앗은 대부분 다른 일개미를 비롯 여왕과 애벌레들이 나눠 받은 즉시, 혹은 어느 정도 가공을 거친 뒤 먹어 치우게 된다. 이와는 달리 액상 먹이는 일단 채집꾼의 멀떠구니에 저장된 뒤 동료 일개미에게 되뱉어 주면, 이들은 다시 그중 일부를 다른 개미에게 나눠 주고 이 과정은 군락의 많은 개체들이 원래 먹이의 일부를 나눠 가질 때까지 계속된다.[463] 액상 먹이

461) A. Bonavita-Cougourdan, "Activite antennaire et flux trophallactique chez la fourmi *Camponotus vagus* Scop.(Hymenoptera, Formicidae)," *Insectes Sociaux* 30(4): 423-442(1983).

462) Zh. I. Reznikova and B. Y. Ryabko, "Experimental study of ant capability for addition and subtraction of small numbers," *Zhurnal Vysske • Nervno • Deyatelnosti Imeni I p Pavlova* 49(1): 12-21(1999) [English abstract]; Zh. I. Reznikova and B. Y. Ryabko, "A study of ants' numerical competence," *Electronic Transactions on Artificial Intelligence B* 5: 111-126(2001) [이 논문은 http://reznikova.net/Publications.html에서 내려 받을 수 있음]; Zh. I. Reznikova, *Animal Intelligence* (New York: Cambridge University Press, 2007).

463) 여기에 소개된 먹이 교환 설명은 좀 더 자세한 설명인 B. Hölldobler and E. O. Wilson, *The Ants*(Cambridge, MA: The Belknap Press of Harvard University Press, 1990)에서 따 온 것이다. 구강 먹이 교환이라는 개념의 기원에 대한 역사와 1930년까지의 역사를 알려면 C. Sleigh, "Brave new worlds: trophallaxis and the origin of society in the early twentieth century," *Journal of the*

교환 행동 중에서 구강 먹이 교환은 특히 가장 흔한 형태이다(그림 6-29 참조). 진딧물을 비롯한 기타 매미목 곤충이 분비하는 단물이나 꽃꿀을 먹는 개미 종은 대부분 상당한 부피로 확장될 수 있는 멀떠구니를 가지고 있다. 그 결과 채집꾼 한 마리는 아미노산이 첨가된 많은 양의 탄수화물 먹이를 둥지로 가져올 수 있다. 일부 일개미 무리는 먹이가 부족한 기간에 살아 있는 먹이 저장소로 기능하기도 한다. 액상 먹이 저장 방법은 두배자루마디개미아과 올리고미르멕스속, 시베리아개미아과 렙토토락스속, 불개미아과 왕개미속, 멜로포루스속(*Melophorus*), 미르메코키스투스속, 루리개미속(*Plagiolepis*), 수염개미속(*Prenolepis*), 프로포르미카속(*Proformica*) 종들에 있는 '저장' 계급에 이르면 극단적으로 발전한다. 이 특수한 일개미들은 몸을 움직일 수 없을 정도로 부풀 수 있는 배를 가지고 있어 이 멀떠구니를 꽉 채운 뒤 둥지 안에서 움직이지 못하고 살아 있는 먹이 저장고 역할을 영원히 수행해야 한다(사진 31).[464]

이 액상 먹이는 일개미 사이에 자유로이 교환된다. 그러므로 모든 일개미의 멀떠구니는 군락으로 통틀어 보면 누구나 먹이를 빼 먹을 수 있는 일종의 공동 먹이 주머니로 기능한다. 구강 먹이 교환은 그 외에도 좀 더 순수한 의사소통 목적으로 다른 두 가지 기능도 수행한다. 구강 먹이 교환은 우선 일개미 개체들이 군락 전체의 영양 상태를 파악할 수 있는 정보를 전달한다. 탄수화물 위주의 먹이는 군락 안에서 좀 더 균일하게 나눠지는 반면 단백질성 먹이는 주로 여왕과 애벌레를 비롯, 이들을 시중드는 개미에게 주로 돌아간다. 먹잇감이 성분에 따라 다르게 분포되는 이 현상은 개미 사회의 사회적 개체군 계급 분포를 반영한다. 결국 이것을 통해 채집꾼들은 특정 시기에 어떤 종류의 먹이가 더 필요한지를 감지하게 된다. 두 번째 의사소통 기능은 먹이를 삼키거나 뱉으면서 액상 먹이에 포함된 페로몬을 전달하는 것이다.[465] 일개미들은 자기 몸이나 다른 일개미를 입으로 다듬어 주는 동안

History of the Behavioral Sciences 38(2): 133-156(2002)를 볼 것.

464) 저장 개미에 대한 좀 더 심오한 설명은 E. O. Wilson, *The Insect Societies* (Cambridge, MA: The Belknap Press of Harvard University Press, 1971)에 있음.

465) E. O. Wilson and T. Eisner, "Quantitative studies of liquid food transmission in nats," *Insectes Sociaux* 4(2): 157-166(1957): K. Gosswald and W. Kloft, "Tracer experimentation food exchange in ants and termites," in *Proceedings of a Symposium on Radiation and Radioisotopes Applied to Insects of Agricultural Importance*(Vienna: International Energy Agency, 1963), pp. 25-42; R. Lange, "Die Nahrungsverteilung unter den Arbeiterinnen das Waldameisenstaates," *Zeitschrift*

사진 31 | 미르메코키스투스 미미쿠스(*Myrmecocystus mimicus*) 개미의 살아 있는 먹이 저장고인 꿀단지.
위: 뉴멕시코 사막에서 발굴한 둥지에서 찾은 꿀단지 방. 아래: 실험실 군락의 꿀단지 방.

입에서 이 페로몬을 감지하여 다시 먹이를 되뱉어 주면서 다른 일개미에게 전해 준다.

　액상 먹이를 되뱉어 교환하는 행동은 고도로 진화된 사회성 행동으로 두배자루마디개미아과, 시베리아개미아과, 불개미아과 등 진화적으로 좀 더 진보한 분류군에 속한 종에서 보편적으로 볼 수 있다. 또 진사회성 벌, 말벌, 흰개미에도 널리 분포한 현상이다.[466] 개미에서 이 행동의 진화적 전구 행동이랄 수 있는 것이 침개미아과나 엑타톰미나이아과 일부 분류군에서 여전히 보인다. 침개미아과 대부분 개미들은 특정 먹이를 채집하는 포식자나 청소부지만 일부 종은 액상 물질도 먹이로 채집한다. 예를 들어 서아프리카산 오돈도마쿠스속 일개미들은 진딧물이나 깍지벌레가 분비하는 단물을 채집한 뒤 턱 사이에 방울 형태로 물고 둥지로 돌아온다. 다른 대형 침개미 종들, 이를테면 중남미 열대 우림산 대형 개미(paraponerine)인 '총알개미' 파라포네라 클라바타와 엑타톰미나이아과 엑타톰마 루이둠의 일개미들은 떨기나무나 큰키나무에서 꽃밖꿀샘(extrafloral nectaries, 꽃을 제외한 잎이나 줄기에서 수액이 분비되어 나오는 식물 기관 — 옮긴이)이나 썩은 과일에서 나오는 액상 먹이를 채집하여 역시 비슷한 방법으로 이를 운반한다.

공동 물동이

신대륙 열대 우림에 서식하는 또 다른 침개미들인 파키콘딜라 옵스큐리코르니스와 파키콘딜라 빌로사(*Pachycondyla villosa*)에서 액상 먹이 방울이 운반되고, 일개미들 사이에 전달되는 과정이 관찰되었다. 먹이를 물고 돌아온 채집꾼은 일단 움직이지 않고 가만히 서서 다른 일개미가 다가올 때까지 머리를 좌우로 서서히 흔들거나 혹은 다른 일개미를 향해 다가간다. 군락이 이미 배가 부른 경우에는 채집꾼

für Tierpsychologie 24: 513–545(1967); A. A. Sorenson, T. M. Busch, and S. B. Vinson, "Control of food influx by temporal subcastes in the fire ant, *Solenopsis invicta*," *Behavioral Ecology and Sociobiology* 17(3): 191–198(1985); D. L. Cassill and W. R. Tschinkel, "Information flow during social feeding in ant societies," in C. Detrain, J. L. Deneubourg, and J. M. Pasteels, eds., *Information Processing in Social Insects*(Basel: Birkhauser Verlag, 1999), pp. 69–82.

466　흰개미를 비롯 사회성 벌과 말벌에서 구강 먹이 교환 진화에 대한 설명은 B. Hölldobler and E. O. Wilson, *The Ants*(Cambridge, MA: The Belknap Press of Harvard University Press, 1990)를 참조할 것.

은 다른 일개미가 반응을 보일 때까지 최장 30분까지 기다려야 할 때도 있다. 가끔은 채집꾼이 완전히 무시당한 채 먹이를 전혀 나눌 수 없는 경우도 생긴다. 이런 경우에는 자기가 그냥 먹이를 들이마셔 버리고, 나머지는 둥지 벽이나 바닥에 문질러 닦는다. 하지만 대부분 경우에는 군락의 다른 일개미들이 즉시 먹이를 받고, 대개 적극적으로 채집꾼을 자극해서 먹이를 내려놓게 만든다. 이 경우 일개미는 머리를 아래위로 흔들며 채집꾼 정면으로 접근해서 채집꾼 머리와 턱에 격렬한 더듬이질을 한다. 그리고 일종의 '떠내기' 혹은 핥기 동작같이 입술을 앞으로 내밀고 채집꾼 턱에 있는 먹이 방울 일부를 자기 턱 사이로 옮긴다. 이러는 사이에도 더듬이질은 멈추지 않는다. 먹이 방울이 반쯤 옮겨 오면 이들은 서로 떨어지고, 그 뒤 먹이를 얻은 일개미는 적은 양을 자기가 삼키는 것으로 생각된다. 그리고 그 나머지는 십여 마리 다른 일개미들에게 차례로 조금씩 나눠 주게 된다.[467]

요약하면 파키콘딜라 일개미들은 먹이를 동료들에게 나눌 때 대부분의 다른 종들이 보이는 특징적인 행동, 즉 멀떠구니에 저장된 먹이를 다른 일개미의 내장으로 전달해 주는 방식의 되뱉어 내기 행동은 하지 않는다. 대신 첫 개체가 채집한 액상 먹이를 물방울 모양으로 턱에 물고 돌아와 그 일부를 동료들이 벌린 턱에 물방울 모양으로 전해 주는 일종의 '공동 물동이' 전달 방식을 취한다. 여기서 공동 물동이는 양 옆을 벌린 턱이 받치고, 아래는 입술을 내밀어 막고 안쪽으로 구부러진 입술 강모(seta)로 지지하는 형태로 만들어진다. 액체는 이 구조물 사이에 표면 장력에 의해 붙들려 있게 된다(사진 32).

이런 공동 물동이 전달의 전체 과정은 불개미아과를 비롯 계통 분류학적으로 진보된 다른 개미 종들이 보이는 되뱉음 방식을 통한 액상 먹이 교환 행동과 대략적이지만 놀랍도록 비슷하다. 후자의 경우 먹이는 멀떠구니 안에 저장되며 매우 비슷한 더듬이질 신호와 입술에 가해지는 물리적 자극에 의해 일개미는 멀떠구니로부터 액상 먹이 방울을 하나 게워 낸다. 동시에 턱을 넓게 벌리고 더듬이를 거치적거리지 않게 뒤로 빼고 입술은 앞으로 내민다. 가끔 큰 먹이 방울을 한 번에 게우려고 할 때는 마치 침개미들이 하는 행동처럼 턱 사이에 먹이 방울을 붙들기도 한다. 하지만 전형적인 침개미 방식과는 달리 먹이를 받는 일개미는 먹이 방울을 통째로

---

467) B. Hölldobler, "Liquid food transmission and antennation signals in ponerine ants," *Israel Journal of Entomology* 19: 89–99(1985).

사진 32 | 위: 파키콘딜라 빌로사 일개미가 벌린 턱 사이에 액상 먹이를 넣어 나르고 있다. 아래: 군락 동료 일개미(왼쪽)가 구강 먹이 교환 중 더듬이질로 접촉 신호 행동을 하면서 채집꾼으로부터 먹이를 빨아 옮기고 있다.

자기 멀떠구니로 빨아들인다. 이 먹이 중 소량은 중장을 거쳐 자기 먹이로 소화되지만 대부분은 다시 되뱉기 방식으로 다른 동료 일개미들로 나눠진다.

　이 모든 정보들을 고려할 때 액상 먹이를 공동 물동이 전달하기 방식으로 나누는 행동이 바로 구강 대 구강 되뱉기 행동 진화 전단계라고 제안하는 것이 논리적일 것이다. 이것이 지금껏 알려진 유일한 진화적 단계이며 또 가장 그럴듯한 가능성일 것이다. 이 가설은 공동 물동이 전달하기를 사용하는 엑타톰마속이 되뱉기로 먹이를 전달하는 전문가인 두배자루마디개미아과로 진화한 계통과 일반적으로 가까운 사이라는 사실에 의해 더욱 그럴듯해진다.

침개미아과에서는 되뱉기 방식에 의한 구강 먹이 교환 사례가 거의 알려진 바가 없지만, 일본산 히포포네라속 한 종과 유럽산 포네라 코악타타(*Ponera coarctata*) 두 종에서만큼은 그에 대한 결정적 증거가 있다.[468] 두 일개미 입부분이 서로 들러붙어 있는 동안은 사실 먹이 방울이 되뱉어지는 과정을 관찰하기란 매우 힘들다. 하지만 두 마리가 서로 떨어지고 난 뒤 먹이를 주는 쪽 입술 위에 먹이 방울이 보이면 그것이 되뱉어진 증거라고 할 수 있다. 사실 포네라 펜실바니카(*Ponera pennsylvanica*)에서 알려진 '의사 되뱉기' 현상은 실은 정확한 의미로 구강 먹이 교환임이 확실한 것으로 보인다.[469]

하지만 이 두 종의 침개미들이 교환하는 먹이 방울은 크기가 매우 작은 탓에 이 종의 먹이 교환에서 구강 먹이 교환이 차지하는 비중에 대해서는 의심의 여지가 있다. 아마도 이 구강 먹이 교환 기능은 먹이를 게워 내는 것이기보다는 인두뒤 분비샘에서 공유하는 탄화수소물질을 교환하는 게 목적이 아닌가 한다. 아브라함 헤페츠(Abraham Hefetz)와 동료들이 발견한 바에 따르면 적어도 몇 종의 개미가 동료들과 서로 몸 닦기를 통해 외골격 탄화수소를 주고받는다. 이 물질을 군락 내 동료들에게 퍼뜨림으로써 모든 일개미들이 군락 구성원을 인식할 수 있는 통일된 신호를 만들게 되는 것이다.[470] 이 가설을 염두에 두고 보면 다른 침개미아과 종들과 미르메키이나이아과 불독개미 종들에서 종종 보고된 되뱉기 행동의 유사성에 대

468) Y. Hashimoto, K. Yamauchi, and E. Hasegawa, "Unique habits of stomodeal trophallaxis in the ponerine ant *Hypoponera* sp.," *Insectes Sociaux* 42(2): 137-144(1995); J. Liebig, J. Heinze, and B. Hölldobler, "Trophallaxis and aggregation in the ponerine ant, *Ponera coarctata*: implications for the evolution of liquid food exchange in the Hymenoptera," *Ethology* 103(9): 707-722(1997).

469) S. C. Pratt, N. F. Carlin, and P. Calabi, "Division of labor in *Ponera pennsylvanica* (Formicidae: Ponerinae)," *Insectes Sociaux* 41(1): 43-61(1994).

470) S. Lahav, V. Soroker, A. Hefetz, and R. K. Vander Meer, "Direct behavioral evidence for hydrocarbons as ant recognition discriminators," *Naturwissenschaften* 86(5): 246-249(1999); R. Boulay, T. Katzav-Gozansky, A. Hefetz, and A. Lenoir, "Odour convergence and tolerance between nestmantes through trophallaxis and grooming in the ant *Camponotus fellah*(Dalla Torre)," *Insectes Sociaux* 51(1): 55-61(2004).

한 연구의 가치를 다시 생각해 봐야 할 것이고, 그 행동에 대해 좀 더 깊이 조사해 볼 필요가 있다.

그렇다면 왜 침개미에서는 액상 먹이를 멀떠구니에 담아 두고 되뱉기 방식으로 교환하는 행동이 그렇게 덜 발달한 것일까? 크리스티앙 피터스(Christian Peeters)가 제안한 바에 따르면 침개미아과의 해부적 특징 중 하나는 제2배마디 위아래 판이 서로 달라붙은 것인데, 이 때문에 배가 팽창되지 않는다. 이런 물리적 제한은 멀떠구니 저장 능력을 현저히 감소시킨다. 동일한 해부학적 제한이 미르메키나이아과 불독개미에서도 보인다. 이 모든 종들에서 액상 먹이를 공유하는 능력은 이러한 해부학적 제한이 없는 종들에 비해 꽤 부족하다.[471] 다른 개미들과 달리 꽃밖 단물이나 사육 곤충의 단물을 식량 목록에 첨가하고 있는 모든 침개미와 불독개미들은 이런 액상 먹이를 담는 '공동 물동이'(벌린 턱 사이에 담은 먹이 방울)를 반드시 몸 밖에 구비하고 있어야 한다.

만일 이런 해석이 옳다면, 이는 '고등한' 개미 분류군들이 해부학적 제한을 뛰어넘는 중요한 진화적 돌파구를 개척했다고 보아야 한다. 그 이유는 군락 전체에 먹이가 빠르게 나눠지도록 전장 일부가 액상 먹이를 몸속에 저장해서 옮길 수 있게 변했기 때문이다. 유럽산 왕개미 캄포노투스 헤르쿨레아누스 군락은 자연 상태에서 20여 그루의 나무 둥치 밑에 수천 마리 일꾼이 사는 거대한 둥지를 짓는데 이들 중 적은 수의 일개미로 이루어진 한 무리 채집꾼들에게 방사능 물질로 표지를 한 꿀물을 먹인 놀라운 실험을 통해 이 먹이가 불과 24시간 이내에 군락 전체 일꾼에 골고루 퍼져 나간다는 사실을 밝혀냈다.[472] 이와 비슷하지만 좀 더 다양한 먹이 전파 방법이 불개미아과 및 두배자루마디개미아과 여러 종에서도 발견되었다.[473]

471) C. Peeters, "Morphollologically 'primitive' ants: comparative review of social characters, and the importance of queen-worker dimorphism," in J. C. Choe and B. J. Crespi, eds., *The Evolution of Social Behavior in Insects and Arachnids* (New York: Cambridge University Press, 1997), pp. 372-391; R. W. Taylor, "*Nothomyrmecia macrops*: a living-fossil ant rediscovered," *Science* 201: 979-985 (1978).

472) W. Kloft and B. Hölldobler, "Untersuchungen zur forstlichen Bedeutung der holzzerstorenden Rossameisen unter Verwendung der Tracer-Methode," *Anzeiger für Schadlingskunde* 38: 163-169 (1964).

473) E. O. Wilson and T. Eisner, "Quantitative studies of liquid food transmission in ants," *Insectes Sociaux* 4(2): 157-166 (1957).

우리는 이 진화적 진보가 결국 액상 먹이를 물어 날라야 하는 개미 턱의 제한된 기능을 넘어 채집 과정 중에 닥치는 다른 목적과 기능까지 수행하도록 자유롭게 만들었다고 해석한다. 이는 결국 영양 면에서 엄청나게 풍부한 생태적 선택 가능성을 부여함으로써 시베리아개미아과 및 두배자루마디개미아과를 비롯 불개미아과에서 놀라운 진화적 적응 방산을 가능케 했다고 본다. 되뱉기 방식으로 액상 먹이를 교환하지 못했다면 이들 아과 개미 종들은 진딧물, 깍지벌레, 벗나무깍지벌레(mealybug), 뿔매미(treehopper), 부전나비(Lycaenidae) 및 네발부전나비과(Riodinidae) 등 숙주 곤충 애벌레들로부터 나오는 단물 분비물을 먹이로 받아먹는 공생 관계를 결코 진화시키지 못했을 것이다(사진 33). 그 대가로 개미들은 이 곤충을 적으로부터 보호해 준다. 이런 높은 수준의 '영양 공생' 현상에는 바로 되뱉기 방식에 의한 먹이 교환이 필수적이다. 흥미롭게도 개미가 먹이 종류를 더 늘려 가는 진화 과정, 이를테면 씨앗을 거둬 먹거나, 버섯 개미 아티니족(Attini) 처럼 싱싱한 식물체 등 또 다른 먹잇감으로 적응 폭을 넓혀 온 추가적 진화 과정에서는 오히려 이런 영양 공생 관계는 퇴화했음이 명백하다.[474]

이제 접촉 신호와 되뱉기 먹이 교환에 관해 마지막으로 생각해 봐야 할 점이 남아 있다. 액상 먹이 교환과 관련된 공격적 행동은 많은 벌목 곤충에서 관찰되어 왔다.[475] 예를 들어 먹이 게우기는 오스트레일리아산 고기개미 이리도미르멕스 푸르푸레우스(*Iridomyrmex purpureus*) 군락들 사이에 일어나는 의례화된 영역 다툼에서도 가끔 보인다(사진 34).[476] 공격적 대치 상황에서 서로 다른 군락 출신 일개미들끼리 먹이를 교환하는 행동은 몇 가지 다른 개미 종에서도 발견되었고 심지어

---

474) 77종의 개미에서 일개미들이 액상 먹이를 받아먹고 되뱉어 내는 능력이 가지는 생태적 진화적 함의의 또 다른 여러 가지 측면에 대한 논의는 Diane Davidson과 동료들이 D. W. Davison, S. C. Cook, and R. R. Snelling, "Liquid-feeding performances of ants(Formicidae): ecological and evolutionary implications," *Oecologia* 139(2): 255-266(2004)에 기술해 놓았다.

475) 이에 대한 정리와 종 목록은 J. Liebig, J. Heinze, and B. Hölldobler, "Trophallaxis and aggression in the ponerine ant, *Ponera coarctata*: implications for the evolution of liquid food exchange in the Hymenoptera," *Ethology* 103(9): 707-722(1997)에 나와 있다.

476) G. Ettershank and J. A. Ettershank, "Ritualized fighting in the meat ant *Iridomyrmex purpureus*(Smith)(Hymenoptera: Formicidae)," *Journal of the Australian Entomological Society* 21(2): 97-102(1982).

사진 33 | 오스트레일리아산 고기개미(meat ant) 이리도미르멕스 푸르푸레우스(*Iridomyrmex purpureus*)와 유리멜린매미충(eurymeline leafhopper) 애벌레(위) 및 성충(아래) 사이 영양 공생. 매미충은 항문에서 단물 방울을 분비해서 개미에게 제공하는 대신 개미의 보호를 받는다.

초유기체

다른 속이나 다른 아과 일개미들 사이에 일어나는 경우도 알려져 있다.[477] 이 행동은 언제나 굴복한 개체가 멀떠구니에서 먹이 방울을 꺼내 승자에게 제공하기 때문에, 일반적으로 상대를 달래는 유화 행동의 한 형태로 간주되었다. 두배자루마디개미아과 칼레폭세누스 무엘레리아누스(*Chalepoxenus muellerianus*)는 군락 안에서 벌어지는 공격 행동이 종종 일개미들 사이 구강 먹이 교환 행동을 유발하는데, 이 행동은 의례화된 행동만 할 뿐 실제로는 아무런 먹이도 제공하지 않는 경우부터, 눈에 띌 정도로 큰 먹이 방울을 제공하는 경우까지 다양한 상태로 존재한다.[478]

되뱉기를 통해 먹이를 교환하는 행동은 그 물질이 입에서 나오기 때문에, 특히 구강 먹이 교환으로 불린다. 이와 달리 항문에서 나오는 물질을 교환하는 것은 항문 먹이 교환으로 불린다. 후자는 두배자루마디개미아과 중에서도 매우 독특한 케팔로티니족(Cephalotini)에 속하는 케팔로테스속과 프로크립토케루스속(*Procryptocerus*) 단 두 속에서만 발견되었다. 이 행동의 기능은 밝혀지지 않았으나 공생균이나 기타 미생물 교환이 목적일 것이 유력하다. 케팔로티니족 외에는 두배자루마디개미아과 노예사역개미(slave-maker) 프로토모그나투스 아메리카누스(*Protomognathus americanus*)와 이 종의 희생자가 되는 템노토락스속(이전에는 렙토토락스속 일부로 분류되었음) 사이에서 알려져 있다. 프로토모그나투스속 개미는 종종 배를 치켜들고 가만히 서 있는 매우 전형적 자세를 취하다가 항문에서 방울을 만들어 내면 노예 일개미가 그것을 받아먹는다. 이 현상은 사회적 기생자가 숙주에게 뭔가를 제공하는 보기 드문 사례라는 점에서 좀 더 중요하다. 하지만 이 행동의 기능 역시 밝혀지지 않고 있는데, 아마도 누가 주인이고 노예인가를 알리는 신호를 매개하거나 다른 착취 목적에 사용되는 것으로 생각된다.

477)   R. Lange, "Über die Futterweitergabe zwischen Angehörigen verschiedener Waldameisen," Zeitschrift für *Tierpsychologie* 17(4): 389-401(1960); C. De Vroey and J. M. Pasteels, "Agonistic behaviour in *Myrmica rubra*," *Insetes Sociaux* 25(3): 247-265(1978); N. F. Carlin and B. Hölldobler, "The kin recognition system of carpenter ants(*Camponotus* spp.), I: Hierarchical cues in small colonies," *Behavioral Ecology and Sociobiology* 19(2): 123-134(1986); A. P. Bhatkar and W. J. Kloft, "Evidence, using radioactive phosphorus, of interspecific food exchange in ants," *Nature* 265: 140-142(1977).

478)   J. Heinze, "Reproductive hierarchies among workers of the slave-making ant, *Chalepoxenus muellerianus*," *Ethology* 102(2): 117-127(1996).

사진 34 │ 위: 오스트레일리아산 고기개미 이리도미르멕스 푸르푸레우스 일개미가 의례화된 영역 다툼을 하고 있다. 아래: 이 대치 상태 중, 서로 맞선 일개미들은 가끔 더듬이나 앞다리로 서로를 더듬는데 이 자극 탓에 잠시나마 먹이를 되뱉게 된다.

시각 의사소통

개미를 비롯한 사회성 곤충에서 시각에 의한 의사소통 증거는 엄청나게 많은 화학적, 촉각적 의사소통 증거에 비해 매우 제한적이다. 많은 종의 개미가 큰 눈을 가지고 있고 적어도 몇 종에서는 눈으로 먹잇감의 움직임을 감지할 수 있다는 사실이 알려져 있지만, 시각으로 의사소통을 하는 경우는 단 한 가지도 명확하게 증명된 적이 없다. 예를 들어 불개미아과 중에서 큰 눈을 가진 카타글리피스속과 기간티옵스속(*Gigantiops*) 개미들은 눈으로 먹잇감을 발견한다. 기간티옵스속은 침개미아과 하르페그나토스 살타토르와 미르메키아속(*Myrmecia*) 어떤 종들처럼 움직이는 먹이를 추적해서 포획하기도 한다.[479] 하지만 다른 일개미들이 이런 사냥 행동을 눈으로 보고 거기에 자극되어 같은 사냥에 함께 뛰어드는 사례에 대한 증거들은 매우 제한적일 뿐이다. 특히 둔덕을 만들고 여러 가지 곤충을 잡아먹는 유럽산 포르미카 니그리칸스(*Formica nigricans*)와 남아메리카 숲속에 사는 큰 눈을 가진 사냥개미 다케톤 아르미게룸(*Daceton armigerum*) 일개미들은 동료 일개미들이 먹이를 공격하는 것을 눈으로 봄으로써 자극되어 사냥에 동참하게 된다(사진 35, 36).[480] 그러나 이런 행동들이 시각에 의한 의사소통을 직접 증명하지는 못한다. 이 같은 반응은 특히나 베짜기개미들인 오이코필라 롱기노다나 오이코필라 스마라그디나(*O. smaragdina*)와 같이 큰 눈을 가진 다른 개미 종에서도 알려진 바 있는데, 이 경우는 경보 페로몬에 의해서도 지슷한 정도로 일어날 수 있는 현상이기 때문이다. 물론 오이코필라속 일개미들이 종종 잎으로 만든 둥지 밖에서 영역 방어를 위해 동료를 동원하는 과시 행동을 보일 때 이것을 동료 일개미들이 시각적으로 감지할 수도 있을 것이다.

　좀 더 명확한 기능이지만 분석하기는 더 어려운 경우는 사회 심리학자들이 '부

---

479)　T. M. Musthak Ali, C. Baroni Urbani, and J. Billen, "Multiple jumping behaviours in the ant *Harpegnathos saltator*," *Naturwissenschaften* 79(8): 374-376(1992): J. Tautz, B. Hölldobler, and T. Danker, "The ants that jump: different techniques to take off," *Zoology* 98(1): 1-6(1994).

480)　S. A. Sturdza, "Beobachtungen über die stimulierende Wirkung lebhaft beweglicher Ameisen auf träge Ameisen," *Bulletine de la Section Scientifique de l'Academie Roumaine* 24: 543-546(1942); E. O. Wilson, "Behavior of *Daceton armigerum*(Latreille), with a classification of self-grooming movements in ants," *Bulletin of the Museum of Comparative Zoology, Harvard* 127(7): 401-421(1962).

추김(facilitation)'이라고 부르는 종류의 의사소통, 즉 "같은 동작을 하는 동료가 더 많이 보이거나, 소리가 더 많이 들림으로써 반응이 증가하는 것"이다.[481] 같은 표현이 후각 자극에 의해 일어나는 행동에도 똑같이 적용될 수 있다. 개미에 있어서 비교적 명백한 부추김 사례는 유럽산 불개미 라시우스 에마르기나투스(*Lasius emarginatus*) 일개미가 여러 마리가 있을 때 흙을 파내거나 애벌레를 돌보는 행동 빈도를 높이는 현상에서 관찰된다. 이들은 땅 속에 사는데 일개미를 5~6마리로 이루어진 무리로 나눈 뒤 천으로 벽을 둘러쳐 고립시키면 행동 빈도는 여전히 높게 유지된다. 하지만 이 장벽을 유리로 바꾸면 행동 빈도는 급감한다. 그러므로 이 결과는 물론 페로몬에 의한 것으로 해석하는 것이 마땅하겠지만 그것이 실제 어떤 물질인지는 밝혀지지 않았다.[482]

화학 신호의 익명성과 특이성

식별과 구별은 친족 무리, 사회, 생태 무리 속에서 일어나는 배아 발생과 면역 반응으로부터 사회성 상호 작용에 이르기까지 모든 종류의 생물학적 시스템을 통틀어 중요한 특징이다. 모든 종류의 인식은 진화적 이익과 관련된 여러 가지 다양한 방식으로 전달되는 구별 가능한 신호를 필요로 한다.

모든 신호의 핵심 특징은 바로 익명성과 특이성이다.[483] 복잡한 화학 신호가 가지는 이런 성질들은 컴퓨터가 다른 종류 사물을 구분하도록 프로그래밍하는 인공 지능 분야 사례를 비유하면 좀 더 명확해질 수 있을 것이다. 기계가 할 수 있는 이런 구분들은 곤충이 하는 것과 비교된다. 객체 지향 프로그래밍으로 알려진 기술에서 객체는 '클래스 변수'와 '인스턴스 변수'에 의해 규정된다. 클래스 변수는 동일한 클래스 모든 구성원들에게 공통이지만 인스턴스 변수는 객체 특이적이다. 게다가 클래스는 그 자신이 또 상위 클래스의 인스턴스일 수 있다. 예를 들면

481)   F. H. Allport, *Social Psychology* (Boston: Houghton Mifflin, 1924).

482)   R. Francfort, "Quelques phénomènes illustrant l'influence de la fourmilière sur les fourmis isolées," *Bulletin de la Societé Entomologique de France* 50(7): 95-96(1945).

483)   B. Hölldobler and N. F. Carlin, "Anonymity and specificity in the chemical communication signals of social insects," *Journal of Comparative Physiology A* 161(4): 567-581(1987).

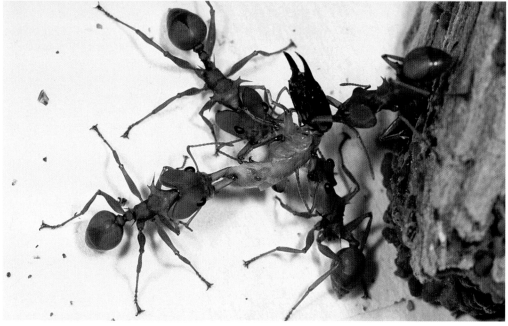

사진 35 │ 위: 신열대구 개미 다케톤 아르미게룸은 큰 눈으로 움직이는 먹잇감을 감지할 수 있다. 또 사냥꾼 일개미들은 동료의 사냥 움직임을 눈으로 보고 그에 반응할 수 있다고도 믿어진다. 아래: 일개미들이 병정 흰개미를 잡았다.

사진 36 | 위: 아시아산 불개미아과 미르모테라스 토로(*Myrmoteras toro*)는 덫으로 쓰이도록 특성화된 턱과 큰 눈을 가지고 있다. 아마도 사냥꾼 일개미들은 눈으로 먹이를 확인하는 것으로 생각된다. 아래: 이 현상은 오스트레일리아산 미르메키아속 불독개미에서 밝혀져 있다. (사진 제공: Vincent Dietemann)

초유기체

내 자가용은 '승용차'라는 클래스의 한 인스턴스이고 '승용차'는 또 '자동차' 클래스의 한 인스턴스가 되는 셈이다. 상위 클래스는 그 하위 클래스에 포함된 모든 클래스 및 인스턴스 변수에 의해 규정된다. 하지만 한 클래스의 각 인스턴스들이 다른 인스턴스들과 모두 다른 것처럼, 높은 단계 클래스에 속한 각 구성 요소 클래스의 클래스 변수들 또한 다른 구성 요소 클래스의 클래스 변수들과 모두 다르게 된다.[484]

우리가 정의하는 화학적 의사소통에 쓰이는 신호의 익명성이란 신호 발신자를 한 클래스나 조직화 단계의 구성원으로서 인식할 뿐, 같은 클래스나 조직화 단계의 다른 인스턴스들과는 구별하지 않는 그러한 특성을 말한다. 익명적 암시는 한 클래스의 모든 인스턴스에서 동일하거나 변이가 없는 것이다. 진단적 성질들은 신호자를 그 클래스의 한 인스턴스로 인식할 수 있도록 변이하는, 다시 말하면 한 클래스를 다른 클래스들과 합쳐서 차상위 클래스로 만드는 그런 클래스에 속한 성질들을 말한다.

이런 위계적 용어들은 상대적이고 그 적용은 살펴보는 단계에 따라 다르다. 확실한 사례로서 냄새길을 따르는 개미를 생각해 보자. 종 수준에서 일개미는 종 특이적인 냄새길 페로몬을 감지하여 그 길을 따르며 다른 종이 만든 냄새길에는 대개 반응하지 않는다. 군락 수준에서 이 반응은 익명적일 수 있다. 즉 같은 종이면 다른 군락 개체가 만든 냄새길이라도 따라갈 수 있다. 혹은 냄새길이 군락 특이적일 수도 있다. 개체 수준에서는 다른 일개미가 만든 익명적 냄새길들은 전혀 구분되지 않거나, 각 개체는 자신이 만든 냄새길을 다른 것들과 달리 특이적으로 인식할 수 있다.

예를 들면 포고노미르멕스속 독샘에서 분비되는 동원 신호(피라진 혼합물) 같이 한 분자로 이루어진 페로몬은 분명히 익명적 신호이고 사실 이 수확개미속 여러 종에 걸쳐 동일하다. 하지만 나무 둥치에 나 있는 이동로를 표시하는 페로몬은 뒤포어샘에서 나오는데, 이는 탄화수소 혼합물로 신호 클래스의 서로 다른 인스턴스들 사이에 서로 다른 다양한 화학적 성질을 가지고 있다. 이 페로몬은 종 특이성을 가지기 때문에 종을 통틀어서는(혹은 적어도 같은 지역 개체군들에게 있어서는) 익명적인 동일한 신호가 되며, 또 특정 군락에 특이적 성질을 가지지만 그 군락에 속

---

484) P. H. Winston, *Artificial Intelligence*, 2nd ed.(Reading, MA: Addison-WEsley, 1984).

한 일개미들에게는 익명적인 것이다. 이 페로몬이 개체 특이적 성질까지 가지고 있는지는 밝혀지지 않았다.[485]

사회성 곤충이 생산하는 외분비 물질도 기회가 보장되면 매우 복잡한 내재적 변이를 보인다. 유럽산 왕개미 캄포노투스 리그니페르두스 뒤포어샘에서는 적어도 41종의 화합물이 분비되고,[486] 오이코필라 롱기노다 베짜기개미 큰턱샘은 30종 이상의 화합물을 만든다. 게다가 이 두 종에서 이 화합물 조성은 군락마다 다르다.[487]

특이성을 부여하는 성질은 무엇인가? 두 종류 화학 신호 사이에는 물론 일부 혹은 전체 구성 성분들이 동일할 수도 있지만 각 성분의 상대적 양이 변함으로써 독특한 신호를 만들 수 있다. 이 신호의 독특한 양상은 종 수준에서 특이적일 수 있다. 허나 한 가지 신호의 구성 성분들이 종 특이적일 때 이 성분들의 조성비를 더 바꿔서 여전히 더 미세한 단계의 특이성을 창출할 수 있다. 꼬마꽃벌과 꽃벌인 에빌라이우스 말라쿠룸(*Evylaeus malachurum*) 뒤포어샘에서 분비되는 화합물은 락톤(lactone)과 이소펜틸 에스테르(isopentyl ester) 및 탄화수소로 이루어져 있으며, 이들은 이 종에 공통적인 구성 요소이며 조성 비율은 세 단계로 변한다. 같은 군락 구성원들은 다른 군락 구성원들에 비해 상대적으로 더 비슷한 상대적 조성비를 가지고 있으며 또 군락 내 세부적인 조성비는 각 개체마다 또 다르다.[488]

다음은 사회성 곤충의 일반적인 조직에서 식별과 구별이 필수적인 경우들이다.

---

485) B. Hölldobler, E. D. Morgan, N. J. Oldham, and J. Liebig, "Recruitement pheromone in the harvester ant genus *Pogonomyrmex*," *Journal of Insect Physiology* 47(4-5): 369-374(2001); B. Hölldobler, E. D. Morgan, N. J. Oldham, J. Liebig, and Y. Liu, "Dufour gland secretion in the harvester ant genus *Pogonomyrmex*," *Chemoecology* 14(2): 101-106(2004).

486) G. Bergström and J. Löfqvist, "Similarities between the Dufour gland secretions of the ants *Camponotus ligniperdus*(Latr.) and *Camponotus herculeanus*(L.)(Hym.)," *Entomolgica Scandinavica* 3(3): 225-238(1972).

487) J. W. S. Bradshaw, R. Baker, and P. E. Howse, "Multicomponent alarm pheromones in the mandibular glands of major workers in the African weaver ant, *Oecophylla longinoda*," *Physiological Entomology* 4(1): 15-25(1979).

488) A. Hefetz, G. Bergström, and J. Tengö, "Species, individual and kin specific blends in Dufour's gland secretions of halictine bees," *Journal of Chemical Ecology* 12(1): 197-208(1986).

- 군락 동료 식별과 외부 침입자 구별

- 같은 혈족 식별

- 동년배, 작업조, 계급 식별

- 번식 계급 식별

- 사회적 계층과 개체 식별

- 애벌레 발달 단계 식별

- 사체 식별

사회성 곤충은 익명성 및 특이성을 띠는 자극의 다양한 집합을 통해 모든 식별과 구별 행동을 한다. 하지만 이런 행동들이 또 오로지 신호에만 의존하는 것은 아니라는 점을 확실히 해 둘 필요가 있겠다. 더구나 개미에서는 별도로 진화하지 않았지만 여전히 특이적 암시가 개체마다 있어서, 이를 통해 식별 및 신원 확인, 구별 등을 할 수 있다. 이 과정은 군락 동료의 사체를 식별하고 제거하는 작업에서 놀라우리만큼 잘 드러난다.

사체 치우기 행동

일개미가 죽은 개미를 '공동묘지'로 옮긴다는 이야기는 참으로 흥미롭고, 오랫동안 회자되는 개미 이야기 중 하나다. 대부분 개미 종은 죽은 동료 일개미를 식별해서 군락 밖으로 날라다 쓰레기 더미나 군락에서 멀리 떨어진 기타 장소에 내다 버리는 습성이 있다. 이는 분명히 적응적 행동으로 사체에서 자라는 병균이나 기생충들이 둥지에 퍼지는 것을 막는다.

사체를 확인하는 것은 엄격한 의미의 의사소통은 아니지만 이 행동에서 매우 특이성 높은 화학 암시가 특징적 행동 반응을 유발한다는 사실로 미루어 볼 때 의사소통과 몇 가지 특징을 공유한다고 할 수 있다. 동료 개미 사체와 기타 쓰레기를 둥지에서 치우는 일은 군락 전체 위생에 기여하는 일이다. 둥지 내부, 특히 애벌레 방은 엄격하게 청결이 유지된다. 일꾼은 쓰레기 물질이나 죽거나 다친 침입자 따위 이물질은 둥지 밖으로 들고 나와 둥지 주변 땅에 내다 버린다. 액상 쓰레기나 번데기똥(meconium, 애벌레가 번데기가 되면서 내놓는 고형 쓰레기가 뭉쳐진 알갱이)은 둥지 구역 가장자리나 그 너머로 가져다 버린다. 물건이 버릴 것인지 아닌지 불확실하거나 들어 옮길 수 없을 때는 흙이나 둥지를 짓고 남은 물질 따위로 덮어 버린다. 포고노미르멕스 바디우스 일개미 사체를 공기에 노출시켜 며칠 동안 썩힌 뒤 둥지 안이나 둥지 밖 입구 근처에 일부러 놓아두면, 이를 처음 발견한 일개미는 일상적 더듬이질을 통해 잠시 살핀 뒤 입으로 물어 둥지에서 멀리 떨어진 쓰레기 더미에 곧장 내다 버린다. 이 현상이 실험실에서 발견되었을 때,[489] 실험실 군락에게 만들어 준 채집 영역 가장 변두리에 있는 울타리라고 해 봐야 둥지 입구에서부터 1미터도 떨어져 있지 않은 벽에다 쓰레기 더미를 쌓기 시작했다. 사실 이 거리는 사체를 내다 버리는 행동의 본래 목적을 달성하기에는 턱없이 짧은 거리이기 때문에 사체를 옮기는 일개미들은 수분에 걸쳐 울타리를 따라 왔다 갔다 한 뒤에야 쓰레기 더미에 사체를 부렸다. 다른 일개미들이 또 사체를 물지 않은 채로 울타리로 가서는 이미 쓰레기 더미에 놓여 있던 사체를 다시 들어 물고 위와 같은 방식으로 울타리를 따라 여러 차례 왔다 갔다 하다가 다시 내려놓는 현상도 발견되었다. 이 행동은 뚜렷하면서도 쉽게 반복 가능한 행동 실험을 통해 연구되었는데, 포고노미르멕스 사체를 아세톤으로 처리해서 추출한 물질을 종잇조각에 바르면, 살아 있는 일개미는 이 종이 조각을 마치 온전한 사체처럼 다룬다는 사실은 잘 알려져 있다. 추출물 주성분에 대한 분리 분석과 행동 실험을 통해 긴 사슬 지방산들과 이들의 에스테르들이 이 행동에 관련되어 있음을 알 수 있다. 게다가 곤충 사체에서 공통적으로 만들어지는 부패 산물인 올레산도 효과적으로 쓰인다.(같은 물질이 붉은불개미에서도 쓰인다.[490]) 반면 부패하는 곤충에서 만들어지는 다른 주요 화합물들, 이를테면 짧은 사슬 지방산, 아민, 인돌, 메르캅탄 등은 이런 행동 유발 효과가 없다. 포고노미르멕스 사체를 적절한 용매로 처리하여 화합물을 제거한 뒤 말려서 군락에게 되돌려 주면 일개미들은 더 이상 사체를 옮기려 하지 않고 대신 대개의 경우 먹잇감으로 삼는다.

489) E. O. Wilson, N. I. Durlach, and L. M. Roth, "Chemical releasers of necrophoric behavior in ants," *Psyche*(Cambridge, MA) 65: 108-114(1958); D. M. Gordon, "Dependence of necrophroic response to oleic acid on social context in the ants, *Pogonomyrmex badius*," *Journal of Chemical Ecology* 9(1): 105-111(1983).

490) M. S. Blum, "The chemical basis of insect sociality," in M. Beroza, ed., *Chemicals Controlling Insect Behavior* (New York: Academic Press, 1970), pp. 61-94.

그러므로 일개미들은 부패와 관련된 몇 가지 화합물의 조합을 통해 사체를 식별하는 것으로 보인다. 게다가 일개미들은 사체라는 것에 대해 아주 '편협한' 반응을 보인다. 평소에는 별다른 적대적 냄새를 띠지 않는 어떤 물체라도 일단 올레산을 바르면 당장 사체처럼 취급한다. 이런 구분은 심지어 살아 있는 일개미에도 적용될 정도다. 이 화합물을 살아 있는 일개미에 약간 발라 놓으면 다른 일개미들이 달려들어 쓰레기 더미로 가져다 버린다. 이때 운반되는 일개미도 별 저항을 보이지 않는다. 일단 부려 놓아지면 일개미들은 자기 몸을 닦아 내고 다시 둥지로 되돌아간다. 이때 몸을 제대로 닦지 않으면 가끔 두 번, 심지어 세 번씩이나 사체로 오인되어 다시 쓰레기 더미로 운반되기도 한다.

특이적 화학 암시 물질에 의해 유발되는 이런 사체 처리 행동은 모든 개미에 공통적으로 존재하는 것으로 보인다. 이 행동을 관찰한 많은 이야기들이 전해지는데, 데니스 하워드(Dennis Howard)와 월터 칭켈(Walter Tschinkel)은 붉은불개미에서 관찰되는 이 행동을 치밀하게 분석하면서 이런 관찰 결과들을 함께 소개했다. 이들에 따르면 사체 처리 행동은 분명히 특정한 화학적 암시 물질에 의해 유발됨을 알 수 있다.[491]

아마 사체 처리 행동을 조절하는 단순성보다 더욱 놀라운 것은 몇몇 개미 종 일개미들이 죽을 때가 되면 자기 스스로 둥지 밖으로 나가는 경향이다. 다치거나 죽어 가는 개미들이 정상적인 일을 하는 대신 둥지 입구 주변이나 영역 밖으로 나가 어슬렁거리는 일은 자주 관찰된다. 붉은불개미와 수확개미들이 다쳤을 때, 특히 배가 없어지거나 다리가 한두 개 떨어져 나간 경우, 둥지에 문제가 생겼을 때 둥지를 더 쉽게 떠나는 경향이 있다. 포르미카 루파 일개미들이 치명적인 기생 곰팡이 알테르마리아 테누이스(*Altermaria tenuis*)에 감염되면 둥지를 떠나 풀잎으로 기어 올라가 턱과 다리로 풀잎을 꽉 물고 죽는다.[492]

---

491) D. F. Howard and W. R. Tschinkel, "Aspects of necrophoric behavior in the red imported fire ant, *Solenopsis invicta*," *Behaviour* 56(1-2): 157-180(1976).

492) P. I. Marikovsky, "On some features of behavior of the ants *Formica rufa* L. infected with fungous disease," *Insectes Sociaux* 9(2): 173-179(1962).

군락 동료 식별

모든 사회성 곤충에서 가장 중요한 의사소통 형태는 간단한 식별, 즉 다른 종의 개미, 같은 종 다른 군락 개미, 다양한 계급과 미성숙 단계에 있는 같은 군락 동료 식별이다.

군락 동료 식별을 생각해 보자. 사람이 얼굴과 신체 외형 등을 훑어보고 다른 이를 식별하듯이 개미도 다른 개미 몸과 주변에 있는 냄새를 감지해서 상대를 알아낸다.[493] 이 구분은 눈 깜짝할 새에 일어난다. 개미 두 마리가 둥지나 혹은 냄새길에서 만나면 서로 더듬이로 상대방의 몸을 더듬기 시작한다. 이때 이들은 시로 신호를 보낸다기보다는 몸 냄새를 맡는 것이다. 두 마리가 서로 같은 군락에 속한 경우 익숙한 몸 냄새를 갖게 되며 더 이상 반응을 보이지 않고 서로 갈 길을 간다. 둥지 안이라면 이들은 서로를 붙들고 몸을 다듬어 주거나 먹이를 게워 내 교환하기도 할 것이다. 반면 그 지역 생태계에서 상당히 넓은 영역을 차지하는 종의 서로

---

493) 20세기의 끝을 바라보는 지금까지 과거 100여 년 동안, 많은 뛰어난 실험 연구자들이 식별용 냄새 물질 연구에 뛰어들어 많은 진보를 이루어 냈다. 이 주제에 대한 연구 역사를 통해 다양한 시기에 다음과 같은 저작들이 나온 바 있다. 이제는 고전이 된 Adele M. Fielde의 군락 혼합 실험을 다룬 W. M. Wheeler, *Ants: Their Structure, Development and Behavior* (New York: Columbia University Press, 1910); E. O. Wilson, *The Insect Societies*(Cambrige, MA: The Belknap Press of Harvard University Press, 1971); B. Hölldobler and C. D. Michener, "Mechanisms of identification and discrimination in social Hymenoptera," in H. Markl, ed., *Evolution of Social Behavior: Hypotheses and Empirical Tests*(Weinheim: Verlag Chemie, 1980), pp. 35-50; N. F. Carlin, "Species, kin, and other forms of recognition in the brood discrimination behavior of ants," in J. C. Trager, ed., *Advances in Myrmecology*(Leiden: E. J. Brill, 1988), pp. 267-295; D. J. C. Fletcher and C. D. Michener, eds., *Kin Recognition in Animals*(New York: John Wiley, 1987)에는 R. H. Crozier, C. D. Michener and B. H. Smith, and M. D. Breed and B. Bennett 등이 사회성 곤충을 따로 설명했음. B. Hölldobler and E. O. Wilson, *The Ants*(Cambridge, MA: The Belknap Press of Harvard University Press, 1990); R. K. Vander Meer, M. D. Breed, M. L. Winston, and K. E. Espelie, eds., *Pheromone Communication in Social Insects: ants, Bees, Wasps, and Termites*(Boulder, CO: Westview Press, 1998)에는 M. D. Breed, R. K. Vander Meer and L. Morel, T. L. Singer, K. E. Espelie, G. L. Gamboa, J.-L. Clément, and A.-G. Bagnères의 설명이 있음; P. Jaisson, "Kinship and fellowship in ants and social wasps," in D. G. Hepper, eds., *Kin Recognition*(New York: Cambridge University Press, 1991), pp. 60-93; A. Lenoir, D. Fresneau, C. Errard, and A. Hefetz, "Individuality and colonial identity in ants: the emergence of the social representation concept," in C. Detrain, J. L. Deneubourg, and J. M. Pasteels, eds., *Information Processing in Social Insects*(Basel: Birkhauser Verlag, 1999), pp. 219-237; Z. B. Liu, S. Yamane, K. Tsuji, and Z. M. Zheng, "Nestmate recognition and kin recognition in ants," *Entomologia Sinica* 7(1): 71-96(2000)

다른 군락 소속 일개미들이 만나면 침입자에 대해 매우 다른 반응을 보인다. 이때 반응은 거절 행동의 여러 단계 중 하나가 될 것이다. 극단적 경우에는 다른 군락에서 온 침입자들이 군락 동료로 받아들여지기도 하지만 군락 냄새가 몸에 밸 때까지는 원래 군락 일개미들에 비해 받아먹을 수 있는 먹이양은 적다. 다른 쪽 극단에서는 바로 공격당해 죽는다. 양 극단 중간에는 무시하거나, 턱을 벌리고 위협을 하거나, 턱으로 공격을 하거나, 물어다 둥지 밖으로 끌어내거나, 내다 버리는 따위의 다양한 반응이 있다.

군락 냄새, 혹은 '판별자'는 과연 무엇인가? 일반적으로 외골격 각피에 함유된 탄화수소들이다.[494] 이들의 역할은 몇 가지 증거에 의해 추정되었는데, 대개 군락과 개체마다 다른 탄화수소 조성비 차이와 그와 연관된 공격적 행동에 대한 연구들이다. 이 조성비 차이가 클수록 공격적 행동이 강해진다는 것이 거의 보편적 정설이다. 하지만 직접적 실험 증거들 또한 존재한다. 지중해 사막산 카타글리피스 니게르(*Cataglyphis niger*) 일개미 외골격에 서로 다른 조성비를 갖도록 탄화수소 성분 물질을 적절히 배합해서 발라 주면 같은 군락 동료를 공격하게 만들거나 다른 군락 외부 침입자에 대해 덜 공격적으로 만들 수도 있었다.[495]

사실 탄화수소는 개미뿐 아니라 곤충을 통틀어 이상적인 개체 판별자라 할 수 있다. 탄화수소는 합성하는 비용도 적게 들고 즉시 퍼질 수 있을 만큼 크기도 작다. 또 외골격의 가장 바깥쪽 친지질성 외피에 쉽게 흡수되기도 한다(사실 이 외피 자체가 대부분 탄화수소로 만들어져 있다). 탄화수소는 사슬 길이와 메탄 브랜칭 및 이중결합 양상에 따라 매우 다양하다. 미르미카 인콤플레타(*Myrmica incompleta*)에서는 111가지, 카타글리피스속 7종에서는 242가지 서로 다른 탄화수소가 발견되

494) 개미의 군락 특이적 냄새가 탄화수소 기반이라는 사실은 1987년에 서로 다른 두 연구팀이 각각 발견했다. A. Bonavita-Cougourdan, J.-L. Clément, and C. Lange, "Nestmate recognition: the role of cuticular hydrocarbons in the ant *Camponotus vagus* Scop.," *Journal of Entomological Science* 22(1): 1-10(1987); L. Morel and R. K. Vander Meer, "Nestmate recognition in *Camponotus floridanus*: behavioral and chemical evidence for the role of age and social experience," in J. Eder and H. Rembold, eds., *Chemistry and Biology of Social Insects*(Proceedings of the Tenth Congress of the International Union for the Study of Social Insects, 18-22 August 1986 Munich)(Munich: Verlag J. Peperny, 1987), pp. 471-471.

495) S. Lahav, V. Soroker, A. Hefetz, and R. K. Vander Meer, "Direct behavioral evidence for hydrocarbons as ant recognition discriminators," *Naturwissenschaften* 86(5): 246-249(1999).

었다.[496] 탄화수소 혼합물의 개별성(즉 그것이 전달하는 정보 특이성)은 혼합물을 구성하는 탄화수소 종류가 같은 경우라도 그 비율이 다양하게 변함으로써 엄청나게 보강된다. 개미는 와인과 향수가 독특한 향을 갖듯이 저마다 서로 다른 냄새를 만들어 낸다. 모든 일개미들은 잠재적으로는 모두 자기만의 고유한 냄새 서명을 가질 수 있으며 심지어 같은 일개미라도 시간에 따라 전혀 다른 냄새 서명을 가질 수 있다. 이 원리는 혼합되는 탄화수소 종류가 상대적으로 적은 경우에도 적용될 수 있다. 봉분 모양 집을 만드는 유럽산 털다리홍개미(*Formica truncorum*)는 펜타코산, 헵타코산, 노나코산, 헨트리아코산 등이 혼합물의 주성분이 되는 탄화수소를 사용하는데 이들은 또 각기 대응되는 알켄을 소량 함유하고 있다.[497]

꿀벌, 쌍살벌무리, 흰개미에서는 또 외골격에서 나오는 화합물 역시 특히 탄화수소들과 연루되어 있다. 개미에서는 아직 잘 연구되어 있지 않지만 이들 외골격 기원 화합물들이 이런 다양한 사회성 곤충들이 군락마다 독특한 냄새를 갖게 하는 근본 원인으로 밝혀지리라는 것은 쉽게 예측할 수 있다.[498]

적어도 개미에서는 군락 냄새는 예외 없이 군락 전체에 대해 다소 동질적 상태로 만들어지고 어떤 방법에 의해 전파되는 탄화수소 화합물이라는 것이 증명되었다. 군락 냄새는 예측 가능한 패턴으로 군락 구성원들이 반응하는 군락 고유 냄새 조합(게슈탈트)을 만든다.[499] 한 군락 구성원은 군락 전체를 망라하는 특정 혼합

---

496)　A. Lenoir, C. Malosse, and R. Yamaoka, "Chemical mimicry between parasitic ants of the genus *Formicoxenus* and their host *Myrmica* (Hymenoptera, Formicidae)," *Biochemical Systematics and Ecology* 25(5): 379-389(1997); A. Dahbi, A. Lenoir, A. Tinaut, T. Taghizaded, W. Francke, and A. Hefetz, "chemistry of the postpharyngeal gland secretion and its implication for the phylogeny of Ibeian *Cataglyphis* species(Hymenoptera: Formicidae)," *Chemoecology* 7(4): 163-171(1996).

497)　J. Nielsen, J. J. Boomsma, N. J. Oldham, H. C. Peterson, and E. D. Morgan, "Colonhy-level and season-specific variation in cuticular hydrocarbon profiles of individual workers in the ant *Formica truncorum*," *Insectes Sociaux* 46(1): 58-46(1999).

498)　A.-G. Bagnères, M. D. Breed, J.-L. Clément, K. E. Espelie, G. J. Gamboa, and T. L. Singer in R. K. Vander Meer, M. D. Breed, K. E. Espelie, and M. L. Winston, eds., *Pheromone Communication in Social Insects: Ants, Wasps, Bees, and Termites*(Boulder, CO: Westview Press, 1998), pp. 57-155에서 여러 저자들이 군락 동료 식별에 대해 설명한 바, 이런 일반화를 가능케 함.

499)　이 냄새 게슈탈트(혹은 군락 특이적 혼합) 모형은 R. H. Crozier and M. W. Dix 가 "Analysis of two genetic models for the innate components of colony odor in social Hymenoptera," *Behavioral Ecology and Sociobiology* 4(3): 217-224(1979)에서 처음으로 이론에 근거하여 예측했으

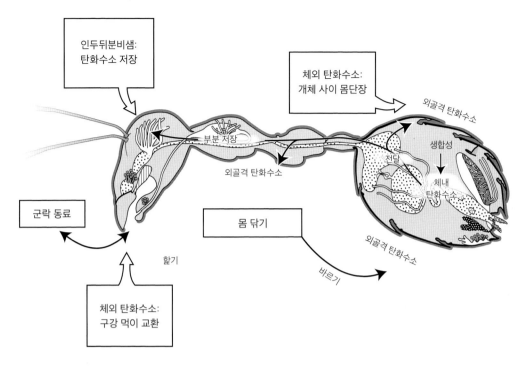

인두뒤분비샘:
탄화수소 저장

체외 탄화수소:
개체 사이 몸단장

외골격 탄화수소

부분 저장

생합성

전달

체내
탄화수소

외골격 탄화수소

군락 동료

몸 닦기

외골격 탄화수소

핥기

바르기

체외 탄화수소:
구강 먹이 교환

그림 6-30 │ 군락 특이적 식별에 쓰이는 외골격 탄화수소가 개미에서 합성되고 전달되는 경로 도식. A. Lenoir, D. Fresneau, C. Errard, and A. Hefetz, "Individuality and colonial identity in ants: the emergence of the social represntation concept," in C. Detrain, J. L. Deneubourg, and J. M. Pasteels, eds., *Information Processing in Social Insects* (Basel: Birkhäuser Verlag, 1999), pp. 219– 237에서 수정함.

비율을 배운다. 우리가 아는 한 개미들은 각 개체마다 고유한 탄화수소 냄새 서명을 배우거나 그에 따라 개체를 식별해서 기억하지 않는다. 나중에 논의하겠지만 최근 침개미 한 종에서 개체 인식 사례가 발견되었다. 탄화수소는 개미 몸안에서 합성되어 혈액 림프로 들어간 뒤 상피세포를 통해 직접 외골격으로 가든지 아니면 인두뒤분비샘에 저장되었다 나중에 분비되기도 한다(그림 6-30). 머리 속에 장갑 모양을 한 두 분비조직이 대칭으로 연결되어 있는 인두뒤분비샘은 개미만의 특징 이다. 지금까지 알려진 바로는 인두뒤분비샘은 모든 개미 종에서 발견되며, 수컷을 포함한 모든 성충에 존재한다. 이 기관은 외골격 탄화수소 저장소로서만이 아니라 애벌레에게 먹이는 액상 먹이 저장소로도 중요하다.[500] 많은 종의 침개미와 계통

며, 이후 이 책에 소개하는 것처럼 많은 실험 증거들에 의해 증명되었다.

500) 인두뒤분비샘 분비물의 영양적 기능에 대한 설명은 B. Hölldobler and E. O. Wilson,

분류학적으로 원시적인 종들은 애벌레를 먹일 때 뱃속에 저장한 먹이를 게워 내지 않기 때문에 인두뒤분비샘이 일차적으로는 군락 특이적 탄화수소 화합물의 저장 기관으로 기원했다는 가설을 지지하는 듯 보인다. 다시 말해서 인두뒤분비샘이야 말로 진정한 의미의 군락 수준 사회성 기관이라 할 수 있다.[501]

일개미가 자신이나 다른 일개미 몸을 혀로 핥아 다듬는 행동을 할 때 탄화수소는 몸 전체에 퍼지게 된다. 빈번한 몸 닦기 행동으로 말미암아 개미는 청결함으로 유명한데, 이 행동은 질병을 유발할 수 있는 병균이나 곰팡이 포자 따위를 제거하는 위생 기능을 한다고 일반적으로 생각되고 있다. 하지만 종종 거의 광적인 수준까지 이르는 이 행동의 본래 목적은 오히려 군락 냄새를 균일하게 만들고 널리 전파하는 수단으로 이해하는 것이 더 나을 수도 있다. 일개미가 군락에서 떨어져 나와 며칠을 지내고 돌아가면 다른 일개미들이 달라붙어 자세하게 냄새를 맡고 치열할 정도로 몸 닦기를 한다. 개미(특히 일본왕개미(*Camponotus japonicus*))는 특히 외

The Ants (Cambridge, MA: The Belknap Press of Harvard University Press, 1990), pp. 165–166; A. G. Bagnères and E. D. Morgan, "The postpharyngeal glands and the cuticle of Formicidae contain the same characteristic hydrocarbons," *Experientia* 47(1): 106–111(1991); V. Soroker, C. Vienne, A. Hefetz, and E. Nowbahari, "The postpharyngeal gland as a 'Gestalt' organ for nestmate recognition in the ant *Cataglyphis niger*," *Naturwissenschaften* 81(11): 510–513(1994); V. Soroker, C. Vienne, and A. Hefetz, "Hydrocarbon dynamics within and between nestmates in *Cataglyphis niger* (Hymenoptera: Formicidae)," *Journal of Chemical Ecology* 21(3): 365–378(1995); V. Soroker and A. Hefetz, "Hydrocarbon site of synthesis and circulation in the desert ant *Cataglyphis niger*," *Journal of Insect Physiology* 46(7): 1097–1102(2000)을 참고할 것. 허나 아프리카 서식 개미 *Myrmicaria eumenoides*에서는 어린 일개미들에서만 인두뒤분비샘 혼합물과 외골격의 탄화수소 혼합물 사이의 일치가 보이는 등 다소 상이한 결과들 역시 존재한다는 점을 기억할 필요가 있다. E. Schoeters, M. Kaib, and J. Billen, "Is the postpharyngeal gland in *Myrmicaria* ants the source of colony specific labels?" in M. P. Schwarz and K. Hogendoorn, eds., *Social Insects at the Turn of the Millenium* (Proceedings of the thirteenth Congress of the International Union for the Study of Social Insects, 29 December 1998 to 3 January 1999, Adelaide)(Adelaide, Australia: Flinders University Press, 1998), p. 426.

501) J. V. Hernández, H. López, and K. Jaffé에 따르면 잎꾼개미 *Atta laevigata*의 경우 군락 냄새의 주된 기원은 인두뒤분비샘이 아니라 윗턱샘이라고 한다. 이들의 "Nestmate recognition signals of the leaf-cutting ant *Atta laevigata*" *Journal of Insect Physiology* 48(3): 287–295(2002)를 참고할 것. 이 발견은 차후 연구가 필요한 놀라운 사례로서 아타속 윗턱샘은 또한 메틸헵타논으로 구성된 경보 페로몬의 원천이기도 하기 때문이다. Klause Jaffé와 동료들은 윗턱샘이 군락 특이적인 화합물들의 원천이 되는 종들로 *Atta cephalotes*, *Odontomachus bauri*, *Solenopsis geminata*, *Camponotus rufipes* 등도 들고 있다. Z. B. Liu, S. Yamane, K. Tsuji, and Z. M. Zheng, "Nestmate recognition and kin recognition in ants," *Entomologia Sinica* 7(1): 71–96(2000).

골격에 있는 군락 특이적 탄화수소와 조성비가 다른 탄화수소에 대해 배타적으로 반응하는 매우 특수한 화학 신호 감각 수용체가 있다.[502]

냄새는 기본적으로 몸 안에서 만들어진다. 다시 말해 탄화수소는 신진대사에 의해 합성되고 몸안에서 순환한다. 이에 관련된 생화학적 경로는 유전적으로 결정되어 각 개미 개체는 정해진 종류의 탄화수소만 합성할 수 있고, 다른 일개미들이 만든 것들과 합해서 군락 특이적인 혼합물을 완성하는 것일 수 있다. 아니면 탄화수소들은 먹이나 군락이 살고 있는 환경이 가진 특징적 화학 물질에 의해 결정되는 것일 수도 있다.

군락 특이적 냄새가 유전적 소인을 가지고 있음을 뒷받침하는 강력한 증거가 미국 남부산 붉은불개미와 한 근연종인 솔레놉시스 릭테리(*Solenopsis richteri*)에서 발견되었다. 두 종 각자의 탄화수소 조성은 전혀 다르지만 두 종의 잡종이 합성하는 탄화수소는 각 종이 가진 조성의 혼합 양상을 보인다.[503] 이와 비슷하게 같은 벌집에 살고 있는 일벌들이라 해도 아비가 다른 경우 서로 다른 냄새 조성을 갖는다.[504]

그러므로 일반적으로 사회성 곤충 일꾼 사이 근친도가 가까울수록 군락 냄새는 더 비슷해지고 서로 적대 행위 없이 살 수 있게 되는 것이다. 유럽산 둔덕쌓기개미 포르미카 프라텐시스(*Formica pratensis*)[505]와 오스트레일리아산 고기 개미 이

502) M. Ozaki, A. Wada-Katsumata, K. Fujikawa, M. Iwasaki, F. Yokohari, Y. Satoji, T. Nisimiura, and R. Yamaoka, "Ant nestmate and non-nestmate discrimination by a chemosensory sensillum," *Science* 309:311-314(2005).

503) R. K. Vander Meer, C. L. Lofgren, and F. M. Alvarez, "Biochemical evidence for hybridization in fire ants," *Florida Entomologist* 68(3): 501-506(1985); K. G. Ross, R. K. Vander Meer, D. J. C. Fletcher, and E. L. Vargo, "Biochemical phenotypic and genetic studies of two introduced fire ants and their hybrid(Hymenoptera: Formicidae)," *Evolution* 41(2): 280-293(1987).

504) G. Arnold, B. Quenet, J.-M. Cornuet, C. Masson, B. De Schepper, A. Estoup, and P. Gasqui, "Kin recognition in honeybees," *Nature* 379:498(1996).

505) C. W. W. Pirk, P. Neumann, R. F. A. Moritz, and P. Pamilo, "Intranest relatedness and nestmate recognition in the meadow ant *Formica pratensis*(R.)," *Behavioral Ecology and Sociobiology* 49: 366-374(2001); M. Beye, P. Neumann, M. Chapuisat, P. Pamilo, and R. F. A. Moritz, "Nestmate recognition and the genetic relatedness of nests in the ant *Fromica pratensis*," *Behavioral Ecology and Sociobiology* 43(1): 67-72(1998).

리도미르멕스 푸르푸레우스[506])는 같은 군락이 만든 여러 둥지에서 나온 개미들이 서로 마주칠 때 비슷한 현상을 관찰할 수 있으며, 원시 진사회성 꽃벌 라시오글로숨 제피룸(*Lasioglossum zephyrum*) 보초 일꾼이 침입자에 대해 보이는 관용성에서도 같은 현상을 볼 수 있다.[507])

벌과 말벌에서는 둥지를 짓는 데 사용하는 물질이 군락 냄새에 관여하는 환경적 요인 중 하나로 알려져 있다.[508]) 썩은 나뭇가지에 둥지를 짓는 유럽산 소형개미 템노토락스 닐란데르(*Temnothorax nylander*, 이전 속명 렙토토락스)의 경우도 같다. 이들의 군락 냄새는 적어도 부분적으로는 각 군락이 둥지를 짓는 나뭇가지가 소나무냐 상수리나무냐에 따라 달라질 수 있다.[509]) 이런 사례들에서 냄새 분자들은 외골격 표면에 있는 탄화수소 막에 직접 흡수되는 것처럼 보이고, 또 여기에는 탄화수소 이외 분자들도 포함되는 것으로 보인다.

이와 비슷한 사례가 아르헨티나산 개미 리네피테마 후밀레에서도 관찰되는데, 탄화수소 화합물은 군락 동료 식별에 사용되는 화학 표지에 포함되며, 이 물질의 적어도 상당 부분은 먹잇감으로 삼는 다른 곤충으로부터 얻어진다고 알려져 있다. 먹잇감이 다르면 외골격에 있는 탄화수소 위주의 식별 표지 조성이 달라짐으로써 다른 먹이를 먹은 군락 동료들은 공격적 차별 대우를 받게 된다.[510]) 많은 연구자들

---

506) M. L. Thomas, L. J. Parry, R. A. Allan, and M. A. Elgar, "Geographic affinity, cuticular hydrocarbons and colony recognition in the Australian meat ant *Iridomyrmex purpureus*," *Naturwissenschaften* 86(2): 87-92(1999).

507) L. Greenberg, "Genetic component of bee odor in kin recognition," *Science* 206: 1095-1097(1979). 이 주제에 대한 연구를 개척한 이 연구의 선구적 지위는 주목할 만하다.

508) M. D. Breed, M. F. Garry, A. N. Pearce, B. E. Hibbard, L. B. Bjostad, and R. E. Page Jr., "The role of wax comb in honey bee nestmate recognition," *Animal Behaviour* 50(2): 489-496(1995); G. J. Gamboa, "Kin recognition in social wasps," in S. Turillazzi and M. J. West-Eberhard, eds., *Natural History and Evolution of Paper-Wasps*(New York: Oxford University Press, 1996), pp. 161-177.

509) J. Heinze, S. Foitzik, A. Hippert, and B. Hölldobler, "Apparent dear-enemy phenomenon and environment-basal recognition cues in the ant *Leptothorax nylanderi*," *Ethology* 102(6): 510-522(1996).

510) D. Liang and J. Silverman, "'You are what you eat': diet modifies cuticular hydrocarbons and nestmate recognition in the Argentine ant, *Linepithema humile*," *Naturwissenschaften* 87(9): 412-416(2000).

이 거듭 발견했듯, 아르헨티나 개미 군락 사이 전쟁은 이 종이 외래종으로서 침범하여 거대한 범군락적 둥지군을 조성한 지역에서는 눈에 띄지 않는다.[511] 그러나 이들의 원 서식지에서는 군락 사이 차이가 훨씬 뚜렷하게 드러나고 다른 군락 일꾼 사이에 공격적 차별 행동이 훨씬 빈번하게 관찰되었다.[512]

군락 냄새 기원에 영향을 미치는 중요한 조건이 되는 것은 특히 계통 분류적으로 진보된 시베리아개미아과와 불개미아과에 속하는 많은 종들이 먹이를 게워 냄으로써 먹이와 영양 관련 페로몬을 교환한다는 사실이다. 그 결과 군락은 일종의 사회적으로 공유하는 위장을 갖게 되고 이 이유만으로도 군락 전체가 거의 균일한 탄화수소 혼합물을 공유할 수 있게 되는 것이다.[513][514] 성충들끼리 구강 먹이 교환을 하지 않는 종에서는 몸 닦기를 통해 같은 결과를 얻을 수 있다. 인두뒤분비샘과 내장 기관에서 나오는 탄화수소는 자기 몸 닦기를 통해서 몸에 발라지고(아마도 지방산이나 둥지 물질 등에서 나오는 기타 오염물을 포함하여) 다른 일개미들과 몸 닦기를 통해 군락 전체로 퍼진다. 많은 종의 일개미들은 앞발 외골격 표면에 특히 촘촘하게 많은 털을 가지고 있는데 이는 몸 닦기 효율을 높이는 데 쓰인다. 침개미 파키콘딜라 아피칼리스(*Pachycondyla apicalis*) 일개미들이 몸 닦기 과정에서 바로 이 털을 이용해서 탄화수소를 몸에 바른다는 정황 증거가 있다. 따라서 탄화수소가 앞발 마디에 있는 분비샘을 통해 분비될 것이라 점을 알 수 있다.[515] 반면 몇

511) D. H. Holway, "Competitive mechanisms underlying the displacement of native ants by the invasive Argentine ant," *Ecology* 80(1): 238-251(1999); A. V. Suarez, D. A. Howay, D. Liang, N. D. Tsutsui, and T. J. Case, "Spatiotemporal patterns of intraspecific aggression in the invasive Argentine ant," *Animal Behaviour* 64(5): 697-708(2002).

512) D. H. Holway, A. V. Suarez, and T. J. Case, "Loss of intraspecific aggression in the success of a widespread invasive social insect," *Science* 282: 949-952(1998); A. V. Suarez, N. D. Tsutsui, D. A. Holway, and T. J. Case, "Behavioral and genetic differentiation between native and introduced popoulations of the Argentine ant," *Biological Invasions* 1(1): 43-53(1999).

513) E. O. Wilson and T. Eisner, "Quantitative studies of liquid food transmission in ants," *Insectes Sociaux* 4(2): 157-166(1957).

514) A. Dahbi, A. Hefetz, X. Cerda, and A. Lenoir, "Trophallaxis mediates uniformity of colony odor in *Cataglyphis iberica* ants(Hymenoptera, Formicade)," *Journal of Insect Behavior* 12(4): 559-567(1999).

515) A. Hefetz, V. Soroker, A. Dahbi, M. C. Malherbe, and D. Fresneau, "The front basitarsal brush in *Pachychondyla apicalis* and its role in hydrocarbon circulation," *Chemoecololgy* 11(1): 17-

몇 다른 침개미 종에서는 인두뒤분비샘에서 나온 탄화수소들이 구강 먹이 교환을 통해 교환되는 것으로 알려져 있다.

군락 동료 식별과 외부 침입자 구별은 군락 사회 조직과 관련되어 있다. 산란하는 여왕개미가 한 마리인 군락과 다수인 군락에서는 외부 침입자에 대한 차별 행동 정도가 다르다. 다수 여왕 군락에서 태어난 공주개미와 수개미들은 자신이 태어난 둥지 내부나 적어도 둥지와 매우 가까운 곳에서 짝짓기를 하려는 뚜렷한 경향을 보이는데 군락 일개미들은 이렇게 짝짓기를 한 자기 군락 태생 새 여왕을 즉시 받아들인다. 이와 대조적으로 단독 여왕 군락 출신 공주개미와 수개미들은 자신들이 태어난 군락을 멀리 떠나 교미 비행을 한다. 일정 구역의 여러 군락에서 함께 날아오른 번식형 개미들이 거대 무리를 이루어 교미 비행을 함으로써 이계 교배율을 높이게 된다. 이렇게 짝짓기를 마친 새 여왕 후보들은 친정 둥지로 돌아가지 않고 새로운 땅을 찾아 자신의 새 군락을 만들어 가게 된다.

진정한 의미의 다수 여왕 군락 여왕개미들은 서로에게 적대적이거나 공격적이지 않다. 실제로 이들은 많은 수가 함께 모여 무리를 이루고, 우리가 아는 한 우열을 가리는 위계질서를 만들지 않는다. 또 모두가 함께 알을 낳는다. 반대로 단독 여왕 군락 여왕들은 자기 영역 안에 다른 여왕이 있는 것을 용납하지 않으며 성숙한 군락 안에서 이것은 어김없이 지켜진다. 다수 여왕 군락 일개미들은 대개 경우 이웃한 같은 종 다른 군락에 대해 그다지 공격적으로 반응하지 않는다. 하지만 단독 여왕 종 대부분은 일개미들이 이웃한 같은 종 다른 군락에 대해 매우 차별적으로 공격적 반응을 보이며 대개 적어도 둥지 근접 구역에서는 영역 다툼이 심하다.[516]

이런 두 종류 군락 사이에 보이는 생물학적 차이들에 근거하여 단독 여왕 군락의 여왕은 군락 냄새에 심대한 영향을 끼칠 것이라는 가설을 세울 수 있는데 그 이유는 다음과 같다. 만약 개미 군락 냄새 결정에 유전적 차이가 중요한 역할을 한다면, 군락 냄새 조성의 가장 간단한 기작은 바로 여왕개미 자신이 필수 성분을 제공하는 것이라고 생각된다. 가장 간단한 사례를 생각해 보면 각 유전자 좌위에 냄새에 영향을 미치는 두 가지 대립 형질이 있다고 가정하면, 이런 좌위가 10개만 있어

24(2001).

516) B. Hölldobler and E. O. Wilson, *The Ants* (Cambridge, MA: The Belknap Press of Harvard University Press, 1990).

도 배수체에서 가능한 조합은 3^{10}＝5만 9049가지다. 10개 좌위에 3개의 대립 형질이 있는 경우라면 가능한 조합은 9^{10}가지에 이른다. 단독 여왕 군락이라면 이런 체계가 쉽게 작동할 수 있겠지만, 다수 여왕 군락 경우는 그렇지 못하다.[517]

여왕이 군락 냄새를 결정하는 것은 여왕이 군락의 사회 조직화에서 차지하는 핵심적 중요성을 생각하면 기능적으로도 간단하다. 단독 여왕 군락 여왕은 일개미들을 매우 쉽게 이끌 수 있다. 일개미들은 여왕을 쉼 없이 핥고 더듬어서 여왕으로부터 나오는 화학 물질 전파를 훨씬 쉽게 만든다.

노먼 칼린(Norman Carlin)과 휠도블러는 여왕이 군락 냄새를 만든다는 가설을 검증하기 위해 단독 여왕 종인 왕개미 몇 가지 종을 가지고 일련의 실험을 수행했다. 우선 연구자들은 여왕 한 마리와 두 종류 일개미 무리, 즉 군락 여왕이 직접 낳은 일개미 5마리로 만든 무리와 다른 종 왕개미 번데기를 가져다 부화시킨 일개미 5마리로 만든 무리로 구성된 작은 군락을 실험적으로 만들었다.[518]

이 실험 결과에 따르면 적어도 이정도 크기 군락에서는 일개미들이 여왕으로부터 받은 냄새가 군락 구성원 전체가 공유하는 식별 표지가 되었다. 이는 같은 종뿐 아니라 다른 종 일개미로 이루어진 군락에서도 가능하다는 증거가 되었다. 이 효과는 매우 강력해서 일개미들이 다른 종 군락에서 길러진 경우 유전적으로는 자매지간인 원래 군락 일개미들이 몰라보고 내칠 정도이다. 캄포노투스 페루기네우스(*Camponotus ferugineus*)와 펜실바니쿠스 일개미를 한 종의 여왕이 기르도록 하면 다른 종임에도 서로 몸 닦기를 해 주고 먹이를 주고받는다. 하지만 같은 종이라도

---

517)   B. Hölldobler and E. O. Wilson, "The number of queen: an important trait in ant evolution," *Naturwissenschaften* 64(1): 8-15(1977); B. Hölldobler and C. D. Michener, "Mechanisms of identification and discrimination in social Hymenoptera," in H. Markl, ed., *Evolution of Social Behavior: Hypotheses and Empirical Tests* (Dahlem Konferenzen, 18-22 February 1980, Berlin)(Weinheim: Berlag Chemie, 1980), pp. 35-57.

518)   N. F. Carlin and B. Hölldobler, "Nestamte and kin recognition in interspecific mixed colonies of ants," *Science* 222: 1027-1029(1983); N. F. Carlin and B. Hölldobler, "The kin recognition system of carpenter ants(*Camponotus* spp.), I: Hierarchical cues in small colonies," *Behavioral Ecology and Sociobiology* 19(2): 123-134(1986); N. F. Carlin and B. Hölldobler, "The kin recognition system of carpenter ants(*Camponotus* spp.), II: Larger colonies," *Behavioral Ecology and Sociobiology* 20(3): 209-217(1987); N. F. Carlin, B. Hölldobler, and D. S. Galdstein, "The kin recognition system of carpenter ants(*Camponotus* spp.), III: Within-colony discrimination," *Behavioral Ecology and Sociobiology* 20(3): 219-227(1987).

다른 종 여왕이 길러 낸 일개미들은 서로 맹렬히 공격하며 싸운다. 작은 군락을 가지고 더 실험해 본 결과 이렇게 다른 종 군락에서 길러진 왕개미 일개미들과 원래 군락에 있는 자매였지만 이제는 낯설게 된 일개미 사이에 일어나는 격렬한 공격 행동은 이런 일개미 무리가 군락에서 차지하는 비율과는 무관하다. 만약 이렇게 서로를 식별할 수 있는 화학 표지들이 군락의 모든 일개미들에게 균일하게 전파되어 하나의 총체적 식별 표지(후각 '게슈탈트')를 만들게 되면, 비슷한 비율로 친족 무리를 가지고 있는 군락들은 식별 표지 역시 비슷한 조성을 갖게 될 것이며 다른 친족 구성 비율을 가진 군락에 비해 서로를 좀 더 잘 식별할 수 있을 것이다. 허나 로스 크로지어(Ross Crozier)가 지적했듯이 군락 크기가 작으면 여왕이 군락 공통 '게슈탈트 향'에 좀 더 많은 기여를 할 것으로 예측된다.[519] 그리하여 갓 만들어진 군락에서는 여왕이 일개미들 사이 화학 식별 표지에 미치는 영향이 훨씬 크다가 군락이 성장하면서 감소할 것으로 생각할 수 있다. 실제로 여왕으로부터 유래된 화학 식별 표지는 성숙한 군락이 인근에 새로 만들어진 군락을 제거할 때나 새로 만들어진 군락들 사이에 새끼를 업어오는 과정에 매우 중요할 수 있으나 이미 영역이 확고히 만들어진 군락 일개미가 서로 만났을 때는 중요성이 크게 줄어든다.

칼린과 횔도블러는 다음으로 캄포노투스 플로리다누스 군락을 이용한 일련의 실험을 했다. 각 군락에는 제 어미가 아닌 여왕과 여왕이 길러 낸 일개미 200마리가 있고, 여왕의 존재는 여전히 일개미 사이 식별 표지에 심대한 영향을 미치고 있었다. 하지만 이 효과는 여왕의 번식력이 고조되었을 때만 나타났다. 게다가 이런 경우에서조차 여왕은 식별 표지의 유일한 공급원이 아니라는 사실이 실험을 통해 밝혀졌다. 한 군락에서 번데기를 거둬 여왕이 없는 상태에서 따로 길러 낸 일개미들은 서로 다시 만나서도 비교적 잘 융화되었으나, 어미가 다른 일개미들끼리는 격렬하게 공격했다. 또한 이렇게 따로 길러진 자매 일개미들이 다른 먹이를 먹을수록 공격성이 증가하는 현상도 있었다. 하지만 여왕이 있는 일개미들은 다른 곳에서 길러진 자매 일개미나 다른 군락 일개미들 모두에게 비슷한 정도로 공격 행동을 보였다. 이 경우 먹이에서 기인한 냄새는 반응에 영향을 끼치지 못했다.

그러므로 활발하게 기능하는 난소를 가진 여왕에서 기인한 화학 물질이 200여

519) R. H. Crozier, "Generic aspects of kin recognition: concepts, models, and synthesis," in D. J. C. Fletcher and C. D. Michener, eds., *Kin Recognition in Animals* (New York: John Wiley, 1987), pp. 55-73.

마리 규모로 일개미 수를 조작한 캄포노투스 플로리다누스 군락에서는 모든 일개미에게 골고루 분포될 수 있다. 여왕이 더 이상 산란을 하지 않게 되거나 군락 규모가 커져서 여왕에서 나온 화학 물질 만으로는 모든 일개미가 골고루 냄새 표지를 가질 수 없는 경우에는 일개미 개체의 냄새가 점차 중요해진다. 사실상 이 연구자들이 사용한 실험실 군락 크기는 실제 야외에서 볼 수 있는 수천 마리 이상의 일개미로 이루어진 성숙한 캄포노투스 플로리다누스 군락에 비해서는 매우 작은 것이었다(사진 37, 38).

거듭된 실험을 통해 성숙한 캄포노투스 플로리다누스 군락에서는 다른 왕개미속이나 불개미아과 카타글리피스속의 종, 그리고 다른 개미 종에서 볼 수 있는 것과 같이 군락 식별용 화학 표지 주성분은 군락에 특이적인 여러 가지 외골격 탄화수소들의 혼합물이라는 것이 밝혀졌다.[520] 물론 이 혼합물 외에도 여왕과 아주 가깝게 있는 일개미들, 특히 여왕의 시녀 역할을 하는 일개미들은 여왕에서 분비되는 탄화수소를 훨씬 더 높은 비율로 지니게 될 것이다. 외골격 탄화수소에 대한 몇몇 연구들이 이런 제안을 뒷받침하는 증거를 발견했다.[521]

이렇게 여왕개미의 개별 냄새가 중요하다면 어째서 다수 여왕 군락에서 군락 구성원 식별이 덜 두드러지게 되는가? 그것은 아마도 이런 군락 구성원들이 처음

---

520) L. Morel, R. K. Vander Meer, and B. K. Lavine, "Ontogeny of nestmate recognition cues in the red carpenter ant(*Camponotus floridanus*): behavioral and chemical evidence for the role of age and social experience," *Behavioral Ecology and Sociobiology* 22(3): 175-183(1988); A. Bonavita-Cougourdan, J. L. Clément, and C. Lange, "Nestmate recognition: the role of cuticular hydrocarbons in the ant *Camponotus vagus*, Scop.," *Journal of Entomological Science* 22(1): 1-10(1987); A. Dahbi and A. Lenoir, "Queen and colony odour in the multiple nest ant species, *Cataglyphis iberica*(Hymenoptera, Formicidae)," *Insectes Sociaux* 45(3): 301-313(1998); A. Lenoir, A. Hefetz, and V. Soroker, "Comparative dynamics of gestalt odour formation in two ant species *Camponotus fellah* and *Aphaenogaster senilis*(Hymenoptera: Formicidae)," *Physiological Entomology* 26(3): 275-283(2001); 또 다음을 참조할 것 E. Provost, G. Riviere, M. Roux, A. G. Bagnères, and J. L. Clément, "Cuticular hydrocarbons whereby *Messor barbarus* ant workers putatively discriminate between monogynous and polygynous colonies: are workers labeled by queens?" *Journal of Chemical Ecology* 20: 2985-3003(1994).

521) 다른 종을 뒤섞어 만든 군락에 대한 초벌연구들은 낯선 자매들에게 매우 공격적으로 반응하는 일개미들은 그들의 탄화수소 중 일부를 자신을 길러 준 새 여왕으로부터 받은 것으로 보고 있다(R. Vander Meer and N. F. Carlin, 미발표 결과). 캄포노투스 플로리다누스의 소형 군락에서 외골격 탄화수소 조성을 분석한 바에 따르면 일개미의 외골격 탄화수소 혼합물에는 여왕이 가진 냄새 조성의 많은 부분이 들어 있는 것으로 보인다(A. Endler의 사견).

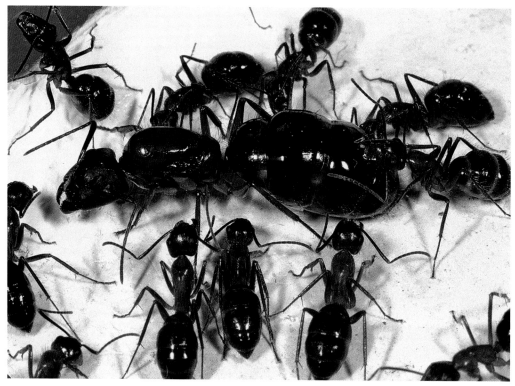

사진 37 │ 위: 새로 생긴 캄포노투스 플로리다누스 군락 여왕과 일개미 무리. 아래: 자매로 태어났지만 다른 여왕이 기른 일개미들이 서로 만나서 위협 과시 행동을 하며 적대적 반응을 보이고 있다.

사진 38 | 다른 여왕 밑에서 길러진 캄포노투스 플로리다누스 자매 일개미들이 점차 격렬해지는 공격 양상을 보이고 있다.

에는 유전적으로 매우 흡사하여 군락 전체의 식별 냄새 표지가 여왕에 따라 달라지는 정도가 그리 크지 않기 때문일 가능성이 높다. 실험실에서 밝혀진 바에 따르면 다수 여왕 종 단일 군락이 만든 둥지들이 비교적 멀리 퍼져 있는 경우, 각 지역 무리들은 서로 간에 강력한 차별 반응을 보였다. 하지만 단독 여왕 군락들은 일반적으로 다수 여왕 군락에 비해 훨씬 더 강력한 군락 사이 차별 행동을 보이며 이는 각 단독 여왕 군락에 속한 일개미의 유전적 근친도가 더 가까운 탓으로 보인다.

군락 냄새에 대해 연구가 충분히 이루어졌다고 할 수 있는 모든 사회성 벌목 곤충에서 일꾼들은 성충으로 우화하는 바로 첫날 일종의 각인 과정을 거쳐 군락 냄새를 배우는데,[522] 각 개체는 군락 냄새를 배움과 동시에 서로 몸 닦기와 구강 먹이 교환을 통해서 군락 냄새를 자기 몸에 지니게 된다. 카타글리피스 이베리카(*Cataglyphis iberica*) 개미를 실험한 결과 일개미는 탄화수소가 거의 없는 상태로 우화하지만 나이 먹은 일개미로부터 이내 군락 냄새를 얻는 것으로 밝혀졌다.[523]

게다가 영역 다툼을 하는 와중에 이웃한 군락 냄새에 점점 익숙해지며, 이런 군락에 대해서는 점점 덜 공격적으로 변할 수 있다. 이런 현상은 척추동물 행동 연구 분야에서 일반적으로 근교원공(近交遠攻) 효과라 불리는데, 이는 모르는 적은 잠재적으로 더 위험할 수 있기 때문에, 차라리 이미 알고 있는 적과 친하게 지내겠다는 전략으로 이해할 수 있다.[524] 템노토락스속, 흰발마디개미속(*Iridomyrmex*), 혹개미속 등에서 이런 현상이 발견되는 반면 그물등개미(*Pristomyrmex pungens*)에서

522)   B. Hölldobler and E. O. Wilson, *The Ants* (Cambridge, MA: The Belknap Press of Harvard University Press, 1990).

523)   A. Dahbi, X. Cerda, and A. Lenoir, "Ontogeny of colonial hydrocarbon label in callow workers of the ant Catalyphis iberica," *Comptes Rendus de l'Academie des Sciences*, Paris 321(5): 395–402(1998).

524)   J. Heinze, S. Foitzik, A. Hippert, and B. Hölldobler, "Apparent dear-enemy phenomenon and environment-based recognition cues in the ant *Leptothorax nylanderi*," *Ethology* 102(6): 510–522(1996); M. L. Thomas, L. J. Parry, R. A. Allan, and M. A. Elgar, "Geographic affinity, cuticular hydrocarbons and colony recognition in the Australian meat ant Iridomyrmex purpureus," *Naturwissenschaften* 86(2): 87–92(1999); T. A. Langen, F. Tripet, and P. Nonacs, "The red and the black: habituation and the dear-enemy phenomenon in two desert *Pheidole* ants," *Behavioral Ecology and Sociobiology* 48(4): 285–292(2000). 수확개미 *Pogonomyrmex barbatus*의 채집꾼들이 가까이 이웃한 군락의 일개미들과 멀리 떨어진 군락 일개미들을 구분할 수 있다는 사실은 D. M. Gordon, "Ants distinguish neighbors from strangers," *Oecologia* 81(2): 198–200(1989)에 보고됨.

는 정반대 양상이 보인다. 이 경우는 가까이 있는 이웃과 빈번하게 전쟁을 하는 경우 그 위협이 더 크기 때문인 것으로 이해할 수 있다.[525][526]

부가적 효과로서, 어떤 개미 종은 군락이 적 출현을 감지했을 때, 이 정보를 이용하여 군락 전체 조직을 변경할 수 있다. 예를 들어 캄포노투스 플로리다누스 군락이 같은 종 다른 군락의 존재를 감지하면(냄새를 이용하는 것이 명백한데), 새로운 새끼 생산을 줄이는데, 이는 외부 채집꾼 수를 줄임으로써 성충 사망률을 줄이기 위한 적응의 한 부분으로 이해된다.[527] 이와 비슷한 사례가 불개미아과 라시우스 팔리타르수스(*Lasius pallitarsus*)에서도 발견되었는데, 군락 주변에서 위협적인 경쟁 군락이 감지된 경우에는, 채집 영역에 있는 먹이 품질이 뛰어나지 않는 한 채집 활동 양을 줄인다.[528] 또 다른 사례가 꿀단지개미 미르메코키스투스 미미쿠스(*Myrmecocystus mimicus*)에서도 발견되었다.[529]

군락 내 식별

성숙한 곤충 군락에서 여왕이 군락 식별 냄새의 주된 출처가 아니라 해도 여전히 중요한 역할을 담당할 수 있다. 여왕의 존재 자체가 일개미들의 행동에 다양하면서도 근본적인 방법으로 영향을 끼치는데, 이 효과는 특히 단독 여왕 군락에서 가장

---

525)   S. Sanada-Morimura, M. Minai, M. Yokoyama, T. Hirota, T. Satoh, and Y. Obara, "Encounter-induced hostility to neighbors in the ant *Pristomyrmex pungens*," *Behavioral Ecology* 14(5): 713-718(2003).

526)   군락 동료 식별에 관한 두 번째 설명은 Z. B. Liu, S. Yamane, K. Tsuji, and Z. M. Zheng, "Nestmate recognition and kin recognition in ants," *Entomologia Soinica* 7(1): 71-96(2000)을 참조할 것.

527)   P. Nonacs and P. Calabi, "Competition and predation risk: their perception alone affects ant colony growth," *Proceddings of the Royal Society of London B* 249:95-99(1992).

528)   P. Noncas, "Death in the distance: mortality risk as information for foraging ants," *Behaviour* 112(1-2): 24-35(1990).

529)   B. Hölldobler, "Foragin and spatiotemporal territories in the honey ant *Myrmecocystus mimicus* Wheeler(Hymenoptera: Formiciade)," *Behavioral Ecology and Sociobiology* 9(4): 301-314(1981).

뚜렷하다. 왕개미속 종들과 붉은불개미의 경우 여왕을 제거하면 일개미들이 다른 군락의 일개미들에 대해 덜 공격적으로 된다. 여왕이 없는 채로 며칠이 지나면 이전에 서로 적대적이던 일개미 무리들이 서로 몸 닦기를 하고 구강 먹이 교환을 하는 지경에까지 이르러 하나의 큰 무리로 합쳐질 수 있다. 심지어 다른 군락의 여왕을 모시게 될 수도 있다.[530]

게다가 번식 여왕의 존재는 일개미의 번식에도 영향을 미친다. 많은 개미 종을 비롯 여러 사회성 곤충에서, 여왕이 사라진 경우 젊은 일꾼들이 스스로 자기 난소를 활성화하여 산란을 시작한다는 사실은 매우 잘 알려져 있다.[531] 그러므로 여왕이 군락 전체에 대해 자기 존재를 알리는 일종의 신호가 반드시 있어야 한다. 8장에서 침개미 종들에서 여왕이나 노동 번식 개체 같은 생리적으로 구분되는 번식 담당 개체에서 분비되는 특별한 식별과 번식에 관계된 신호의 여러 가지 사례들을 설명할 것이다. 이런 페로몬들은 특히 생식에 관한 노동 분담을 조절한다. 또 침개미 사회에서 번식을 둘러싸고 생기는 갈등에 중요한 역할을 하기도 한다.[532]

번식을 둘러싼 갈등은 여왕과 일꾼 사이 형태적 계급 분화 정도가 훨씬 크고 성숙한 군락이 일반적으로 매우 거대한, 진화적으로 더 진보한 사회성 곤충 종에서

---

530) B. Hölldobler, "Zur Frage der Oligogynie bei *Camponotus ligniperda* Latr. und *Camponotus herculeanus* L.(Hym. Formicidae)," *Zeitschrift fürAngewandte Entomologie* 49(4): 337–352(1962); E. O. Wilson, "Behaviour of social insects," in P. T. Haskell, ed., *Insect Behaviour* (Symposium of the Royal Entomological Society, no. 3)(London: Royal Entomological Society, 1966), pp. 81–96; A. Benois, "Etude experimentale de la fusion entre groupes chez la fourmi *Camponotus vagus* Scop., mettant en eficence la fermeture de la societe," *Comptes Rendus de l'Academie des Science, Paris* 274: 3564–3567(1972); R. K. Vander Meer and L. E. Alonso, "Queen primer pheromone affects conspecific fire ant(*Solenopsis invicta*) aggression," *Behavioral Ecology and Sociobiology* 51(2): 122–130(2002); R. Boulay, T. Katzav-Gozansky, R. K. Vander Meer, and A. Hefetz, "Colony insularity through queen control on worker social motivation in ants," *Proceedings of the Royal Society of London B* 270: 971–977(2003).

531) B. Hölldobler and E. O. Wilson, *The Ants* (Cambridge, MA: The Belknap Press of Harvard University Press, 1990). 일꾼이 낳은 알은 반수체인데, "계통 분류적으로 진보한" 개미아과에 속한 대부분의 종에서 일꾼들은 짝짓기를 하지 못하고 따라서 정자를 저장할 수 없다. 이런 반수체 알들은 수컷으로 자란다.

532) J. Heinze, "Reproductive conflict in insect societies," *Advances in the Study of Behavior* 34: 1–57(2004).

는 덜 심하다는 것이 일반적 사실이다.[533] 애넷 엔들러(Annett Endler), 유르겐 리비히(Jürgen Liebig)를 비롯한 동료들은 단독 여왕 군락을 이루며 성숙한 군락에 수천 마리 일개미가 모여 사는 캄포노투스 플로리다누스 종이 번식을 조절하는 행동 기작을 분석했다. 그 결과 이렇게 큰 군락 여왕은 군락 번식을 전체적으로 조절하는 탄화수소로 된 매우 특징적인 페로몬을 합성한다는 것이 밝혀졌다. 이 페로몬은 여왕의 외골격과 알 표면 모두에 존재한다. 이로써 일개미들은 여왕의 존재와 번식력을 감지하게 되고, 이 페로몬을 감지하는 한 일개미들이 알을 낳는 일은 생기지 않는다. 한두 마리 일개미들이 몰래 알을 낳는다 해도 다른 일개미들이 그 알을 깨 버리거나 먹어 치운다(사진 39). 일개미가 낳은 알은 쉽게 말해 여왕 페로몬이 없기 때문이다.[534] 이런 산란 감시 행동은 군락 수준에서 선택된 형질임이 분명하다. 만약 부가적 혈연 선택이 일어난다면 일개미 산란은 이런 군락에서 선호되어야 한다. 만약 단독 여왕이 한 번만 짝짓기를 하는 군락 경우라면 이런 현상은 적어도 예측이 가능하다. 이런 경우 일개미들은 자신의 수컷 형제(근친도 0.25)에 비해 자신이 낳은 수컷 새끼(근친도 0.5)나 다른 일개미가 낳은 수컷 새끼(근친도 0.375)와 훨씬 유전적으로 더 가깝게 된다. 그러므로 이론적으로는 일개미들은 수컷 형제보다는 자신이나 다른 일개미가 낳은 수컷 새끼들을 돌보도록 선택되어야 한다. 하지만 많은 일개미들이 번식을 하면 군락 전체 효율에 부정적 영향을 끼치게 되고 그 결과 군락 수준 번식용 개체 생산에도 불리하게 작용하게 된다. 그리하여 이 경우를 비롯한 대부분 산란 감시는 군락 수준에 작용하는 자연 선택에 의해 선택되었으리라 생각된다.

---

[533] J. Heinze, B. Hölldobler, and C. Peeters, "Conflict and cooperation in ants societies," *Naturwissenschaften* 81(11): 489-497(1994); A. F. G. Bourke, "Colony size, social complexity and reproductive conflict in social insects," *Journal of Evolutionary Biology* 12(2): 245-257(1999); K. R. Foster, "Diminishing returns in social evolution: the not-so-tragic commons," *Journal of Evolutionary Biology* 17(5): 1058-1072(2004).

[534] A. Endler, J. Liebig, T. Schmitt, J. E. Parker, G. R. Jones, P. Schreier, and B. Hölldobler, "Surface hydrocarbons of queen eggs regulate worker reproduction in a social insect," *Proceedings of the National Academy of Sciences USA* 101(9):2945-2950(2004); A. Endler, J. Liebig, and B. Hölldobler, "Queen fertility, egg marking and colony size in the ant *Camponotus floridanus*," *Behavioral Ecology and Sociobiology* 59(4): 490-499(2006). T. Moonin and C. Peeters, "Cannibalism of subordinates' eggs in the monogynous queenless ant *Dinoponera quadriceps*," *Naturwissenschaften* 84(11): 499-502(1997)에는 침개미의 산란 감시에 대한 연구가 소개되어 있다.

캄포노투스 플로리다누스의 경우 아직 문제가 하나 남아 있다. 이렇게 크고, 종종 여러 개의 둥지들이 멀리 떨어져 넓게 퍼져 있는 군락에서 어떻게 여왕 페로몬이 군락 전체로 퍼져 나갈 수 있을까? 적어도 부분적으로는 일개미들이 여왕이 낳은 알을 여왕 처소에서 가지고 나와 멀리 떨어진 둥지까지 날라다 놓음으로써 페로몬을 퍼뜨리는 것으로 알려져 있다. 그래서 비록 여왕을 직접 만나지는 못하더라도 여왕이 낳은 알과 정기적으로 접촉하는 일개미들은 번식하지 못한다.

여왕이 특별한 외골격 탄화수소를 갖는 현상은 아마도 매우 일반적일 것이다. 위에 소개한 종 말고도 불개미아과 다른 두 종, 카타글리피스 이베리카와 흑개미 (*Formica fusca*)[535][536]를 비롯 두배자루마디개미아과 호리가슴개미속 두 종, 몇 종의 침개미류(8장 참조)와 불독개미류(*myrmeciines*)[537][538]에서도 확인되었다. 게다가 파트리치아 데토레(Patrizia D'Ettorre)와 유르겐 하인츠(Jürgen Heinze)가 밝힌 것처럼[539] 침개미 파키콘딜라 빌로사 새 여왕들이 연합하여 군락을 건설할 때 화학 물질로써 서로를 식별하고 개체를 구분할 수 있다. 비슷한 지위에 있으나 이전에 서로 만나본 적이 없는 여왕들과 비교하면, 이전에 접촉이 있던 여왕들끼리는 공격적 반응이 눈에 띄게 줄어든다. 개체마다 특별한 외골격 탄화수소로 만들어진 명찰 기능은 독립적이다. 이는 여왕들 사이 위계나 산란 따위를 나타내는 신호가 아니며 따라서 번식 상태를 나타내는 신호도 아니다.

번식 상태를 나타내고 번식 위계질서를 형성하는 데 관여하는 외골격 탄화수

---

535) A. Dahbi and A. Lenoir, "Queen and colony odour in the multiple nest ant species, *Cataglyphis iberica*(Hymenoptera, Formicidae)," *Insectes Sociaux* 45(3): 301-313(1998).

536) M. Hannonen, M. F. Sledge, S. Turillazzi, and L. Sundström, "Queen reproduction, chemical signalling and worker behaviour in polygyne colonies of the ant *Formica fusca*," *Animal Behaviour* 64(3): 477-485(2002).

537) J. Tentschert, H.-J. Bestmann, and J. Heinze, "Cuticular compounds of workers and queens in two *Leptothorax* ant species-a comparison of results obtained by solvent extraction, solid sampling, and SPME," *Chemoecology* 12: 15-21(2002).

538) V. Dietemann, C. Peeters, and B. Hölldobler, "Role of the queen in regulating reproduction in the buldog ant *Myrmecia gulosa*: control or signalling?" *Animal Behaviour* 69(4): 777-784(2005).

539) P. D'Ettorre and J. Heinze, "Individual recognition in ant queens," *Current Biology* 15(23): 2170-2174(2005).

사진 39 | 캄포노투스 플로리다누스 일개미가 다른 일개미가 낳은 알을 깨뜨리고 있다. 여왕이 활발히 산란 활동을 하는 동안 일개미들은 다른 일개미들이 알 낳는 행동을 용납하지 않는다. (사진 제공: Jürgen Liebig)

소의 존재는 사회성 쌍살벌인 폴리스테스 도미눌루스(*Polistes dominulus*)에서도 발견되었다. 하지만 지금껏 알려진 바로는 이 종에서 번식 상태를 알리는 페로몬은 개체마다 고유한 명찰 역할을 하지 않는다.[540]

여러 가지 다양한 분비샘에서 기원한 기타 여러 가지 페로몬들은 외골격 탄화수소 페로몬 성분에 포함되지는 않으나 번식하는 여왕의 존재를 알리는 신호로 쓰이기도 한다. 마찬가지로 이런 페로몬들도 일꾼의 생리적 행동적 반응을 유발한

---

[540]   M. F. Sledge, F. Boscaro, and S. Turillazzi, "Cuticular hydrocarbons and reproductive status in the social wasp *Polistes dominulus*," *Behavioral Ecology and Sociobiology* 49(5): 401-409(2001); M. F. Sledge, I. Trinca, A. Massolo, F. Boscaro, and S. Turillazzi, "Variation in cuticular hydrocarbon signatures, hormonal correlates and establishment of reproductive dominance in a polistine wasp," *Journal of Insect Physiology* 50(1): 73-83(2004); J. Liebig, T. Monnin, and S. Turillazzi, "Direct assessment of queen quality and lack of worker suppression in a paper wasp," *Proceedings of the Royal Society of London B* 272: 1339-1344(2005).

다. 이런 사례는 많은 사회성 벌목 곤충들에서 알려져 있는데 특히 꿀벌, 붉은불개미, 애집개미에서 깊이 연구되어 있다.[541)542)543)] 이 페로몬들이 일개미 번식을 조절하는 행동적 기능은 다른 종들, 특히 불개미아과 남색개미(*Plagiolepis pygmaea*)와 오이코필라 롱기노다(베짜기개미)에서도 연구되어 있다.[544]

번식하는 개체들만 화학적으로 표지되는 것은 아니다. 맡은 일감에 따라 일꾼 무리들도 특정한 외골격 탄화수소 표지를 가지고 있는 것으로 여겨진다. 수확개미 포고노미르멕스 바르바투스 둥지 밖에서 서성이는 순찰 개미와 둥지 관리를 맡은 일개미들은 개별 구성 물질도 다르고, 외골격 탄화수소 조성비도 전반적으로 다르다.[545] 물론 군락마다 지닌 탄화수소 종류와 조성비 또한 크게 다르지만,[546] 군락

---

541) S. E. R. Hoover, C. I. Keeling, M. L. Winston, and K. N. Slessor, "The effect of queen pheromones on worker honey bee ovary development," *Naturwissenschaften* 90(10): 477-480(2003); T. Katzav-Gozansky, V. Soroker, Fl Ibarra, W. Francke, and A. HEfetz, "Dufour's gland secretion of the queen honeybee(*Apis mellifera*): and egg discriminator pheromone or a queen signal?" *Behavioral Ecology and Sociobiology* 51(1): 76-86(2001); S. J. Martin, N. Châline, B. P. Oldroyd, G. R. Jones, and F. L. W. Ratnieks, "Egg marking pheromones of anarchistic worker honeybees(*Apis mellifera*)," *Behavioral Ecology* 15(5): 839-844(2004); R. Dor, T. Katzav-Gozansky, and A. Hefetz, "Dufour's gland pheromone as a reliable fertility signal among honeybee(*Apis mellifera*) workers," *Behavioral Ecology and Sociobiology* 58(3): 270-276(2005).

542) E. L. Vargo and C. D. Hulsey, "Multiple glandular origins of queen pheromones in the fire ant *Solenopsis invicta*," *Journal of Insect Physiology* 46(8): 1151-1159(2000); R. K. Vander Meer and L. Morel, "Ant queens deposit pheromones and antimicrobial agents on eggs," *Naturwissenschaften* 82(2): 93-95(1995).

543) J. P. Edwards and J. Chambers, "Identification and source of a queen-specific chemical in the Pharaoh's ant, *Monomorium pharaonis* (L.)," *Journal of Chemical Ecology* 10(12): 1731-1747(1984).

544) L. Passera, "La fonction inhibitrice des reines de la fourmi *Plagiolepis pygmaea* Latr. role de pheromones," *Insectes Sociaux* 27(3): 212-215(1980); B. Hölldobler and E. O. Wilson, "Queen control in colonies of weaver ants(Hymenoptera: Formicidae)," *Annals of the Entomological Society of America* 76(2): 235-238(1983); 또 다소 수정된 내용은 D. J. C. Fletcher and K. G. Ross, "Regulation of reproduction in eusocial Hymenoptera," *Annual Review of Entomology* 30: 319-343(1985)를 참조할 것.

545) D. Wagner, M. J. F. Brown, P. Broun, W. Cuevas, L. E. Moses, D. L. Chao, and D. M. Gordon, "Task-related differences in the cuticular hydrocarbon composition of harvester ants, *Pogonomyrmex barbatus*," *Journal of Chemical Ecology* 24(12): 2021-2037(1998).

546) D. Wagner, M. Tissot, W. Cuevas, and D. M. Gordon, "Harvester ants utilize cuticular

안 다양한 직능군에 속한 일개미들이 가진 탄화수소 변이는 조사한 각 군락마다 일정한 양상을 보였다. 개미 군락 노동 분담은 어느 정도는 나이에 따라 변하는 경향이 있기에, 이러한 직능군에 따른 탄화수소 조성비 차이는 노화 과정과 연관되어 있을 가능성이 매우 높다. 실제로 일개미들이 자기 나이를 화학 물질로 감지할 수 있고, 이에 걸맞게 작업을 조절할 수 있다는 실험적 증거들이 있다.[547]

실제로 외골격 탄화수소 변이는 개미 사회 전반에 걸친 현상이라 생각된다. 캄포노투스 바구스에서 새끼를 돌보는 계급과 채집꾼들은 다른 계급과 확연히 다른 탄화수소 조성을 가진다.[548] 침개미 하르페그나토스 살타토르의 비번식 일개미 사이 노동 분담은 그리 뚜렷하지 않지만 외골격 탄화수소 조성 차이는 번식 개체와 비번식 개체 사이뿐 아니라 둥지 안과 밖에서 일하는 일개미들 사이에도 명백히 존재한다.[549] 또한 대형('병정') 개미와 소형 일개미로 버금 계급이 나뉘는 개미 종 군락에서도 이들은 외골격 화학 물질의 조성 차이로 구분된다는 행동 증거들이 있다. 결국 소형-대형 개미 비율이 달라지면 군락은 수적으로 줄어든 각 버금 계급을 선별적으로 더 많이 길러 냄으로써 원래 균형 비율을 회복할 수 있다.[550]

일개미들은 같은 군락에 속한 가까운 친족을 구분할 수 있을까? 이는 한 번 짝짓기를 한 단독 여왕이 만든 곤충 군락에서 볼 수 있는 교과서적 사례와는 달리, 같은 군락에 속한 일개미와 번식 개체들이 종종 가까운 친족이 아닌 경우가 있기 때문에 중요한 문제이다. 교과서적 경우에는 일개미와 번식을 위한 공주개미는 언

hydrocarbons in nestmate recognition," *Journal of Chemical Ecology* 26(10): 2245-2257(2000).

547) M. J. Greene and D. M. Gordon, "Cuticular hydrocarbon inform task decision," *Nature* 423: 32(2003).

548) A. Bonavita-Cougourdan, J.-L. Clément, and C. Lange, "Functional subcaste discrimination(foragers and brood-tenders) in the ant *Camponotus vagus* Scop. polymorphism of cuticular hydrocarbon patterns," *Journal of Chemical Ecology* 19(7): 1461-1477(1993).

549) J. Liebig, C. Peeters, N. J. Oldham, C. Markstadter, and B. Hölldobler, "Are variations in cuticular hydrocarbons of queens and workers a reliable signal of fertility in the ant *Harpegnathos saltator?*" *Proceedings of the National Academy of Sciences USA* 97: 4124-4131(2000).

550) E. O. Wilson, "Between-caste aversion as a basis for division of labor in the ant *Pheidole pubiventris*(Hymenoptera: Formicidae)," *Behavioral Ecology and Sociology* 17(1): 35-37(1985); A. B. Johnston and E. O. Wilson, "Correlates of variation in the major/minor ratio of the ant, *Pheidole dentata*(Hymenoptera: Formicidae)," *Annals of the Entomological Society of America* 78(1): 8-11(1985).

제나 0.75의 근친도를 가지게 된다. 하지만 여왕이 2마리 이상 수컷과 짝짓기를 했거나, 여왕이 다수인 경우, 특히 다수 여왕 중 일부가 다른 군락에서 온 경우 평균 근친도 계수는 매우 낮아진다. 그리하여 같은 군락 안에서 태어난 암컷 중에 몇 가지 다른 부계 혈통(혹은 모계 혈통)이 만들어질 수 있다. 이런 상황에서는 전통적 혈연 선택 이론에 심각한 문제가 생긴다. 특히 이런 군락에는 친족을 식별할 수 있는 별도 기작이 있어야만 한다.

군락 구성원들이 자기 군락과 남의 군락을 구분할 수 있게 하는 외인적 냄새를 구별하기 위해 각 개체들은 군락 안 내인적 냄새에 생기는 변이를 통제해야만 한다. 다시 말해서 친족과 연관된 냄새 특이성은 군락 전체가 가진 변이 한계 내에 들어 있어야 한다는 말이다. 동등하게 친숙한 군락 동료 중에서 특별한 친족 냄새를 구분해 내기 위해서는, 유전적으로 기원했든 개체 자신의 내인적 냄새로부터 학습을 했든, 어떤 내인적 혹은 '자기 몸에서 비롯된' 식별용 대조 원본이 필수적이라고 예상할 수 있다.

그리하여 개미, 꿀벌, 말벌 군락이 친족을 식별할 수 있는가를 확인하기 위한 수많은 연구가 시작되었다. 초기 연구에서는 친족 식별은 모호하거나 부정적인 것으로 일관되게 밝혀졌다. 설사 긍정적 증거로 주장된 것도 실험적 오류로 밝혀졌다. 꿀벌에서 일부 긍정적 연구 결과가 보고되기도 했으나 이들 대부분 결론이 의심되거나 다른 해석 가능성이 제시되었다.[551] 이후 페이지와 동료들은 이 현상을 발견하기 위해 전대미문의 강도 높은 연구를 수행했다. 이들은 단 두 가지 부계 혈통만 가진 일꾼 무리로 만들어진 꿀벌 군락을 실험실에서 키워 냈는데, 같은 부계 혈통 일벌들이 가진 외골격 탄화수소 조성이 다른 부계 혈통 일벌들과 비교해서 더 비슷하다는 것을 발견했다.[552] 하지만 실제 자연적으로 형성되는 꿀벌 군락 대부

551) 이에 관한 요약과 설명은 다음을 참조할 것; T. D. Seeley, *Wisdom of the Hive: The Social Physiology of Honey Bee Colonies*(Cambridge, MA: Harvard University Press, 1995); M. D. Breed, "Chemical cues in kin recognition: criteria for identification, experimental approaches, and the honey bee as an example," in R. K. Vander Meer, M. D. Breed, K. E. Espelie, and M. L. Winston, eds., *Pheromone Communication in Social Insects: Ants, Wasps, Bees, and Termites*(Boulder, CO: Westview Press, 1998), pp. 57-78; N. F. Carlin and P. C. Frumhoff, "Nepotism in the honeybee," *Nature* 346: 706-707(1990); N. F. Carlin, "Discrimination between and within colonies of social insects: two null hypotheses," *Netherlands Journal of Zoology* 39(1-2): 86-100(1989).

552) R. E. Page Jr., R. A. Metcalf, R. L. Metcalf, E. H. Erikson, and R. L. Lampman,

분은 적어도 7~20개 부계 혈통으로 이루어진다는 사실이 지적되었다. 거기에 더하여 탄화수소를 비롯한 외골격 화학 물질은 일꾼 사이 신체 접촉과 벌집을 만드는 밀랍과 접촉을 통해서 끊임없이 교환되는 탓에 부계 혈통에 따른 탄화수소 조성 차이는 미미해지게 되고 결국 실제로 별로 중요하지 않게 될 수 있다. 그럼에도 불구하고 후속 연구에서 자연 상태의 몇몇 꿀벌 군락에서 실제로 부계 혈통에 따른 외골격 탄화수소 조성 차이가 발견되었고, 이 차이 역시 이전에 추측했던 것보다 훨씬 더 안정적으로 보존됨이 확인되었다. 그리하여 외골격 탄화수소는 결국 친족 무리 식별을 가능케 하는 화학 표지로서 사용되기 위한 필수적 전제 조건인, '충분히 변이 가능하고 유전적으로 결정되어야 한다'라는 조건을 만족한다고 할 수 있다.[553] 그럼에도 불구하고 이러한 군락 내 친족 식별과 차별이 사회 생물학적으로 어떤 중요한 의미를 가지느냐 하는 문제는 여전히 해결되지 않고 있다. 게다가 친족을 선호하는 대부분의 행동, 즉 근친도 0.75를 가진 공주를 선택적으로 기른다든지 하는 행동을 발견했다는 증거들은 여전히 논란의 대상이 되고 있다. 마이클 브리드(Michael Breed)와 공저자들은 다음과 같은 결론을 내렸다. "사회 생물학의 여러 연구 분야 중에서, 꿀벌 군락 내 친족 선호 현상처럼 많은 실험적 연구가 이루어지고, 그럼에도 긍정적 결론에 이를 만한 결과가 나오지 않은 분야도 드물다."[554]

사회성 말벌, 대부분 쌍살벌속[555]과 로팔리디아속(*Ropalidia*) 군락에서 친족

"Extractable hydrocarbons and kin recognition in honeybees(*Apis mellifera* L.)," *Journal of Chemical Ecology* 17(4): 745-756(1991).

553) G. Arnold, B. Quenet, J.-M. Cornuet, C. Masson, B. De Schepper, A. Estoup, and P. Gasqui, "Kin recognition in honeybees," *Nature* 379: 498(1996).

554) M. D. Breed, C. K. Welch, and R. Cruz, "Kin discrimination within honey bee(*Apis mellifera*) colonies: an analysis of the evidence," *Behavioural Processes* 33(1-2): 25-40(1994).

555) D. C. Queller, C. R. Hughes, and J. E. Strassmann, "Wasps fail to make distinctions," *Nature* 344: 388(1990); D. C. Queller, J. E. Strassmann, and C. R. Hughes, "Microsatellites and kinship," *Trends in Ecology and Evolution* 8(8): 285-288(1993); J. E. Strassmann, P. Seppa, and D. C. Queller, "Absence of within-colony kin discrimination: foundresses of the social wasp, *Polistes carolina*, do not prefer their own larvae," *Naturwissenschaften* 87(6): 266-269(2000). 다음 설명을 참조할 것: T. L. Singer, K. E. Espelie, and G. J. Gamboa, "Nest and nestmate discrimination in independent founding paper wasps," in R. K. Vander Meer, M. D. Breed, M. L. Winston, and K. E. Espelie, eds., *Pheromone Communication in Social Insects: Ants, Wasps, Bees, and Termites* (Boulder,

식별 현상을 확인하려는 연구들 역시 다소 모호하거나 대개 부정적인 결과에 이르렀다.[556]

개미에서는 캄포노투스 플로리다누스를 이용한 연구가 처음으로 가능성을 보여 주었다. 이 종은 한 번 짝짓기를 한 단독 여왕이 만드는데, 다른 군락 일개미 번데기를 가져다 키우게 하면, 매우 다른 유전적 기원을 가진 일개미 무리를 만들 수 있다. 두 군락 일개미를 뒤섞으면 같은 군락에서 온 유전적으로 다른 일개미들에 비해, 다른 군락에서 온 유전적으로 가까운 일개미들에게 덜 공격적인 사실로 미루어, 군락 개미들이 친족을 나타내는 다른 화학 표지를 유지하고 있음을 알 수 있다.[557] 다른 연구를 통해 서로 다른 두 군락에서 가져온 일개미들로 만든 혼성 군락에서 일개미와 공주개미들은 서로 더 많이 더듬이로 접촉했고, 산란하는 여왕이 없어진 경우에는 유전적으로는 무관하지만 같은 군락에 속했던 일개미들끼리 '미묘한' 공격적 행동이 좀 더 많이 발견되었다.[558] 하지만 이런 반응이 몸 닦기나 먹이 교환에 전혀 영향을 미치지 못했기 때문에 사회적으로는 거의 혹은 전혀 의미가 없는 것으로 결론 내려졌다. 하지만 이 연구에서 사용한 혼성 군락은 인위적으로 만들어진 것이었다. 그리하여 이런 인위적 조작에 의한 잠재적 효과를 제거하기 위해 같은 속에서 원래 다수 여왕제를 택한 캄포노투스 플라나투스(*Camponotus planatus*)를 이용했다(사진 40). 이 개미 역시 일개미가 자신의 어미나 친자매 일개미나 친자매 공주개미를 특별히 선호해서 직접적 사회적 행동을 더 많

CO: Westview Press, 1998), pp. 104-125.

556)　R. Gadagkar, The Social Biology of *Ropalidia marginata* (Cambridge, MA: Harvard University Press, 2001). 또 다음을 참조할 것: G. Gamboa, "Sister, aunt-niece, and cousin recognition by social wasps," *Behavior Genetics* 18(4): 409-423(1988); G. J. Gamboa, H. K. Reeve, and D. W. Pfennig, "The evolution and ontogeny of nestmate recognition in social wasps," *Annual Review of Entomology* 31: 431-454(1986).

557)　L. Morel and M. S. Blum, "Nestmate recognition in *Camponotus floridanus* callow worker ants: are sisters or nestmates recognized?" *Animal Behaviour* 36(3): 718-725(1988).

558)　N. F. Carlin, B. Hölldobler, and D. S. Gladstein, "The kin recognition system of carpenter ants(*Camponotus* spp.), III: Within-colony discrimination," *Behavioral Ecology and Sociobiology* 20(3): 219-227(1987); N. F. Carlin, "Discrimination between and within colonies of social insects: two null hypotheses," *Netherland Journal of Zoology* 39(1-2): 86-100(1986).

초유기체

이 한다는 증거를 보이지 않았다.[559] 매우 비슷한 결과가 또 다른 다수 여왕 종인 포르미카 아르겐티아(*Formica argentea*)에서도 발견되었다. 특정 대상에 대해 일개미들이 다소 치중된 행동 반응을 보이는 현상은 아마도 다른 친족 무리가 특정 일감에 좀 더 치중하기 때문에 생기는 연관 효과로 생각될 뿐, 친족 선호를 지지하는 증거는 발견되지 않았다. 반면 민투마리아 하노넨(Minttumaaria Hannonnen)과 리셀로테 순트스트룀(Liselotte Sundström)은 여러 모계 혈통을 보유한 포르미카 푸스카 군락에서 일개미들 사이 상호 작용을 정량적으로 분석하여 "일개미는 분명히 친족을 정확히 구분할 수 있으며 이 능력을 이용하여 여러 마리 여왕이 있는 상황에서도 다음 세대에 자기 유전자를 전달할 가능성을 높일 수 있다."라고 결론지었다.[560]

이런 연구들이 다루는 사회성 진화에 관한 더 포괄적 주제는 다음과 같다. 한 번 짝짓기를 한 단독 여왕 군락 일개미들은 어미와 아비가 같은 탓에 다른 자매 일개미들과 유전자를 75퍼센트 공유하지만, 형제들과는 25퍼센트밖에 공유하지 않는다. 전통적 혈연 선택 이론에 따르면, 이 조건에서 일개미들은 군락 전체 번식을 위한 노력의 75퍼센트를 자매인 공주개미들을 기르는 데 쓰고, 25퍼센트만을 수개미를 기르는 데 쓰도록 선택될 것이다. 하지만 여러 번 짝짓기를 한 다수 여왕이 만든 군락에서 이 상황은 크게 달라진다. 자매 사이 평균적 혈연관계는 매우 낮고 유전적 근친도 계수 역시 0.25에 근접한다. 즉 일개미들과 자매 혹은 일개미들과 형제 사이 근친도는 거의 비슷하다. 개체군 전체를 놓고 보면, 모든 군락의 일개미들은 포괄 적합도를 극대화하고자 하는데, 한 번 짝짓기한 단독 여왕 군락 경우 공주개미 생산에 집중하고, 여러 번 짝짓기한 단독 여왕(혹은 다수 여왕) 군락은 수개미 생산에 몰입하게 될 것이다. 여기까지는 좋은데, 일개미는 문제가 하나 있다. 여왕은 어떤 경우에도 자신의 아들과 딸에 대한 유전적 근친도가 같다는 것이다. 그리하

559) N. F. Carlin, H. K. Reeve, and S. P. Cover, "Kin discrimination and division of labour among matrilines in the polygynous carpenter ant, *Camponotus planatus*," in L. Keller, ed., *Queen Number and Sociality in Insects*(New York: Oxford University Press, 1993), pp. 362-401; 또 다른 다수 여왕 개미 *Myrmica* 종에서도 이와 비슷한 결과나 밝혀졌음: L. E. Snyder, "Non-random behavioural interactions among genetic subgroups in a polygynous ant," *Animal Behaviour* 46(3): 431-439(1993).

560) M. Hannonnen and L. Sundström, "Worker nepotism among polygynous ants," *Nature* 421:910(2003).

여 여왕은 짝짓기 횟수에 상관없이 같은 수의 공주개미와 수개미를 낳아 기르려는 습성이 선택되어야 한다.

연구 결과들은 이런 성비 배당을 둘러싼 여왕과 일개미 사이에 일어나는 갈등에서 일개미가 승리하고 여왕의 번식적 이익은 최적화되지 못하고 있음을 시사한다. 그러면 일개미는 어떻게 성비 배당을 조절하는가? 순트스트룀과 동료들에 따르면 한 번만 짝짓기한 단독 여왕 군락에서는 알에서 번데기에 이르는 단계에서 수컷 비율이 크게 줄어든다. 그러므로 일개미들은 이 단계에서 분명히 알을 선택적으로 먹어 치워 수컷 수를 줄인다는 것이다. 하지만 이런 사례는 여러 번 짝짓기한 단독 여왕 군락에서는 발견되지 않았다.[561]

그러면 이제 의문은 일개미들이 어떻게 수컷이 될 새끼를 가려내느냐 하는 점이다. 이에 대한 답은 아직 밝혀지지 않았다. 더 흥미로운 질문은 번식을 담당할 새끼를 기르는 일개미들이 어떻게 자기 어미인 여왕이 몇 번 짝짓기를 했는지 알 수 있느냐 하는 것이다. 여러 번 짝짓기한 여왕이 만든 군락 일개미들이 가지고 있는 외골격 탄화수소 조성의 양적 변이를 분석한 결과 일개미들이 수개미를 기를 것인지 공주개미를 기를 것인지를 결정하는 데는 부계 혈통에서 유래한 탄화수소 조성 차이(서로 다른 아비에 의해 만들어진 차이)가 결정적 요인이 될 것이라는 점을 시사한다.[562] 실제 화학적 조성 차이는 매우 미미하나 일개미들이 어미 아비가 같은 친자매와 아비가 다른 자매 일개미를 가려내기에는 충분한 듯 보인다. 반면 개체가 가진 조성 차이는 군락 전체 번식력을 감소시킬 수 있는 친족 선호 행동을 유발하기에는 충분치 않다. 그러므로 이런 행동을 줄이는 것은 군락 수준 선택에 의해 선호될 가능성이 높다.

이런 몇 가지 연관된 현상들은 흥미도 있고 시사하는 바도 있지만 실험적으로 검증이 되어야 한다. 그리고 그것은 고백하건대 쉬운 작업은 아니다.

그렇지만 개미 군락 안에서 친족 식별이 어느 정도 일어나고 있음을 시사하는 다른 연구 결과들도 있다. 유럽산 불개미아과 포르미카 트룬코룸 일개미들은 여왕

---

561) L. Sundström, M. Chapuisat, and L. Keller, "Conditional manipulation of sex ratios by ant workers: a test of kin selection theory," *Science* 274: 993-995(1996).

562) J. J. Boomsma, J. Nielsen, L. Sundström, N. J. Oldham, J. Tentschert, H. C. Petersen, and E. D. Morgan, "Informational constrains in optimal sex allocation in ants," *Proceedings of the National Academy of Sciences USA* 100(15): 8799-8804(2003).

사진 40 │ 위: 다수 여왕을 모시는 개미 캄포노투스 플라나투스 군락 일부. 사진 중앙에 여러 여왕 중 한 마리가 보인다. 아래: 각 여왕이 낳은 일개미는 여왕과 같은 색으로 표지되어 있다.

의 짝짓기 횟수에 따라 공주개미나 수개미를 선택적으로 길러 내는 일이 가능한 것처럼 보인다.[563] '갈라진 성비'라고 불리는 이 현상과 포르미카 트룬코룸 개체군에 대한 연구는, 수개미를 기르는 군락(여러 번 짝짓기한 여왕)과 공주개미를 기르는 군락(한 번 짝짓기한 여왕)이 서로 나눠진다는 전통적 혈연 선택 이론의 예측을 지지하는 지금껏 알려진 연구 중 최고이며 동시에 군락 수준 선택을 인상적으로 밝혀내고 있다.[564]

새끼 식별

꿀벌과 일부 개미 종에서 중요한 통제 행동으로 알려져 있는 알 표지 행동(egg marking)은 쌍살벌에서도 밝혀진 바 있고 아마도 사회성 곤충 전반에 걸쳐 매우 흔한 현상으로 생각된다. 생각해 보면 이는 그리 놀라울 것이 못 된다. 사회성 곤충이 성별, 계급, 발달 단계에 따라 새끼를 식별하는 능력은 새끼를 길러 내는 일개미들에게는 필수적 능력인 것이다.

그리하여 새끼를 식별하는 기작과 그 적응적 이익은 많은 연구자들의 관심거리가 되어 왔다. 노먼 칼린은 이 주제에 관한 연구를 심도 깊게 정리한 적이 있는데, 그에 따르면 친족성에 근거한 새끼 식별을 지지하는 근거는 일반적으로 매우 미약하거나 아예 존재하지 않는다.[565] 그렇지만 이 현상은 아타속, 아크로미르멕스속, 마디개미속(*Tapinoma*), 털개미속, 카타글리피스속, 왕개미속을 포함한 여러 개미 속에 관련되어 있는 것으로 보인다. 특히 캄포노투스 플로리다누스와 카타글리피스 종의 행동 연구를 통해 군락 특이적인 새끼 식별 능력에 학습이 관련되어 있음이

---

563) L. Sundström, "Sex ratio bias, relatedness asymmetry and queen mating frequency in ants," *Nature* 367: 266-268(1994); L. Sundström, "Sex allocation and colony maintenance in monogyne and polygyne colonies of *Formica truncorum*(Hymenoptera: Formicidae): the impact of kinship and mating structure," *American Naturalist* 146(2): 182-201(1995).

564) J. J. Boomsma and A. Grafen, "Colony level sex ratio selection in the eusocial Hymenoptera," *Journal of Evolutionary Biology* 3(4): 383-407(1991).

565) N. F. Carlin, "Species, kin, and other forms of recognition in the brood discrimination behavior of ants," in J. C. Trager, ed., *Advances in Myrmecology*(Leiden: E. J. Brill, 1988), pp. 267-295.

밝혀졌다.[566] 게다가 캄포노투스 바구스 애벌레 표피에 있는 화학 표지 물질이 발달 단계에 따라 서로 다르다는 사실이 분석되었으며, 이는 애벌레가 가진 탄화수소를 식별하는 능력이 새끼 식별 기작에 관련되어 있음을 시사한다.[567] 일개미들은 끊임없이 새끼를 핥고 들어 옮기기 때문에 많은 관찰자들은 양육 일개미들과 새끼 사이의 이런 밀접한 접촉이 필연적으로 화학적 의사소통을 유발할 것이라고 주장했다.[568] 양육 일개미들로 하여금 양육 행동을 하도록 만드는 애벌레 페로몬 분비는 군락 식별 표지 기능을 취소하는 것으로 여겨진다. 개미의 애벌레, 번데기, 그리고 갓 우화한 일개미들은 서로 다른 군락으로 쉽게 옮겨질 수 있다(심지어 가끔은 다른 종으로도 옮겨진다). 하지만 대개 우화 후 1주일 정도 기간을 지나면 새로 우화한 일개미들은 더 이상 다른 군락에서 받아들여지지 않는다.

이 현상을 상상해 보면 한 가지 역설적 문제가 남는다. 군락 냄새 표지가 특정한 탄화수소 혼합물과 환경에서 비롯된 냄새 물질을 외골격에 흡수함으로써 만들어지는 것이라면 어째서 애벌레와 번데기는 애당초 군락의 다른 개체들이 모두 가지고 있는 이 냄새를 갖지 못하는지가 설명되지 않는다. 게다가 그렇다면 또 이들은 어떻게 다른 군락 일개미들의 공격을 피할 수 있는가? 이 역설은 만일 새끼 단계에서는 군락과 무관하게 양육을 유발하는 페로몬이 만들어져 이에 의해 군락을 표지하는 냄새가 덮이는 것이라면 이해가 가능하다. 또 이 양육 유발용 페로몬들이 군락 전체 페로몬 체계에서 민감도 순서에서 우선순위를 차지하고 있어서 다른 여러 가지 군락 특이적인 냄새 표지를 압도할 수 있는 것이라면 이해가 가능하다.[569]

566) N. F. Carlin and P. H. Schwartz, "Pre-imaginal experience and nestmate brood recognition in the carpenter ant, *Camponotus floridanus*," *Animal Behaviour* 38(1): 89-95(1989); M. Isingrini, A. Lenoir, and P. Jaisson, "Preimaginal learning as a basis of colony-brood recognition in the ant *Cataglyphis cursor*," *Proceedings of the National Academy of Sciences USA* 82(24): 8545-8547(1985).

567) A. Bonativa-Cougourdan, J.-L. Clément, and C. Lange, "The role of cuticular hydrocarbons in recognition of larvae by workers of the ant *Camponotus vagus*: changes in the chemical signature in response to social environment(Hymenoptera: Formicidae)," *Sociobiology* 16(2): 49-74(1989).

568) B. Hölldobler and E. O. Wilson, *The Ants*(Cambridge, MA: The Belknap Press of Harvard University Press, 1990).

569) B. Hölldobler, "Communication in social Hymenoptera," in T. A. Sebeok, ed., *How Animals Communicate*(Bloominton, IN: Indiana University Press, 1977), pp. 418-471.

군락 안에서는 근친도에 의한 새끼에 대한 차별이 존재하지 않게 되는 이 현상은 유연관계가 가까운 종의 군락을 공격해서 그 종의 새끼를 납치해 오는 노예사역 개미 종에 의해 이용되고 있다. 이렇게 업어 온 번데기들이 새로운 군락에서 우화하여 태어난 새 일개미들은 납치범 군락 냄새에 각인되어 원래 자신들이 속한 군락의 자매 일개미들을 만나면 적대적인 행동을 보이게끔 된다.

양육 행동을 유발하는 페로몬이 전체 페로몬 우선순위의 상위에 놓인다는 것은 또한 Q/K 비율(반응 임계농도에 대한 분비되는 냄새 분지 비율)이 매우 낮아야 함을 의미한다. Q/K 값이 크다는 것은 둥지의 공기가 지배적 페로몬으로 포화되어 군락 냄새와 다른 화학 신호들의 효과가 거의 없어지게 된다는 것을 의미한다. 양육 페로몬이 비휘발성(혹은 휘발성이 매우 낮거나)이라는 점과 매우 가까운 거리에서만 효과가 있다는 사실이 이런 추측을 뒷받침한다.

성충과 새끼의 의사소통 양상은 꿀벌에서는 어느 정도 다른데, 꿀벌의 양육 행동은 애벌레방에서 따로 이루어지기 때문이다. 애벌레는 뚜껑이 닫히는 별도의 애벌레 방에서 먹여지고 애벌레방이 밀집된 부분의 공간은 온도가 조절된다. 특히 애벌레 침샘에서 분비되는 10종류의 지방산 메틸/에틸에스테르 혼합물이 일벌들의 주의를 끌어 모여들게 만드는 역할을 하는 애벌레페로몬으로 밝혀졌다.[570] 이 에스테르들은 또 보육 일벌의 인두뒤분비샘을 자극하고 일벌의 난소 발달을 억제한다. 애벌레페로몬은 또 채집꾼들이 꽃가루를 선택적으로 채집하도록 자극하는 것으로 생각된다.[571] 게다가 꿀벌 일벌은 애벌레의 성별뿐 아니라,[572] 일꾼과 공주

570) Y. Le Conte, G. Arnold, J. Trouiller, C. Masson, and B. Chappe, "Identification of a brood pheromone in honeybees," *Naturwissenschaften* 77(7): 334-336(1990).

571) J. B. Free, "Factors determining the collection of pollen by honeybee foragers," *Animal Behaviour* 15(1): 134-144(1967); T. Pankiw and W. L. Rubink, "Pollen foraging response to brood pheromone by Africanized and European honey bees(*Apis mellifera* L.)," *Annals of the Entomological Society of America* 95(6): 761-767(2002); Y. Le Conte, A. Mohammedi, and G. E. Robinson, "Primer effects of a brood pheromone on honeybee behavioural development," *Proceedings of the Royal Society of London B* 268: 163-168(2001); Y. Le Conte, J.-M. Bécard, G. Costagliiola, G. Vaublanc, M. El Maâtaoui, D. Crauser, E. PLettner, and K. N. Slessor, "Larval salivary glands are a source of primer and releaser pheromone in honey bee(*Apis mellifera* L.)," *Naturwissenschaften* 93(5): 237-244(2006).

572) M. H. Haydak, "Do the nurse honey bees recognize the sex of larvae?" *Science* 127: 1113(1958).

벌 애벌레도 구별할 수 있다.[573)]

자원 확보 잠재력에 대한 군락 간 의사소통

지금껏 우리는 군락 구성원 모두에게 이익이 되도록 군락 안에서 정보를 공유하기 위한, 소위 공생적 의사소통에 대해 주로 다뤄 왔다. 물론 군락의 협동적 기능과 총체적 적응도는 이런 공생적 의사소통에 전적으로 의지하고 있다. 이런 정보 교환이 매개하는 사회적 상호 작용은 군락의 '확장된 표현형'의 중요한 부분이다.[574)] 결과적으로 군락들은 개체군 안에서 다음과 같은 기본적 이유에 의해 의사소통 양상에 유전적 소인을 가진 변이를 보일 것으로 예측된다. 군락들은 자원을 놓고 서로 경쟁한다. 가장 경제적인 방식으로 군락 영역을 다양하게 만들고 유지하는 군락들과 먹이를 채집하기 위해서 가장 효과적인 동원 체계를 갖추고 있는 군락을 비롯 가장 강력하게 군락을 방어하는 시스템을 갖춘 군락들이 각 세대마다 가장 많은 수의 번식용 공주개미와 수개미를 만들어 낼 것이다. 그리하여 군락 수준 유전자형은 널리 퍼지게 된다.[575)] 각 군락 안에서 개체들끼리, 혹은 개체 무리들끼리 번식을 둘러싼 갈등이 존재하긴 하지만 개체 적응도는 군락 전체 효율성에 달려 있다. 일반적으로 진보된 사회 조직을 갖춘 군락 사이 경쟁은 각 군락 안에서 구성원들끼리 벌이는 경쟁보다 압도적으로 중요하다(2장 참조).

공격적 경쟁에 가담한 동물들은 동물 행동학자들이 자원 확보 잠재력(RHP, resource-holding potential)이라 부르는 싸움 능력에 관한 정보를 적과 흔히 주고받

573) J. Woyke, "Correlations between the age at which honeybee brood was grafted, characteristics of the resultant queens, and results of insemination," *Journal of Apicultural Research* 10(1): 45-55(1971).

574) R. Dawkins, *The Extended Phenotype: The Genes as the Unit of Selection*(San Francisco: W. H. Freeman, 1982).

575) B. Hölldobler, "Vom Verhalten zum Gen: Die Soziobiologie eines Superorganismus," *Nova Acta Leopoldina* NF76: 205-223(1997); B. Hölldobler, "Multimodal signals in ant communication," *Journal of Comparative Physiology A* 184: 129-141(1999); H. K. Reeve and B. Hölldobler, "The emergence of a superorganism through inter-group competition," *Proceedings of the National Academy of Science USA* 104(23): 9736-9740(2007).

는다. 여기에는 몸 크기, 이빨의 강도, 뿔의 존재 유무 등 정보가 포함된다. 행동 생태학자들이 빈번히 발견하는 것처럼 맞서고 있는 상대의 잠재력 차이가 큰 경우 경합은 빨리 끝난다. 즉 잠재력이 작은 쪽이 양보한다. 하지만 쌍방이 드러내는 잠재력이 비슷한 경우, 쌍방은 서로 공격할 것인지 도망할 것인지에 관한 의중은 드러내지 않지만, 정교하고 종종 오래 지속되는 신호 경합을 벌이게 된다. 이런 경우 하우저가 표현한 대로, "경쟁적 상호 작용 결과는 싸움의 승률에 관한 가장 쓸모 있는 정보를 얻어 내고자 하는 각 개체들이 퍼붓다시피 교환하는 신호들에 의해 결정되는 것이 틀림없다."[576]

개미 군락이 차지한 영역은 그들의 확장된 표현형의 일부이다. 영역은 그것을 차지한 군락 일개미들이 협동하여 지켜낸다. 번식 개체와 대개 불임인 일개미 사이 노동 분담 덕분에, 영역 방어에 의해 발생하는 일개미 손실은 독거성 동물에 비해 사회성 곤충에게는 전혀 다른 질적 중요성을 갖게 된다. 불임인 일개미의 죽음은 번식 단위 손실이 아니라 에너지나 노동력 부족을 의미한다. 일개미 한 마리의 죽음으로 야기된 손실은 자원이나 혹은 군락 자체를 방어함으로써 더 벌충되는 것이다.[577]

그러나 의례화된 전투 역시 몇몇 개미 종에 존재한다는 것이 밝혀졌는데,[578] 이의 생태적 중요성은 꿀단지개미 미르메코키스투스 미미쿠스에서 상당히 깊이 분석되었다.[579] 이들 개미는 수십에서 수백 마리에 이르는 개미들이 모여 과시 행

---

576) M. D. Hauser, *The Evolution of Communication* (Cambridge, MA: MIT Press, 1996).

577) B. Hölldobler and C. J. Lumsden, "Territorial strategies in ants," *Science* 210: 732-739(1980); E. S. Adams, "Terrotory size and shape in fire ants: a model based on neighborhood interactions," *Ecology* 79(4): 1125-1134(1998); E. S. Adams, "Experimental analysis of territory size in a population of the fire ant *Solenopsis invicta*," *Behavioral Ecology* 14(1): 48-53(2003).

578) B. Hölldobler and E. O. Wilson, *The Ants* (Cambridge, MA: The Belknap Press of Harvard University Press, 1990); J. F. A. Traniello and S. K. Robson, "Trail and territorial communication in social insects," in R. T. Cardé and W. J. Bell, *Chemical Ecology of Insects* 2(New York: Chapman & Hall, 1995), pp. 241-286.

579) B. Hölldobler, "Tournaments and slavery in a desert ant," *Science* 192: 912-914(1976); B. Hölldobler, "Forgaing and spatiotemporal territories in the honey ant *Myrmecocystus mimicus* Wheeler(Hymenoptera: Formicidae)," *Behavioral Ecology and Sociobiology* 9(4): 301-314(1981). 본문에 실린 설명은 B. Hölldobler, "Multimodal signals in ant communication," *Journal of Comparative Physiology A* 184(2): 129-141(1999)에 부분적으로 근거함.

동 경연 대회를 여는데, 실제로 물리적 싸움이 일어나는 일은 거의 없다. 대신 개별 개미들은 고도로 정형화된 공격적 과시 행동을 주고받는다(사진 41, 42). 이 과시 행동 경연 대회는 영역 방어를 위한 것으로 이 와중에 맞선 군락 개미들은 상대방 의 힘을 가늠하는 것이 분명하다. 이 가늠의 결과에 따라 의례화된 전투는 계속되 면서 약한 군락 둥지 쪽으로 경연 대회 장소가 점점 옮겨 간다. 이 결과 차후 채집 행동 영역이 간섭받게 된다. 만약 한 군락이 매우 강한 경우에는 과시 행동 경쟁은 금세 약탈로 발전하여 약한 군락을 완전히 정복해서 여왕을 죽이고 일개미들을 노 예로 삼는 데까지 이를 수도 있다. 우리가 보기에는 과시 행동 경연장에서 개별 일 개미들 사이에 일어나는 수많은 위협 행동이 군락 전체가 보이는 무리 과시 행동 으로 집대성된다고 생각된다.

단독 생활을 하는 동물들이 따르는 일련의 규칙과 비견되는 무리의 '전략적 의 사 결정'은 후퇴하느냐, 과시 행동이라는 싸움을 지속하기 위한 병력을 보충하느 냐, 아니면 좀 더 적극적 공격 행동을 시작하느냐의 세 가지 중 하나의 선택을 반드 시 따라야 한다. 군락은 과시 행동 경연장에서 의례화된 전투를 벌이는 동안 획득 한 상대편 군락 세력에 대한 정보를 이용해서 이를 결정해야 한다. 이에 관계된 행 동 양상을 통해 볼 때 이 결정은 복잡한 다중 감각 의사소통에 근거하는 것으로 생 각된다.

과시 행동 경연을 벌이는 개미는 머리와 꽁무니를 치켜든 채 경중경중 걸음으 로써 자기 키를 한껏 높인다. 상대방 싸움꾼을 만나면 우선 머리를 맞댄다. 그 뒤 좀 더 오랫동안 나란히 서서 꽁무니를 더욱 높이 치켜들고 상대방에게 겨누는 과 시 행동을 한다. 그와 동시에 더듬이로 상대방 꽁무니를 격렬하게 두들기고 종종 발길질을 해 댄다. 또 상대방을 옆으로 밀어 넘어뜨리려고 한다. 몇 초 정도 지나면 대개 한쪽이 항복하며 물러나고 대적은 끝이 난다. 그 뒤 이들은 다시 경중거리며 제 갈 길로 흩어지고, 다시 새로운 상대를 만나 똑같은 의례화된 전투를 반복한다. 같은 군락 동료를 만났을 때는 1~2초 내에 몸을 짧게 흔들면서 만남을 끝내고 헤 어진다. 일개미들은 상대방 몸을 더듬이로 훑어서 군락 동료와 외부 개체를 구별 해 내는데, 아마도 외골격 탄화수소 페로몬을 감지하는 것으로 보인다. 이러한 대 적 과정의 중요한 요소 중 하나는 각 개체의 몸 크기로 여겨진다. 몸 크기가 차이가 나는 두 마리가 만나면 대개 작은 쪽이 항복하고 물러난다.

과시 행동을 하는 개미들은 머리와 꽁무니를 치켜들고 경중거리며 걸을 뿐 아니라 꽁무니를 부풀려 크게 보이게도 한다. 게다가 과시 행동을 하는 개미들은 작은 돌에라도 올라서서 상대방을 위에서 아래로 내려다보며 과시 행동을 하려는 경향도 있다. 다양한 과시 행동을 확대 촬영하여 분석한 결과 일개미들은 상대방 몸 크기를 가늠하는 동시에 자기 몸이 실제보다 큰 듯 행동하기도 한다.

이런 관찰 결과를 바탕으로 찰스 럼스덴(Charles Lumsden)과 휠도블러는 미르메코키스투스 미미쿠스 일개미들이 과시 행동 경연 중에 어떻게 상대방의 실제 힘을 가늠할 수 있는가에 대한 두 가지 모형을 만들었다.[580] 각 일개미들은 군락 동료와 적을 만나는 빈도('머릿수 세기' 모형)를 이용해서 상대방 세력을 대강 가늠할 수 있는 것으로 보인다. 혹은 이들은 대적한 상대방 중 대형 일꾼 비율이 얼마나 되는지 가늠할 수 있고, 대형 일꾼 비율이 높다는 것은 군락이 크다고 판단할 수 있는 신뢰성 있는 증거이므로, 이를 통해 상대방 군락 세력을 짐작할 수도 있을 것으로 생각된다. 실제로 대형 일꾼들은 채집 행동보다는 과시 행동을 하는 경우 좀 더 빈번히 등장하게 된다. 실험실에서 기른 군락 중에서 4년 미만의 어린 군락들은 일개미들 중 대형 일꾼 비율이 더 오래된 군락에 비해 훨씬 더 적다.

야외에서 미르메코키스투스 군락을 실험한 결과, 앞서 말한 두 가지 모형 모두가 군락 사이 의사소통에 쓰이는 듯 보인다. 특히 실험 결과에 따르면 군락이 아직 미성숙하여 규모가 크지 않은 경우는 '계급-확인' 방식을 통해 상대방 군락 크기를 빨리 판단할 수 있다. 상대방 군락이 크다고 판단되면 작은 군락은 즉시 둥지로 후퇴하여 입구를 막아 버린다. 이런 전략을 통해 크고 강력한 군락이 자기 둥지를 털지 못하도록 한다.

머릿수 세기의 경우, 이를 촬영해 분석해 보니 과시 행동 경연에 참여한 모든 일개미들이 상대방 머릿수를 세는 것은 아니라는 것이 확실해졌다. 대신 적은 수의 '수색대'가 경연장을 돌아다니며 상대방 머릿수를 세는 것이다. 이들은 몸 크기도 작고 접적 시간도 짧았다. 즉 적을 만났을 때도 군락 동료를 만났을 때와 같이 1~3초 머무르다 떠난다. 이들이 돌아다니는 거리는 과시 행동을 하는 다른 개미들에 비해 훨씬 멀었다. 수색대는 둥지로 돌아가서 몸을 흔들어 대며 직장샘에서 나온 분비물로 냄새길을 만들어 더 많은 지원 병력을 동원한다. 이런 신호들은 군락 일

---

580)   C. J. Lumsden and B. Hölldobler, "Ritualized combat and intercolony communication in ants," *Journal of Theoretical Biology* 100(1): 81-98(1983).

사진 41 | 미르메코키스투스 미미쿠스 개미의 의례화된 영역 과시 행동. 마주보았을 때 행동이 위에, 옆으로
나란히 비껴서 있을 때 과시가 아래 보인다.

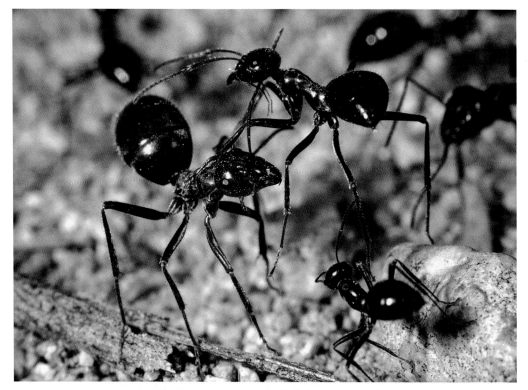

사진 42 │ 미르메코키스투스 미미쿠스 개미의 의례화된 영역 과시 행동. 위: 일개미 한 마리가 돌 위에 올라선 채로 나란히 비껴선 상태의 과시 행동을 보이고 있어서 상대방에 비해 사진에서 더 크게 보인다. 아래: 이 사진의 일개미들은 규모가 작은 군락과 큰 군락에 속한 일개미의 크기 차이를 잘 보여 주고 있다.

개미를 흥분시켜서 냄새길을 따라 경연장으로 모여들게 한다. 수색대가 경연장으로 돌아갈 때 냄새길뿐 아니라 독샘에서 포름산을 뿜어낸다는 정황 증거도 있다. 이 페로몬은 군락 동료에게 매우 강력한 자극제가 되는 것으로 생각된다. 경연장에 남는 일꾼들은 평균적으로 몸 크기가 크다. 또한 지방체나 난소, 몸에 난 상처와 흠집으로 미루어 볼 때 평균적으로 늙은 개체들임을 알 수 있다.

요약하자면 미르메코키스투스 군락들은 과시 행동 경연장에 몸집 큰 일꾼을 불러 모음으로써 상대방 군락에게 자신의 전투력을 과시하는 것이다. 이렇게 하지 못하는 군락은 후퇴하고 다른 방향으로 채집을 나서거나 강력한 상대방 군락이 활발하게 채집 활동에 나서지 않을 때까지 둥지 안에서 기다린다. 경연 대회에서 이긴 군락 일개미들은 토양이 건조하거나 주된 먹잇감인 흰개미가 드물 때는 둥지에 머문다. 이런 '비활동기'에 맞추어 작은 군락 채집꾼들은 생존의 틈을 찾게 된다. 이들은 이렇게 무주공산인 틈을 타서 몰려 나와 닥치는 대로 먹이를 그러모아 돌아간다.

동물의 사회적 행동 중에서도 가장 정교하게 발달한 형태라고 할 수 있는 영역을 놓고 벌이는 이런 경연 대회는 군락 안팎으로 이루어지는 의사소통이 필요하다. 냄새길과 운동 과시를 통하여 군락 동료들은 경연장으로 불려나오고 적과 대치하고 과시 행동을 하는 동안 군락 특이적 화학 물질을 이용해서 군락 동료와 적을 구별한다.

노동 분담과 의사소통으로 이루어진 초유기체의 창발적 특성은 개미 군락의 총체적 구성원들의 확장된 표현형이다. 영역 수호 전략은 초유기체의 행동적 표현형의 일부가 된다. 과시 경연 대회에 참여한 일개미들은 미르메코키스투스 초유기체에게는 마치 사슴의 뿔과 같은 존재인 것이다. 즉 이들은 군락의 전투력을 나타낸다.

수학적 게임 이론 모형은 군사 전략의 직관적 규칙과 상식에 부합된다. 전투가 생존과 번식 성공에 위협이 되는 경우 개체들은 상대방의 전투력과 자원의 가치를 가늠하고, 할 만하다 싶으면 방어를 하고, 전투에서 이기지 못할 가능성이 높으면 싸움을 벌이기 전에 후퇴를 해야 한다. 사회적 무리를 이루어 사는 동물의 싸움은 꼭 개체들 사이에서만 일어나란 법이 없다. 이 경우 자원을 놓고 무리 전체가 하나의 단위로 경쟁한다. 이는 일부 유인원과 사회성 육식동물을 포함한 많은 사회성 포유류에서 분명히 알려진 사실이다.[581] 암사자는 자기가 속한 무리와 상대 무리 숫자에 따라 적대적 행동 수위를 조절하고 포효경연을 벌여 상대방 무리 크기를 가늠한다.[582] 미르메코키스투스 개미 군락의 중요한 차이점은 암사자 무리의 모든 암사자는 각자 온전히 번식을 할 수 있는 반면, 미르메코키스투스 일개미들은 전혀 번식할 수 없는 불임 개체라는 것이다. 즉 과시에 나선 일꾼들은 군락이라는 초유기체가 전투력을 과시하기 위해 사용하는 외부 과시 기관으로, 수색대는 감각 기관으로 기능한다고 할 수 있다. 이들은 경언 대회장에서 정보를 수집하여 군락에게 전달한다.

꿀단지개미들이 영역 다툼을 할 때 보이는 의례화된 싸움은 인류학자들이 서술한 것처럼 뉴기니 원주민들이 보여 주는 '허세 싸움'의 경우와 놀랍도록 비슷하다. 대적한 부족의 남자들은 경연 대회장에 모여 자신들이 지닌 무기를 과시하며 서로에게 욕을 하고 상대방 머릿수를 센다. 서로 비슷한 숫자와 세력을 가진 경우에는 이 상태를 계속 유지하지만 한쪽이 수적으로 우세하면 진짜 싸움으로 발전하여 대개의 경우 수적으로 불리한 쪽이 공격당한다. 과시 경연을 벌이는 개미나 허세 싸움을 하는 인간이나 모두 무리 대 무리로 의사소통을 한다. 그리고 진짜로 공격할 것인지, 위세만 과시하는 현재 상태를 유지할 것인지는 상대방의 세를 가늠하여 결정하는 것이다.

결론

곤충 군락은 모든 정보 전달 경로들이 각 종에 고유한 사회적 특징 모두를 예외 없이 결정하는 일종의 정보 네트워크로 볼 수 있다. 하지만 지금껏 우리가 몇 번이고 강조한 것처럼 정작 중요한 것은 이런 정보 자체의 추상적 내용이 아니다(특히 1, 3,

---

581) J. Grinnell and K. McComb, "Roaring and social communication in African lions: the limitations imposed by listeners," *Animal Behaviour* 62(1): 93-98(2001); C. Lazaro-Perea, "Intergroup interactions in wild common marmosets, *Callithrix jacchus*: territorial defense and assessment of neighbours," *Animal Behaviour* 62(1): 11-21(2001).

582) K. McComb, C. Packer, and A. Pusey, "Roaring and numerical assessment in contests between groups of female lions, *Panthera leo*," *Animal Behaviour* 47(2): 379-387(1994).

5장을 참고할 것). 그렇다고 이 책의 저자들과 다른 연구자들이 밝혀 온 결정 규칙, 알고리즘, 친족성, 분산된 지능, 맥락 의존성 문턱값, 증폭, 표현형의 유연성 등을 비롯한 여러 가지 자기 조직화와 창발성 요인들의 광범위한 일반화 역시 가장 중요한 문제가 아니다.[583] 이런 개념들은 물론 개요만 정리하면 쉽게 수학적 모형으로 표현할 수 있고, 또 다른 발견에 이르게 한다거나 설명을 제시하는 등의 가치를 지니게 될 수도 있다. 하지만 이런 개념들은 실험을 바탕으로 하는 어떤 진보한 이론을 만들어 내고, 또 이런 이론들이 전혀 새로운 문제를 풀도록 도울 수도 있다. 미래의 새로운 발견과 이해를 위해 지금 우리에게 더욱 중요한 것은 바로 자연사적 측면의 세부 사항들이다.

자연사는 근본적으로 매우 중요한 것이다. 사회성 진화의 강력한 힘은 군락 전체에 작용하는 생태적 선택이기 때문에 각 종마다 다른 군락의 자연사적 모습의 모든 세부 사항들 역시 중요하게 된다. 놀라운 예외들과 독특한 현상이 넘칠 정도로 많고 이를 위한 개별 설명이 필요하다. 새로운 현상들이 늘 발견되고 이를 통해 전혀 새로운 종류의 연구들이 시작된다. 간단한 모형들은 또 늘 무너지고 좀 더 복

---

583) 특히 사회성 곤충의 의사소통체계에 관계된 자기 조직화와 창발성 원리들은 과거 수십 년 동안에 걸쳐 개발되고 설명되었다. 다음과 같은 문헌을 참고할 것. E. O. Wilson, *The Insect Societies*(Cambridge, MA: The Belknap Press of Harvard University Press, 1971); B. Holldolber and E. O. Wilson, *The Ants*(Cambridge, MA: The Belknap Press of Harvard University Press, 1990); R. F. A. Moritz and E. E. Southwick, *Bees as Superorganism: An Evolutionary Reality*(New York: Springer-Verlag, 1992); T. D. Seeley, *The Wisdom of the Hive: The Social Physiology of Honey Bee Colonies*(Cambridge, MA: Harvard University Press, 1995); E. Bonabeau, G. Theraulaz, J.-L. Deneubourg, S. Aron, and S. Camazine, "Self-organization in social insects," *Trends in Ecology and Evolution* 12(5): 188-193(1997); C. Dtrain, J.-L. Deneubourg, and J. M. Pasteels, eds., *Information Processing in Social Insects*(Basel: Birkhauser Verlag, 1999); T. D. Seeley and S. C. Buhrman, "Group decision making in swarms of honey bees," *Behavioral Ecology and Sociobiology* 45(1): 19-31(1999); S. Camazine, J.-L., Deneubourg, N. R. Franks, J. Sneyd, G. Theraulaz, and E. Bonabeau, *Self-organization in Biological Systems*(Princeton, NJ: Princeton University Press, 2001); C. Anderson and D. W. McShea, "Individual versus social complexity, with particular reference to ant colonies," *Biological REviews of the Cambridge Philosophical Society* 76(2): 211-237(2001); C. Anderson, G. Theraulaz, and J.-L. Deneubourg, "Self-assemblages in insect societies," *Insectes Sociaux* 49(2): 99-110(2002); D. E. J. Blazis et al., "The limits to self-organization in biollogical systems," a collection of 11 reviews and essays by different authors published as the proceedings of a workshop sponsored by the Center for Advanced Studies in the Space Life Sciences at the Marine Biological Laboratory, 11-13 May 2001, in *The Biological Bulletin* 202(3): 245-313(2002); J. H. Fewell, "Social insect networks," *Science* 301: 1867-1870(2003).

잡하고 많은 양의 특별한 세부 사항에 걸맞는 기본 성질 때문에 중간 정도로 복잡한 이론들은 득세할 것이다. 가장 간단히 말해 보자면 우리는 이제 겨우 곤충의 행동 생태학과 사회 생물학 사이에 놓인 경계선에 도달한 셈이다. 이론과 실험 연구 모든 측면에서 수많은 놀라운 발견들과 생산적인 새로운 단초들이 우리를 기다리고 있다.

우리의 연구가 여전히 이렇게 초기 단계에 머물러 있는 이유는 사회성 행동의 기본적인 결정 요인이 군락 전체의 유전적 적응도이기 때문이다. 좀 더 정확히 말하면 군락의 생존에다, 군락의 최장 수명을 일정 기간으로 구분한 뒤, 각 기간마다 성공한 번식을 모두 합한 총 번식을 곱한 값이다. 개체의 직접적 유전적 적응도는 기본적 결정 요인이 아니다. 포괄 적합도의 극대화가 고려되어야 한다. 군락 구성원들의 나이 분포와 사회 생물학적 특징들은 각 개체의 직접적인 유전적 적응도에 의해 결정되는 게 아니라 개체가 군락 전체의 적응도에 기여한 모든 효과를 다 합쳐서 결정된다. 실리가 적절하게 표현한 대로[584] 집단 지혜는 제대로 정보를 전달받지 못한 군중들에서 생겨나고, 이 군중들의 상호 작용은 서로 경쟁하는 군락의 유전자형들 사이에 벌어지는 자연 선택에 의해 빚어진다.

각 진사회성 곤충은 진화 역사 속에서 종이 처했던 수많은 다양한 환경 요인들 중 특별한 몇 가지에 적응해 왔다. 이러한 개별 특이성과 이들이 만들어 내는 유형과 원칙들에 대해서는 아직 우리가 모르는 것이 대부분이다.

---

584) T. D. Seeley, "Decision making in superorganisms: how collective wisdom arises from the poorly informed masses," in G. Gigerenzer and R. Selten, eds., *Bounded Rationality: The Adaptive Toolbox* (Report of the 84th Dahlem Workshop, 14-19 March 1999, Berlin)(Cambridge, MA: The MIT Press, 2001), pp. 249-261.

초유기체

사진 43 | 오스트리아 새벽개미
프리오노미르멕스(이전 속명 노토미르메키아)
사냥꾼이 한밤중에 말벌을 잡아 물고 나무 둥치를
기어 내려오고 있다.

7

개미의 번성

THE RISE OF THE ANTS

어떤 생물학적 현상을 완전히 이해하기 위해서는 반드시 그 진화 역사에 주목해야 한다. 이런 맥락에서 이제부터 우리는 개미의 어마어마한 다양성에 대한 계통 분류 및 생태적 측면을 설명하고자 한다. 이런 설명은 확고하게 정립된 화석 기록에 의해 뒷받침되는데, 가장 결정적 화석 증거 중 어떤 것들은 최근에 이르러서야 비로소 발견되고 분석된 것들이다.[585]

현재 지구에 번성하고 있는 개미를 비롯한 여러 가지 사회성 곤충들은 무려 4억 2500만 년 전부터 시작된 생태적 진화가 오랫동안 축적된 결과물이다. 콘래드 라반데이라(Conrad Labandeira)가 "적도 인근 해안선의 녹화"라고 적절하게 표현했듯이, 동물이 뭍으로 올라온 이래 이들은 더욱 복잡한 생태계를 만들어 냈다.[586] 날개 없는 원시적 형태의 조상 곤충을 위시한 절지동물은 지금으로부터 4억 년 전 시점으로부터 시작하여 식물이 본격적으로 육지를 정복하기 수천만 년 전인 실루리아기에 이르는 기간 동안 육지라는 새로운 환경에 등장했다.[587] 3억 ~3억 6000만 년 전인 석탄기를 거치는 동안 최초의 날개 달린 곤충이 등장했다. 지구에 처음 등장하기 시작한 숲이라는 환경에 잘 적응한 원시적 형태의 하루살이, 잠자리, 바퀴벌레, 메뚜기류 곤충을 비롯한, 특정 환경에 특이적으로 적응한 엄청난 수의 절지동물이 생물량으로나 종 다양성으로나 육지 생태계를 점령했다. 2억 4800만 년 전인 페름기 끝에 있었던 대멸종을 거치면서 당시 존재하던 31개 곤

---

585)   이 장의 축약판 격인 논문: E. O. Wilson and B. Hölldobler, "The rise of the ants: a phylogenetic and ecological explanation," *Proceedings of the National Academy of Science USA* 102(21): 7411-7414(2005).

586)   C. C. Labandeira, "The history of associations between plants and animals," in C. M. Herrera and O. Pellmyr, eds., *Plant-Animal Interactions: An Evolutionary Approach* (Malden, MA: Blackwell Science, 2002), pp. 26-74와 pp. 248-261의 부록에 딸린 추가 정보들.

587)   M. S. Engel and D. A. Grimaldi, "New light shed on the oldest insect," *Nature* 427: 627-630(2004).

충 목 중 5개가 멸종했다. 팔리오딕티옵테라(paleodictyoptera), 디아파놉테로디아 (diaphanopterodea), 메가세콥테라(megasecoptera) 등 놀라운 생물체들은 더 이상 하늘을 날지 못한다. 대신 하루살이, 잠자리, 딱정벌레, 바퀴벌레 등이 대멸종 이후 달라진 세상을 물려받았다.

중생대에 이르러 당시 존재하던 곤충들은 다양성 면에서 꾸준히 증가했다. 1억 8000만 년 전인 쥐라기 중반에 이르면 페름기 말 대멸종 이전만큼이나 많은 곤충 과(목 다음 하위 분류 체계)가 번성하게 된다.[588] 약 9000만~1억 1000만 년이 흐른 뒤인 백악기 중엽에 이르면 속씨식물이 크게 번성하며 그때까지 육지 식물상의 주된 구성원이던 겉씨식물을 대체하기 시작한다. 이러한 식물들이 제공하게 된 새로운 먹이, 둥지 터, 서식 환경 등 자원을 이용하기 시작한 일부 곤충 무리들 역시 식물의 분화와 번성에 따라 함께 다양해지고 널리 퍼지게 되었다. 또 속씨식물 역시 가루받이, 씨 전파, 영양 순환 대부분을 곤충에 의존하게 되었다. 이렇게 육상 생태계의 두 주도자들 사이의 공진화는 6550만여 년 전 백악기 말에 있었던 또 다른 대멸종이라는 심각한 간섭에도 불구하고 지금껏 계속되고 있다.[589] 오늘날 우리는 현화식물, 선충, 거미, 진드기를 비롯 흰개미류, 매미류, 초식성 딱정벌레류, 시클로라파(Cyclorrhapha) 파리류, 빨대 모양 주둥이를 가진 나방류, 벌목(말벌, 벌, 개미) 등 여섯 가지 핵심 곤충 무리로 가득 찬 육지 환경에 살고 있다.[590]

개미의 기원

개미는 백악기에 처음으로 지구에 등장했다. 이후 개미는 1억 년이 넘는 시간 동안 번성하여 오늘날까지 이르렀다(그림 7-1). 가장 오래된 개미 화석은 두 종류로

588) C. C. Labandeira and J. J. Sepkoski, Jr., "Insect diversity in the fossil record," *Science* 261:310-315(1993).

589) C. C. Labandeira, K. R. Johnson, and P. Wilf, "Impact of the terminal Cretaceous event on plant-insect associations," *Proceedings of the National Academy of Sciences USA* 99(4): 2061-2066(2002).

590) D. Grimaldi, "Mesozoic radiations of the insects and origins of the modern fauna," *Proceedings of the Twenty-first International Congress of Entomology* 1: xix-xxvii(2000).

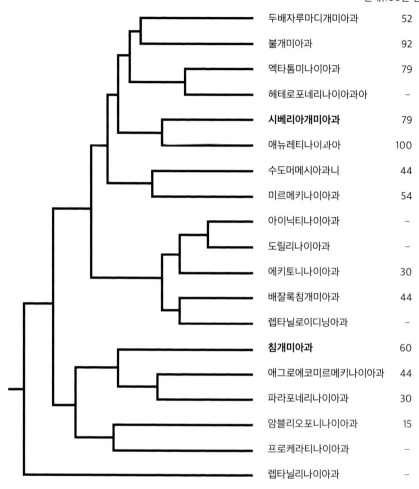

두배자루마디개미아과	52
불개미아과	92
엑타톰미나이아과	79
헤테로포네리나이아과아	–
시베리아개미아과	79
애뉴레티나이과아	100
수도머메시아과니	44
미르메키나이아과	54
아이닉티나이아과	–
도릴리나이아과	–
에키토니나이아과	30
배잘록침개미아과	44
렙타닐로이디닝아과	–
침개미아과	60
애그로에코미르메키나이아과	44
파라포네리나이아과	30
암블리오포니나이아과	15
프로케라티나이아과	–
렙타닐리나이아과	–

그림 7-1 | 2006년 현재 현존하는 것으로 알려진 20개 아과 중 19개 개미아과의 핵산 서열 분석을 바탕으로 만든 계통 분류도. 아직 수컷 표본으로만 밝혀진 채 잘 알려지지 않은 아프리카산 아이닉토기토니나이아과(Aenictogitoninae)는 포함되지 않았는데, 이 아과는 최근에 브래디(Brady)와 동료들(아래 문헌 자료 참조)에 의해 도릴리니아과와 유연관계가 매우 가깝다고 밝혀진 바 있다. 백악기 화석으로만 알려진 아르마니, 브로우니미르메키이나이아과(Brownimyrmeciinae), 말벌개미 세 아과도 여기에 포함되지 않았다. 다른 포르미키이나이아과(Formiciinae)(불개미아과와 다름)는 백악기 중엽에 살았다. 현재 다양성과 풍부도에서 생태계를 지배하는 소위 '4대' 개미 아과들은 굵은 활자로 강조되어 있다. 현존하는 많은 개미 속을 탄생시킨 개미의 최대 번성기는 백악기 말기에 시작되어, 이후 현화식물들이 방산하고 생태계를 우점하는 원신세와 시신세에 이르기까지 계속되었다. 각 아과에서 알려진 가장 초기 화석의 연대가 표시되어 있다. 현대 개미의 기원은 지금으로부터 1억 4000만~1억 6800만 년 사이 과거로 추정된다. C. S. Moreau, C. D. Bell, R. Vila, S. B. Archibald, and N. E. Pierce, "Phylogeny of the ants: diversification in the age of the angiosperms," *Science* 312: 101–104(2006)에 근거. 이와 매우 비슷한 계통 분류가 거의 같은 시기에 S. G. Brady, T. R. Schultz, B. L. Fisher, and P. S. Ward, "Evaluating alternative hypotheses for the early evolution and diversification of ants," *Proceedings of the National Academy of Sciences USA* 103(48): 18172–18177(2006)에 독립적으로 제안된 적이 있다.

나눌 수 있다. 하나는 지금은 멸종한 해부학적으로 가장 원시적 개미로 알려진 중생대의 말벌개미아과(Sphecomyrminae)와 원래 과가 아니라 지금의 아과로 치자면 아르마니이나이아과(Armaniinae)에 속하는 것들이다. 두 번째 무리는 말벌개미아과나 아르마니이나이아과의 후손이 되는 개미들로 현존 아네우리티나이아과(Aneuritinae), 침개미아과, 불개미아과의 조상 개미들이다.

말벌개미아과 속들 중 가장 잘 알려진 스페코미르마속(*Sphecomyrma*) 일개미는 개미와 말벌의 특징을 모두 지니고 있다. 그런 탓에 이들의 학명인 '말벌개미'라는 이름이 유래했다. 체구가 작고 비교적 늘씬한 이 개미는 현존하는 어떤 종과도 닮지 않았다. 그렇지만 이들은 개미과 곤충을 분류하는 기준인 날개 없이 깨끗한 가슴을 비롯 뚜렷하게 구분되는 허리마디(제2배마디)를 가지고 있기 때문에 개미라는 사실에는 의심의 여지가 없다. 이 말벌개미 가슴 부분 뒤쪽 구석에는 한 쌍의 윗가슴분비샘이 있는데, 현대 개미들은 여기서 항생 물질을 분비하며 이 또한 개미과의 분류 기준이 된다. 하지만 말벌개미의 턱은 통상적인 말벌 턱만의 특징을 갖고 있다. 즉 턱은 폭이 좁고, 다른 많은 말벌 턱처럼 한쪽에 2개의 돌기가 나 있고, 사용하지 않을 때는 머리 앞부분에 딱 접어 붙일 수 있다. 하지만 더듬이는 개미와 말벌 더듬이의 중간 형태쯤 된다. 1967년 첫 화석이 발견된 이후 40여 년 동안 더 많은 말벌개미 호박 화석이 중생대 초대륙의 북부(로라시아, 약 5억 년에서 2억 년 전까지 중생대 지구에 존재했던 초대륙인 판게아는 북부 로라시아와 남부 곤드와나로 이루어져 있었는데, 로라시아는 갈라져 오늘날 북아메리카 대륙, 유럽 및 아시아 대륙이 되었고, 곤드와나는 남아메리카 대륙, 아프리카, 인도, 오스트레일리아, 아라비아, 발칸반도, 남극대륙으로 갈라짐. ― 옮긴이) 대부분을 구성하던 현재의 아시아, 시베리아, 북아메리카 대륙에서 계속 발견되었다.

이후 원신세 지층에서 발견된 개미들과는 달리 이들 말벌개미 화석은 매우 드물다. 지금까지 미국 뉴저지 주와 캐나다, 미얀마에서 발견된 후기 백악기 지층 호박 속에서 찾아낸 수천 개 곤충 화석들 중 겨우 10여 개 표본들만이 분명히 말벌개미의 것이라고 확인할 수 있을 정도의 충분한 형태적 특성을 지니고 있을 뿐이다. 이들 고대 개미의 생물학적 특성이라고 말할 만한 것은 이들이 식물상과 곤충상이 풍부한 열대와 아열대 숲에 살았다는 사실 말고는 거의 없는 지경이다. 뉴저지 주에서 발견된 말벌개미들은 세쿼이아나 메타세쿼이아로 추정되는 나무 수액에 갇혀 화석이 되었으며, 미얀마 화석은 메타세쿼이아 나무 수액이다. 이들 말벌개미는 백악기를 끝으로 사라진 것이 분명하다. 백악기 후반 마지막 1000만~2000만 년 기간 동안 사라진 것으로 보이는 말벌개미의 정확한 멸종 연대나 이유는 아직 알려지지 않고 있다.[591]

개미의 초기 방산

말벌개미 역사의 초기 단계에 이미 핵심 속인 스페코미르마속을 넘어서는 폭 넓은 방산이 일어났다. 새롭게 연구된 뉴저지 주 호박 속에 든 동물상에서 새롭게 발견된 원시 종 개미 브로우니미르메키아 클라바타(*Brownimyrmecia clavata*)는 전반적으로는 스페코미르마속을 닮았으나, 상호 교차되며 돌기가 없는 얇은 턱같이 이미 말벌개미와는 근본적으로 다른 형태적 특성을 지니고 있었다. 또 이 종은 침개미아과의 일반적 특징인 주름 잡혀 접힐 수 있는 배를 가지고 있다. 이 종 표본은 지금껏 단 하나만 알려져 있는데, 이는 사실상 말벌개미와 암블리오포네와 이와 관련된 속 등 현대 침개미류의 원시적 형태의 중간 형태라고 할 수 있다. 그리고 이 유일한 표본은 한 명의 분류학자가 그 자신의 이름을 따서 브로우니미르메키이나이아과(Brownimyrmeciinae)로 명명했다.[592] 또 침개미 두 번째 종(카나포네 덴타타

---

591) 말벌개미에 대해 알려진 것은 주로 다음과 같은 문헌을 통해서이다. E. O. Wilson, F. M. Carpenter, and W. L. Brown, "The first Mesozoic ants," *Science* 157: 1038-1040(1967); E. O. Wilson, "Ants from the Cretaceous and Eocene amber of North America," *Psyche*(Cambridge, MA) 92(2-3): 205-216(1985); E. O. Wilson, "The earliest known ants: an analysis of the Cretaceous species and an inference concerning their social organization," *Paleobiology* 13(1): 44-53(1987); G. M. Dlussky, "A new family of Upper Cretaceous Hymenoptera: an 'intermediate link' between the ants and the scolioids," *Paleontological Journal* 17(3): 63-76(1983); D. A. Grimaldi, D. Agosti, and J. M. Carpenter, "New and rediscovered primitive ants(Hymenoptera: Formicidae) in Cretaceous amber from New Jersey, and their phylogenetic relationships," *American Museum Novitates* No. 3208, 43 pp.(1997); D. Agosti, D. Grimaldi, and J. M. Carpenter, "Oldest known ant fossils discovered," *Nature* 391: 447(1998); D. A. Grimaldi, M. S. Engle, and P. C. Nascimbene, "Fossiliferous Cretaceous amber from Myanmar(Burma): its rediscovery, biotic diversity, and paleontological significance," *American Museum Novitates* No. 3361, 71 pp.(2002); and M. S. Engel and D. A. Grimaldi, "Primitive new ants in Cretaceous amber from Myanmar, New Jersey, and Canada(Hyemenoptera: Formicidae)," *American Museum Novitates* No. 3485, 23 pp.(2005).

592) B. Bolton, "Synopsis and classification of Formicidae," *Memoirs of the American Entomological Institute* 71: 1-370(2003).

(*Canapone dentata*)) 화석이 후기 백악기에 유래한 캐나다 호박 화석 속에서 발견되었으며, 아우레티나이아과일 가능성이 높은 종인 카나네우레투스 옥시덴탈리스(*Cananeuretus occidentalis*) 역시 같은 호박 층에서 발견되었다.[593] 침개미보다 해부학적으로 더 진보한 불개미아과 조상 종이랄 수 있는 키로미르마 네피(*Kyromyrma neffi*) 역시 중요한 발견이다.[594] 북아메리카 대륙과 시베리아에서 발견된 스페코미르마속보다 대략 1억 년 더 오래된 다음과 같은 또 다른 네 종류의 개미들이 스페코미르마속과 함께 미얀마 호박 층에서 발견되었는데 동정되지 않은 침개미 종류, 독특한 L자형 턱을 가지고 있으며 말벌개미 혹은 침개미 둘 중 하나일 가능성이 높은 하이도미르멕스 케르베루스(*Haidomyrmex cerberus*), 아네우레티나이아과일 가능성이 높은 부르모미르마속(*Burmomyrma*), 원시형 미르메키이나이아과 혹은 미르메키이나이아과와 말벌개미아과 중간 형태인 미얀미르마속(*Myanmyrma*)이 그들이다.[595]

가장 오래된 유럽산 개미 화석으로 검증된 것은 프랑스에서 백악기 전기 말인 후기 알비절(Albian stage) 지층에서 발견된 1억 년 전 것으로 추정되는 게론토포르미카 크레타키카(*Gerontoformica cretacica*) 화석이다.[596] 표본의 보존 상태가 불완전하기 때문에 이 종이 속할 만한 멸종되거나 현존하는 아과는 밝혀낼 수 없었지만, 분명한 것은 원시개미의 특징(말벌개미와 같은 2개의 돌기가 있는 턱, 몇 종류 원시 침개미에서 발견되는 턱판(頭楯, clypeus)에 돋은 돌기)과 좀 더 진보한 개미의 특징(잘 발달되고 높이 돌출한 배자루 마디와 긴 더듬이 기단부)이 뒤섞여 있다.

593) M. S. Engel and D. A. Grimaldi, "Primitive new ants in Cretaceous amber from Myanmar, New Jersey, and Canada(Hyemenoptera: Formicidae)," *American Museum Novitates* No. 3485, 23 pp.(2005).

594) D. A. Grimaldi and D. Agosti, "A formicine in New Jersey Cretaceous amber(Hymenoptera: Formicidae) and early evolution of the ants," *Proceedings of the National Academy of Sciences USA* 97(25): 13678-13683(2000).

595) M. S. Engel and D. A. Grimaldi, "Primitive new ants in Cretaceous amber from Myanmar, New Jersey, and Canada(Hyemenoptera: Formicidae)," *American Museum Novitates* No. 3485, 23 pp.(2005).

596) A. Nel, G. Perrault, V. Perrichot, and D. Neraudeau, "The oldest ant in the Lower Cretaceous amber of Charente-Maritime(SW France)(Insecta: Hymenoptera: Formicidae)," *Geologica Acta* 2(1): 23-29(2004).

초기에 해당하는 다른 지층에서도 개미의 초기 방산의 다른 증거들이 많이 발견되었는데 이들은 현존하는 '새벽개미' 프리오노미르멕스 마크롭스를 포함한 미르메키이나이아과 불독개미류 혹은 이들의 조상 종들이다. 이 아과는 멸종 위기 종인 뉴칼레도니아산 미르메키아 종을 포함, 오직 오스트레일리아에만 서식하고 있다. 미르메키이나이아과의 조상 종일 가능성이 높은 카리리드리스 비페디다타(*Cariridris bipetidata*)의 유일한 화석이 약 1억 1000만 년 된 브라질 산타나 지층에서 매우 부실한 상태로 발견되기도 했다. 약 9000만 년 된 백악기 후기 지층인 아프리카 보츠와나 오라파 퇴적층에서는 오라피아(*Orapia*), 아프로포네(*Afropone*), 아프로미르마(*Afromyrma*) 등 새로운 속으로 분류된 10개의 개미 화석이 발견되었는데, 이들은 미르메키이나이아과에 포함되거나 이에 매우 가깝게 보이기도 하나, 혹자는 두배자루마디개미아과나 침개미아과로 분류하기도 한다.[597] 미국-캐나다 태평양 연안의 초기 시신세 퇴적층에서도 몇 개에 달하는 속을 포함한 폭 넓은 미르메키이나이아과의 변이들이 발견되었다.[598] 아르헨티나의 아메기노이아속(*Ameghinoia*)과 폴란스키엘라속(*Polanskiella*), 미국의 그린 강 지층에서 발견된 아르키미르멕스속(*Archimyrmex*), 발트 해 연안 호박 층에서 발견된 프리오노미르멕스 두 종처럼 고제3기(Paleogene)에 속한 표본들이 미르메키이나이아과 개미들이 전 지구적으로 퍼져 나갔음을 증명하고 있다. 하지만 지금으로서는 이 아과 개미는 말벌개미를 조상으로 하여 후기 백악기와 초기 시신세에 걸친 기간에 집중적으로 방산했다고 생각하는 것이 타당할 것이다.[599]

원신세에 이르면 사할린에서 발견된 원신세로 추정되는 호박 층에서 발견된 10개의 개미 표본이 증명하듯이 시베리아개미아과와 아네우레티나이아과(시베리아개미아과 자매속이며, 현존하는 종은 스리랑카에 서식하는 멸종 위기 종으로 분류된 아네우레투스 시모니(*Aneuretus simoni*) 한 종뿐임) 개미들이 등장하는데, 그 시기는 이

---

597)   M. Dlussky, D. J. Brothers, and A. P. Rasnitsyn, "The first Late Cretaceous ants(Hymenoptera: Formicidae) from southern Africa, with comments on the origin of the Myrmicinae," *Insect Systematics and Evolution* 35(1): 1-13(2004).

598)   S. Bruce Archibald, 미발표 결과(2005).

599)   C. Baroni Urbani, "Rediscovery of the Baltic amber ant genus *Prionomyrmex* (Hymenoptera, Formicidae) and its taxonomic consequences," *Eclogae Geologicae Helvetiae* 93(3): 471-480(2000); P. S. Ward and S. G. Brady, "Phylogeny and biogeography of the ant subfamily Myrmeciinae(Hymenoptera: Formicidae)," *Invertebrate Systematics* 17(3): 361-386(2003).

르면 미얀마 호박층(1억 년 전)부터이며, 이후 침개미아과와 불개미아과와 함께 번성하기 시작한다.[600]

신생대 방산

주요 개미 아과의 방산은 시신세 초기에서 중기에 이르기까지 최고조에 이르렀는데, 최근에 밝혀진 약 5000만 년 이전 시대를 전후로 한 중국 북동부 푸순의 호박 동물상을 통해 확인되었다(그림 7-1 참조).[601] 식별 가능한 20여 개의 일개미와 여왕개미 표본들은 원시 형태 침개미와 두배자루마디개미아과와 더불어 '개미형' 곤충군의 원시적 특징을 보이고 있다. '개미형' 곤충군은 불개미아과를 비롯 원시형 시베리아개미아과 혹은 아우레티나이아과 중 하나, 혹은 그 둘 모두의 것으로 보이는 특징을 가지고 있다. 이 곤충군 표본들에서는 몸, 머리, 턱 등의 형태뿐 아니라 심지어 더듬이 마디 개수에 이르기까지 괄목할 만한 해부학적 변이들이 나타나는데, 이는 당시에 좀 더 현대적 개미 분류군의 초기 방산이 이미 일어나고 있었음을 시사하는 증거들이다. 이들 대부분은 여전히 적은 수 돌기를 가진 짧은 턱을 비롯, 원형 및 타원형 머리 모양, 비교적 단순한 형태의 가슴(즉 현대 개미들에서 흔히 볼 수 있는 침이나 굴곡진 형태, 심하게 붙은 부분들이 없음) 등 말벌개미나 말벌개미와 비슷한 조상 종들의 특징을 공유하고 있다. 캐나다 브리티시컬럼비아 지역에서 최근 발견된 시신세 초기 압착된 퇴적암 속 화석들 역시 비교적 원시적 침개미류의 특징을 보이고 있다.[602]

　다음으로 개미의 역사에 대해 알아볼 수 있는 기록으로는, 좀 더 후대인 미국 아칸소 주 맬번 지역 시신세 중엽 호박 지층에서 발견된 일련의 세 가지 표본들이

600)　G. M. Dlussky, "Ants from (Paleocene?) Sakhalin amber," *Paleontological Journal* 22(1): 50–61(1988).

601)　Y.-C. Hong, *Amber Insects of China*, 2 volumes (Beijing: Beijing Scientific and Technological Publishing House, first volume; Henan Scientific and Technological publishing House, second volume, 2000), in Chinese. 요녕성 푸순시 실루시안 탄광 및 구쳉지 지층 호박은 유럽의 이프르절(시신세 초고령 지층)과 지질학적 연대가 동일하다.

602)　Bruce Archibald가 연구했고, 그의 허가 하에 인용함.

있다.[603] 이 호박은 잡다한 물질로 가득 차 있어서 그 안에 들어 있는 개미 화석을 찾아내는 일은 터무니없을 정도로 손이 많이 가고 더딘 작업이었다. 그러나 정말 운 좋게도 이 표본들은 현생 개미의 세 가지 주도적 아과인 두배자루마디개미아과, 시베리아개미아과, 불개미아과를 뚜렷하게 대표하는 것들이다. 현존하는 시베리아개미아과 이리도미르멕스속 형태를 대변할 만큼 형태적인 면에서 현대적인 이 표본들은, 현대적인 적응 방산이 이루어지는 과정에서 유지되어 온 핵심적 특징들을 잘 드러내 보이고 있다.[604]

방산의 시작과 시신세가 끝나는 시점에 최고조에 다다랐다는 점을 동시에 시사하는 증거는 바로 발트 해 연안 호박 화석으로서 이들은 시신세 중기 것들이다. 1860년대의 구스타프 마이어(Gustav Mayr)와 1914년의 휠러는 총 1만 988점의 표본으로부터 적어도 92개 개미 속을 분류해 냈다.[605] 이 표본에 속한 개미들은 약 4500만 년이라는 나이에도 불구하고 전반적으로 뚜렷하게 현대 개미의 특성을 지니고 있었다. 가장 풍부한 표본은 시베리아개미아과 이리도미르멕스속에 속하는 것들이었으며, 다음으로는 불개미아과 털개미속이었다. 이리도미르멕스를 비롯한 몇 가지 자매 속들은 지금도 여전히 서남아시아, 오스트레일리아, 멜라네시아, 아메리카 대륙 열대 지역에 걸쳐 수적으로나 종 다양성으로나 우점 지위를 누리고 있다. 털개미속 역시 현재 북아메리카 대륙과 유라시아 비열대 지역에서 수적으로나 종 다양성으로나 가장 풍부한 속 중 하나이다. 발트 해 연안 호박 화석 시대로부터 현재까지 여전히 생태적으로 우월한 지위를 차지하고 있는 개미 속을 거명하자면, 왕개미속, 불개미속, 뿔개미속, 오이코필라속, 침개미속, 납작자루개미속 등이 있

---

603) 좀 더 정확히 말하면 이 호박 화석은 시신세 중엽 중에서도 전기인 전기 클레이번 지층에 속해 있다. W. B. Saunders, R. H. Mapes, F. M. Carpenter, and W. C. Elsik, "Fossiliferous amber from the Eocene(Claiborne) of the Gulf Coastal Plain," *Geological Society of America Bulletin* 85(6): 979-984(1974).

604) E. O. Wilson, "Ants from the Cretaceous and Eocene amber of North America," *Psyche* (Cambridge, MA) 92: 205-216(1985).

605) G. L. Mayr, "Die Ameisen des baltischen Bernsteins," *Beiträge zur Naturkunde Preussens herausgegeben von der Königlichen Physikalisch-Ökonomischen Gesellschaft zu Königsberg* 1: 1-102(1868); W. M. Wheeler, "The ants of the Baltic amber," *Schriften der Physikalisch-Ökonomischen Gesellschaft zu Königsberg* 55: 1-142(1914). 마이어의 초기 발견들은 휠러의 연구에서 재검토되었다.

다. 여기에 더하여 좀 보기 드문 사례는 시신세 화석에서 여왕과 수컷만 발견된 (아마도 불개미아과의 먼 친척뻘이 될) 포르미키이나이아과(Formiciinae)에 속하는 대형 개미들이다.

도미니카 공화국에서 발견된 중신세 초기(2000만 년 정도)의 비교적 젊은 호박 지층도 많이 연구가 되었는데, 여기서는 당연히 더욱 현대화된 개미 표본들이 나왔다. 이 화석 표본에서 지금까지 밝혀진 38개 속 및 잘 정의된 아속 중 34개는 현재까지도 신대륙 열대 지역에 서식하고 있는 반면, 표본에서 동정된 모든 종은 이미 멸종된 것으로 보인다.[606] 현재까지 존속하는 속과 아속 중에서 적어도 22개는 히스파니올라섬(도미니카 공화국과 아이티가 위치한 섬)에 계속 살고 있다. 호박 지층 시대 이후 15개 속과 아속이 다시 이 섬에 상륙하여 현재는 그 숫자가 37개에 이른다.

첫 번째로 진화적 방산을 이룬 개미들의 운명은 어떻게 되었을까? 말벌개미아과가 중생대를 끝으로 사라진 것은 분명하다. 미르메키나이아과 개미들은 오스트레일리아와 뉴칼레도니아 지역으로, 아네우레티나이아과는 스리랑카로 서식지가 제한되었다. 하지만 두배자루마디개미아과, 불개미아과, 시베리아개미아과, 침개미아과는 더욱 번성했을 뿐 아니라, 전 세계로 퍼져 나가 지구 전체의 주도적 곤충 무리로 성장했다. 특히 침개미아과의 역사는 흥미롭다. 현재 침개미아과는 6개 족(암블리오포니니(Amblyoponini), 엑타톰미니, 플라티티레이니(Platythyreini), 포네리니(Ponerini), 타우마토미르메키니(Thaumatomyrmecini), 티플로미르메키니(Typhlomyrmecini)) 밑에 42개 과 1,300종 이상을 거느리고 있다. 이들은 현존하는 모든 개미아과 중에서도 개체의 형태적 특징 및 군락 형성 양상에 있어서 가장 변이가 심한 아과이다.[607]

---

606) E. O. Wilson, "Invasion and extinction in the West Indian ant fauna: evidence from the Dominican amber," *Science* 229: 265-267(1985); E. O. Wilson, "The biogeography of the West Indian ants(Hymenoptera: Formicidae)," in J. K. Liebherr, ed., *Zoogeography of Caribbean Insects*(Ithaca, NY: Comstock Publishing Associates of Cornell University Press, 1988), pp. 214-230; C. Baroni Urbani and E. O. Wilson, "The fossil members of the ant tribe Leptomyrmecini(Hymenoptera: Formicidae)," *Psyche*(Cambridge, MA) 94: 1-8(1987).

607) C. Baroni Urbani, B. Boton, and P. S. Ward, "The internal phylogeny of ants(Hymenoptera: Formicidae)," *Systematic Entomology* 17: 301-329(1992); C. Peeters, "Morphologically 'primitive' ants: comparative review of social characters, and the importance of queen-worker dimorphism," in

최근 들어 개미 분류를 포괄적으로 정리한 배리 볼턴(Barry Bolton)은 기존의 침개미아과를 새로이 침개미아과, 암블리오포니나이아과, 엑타톰미나이아과, 헤테로포네리나이아과, 파라포네리나이아과, 프로케라티이나이아과 및 화석으로만 남은 브로우니미르메키나이아과의 새로운 일곱 개 아과로 분리했다.[608] 그럼에도 이 복잡한 분류군 전체가 중생대에 살았던 단 하나의 조상으로부터 분화된 역사를 대표하고 있다는 사실은 의심의 여지가 없다.

침개미아과의 역설

침개미아과는 불개미아과와 오스트레일리아산 미르메키이나이아과와 더불어 계통 분류학적으로 가장 오래된 무리이며, 생물학적으로 수많은 다양성을 이루어 냈고, 지리적으로도 광범위한 지역에 퍼져 나갔음에도 불구하고, 사회 조직 측면에서는 대부분 이상하게도 원시적 단계에 머물러 있다.[609] 특히 다음과 같은 면에서 그러하다.

- 침개미 여왕과 일꾼은 두배자루마디개미아과, 시베리아개미아과, 불개미아과, 군대개미와 같은 좀 더 '고등한' 개미의 계급 사이에 보이는 것 같은 개체 크기 차이가 거의 없다. 침개미에서 이에 대한 유일한 예외는 오스트레일리아산 침개미 파키콘딜라 루테아(*Pachycondyla lutea*, 이전 속명 브라키포네라(*Brachyponera*))이다.
- 침개미 여왕개미들은 번식력이 비교적 낮아서 하루에 알을 5개 이상 낳는 경우가 드물다. 번식력의 상위를 차지하는 다른 아과, 이를테면 단독 여왕 붉은

J. C. Choe and B. J. Crespi, eds., *The Evolution of Social Behavior in Insects and Arachnids* (New York: Cambridge University Press, 1997), pp. 372-391.

608) B. Bolton, "Synopsis and classification of Formicidae," *Memoris of the American Entomological Institute* 71: 1-370 (2003).

609) 8장에 소개된 설명이나 C. Peeters가 다음에 종합한 바를 참조할 것, "Morphologically 'primitive' ants: comparative review of social characters, and the importance of queen-worker dimorphism," in J. C. Choe and B. J. Crespi, eds., *The Evolution of Social Behavior in Insects and Arachnids* (New York: Cambridge University Press, 1997), pp. 372-391.

불개미는 여왕이 한 시간에 알을 150개 낳고, 아프리카 군대개미 여왕은 매 달 알을 수백만 개 낳는데, 이는 모든 곤충 종에서도 다산의 으뜸이다.

- 여왕의 번식력이 낮은 관계로 군락 크기 역시 작다. 대개의 경우 종에 따라 한 군락에 20~200마리 남짓한 일개미가 있을 뿐이며 이 속에 한 마리에서 몇 마리 정도의 번식 개체가 포함되어 있다. 예외를 들자면 아시아와 멜라네시아 열대 지방에 서식하는 유사군대개미 종(legionary species)인 렙토게니스속 오켈리페라(*L. ocellifera*)와 푸르푸레아(*L. purpurea*) 종은 한 군락에 일개미가 수천에서 수만 마리까지 보유하고 있다.

- 침개미 새 여왕은 언제나 독립적으로 새 군락을 건설하지만 은둔적이지는 않다. 즉 새 여왕은 자기가 살던 둥지를 나와서 짝짓기를 하고 자신만의 새 둥지를 짓거나 혹은 이미 만들어져 있는 공간을 찾아 군락을 만들기 시작하는데, 첫 배 일개미를 기르기 위한 먹이는 일부나마 직접 집 밖에서 구해 온다. 하지만 (전부는 아니지만) 많은 고등한 개미 아과 여왕들은 새로운 둥지에 완전히 은둔하여 첫 배 일개미들을 길러 내는데, 자신의 날개 근육과 지방에 저장된 양분을 먹이로 이용한다.[610] 이 현상에서도 예외적인 오스트레일리아산 파키콘딜라 루테아의 경우는 적어도 잠재적으로는 여왕이 완전히 은둔한 상태에서도 군락을 만들어 낼 수 있다.

- 많은 침개미 종 일개미들은 단독으로 먹이를 찾아 나서며 냄새길이나 페로몬 등을 이용해서 군락 동료를 먹잇감으로 동원하지 않는다. 물론 이런 방식으로 다른 일개미를 동원하는 침개미들도 상당수 있다. 군대개미와 비슷한 오스트레일리아산 오니코미르멕스속 및 아시아와 멜라네시아산 유사군대개미 렙토게니스속, 흰개미를 사냥하는 아프리카산 파키콘딜라 포키 등 몇몇 침개미는 화학 신호를 이용하여 무리 지어 먹이 채집을 할 수 있다. 렙토

---

610) 침개미아과의 반은둔적 초기 군락 형성 양상은 두배자루마디개미아과(*Acromyrmex* 속, *Atta* 속 및 기타 잎꾼개미들, 비늘개미속(*Strumigenys*), 마니카속(*Manica*), 뿔개미속(*Myrmica*), 짱구개미속(*Messor*), 포고노미르멕스속(*Pogonomyrmex*)과 불개미아과(Cataglyphis, Polyrhachis)에서도 광범위하게 발견되고 있다. 이들 중 일부 속에서는 M. J. F. Brown and S. Bonhoeffer, "On the evolution of claustral colony founding in ants," *Evolutionary Ecology Research* 5: 305-313(2003)에서 논의하듯 이 형질은 2차적으로 진화한 것으로 생각된다. 이 현상에 대한 더 최근의 정리와 논의는 다음을 참조할 것, R. A. Johnson, "Capital and income breeding and the evolution of colony founding strategies in ants," *Insectes Sociaux* 53(3): 316-322(2006).

게니스속에서는 무리 먹이 채집 행동이 서식지 생태적 조건에 대한 특화된 적응으로서 몇 차례나 독립적으로 진화한 것으로 보인다.[611]

- 성충 사이, 혹은 일개미와 애벌레 사이에 게워 낸 먹이를 교환하는 구강 먹이 교환 행동은 고등한 아과인 두배자루마디개미아과, 시베리아개미아과, 불개미아과에 널리 퍼져 있다. 하지만 침개미아과에서는 아주 가까운 속인 포네라속과 히포포네라속에서만 알려져 있을 정도로 매우 드문 현상임이 분명하다.[612] 침개미류에서도 더 원시적인 속들에 있어서 구강 먹이 교환이 없는 데에는 다음과 같은 세 가지 생물학적 특징이 이유가 될 수 있을 것이다. 곤충을 먹잇감으로 이용하기에 액상 먹이 교환을 할 이유가 없고, 네 번째 배마디의 위, 아래 판이 서로 달라붙어 있음으로써 배와 그 안에 든 액상 먹이 주 저장기관인 멀떠구니가 팽창할 수 없으며, 군락 규모가 작으므로 먹잇감을 군락 구성원 다수와 쉽게 나눌 수 있기 때문이다.[613] 꽃밖꿀샘에서 분비되는 설탕물 같은 액상 먹이를 취하는 침개미 종에서는 이 액체의 방울을 턱 사이에 끼워 운반하는데, 이를 소위 '공동 물동이'로 부른다.[614]

결국 여기에 침개미아과의 역설이 등장한다. 침개미는 지구적으로 성공적이면서 사회성 측면에서는 원시적이다. 이 역설은 만약 좀 더 진보한 개미아과들이 침

611) C. Baroni Urbani, "The diversity and evolution of recruitment behaviour in ants, with a discussion of the usefulness of parsimony criteria in the reconstruction of evolutionary histories," *Insectes Sociaux* 40(3): 233-260(1993); V. Witte and U. Maschwitz, "Coordination of raiding and emigration in the ponerine army ant *Leptogenys distinguenda*(Hymenoptera: Formicidae: Ponerinae): a signal analysis," *Journal of Insect Behavior* 15(2): 195-217(2002).

612) Y. Hashimoto, K. Yamauchi, and E. Hasegawa, "Unique habits of stomodeal trophallaxis in the ponerine ant *Hypoponera* sp.," *Insectes Sociaux* 42(2): 137-144(1995); J. Liebig, J. Heinze, and B. Hölldobler, "Trophallaxis and aggression in the ponerine ant, *Ponera coarctata*: implications for the evolution of liquid food exchange in the Hymenoptera," *Ethology* 103(9): 707-722(1997).

613) C. Peeters, "Morphologically 'primitive' ants: comparative review of social characters, and the importance of queen-worker dimorphism," in J. C. Choe and B. J. Crespi, eds., *The Evolution of Social Behavior in Insects and Arachnids*(New York: Cambridge University Press, 1997), pp. 372-391.

614) B. Hölldobler, "Liquid food transmission and antennation signals in ponerine ants," *Israel Journal of Entomology* 19(2): 89-99(1985).

개미류 조상으로부터 진화한 것이 확인되면 어느 정도는 해결될 수도 있다. 좀 더 정밀한 계통 분류학적 용어를 빌려 말하자면, 만약 침개미 무리가 다계통 발생이란 것이 증명되고 고등한 아과들이 현생 '침개미' 계통의 여러 무리들과 계통적으로 자매임이 확인되면, 이 역설은 어느 정도 해소될 수 있다는 것이다. (현생 조류를 '최후의 공룡'으로 부를 수 있는 상황과 비슷하다고 할 것이다.)

허나 이것이 사실이라 하더라도(침개미 무리를 기본적으로 단일 계통 발생이라 간주하는 분류학자들의 의견과 배치되지만), 매우 크고 지구적으로 널리 분포하는 이를테면 포네리니족과 같은 많은 현생 침개미 무리들은 여전히 단일 계통 발생으로 남아 있다. 그러므로 침개미 역설은 제대로 해결되지 못하고 남아 있을 것이다.

이 역설을 완전히 해결하기 위해서는 지금 우리가 알고 있는 것보다 훨씬 많은 고생물학 및 생태학적 지식이 있어야 한다. 일단 매우 중요한 이 분야 연구를 자극한다는 희망으로 우리는 다음과 같은 계통 분류학과 생태학적 측면을 조합한 **왕조 계승 가설**이란 것을 제안하고자 하는데, 이는 지금 우리가 가진 지식과 부합되지만 중요한 부분은 여전히 이론에 머물러 있다.

아마도 중생대 말기에 일어났던 대멸종이라는 거대한 변고가 지나고, 침개미 분류군들과 적응적 형질들은 백악기가 끝나는 시기나 그보다 더 뒤인 원신세나 시신세 동안에 뒤에 8장에서 기술하게 될 적응 방산의 대부분 과정을 다 겪어 내고 현대까지 살아남게 되었을 것이다.

약 3000만 년에 걸친 이 시기의 개미 화석은 매우 부실하여 침개미 방산 양상을 지질학적 연대기에 정확히 맞춰 보기가 불가능하다. 계속 살펴보자.

이 첫 단계 방산 과정에서 침개미류는 절지동물 전문 사냥꾼으로서 전 세계, 특히 더운 온대 지역과 열대 습윤림 지역에 확고하게 자리 잡게 된다. 이때 지상 환경과 부엽토를 선호하는 방향으로 진화했다. 사실 침개미들이 이런 일련의 적응 기회들을 선점함으로써 뒤이어 등장하는 시베리아개미아과와 불개미아과가 이런 생태 조건을 넘볼 수 없게 된다. 그러지 않았더라면 이 두 아과는 더욱 더 성공적으로 진화했을 지도 모른다. 현대의 개미 다양성과 지리학적 분포의 4대 핵심이랄 수 있는 아과들 중 두배자루마디개미아과만이 숲의 지표면에 서식하는 포식자라는 생태적 지위를 놓고 침개미들과 맞설 수 있을 뿐이다. 두배자루마디개미아과의 방산은 침개미가 전지구적으로 가장 넓게 확산한 시기와 거의 비슷하거나 약간 뒤처진 시기에 일어났을 것이다.

침개미들 중에는 먹이 공급을 사냥에만 전적으로 의지하지 않는 것들도 있다. 오돈토마쿠스 트로글로디테스(*Odontomachus troglodytes*)는 깍지벌레나 진딧물을 돌보며 단물을 빨아 먹는다. 하지만 가장 잘 연구된 침개미들의 먹이는 기본적으로는 살아 있는 곤충과 기타 절지동물들이며, 다른 이유로 갓 죽은 절지동물의 시체도 추가될 수 있다. 많은 침개미 종들은 사냥하는 먹이가 어느 정도 정해져 있다. 특히 잘 알려진 사례를 들자면 흰개미만 노리는 켄트로미르멕스속(*Centromyrmex*), 등각류(isopod)만 잡는 렙토게니스속, 종에 따라 노래기나 딱정벌레만 잡아먹는 미오피아스속(*Myopias*), 몸이 물렁한 폴리제니다과(Polyxenidae) 노래기만 사냥하는 타우마토미르멕스속(*Thaumatomyrmex*) 등이 있다.[615]

전적으로 사냥에 먹이를 의존하는 침개미 경우, 특히 특정한 먹잇감만 전문적으로 사냥하는 경우, 먹이가 늘 풍족하지 않은 이유로 군락 크기는 작아진다. 사냥 전문 침개미 종과 기타 침개미형 아과에 속한 개미들은 서식 밀도 또한 낮은데, 이 역시 우연이 아니다. 예를 들어 무딘침개미속과 배굽은침개미속 개미들은 보기 드문 것으로 유명한데 특히 타우마토미르멕스속 개미들은 세상에서 가장 보기 드문 개미들일 것이다(한 마리라도 찾는 날엔 개미 전문가들 사이에 큰 뉴스가 될 정도이다).

사냥으로 생존하고 군락 크기가 작다는 것은 결과적으로 다른 사회성 특성까지 간단하고 '원시적'으로 만든다. 즉 먹이 사냥은 단독으로 하며, 동원과 경보 시스템은 기초적이고, 일꾼 버금 계급은 드물거나 아예 없고, 여왕이 없어지면 일꾼

---

615) 침개미 먹이에 관한 총정리는 다음을 참조할 것: B. Hölldobler and E. O. Wilson, *The Ants*(Cambridge, MA: The Belknap Press of Harvard University Press, 1990); C. Peeters, "Morphologically 'primitive' ants: comparative review of social characters, and the importance of queen-worker dimorphism," in J. C. Choe and B. J. Crespi, eds., *The Evolution of Social Behavior in Insects and Arachnids*(New York: Cambridge University Press, 1997), pp. 372–391. M. B. Dijkstra and J. J. Boomsma, "*Gnamptogenys hartmani* Wheeler(Ponerinae: Ectatommini): an agro-predator of *Trachymyrmex* and *Sericomyrmex* fungus-growing ants," *Naturwissenschaften* 90(12): 568–571(2003) 역시 참고할 것.

들이 알아서 번식을 하게 되고, 새끼를 돌보는 작업 역시 조직적이지 않다.

침개미(그리고 기타 침개미형 개미들)는 사냥꾼으로 유능하며 전 세계의 온난한 지역 숲속 바닥에 있는 둥지 터 주인으로서 확실히 자리 잡고 있다. 이 개미들이 선호하는 둥지 터는 부엽토가 깔린 다양한 작은 공간들로, 썩은 통나무나 그루터기, 땅에 널브러진 굵고 가는 나뭇가지, 낙엽 더미, 이끼, 살아 있는 큰키나무, 떨기나무, 풀뿌리 등을 망라하는 다양한 곳들이다. 이들 군락은 이런 식생 내부 공간을 비롯 그 밑 부분, 더 나아가 그 아래 토양까지 파고들어 방과 통로를 만들어 둥지를 짓는다.

침개미는 이런 복잡하고 영양분이 풍부한 환경에서 자신의 위치를 잘 유지하고 있다. 워드가 전 세계 110곳의 숲을 대상으로 개미 상을 분석한 바에 따르면 발견된 총 2만 9942개 개미 표본 중 침개미는 종 수에서 22.2퍼센트, 개체 수 중 12.4퍼센트의 압도적 비율을 보였다. 이에 비해 불개미아과는 종 수의 10.6퍼센트, 개체 수의 12.9퍼센트를 차지했으며, 시베리아개미아과는 종 수에서 고작 1.1퍼센트, 총 개체 수의 0.5퍼센트를 차지했을 뿐이다.[616] 하지만 이 세 종류의 소위 4대 개미 아과조차 두배자루마디개미아과의 수치에 비하면 새발의 피일 뿐이다. 두배자루마디개미아과는 종 수의 65.2퍼센트, 개체 수의 73.7퍼센트를 차지했다. 두배자루마디개미아과는 특히 다케티니족(Dacetini)과 바시케로티니족(Basicerotini) 등이 침개미들과 비슷한 서식지를 선호하며, 전 세계 숲의 부엽토 생태계의 명실상부한 주인이라고 할 수 있다.

이와 같이 침개미들은 전 세계 대부분, 특히 열대구와 아열대구 부엽토 생태계에 널리 퍼져있다. 앞서 말한 워드의 110개 숲 표본 중 75.5퍼센트에 적어도 한 종의 히포포네라속 개미가 포함되어 있고, 이런 초다양성과 풍부도는 두배자루마디개미아과인 혹개미속 정도만 필적할 수 있는 것이다. 다른 침개미들, 이를테면 파키콘딜라속이 43.6퍼센트, 아노케투스속(Anochetus)이 25.5퍼센트로 각각 6위와 7위에 놓여 있다. 두배자루마디개미아과가 일반적으로 우점종 지위를 차지하고 있는 곳

616) P. S. Ward, "Broad-scale patterns of diversity in leaf litter ant communities," in D. Agosti, J. D. Majer, L. E. Alonso, and T. R. Schultz, eds., *Ants: Standard Methods for Measuring and Monitoring Biodiversity* (Washington, DC: Smithsonian Institution Press, 2000), pp. 99-121; 여기에 밝혀진 양상은 그 이전의 덜 광범위한 주관적 조사였던 E. O. Wilson, "Which are the most prevalent ant genera?" *Studia Entomologica* 19(1-4): 187-200(1976)의 결과와 거의 비슷하다.

은 혹개미속을 비롯 비늘개미속(*Strumigenys*)이 일인자를 차지하고 있으며 그 뒤를 따르는 불개미아과 사쿠라개미속(*Paratrechina*)(53.6퍼센트)과 브라키미르멕스속(*Brachymyrmex*)(25.5퍼센트)은 수치상 저 아래 떨어져 있으며, 그 다음 시베리아개미아과는 상위 40위 이내에 든 속이 없을 정도로 격차가 현저하게 벌어진다.

전 세계, 특히 열대 속씨식물 숲 지표 부엽토는 서식 밀도와 종 다양성에 있어서 최고의 개미 서식지이다. 말벌개미아과와 포르미키나이아과(불개미아과와 다르며 대형 개미가 속해 있음)를 제외하고는 백악기 중엽에 기원한 모든 개미 아과들을 비롯 시신세 말기 이래로 등장한 개미 속들 거의 대부분 역시 이곳에 살고 있기 때문에 열대 숲속 부엽토는 언제나 개미의 최대 서식지로 애용되어 왔다고 추정하는 것이 합리적일 것이다. 이 서식 환경을 개미 진화의 중심점으로 생각하는 것이 당연하며 여기로부터 중요 개미 분류군들이 다른 서식지로 퍼져 나갔을 것이며, 또 많은 경우는 그러지 못했을 것이다.

열대와 온난한 온대 숲에서 멀리 벗어난 지역에 사는 다른 침개미형 개미들은 상황이 전혀 다르다. 오스트레일리아를 제외하고는 저온의 온대 지역 숲이나 사막, 반건조 초원에서는 침개미는 매우 보기 드물다.

열대 숲 위에 사는 개미들

침개미 분포 양상은 열대 숲 바닥의 부엽토층을 떠나 위로 높이 올라가면서 꼭대기에 이를 때까지 달라진다. 아마존 경우 아과별 분포 양상은 숲지붕에서는 거의 반전된다. 위로 올라갈수록 불개미와 시베리아개미아과 수가 두배자루마디개미아과에 비해 급격히 증가하는 반면 침개미는 매우 낮은 수준으로 떨어진다. 에드워드 윌슨이 1987년 페루 탐보파타 보호 구역 안에서 각종 숲지붕에 서식하는 개미 종 변화 양상을 분석한 바에 따르면,[617] 가장 흔한 7개 속 풍부도는 꽁무니치레개미속(두배자루마디개미아과, 23.4퍼센트), 왕개미속(불개미아과, 23.3퍼센트), 아즈테카속(*Azteca*)(시베리아개미아과, 7.8퍼센트), 시베리아개미속(*Dolichoderus*,

---

617)   E. O. Wilson, "The arboreal ant fauna of Peruvian Amazon forests: a first assessment," *Biotropica* 19(3): 245-251(1987). 표본의 수집은 T. L. Erwin이 숲의 상층부에 살충제를 뿌려서 거두었다.

시베리아개미아과, 5.8퍼센트), 수도미르멕스속(*Pseudomyrmex*, 수도미르메키나이아과(Pseudomyrmecinae), 4.9퍼센트), 열마디개미속(이전 속명 디플로르홉트룸(*Diplorhoptrum*), 두배자루마디개미아과, 4.7퍼센트), 케팔로테스속(이전 속명 자크립토케루스(*Zacryptocerus*), 두배자루마디개미아과, 3.9퍼센트) 순이었다. 여기서는 침개미아과 모든 속을 다 합해도 고작 4.0퍼센트를 차지할 뿐이었다. 다양성 역시 지상 부엽토에 비하여 두배자루마디개미아과와 침개미아과는 크게 줄어들었다. 두배자루마디개미아과는 50종, 침개미아과는 10종만이 확인되었을 뿐이며, 이에 비해 시베리아개미아과는 16종, 불개미아과는 38종이 있었다.

아마존 숲지붕 개미의 90퍼센트 이상을 차지하는 대부분 종들은 탐보파타 개미상에서 본 것처럼 나무 위 생활 방식에 전문적으로 적응했다. 이는 수적으로 가장 우점종인 네 종, 즉 돌리코데루스 데빌리스(*Dolichoderus debilis*), 캄포노투스 페모라투스(*Camponotus femoratus*), 크레마토가스테르 파라비오티카(*Crematogaster parabiotica*), 솔레놉시스 파라비오티카(*Solenopsis parabiotica*)를 보면 확실해진다. 이들은 우선 둥지 터를 고르는 일에서부터 매우 전문적이다. 즉 이들은 소위 '개미 정원'이라 불리는 열대 난초류와 게스네리아과(Gesneriaceae) 식물을 비롯한 기타 의존성 식물 무더기에 살며, 대신 이들의 씨를 퍼뜨려 주는 상리 공생 관계에 놓여 있다. 이들 열대 수상(樹上)개미들은 또 속이 빈 나뭇가지나 나무를 파는 딱정벌레들이 만들어 놓은 굴을 둥지로 삼는다. 이들은 또 나뭇가지가 부풀어 올라 그 안에 빈 공간이 마련된 여러 가지 형태의 소위 개미방(myrmecodomatia)에 살면서 다른 초식 동물들로부터 나무를 지켜주는 공생 관계를 유지하기도 한다.

가장 중요한 점은 열대 수상개미들 전체가 너무나 다양하고 동물 생물량의 커다란 몫을 차지하고 있기 때문에 이들이 전적으로 사냥이나 다른 동물의 시체를 주워 먹는 것에 먹이를 의존하면 살아남을 수가 없다는 사실이다. 한마디로 이런 육식개미를 먹여 살릴 만큼 충분한 양의 단백질을 제공할 수 있는 초식 곤충 수가 부족하다. 이 또 다른 역설은 이제는 어느 정도 해결된 듯 보인다. 숲 상층부에 살고 있는 개미들 중 많은 수가 사실은 기본적으로 육식성이 아니라 '은밀한 초식성'으로서 깍지벌레나 뿔매미를 비롯한 매미목 곤충 꽁무니에서 나오는 단물을 받아먹으며 살고 있다.[618] 이 개미들은 이런 매미목 곤충을 기생충이나 포식자로부

---

618)   J. E. Tobin, "A Neotropical rainforest canopy, ant community: some ecological

터 보호하여 마치 목장의 소떼처럼 건사한다. 열대 아시아(특히 보르네오)에 사는 시베리아개미속 몇 종은 알로미르모코키니족(Allomyrmococcini) 수도코쿠스속 (*Pseudococcus*) 벚나무깍지벌레들과 놀랄 만한 공생 관계를 유지하는데, 일개미들은 마치 유목민처럼 벚나무깍지벌레 숙주 식물의 새순이 돋아나는 곳으로 벚나무깍지벌레를 데리고 돌아다니면서 거기에 머물러 임시 거처를 마련한 뒤 벚나무깍지벌레를 풀어 놓고 먹여 키운다. 벚나무깍지벌레들이 한 곳의 새순을 다 먹어 치우면 군락 전체가 새로운 '목초지'로 벚나무깍지벌레를 데리고 옮겨 가서 다시 거기에 임시 둥지를 만든다. 일개미들은 자기 군락 새끼들과 벚나무깍지벌레를 함께 물고 옮기며 이동 중에 매우 야단스럽게 이들을 지킨다. 이 개미들은 오직 나무 위에서만 생활하며 오로지 벚나무깍지벌레가 단물로 분비해 주는 나무 수액만 먹고 산다.[619]

또 어떤 수상개미들은 꽃가루나 곰팡이 포자와 균사로부터 추가적 영양분을 획득한다고도 알려져 있다. 또 적어도 두배자루마디개미아과 케팔로테스속 개미는 질소가 풍부한 새똥을 먹는다. 같은 경우가 동남아산 대형 개미 캄포노투스 기가스(*Camponotus gigas*)를 포함한 왕개미속 몇 종에서도 알려져 있다. 왕개미속 개미의 중장 상피에 서식하는 공생균의 기능 중 하나는 바로 세포에 강력한 독성 물질인 암모니아를 분해하는 것이다. 이 균(블로크마니아 플로리다누스(*Blochmania floridanus*))은 요소 분해 효소를 만들어 암모니아를 이산화탄소와 물로 분해하여 새똥이 안전하게 자기 숙주인 개미의 소화기로 들어갈 수 있도록 돕는다.

considerations," in C. R. Huxley and D. F. Cutler, eds., *Ant-Plant Interactions*(New York: Oxford University Press, 1991), pp. 536-538; J. E. Tobin, "Ants as primary consumers: diet and abundance in the Formicidae," in J. H. Hunt and C. A. Nalepa, eds., *Nourishment and Evolution in Insect Societies* (Boulder, CO: Westview Press, 1994), pp. 279-307; D. W. Davidson, S. C. Cook, R. R. Snelling, and T. H. Chua, "Explaining the abundance of ants in lowland tropical rainforest canopies," *Science* 300: 969-972(2003); J. H. Hunt, "Cryptic herbivores of the rainforest canopy," *Science* 300: 916-917(2003).

619) M. Dill, D. J. Williams, and U. Maschwitz, "Herdsmen ants and their mealybug partners," *Abhandlungen der Senckenbergischen Naturforschenden Gesellschaft Frankfurt am Main* 557: 1-373(2002). 또 다음을 참고할 것: C. A. Bruhl, G. Gunsalam, and K. E. Linsenmair, "Stratification of ants(Hymenoptera, Formicidae) in a primary rain forest in Sabah, Borneo," *Journal of Tropical Ecology* 14(3): 285-297(1998); A. Floren, A. Biun, and K. E. Linsenmair, "Arboreal ants as key predatotrs in tropical lowland rainforest trees," *Oecologica* 131(1): 137-144(2002).

시베리아개미아과와 불개미아과 개미들 중 많은 수가 전 세계 모든 주요 서식지에서 매미목 곤충들과 공생 관계를 이루며 살고 있다. 두배자루마디개미아과는 이런 공생에는 비교적 덜 활발한 편이며 침개미는 알려진 사례가 거의 없다. 정량적 분석 자료는 아직 없지만 이런 분류군에 따른 비대칭은 개미의 자연사 연구에서 흔히 보이는 차이점이며, 시베리아개미아과와 불개미아과는 이런 매미목 곤충들과 공진화를 통해 생물량과 다양성을 늘리는 데 큰 이익을 본 것이 틀림없다.

왕조 계승 가설

6500만 년 전에 일어난 백악기/원신세, 혹은 중생대 말기 대멸종 사건이 말벌개미아과를 절멸시킨 것으로 생각되지만, 해부학적으로 원시적인 침개미들은 살아남았다. 이후 현화식물이 등장하여 지구 전체에서 그 이전의 겉씨식물군을 대체하며 지속적으로 팽창을 거듭하는 동안 숲의 부엽토 층은 점점 더 복잡해져 갔다. (모든 점을 고려할 때, 특히 구조적인 면과 화학적 미기후적 측면에서, 속씨식물 부엽토는 겉씨식물의 그것에 비해 개미 군락에 훨씬 더 적합한 것이었다.) 부엽토 및 지상, 숲과 반건조 초원 식생에 서식하는 개미들은 다양성과 풍부도 면에서 꾸준히 성장했다. 원신세와 시신세 초기인 6500만 년 전부터 5000만 년 전에 이르는 기간은 개미 진화에 매우 우호적인 환경 조건을 지니고 있어서 이 동안 침개미는 중요한 적응 방산을 경험했고, 이들 중 일부는 오늘날까지 살아남았다.

침개미 팽창 동안, 그리고 아마도 더 정확하게는 이 팽창 말기인 시신세 초기에 걸쳐 두배자루마디개미아과들 역시 그들만의 적응 방산을 경험했다. 그리고 먹잇감과 둥지 터를 두고 침개미와 팽팽하게 맞서게 되었다. 결국 두배자루마디개미아과 생물량과 다양성이 침개미를 넘어섰다. 많은 두배자루마디개미아과들이 지방질과 탄수화물의 중요한 공급원이 되는 식물의 씨앗과 엘라이오솜(elaiosome)을 먹이 목록에 추가했다. 적어도 부분적으로는 이 덕택으로 두배자루마디개미아과가 사막과 건조 초원 지대로까지 영역을 확장시켜 나갈 수 있게 되었다.

더 중요한 점은 일부 두배자루마디개미아과 개미들이 매미목 곤충들(열대와 온난한 온대 지역에서는 대개 깍지벌레와 뿔매미가 대상이며, 좀 더 서늘한 온대에서는 진딧물이 더 흔한 대상이 되고, 지하에서는 어느 곳이나 벚나무깍지벌레가 개입됨)과 공생하기 시작했다는 사실이다. 단물을 내는 나비 애벌레들과도 비슷한 공생이 벌어지기도 한다. 신대륙에서는 한 계통(아티니족)이 먹이로 공생 곰팡이를 기르는 재주를 얻음으로써 다양성과 생물량을 획기적으로 늘려 나갔다.

시베리아개미아과와 불개미아과 역시 아마도 두배자루마디개미아과와 동시거나 다소 늦은 시신세 초기와 중기에 걸쳐 다양성이 증가했다. 이들은 숲의 부엽토 환경에서는 이곳을 선점하고 있던 두배자루마디개미아과와 침개미아과에 밀려 크게 번성하지 못했지만 매미목 곤충과 공생에서는 더 큰 성공을 거두었다. 게다가 이 두 아과 개미들은 사냥을 주업으로 삼는 개미에게는 덜 적합한 환경인 서늘한 온대 기후와 열대 숲지붕으로 팽창해 나아갔다. 이들의 성공은 숲지붕 서식환경에 성공했다는 조건으로 예측할 수 있는 대로, 많은 표본들이 호박에 갇힌 화석(특히 일개미들)과 일반 화석(날개 달린 개미들)으로 발견된다는 점에서도 확인할 수 있다.

시베리아개미아과와 불개미아과의 성공은 먹이 변화 덕분이며, 이는 두배자루마디개미아과 성공에도 어느 정도 관여한다. 이 변화는 결국 백악기에 시작되어 원신세와 시신세에 크게 증가한 속씨식물이 지상 환경 대부분을 점령한 현상에 도움을 받은 것이다. 이는 또 단물을 만들어 내는 매미목과 나비목 곤충의 번성과도 관계가 있는데, 이들 곤충 역시 속씨식물 번성으로 인한 결과인 것이다.

복잡한 사회성을 띠는 개미들은 현재 우리 주위에 최고로 번성하고 있는데, 이들이 지질학적 시대를 통해 거쳐 온 생태적 역사는 진화의 위대한 서사시들 중 하나로 간주되어야 마땅하다. 하지만 그것의 진면목에 대한 이해는 아직도 겨우 파편적일 뿐이다. 특히 중요 방산이 일어났던 후기 백악기에서 원신세에 이르는 결정적 시기에 관한 화석 기록은 빈자리가 많이 남아 있다. 마찬가지로 이런 생태적 진화 역사를 깊이 간직하고 있다고 할 수 있는 현존하는 개미 종들 대부분은 그 생활사나 자연사가 전혀 알려지지 않은 채 살고 있다.

사진 44 │ 아시아산 침개미 하르페그나토스
살타토르 일개미가 일개미로 자라날 번데기를
돌보고 있다.

8

침개미아과: 대방산

PONERINE ANTS: THE GREAT RADIATION

침개미형 개미 무리, 특히 그 대부분을 차지하는 침개미아과 개미에는 다른 어떤 아과의 개미도 따라올 수 없을 만큼의 다양성이 존재한다. 이런 다양성은 번식 주기, 내부 갈등 양상, 의사소통 체계, 군락 수준 조직 정도에서 분명하게 드러난다. 그리하여 침개미는 사회성 조직 전반에 대해 개미 중에서 가장 다양한 분류군이 되었다. 많은 침개미 종은 초유기체적 구조면에서는 비교적 원시적이나 개체 사이 상호 작용 면에서는 인간을 제외한 유인원을 포함 가장 진보한 척추동물이 보이는 복잡성에 필적할 만하다. 침개미아과가 가진 이 중요한 특성을 설명하기 위해서는 어마어마한 양의 정보가 필요하고 또 그런 정보 대부분이 최근에야 알려진 탓에, 이 장에서 매우 자세한 내용까지 살펴보고자 한다.

사회적 번식 규제

벌목 곤충 중에서 형태적으로 전문화된 여왕이나 일꾼이 없는 경우에 모든 암컷은 번식을 할 수 있다. 하지만 군락 안에서 암컷들은 번식을 두고 서로 갈등을 겪으며 그 결과 번식의 우선순위가 결정되기 때문에 대부분 개체들은 불임 상태이다. 결국 한 마리나 몇 마리 정도의 우월한 암컷들만 난소가 제 기능을 하고 그 아래 암컷들의 난소는 퇴화되거나 불활성 상태로 유지된다. 사회성 곤충들 사이 우선순위 경쟁에서 벌어지는 행동 양상과 화학적 의사소통의 역할에 대해서는[620][621]

620) S. Turillazzi and M. J. West-Eberhard, *Natural Hisotry and Evolution of Paper-Wasps*(New York: Oxford University Press, 1996); H. A. downing and R. L. Jeanne, "Communication of status in the social wasp *Polistes fuscatus*(Hymenoptera: Vespidae)," *Zeitschrift für Tierpsychologie* 67(1-4): 78-96(1985).

621) R. Gadagkar, *Social Biology of Ropalidia marginata*(Cambridge, MA: Harvard University

쌍살벌속과 로팔리디아속 말벌을 비롯 특히 침개미에서 잘 연구되어 있다.[622] 이들 곤충에서 개체별 상호 작용은 매우 직접적인데, 이는 특별한 식별 기작이 존재하고 있음을 시사한다.

개미는 일반적으로 형태가 다른 여왕과 일개미 계급으로 군락을 형성한다. 하지만 그럼에도 대부분 일개미들은 비록 그 크기는 여왕 것에 비해 현저하게 작지만 여전히 난소를 가지고 있다. 특정 조건이 맞으면 일꾼들도 부화하는 알을 낳을 수 있다. 대부분 종에서 일개미는 저정낭이 아예 없거나 있어도 매우 퇴화됐기 때문에 수컷과 짝짓기를 하거나 정자를 몸속에 저장할 수 없다. 따라서 이들 일꾼이 낳는 알은 미수정란이며 대개 수컷으로 자라난다.[623] 하지만 군락에 산란하는 여왕이 있는 경우 일개미들은 전혀 번식을 하지 않는 편이다.[624] 침개미아과는 개미들이 번식을 어떻게 사회적으로 규제하는가를 비교 연구하기에 매우 흥미로운 대상이다. 이 단일 아과 안에서도 어떤 종에서는 여왕과 일꾼 계급을 분명히 구분할 수 있지만, 다른 대부분 종들은 이런 형태적 구분조차 매우 미미하거나, 혹은 여왕 계급이 아예 존재하지 않고 형태적으로 일꾼인 개체들이 완전한 번식 기능을 수행하고 있다.[625]

Press, 2001); S. Premmath, A. Sinah, and R. Gadagkar, "Dominance relationship in the establishment of reproductive division of labour in a primitively eusocial wasp(*Ropalidia marginata*)," *Behavioral Ecology and Sociobiology* 39(2): 125-132(1996).

622) C. Peeters, "Morphologically 'primitive' ants: comparative review of social characters, and the importance of queen-worker dimorphism," in J. C. Choe and B. J. Crespi, eds., *The Evolution of Social Behavior in insects and Arachnids*(New York: Cambridge University Press, 1997), pp. 372-391.

623) 개미 몇 종은 미수정란을 암컷으로 발달시키는 처녀 생식(thelytokous parthenogenesis)으로 번식하며, 그 결과 수컷은 아예 없을 수도 있다.

624) B. Hölldobler and E. O. Wilson, *The Ants*(Cambridge, MA: The Belknap Press of Harvard University Press, 1990); J. Heinze, "Reproductive conflict in insect societies," *Advances in the Study of Behavior* 34: 1-57(2004).

625) C. Peeters, "Monogyny and polygyny in ponerine ants with or without queens," in L. Keller, ed., *Queen Number and Sociality in Insects*(New York: Oxford University Press, 1993), pp. 234-261; C. Peeters and F. Ito, "Colony dispersal and the evolution of queen morphology in social Hymenoptera," *Annual Review of Entomology* 46: 601-630(2001); B. Gobin, F. Ito, C. Peeters, and J. Billen, "Queen-worker differences in spermatheca reservoir of phylogenetically basal ants," *Cell and Tissue Research* 326(1): 169-178(2006).

하르페그나토스속: 건축가 군락의 한살이

침개미들이 보여 주는 이 괄목할 만한 일련의 현상을 조사하는 첫 출발점이 되는 것은 인도 남부와 실험실에서 광범위하게 연구된 인상적 외형을 지닌 하르페그나토스 살타토르이다.[626] 이 종 여왕과 일꾼은 형태적으로 다소 차이가 있는데, 주된 이유는 여왕의 날개 근육 탓이다(그림 8-1). 난소의 해부학적 특성은 여왕이나 일꾼이 그다지 다르지 않다. 두 계급 모두 같은 수(대개 8개)의 난소 소관을 지니고 있으나 여왕 것이 두 배 정도 더 길고 그 결과 번식 가능한 일개미에 비해 두 배 정도 높은 번식력을 가지고 있다.[627] 게다가 모든 일개미도 완전히 기능하는 저정낭을 지니고 있고, 군락에 따라 이들 중 0~70퍼센트는 짝짓기를 통해 번식 일개미로 완전한 기능을 할 수 있다.[628] 하지만 짝짓기한 모든 일개미들이 다 번식을 하게 되면 군락 전체 번식 효율성에 결코 득이 될 것이 없다. 그렇다면 이제 하르페그나토스 살타토르 군락의 한살이 속에서 어떻게 사회적 번식 규제가 이 문제를 해결했는지를 알아보자.[629]

짝짓기를 해서 번식하는 일개미를 번식 일개미라 부른다. 하르페그나토스속 (Harpegnathos) 개미에서는 이들이 여왕과 함께 존재하지만, 다른 침개미에서 여왕과 함께 사는 경우는 드물다. 짝짓기 이전 여왕은 정상적으로 보인다. 즉 날개를 가지고 있고, 때가 되면 자신이 머물던 둥지를 나서서 다른 둥지 출신 수컷과 짝짓기를 한다. 짝짓기 후에는 날개를 떼어 버리고 구멍을 파고 들어가 새 둥지를 만든다. 이때 여왕은 밖으로 나가 곤충이나 거미를 사냥한 뒤 침에서 나오는 독으로 마비

---

626)   J. Liebig, "Eusociality, female caste specialization, and regulation of reproduction in the ponerine ant, *Harpegnathos saltator* Jerdon"(Ph.D. thesis, University of Würzburg, Germany, 1998) (Berlin: Wissenschaft und Technik Verlag, 1998).

627)   C. Peeters, J. Liebig, and B. Hölldobler, "Sexual reproduction by both queens and workers in the ponerine ant *Harpegnathos saltator*," *Insectes Sociaux* 47(4): 325-332(2000).

628)   이 현상은 상당수 침개미에서 확인되었다. C. Peeters, "Monogyny and polygyny in ponerine ants with or without queens," in L. Keller, eds., *Queen Number and Sociality in Insects*(New York: Oxford University Press, 1993), pp. 234-261.

629)   C. Peeters and B. Hölldobler, "Reproductive cooperation between queens and their mated workers: the complex life history of an ant with a valuable nest," *Proceedings of the National Academy of Sciences USA* 92(24): 10977-10979(1995).

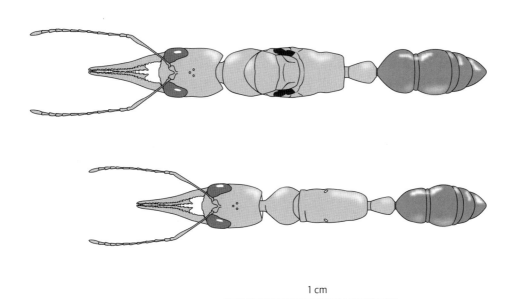

1 cm

그림 8-1 | 하르페그나토스 살타토르 암컷 계급으로 위가 여왕이고 아래는 일꾼이다. C. Peeters, J. Liebig, and B. Hölldobler, "Sexual reproduction by both queens and workers in the ponerine ant *Harpegnathos saltator*," *Insectes Sociaux* 47(4): 325-332(2000)을 참조.

시킨다. 이런 식으로 새 여왕은 둥지에 살아 있는 먹이를 저장해 놓을 수 있고, 따라서 애벌레들은 이 살아 있는 먹이를 편리할 때 먹으면서 자란다.[630] 초기 군락은 매우 빨리 자란다. 새 군락이 만들어진 지 1년이 지나면 20~60마리 일개미들이 둥지에 살게 된다.

첫 배 일꾼들이 우화함에 따라 여왕은 더 이상 먹이 사냥에 나서지 않고 산란에만 집중한다. 일꾼 수가 늘어남에 따라 둥지 구조는 점점 더 복잡해진다(그림 8-2).[631] 2~3년이 지나면 침개미가 만든 것 치고는 비정상적일 정도로 복잡한 건축적 구조를 갖게 된다(그림 8-3).[632] 주거 공간은 지표에 가깝게 만들어진다. 가

630) U. Maschwitz, M. Hahn, and P. Schonegge, "Paralysis of prey in ponerine ants," *Naturwissenschaften* 66(4): 213-214(1979).

631) J. Liebig, "Eusociality, female caste specialization, and regulation of reproduction in the ponerine ant, *Harpegnathos saltator* Jerdon"(Ph.D. thesis, University of Würzburg, Germany, 1998) (Berlin: Wissenschaft und Technik Verlag, 1998).

632) C. Peeters, B. Hölldobler, M. Moffett, and T. M. Musthak Ali, "'Wall-papering' and elaborate nest architecture in the ponerine ant *Harpegnathos saltator*," *Insectes Sociaux* 41(2): 211-218(1994).

장 꼭대기에 있는 방은 두꺼운 아치형 천장으로 둘러싸여 보호되는데, 이 천장과 주변 토양 사이에는 빈 공간이 놓여 있다. 군락이 자라면서 이 아치형 천장은 점점 변모하여 여러 겹으로 중첩된 방들을 감싸는 껍질로 변한다. 두툼하게 둘레가 덧대어진 작은 입구들이 이 껍질 꼭대기 부분에 만들어진다. 방 안쪽은 부분적으로 나 전체적으로 빈 번데기 껍질 조각으로 도배되어 있다. 쓰레기 버리는 방은 언제나 주거 공간보다 훨씬 깊은 아래쪽에 놓여 있다. 이 방에는 축축하고 짙은 갈색의 먹이 찌꺼기들(귀뚜라미, 나방, 거미, 기타 절지동물)이 쌓여 있고, 편리 공생을 하고 있는 밀리키이다이과(Milichiidae) 파리 구더기들이 살고 있다. 이 파리 구더기는 먹이 찌꺼기를 먹고 살며, 쓰레기 방이 막혀 넘치지 않도록 도와준다. 성충으로 우화한 파리들은 사냥에서 돌아오는 하르페그나토스속 개미 등에 올라타서 이 둥지 저 둥지로 옮겨 다닐 수 있다(그림 8-4). 둥지에 들어온 파리들은 쓰레기 방을 찾아

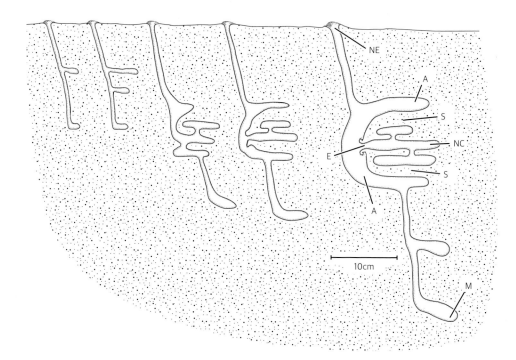

10cm

그림 8-2 | 하르페그나토스 살타토르 둥지가 확장되는 과정으로 다른 발달 과정에 있는 둥지들을 발굴하여 관찰한 것임. A: 안마당, E: 둥지 안쪽 구실(球室)에 이르는 입구, M: 쓰레기 퇴적층, NC: 새끼방, NE: 둥지 입구, S: 새끼방이 들어 있는 구실(球室). 좌로부터 우로: 여왕이 처음으로 만든 둥지, 5~12개월이 지난 뒤 모습으로 이층이 만들어져 있음, 1년~1년 반 된 둥지로 새끼방이 2개 있으나 구실(球室)과 안마당은 아직 완성되지 않았음, 2년 이상 된 둥지, 그림 8-3에서 보이는 것과 같은 완전히 지어진 둥지. J. Liebig, "Eusociality, female caste specialization, and regulation of reproduction in the ponerine ant, *Harpegnathos saltator* Jerdon"(Ph.D. thesis, University of Würzburg, Germany, 1998)(Berlin: Wissenschaft und Technik Verlag, 1998)를 참조.

거기에 알을 낳는다.

이 기이한 건축 구조는 둥지 공간이 홍수에 잠기지 않도록 하기 위한 이상적 설계로 보인다. 하르페그나토스속 개미가 서식하는 인도 남부는 긴 건기가 끝나면 곧 강력한 우기가 시작되는데, 이 동안 많은 양의 빗물이 토양을 흠뻑 적시게 된다. 물을 잔뜩 머금은 토양은 통상적인 얕은 개미 둥지들을 쉽게 무너뜨릴 수 있지만 복잡한 구조를 가진 하르페그나토스속 둥지는 여기에 대한 방침 기능을 하는 것이

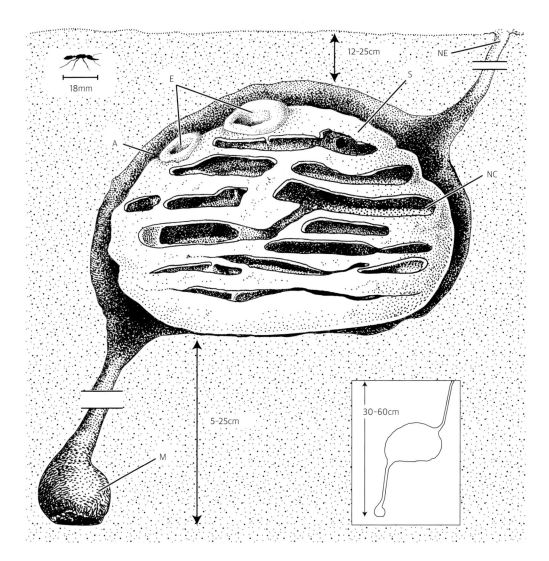

그림 8-3 │ 하르페그나토스 개미의 성숙한 둥지. A: 안마당, E: 테가 둘린 구실(球室) 입구, M: 쓰레기 퇴적 및 출수실, NE: 둥지 입구. 둥지 공간 내벽은 빈 고치 껍질과 마른 식물 따위로 '도배'되어 있음. C. Peeters, B. Hölldobler, M. Moffett, and T. M. Musthak Ali, "'Wall-papering' and elaborate nest architecture in the ponerine ant *Harpegnathos saltator,*" *Insectes Sociaux* 41(2): 211-218(1994)를 참조.

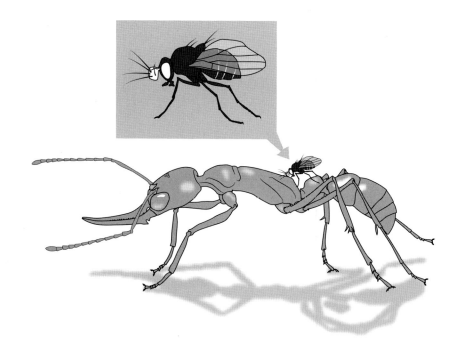

그림 8-4 │ 먹이 사냥에 나선 하르페그나토스 개미에 올라탄 밀리키이다이과 파리. 이렇게 해서 파리는 개미 둥지로 들어간 뒤 군락의 쓰레기 더미에서 번식한다. 말루 오버마이어(Malu Obermayer)의 출판되지 않은 원본 그림을 참조.

분명하다. 군락 나이가 얼마 되지 않아 둥지가 아직 덜 완성된 경우 우기 동안 군락 자체가 쓸려 내려가는 경우가 빈번하지만 복잡한 둥지를 가진 성숙한 군락은 살아 남을 가능성이 높다. 하르페그나토스 개미 군락은 따라서 매우 중요한 지속적으로 거주할 수 있는 주거 공간을 스스로 만들어 내는 것이다. 다른 대부분 침개미 종들은 간단한 둥지를 만들고 비상 응급 상황이 되면 쉽게 둥지를 버리고 다른 둥지로 옮기는데 이것이 하르페그나토스 개미와 다른 점이다.

이렇게 정교한 둥지 건설의 공학적 측면은 이 개미 생활사에도 몇 가지 영향을 미치게 된다. 위험한 군락 건설 초기를 무사히 넘긴 새 여왕은 통상 2~5년 동안 살아남는다. 여왕이 번식을 하는 동안은 군락에서 유일한 번식 담당 개체가 된다. 하지만 번식력이 점차 감퇴하면서 짝짓기를 한 일개미들이 번식 우선순위를 두고 다툼을 벌이게 된다. 결국 한 무리의 번식 일개미(짝짓기를 통해서 번식할 수 있는 일개미)들이 주도권을 잡게 되어 군락의 일인자 번식 개체들이 된다. 많은 일개미들이 같은 군락 수컷 형제들과 짝짓기를 하지만 적은 수의 개체들만 알을 낳는 데 성공한다. 끝내 여왕이 죽더라도 군락은 계속 살아간다. 군락을 만든 여왕이 죽고 나면 번식 일개미 몇 마리가 대를 잇고, 이들은 그 후 1~3년 더 살 수 있다. 이 번식 일개미들의 번식력이 이지러지기 시작하자마자 이들의 번식력을 호시탐탐 감시하고 언제나 번식 지위에 도전할 준비가 되어 있었던 더 젊은 번식 일개미들이 이들을 제치고 번식 지위를 차지하게 된다.

이런 계승 법칙 덕분에 번식 일개미가 번식을 담당하는 군락은 잠재적으로는 영생할 수 있다. 하지만 그렇다면 군락은 어떻게 퍼져 나갈 수 있는가? 여왕 계급이 없는 다른 침개미에서는 흔한 현상인 군락 분열은 하르페그나토스 군락에서는 일어나지 않는다. 왜냐하면 군락이 생존하기 위해서는 고도로 복잡한 형태의 둥지가 요구되기 때문이다. 즉 번식 일개미가 데리고 나선 군락 일부 무리는 생존에 필요한 정교한 둥지가 없다. 실제로 야외든 실험실이든 이 개미에서 군락 이주 현상의 증거는 밝혀진 적이 없다. 그러므로 새로운 군락을 시작하기 위해서는 날개 달린 여왕을 정기적으로 새롭게 생산해 내는 것이 필수 조건이고, 이것이 실제로 번식 일개미로 번식하는 군락에서 밝혀진 사실이다. 이 번식 일개미들은 매년 날개 달린 여왕을 새롭게 생산하고, 이 여왕들은 둥지를 떠나 짝짓기를 하고 새롭게 자신의 군락을 건설해 나간다(사진 45~49).

하르페그나토스 군락 안에서 벌어지는 행동적 상호 작용을 분석하여 일개미 번식을 규제하는 다음과 같은 복잡한 양상이 알려졌다. 군락을 처음부터 만든 여왕이 번식을 하면서 건재한 동안에는 일개미들 사이 적대적 행동은 아주 드물게

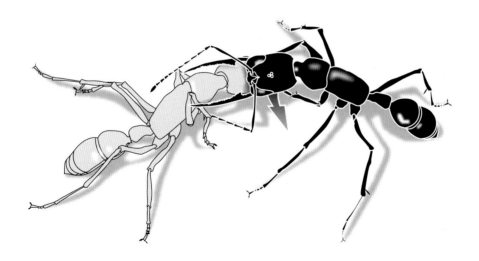

그림 8-5 │ 하르페그나토스 일개미의 공격적 제압 행동은 상대방에 올라타서 몸체 앞부분을 잡아 물고 아래위로 흔드는 것으로 시작된다. 리비히가 제공한 사진과 동영상을 참조함.

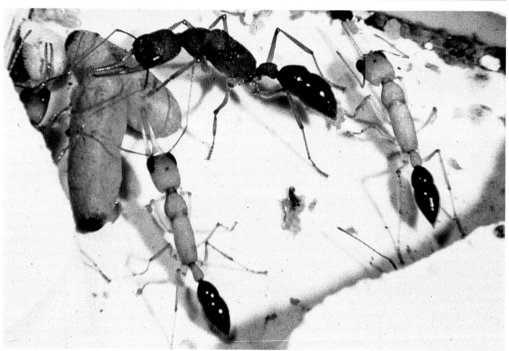

사진 45 | 인도산 침개미 종류인 하르페그나토스 살타토르의 새 여왕이 반은둔적으로 군락을 만들어 가고
있다. 위: 군락 건설 첫 단계에서 여왕이 직접 먹이를 사냥하여 침으로 마비시킨다. 침개미 애벌레들은 이렇게
마비된 먹이를 조금씩 먹으며 자란다. 아래: 번데기에서 우화한 첫 배 일개미들도 큰 군락 일개미들처럼 완전한
크기인데, 이는 진화적으로 더 진보된 개미들의 첫 배 일개미들이 일반적으로 소형이라는 점과 다른 특징이다.
(사진 제공: Jürgen Liebig).

사진 46 | 하르페그나토스 군락에서는 여왕이 번식을 할 수 있는 동안에는 오직 여왕만이 군락의 유일한 번식자이다.

일어날 뿐이다. 여왕은 유일한 번식 개체로 보이며 여왕이 낳은 새끼들은 일개미들이 양육한다. 하지만 여왕이 늙어 번식력이 떨어지기 시작하거나 죽으면, 즉시 일개미들 사이의 적대적 긴장이 시작되고 점점 심화된다. 여왕이 죽은 뒤 여왕 한 마리가 번식을 독점하던 사회는 변하여 번식 일개미 무리가 번식을 맡는 2차적 다수 여왕 사회가 된다. 하지만 매우 적은 수의 일개미들만 번식 일개미가 될 수 있다.

　다음으로 개체별 행동이 군락 전체에 미치는 중요성만큼이나 번식 규제에는 어떤 기능을 하는지 알아보자.[633] 번식 일개미들이 지배하는 군락에서는 세 가지 호전적 경쟁이 일어나고 그 발생 빈도가 사회적 안정 정도를 좌지우지한다. 각 양상은 나름대로 기능이 있다. **공세적 순위 다툼(공격 행동)**에서는 한 마리가 다른 개미 위에 올라서서 턱의 뿌리 부분으로 상대방 머리나 가슴을 문다(그림 8-5). 그러고는 격렬하게 상대를 아래로 잡아챈다(대개 5회 내외지만 심한 경우 50회 이상이 되기

633)　J. Liebig, "Eusociality, female caste specialization, and regulation of reproduction in the ponerine ant, *Harpegnathos saltator* Jerdon"(Ph.D. thesis, University of Würzburg, Germany, 1998) (Berlin: Wissenschaft und Technik Verlag, 1998).

사진 47 | 위: 실험실에서 기르고 있는 하르페그나토스 군락 일개미를 행동 관찰을 위해 개체별로 표지해 놓았다. 일개미들은 더듬이로 여왕을 분주히 더듬는데 이는 분명히 여왕의 번식력 상태를 점검하기 위한 목적이다. 아래: 하르페그나토스 개미의 실험실 군락에서 파란 점이 찍힌 수컷 한 마리가 짝짓기를 위해 갓 우화한 일개미를 찾고 있다.

사진 48 | 위: 하르페그나토스 일개미는 잡아 온 먹이는 사이좋게 나누는 반면 여왕의 번식력이 퇴보할 때 다음 번식 순위를 놓고는 점차로 심해지는 의례화된 다툼을 벌인다. 아래: 다툼을 벌이는 일개미(관찰자가 식별을 위해 흰색과 녹색으로 표지함)들이 공격적인 자세로 맞서고 있다.

사진 49 | 위: 다툼에서 이긴 하르페그나토스 일개미는 이제 성충으로 자라날 수 있는 알을 낳는 번식 일개미가 된다. 아래: 다툼에서 순위가 밀린 일개미는 양육과 둥지 수리 및 먹이 사냥 등 일감을 담당한다.

초유기체

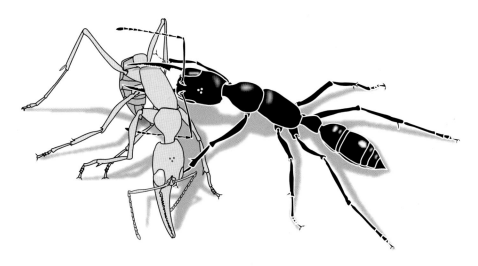

그림 8-6 | 부분적으로 발달된 난소를 가진 하르페그나토스 일개미에 대한 규제 행동. 군락 동료인 다른 일개미(검정색)가 막 번식을 시작한 다른 일개미(회색) 옆구리로 달려들어 가슴 부분을 물고 늘어진다. J. Liebig, C. Peeters, and B. Hölldobler, "Worker policing limits the number of reproductives in a ponerine ant," *Proceedings of the Royal Society of London B* 266: 1865–1870(1999).

도 한다). 대개의 경우는 물린 쪽은 저항하지 않고 몸을 웅크린 채 움직이지 않고 있거나 도망친다. 이 공세적 도발이 가장 흔한 적대적 행동의 양상이랄 수 있다. 번식 일개미는 짝짓기를 한 적이 있는 개체를 포함한 하위 불임 일개미들에게 이런 공격을 집중한다.

두 번째 호전적 행동은 **덮쳐 잡기**로 이름 붙은 것이다. 하르페그나토스 일개미들은 먹이를 사냥할 때 수 센티미터 되는 거리를 도약할 수 있다. 번식 규제라는 측면에서 볼 때, 일개미는 상대방 면전에서 1~2센티미터를 도약하여 긴 턱 끝부분으로 상대를 붙든다. 그러고는 아래쪽으로 상대방 머리를 잡아 내리거나 혹은 즉시 놓아 주고는 몸을 웅크리거나 도망간다. 게다가 하위 개미는 종종 공격당한 개체 옆으로 접근하여 가슴이나 목, 혹은 허리 마디를 문다(그림 8-6). 이렇게 공격당한 개미는 강하게 저항하지만 어쩔 줄 몰라 하고, 굳이 도망치려 하지도 않는다. 이 개미는 종종 몇 시간 동안이나 붙들려 여기저기 끌려 다닌다. **덮쳐 잡기** 행동은 주로 번식력을 갖기 시작하여 번식 일개미가 될 가능성이 있는 일개미들에게 주로 집중된다. 이 행동은 우열을 결정하는 행동이라기보다는 명백히 규제 행동이다. 왜냐하면 이 행동은 대부분 경우 번식력이 없는 하위 일개미가 번식 일개미가 되려고 하

는 개체에 가하는 것이기 때문이다.[634]

세 번째 공격 행동은 가장 흥미롭다. **더듬이 채찍질과 결투**. 일개미는 더듬이로 상대방 머리에 빠르게 채찍질을 한다. 공격 받은 쪽은 이를 무시하거나, 몸을 웅크리거나 아니면 채찍질로 맞섬으로써 결국 결투에 이르게 된다(그림 8-7). 이 결투 과정은 또 매우 복잡하다. 결투는 일단 일개미가 다른 일개미에게 채찍질을 가하면서 시작되고, 몸을 앞으로 들이밀어 상대를 뒤로 5~10밀리미터 정도 밀어 붙인다. 그 뒤 과정은 반대로 진행된다. 공격을 받은 쪽이 채찍질을 시작하고 반대로 밀어 붙인다. 이 기이한 맞대결은 최대 24회나 반복될 수도 있는데, 그러고는 서로가 대결을 멈추고 제 갈 길을 간다. 여기에는 분명한 승자도 없고, 이 행위 전체가 마치 두 마리가 서로 동등한 지위에 있음을 재확인하는 이상의 의미도 없어 보인다.

실상 이런 대결은 같은 지위 번식 일개미들 사이에서 가장 흔히 일어난다. 가끔 번식 일개미들이 하위 일개미들 중 갓 번식을 시작한 것들과도 결투를 시작하는 일도 있다. 이 결투는 때때로 과열되어 번식 일개미가 하위 일개미를 올라타고 물기도 한다. 게다가 하위 일개미들 역시 자기들끼리 결투를 하기도 하는데, 이때 다른 일개미들이 여기에 끼어들어 결투 중인 다른 일개미에 올라타서 물기도 한다. 마지막으로 어린 일개미들끼리도 이런 결투를 벌이기도 한다. 이들 중 더 집요하게 결투를 벌이는 개체들이 결국 나중에 번식 일개미 지위를 얻을 가능성이 크다. 하위 일개미들 사이 결투는 언제나 급작스럽게 시작되며 싸우는 개체들이 계속 공격당하고 물리고 난 뒤에야 겨우 끝이 난다. 이와는 달리 이미 번식 일개미 지위에 오른 개체끼리는 아주 가끔씩만 결투를 벌이고, 그 강도도 그리 높지 않은 대신 좀 더

---

634) 낮은 지위의 불임 개체가 막 번식을 시작한 개미를 공격하거나 다른 일개미들이 낳은 알을 해치는 식의 번식 규제 행동은 특히 침개미를 비롯한 개미에 광범위하게 퍼져 있다. 다음과 같은 사례를 참고할 것. T. Monnin and C. Peeters, "Cannibalism of subordinates' eggs in the monogynous queenless ant *Dinoponera quadriceps*," *Naturwissenschaften* 84(11): 499–502(1977); J. Liebig, C. Peeters, and B. Hölldobler, "Worker policing limits the number of reproductives in a ponerine ant," *Proceedings of the Royal Society of London B* 266: 1865–1870(1999); B. Gobin, J. Billen, and C. Peeters, "Policing behaviour towards virgin egg layers in a polygynous ponerine ant," *Animal Behaviour* 58(5): 1117–1122(1999); N. Kikuta and K. Tsuji, "Queen and worker policing in the monogynous and monandrous ant, *Diacamma* sp.," *Behavioral Ecology and Sociobiology* 46(3): 180–189(1999); P. D'Ettorre, J. Heinze, and F. L. W. Ratnieks, "Worker policing by egg eating in the ponerine ant *Pachycondyla inversa*," *Proceedings of the Royal Society of London B* 271: 1427–1434(2004).

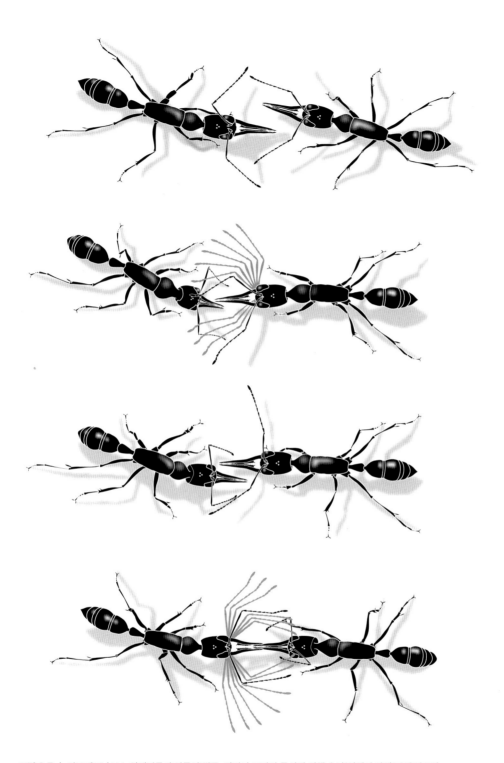

그림 8-7 | 하르페그나토스 일개미들의 더듬이 결투. 여기서 그려진 통상적 진행 순서(위에서 아래로)에 따르면
일개미가 뒤로 물러서는 다른 일개미에게 다가가서 더듬이로 채찍질하듯 후려친다. 한 몸 길이 정도 밀려난 뒤,
이번에는 밀려난 쪽이 반대로 더듬이로 채찍질을 하며 상대를 밀어 붙인다. 리비히가 제공한 동영상을 참조.

오랜 동안 지속되지만, 승패가 분명히 나지도 않는다. 그러므로 이 결투의 기능은 번식 일개미가 다른 번식 일개미를 번식 지위에서 완전히 제거하려는 목적을 가지고 있다고는 생각하기 힘들다. 오히려 번식 일개미들 사이 결투는 양의 되먹임 고리로서 기능하는 듯 보인다. 이와 비슷한 사례가 말벌 사회에서 수직 위계질서를 확고히 하는 데 중요한 기능을 한다고 제안되기도 했다.[635] 하르페그나토스 살타토르 싸움을 매우 자세히 연구했던 리비히는 다음과 같은 가설을 제안했다.[636]

> 수직 위계질서에서는 대개 한 마리가 번식을 독점하게 되지만, 다수가 번식에 참여하는 사회에서는 양의 되먹임 고리가 먹힐 수도 있다. 일인자 개체가 언제나 번식을 독점하고, 그럼으로써 양의 되먹임 작용을 받는 선형 위계질서를 가정해 보자. 결과적으로 이 개체의 난소가 가장 잘 발달한다. 그 아랫것들은 저보다 상위에 있는 여러 마리 암컷들로부터 번식 규제를 받지만, 동시에 저보다 하위 개체들을 규제하게 된다. 이 관계가 이들 지위에 대해 양과 음의 되먹임 고리 조합을 이루게 되어 난소를 적당히 발달시킨다. 하위 개체들은 가장 빈번히 규제를 받으므로 난소 발달 역시 가장 많이 저해된다.

하르페그나토스 일개미들은 여왕에 비해 번식 잠재력이 낮다. 그리하여 군락 기능에 필요한 일개미 수를 유지하기 위해서는, 여왕이 죽은 뒤 한 마리 이상 일개미들이 번식 일개미가 되어 번식을 해야 한다. 리비히는 이 문제를 해결하는 한 가지 방법으로 각 개체의 지위가 올라가면 그에 상응하여 더 많은 알을 낳게 될 것이라고 제안했다. 하지만 위계질서를 이렇게 정교하게 유지하기 위해서는 개체 사이에 많은 다툼이 필요하고, 이것은 군락 전체 번식력을 감소시킨다는 문제가 있다. 다른 가설은 다수 번식 사회에서 같은 지위에 있는 번식 개체들끼리는 무승부가 나는 순위 경쟁을 한다는 것이다. 즉 이들은 서로 공격적 순위 다툼을 하기는 하지만,

---

635) G. Theraulaz, E. Bonabeau, and J.-L. Deneubourg, "Self-organization of hierarchies in animal societies: the case of the primitively eusocial wasp *Polistes dominulus* Christ," *Journal of Theoretical Biology* 174(3): 313–323(1995).

636) J. Liebig, "Eusociality, female caste specialization, and regulation of reproduction in the ponerine ant, *Harpegnathos saltator* Jerdon"(Ph.D. thesis, University of Würzburg, Germany, 1998) (Berlin: Wissenschaft und Technik Verlag, 1998).

싸움에 참여하는 양쪽 모두 양의 되먹임을 받는다. 만약 결투하는 어느 쪽도 싸움에서 결정적으로 패하지 않으면 그런 일이 가능하다. 실제로도 오직 이 경우만이 하르페그나토스 번식 일개미들 사이의 의례화된 결투에서 보이는 모습이다.

한 마리 여왕만이 번식을 담당하는 군락에서 여왕의 번식력이 급감하거나 여왕이 죽는 경우, 같은 지위의 번식 일개미 몇 마리가 번식 기능을 맡게 된다. 이때 어느 한 마리가 등장하여 나머지 개체의 번식을 규제하여 수직 위계를 형성하는 대신 이들은 모두 승자도 패자도 없는 의례화된 결투를 벌임으로써 동등한 상호 관계를 굳힌다. 결투에 참여하여 발생하는 에너지 손실과 양의 되먹임에 의한 이익 사이 손익 계산에 의해 결투 빈도가 낮아지기도 한다. 하지만 군락의 사회적 안정을 방해하는 어떤 자극도 즉시 결투 빈도를 늘인다. 결투는 특히 일개미들이 번식 일개미가 되려고 하는 순간 가장 극심하게 벌어지지만 여왕의 번식력이 급감하거나 죽기 전, 혹은 번식 일개미들이 노화하거나 죽어서 교체되어야 할 때 비로소 시작된다.[637]

하르페그나토스 개미의 번식 규제에는 두 가지 행동 기제가 개입되어 있음을 기억해야 한다. 첫째, 우점 경쟁을 통해 번식 일개미 몇 마리가 번식을 전담하는 상위 계층을 이룬다. 이들은 결투를 통해 스스로 번식을 자극하고 독점적 번식 지위를 유지한다. 둘째, 하위 일개미를 억압해 이들이 조기에 번식 일개미 지위에 오르지 못하도록 규제(policing)한다.[638] 이런 하위 일개미들은 종종 다른 불임 일개미들이 공격하고 물어 당기기도 하는데, 이런 식의 공격은 아직 준비가 덜 된 '번식 희망자'들의 번식력을 감소시키는 것으로 확인되었다. 번식 규제 행동은 군락 전체의 기능적 효율을 극대화하고 군락 수준 선택에 의해 선호되는 것이 분명한 반면, 개체들이 번식 일개미의 지위를 노리는 것은 개체 선택에 의해 선호되는 것이 분명하다. 군락의 효율은 번식 개체들과 불임 개체의 비율이 일정 수준을 넘어서면 줄어들 것으로 예상할 수 있다. 충분한 수의 일개미가 확보되어야 새끼를 돌보고, 둥지를 유지, 관리하고 먹이를 잡아올 수 있는데, 번식에 참여하는 개체가 비정상적

---

637) J. Liebig, "Eusociality, female caste specialization, and regulation of reproduction in the ponerine ant, *Harpegnathos saltator* Jerdon"(Ph.D. thesis, University of Würzburg, Germany, 1998) (Berlin: Wissenschaft und Technik Verlag, 1998).

638) J. Liebig, C. Peeters, and B. Hölldobler, "Worker policing limits the number of reproductives in a ponerine ant," *Proceedings of the Royal Society of London B* 266: 1865-1870(1999).

으로 많아지면 알이 지나치게 많이 생겨나고 이들을 관리할 일개미 수는 충분치 않게 된다. 번식 일개미들은 더 이상 양육이나 사냥 등 일개미의 일감에는 관여하지 않으므로 번식에 필요한 이상으로 번식 일개미가 늘어나면 군락으로서는 손해가 된다. 이런 손해가 군락 번식력에도 손해를 끼친다고 가정하면, 일개미 번식 규제는 군락 효율을 유지하기 위한 수단으로 선택될 것이다.

단 한 번만 짝짓기한 단독 여왕을 모시는 하르페그나토스 살타토르 군락의 사회 조직과 번식 일개미가 여러 마리 있는 군락의 조직은 서로 다르다고 하겠지만, 일개미 번식을 규제하는 사회적 양상은 비슷하다. 여왕이 있는 군락은 혈연 선택 이론에 따르면 일개미들은 자신의 형제(개체당 근친도 $r=0.25$)보다는 자신의 아들($r=0.5$)이나 다른 일개미의 아들($r=0.375$)을 선호해야 하지만 암컷 자손들과는 상황이 다르다. 일개미들은 다른 자매 일개미들이 형제들과 짝짓기해 낳은 암컷 조카($r=0.625$)보다는 친자매들($r=0.75$)과 더 근친도가 높다. 근친도에만 근거할 때 일개미들에게 최선인 번식 규제 전략은 다른 일개미들이 수컷 새끼는 만들게 하되 암컷 새끼는 만들지 못하게 하는 것일 테다. 하지만 여왕이 건재하는 동안 일개미들은 알을 낳지 않으며, 다른 일개미의 난소가 발달하는 즉시 번식 규제에 들어간다. 일개미들이 다른 일개미의 번식에 대해 차별적으로 반응한다면, 예를 들어 알이나 1령 애벌레의 성별을 잘못 판단하는 실수를 저지르는 경우 그 결과는 자기에게 불이익이 될 것이라는 반론도 가능할 것이다. 반면 일개미를 통한 번식은 여왕의 번식력이 제대로 기능하는 한, 군락 효율에 치명적이라는 반론도 가능하고, 실제로도 여왕이 정상적으로 번식하는 하르페그나토스 군락 일개미 번식 규제는 주로 군락 수준(군락 사이) 선택에 의해 일어난다.[639]

번식 일개미들이 번식을 담당하는 하르페그나토스 군락의 경우 근친도 연관 관계는 다수의 모계 및 부계의 혼재로 인해 더욱 복잡해진다. 군락에 존재하는 번식 일개미 수를 제한하는 것은 아마도 하르페그나토스 살타토르 일개미 번식 규제 행동에 있어서 가장 중요한 요소가 될 것이다. 일개미의 난소 발달을 억제하지 않는다면 짝짓기를 한 많은 일개미들이 번식 일개미가 될 수 있다. 그러므로 일개미 번식 규제는 군락 효율을 유지한다는 목적으로 선택되었을 가능성이 제일 높고,

---

639) J. Liebig, C. Peeters, and B. Hölldobler, "Worker policing limits the number of reproductives in a ponerine ant," *Proceedings of the Royal Society of London B* 266: 1865-1870(1999).

이는 궁극적으로 군락 안 모든 개체의 이익과도 부합되는 것이다. 예를 들어 이들이 건설한 복잡한 구조의 둥지를 꾸준히 노동집약적으로 관리해 주지 않으면 군락 전체의 운명은 종말에 이르게 될 것이다.

지금까지 논의를 정리하자면 하르페그나토스 살타토르 군락 일개미 번식은 매우 직접적인 수단, 즉 군락 동료 일개미들의 공격적 순위 경쟁으로 규제되고, 이들은 다양한 난소 발달 단계를 식별해 낼 수 있다. 사실 번식 개체 수를 조절하는 일은 일개미 난소가 미처 다 발달하기 전에야 가능한 일이다. 일개미 난소가 번식 일개미 것과 비슷한 정도로 발달하자마자 일개미들은 더 이상 기존 번식 일개미들과 새로 번식을 시작한 일개미 차이를 구분할 수 없게 된다.[640] 그러면 이제 남은 것은 일개미들이 어떻게 군락 동료의 생리적 상태를 식별해 낼 수 있느냐 하는 문제이다.

최근 연구에서 외골격 탄화수소(CHC) 조성이 개체 번식력을 시사하는 기능을 한다는 사실이 밝혀졌다.[641] 하르페그나토스 살타토르 여왕과 일개미 모두 이 조성 차이는 개체의 생리적 상태, 특히 난소 활성과 관련되어 있다. 번식 일개미와 번식 중인 여왕은 번식하지 않는 개체들과 확연히 차이가 난다(그림 8-8). 하르페그나토스 살타토르 여왕과 번식 일개미들이 비번식 일개미들에 비해 오래 사는 것은 분명하지만 단지 나이 차이만으로 이 탄화수소 조성 차이를 설명할 수는 없다. 또한 지금껏 조사된 늙은 번식 일개미의 CHC 조성이 어린 번식 일개미들과 차이가 없는 것으로 밝혀졌다. 또 이런 개체들이 번식 규제를 당해 번식 일개미 지위를 상실하면 이 CHC 조성이 보내는 신호 역시 비번식 상태의 그것으로 되돌려진다. 그러므로 난소 활성 정도에 대한 정보가 CHC 조성에 심어져 있으며, 이를 이용해 개

---

640) J. Liebig, "Eusociality, female caste specialization, and regulation of reproduction in the ponerine ant, *Harpegnathos saltator* Jerdon"(Ph.D. thesis, University of Würzburg, Germany, 1998) (Berlin: Wissenschaft und Technik Verlag, 1998).

641) C. Peeters, T. Monnin, and C. Malosse, "Cuticular hydrocarbons correlated with reproductive status in a queenless ant," *Proceedings of the Royal Society of London B* 266: 1323-1327(1999); J. Liebig, C. Peeters, N. J. Oldham, C. Markstadter, and B. Hölldobler, "Are variations in cuticular hydrocarbons of queens and workers a reliable signal of fertility in the ant *Harpegnathos saltator?*" *Proceedings of the National Academy of Sciences USA* 97(8): 4124-4131(2000); V. Cuvillier-Hot, A. Lenoir, R. Crewe, C. Malosse, and C. Peeters, "Fertility signalling and reproductive skew in queenless ants," *Animal Behaviour* 68(5): 1209-1219(2004).

미는 다른 개체의 번식력을 가늠하게 된다. 게다가 개미들은 화학적 정보만 가지고도 군락 동료들의 번식 상태를 식별할 수 있다.[642)643)]

번식 정도를 알리는 신호의 가장 중요한 특징은 신뢰성인데, 이는 일개미들은 번식력이 충분히 높은 여왕을 도울 때만 비로소 이득을 얻을 수 있기 때문이다. 여왕의 번식력이 감소하면서 어느 순간에는 일개미들이 자체 번식을 통해 더 많은 이익을 얻게 되는 시점에 이르게 된다. 이때가 되면 일개미들은 여왕을 교체하거나, 자신이 스스로 번식을 하거나 둘 중 하나의 방법을 취할 것으로 예상된다. 일개미들은 언제나 조카들보다는 자기 새끼와 유전적으로 더 가깝기 때문에, 자신이 번식 일개미 중 하나가 되고자 할 것이다. 이는 일단 여왕이 사라지면 일개미들이 곧장 번식을 위한 경쟁에 뛰어들 수 있도록 언제나 제 어미의 건강과 번식력을 면밀히 주시하고 있어야 함을 의미한다. 하르페그나토스 살타토르에서 여왕이나 번식 일개미들은 언제나 스스로 번식하기 위한 준비가 되어 있는 일개미들에 의해 교체될 수 있기 때문에 번식력을 나타내는 신호 기능은 결정적이다.

외골격 탄화수소 조성은 번식력을 드러내는 데 필요한 모든 기능을 포함하고 있다. 이 화학 조성은 난소 발달 정도에 관한 믿을 만한 정보를 전달한다. 번식 상태든 비번식 상태든 난소 활성상태 변화와 탄화수소 조성 변화 사이에는 아주 사소한 시간적 차이가 있을 뿐이다. 탄화수소 조성이야말로 개체의 번식 상태를 믿을 만큼 드러낼 수 있도록 진화 과정에서 선택된 진실된 신호라는 정황 증거들이 있다. 실상 하르페그나토스 살타토르 번식 일개미에 대한 상호 규제(일개미 번식 규제[644)])는 난소 활성을 화학적으로 식별하는 능력 역시 자연 선택에 의해 진화된 것

642) 오스트레일리아산 불독개미 *Myrmecia gulosa*의 생리적 행동 분석을 통해서도 서로 다른 번식 지위를 가진 동종 개체의 CHC 조성 차이를 일개미들이 식별해 낼 수 있다는 분명한 증거를 발견했다. V. Dietemann, C. Peeters, J. Liebig, V. Thivet, and B. Hölldobler, "Cuticular hydrocarbon mediate discrimination of reproductives and nonreproductives in the ant *Myrmecia gulosa*," *Proceedings of the National Academy of Sciences USA* 100(18): 10341-10346(2003) 참고.

643) 또한 다른 침개미 *Pachycondyla inversa* 감각기관에 대한 최근 연구에서는 이들이 CHC 번식 신호의 핵심 분자를 감지한다는 것도 밝혀졌다. P. D'Ettorre, J. Heinze, C. Schulz, W. Franks, and M. Ayasse, "Does she smell like a queen? Chemoreception of a cuticular hydrocarbon signal in the ant *Pachycondyla inversa*," *Journal of Experimental Biology* 207(7): 1085-1091(2004) 참고.

644) F. L. W. Ratnieks, "Reproductive harmony via mutual policing by workers in eusocial Hymenoptera," *American Naturalist* 132(2): 217-236(1988).

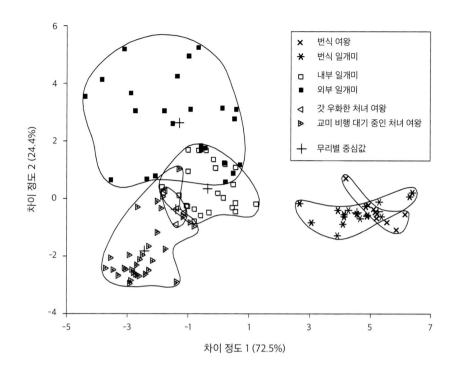

그림 8-8 | 하르페그나토스 살타토르 외골격 탄화수소의 번식 무리별 조성 차이 분석. 이 분석 결과 개체들은 14가지 분자들의 조성에 의해 여섯 가지 무리(번식 여왕, 번식 일개미, 내부 일개미, 외부 일개미, 갓 우화한 처녀 여왕, 교미 비행에 나서기 직전의 처녀 여왕)로 구분된다. 각 무리별 묶음을 보면 조성에 있어서 번식 여왕과 번식 일개미가 매우 비슷하지만, 이들은 처녀 여왕과 비번식 일개미들과는 확연히 다름을 알 수 있다. 갓 우화한 처녀 여왕의 탄화수소 조성은 일개미뿐 아니라 교미 비행에 나서는 처녀 여왕과도 또 다르다. 둥지 안과 밖에서 일하는 일개미들의 조성 역시 서로 다르다. J. Liebig, C. Peeters, N. J. Oldham, C. Markstadter, and B. Hölldobler, "Are variations in cuticular hydrocarbons of queens and workers a reliable signal of fertility in the ant *Harpegnathos saltator*?" *Proceedings of the National Academy of Sciences USA* 97(8): 4124–4131(2000)에서 발췌.

으로 생각하게 된다. 일개미 번식이 군락 전체 번식력을 감소시켜 손해가 되는 경우에 규제당할 수 있다. 일개미 개체는 여왕이나 번식 일개미들이 있는 상태에서 자신이 낳은 알이 군락 효율을 다소 감소시키더라도 자신의 번식에 의해 여전히 이익을 얻을 수 있을 것이다. 하지만 이 번식은 다른 일개미들이 눈치 채지 못하여 규제를 피할 수 있을 때만 가능한데, 탄화수소 조성 변화를 감출 방법이 없기 때문에 아주 힘들거나 아마 아예 불가능하다.

번식 중인 여왕과 번식 일개미가 존재하는 동안 덜 발달한 난소를 지닌 일개미들은 다른 일개미들이 즉시 공격하고 규제하기 때문에 번식력을 알리는 탄화수소 합성은 개체 에너지 면에서 손실이다. 이와는 대조적으로 탄화수소 조성 변화나 분자별 선택적 합성에 관련된 에너지는 군락 전체로 봐서는 그다지 크지 않기 때문에 이 신호에 의한 군락 에너지 손실은 미미하다. 탄화수소 합성은 특정 효소가 차별적으로 활성화되는 작용에 의해 번식력과 직접적으로 연관되어 있기 때문에 번식의 직접 비용 일부에 해당한다.[645] 하지만 이런 분자들을 지닌 개체가 군락 번식 무리에 포함되어 있으면(즉 군락 전체에 이익이 될 만큼 많은 알을 낳는 경우라면) 개체 역시 이익을 얻을 수 있다. 그리하여 이렇게 난소 활성 상태에 정교하게 연관되어 있는 분자들은 번식력을 정확히 드러내는 신호로 간주될 수 있다. 이는 군락 전체의 입장에서 보면 정직한 표지 혹은 표식이라고 할 수 있는 것이다.[646]

디노포네라속: 거대한 '일개미 여왕'

군락에 번식 일개미가 다수 존재하는 하르페그나토스 살타토르와 달리 여왕이 없는 디노포네라 쿠아드리켑스(*Dinoponera quadriceps*) 군락은 번식 일개미가 한 마리뿐이다. 티보 모닌(Thibaud Monnin)과 피터스는 현존하는 개미 중 개체 크기가 가장 큰 신열대구산 디노포네라 쿠아드리켑스 군락에 대해 사회 조직과 번식 규제를 자세히 연구했다.[647] 이 종의 모든 일개미들은 형태적으로 똑같고, 번식

645) 이 생리적 측면에 관해 더 많은 정보는 다음을 참고할 것. C. Schal, V. L. Sevala, H. P. Young, and J. A. S. Bachmann, "Sites of synthesis and transport pathways of insect hydrocarbons: cuticle and ovary as target tissues," *American Zoologist* 38: 382-393(1998); Y. Fan, J. Chase, V. L. Sevala, and C. Schal, "Lipophorin-facilitated hydrocarbon uptake by oocytes in the German cockroach, Blattella germanica(L.)," *Journal of Experimental Biology* 205(6): 781-790(2002); Y. Fan, L. Zurok다, M. J. Dykstra, and C. Schal, "Hydrocarbon synthesis by enzymatically dissociated oenocytes of the abdominal integument of the German cockroach, *Blattella germanica*," *Naturwissenschaften* 90(3): 121-126(2003).

646) J. Liebig, "Eusociality, female caste specialization, and regulation of reproduction in the ponerine ant, *Harpegnathos saltator* Jerdon"(Ph.D. thesis, University of Würzburg, Germany, 1998)(Berlin: Wissenschaft und Technik Verlag, 1998); J. Liebig, C. Peeters, N. J. Oldham, C. Markstadter, and B. Hölldobler, "Are variations in cuticular hydrocarbons of queens and workers a reliable signal of fertility in the ant *Harpegnathos saltator*?" *Proceedings of the National Academy of Sciences USA* 97(8): 4124-4131(2000).

647) T. Monnin and C. Peeters, "Monogyny and regulation of worker mating in the queenless ant *Dinoponera quadriceps*," *Animal Behaviour* 55(2): 299-306(1998); T. Monnin and C. Peeters,

A

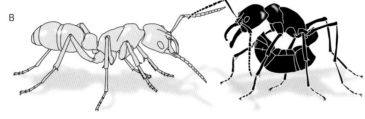

B

C

그림 8-9 | 남아메리카산 대형 침개미 디노포네라 쿠아드리켑스 일개미가 보이는 지배 과시 행동. 위: 막기. 중간: 배 말기. 아래: 배 비비기, 상위 개체(검정색)가 하위 개체 더듬이를 물고 자기 배에 비벼 댄다. T. Monnin and C. Peeters, "Dominance hierarchy and reproductive conflicts among subordinates in a monogynous queenless ant," *Behavioral Ecology* 19(3): 323-332(1999) 참고.

은 한 군락 안에 있는 대략 40~140마리에 이르는 일개미들 중 5~10마리 일개미들만이 거의 수직적 위계질서를 이루어 독점한다. 이들 중 단 한 마리의 일개미(단독 번식 일개미)만이 짝짓기를 하고 번식을 할 수 있다. 비교적 높은 지위에 있는 일개미들은 서로의 상대적 지위를 식별할 수 있는 것으로 생각된다. 단독번식 일개미는 몇 가지 정형화된 과시 행동으로 이들 다수의 상위 일개미들을 제압하여 번식

"Dominance hierarchy and reproductive conflicts among subordinates in a monogynous queenless ant," *Behavioral Ecology* 10(3): 323-332(1999).

을 규제한다(그림 8-9). 가장 뚜렷한 행동은 **막기**로 공격자는 자신의 더듬이를 상대방 머리 양쪽으로 평행하게 뻗는다. 공격을 당하는 쪽에서는 다소 웅크린 자세를 위한다. 이때 공격당한 일개미가 움직이면 단독 번식 일개미는 대개 자세를 바꾸어 다시 공격당하는 일개미 머리를 맞춰서 더듬이로 때린다. 좀 더 놀라운 과시 행동은 **배 비비기**로 일인자 일개미는 상대방 더듬이 하나를 잡아 물고 앞으로 구부려 빼 놓은 자신의 배 가장 끝 부분에 갖다 대고 문지른다. 세 번째 과시 행동은 **배 말기**로 우위 개체가 배를 다리 시이로 넣어 앞으로 내밀어 뚜껑 부분을 하위의 상대에게 드러내 보인다. 아프리카산 침개미 플라티티레아 크립리노다(*Platythyrea cribrinoda*)에서도 이와 매우 비슷한 공격적 과시 행동이 번식 순위 경쟁 과정에서 관찰된다(사진 50). 이 종에서는 **막기 행동**이 단독 번식 일개미가 하위 개체에게 가장 흔하게 과시하는 지배 행동이다.

　디노포네라 개미의 산란 빈도와 알의 수는 지위와 관련되어 있고, 오직 일인자 한 마리만 짝짓기를 하고 번식한다. 이 일인자는 2인자들, 즉 상위 무리에 속해는 있지만 일인자는 아닌 일개미들이 알을 낳으면 바로 없애 버린다. 이런 2인자 일개미 무리 중 일인자가 죽거나 번식력이 감퇴할 때 그 자리에 올라설 가능성이 있는 개체는 바로 그 변고가 있을 당시 2인자들 중 가장 지위가 높은 개체이다. 이런 2인자들과는 달리 그보다 더 낮은 지위 일개미들은 단독 번식 일개미가 될 가능성이 거의 없다. 하지만 이들도 번식 규제에 참여한다. 이들은 때로 자신보다 상위 일개미를 물고 늘어져, 막 번식을 시작했을 수도 있는 이들이 번식을 못하도록 규제한다(그림 8-10).[648] 사실 단독 번식 일개미와 하위 일개미들은 번식 규제 과정에서 빈번히 협동한다. 일인자가 2인자들에게 심각한 위협을 받는 경우, 일인자는 이 반역 무리를 화학적으로 표지하고, 이렇게 화학적 낙인이 찍힌 2인자들은 그보다 더 하위 일개미에게 붙들려 움직이지 못하게 되거나, 때로는 죽기까지 한다(그림 8-11).[649] 이런 화학적 낙인에 쓰이는 분비물은 뒤포어샘에서 합성되는데, 적어도 실험실 조건에서는 단독 번식 일개미가 쏜 것을 맞은 개미들이, 2인자나 다른 하위 개미가 쏜 것에 맞은 경우에 비해 통계적으로 훨씬 더 많이 다른 일개미들에게 붙

648) 　T. Monnin and F. L. W. Ratnieks, "Policing in queenless ponerine ants," *Behavioral Ecology and Sociobiology* 50(2): 97-108(2001).

649) 　T. Monnin, F. L. W. Ratnieks, G. R. Jones, and R. Beard, "Pretender punishment induced by chemical signalling in a queenless ant," *Nature* 419: 61-65(2002).

사진 50 | 플라티티레아 크립리노다 침개미 일개미의 지배 과시 행동. 가슴 뒤로 앞다리를 접어 제끼는 매우 비정상적 자세와 일개미가 딛고 선 검정색 고치를 주목할 것. 대부분 개미 종에서 고치는 연한 갈색을 띤다.

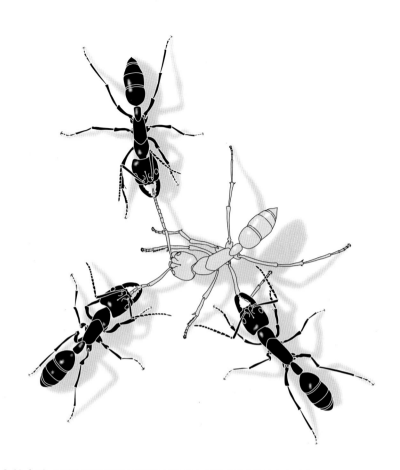

그림 8-10 | 디노포네라 쿠아드리켑스의 번식 규제 행동. 일개미(검정색)들이 갓 번식을 시작하려는 다른 일개미(회색)의 더듬이와 다리를 물고 잡아 편다. 이 공격을 당한 개체의 난소 발달은 억제된다. T. Monnin and C. Peeters, "Dominance hierarchy and reproductive conflicts among subordinates in a monogynous queenless ant," *Behavioral Ecology* 19(3): 323–332(1999) 참고.

들리게 됨을 알 수 있다. 게다가 2인자들 역시 하위의 비번식 개미가 쏜 분비물에 맞은 경우보다 일인자 번식 일개미가 쏜 분비물에 맞은 경우 훨씬 더 자주 자신의 높은 지위를 유지한다. 일인자의 뒤포어샘 분비물은 비번식 일개미에 비해 훨씬 더 많은 탄화수소를 함유하나, 2인자들에 비해서는 그렇게 많지는 않다. 즉 번식 일개미 분비샘들은 하위 개미의 그것에 비해 고분자량 탄화수소 비율이 훨씬 높은 혼합물을 함유하고 있고 2인자들은 그 둘의 중간 정도이다. 이 화학 물질 성분 분석과 행동 실험 결과 뒤포어샘 분비물이 번식 규제를 촉발하는 신호이고 번식 일개미만이 번식 규제를 위한 공격적 행동을 촉발하기에 충분한 양, 혹은 정확한 조성으로 혼합된 분비물을 합성해 낼 수 있음이 밝혀졌다.

이런 기막힌 관찰 결과들은 또 두배자루마디개미아과 렙토토락스 그레들레리

그림 8-11 | 소위 '침 문지르기'라 불리는 또 다른 형태의 디노포네라 쿠아드리켑스의 번식 규제 행동. 일인자(번식 일개미, 검정색)가 지배 행동 자세를 흉내 내던 하위 개체에게 침 부속샘(뒤포어샘)에서 나온 분비물을 바르고 있다. 이렇게 낙인찍힌 2인자는 그림 8-10에 나온 것처럼 다른 낮은 지위의 일개미들이 즉시 공격하여 꼼짝 못하게 만든다. T. Monnin, F. L. W. Ratnieks, G. R. Jones, and R. Beard, "Pretender punishment induced bychemical signalling in a queenless ant," *Nature* 419: 61–64(2002).

(*Leptothorax gredleri*) 여왕이 인접한 동종 군락을 습격하여 붙잡은 여왕에게 뒤포어샘 분비물을 바른 뒤 둥지를 접수해 버리는 현상과도 비견할 만하다. 이 외래 페로몬은 군락 일개미들로 하여금 제 여왕조차 공격하게 만든다.[650] 물론 이 경우 분비물은 일개미들이 비적응적으로(일개미들은 포괄 적합도 면에서 손해를 보게 됨) 행동하도록 조작하지만 그럼에도 기능적으로 볼 때 이 행동 기제는 매우 비슷하다.

디노포네라 쿠아드리켑스 번식 규제는 근친도와 상관없이 일어난다. 단독 번식 일개미가 둥지 속 다른 일개미들 어미인지 아닌지(이때 이들 사이 근친도 계수는 0.75), 혹은 여왕을 돌보는 일개미들 중에 근친도가 좀 더 낮은 일개미들이 많은지 적은지 하는 점은 문제가 되지 않는다. 그리하여 하르페그나토스속처럼 디노포네라의 번식 규제는 군락 사이(군락 수준) 선택의 결과라고 할 때 가장 잘 설명이 된다. 충분히 번식을 하고 있는 단독 번식 일개미를 조기에 교체해 버리면, 군락 전체 붕괴를 초래하기 때문에, 군락 효율에 치명적이임에 분명하다.[651]

650) J. Heinze, B. Oberstadt, J. Tentschert, B. Hölldobler, and H. J. Bestmann, "Colony specificity of Dufour gland secretions in a functionally monogynous ant," *Chemoecology* 8(4): 169–174(1998).

651) T. Monnin and C. Peeters, "Monogyny and regulation of worker mating in the queenless

하르페그나토스 살타토르처럼(여왕이 있을 때는 단독 여왕 체제이나 다수의 번식 일개미들이 공동으로 번식하는 체제로 바뀌는), 디노포네라 쿠아드리켑스의 엄격한 단독 번식 일개미 체제는 두 가지 형태의 호전적 순위 경쟁에 의해 유지된다. 그 하나는 단독 번식 지위를 두고, 혹은 디노포네라 군락에서 보이는 것 같은 상위 개체들 사이 위계질서를 만드는 순위 경쟁이다. 다른 하나는 하위 일개미들에 의해 번식 기미를 보이는 일개미들이 규제를 당하는 규제 행동이다. 하위 일개미들에 의한 규제는 하르페그나토스 경우처럼 군락의 번식 일개미와 비번식 일개미 비율을 일정한 효율적 수준으로 유지하는 기능을 하거나 디노포네라에서처럼 상위 개체 수를 제한하거나 심지어 한 마리만 번식을 독점하도록 규제하는 역할을 한다(그림

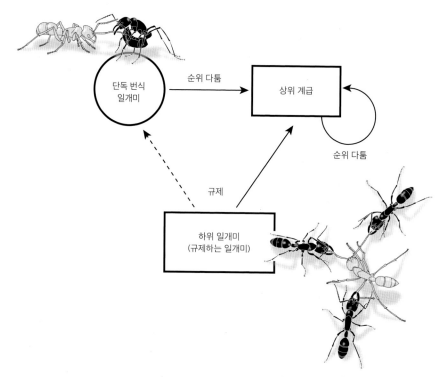

그림 8-12 │ 디노포네라 쿠아드리켑스에서 번식 일개미와 외형적으로는 완전히 똑같은 일개미들 사이의 균형은 개체별 지배 행동, 지위, 규제에 의해 유지된다. 피터스의 미발표 그림을 참고.

ant *Dinoponera quadriceps*," *Animal Behaviour* 55(2): 299-306(1998); T. Monnin and C. Peeters, "Dominance hierarchy and reproductive conflicts among subordinates in a monogynous queenless ant," *Behavioral Ecology* 10(3): 323-332(1999). 또 T. Monnin and F. L. W. Ratnieks, "Reproduction versus work in queenless ants: when to join a hierarchy of hopeful reproductives," *Behavioral Ecology and Sociobiology* 46(6): 413-422(1999)를 참조.

8-12).

이런 복잡한 개체들 사이 행동 교환에는 하르페그나토스에서 잘 밝혀졌듯이 군락 안에서 개체가 차지한 지위와 기능에 대한 신호를 주고받는 의사소통 체계가 필요하다. 디노포네라 번식 일개미가 자신을 흉내 내는 하위 개체에게 뒤포어샘 분비물로 화학적 낙인을 찍는다든지, 다른 일개미들이 이 개체를 즉각적으로 규제하는 행동을 하는 등이 그런 의사소통 체계의 사례들이다. 하지만 여전히 더 많은 신호들이 관계한다는 것이 밝혀지고 있다.

디노포네라 쿠아드리켑스 번식 순위는 번식 일개미, 버금 일개미, 기타 비번식 일개미들 사이에서 보이는 서로 다른 난소 기능 활성에 의해 분명히 구분된다.[652)653)] CHC의 성분을 분석한 결과 일개미에서 9-헨트리아콘텐(9-hentriacontene(9-C_{31})) 분자 함유 비율과 산란 행동은 상당한 상관관계가 있는 것으로 드러났다. 실험적으로 단독 번식 일개미를 제거했을 때 그 지위를 넘겨받은 2인자 개미 외골격 표면에 바로 이 분자의 양이 증가하는 현상을 통해 이 관계는 확인되었다. 게다가 이 새 일인자가 예전 일인자가 가지고 있던 비율과 비슷한 9-C_{31} 조성비를 획득하는 데는 6~8주라는 시간이 걸렸다. 이 기간은 난소가 완전히 발달해 제 기능을 발휘하는 데까지 필요한 시간과 비슷하다.

하르페그나토스 살타토르에서도 밝혀진 바와 비슷한 이런 연구 결과들은 곧 난소 기능 활성과 긴 사슬 탄화수소 합성 사이 연관 관계를 강력히 시사한다. 사실 이런 연관 관계는 몇몇 독거성 곤충 종에서도 알려져 있는데 난자 발생(난황 형성)은 성 페로몬으로 기능하는 외골격 탄화수소 생합성과 연관되어 있음이 알려져 있다.[654)]

이와 비슷한 번식 위계질서 관련 경쟁이 다른 사회성 벌목 곤충, 이를테면 폴리

---

652) T. Monnin, C. Malosse, and C. Peeters, "Solid-phase microextraction and cuticular hydrocarbon differences related to reproductive activity in queenless ant *Dinoponera quadriceps*," *Journal of Chemical Ecology* 24(3): 473-490(1998).

653) C. Peeters, T. Monnin, and C. Malosse, "Cuticular hydrocarbons correlated with reproductive status in a queenless ant," *Proceedings of the Royal society of London B* 266: 1323-1327(1999).

654) C. Peeters, T. Monnin, and C. Malosse, "Cuticular hydrocarbons correlated with reproductive status in a queenless ant," *Proceedings of the Royal society of London B* 266: 1323-1327(1999)의 논의를 참고할 것.

스테스 도미눌루스와 봄부스 힙노룸(*Bombus hypnorum*)에서도 발견된다. 이 종의 번식 개체들이 가진 CHC는 비번식 개체의 긴 사슬 탄화수소 조성 비율과 다르다.[655] 하지만 디노포네라 쿠아드리켑스의 독특한 점은 번식 일개미가 가지고 있는 높은 비율의 $9-C_{31}$ 함량으로, 이는 번식 개체가 되면 CHC 조성비가 긴 사슬 CHC 쪽으로 옮겨감으로써 다른 비번식 개체들과 구별되는 다른 종 사례들과는 다른 점이다. 게다가 디노포네라 쿠아드리켑스에 대한 더 많은 연구를 통해 $9-C_{31}$의 높은 비율이 번식 지위를 확보하는 필수 조건은 아니라는 사실도 밝혀졌다. 실제로 필요한 것은 몸싸움에서 이길 수 있는 능력이다. 이는 결국 개체의 번식력과 밀접하게 관련되어 있다.[656] 디노포네라 2인자들은 일인자가 죽거나 실험적으로 제거된 경우 그 지위를 차지하기 위해 매우 공격적으로 경쟁한다. 새 일인자는 배비비기와 막기 과시를 좀 더 빈번히 한다. 이 개체의 분비물에는 아직 충분한 양의 $9-C_{31}$이 함유되지 않았음에도, 이 행동은 특히 자기 뒤를 이어 새로 2인자 지위에 오른 일개미에 집중된다. 다시 말하면 $9-C_{31}$의 비율이 높다는 것은 일인자가 되기 위한 전제 조건이 아니라는 사실이다. 일단 일개미가 번식 개체 지위에 오르고 나면 짝짓기를 할 수 있다. 그 뒤 난황이 형성되고, 그제야 CHC 조성에서 $9-C_{31}$ 비율이 비로소 증가한다. 그러므로 $9-C_{31}$는 번식 일개미의 CHC 조성 내에 심어진 일종의 번식력에 관한 신호로 기능하는 것이다. 이 번식력 관련 신호들은 이들이 난소 발달 상태와 생리적으로 연관되어 있는 한 '정직한 신호'가 되는 것이다. 이 신호들은 군락 안에서 호전적 순위 경쟁, 특히 비번식 일개미들의 번식 규제 행동을 중재하는 데 필수적 기능을 수행한다. 하지만 번식 순위를 결정하는 이러한 호전적 경쟁들은 실제 물리적 싸움 능력에 절대적 영향을 받고, 번식 상태를 알리는 신호

---

655) A. Bonavita-Cougourdan, G. Theraulaz, A. G. Bagnères, M. Roux, M. Pratte, E. Provost, and J.-L. Clément, "Cuticular hydrocarbons, social organization and ovarian development in a polistine wasp: *Polistes dominulus* Christ," *Comparative Biochemistry and Physiology B* 100(4): 667-680(1991); M. Ayasse, T. Marlovits, J. Tengo, T. Taghizadeh, and W. Francke, "Are there pheromonal dominance signals in the bumblebee *Bombus hypnorum* L.(Hymenoptera, Apidae)?" *Apidologie* 26(3): 163-180(1995). 또 H. A. Downing and R. L. Jeanne, "Communication of status in the social wasp *Polistes fuscatus*(Hymenoptera: Vespidae)," *Zeitschrift für Tierpsychologie* 67(1-4): 78-96(1985)도 참고할 것.

656) M. J. West-Eberhard, "Sexual Selection, social competition, and evolution," *Proceedings of the American Philosophical Society* 123(4): 222-234(1979).

는 이차적 기능을 하게 된다. 그럼에도 번식력에 관한 정보와 실제 싸움 능력은 디노포네라 쿠아드리켑스의 번식을 사회적으로 규제하는 데 궁극적으로는 필수 요소들인 것이다.[657]

번식 일개미가 죽거나 번식 일개미 없이 군락에서 갈라져 나온 디노포네라 쿠아드리켑스 군락에서야말로 개체들 사이 호전적 순위 경쟁의 중요성이 더욱 확연히 드러난다. 이 군락에서는 짝짓기를 하지 않은 일개미 몇 마리가 공격적 순위 경쟁을 벌여 새로운 번식위계질서를 만들고, 그 결과 새로운 일인자 단독 번식 일개미가 탄생하게 된다. 아직 짝짓기를 하지 않은 이 개체는 밤에 둥지를 떠나 근처 다른 둥지에서 나온 수컷과 짝짓기를 하는데, 이때 암컷이 화학 신호로 수컷을 부르는 것이 확실하다고 생각된다.[658] 디노포네라 쿠아드리켑스 암컷이 수컷을 부르는 짝 부르기 행동의 전체 모습은 아직 완전히 이해되지 않았지만, 리티도포네라 메탈리카를 비롯한 적어도 몇 종의 여왕 없는 침개미 종에서는, 짝짓기 준비가 된 일개미들이 배뒷마디샘이나 다른 외분비샘에서 합성한 성 페로몬을 분비하는 등 특별한 짝 부르기 행동을 한다.[659] 어떤 방식으로든 디노포네라 쿠아드리켑스 수컷은 짝짓기를 하지 않은 번식 일개미를 다른 일개미와 즉시 구별해 낼 수 있다. 모닌과 피터스는 이들의 정형화된 짝짓기 행동을 다음과 같이 묘사했다. "수컷이 번식 일개미에게 더듬이를 갖다 대자마자 수컷의 행동은 급격하게 변한다. 수컷은 더듬이를 떨어 암컷 머리와 더듬이를 부딪치면서, 암컷의 뒤를 쫓고 올라타려고 시도한다. 암컷이 응하면 첫 더듬이 접촉 직후 바로 생식기 삽입이 이루어진다. 삽입 직후 암컷은 매달린 수컷을 끌고 자기 둥지로 들어간다. 그 뒤 암컷은 배를 앞으로 말아 올려 수컷을 자신의 앞으로 놓은 뒤 1~2분 내에 수컷의 배 끝을 잘라 낸다." 이렇게 잘려진 수컷 생식기 일부는 번식 일개미의 생식관 속에 15~73분 동안 더 남겨져 있다가 암컷이 완전히 제거해 버린다. 갓 짝짓기를 마친 암컷에게 새로운 수컷

657) C. Peeters, T. Monnin, and C. Malosse, "Cuticular hydrocarbons correlated with reproductive status in a queenless ant," *Proceedings of the Royal society of London B* 266: 1323-1327(1999).

658) T. Monnin and C. Peeters, "Monogyny and regulation of worker mating in the queenless ant *Dinoponera quadriceps*," *Animal Behaviour* 55(2): 299-306(1998).

659) B. Hölldobler and C. P Haskins, "Sexual calling in primitive ants," *Science* 195: 793-794(1977).

한 마리를 가져다주면, 이 새 수컷은 암컷의 생식기에 남아 있는 이전 수컷의 생식기 부분을 없애려 하지 않는다. 이렇게 물리적으로 생식기를 막아 버림으로써 암컷은 단 한 번만 짝짓기를 한다. 게다가 일단 짝짓기를 한 번 마친 일개미는 다시 둥지를 떠나지 않는다. 일인자 번식 일개미를 인위적으로 수컷들과 모아 놓아도 더 이상의 짝짓기 시도는 일어나지 않았다.

여왕, 일개미, 번식 일개미의 순위 바꾸기

디노포네라 쿠아드리켑스 군락처럼 여왕이 없고 일인자 번식 일개미가 한 마리만 있는 개미 사회와는 달리 번식 일개미가 여러 마리 있는 종의 짝짓기 양상은 순위 경쟁에 의해 규제되지 않는다. 이를테면 하르페그나토스 살타토르의 어린 일개미들은 모두 성적으로 발달하여 수컷을 유혹할 수 있고 최대 70퍼센트에 달하는 일개미들이 같은 둥지 수컷들과 짝짓기를 한다. 짝짓기를 한 일개미 중 일부는 무리를 이루어 순위 경쟁을 통해 일인자 지위를 획득하고, 나머지 일개미들은 짝짓기를 한 뒤에도 여전히 불임으로 남게 된다. 완전히 같지는 않지만 비슷한 행동이 파키콘딜라 트리덴타타에서도 발견되었다. 말레이시아에 서식하는 이 침개미는 군락에 따라 여왕이 있기도 하고 없기도 한데, 여왕이 있든 없든 군락 전체 일개미 중 80퍼센트 이상이 짝짓기를 할 수 있다. 결과적으로 여왕과 일개미들은 번식을 놓고 동등한 경쟁을 한다. 몇 마리의 일개미들이 알을 낳지만, 번식 지위를 두고 군락 구성원들 사이에 순위 경쟁이 지속적으로 일어난다. 그 결과 적은 수만이 일인자 번식 지위를 차지하게 되는데 여기에 반드시 여왕이 포함되리라는 보장은 없다.[660]

같은 종의 한 개체군 안에 있는 여러 군락에 여왕이나 번식 일개미가 모두 존재하는 현상은 다른 침개미속인 그남프토제니스 두 종에서도 발견되는데, 두 종 모두 같은 군락 안에 여왕과 번식 일개미가 동시에 존재하지는 않는다. 북부 브라질산 그남프토제니스 스트리아툴라의 경우 한 군락 안에 번식하는 여왕이 여러 마

---

660) K. Sommer, B. Hölldobler, and K. Jessen, "The unusual social organization of the ant *Pachycondyla tridentat*(Formicidae, Ponerinae)," *Journal of Ethology* 12(2): 175-185(1994).

리 있을 수는 있지만, 여왕이 있는 경우에는 번식 일개미는 존재하지 않는다. 하지만 여왕을 실험적으로 제거하면 며칠 뒤 일개미 몇 마리가 둥지 안에서 전형적인 짝 부르기 행동을 하기 시작한다. 다른 일개미들은 집 밖으로 나가 채집 구역에서 다른 군락 출신 수컷을 찾아 둥지로 데려온다. 이렇게 둥지로 옮겨진 수컷들은 성페로몬으로 광고를 하는 일개미들과 짝짓기를 한다. 행동 관찰 결과 번식 일개미들은 잠정적으로 어린 처녀 일개미일 가능성이 높은 양육 일개미 무리에서 나오는 것으로 보인다. 그남프토제니스 스트리아툴라는 군락에 여왕이 있든 없든 늘 다수의 번식 일개미가 함께 살고 있다. 하지만 번식 개체 수가 어떻게 조절되는지는 여전히 알려지지 않고 있다.[661]

인도네시아 남부 술라웨시 섬에 살고 있는 그남프토제니스 메나덴시스(*Gnamptogenys menadensis*)에서 번식 개체 규제 과정이 성공적으로 밝혀졌다. 개체군에 있는 군락들 중 적은 수만 한 마리 이상 다수 여왕이 있고, 나머지 대부분 군락들은 여러 마리의 번식 일개미들이 여왕 대신 짝짓기를 하고 번식을 담당하는 것으로 밝혀졌다. 두 경우 모두 짝짓기를 하지 않은 일개미의 난소 역시 기능적으로 활성화되어 있었지만 이들은 애벌레들에게 먹일 특별한 영양란만을 낳고 있었다. 하지만 실험적으로 번식 일개미를 제거한 경우에는 짝짓기를 하지 않은 일개미 중 일부가 수컷으로 자라나는 알을 낳기 시작했다. 번식 일개미들이 다시 군락에 되돌아온 경우 이렇게 짝짓기를 하지 않은 채 수컷만 낳던 일개미들은 불임이던 다른 일개미들이 공격해서 붙들어 움직이지 못하게 하고, 대개의 경우 결국 죽었다. 이런 실험에서 번식 일개미가 이들에게 직접 공격을 한 적은 없었고, 불임 일개미들이 짝짓기를 하지 않은 다른 일개미들을 직접적으로 규제하여 번식 일개미나 여왕이 군락에 있는 상태에서는 영양란만을 낳도록 단속했다.[662]

이렇게 다양한 일련의 변이 중 또 하나는 아프리카산 침개미 파키콘딜라 베르토우디(*Pachycondyla berthoudi*, 이전 속명 옵탈모포네(*Ophtalmopone*))에서 발견된 현

661) R. Blatrix and P. Jaisson, "Optional gamergates in the queenright ponerine ant *Gnamptogenys striatula* Mayr," *Insectes Sociaux* 47(2): 193-197(2000).

662) B. Gobin, J. Billen, and C. Peeters, "Policing behavior towards virgin egg layers in a polygynous ponerine ant," *Animal Behaviour* 58(5): 1117-1122(1999); B. Gobin, J. Billen, and C. Peeters, "Dominance interactions regulate worker mating in the polygynous ponerine ant *Gnamptogenys menadensis*," *Ethology* 107(6): 495-508(2001).

상으로 이들 군락에는 여왕 없이 번식 일개미가 여러 마리가 있는데도 어떤 형태의 순위 결정 행동도 없으며, 짝짓기 철이 되면 군락의 거의 모든 젊은 일개미들이 모두 번식에 참여한다. 다른 군락에서 온 수컷들이 둥지로 들어가 짝짓기할 일개미들을 찾아다니며, 이렇게 짝짓기를 한 일개미들은 모두 알을 낳았다. 이들 사이에는 이를테면 하르페그나토스 살타토르를 비롯 파키콘딜라 트리덴타타, 혹은 그남 프로제니스 종들에서 보이는 것 같은 번식 순위 다툼에 의한 번식 규제 같은 현상은 전혀 보이지 않는다.[663] 과연 어떻게 이렇게 초과된 번식이나 노동력 손실이 통제되는지는(분명히 뭔가 있어야 할 것임이 틀림없으나) 아직 알려지지 않고 있다.

여왕 없이 번식 일개미들만이 번식하던 군락은 군락 쪼개짐을 통해 퍼져 나간다. 다수의 번식 일개미들이 있는 군락에서 새롭게 분리되어 나간 일부 무리들 중에는 짝짓기를 한 일개미가 포함되어 있을 가능성이 매우 높다. 디노포네라 쿠아드리켑스 같은 단독 번식 일개미 군락에서 떨어져 나온 새 군락은 번식 일개미가 없으며, 이들은 곧 새로운 번식 지위를 독점하기 위해 다툼을 벌인 끝에 새로운 후보를 만들고, 이 개체가 짝짓기를 해서 일인자 번식 일개미가 된다. 하르페그나토스 살타토르 같은 좀 더 오래된 다수 번식 일개미 사회에서는 군락 분리는 언제나 날개 달린 처녀 여왕이 필요하고, 매년 태어나는 이들 여왕이 둥지를 떠나 짝짓기를 하고 결과적으로 새로운 군락을 만든다. 마지막으로 파키콘딜라 트리덴타타같이 다수의 여왕과 번식 일개미가 공존하는 종에서는 새 여왕들 중 일부가 둥지를 떠나 짝짓기를 하고 독립된 군락을 만들며, 다른 일부는 친정 둥지에 남아 다른 일개미들과 함께 둥지에 있는 수컷과 짝짓기를 한다. 실험실에서 사육한 군락에서 발견된 흥미로운 사례는 군락 안에 날개가 잘려나간 수컷이 종종 발견된다는 점이다. 이는 아마도 수컷들이 둥지를 떠나지 못하게 만들어 자기 알을 수정시킬 수 있도록 하기 위해 일개미들이 저지르는 짓으로 생각된다(사진 51).[664] 날개 달린 새 여왕이 없는 군락들은 군락을 쪼개서 퍼져 나가기도 한다. 이렇게 군락이 퍼져 나가는 전략에 변이가 보이는 것은 생태적 제한 요소 때문인 것으로 보인다. 파키콘딜

---

663) C. Peeters and R. Crewe, "Worker reproduction in the ponerine ant *Ophthalmopone berthoudi*: an alternative form of eusocial organization," *Behavioral Ecology and Sociobiology* 18(1): 29-37(1985).

664) K. Sommer and B. Hölldobler, "Coexistence and dominance among queens and mated workers in the ant *Pachycondyla tridentata*," *Naturwissenschaften* 79(1): 470-472(1992).

사진 51 │ 침개미 파키콘딜라 트리덴타타 여왕과 번식 일개미들이 같은 군락에 함께 살고 있다. 위: 표지된 개체의 행동을 녹화해 분석한 결과 여왕이나 번식 일개미가 독점적 번식 지위를 차지하고 있음을 알게 되었다. 아래: 일개미들은 종종 갓 우화한 수컷 날개를 뜯어 버린다. 이런 수컷들은 둥지를 떠나지 못하고 둥지 안에서 다른 일개미들과 짝짓기를 할 수밖에 없다.

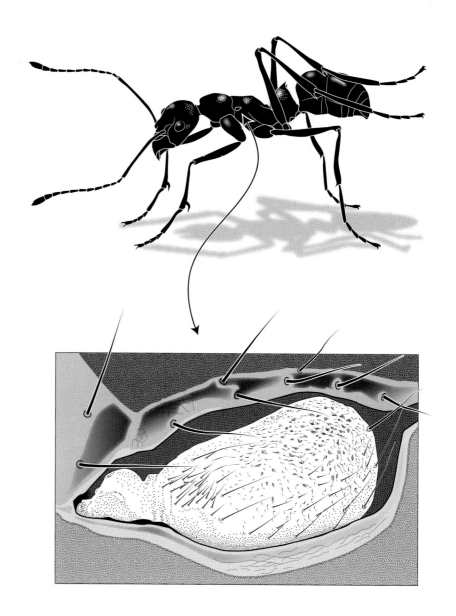

그림 8-13 │ 위: 침개미 디아캄마속(*Diacamma*) 어린 일개미가 구부린 배 위에 뒷다리 윗정강이 분비샘의 구멍을 비벼대는 짝 부르기 행동을 하고 있다. 아래: 싹샘 위치(왼쪽과 오른쪽에 각각 하나씩 있음). 이 기관을 정상적으로 가진 일개미는 일인자 번식 일개미로 기능한다. 일개미가 이 싹샘을 상실하면 비번식 일개미로 되돌아가게 된다. 위: B. Hölldobler, M. Obermayer, and C. Peeters, "Comparative study of the metatibial gland in ants(Hymenoptera, Formicidae)," *Zoomorphology* 116(4): 157–167(1996)에 실린 말루 오베르마이어의 원본 그림을 참고. 아래: J. Billen and C. Peeters, "Fine structure of the gemma gland in the ant *Diacamma ausstrale*(Hymenoptera, Formicidae)," *Belgian Journal of Zoology* 121(2): 203–210(1991) 참고.

라 트리덴타타같이 한 종 혹은 심지어 한 군락 안에서도 번식 방법이 다른 것은 서로 다른 목적이 있기 때문으로 생각된다. 환경 조건이 생존에 비우호적인 경우, 군락이 멀리 있는 새로운 환경에서 새로운 군락을 건설하기 위해 퍼져 나갈 목적으로 날개 달린 새 여왕을 생산하는 것일 테고, 번식 일개미나 기타 날개 없는 번식 개체들이 군락의 후손 무리들을 이끌고 가는 것은 가까운 곳으로 군락이 퍼져 나가기 위함일 것이다. 군락의 번식 철마다 생태 조건이 변하는 상황에서 각각 적절한 방식이 선호될 것이다.

디아캄마속: 생식기 절단을 통한 번식 규제

침개미의 기이한 생물학 중에서도 더욱 놀라운 번식 규제 사례가 여왕 없이 번식하는 디아캄마속에서 보인다. 지금껏 연구된 이 속의 종들 대부분은 일개미의 짝짓기와 번식 순위 독점이 독특한 호전적 상호 작용에 의해 규제된다. 번데기에서 깨어 나오는 모든 일개미들은 싹샘(gemma)이라 불리는 한 쌍의 작은 아령 모양 부속지를 지니고 태어난다(그림 8-13). 각 군락에는 많게는 300마리에 이르는 일개미가 있는데 오직 한 마리만이 싹샘을 손상 없이 지닐 수 있으며, 다른 모든 일개미의 싹샘은 잘려 나간다. 싹샘이 온전한 개체만이 군락의 번식 일개미가 될 수 있다. 이 번식 일개미와 다른 비번식 일개미들은 이후 우화하는 모든 일개미의 싹샘을 제거한다. 싹샘 없는 일개미는 짝짓기와 공격적 행동을 하지 않으며 비번식 도우미로 살게 된다.[665]

싹샘은 촉각 수용체로 작용하리라 믿어지는 감각모들로 뒤덮여 있다. 이 감각모에서 촉발된 감각 신호는 가슴에 있는 3개의 신경절 모두를 비롯해 식도 부속 신경절 및 제2 복부 신경절 등 부행 신경절로 퍼져 나간다.[666] 이 싹샘을 절제하면 공격

---

665) Y. Fukumoto, T. Abe, and A. Taki, "A novel form of colony organization in the 'queenless' ant *Diacamma rugosum*," *Physiology and Ecology Japan* 26(1-2: 55-61(1989); C. Peeters and S. Higashi, "Reproductive dominance controlled by mutilation in the queenless ant *Diacamma australe*," *Naturwissenschaften* 76(4): 177-180(1989).

666) W. Gronenberg and C. Peeters, "Central porjections of the sensory hairs on the gemmae of the ant *Diacamma*: substrate for behavioural modulation?" *Cell and Tissue Research* 273(3): 401-415(1993). 싹샘이 곤충 날개와 상동기관인가에 대한 점은 S. Baratte, C. peeters, and J. S. Deutsch,

적 행동이 소심한 쪽으로 변하게 관장하는 중추 신경계에 어떤 생리적 형태적 변형이 일어나는 것이 분명하다. 싹샘은 또 외분비 세포들이 풍부하게 분포하고 있다.[667] 이들 분비 세포의 기능은 불분명하지만 싹샘 절제를 유발하는 어떤 페로몬을 분비할 가능성이 있다.[668]

군락에서 번식 일개미가 사라지면, 그 뒤 처음으로 태어나는 새로운 처녀 일개미의 싹샘은 잘리지 않는다. 대신 이 일개미는 행동적으로 번식 위계상 우위를 장악하는 개체가 되며 그 뒤로 우화하는 모든 일개미들은 다시 차례로 싹샘을 제거당한다. 하지만 이 우위 개체라도 짝짓기를 하기 전에는 일인자 번식 일개미로 기능할 수 없다. 우위를 차지한 지 7~9일이 지나면 이 일개미는 둥지를 떠나 둥지 밖에서 특별한 짝 부르기 행동을 시작한다. 머리와 가슴을 낮추고 배를 활처럼 굽힌 뒤 뒷다리 종아리를 복부 옆면과 윗면에 대고 비벼 댐으로써(그림 8-13) 짝을 부르는 성 페로몬을 분비한다. 실험을 통해 수컷에게 가장 유혹적인 화합물은 종아리곁분비샘(metatibial glands)에서 합성되는 것이 밝혀졌다.[669] 수컷이 이 암컷을 만나면 암컷 뒤에서 접근하여 더듬이로 암컷 가슴과 배를 더듬고, 암컷이 도망치면 바싹 따라 붙는다. 결국 암컷을 올라타서 짝짓기를 마친다. 앞서 디노포네라속에서 언급한 잔인한 사례처럼 디아캄마속 암컷은 삽입한 채로 움직이지 않고 있는 수컷을 끌고 둥지로 되돌아간다. 둥지의 일개미가 곧 수컷을 공격하여 머리와 가슴을 잘

"Testing homology with morphology, development and gene expression: sex-specific thoracic appendages of the ant *Diacamma*," *Evolution and Development* 8(5): 433-445(2006)에 다루어져 있다.

667) J. Billen and C. Peeters, "Fine structure of the gemma gland in the ant *Diacamma australe*(Hymenoptera, Formicidae)," *Belgian Journal of Zoology* 121(2): 203-210(1991).

668) K Tsuji, C. Peeters, and B. Hölldobler, "Experimental investgation of the mechanism of reproductive differentiation in the queenless ant, *Diacamma* sp., from Japan," *Ethology* 104(8): 633-643(1998); K. Ramaswamy, C. Peeters, S. P. Yuvana, T. Varghese, H. D. Pradeep, V. Dietemann, V. Karpakakunjaram, M. Cobb, and R. Gadagkar, "Social mutiliation in the ponerine ant *Diacamma*: cues originate in the victims," *Insectes Sociaux* 51(4): 410-413(2004).

669) K. Nakate, K. Tsuji, B. Hölldobler, and A. Taki, "Sexual calling by workers using the metatibial glands in the ant, *Diacamma* sp., from Japan(Hymenoptera: Formicidae)," *Journal of Insect Behavior* 11(6): 869-877(1998); B. Hölldobler, M. Obermayer, C. Peeters, "Comparative study of the metatibial gland in ants(Hymenoptera, Formicidae)," *Zoomorphology* 116(4): 157-167(1996).

라 떼어 버리고 배만 계속 붙여 둔다. 이렇게 잘려진 배는 암컷 몸에 하루 이틀 정도 더 붙어 있다가 결국 일개미들이나 번식 일개미 자신이 떼어 버린다.

군락마다 한 마리만이 싹샘을 가질 수 있고, 싹샘이 있는 개체만 성적 행동을 하고 짝짓기를 할 수 있기 때문에 디아캄마속 사회는 암수 각 한 마리만이 한 군락의 번식에 관여하도록 통제된다. 하지만 번식 일개미가 없는 경우에는 싹샘 없는 일개미도 번식이 가능하게 되어 반수체 알을 낳을 수 있는데, 이는 번식 일개미가 있는 상태에서는 거의 일어나지 않는 드문 일이다. 행동 분석 결과 번식 일개미에 가깝게 접근하지 못하도록 통제되는 일개미들만이 공격적 성향을 보이고 완전히 성숙한 난모세포를 지닌 난소를 발달시킬 수 있는 것으로 밝혀졌다. 번식 일개미가 발하는 페로몬은 휘발성이 매우 낮고 직접 몸에 닿아서만 전달되는 것이 분명하다.[670]

디아캄마속 군락 한살이는 사회성 진화에 관한 유전학적 이론을 이해하는 데에도 의미가 있다. 언제나 단 한 마리의 번식 일개미가 단 한 번만 짝짓기를 해서 번식하는 이 종에서 짝짓기를 하지 않은 일개미라도 난소 기능에 있어서는 번식 일개미와 다를 바 없기 때문에, 번식 일개미와 비번식 일개미 사이에 수컷 새끼 생산을 둘러싼 갈등이 있으리라고 예측해 볼 수 있다. 하지만 대부분 경우 다른 일개미들은 군락에 번식 일개미가 있는 경우에는 자발적으로 산란 행동을 하지 않는 것으로 드러났다. 번식 일개미와 직접 접촉을 회피할 기회가 주어져 번식 규제를 당하지 않더라도 일개미들은 대부분 알을 낳지 않는다. 군락에 번식 일개미가 있는 경우 싹샘이 제거된 일개미들은 거의 산란을 시도하지 않는다. 그리고 산란이 일어나는 드문 경우에도 종종 번식 일개미들이 산란하는 일개미를 공격해서 알을 빼앗은 뒤 다투거나 도망치는 와중에 알을 먹어 치워 버린다. 군락이 비정상적으로 클 경우에만 일개미가 낳은 알 중 적은 수만 번식 일개미의 규제를 피해 수컷으로 자라날 수 있다.[671]

670) K. Tsuji, K. Egashira, and B. Hölldobler, "Regulation of worker reproduction by direct physical contact in the ant *Diacamma* sp. from Japan," *Animal Behaviour* 58(2): 337-343(1999); S. Baratte, M. Cobbs, and C. Peeters, "Reproductive conflicts and mutilation in queenless *Diacamma* ants," *Animal Behaviour* 72(2): 305-311(2006).

671) N. Nakata and K. Tsuji, "The effect of colony size on conflict over male-production between gamergate and dominant workers in the ponerine ant *Diacamma* sp.," *Ethology Ecology & Evolution* 8(2): 147-156(1996).

대개 이 번식 일개미들은 다른 일개미들에게 번식 규제를 가하겠다는 결심을 신호로 알릴 수 있다. 번식 일개미에 의한 규제가 효과적이고 일개미가 낳은 알이 살아남을 가능성이 거의 없는 경우에는, 일개미가 산란을 한들 에너지 측면에서 낭비인데다 군락의 번식 효율 면에서도 부정적이기 때문에, 번식 일개미의 신호에 순응하여 일개미 스스로 번식을 자제하는 것이 군락 수준 선택에 의해 선호될 것이다. 이렇게 암수 각 한 마리만이 번식을 담당하는 진사회성 벌목 곤충에서는 혈연 선택에 의해서도 일개미들이 스스로 번식을 자제하는 현상이 진화할 수 있다는 주장이 있어 왔는데,[672] 이는 일개미들이 수컷을 낳을 때 군락 전체 번식력을 20퍼센트 이상 감소시킨다는 가능성에 근거한 것이다.[673] 하지만 일개미 번식에 의한 손해가 이보다 훨씬 적더라도(어떤 가정 하에서는 군락 전체 번식 효율에 단지 4.4퍼센트 감소를 가져온다고 예측되기도 함) 군락 수준 선택에 의해 일개미들이 산란을 서로 감시하는 방법으로 일개미 번식 억제를 선호하게 된다.[674] 실제로 군락 내에 번식 일개미가 있는 경우 일개미들이 다른 일개미의 산란을 규제한다는 증거가 실험적으로 밝혀져 있다.[675]

어느 경우에도 번식 일개미 냄새는 자기 존재와 독점적 번식지위를 알리는 '정직한 신호'로 기능하며, 이에 대해 대부분의 일개미들은 번식을 자제하는 반응을 보이는 것으로 생각된다. 산란을 스스로 자제하는 것이 대부분 일개미들에게는 적응적일 수 있으나(왜냐하면 그럼으로써 군락 효율이 향상되므로), 가끔은 일개미도 산란한다. 이는 군락 수준 선택이 일개미의 이기적 동기를 완전히 제거할 수는 없었으며, 일개미가 번식 일개미 신호에 반응하는 정도에도 역시 일정 부분 변이가 존재함을 시사한다. 번식 일개미의 순찰 행동과 일개미가 번식 일개미와 접촉했을 때 보여 주는 행동은 번식 일개미의 화학 신호가 매우 휘발성이 낮은 분비물임을 알려

---

672) 이 경우 혈연 선택과 군락 수준 선택 모두 동일한 적응적 특성을 선호하게 된다. A. Bourke and N. Franks, *Social Evolution in Ants* (Princeton, NJ: Princeton University Press, 1995).

673) B. J. Cole, "The social behavior of *Leptothorax allardycei*(Hymenoptera, Formicidae): time bugets and the evolution of worker reproduction," *Behavioral Ecology and Sociobiology* 18(3): 165-173(1986).

674) F. L. W. Ratnieks, "Reproductive harmony via mutual policing by workers in eusocial Hymenoptera," *American Naturalist* 132(2): 217-236(1988).

675) N. Kikura and K. Tsuji, "Queen and worker policing in the monogynous and monandrous ant, *Diacamma* sp.," *Behavioral Ecology and Sociobiology* 46(3): 180-189(1999).

준다. 사실 이를 뒷받침해 주는 강력한 정황 증거가 있다. 군락 일개미들이 지닌 외골격 탄화수소 조성은 나이와 번식력에 따라 변하는데, 알을 낳으려고 하는 일개미의 CHC 조성은 사냥꾼이 될 일개미의 CHC 조성과 다르다는 것이 밝혀졌다.[676]

디아캄마속에서는 무리의 번식 일개미를 잃고 일개미만 남은 경우에서조차 다시 한 마리의 번식 일개미와 그 외 비번식 일개미로 나누어진 엄격한 노동 분담이 생겨난다. 이런 무리에서 일개미들은 번식 일개미와 접촉이 끊어진 뒤 1주일 정도 시간이 지나면 서로 다툼을 시작한다. 며칠이 지난 뒤 몇 마리의 일개미들이 산란을 시작하지만 시간이 6주 정도 더 지나면 단 한 마리의 일개미만이 확고하게 번식 지위를 독점하며 유일한 일인자로 군림한다.[677] 이 종에서는 번식 지위 독점과 애벌레호르몬 함량 사이에 흥미 있는 관계가 알려져 있다.[678][679] 붉은불개미와 쌍살벌 폴리스테스 갈리쿠스(*Polistes gallicus*)에서 예전에 밝혀진 사실과는 달리,[680][681] 디아캄마속에서는 번식력과 애벌레호르몬 함량이 양의 상관관계에 놓여 있지 않다. 이 개미의 번식 일개미와 산란하는 다른 일개미에서는 애벌레호르

676) V. Cuvillier-Hot, M. Cobb, C. Malosee, and C. Peeters, "Sex, age and ovarian activity affect cuticular hydrocarbons in *Diacamma ceylonense*, a queenless ant," *Journal of Insect Physiology* 47(4–5): 485–493(2001); V. Cuvillier-Hot, R. Gadagkar, C. Peeters, and M. Cobb, "Regulation of reproduction in a quennelss ant: aggression, pheromones and reduction in conflict," *Proceedings of the Royal Society of London B* 269: 1295–1300(2002).

677) C. Peeters and K. Tsuji, "Reproductive conflict among ant workers in *Diacamma* sp. from Japan: dominance and oviposition in the absence of the gamergate," *Insectes Sociaux* 49(2): 119–136(1993); S. Baratte, M. Cobbs, and C. Peeters, "Reproductive conflicts and mutilation in queenless *Diacamma* ants," *Animal Behaviour* 72(2): 305–311(2006).

678) K. Sommer, B. Hölldobler, and H. Rembold, "Behavioral and physiological aspects of reproductive control in a *Diacamma* species from Malaysia(Formicidae, Ponerinae)," *Ethology* 94(2): 162–170(1993).

679) 이 결과는 최근 또 다른 여왕 없는 침개미 *Streblognathus*에서도 확인되었다. C. Brent, C. Peeters, V. Dietemann, R. Crewe, and E. Vargo, "Hormonal correlates of reproductive status in the queenless ponerine ant, *Streblognathus peetersi*," *Journal of Comparative Physiology A* 192: 315–320(2006).

680) J. F. Barker, "Neuroendocrine regulation of oocyte maturation in the imported fire ant *Solenopsis invicta*," *General and Comparative Endocrinology* 35(3): 234–237(1978).

681) P. F. Roseler, I. Roseler, A. Strambi, and R. Augier, "Influence of insect hormones on the establishment of dominance hierarchies among foundresses of the paper wasp, *Polistes gallicus*," Behavioral Ecology and Sociobiology 15(2): 133–142(1984).

몬이 거의 검출되지 않은 반면 산란하지 않는 비번식 일개미에서는 나이에 비례해서 애벌레호르몬 함량이 증가했다. 꿀벌 역시 이와 정확히 일치하는 양상을 보이는데, 여왕과 어린 일꾼은 애벌레호르몬 함량이 낮고 채집꾼은 높다.[682]

디아캄마속에서 밝혀진 페로몬과 내분비 호르몬에 관한 증거를 취합하면 번식력이 높은 일개미 혹은 번식 일개미들은 다른 비번식 일개미들과 구분되는 CHC 조성을 가지고 있으며, 이는 번식을 조절하는 내분비적 기제와 생리적으로 밀접히 연관되어 있다는 결론에 이를 수 있다.

스트레블로그나투스속: 지위와 번식의 불일치

버지니 커빌리어-핫(Virginie Cuvillier-Hot)과 동료들은 아프리카산 침개미 스트레블로그나투스 페에테르시(Streblognathus peetersi)를 대상으로 여왕이 없는 침개미 군락에서 위계 질서와 번식력의 생리적 기제를 더 깊이 연구했다.[683][684] 이 종에서도 디아캄마속처럼 번식력 정도와 애벌레호르몬 함량 사이에 음의 상관관계가 발견되었지만 개체의 지위와 번식력은 일치하지 않았다. 일인자 개미를 애벌레호르몬 유사체인 피리프록시펜으로 처리하면 번식력이 눈에 띄게 감소한다. 이렇게 처리된 일인자 개미는 여전히 공격성을 지니고 있지만 하위 일개미들에게도 공격당하고 무력화된다. 흥미롭게도 이렇게 호르몬 처리된 개체는 위계 질서상 바로 2인자로부터는 도전을 받지 않지만, 오히려 그보다 더 낮은 지위 일개미들로부터 규제를 받게 된다. 이렇게 일인자 개체가 무력화되어 있는 동안 2인자 무리 중 한 마리가 순위 다툼 행동을 드러내고, 그 결과 일인자 자리를 접수한다. 이 과정에서 기존의 호르몬 처리된 개체 CHC 조성은 변화를 겪게 되고, 이 변화는 새로이 일인

682) G. E. Robinson, C. Strambi, A. Strambi, and Z.-Y. Huang, "Reproduction in worker honey bees is associated with low juvenile hormone titers and rates of biosynthesis," *General and Comparative Endocrinology* 87(3): 471-480(1992).

683) V. Cuvillier-Hot, A. Lenoir, and C. Peeters, "Reproductive monopoly enforced by sterile police workers in a queenless ant," *Behavioral Ecology* 15(6): 970-975(2004).

684) V. Cuvillier-Hot, A. Lenoir, R. Crewe, C. Malosse, and C. Peeters, "Fertility signalling and reproductive skew in queenless ants," *Animal Behaviour* 68(5): 1209-1219(2004).

자를 접수한 2인자가 겪는 조성 변화와 정반대가 된다. 이 CHC 조성은 아마도 번식력 상태를 드러내는 역할을 할 것이 분명한데, 비록 호르몬 처리되어 밀려난 일인자 개체가 여전히 공격적 순위 다툼 행동을 완전히 과시할 수 있다 해도 번식 규제를 하는 일개미들은 이미 번식력 감소를 화학적으로 감지하고 이에 반응하여 무력화시킨다. 이러한 발견들은 번식을 규제하는 데 있어서 비번식 도우미 개체의 역할이 결정적이라는 사실은 잘 보여 주고 있다. 이 연구자들 역시 순위 다툼 행동과 번식 규제 행동이 서로 다른 두 가지 호전적 행동 기제임을 강조했다.[685][686]

스트레블로그나투스 페에테르시 군락은 일개미 30~130마리로 이루어져 있고, 그중 단 한 마리만이 번식 위계 일인자가 되어 짝짓기를 하고 번식 일개미로서 역할을 담당한다. 군락 내 위계질서는 이전에 기술한 다른 침개미 사례처럼 공격적 상호 작용에 의해 결정된다. 이런 행동 중 특히 두 가지가 눈에 띈다. **배말기** 중 상위 일개미는 배를 앞으로 말아 뻗어 배 끝부분의 마디 사이 막을 드러내 보인다. 이 자세는 마디 사이에 있는 아마도 꽁무니샘일 것으로 추측되는 어떤 분비샘을 노출시키는 작용을 하는 듯하지만, 실제로 어떤 분비물이 관련되어 있는지에 대해서는 밝혀진 바가 없다. 상위 개체는 특정한 조성으로 탄화수소들이 합성되는 마디 사이 조직을 드러내는 것으로 생각된다. 이 대치 상태 중 상위 개체는 하위 개체의 더듬이 뿌리나 턱을 물고 있다(그림 8-14). 배들기 자세에서 상위 개체는 배를 구부려 다시 한 번 끝부분에 있는 마디 사이 막을 드러낸다. 그러고는 뒤로 돌아 서서 하위 개체 머리 앞에 배를 갖다 댄다(그림 8-14).

번식 일개미는 그 지위를 차지한 뒤 몇 주 동안 공격 성향을 유지하는데, 대개 현재 지위를 유지하기에 충분할 정도로 낮은 수준의 공격성만 드러내는 듯 보인다. 실제로 스트레블로그나투스 군락은 하르페그나토스 속을 비롯한, 여왕은 없지만 번식 독점 지위가 있는 여러 침개미 종처럼 안정과 불안정 시기를 번갈아 겪게 된다. 안정적 시기에는 다툼도 적게 일어나고 번식 개체의 번식력 또한 높다. 번식 개미가 뒤바뀐 직후 찾아오는 불안정 시기에는 새 번식 개체의 난소가 덜 성숙해 있

685) V. Cuvillier-Hot, A. Lenoir, and C. Peeters, "Reproductive monopoly enforced by sterile police workers in a queenless ant," *Behavioral Ecology* 15(6): 970-975(2004).

686) C. Brent, C. Peeters, V. Dietemann, R. Crewe, and E. Vargo, "Hormonal correlates of reproductive status in the queenless ponerine ant, *Streblognathus peetersi*," *Journal of Comparative Physiology A* 192: 315-320(2006).

기 때문에 다툼을 통해 지위를 유지하려고 한다. 이와 비슷한 현상이 디노포네라 쿠아드리켑스 군락에서도 보인다.

이상을 종합하면 지금껏 연구된 침개미 군락에서 다툼은 번식 독점 위계질서를 형성하는 기작이지만, 그 독점을 유지하는 것은 번식력을 드러내는 신호 덕분이다. 번식 일개미 교체는 군락 한살이에 매우 중요한 사건이며, 이를 통해 여왕 없는 군락이 잠재적으로 영속하도록 하는 수단이다. 또 이는 군락 일개미들이 가끔씩 번식 지위를 차지하기 위해 경쟁하기 때문에 군락 안 모든 개체의 생활사에도 역시 중요한 사건이다. 이 다툼의 승자는 자신의 지위와 상태를 광고한다. 스트레블로그나투스 페에테르시 군락의 번식 일개미와 2인자 일개미들은 탄화수소 조성으로 구분된다. "이 조성 차이는 번식을 하고 있는 개체뿐 아니라 완전하진 않지

그림 8-14 │ 스트레블로그나투스 페에테르시 순위 다툼 행동. 두 가지 호전적 행동이 특히 눈에 띈다. 위: 배말기 행동 중 상위(검정색) 일개미가 배를 앞으로 말아 뻗어 배 끝 부분 마디 사이 막을 드러내 보인다. 이 대치 상태 중 상위 개체는 하위(회색) 개체 더듬이 뿌리를 턱으로 물고 있다. 아래: 배 들기 자세에서 상위 개체는 배를 구부려 다시 한 번 마디 사이 막을 드러내고, 뒤로 돌아 하위 개체 머리 앞에 배를 갖다 댄다. V. Cuvillier-Hot, A. Lenoir, and C. Peeters, "Reproductive monopoly enforced by sterile police workers in a queenless ant," *Behavioral Ecology* 15(6): 970-975(2004)에서 발췌.

만 번식적 잠재력을 가지고 있는 개체들까지 표지하기에 충분한 점진적 차이를 가진 정보를 지니고 있다.…… 게다가 이 종의 새로운 일인자는 실제 산란이 일어나기 며칠 전에 이미 다른 일개미들에 의해 감지되는데, 이는 외골격 탄화수소 조성이 현재 번식력을 드러내는 것 이상으로 어떤 개체가 가진 내분비계 상태 자체를 드러내는 신호임을 시사하는 것이다."[687] 이 개미들은 탄화수소 조성 변이를 가지고 번식력을 드러내기도 하고 감지하기도 하는 것으로 보인다. 스트레블로그나투스 군락에서 일인자의 번식력이 왕성할 때는 이 탄화수소 신호가 번식 규제 목적의 몸싸움을 거의 대부분 대신하는 것으로 보인다.

여러 지위에 놓인 개미의 혈액 림프 속 난황 형성 호르몬 함량을 조사함으로써 외골격 탄화수소 조성이 개체의 사회적 지위와 번식력을 드러내는 '정직한 신호'라는 가설을 뒷받침하는 강력한 증거들이 발견되었다.[688] 난황 형성 호르몬은 난황의 전구체로서 지방체에서 합성되며 혈액 림프로 분비되고 난모세포에 이르러, 중요 저장 단백질인 난황을 형성하는 데 관계한다. 혈액 림프 속 난황 형성 호르몬의 상대적 함량은 그 개체 산란 상태가 현재 어떤가에 관계없이, 얼마나 즉시 알을 만들어 낼 수 있는가를 가늠하는 매우 중요한 지표가 된다.[689] 상관관계 분석 결과 스트레블로그나투스속 일개미 외골격 탄화수소 조성은 사회적 지위와 난황 형성 호르몬 함량 모두와 관계있는 것으로 드러났다. 난황 형성 호르몬이 거의 검출될 정도만 있거나 아예 없는 일개미들은 불임 사냥꾼이나 갓 우화한 일개미와 똑같은 외골격 탄화수소 조성을 가지고 있었다. 난황 형성 호르몬 함량이 높은 일개미는 산란하는 일개미나 일인자 번식 일개미와 거의 동일한 탄화수소 조성을 가지

687)   V. Cuvillier-Hot, A. Lenoir, R. Crewe, C. Malosse, and C. Peeters, "Fertility signalling and reproductive skew in queenless ants," *Animal Behaviour* 68(5): 1209-1219(2004). Virginine Cuvillier-Hot와 Alain Lenoir는 여왕 없는 *Streblognathus* 군락에서 관찰되는 행동적 가변성의 신경화학적 배경을 연구하기도 했다. V. Cuvillier-Hot and A. Lenoir, "Biogenic amine levels, reproduction and social dominance in the queenless ant *Streblognathus peetersi*" *Naturwissenschften* 93(3): 149-153(2006).

688)   V. Cuvillier-Hot, A. Lenoir, R. Crewe, C. Malosse, and C. Peeters, "Fertility signalling and reproductive skew in queenless ants," *Animal Behaviour* 68(5): 1209-1219(2004).

689)   T. Martinez and D. E. Wheeler, "Effect of the queen, brood and worker caste on haemolymph vitellogenin titre in *Camponotus festinates* workers," *Journal of Insect Physiology* 37(5): 347-352(1991).

고 있었다. 가장 중요한 것은 "일개미 혈액 림프 속 난황 형성 호르몬이 많은 수록, 외골격 탄화수소 조성은 번식 위계질서 상층부에 있는 것들과 닮아갔다. 그러므로 외골격 탄화수소 표지는 현재 번식 상태에 대한 정보뿐 아니라 높은 지위 일개미들이 지닌 번식 잠재력에 관한 정보까지 정직하게 드러내고 있다."[690]

번식 일개미 대 일꾼형 여왕

번식 일개미(gamergate, 짝짓기한 일개미)라는 용어는 짝짓기를 하고 수정란을 낳는 일개미를 일컫는 말인데,[691] 휠러와 그의 동료 제임스 채프먼(James Chapman)이 1920년대 초에 디아캄마 루고숨에서 발견한 짝짓기하는 일개미를 기술하기 위해 처음으로 사용했다.[692] 이 개미 속에서는 형태적으로 구별되는 여왕이 발견된 적이 전혀 없다. 휠러와 채프먼은 번식 일개미들은 비번식 일개미들과 형태적으로 완전히 동일하나, 다른 종류의 개미에서 발견되는 원래부터 날개 없이 여왕 계급으로 태어나는 일꾼형 여왕(ergatoid queen)과는 다르다는 점을 정확히 지적했다. 그럼에도 피터스가 지적하듯이, "'일꾼형 여왕'이라는 용어는 날개 달린 여왕이 없는 모든 침개미 종에서 무분별하게 사용되어 왔기 때문에, 혼동스러운 말이 되었다."[693] 개미에서 발견되는 여러 가지 다양한 번식 양상을 분명히 구별하기 위해서는 **계급**이라는 용어는 물리적 의미로 사용하는 것이 중요하다. 즉 한 종의 계급적 차이는 애벌레가 특정한 발달 과정을 따라 성장하여 하나 이상의 특성화된 형태적 특성을 지니게 될 때 생겨난다. 피터스의 엄격한 의미로 보자면 계급이란 형태에 관한 것일 뿐, 역할에 대한 용어가 아니다. 그러므로 짝짓기를 하고 번식을 하

---

690)   V. Cuvillier-Hot, A. Lenoir, R. Crewe, C. Malosse, and C. Peeters, "Fertility signalling and reproductive skew in queenless ants," *Animal Behaviour* 68(5): 1209-1219(2004).

691)   C. Peeters and R. Crewe, "Insemination controls the reproductive division of labour in a ponerine ant," *Naturwissenschaften* 71(1): 50-51(1984).

692)   W. M. Wheeler and J. Chapman, "The mating of *Diacamma*," *Psyche*(Cambridge, MA) 29: 203-211(1922).

693)   C. Peeters, "Ergatoid queens and intercastes in ants: two distinct adult forms which look morphologically intermediate between workers and winged queens," *Insectes Sociaux* 38(1): 1-15(1991).

는 일개미(번식 일개미)는 결코 '여왕'으로 부를 수 없는 것이다.

여왕 계급이 완전히 사라진 현상은 침개미아과 몇몇 족 안에서도 여러 차례에 걸쳐 일어났던 진화적으로 중요한 사건이다. 이 진화적 수렴은 따지고 보면 비교적 간단한 일로, 많은 침개미 종의 일개미들이 번식적으로 중요한 조상 형질, 이를테면 기능적으로 온전한 난소라든지 기능하는 저정낭 등을 계속 보존하고 있었기 때문이다. 침개미에서 일개미와 여왕 계급은 다른 개미 아과에서만큼 많이 갈라지지 않았던 것이다. 다시 말해 이 개미들은 '귀환 불능점'을 여전히 넘지 않았다고 할 수 있다. 이 현상은 또 미르메키나이아과에 속하는 오스트레일리아산 불독개미에서도 나타나는데, 이 개미에서 번식 일개미의 번식 사례는 아직까지는 미르메키아 피리포르미스(*Myrmecia pyriformis*) 단 한 종에서만 분명히 밝혀졌을 뿐이다.[694] 번식 일개미에 의한 번식의 또 다른 사례는 두배자루마디개미아과 원시적 메타포니속(*Metapone*) 두 종에서 알려져 있다.[695]

형태적으로 구분되는 계급 정의에 따르면 일개미에 속한 번식 일개미와는 달리, 일꾼형 여왕은 분명히 구분되는 여왕 계급의 모든 형태적 특징을 지니고 있다. 이들은 적어도 침개미아과 12개 속과 배잘록침개미아과 3개 속의 날개 달린 여왕으로부터 진화했다. 일꾼형 여왕은 또 미르메키이나이아과 미르메키아속 몇 종을 비롯 두배자루마디개미아과 몇 개 속, 시베리아개미아과 한 속(렙토미르멕스 (*Leptomyrmex*)), 불개미아과 프로포르미카속 한 종에서도 알려져 있다.[696] 일꾼형 여왕은 언제나 날개가 없다. 그리하여 날개 근육을 담고 있을 이유가 없는 이들의 가슴 부위는 해부학적으로는 날개 달린 여왕보다는 오히려 일개미 쪽에 가깝게 생겼다. 하지만 이들의 가슴 절판(sclerite)은 여전히 분명하게 남아 있고, 배도 일개미보다 크며, 내부 기관은 종종 일개미와는 눈에 띄게 다르다.

694) V. Dietemann, C. Peeters, and B. Hölldobler, "Gamergates in the Australian ant subfamily Myrmeciinae," *Naturwissenschaften* 91(9): 432-435(2004).

695) B. Hölldobler, J, Liebig, and G. D. Alpert, "Gamergates in the myrmicine genus *Metapone*(Hymenoptera: Formicidae)," *Naturwissenschaften* 89(7): 305-307(2002).

696) C. Peeters, "Ergatoid queens and intercastes in ants: two distinct adult forms which look morphologically intermediate between workers and winged queens," *Insectes Sociaux* 38(1): 1-15(1991).

파키콘딜라 포키: 흰개미 단체 습격자

일꾼형 여왕의 역할은 아프리카산 대형 침개미 파키콘딜라 포키에서 잘 볼 수 있다.[697] 이 종은 흰개미 둥지를 고도로 조직화된 방식으로 습격하며 자주 새로운 둥지 터로 이주하는 습성을 가진 전문 포식자이다. 이 종의 군락은 비교적 커서 수백~2,000마리 이상의 일개미로 이루어진다. 일개미들은 여러 가지 몸집에 따라 무리로 나뉘는 다형성이고, 몸집에 따라 일감이 정해지는 뚜렷한 노동 분담 습성을 가지고 있다. 일개미들이 짝짓기를 하는 일은 없으며 군락의 모든 번식은 일꾼형 여왕 한 마리가 독점하고 있다.[698] 여왕은 대형 일개미에 비해 약간 큰 편이다. 하지만 일꾼형 여왕은 거대한 배로 쉽게 구분이 되는데, 배에는 일개미에 비해 두 배 이상 많은(일개미의 경우 12~15개 남짓함) 32개의 난소 소관을 갖춘 한 개의 난소가 들어 있다.[699] 여왕은 대개 배를 살짝 공중으로 치켜들고 있다가 미세하게 옆으로 흔든다. 둥지 속이나 무리 이주 과정 중에 대개 한 무리의 일개미가 여왕을 둘러 싸고 있다. 둥지에 교란이 가해지면 더 많은 수의 일개미들이 여왕 주위로 모여든다. 가끔은 일개미들이 여러 겹으로 늘어 서 여왕을 향해 머리를 가까이 모아 붙이기도 하지만 직접 여왕을 건드리는 일은 거의 없다(사진 52). 이 근위병들 대부분은 대형 일개미지만 가끔은 소형 일개미도 참여한다. 여왕은 산란할 때도 여전히 배를 살짝 들어올리고 있다. 알이 보이기 시작해서 완전히 몸을 빠져 나오는 데는 1분도 채 걸리지 않으며, 나오자마자 소형 일개미가 받아서는 알 무더기에 옮겨 쌓는다.

일꾼형 여왕은 파키콘딜라 포키 군락 사회적 행동의 중심으로, 일개미들을 끌어들이는 강력한 힘은 화학적 신호에 의한 것이 분명하다. 이 신호에 대한 반응은 워낙 강력해서 과학자들은 특별한 관심을 기울여 왔다.[700] 어떤 연구자들은 이 종

---

697) B. Hölldobler, C. Peeters, and M. Obermayer, "Exocrine glands and the attractiveness of the ergatoid queen in the ponerine ant *Megaponera foetens*," *Insectes Sociaux* 41(1): 63-72(1994).

698) M. H. Villet, "Division of labour in the Matabele ant *Megaponera foetens*(Fabr.) (Hymenoptera, Formicidae)," Ethology *Ecology & Evolution* 2(4): 397-417(1990).

699) C. Peeters, "Morphologically 'primitive' ants: comparative review of social characters, and the importance of queen-worker dimorphism," in J. C. Choe and B. J. Crespi, eds., *The Evolution of Social Behavior in Insects and Arachnids*(New York: Cambridge University Press, 1997), pp. 372-391.

700) B. Hölldobler, C. Peeters, and M. Obermayer, "Exocrine glands and the attractiveness of the

사진 52 | 파키콘딜라 포키 일꾼형 여왕이 일개미 무리에 둘러 싸여 있다. 여왕의 몸은 곧추선 털로 뒤덮여 있고, 이 털은 몸속 외분비샘에 연결되어 있으며 어떤 화학물질을 분비하는 것으로 생각된다.

의 군락을 여러 개의 무리로 쪼개어, 한 무리만이 일꾼형 여왕을 가지고 있도록 만들었다. 8~10일이 지난 뒤 여왕 없는 무리와 있는 무리에서 일개미 한 마리씩을 끄집어내어 여왕 없는 다른 무리에 집어넣었다. 여러 차례 반복된 실험에서 밝혀진 것은 여왕 없는 무리에서 온 일개미에 대해서는 다른 일개미들의 반응이 중립적이지만, 여왕 있는 무리에서 온 일개미를 집어 넣으면 다른 일개미들이 주위로 강하게 모여들었고, 이렇게 모여든 일개미들은 새로 온 일개미를 핥고 여기저기 데리고 다니는 현상이었다. 여왕 있는 무리에서 온 일개미가 보여 주는 이 놀랄 만한 흡인력은 경우에 따라 거의 3시간이나 지속될 수도 있다. 또 다른 경우, 즉 여왕 없는 무리에서 여왕 있는 무리에 가져다 놓은 일개미는 즉시 턱으로 물리는 등, 적대 반응을 유발했다. 새로 온 일개미는 이런 공격에 대해 도망치거나 몸을 구부리고 다리를 바싹 몸에 붙이는 고치 자세를 취했으며, 원래 여왕 있는 무리 일개미들은 종종 이들을 물어다 쓰레기 더미에 갖다 버렸다.

ergatoid queen in the ponerine ant *Megaponera foetens*," *Insectes Sociaux* 41(1): 63–72(1994).

이러한 관찰 결과들은 파키콘딜라 포키 여왕이 유인성 화학 신호를 분비하고 이는 또 군락 일개미들에게 전달된다는 점을 강력히 시사한다. 무리에서 떨어져 나와 더 이상 여왕 냄새를 몸에 지니지 못한 일개미들은 다른 군락 동료들로부터 차별을 당한다. 물론 여왕 냄새가 없어짐과 동시에 이렇게 외떨어진 일개미들이 스스로 번식력을 드러내는 신호를 갖추게 된 것 역시 다른 군락 동료의 적대 반응을 유발하는 이유일 수도 있다. 실제로 여왕을 잃은 군락에서 대형 일개미들이 스스로 산란하는 사례를 밝혀낸 연구들도 있다.

얼핏 보기에는 일개미들과 비슷하지만 파키콘딜라 포키 일꾼형 여왕들은 해부학적으로 자세히 들여다보면 일개미와 매우 다른 특징들이 있다. 여왕은 온 몸에 수많은 털들이 곤두서 있지만 일개미들은 거의 없다. 외골격과 상피세포에 보이는 차이는 더 크지만 눈에는 덜 띈다. 일개미 경우 상피세포는 쇠퇴한 세포들이 한 겹으로 막을 이룰 뿐이지만, 여왕의 상피세포들은 큰 핵과 많은 액포들을 지닌 잘 발달된 두꺼운 분비샘 모양 세포들이다. 여왕 외골격 각피는 피부 샘관의 두터운 망상 조직으로 뒤얽혀 있다. 온몸에 곤두서 있는 털들은 신경이 잘 발달해 있으며 촉각수용체로서 기능할 가능성도 높다. 이 털 뿌리의 움푹 팬 부분에 있는 많은 피부 샘관 구멍들은 긴 털들이 분비물을 퍼뜨리는 역할도 하리라는 가능성을 시사한다.

일꾼형 여왕과 군대개미

우리는 피터스의 주장대로 일꾼형 여왕이 비록 외형적으로는 일개미와 흡사하지만 번식 계급만이 가진 특성화된 형질을 지닌 개체로 정의되어야 한다는 점에 동의한다. 그리하여 일꾼형 여왕은 과거에 종종 믿어졌듯이 '일꾼형 번식 개체 (ergatogyne)', 즉 일개미와 날개 없는 여왕의 중간 형태의 날개 없는 암컷 개체가 아닌 것이다. 그 대신 그들은 분명히 날개 달린 여왕 계급으로부터 진화한 또 다른 여왕 계급이며 번식 일개미와 같은 무리로 대충 뭉뚱그려서도 안 된다.[701]

701) B. Hölldobler and E. O. Wilson, *The Ants* (Cambridge, MA: The Belknap Press of Harvard University Press, 1990); C. Peeters, "Monogyny and polygyny in ponerine ants with or without queens," in L. Keller, eds., *Queen Number and Sociality in Insects* (New York: Oxford University Press, 1993), pp. 234-261.

일꾼형 여왕의 진화적 중요성은 아직 정확히 밝혀지지 않았다. 부분적으로는 이 계급이 단체 포식 행동과 군락 분열을 포함한 이주 행동을 하는 종에 있어서는 특별한 적응일 수도 있다. 이 경우 일꾼형 여왕들은 새 둥지 터를 향해 혼자 앞장서 나아가지 않고 다른 일개미 무리의 일부로서 함께 이동한다. 실제로 일꾼형 여왕을 가지고 있는 많은 침개미류 개미들은 단체 포식자들이며 새로운 사냥터로 자주 무리 지어 옮겨 다니며 한 둥지에 오래 머물지 않는다. 잘 알려진 예로는 오니코미르멕스속, 렙토게니스속, 시모펠타속(Simopelta) 종들과 함께 파키콘딜라 포키를 들 수 있다. 또한 배잘록침개미아과 케라파키스속 및 스핑크토미르멕스속(Sphinctomyrmex)을 비롯하여 렙타닐리나이아과 렙타닐라속에서도 발견되며, 무엇보다 도릴리나이아과와 에키토니나이아과를 구성하는 '진' 군대개미 모든 종에도 해당되는 사실이다. 파키콘딜라 포키처럼 오니코미르멕스, 렙토게니스, 렙타닐라속과 에키토니나이아과 에키톤속 및 네이바미르멕스속(Neivamyrmex) 일꾼형 여왕들 역시 같은 종 일개미들은 가지고 있지 않은 특수한 외분비샘을 가지고 있다.[702] 또 일꾼형 여왕들은 일개미들을 매우 가까이 끌어들인다. 우리의 가설은 멀리 자주 이동하는 습성을 지닌 개미 종에서는 장거리 이동 중 여왕이 자기 존재를 일개미들에게 알리기 위해 특별히 강력한 유인 물질을 필요로 한다는 것이다. 이는 단체 포식 행동을 하는 종에서 흔히 보는 것처럼 상대적으로 군락이 큰 경우는 매우 중요하다.[703] 이 규칙은 다른 사회성 곤충, 이를테면 흰개미와 말벌, 심지어 다른 종 개미까지 전문적으로 사냥하는 침개미에서 가장 잘 발견할 수 있다. 여왕 한 마리가 독자적으로 군락을 만들어 가는 초기 단계에는 일개미 수가 매우 적을 수밖에 없다. 그러므로 이들이 군락을 퍼뜨리는 적응적 방법은 분열이 될 수밖에 없다. 이 경우 일꾼형 여왕이 충분히 기능하지만, 날개 달린 여왕은 소용이 없다.

---

702)   N. R. Franks and B. Hölldobler, "Sexual competition during colony reproduction in army ants," *Biological Journal of the Linnean Society* 30(3): 229-243(1987); B. Hölldobler, J. M. Palmer, K. Masuko, and W. L. Brown, Jr., "New exocrine glands in the legionary ants of the genus Leptanilla(Hymenoptera, Formicidae, Leptanillinae)," *Zoomorphology* 108(5): 255-261(1989); B. Hölldobler and M. Obermayer, 미발표 결과.

703)   B. Hölldobler and E. O. Wilson, *The Ants* (Cambridge, MA: The Belknap Press of Harvard University Press, 1990); C. Peeters, "Monogyny and polygyny in ponerine ants with or without queens," in L. Keller, eds., *Queen Number and Sociality in Insects*(New York: Oxford University Press, 1993), pp. 234-261.

단체 포식자들은 빈번히 이주를 하기 때문에, 날개 달린 번식 개체가 없어 경쟁이 감소된 상황에서조차 군락은 대개 넓게 퍼져 있다.

일꾼형 여왕이 한 마리뿐인 침개미들은 군락 수준 조직화의 아주 좋은 사례를 보여 준다. 이 여왕은 다른 개체와 다툴 일이 없으며 일개미들을 잘 끌어들이는 번식 개체이다. 이 여왕이 있는 한 일개미들은 개체로 발달할 가능성이 없는 영양란을 낳을 수도 있기는 하지만, 번식적으로는 불임으로 남게 된다. 일개미들은 단독으로 먹이를 채집하는 대신 매우 효율적인 의사소통 체계를 이용하여 조직된 무리의 일원으로 사냥에 참여한다. 이들 일개미 사이에는 위계질서의 조그만 단서조차 찾을 수가 없다. 이들 일꾼형 여왕 사회는 군락 위계질서를 둘러싼 갈등을 완전히 극복하고, 유일한 번식 단위로서 여왕과 이를 떠받치는 체세포 단위로서 수백 마리 일개미로 구성된 완전하게 잘 짜여진 초유기체로 기능하는 듯 보인다. 어느 면으로 보나 군락 적응도 면에서 여왕은 가장 중요한 단위이다. 여왕은 강력한 유인 물질로 군락 전체에 자신이 존재하고 있음을 알리고 이 신호로 일개미들에게 자신의 번식력과 건강 상태에 관한 정보 역시 전달하는 것으로 생각된다. 이 신호를 받은 일개미들은 군락 효율을 위해 스스로 불임으로 남아 있기로 '동의'한다.[704]

파키콘딜라속: 사회 생물학적으로 가장 많이 분화된 개미 속

침개미 전체로 보면 조화로운 사회라는 원칙과는 한참 거리가 있는 듯하다. 번식 일개미가 번식을 담당하는 침개미 종에서 밝혀졌듯이, 군락 구성원 사이에 일어나는 공격적 상호 작용에 의해 사회 조화는 빈번히 깨진다. 번식 일개미가 없는 침개미 종에서도 비슷한 갈등은 일어난다. 신열대구산 침개미들인 파키콘딜라 스티그마(*Pachycondyla stigma*)와 파키콘딜라 아피칼리스가 보이는 특별한 행동을 보자.

파키콘딜라 스티그마의 번식 행동과 사회 구성은 군락 구성 개체들이 서로 더듬이를 비벼대는 빈도 변이와 밀접하게 관련이 되어 있다. 이 상호 접촉을 통해 이

704) T. D. Seeley, "Queen substance dispersal by messenger workers in honeybee colonies," *Behavioral Ecology and Sociobiology* 5(4): 391–415(1979); T. D. Seeley, *Honeybee Ecology* (Princeton, NJ: Princeton University Press, 1985); L. Keller and P. Nonacs, "The role of the queen pheromone in social insects: queen control or queen signal?" *Animal Behaviour* 45(4): 787–794(1993).

초유기체

들은 자신의 더듬이를 상대방 앞다리 종아리샘 분비구멍 위에 비벼 댄다. 짝짓기를 한 여왕은 짝짓기를 하지 않은 여왕이나 일개미들에 비해 훨씬 더 빠른 속도로 더듬이를 비벼 댄다. 짝짓기를 한 여왕의 번식 독점은 짝짓기를 하지 않고 알을 낳는 다른 여왕들을 일개미들이 치열하게 공격적으로 제어함으로써 더욱 공고해진다. 하지만 짝짓기한 여왕을 군락으로부터 실험적으로 제거하면 짝짓기하지 않은 여왕들 사이에서 더듬이 문지르기와 공격적 행동이 눈에 띄게 늘어난다. 아마도 여왕의 앞다리에 있는 종아리샘에서 번식력과 번식 독점 지위에 관한 정보를 다른 개미들에게 알리는 화학 신호가 합성 분비되는 듯하다. 하위 여왕들이나 여타 일개미들이 수컷으로밖에는 자랄 수 없는 알이라도 대담하게 '몰래' 낳으려 하면 다른 일개미들이 무자비하게 공격한다.[705]

　　여왕 한 마리와 일개미 80~100마리로 이루어진 비교적 작은 군락을 만드는 아피칼리스종의 번식 통제는 매우 다른 양상을 띤다.[706] 이 여왕은 일개미를 주위로 불러들이지 않으며 다른 일개미들과 공격적 상호 작용을 하지 않으면서도 독점적 번식 지위를 유지한다. 어떤 일개미들은 제구실을 하는 난소를 지니고 있으며, 다른 일개미들은 황체를 가득 지니고 있는 것으로 미루어 이전에는 난소가 제구실을 했던 것으로 추정된다. 대개의 경우 제구실을 하는 난소를 가진 일개미들은 낳자마자 여왕의 먹이가 되는 영양란을 낳는다. 이 사실 하나만으로도 번식하는 여왕의 존재는 일개미 번식 행동에 부정적인 영향을 미치고 있음을 알 수 있다. 여왕 페로몬은 여왕이 둥지 안을 돌아다니며 일개미들과 직접 접촉하여 전달하는 것이 분명하다. 하지만 아피칼리스 군락 중 일부는 여왕이 있음에도 불구하고 적은 수의 일개미들이 새끼로 자라날 수 있는 알을 낳는 것으로 알려져 있다.[707][708] 이런 경우에는 여왕이 없는 군락과 마찬가지로 일개미들은 공격적 상호 작용을 통해

705)　P. S. Oliveira, M. Obermayer, and B. Hölldobler, "Division of labor in the Neotropical ant, *Pachycondyla stigma*(Ponerinae), with special reference to mutual antennal rubbing between nestmates(Hymenoptera)," *Sociobiology* 31(1): 9-24(1998).

706)　V. Dietemann and C. Peeters, "Queen influence on the shift from trophic to reproductive eggs laid by workers of the ponerine ant *Pachycondyla apicalis*," *Insectes Sociaux* 47(3): 223-228(2000).

707)　V. Dietemann and C. Peeters, "Queen influence on the shift from trophic to reproductive eggs laid by workers of the ponerine ant *Pachycondyla apicalis*," *Insectes Sociaux* 47(3): 223-228(2000).

708)　P. S. Oliveira and B. Hölldobler, "Dominance orders in the ponerine ant *Pachycondyla apicalis*(Hymenoptera, Formicidae)," *Behavioral Ecology and Sociobiology* 27(6): 385-393(1990).

다소 느슨한 위계질서를 이루며, 이 위계질서는 궁극적으로는 일개미 개체들이 서로 다른 정도로 산란을 하도록 통제할 수 있다. 이런 공격적 행동은 하위 개체가 종종 복종 몸짓을 보내는 식으로 눈에 띌 정도의 몸싸움일 수도 있고(그림 8-15), 혹은 다른 일개미가 낳은 알을 훔쳐서 먹어 치우는 것일 수도 있다. 일개미들 사이 위계질서는 안정적이지 않다. 기존의 위계질서 안에서도 개체의 사회적 지위가 바뀌는 일은 종종 일어난다. 여왕이 군락에서 사라지면 더 많은 수의 일개미들이 공격적 상호 행동을 시작한다. 가장 확실한 것은 알 낳는 일개미에 대한 공격이 훨씬 빈번하게 일어난다는 사실이다. 일개미 개체의 사회적 지위는 이들의 난소 발달 정도와 밀접하게 관련되어 있다. 위계의 일인자 무리가 난소가 가장 발달해 있고 또 가장 빈번하게 알 무더기를 돌본다. 번식 지위 독점은 나이와 관계있다는 증거도 있다. 어린 일꾼의 난소가 더 잘 발달되어 있고 순위 다툼에서 나이 많은 일개미들에게 도전하기도 한다.[709]

일개미 사이 번식 지위 독점에 관한 행동 생리학에 관계된 추가적 정보는 파키콘딜라 빌로사와 파키콘딜라 인베르사를 비롯 아마 여전히 분류학적으로는 공식화되지 않았지만 이들과 밀접한 유연관계를 지니고 있을 것이 분명한 파키콘딜라 종들과 비교를 통해 얻어졌다.[710] 여왕 없는 군락에서 일개미 순위와 난소 활성은 매우 관련이 높다. 게다가 외골격 탄화수소 조성은 알을 낳는 일개미와 알을 낳지 않는 일개미들 사이에 양적으로나 질적으로나 모두 다르다. 번식하는 일개미의 탄화수소 조성은 여왕의 그것과 비슷하지만, 완전히 일치하지는 않는다.[711] 일인자

709) 번식 위계질서를 가지고 있는 여러 침개미 종에서 밝혀진 바에 따르면 젊은 개체들이 늙은 개체보다 우위를 차지하는 경향이 있다. S. Higashi, F. Ito, N. Sugiura, and K. Ohkawara, "Workers' age regulates the linear dominance hierarchy in the queenless ponerine ant, *Pachydcondyla sublaevis*(Hymenoptera, Formicidae)," *Animal Behaviour* 47(1): 179-184(1994); T. Monnin and C. Peeters, "Dominance hierarchy and reproductive conflicts among subordinates in a monogynous queenless ant," *Behavioral Ecology* 10(3): 323-332(1999).

710) K. Kolmer and J. Heinze, "Comparison between two species in the *Pachycondyla villosa* complex(Hymenoptera: Formicidae)," *Entomologica Basiliensia* 22: 219-222(2000); K. Kolmer, B. Hölldobler, and J. Heinze, "Colony and population structure in *Pachychondyla* cf. *inversa*, a ponerine ant with primary polygyny," *Ethology Ecology & Evolution* 14(2): 157-164(2002).

711) J. Heinze, B. Stengl, and M. F. Sledge, "Worker rank, reproductive status and cuticular hydrocarbon signature in the ant, *Pachycondyla* cf. *inversa*," *Behavioral Ecology and Sociobiology* 52(1): 59-65(2002).

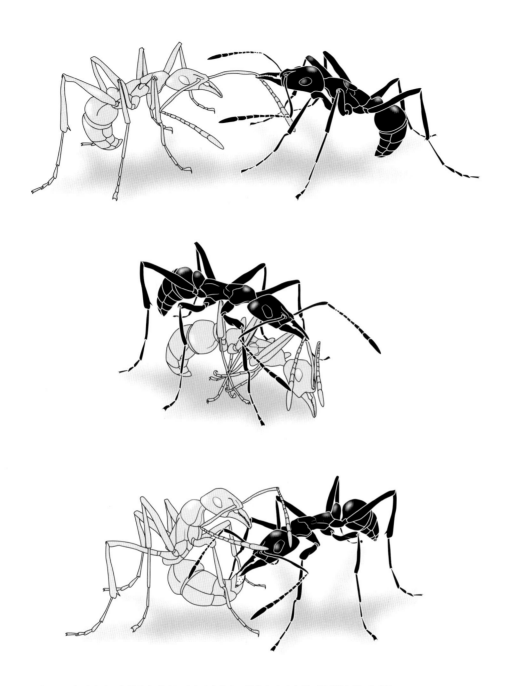

그림 8-15 | 신열대구산 침개미 파키콘딜라 아피칼리스 일개미 사이 순위 다툼 행동. 위: 우세한 개체(검은색)가 동료 일개미 더듬이를 잡아끌어 내고 있다. 가운데: 다툼이 격해지면서 우위 개체가 하위 개체에게 계속 공격을 가한다. 하위 개체는 다리를 몸에 바싹 붙인 채로 고치 자세를 유지한다. 아래: 상위 개체가 하위 개체 꽁무니에서 알을 끄집어내고 있다. 이 알은 공격자가 먹어 치운다. P. S. Oliveira and B. Hölldobler, "Dominance orders in the ponerine ant *Pachycondyla apicalis* (Hymenoptera, Formicidae)," *Behavioral Ecology and Sociobiology* 27(6): 385–393(1990)에 실린 캐서린 브라운-윙(Katherine Brown-Wing)의 원본 그림을 빌려 옴.

개체들이 가장 번식력이 좋은 개체들이기는 하지만 일부 하위 일개미들 역시 알을 꽤 많이 낳는다. 하지만 이들이 낳은 알의 많은 수가 상위 일개미들에게 먹히고는 한다. 다중 좌위 DNA 지문 분석 기법(multilocus DNA fingerpriting)에 의하면 언제나 일인자 일개미들이 가장 높은 번식 성공률을 보이지만, 그럼에도 불구하고 하위 개체들이 낳은 알도 가끔은 성공적으로 수컷으로 자라날 수 있는 경우가 분명히 있다.[712][713]

하지만 이 상황은 여왕이 있는 경우 매우 달라진다. 일개미들은 다른 일개미가 낳은 알을 예외 없이 모두 없애 버린다. 파키콘딜라 인베르사 군락에 여왕이 있는 경우는, 일개미들이 낳은 알을 여왕이 낳은 알 무더기 속에 숨겨 놓는 경우에도 여왕이 낳은 알에 있는 특징적인 탄화수소 조성비가 '표지 뒤섞임'에 의해 일개미가 낳은 알로 전달되지 않기 때문에, 이런 알들은 예외 없이 다른 번식 통제 일개미들에 의해 적발된다.[714]

아피칼리스종으로 돌아와 보면, 일부 일개미들이 완전히 발달 가능한 알을 낳으며, 오직 영양란만을 낳을 수 있는 일개미들과 번식 독점을 두고 경쟁을 벌인다는 사실로부터 흥미로운 의문을 도출할 수 있다. 만약 여왕이 한 마리 수컷과만 짝짓기를 하고(이 종에서는 교미 비행을 하지 않기 때문에 이럴 가능성이 가장 높다.) 또한 여왕도 군락에 한 마리만 있는 것이라면(여러 독립적 연구에 의해 확인된 사실임[715][716][717]), 어떤 일개미라도 형제(근친도 0.25)보다는 아들이나 수컷 조카(근친계

712)   J. Heinze, B. Trunzer, P. S. Oliveira, and B. Hölldobler, "Regulation of reproduction in the Neotropical ponerine ant, *Pachycondyla villosa*," *Journal of Insect Behavior* 9(3): 441-450(1996).

713)   B. Trunzer, J. Heinze, and B. Hölldobler, "Social status and reproductive success in queenless ant colonies," *Behaviour* 136(9): 1093-1105(1999).

714)   P. D'Ettorre, A. Tofilski, J. Heinze, and F. L. W. Ratnieks, "Non-transferable signals on ant queen eggs," *Naturwissenschaften* 93(3): 136-140(2006).

715)   V. Dietemann and C. Peeters, "Queen influence on the shift from trophic to reproductive eggs laid by workers of the ponerine ant *Pachycondyla apicalis*," *Insectes Sociaux* 47(3): 223-228(2000).

716)   P. S. Oliveira and B. Hölldobler, "Dominance orders in the ponerine ant *Pachycondyla apicalis*(Hymenoptera, Formicidae)," *Behavioral Ecology and Sociobiology* 27(6): 385-393(1990).

717)   D. Fresneau, "Biologie et comportement social d'une fourmi ponerine neotropicale (*Pachycondyla apicalis*)," Ph.D. thesis, Université Paris XIII, Villetaneuse.

수 0.5와 0.375)를 키우는 게 유전적으로 더 이익이 될 것이다. 그러므로 우리는 여왕과 여왕의 딸인 일개미 사이 번식 갈등을 예측할 수 있겠으나,[718][719] 실제로는 어떤 번식 갈등도 관찰된 바가 없다. 많은 군락에서 여왕이 있다는 사실 하나만으로 일개미 번식은 통제된다. 다른 군락들에서는 일부 상위 일개미들이 성공적으로 수컷으로 자라날 수 있는 알을 낳기는 하지만, 다른 일개미들이 이렇게 산란하는 일개미를 공격하거나 이들이 낳은 알을 먹어 치움으로써 활발하게 번식을 통제한다. 하지만 여왕은 이런 공격적 상호 작용에는 일체 관여하지 않는 것으로 보인다.[720][721] 이는 마치 그런 군락들이 이미 여왕의 번식력이 이지러지는 노화 초기 단계에 들어선 듯 보이게 한다. 여왕의 번식력이 최고조일 때 군락 수준 선택은 일개미들이 행동적으로나 생리적으로 번식 통제를 담당하거나 영양란을 낳아 여왕에게 바로 먹이는 등의 특징을 선호할 것이다. 이런 행동으로 말미암아 군락 전체의 번식 효율은 최고에 이른다. 생육 가능한 알이 충분히 생산되고 군락 노동력도 정점에 달한다. 반면 여왕 번식력이 감퇴하면 번식 잠재력이 가장 큰 젊은 일개미들이 번식 독점 지위를 두고 다른 일개미들과 다툼을 벌이기 시작한다. 상대방의 알을 먹어 치우거나 몸싸움을 통해, 가장 강한 개체들만이 수컷으로 자라날 알을 낳고, 그보다 하위가 된 일개미들은 이 알을 맡아 키우도록 만드는 것이다. 이 단계에서는 분명히 개체에 대한 직접적 선택 압력이 친족이나 군락 수준 선택 압력에 비해 더욱 강력하다. 개체별 경쟁은 매우 치열하여 때로는 상위 일개미들조차 번식 잠재력이 더 큰 다른 젊은 일개미에 의해 밀려날 수도 있다.

파키콘딜라 아피칼리스에서 하르페그나토스 살타토르에서 이미 보았던 것과 같은 양상의 진화적 선택의 많은 모습을 다시 볼 수 있지만, 중요한 차이점이 하나

718) V. Dietemann and C. Peeters, "Queen influence on the shift from trophic to reproductive eggs laid by workers of the ponerine ant *Pachycondyla apicalis*," *Insectes Sociaux* 47(3): 223–228(2000).

719) F. L. W. Ratnieks, "Reproductive harmony via mutual policing by workers in eusocial Hymenoptera," *American Naturalist* 132(2): 217–236(1988).

720) V. Dietemann and C. Peeters, "Queen influence on the shift from trophic to reproductive eggs laid by workers of the ponerine ant *Pachycondyla apicalis*," Insectes Sociaux 47(3): 223–228(2000).

721) P. S. Oliveira and B. Hölldobler, "Dominance orders in the ponerine ant *Pachycondyla apicalis*(Hymenoptera, Formicidae)," *Behavioral Ecology and Sociobiology* 27(6): 385–393(1990).

있다. 하르페그나토스는 여왕이 사라지면 군락은 영구적인 번식 일개미 체제로 바뀌지만, 일개미들이 짝짓기를 하지 않는(일개미가 저정낭을 가지고 있음에도) 아피칼리스 군락은 일단 여왕이 사라지면 군락 역시 소멸한다. 이런 제한 때문에라도 여왕 번식력이 막바지에 달하는 즈음에 일개미들이 수컷 새끼를 낳기 시작하는 것은 논리적으로 볼 때 일개미를 위한 적응적 형질인 것이다.[722]

파키콘딜라 옵스큐리코르니스는 파키콘딜라 아피칼리스와 가까운 신열대구에 서식하는 또 다른 침개미 종으로 사회 구성 면에서 거의 동일한 특성을 가지고 있다.[723] 이 종 역시 번식하던 여왕이 노쇠하거나 죽으면 일개미들 사이에 번식 독점을 위한 위계질서가 만들어지고 일개미나 짝짓기를 하지 않은 여왕이 낳은 알은 대개 다른 일개미들이 없애 버린다.[724] 하지만 관찰된 군락들 중 하나에서는 일개미 절반이 자신이 낳은 알을 군락 알 무더기에 가져다 놓고 있었다. 이를 위해서는 별도의 노력이 필요한데, 알을 가져다 놓을 때 일개미 중 일부는 자기 알을 다른 알 무더기 속에서 5~10분에 걸쳐 뒤섞어 놓았고, 때로는 종종 그 뒤로도 길게는 60분 동안이나 알 무더기에 앉아 자기 알을 지키고는 했다.[725] 알 무더기는 감시 개미들이 끊임없이 감시하기 때문에 이렇게 자기 알을 섞어 놓고 앉아서 지키는 행동이 새로 놓인 알이 적발되고 파괴될 가능성을 낮추는 것으로 보인다. 실제로 최근 밝혀진 바에 따르면 파키콘딜라 종을 포함하여 개미 알은 계급이나 지위마다 독특한 탄화수소 화합물로 표지가 되며, 군락에서 알이 식별되고 파괴되는 행위에 바로 이 특정 화학 신호가 관여하고 있다.[726] 알 무더기에 자기 알을 뒤섞는 행동

722) V. Dietemann and C. Peeters, "Queen influence on the shift from trophic to reproductive eggs laid by workers of the ponerine ant *Pachycondyla apicalis*," *Insectes Sociaux* 47(3): 223–228(2000).

723) D. Fresneau, "Développement ovarien et statut social chez une fourmi primitive *Neoponera obscuricornis* Emery(Hym. Formicidae, Ponerinae)," *Insectes Sociaux* 31(4): 387–402(1984).

724) P. S. Oliveira and B. Hölldobler, "Agonistic interactions and reproductive dominance in *Pachycondyla obscuricornis*(Hymenoptera: Formicidae)," *Psyche* (Cambridge, MA) 98:215–225(1991).

725) P. S. Oliveira and B. Hölldobler, "Agonistic interactions and reproductive dominance in *Pachycondyla obscuricornis*(Hymenoptera: Formicidae)," *Psyche*(Cambridge, MA) 98:215–225(1991).

726) A. Endler, J. Liebig, T. Schmitt, J. E. Parker, G. R. Jones, P. Schreier, and B. Hölldobler,

은 알의 기원을 알려 주는 화학 신호에 혼란을 줌으로써 알이 발각될 위험을 줄이는 효과가 있는 것으로 생각된다. 알 뒤섞기는 파키콘딜라 옵스큐리코르니스에서 특히 눈에 띄지만 파키콘딜라 우니덴타타(*Pachycondyla unidentata*)에서도 관찰되며, 이보다 정도는 덜하지만 파키콘딜라 아피칼리스에서도 보인다.

매우 특별한 대체 번식 체계가 브라질에서 채집된 파키콘딜라 옵스큐리코르니스 종의 한 군락에서 발견되었다.[727] 이 종에서는 일개미와 형태가 다른 3마리 성충이 존재하고 있었는데, 이들은 비록 날개는 없지만 가슴 부위의 해부학적 특징은 날개 달린 여왕 것과 거의 비슷했다. 이를테면 스커텀(scutum)과 스커텔럼(scutellum)은 이음매에 의해 서로 구분되었으며, 메타노텀(metanotum, 스커텀, 스커텔렘, 메타노텀은 모두 개미 가슴의 등판을 이루는 외골격 조각판을 일컫는 용어로 일개미에서는 일반적으로 작고 이음매가 뚜렷하지 않게 서로 붙어 있는 반면, 날개 덕분에 가슴의 등판이 매우 발달한 여왕개미는 각 조각판이 더 크고 서로 뚜렷한 이음매에 의해 구분됨 — 옮긴이)은 일반 일개미들 것에 비해 컸다. 아직 고치 안에 들어 있던 이와 똑같은 성충을 11마리 더 찾아냈다. 아마도 이들은 피터스가 정의한 중간 계급(여왕과 일개미의 해부학적 특성의 정확히 중간 형태)일 것으로 생각된다. 이들은 또 뚜렷한 여왕 계급만의 해부학적 특성을 갖고 있는 것도 아니어서 일꾼형 여왕과도 구분된다.[728]

"Surface hydrocarbons of queen eggs regulate worker reproduction in a social insect," *Proceedings of the National Academy of Sciences USA* 101(9): 2945-2950(2004); P. D'Ettorre, J. Heinze, and F. L. W. Ratnieks, "Workers policing by egg eating in the ponerine ant *Pachycondyla inversa*," *Proceedings of the Royal Society of London B* 271: 1427-1434(2004). *Dinoponera quadriceps*의 번식 일개미가 낳은 알은 하위 일개미들이 낳은 알에 비해 9-hentriacontene이라는 특정 탄화수소 함량이 눈에 띄게 많으며, 이들 번식 일개미들은 하위 일개미들이 낳은 알을 없애 버린다. T. Monnin and C. Peeters, "Cannibalism of subordinates' eggs in the monogynous queenless ant *Dinoponera quadriceps*," *Naturwissenschaften* 84(11): 499-502(1997).

727) O. Düssmann, C. Peeters, and B. Hölldobler, "Morphology and reproductive behaviour of intercastes in the ponerine ant *Pachycondyla obscuricornis*," *Insectes Sociaux* 43(4): 421-425(1996).

728) 대부분의 종에서 중간 계급은 정상적 계급분화 단계의 예기치 않은 변이를 통해 만들어진다. 일부 침개미 종과 기타 아과 몇몇 종에서 이들 중간 계급이 번식 계급으로 존재하는 경우가 있기 때문에, Jürgen Heinze는 번식을 담당하는 중간 계급인 '일개미형 번식 개체'와 '일꾼형 여왕'을 구분하는 것이 필요한가에 대해 의문을 가지고 있었다. 그는 대신 날개 없는 암컷 번식 개체 생산에 관계되는 예기치 않은 변이와 정상적인 계급 분화 과정을 구분하자고 제안했다. J. Heinze, "Intercaste, intermorphs, and ergatoid queens: who is who in ant reproduction?" *Insectes Sociaux*

더 놀라운 것은 이들 중간 계급 개체 중 2마리는 짝짓기를 했고, 알까지 낳았다는 점이다. 모든 일개미는 짝짓기를 하지 않았고, 그중 일부는 이들 중간 계급 개체 2마리의 먹이가 되는 명백한 영양란을 낳았다. 이들 중간 계급 개체들을 실험적으로 제거했을 때 일개미들 사이에서 우열을 가리기 위한 다툼이 즉시 벌어졌으며 이들 중 일부는 수컷으로 자라나는 알을 낳기 시작했다. 이와 같은 번식 기능을 가진 중간 계급은 파키콘딜라속 다른 종에서는 전혀 알려지지 않았으나 중간 계급 자체는 다른 침개미 종들인 포네라 펜실바니쿠스(*Ponera pennsylvanicus*), 히포포네라 본드로이티(*Hypoponera bondroiti*), 히포포네라 에두아르디(*H. eduardi*) 등에서도 발견된다.[729)]

중간 계급(intercaste)이라는 용어는 해부학적 형태 차이만 기술할 뿐 역할에 관한 것은 결코 아니다. 중간 계급의 특징 중 중요한 하나는 이들의 형태가 한 종 안에서, 심지어 한 군락 안에서조차 변이를 보인다는 사실이다. 가슴 부위 구조, 몸 크기, 내부 기관 특징 등이 여왕과 일개미라는 양 극단 사이에서 매우 다양한 변이를 보인다.

중간 계급은 어떤 개미에서는 드물거나 이상한 현상이지만, 다른 종에서는 흔하고 번식 기능을 하기도 한다. 이렇게 분명히 정상적인 중간 계급은 일부 호리가슴개미속 종들과 시베리아개미아과 흰발납작자루개미(*Technomyrmex albipes*)를 비롯해 두배자루마디개미아과 미르메키나 그라미니콜라에서도 발견된다.[730)] 이들 번식형 중간 계급들 중 일부는 군락의 원래 여왕 자리를 물려받아 군락 분열에 관계하기도 한다. 파키콘딜라 옵스큐리코르니스 군락 중 여왕이 없는 것뿐 아니라 있는 군락에서도 중간 계급이 만들어지는지는 아직 알려진 적이 없다. 하지만 이 종에서 짝짓기를 한 중간 계급이 번식을 하고 이들이 군락 분열에 관계하는 것이 군락 성장을 위한 또 다른 적응 전략이라는 가설은 그럴듯하다. 이는 번식 일개미를

45(2): 113-124(1998).

729) 다음 설명을 참고: C. Peeters, "Ergatoid queens and intercastes in ants: two distinct adult forms which look morphologically intermediate between workers and winged queens," *Insectes Sociaux* 38(1): 1-15(1991).

730) C. Peeters, "Ergatoid queens and intercastes in ants: two distinct adult forms which look morphologically intermediate between workers and winged queens," *Insectes Sociaux* 38(1): 1-15(1991).

통한 번식으로 향해 가는 진화적 경로 중 어떤 단계를 대표하는 것일 수도 있다. 10마리 미만의 일개미로 이루어진 예외적으로 작은 군락을 만들어 사는 오스트레일리아산 파키콘딜라 수블라이비스에서 이것이 증명되는데, 이들은 단 한 마리의 일인자 번식 일개미를 모시는 위계질서를 이루고 산다.[731]

전체적으로 보면 침개미 사회는 번식 독점 지위를 차지하기 위한 치열한 경쟁 와중에 벌어지는 반목과 개체 사이 갈등 양상의 다양성으로 특징지어진다고 할 수 있다. 하지만 번식 독점 지위를 얻기 위한 싸움은 군락 전체로 봐서는 손해이며, 지나치고 장기화된 갈등은 치명적이기도 하다. 최근에 이르러서야 처음으로 파키콘딜라 옵스큐리코르니스를 대상으로 그러한 손해가 정량적으로 분석되었다.[732] 군락 내 공격 행동이 군락 수준의 이산화탄소 배출량으로 가늠된다는 것이 알려졌다. 군락 전체로 보면 조화롭게 안정되어 있을 때보다 싸움이 일어나고 있을 때 더 많은 에너지를 소비한다. 같은 연구는 또 다른 매우 놀랄 만한 사실을 밝혀냈다. 여왕을 제거한 직후 군락의 이산화탄소 배출량이 급감했다. 이는 또 각 일개미 활동량이 급감한 것과 일치했는데, 여왕이 사라진 뒤 세 시간 후 일개미 활동이 눈에 띄게 줄어들었다. 이 분석을 실시한 브루노 고빈(Bruno Gobin)과 동료들에 따르면, "여왕을 제거하는 것은 일개미 행동에 분명한 효과가 있으며, 일개미들은 더 이상 군락을 위해 일하려는 의욕이 감퇴하는 것으로 보인다.…… 일개미 활동 감소는 군락 자체에 손해가 되며 관찰된 에너지 소비 감소의 이유가 되는 것으로 보인다. 우리가 조사한 이산화탄소 방출 데이터를 관찰된 활동률로 보정하더라도, 여전히 군락의 공격성과 이산화탄소 방출량은 전반적인 상관관계가 있다." 그들은 다음과 같이 결론 내렸다. "결국 번식 독점 지위를 위한 싸움은 군락에게는 손해가 되는데 이는 군락이 전반적으로 더 많은 에너지를 소비해야 한다는 점에서 에너지 측면에서 손해이고, 또 일개미는 일개미대로 일을 덜 하게 되기 때문에 손해이다. 이런 손실은 일단 위계질서가 안정되고 번식을 위한 산란이 다시 시작되면 줄어들

---

731)   C. Peeters, S. Higashi, and F. Ito, "Reproduction in ponerine ants without queens: monogyny and exceptionally small colonies in the Australian *Pachycondyla sublaevis*," *Ethology Ecology & Evolution* 3(2): 145-152(1991); F. Ito and S. Higashi, "A linear dominance hierarchy regulating reproduction and polyethism of the queenless ant *Pachycondyla sublaevis*," *Naturwissenschaften* 78(2): 80-82(1991).

732)   B. Gobin, J. Heinze, M. Strätz, and F. Roces, "The energy cost of reproductive conflicts in the ant *Pachycondyla obscuricornis*," *Journal of Insect Physiology* 49(8): 747-752(2003).

게 된다."

곤충 사회 생리학의 일반적 원칙은 침개미를 비롯한 여타 개미아과에서 마찬가지로 여왕이 있는 상태에서 일꾼들 사이 싸움은 드물다는 것이다. 여왕이 있는 여러해살이 군락의 어린 일개미가 일개미들 사이의 높은 번식 지위에 오르기 위해 투쟁을 한다면 이는 분명히 사회 안정을 저해하며 군락 생산성에 악영향을 끼치고, 결국 군락의 모든 개체들의 포괄 적합도를 감소시킨다. 일반적으로 일개미 번식과 일개미 사이 위계질서 형성은 군락 생산성에 가해지는 손해가 직접적 이익을 넘어서는 순간 군락 수준 선택에 의해 제거되는 쪽으로 기울 것이다.[733] 여왕이 있는 상태에서 일개미들 사이 다툼은 결국 개미에서는 드문 현상이 되며 여왕이 노쇠하거나 번식력이 감퇴한 경우로 국한된다.[734] 하지만 일개미들이 짝짓기를 할 수 있고 상위 번식 일개미들이 여왕(하르페그나토스속의 경우)이나 죽은 번식 일개미 자리를 계승할 수 있는 경우에는 상황이 달라진다. 이런 개미 사회에서 일개미들 사이 싸움은 다양한 손해를 감수하고도 존재할 것으로 예측된다. 그리고 사실상 침개미에서 일개미들 사이 싸움은 여왕이 아닌 번식 일개미가 번식을 하는 사회에서 더 빈번하게 발견된다.[735]

침개미들이 보이는 공격성과 지위 다툼은 비단 일개미들에서만 일어나는 일은 아니다. 같은 둥지 안에서 함께 알을 낳는 여왕들 사이에서도 같은 현상이 일어난다. 앞서 언급한 파키콘딜라 인베르사와 매우 가까운 다른 신열대구산 파키콘딜라 종은 혈연관계 없이 각자 짝짓기한 여왕들이 한 방에 기거하며 새로운 군락을 함

---

733) A. F. G. Bourke, "Colony size, social complexity and reproductive conflict in social insects," *Journal of Evolutionary Biology* 12(2): 245-257(1999); T. Monnin and F. L. W. Ratinieks, "Policing in queenless ponerine ants," *Behavioral Ecology and Sociobiology* 50(2): 97-108(2001).

734) A. F. G. Bourke, "Worker reproduction in the higher eusocial Hymenoptera," *The Quarterly Review of Biology* 63(3): 291-311(1988).

735) 이 장의 이전 항목 및 다음을 참조할 것. F. Ito and S. Higashi, "A linear dominance hierarchy regulating reproduction and polyethism of the queenless ant *Pachycondyla sublaevis*," *Naturwissenschaften* 78(2): 80-82(1991); F. Ito, "Social organization in a primitive ponerine ant: queenless reproduction, dominance hierarchy and functional polygyny in *Amblyopone* sp.(reclinata group)(Hymenoptera: Formicidae: Ponerinae)," *Journal of Natural History* 27: 1315-1324(1993); T. Monnin and F. L. W. Ratinieks, "Reproduction versus work in queenless ants: when to join a hierarchy of hopeful reproductives?" *Behavioral Ecology and Sociobiology* 46(6): 413-422(1999).

께 만드는 다자성 무리(pleometrosis) 방식으로 초기 군락을 건설한다.[736] 이런 연합 관계에서 노동 분담은 여왕들 사이 공격적 상호 작용에 강하게 영향을 받는다. 즉 다툼에서 이긴 개체들은 둥지에 남아 새끼를 돌보고, 다툼에 져서 내쳐진 여왕들은 채집이라는 위험한 작업을 맡게 된다. 같은 둥지에 살고 있는 여왕들 사이 산란 비율은 크게 다르지 않지만, 상위 개체들은 하위 개체가 낳은 알의 일부를 먹어 치우기도 한다.[737] 살아 있는 여왕에서 채취한 탄화수소 조성을 분석한 결과 지위에 따라 조성이 일관되게 다르다는 것을 알 수 있었다. 특히 오직 상위 여왕들만이 상당한 양의 펜타데칸(pentadecan)과 헵타데칸(heptadecan)을 가지고 있다.[738] 흥미로운 점은 이 종에서 초기 군락 건설에 다수의 비혈연 여왕들이 연합함으로써, 군락이 완전히 성숙해도 혈연관계가 없는 다수 여왕들이 여전히 같은 둥지 안에 살게 되는 영구적 다수 여왕 군락에 이른다는 점이다. 성숙한 군락 대부분에서 여왕들은 균등하게 일개미와 번식 개체들을 생산한다. 여왕들이 연합하는 군락 건설 초기에는 남의 알을 없애 버리는 일이 빈번히 일어나는 반면 성숙한 군락에서는 더 이상 일어나지 않는다.[739]

최적 번식 불균형 이론은 이들 비혈연 여왕들 사이 사회적 상호 작용을 설명하는 틀을 제공한다.[740] 이 이론에 따르면 이들 비혈연 군락 창시 여왕들의 행동은 상대적 전투력, 단독 여왕과 비교할 때 무리로서 전체적 생산성, 생태적 요인 제한 정도 등 몇 가지 요인에 의존하고 있다. 케르스틴 콜머(Kerstin Kolmer)와 하인츠는 다음과 같이 설득력 있는 주장을 했다. "생태적 제한이 큰 경우라면 전투력이 낮

---

736) B. Trunzer, J. Heinze, and B. Hölldobler, "Cooperative colony founding and experimental primary polygyny in the ponerine ant *Pachycondyla villosa*," *Insectes Sociaux* 45(3): 267-276(1998).

737) K. Kolmer and J. Heinze, "Rank orders and division of labour among unrelated cofounding ant queens," *Proceedings of the Royal Society of London B* 267: 1729-1734(2000).

738) J. Tentschert, K. Kolmer, B. Hölldobler, H.-J. Boomsma, J. H. C. Delabie, and J. Heinze, "Chemical profiles, division of labor and social status in *Pachycondyla* queens(Hymenoptera, Formicidae)," *Naturwissenschaften* 88(4): 175-178(2001).

739) J. Heinze, B. Trunzer, B. Hölldobler, and J. H. C. Delabie, "Reproductive skew and queen relatedness in an ant with primary polygyny," *Insectes Sociaux* 48(2): 149-153(2001).

740) H. K. Reeve and F. L. W. Ratnieks, "Queen-queen conflicts in polygynous societies: mutual tolerance and reproductive skew," in L. Keller, ed., *Queen Number and Sociality in Insects*(New York: Oxford University Press, 1993), pp. 45-85.

은 여왕은 설사 위험한 작업에 내몰리고, 다른 상위 여왕들이 자기가 낳은 알 일부를 먹어 치우는 한이 있더라도, 군락 창시 여왕 무리에 끼어드는 것이 유리할 것이다.…… 다른 대부분 연합 군락 창시 종과 눈에 띄게 다르게 이 파키콘딜라 인베르사와 비슷한 종에서 비혈연 여왕들의 연합을 가능케 하는 요인은 일개미가 태어난 이후에도 군락 번식이 단독 여왕 체제로 수렴하지 않는다는 점일 것이다." 최적 번식 불균형 이론이 예측하듯 이 다수 여왕이 번식하는 종에서 모든 비혈연 여왕들은 매우 균등하게 번식에 기여하고 있다. 군락이 일개미를 키우세 되더라도 쫓겨나지 않을 수만 있다면 하위 여왕으로서는 야외 채집이라는 위험한 일을 감수하는 것이 결국에는 보상을 받게 되는 것은 분명하다.[741]

이 종의 초창기 창시 여왕 무리와는 달리 성숙한 군락에 공존하는 여왕들은 서로 몸싸움을 하지는 않는 것으로 보이며 앞서 말한 것처럼 심각한 번식 불균형 역시 보이지 않는다. 하지만 브라질 남부에 서식하는 또 다른 다수 여왕 침개미 오돈토마쿠스 켈리페르(*Odontomachus chelifer*)의 경우는 또 다르다.[742] 채집된 한 군락에서 날개 자른 여왕 13마리, 날개 달린 암컷 27마리, 수컷 5마리를 비롯하여 일개미 130여 마리가 발견되었는데 이를 조사한 결과 날개 자른 여왕들 간 복잡한 다툼 관계가 밝혀졌다. 순위 다툼 행동은 일련의 정형화된 과시 행동으로 이루어지는데 이는 가끔 격렬한 더듬이질에서 심각한 턱 공격으로 격화되기도 했다. 극단적 경우에는 우위 여왕이 하위의 상대방을 턱으로 붙들고 공중으로 들어 올리는데, 이때 하위 개체는 고치 자세를 유지했다(그림 8-16). 순위 다툼 중 행동과 이 행동으로부터 유추한 순위는 개체의 산란율과 난소 발달 정도와 잘 맞아떨어졌다. 상위 여왕들은 더 잘 발달된 난소를 가지고 있고, 모두 짝짓기를 했으며, 더 많은 알을 낳았다. 이들끼리도 순위 다툼을 벌여 한 마리가 일인자 지위를 독점했지만 이들의 적대 행동은 아직 짝짓기를 하기 전인 날개 달린 암컷들을 향하기도 했다. 이 날개 달린 암컷들 중 일부도 발달된 난소를 통해 알을 낳기도 했다. 일반적으로 이렇게 산란하는 처녀 여왕에 대한 공격과 이들이 갓 낳은 알을 먹어 치우는 일은 흔

741) K. Kolmer and J. Heinze, "Rank orders and division of labour among unrelated cofounding ant queens," *Proceedings of the Royal Society of London B* 267: 1729-1734(2000).

742) F. N. S. Medeiros, L. E. Lpes, P. R. S. Moutinho, P. S. Oliveira, and B. Hölldobler, "Functional polygyny, agonistic interactions and reproductive dominance in the Neotropical ant *Odontomacus chelifer*(Hymenoptera, Formicidae, Ponerinae)," *Ethology* 91(2): 134-146(1992).

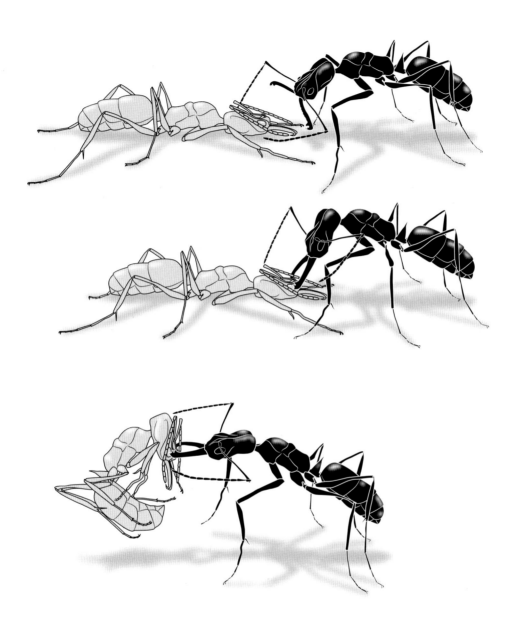

그림 8-16 │ 아메리카 대륙 열대산 포식성 개미 오돈토마쿠스 켈리페르 군락 속 두 여왕이 보이는 순위 다툼 행동. 위: 상위 여왕(검은색)이 턱을 벌리고 복종의 의미로 몸을 낮춘 하위 여왕에게 위협을 가하고 있다. 중간: 상위 여왕은 하위 여왕 머리를 물고 들어 올리는 식으로 다툼을 격화시킨다. 아래: 이렇게 들려진 하위 여왕은 복종의 뜻으로 다리를 접어 올려 고치 자세를 취한다. B. Hölldobler and E. O. Wilson, *Journey to the Ants*(Cambridge, MA: The Belknap Press of Harvard University Press, 1994)에 있는 캐서린 브라운-윙의 원본 그림을 빌려 옴.

하게 일어났는데, 특히 우위를 차지한 개체들이 눈에 띄게 많은 공격을 가했다. 작은 알 무더기들이 둥지 안 이 방 저 방에 흩어져 있었는데, 각 알 무더기는 각각의 여왕이 지키고 있었다. 때때로 새로 낳은 알이 포함된 알 무더기를 지키는 여왕이 없는 경우 감시하는 다른 여왕이 이 알을 찾아내 먹어 치우기도 했다. 이런 공격에 대해 일개미들은 비교적 중립적 태도를 취했다.

오돈토마쿠스 켈리페르 연구 결과는 여왕들 사이 번식 독점 위계질서를 명확히 보여 주기는 하지만 상위 개체에 의한 통제가 하위 개체 산란을 완전히 막지는 못하고 있다. 현재까지 어떤 생태적 제한 요인이 있는지, 군락 형성 과정은 어떤지, 여왕들 사이 혈연관계가 어떤지에 대해 알려진 바가 없기 때문에 이 독특한 사회 형성 현상의 기원을 진화적으로 설명하는 것은 지금으로서는 불가능하다.[743]

플라티티레아 풍크타타: 극단적으로 가변적인 번식

우리는 지금까지 지금껏 알려진 침개미 종의 사회 구성과 번식 양태에 관한 놀라운 다양성을 살펴보았다. 학자들은 물리적 차이에 의한 계급은 특히 번식에 관한 한 종에 따라 매우 미세한 정도로만 발전이 있었음을 확인했다. 그 결과 이들의 번식 체계와 군락 내 상호 작용의 진화적 유연성은 매우 다양하다. 이 현상은 아마도 신열대구산 침개미 플라티티레아 풍크타타(*Platythyrea punctata*)의 극단적으로 복잡한 번식 전략에서 가장 인상적으로 드러난다고 할 수 있다.[744] 번식 일개미뿐 아니라 짝짓기한 여왕들도 간혹 등장하며, 이 외에도 암컷 처녀 생식도 매우 흔하다. 즉 짝짓기를 하지 않은 일개미와 중간 계급 개미들이 배수체 새끼로 자라는 미수정란을 낳는다. 짝짓기를 하지 않은 채 날개가 없는 여왕도 간혹 군락에 존재하는데 이들 역시 암컷 새끼를 처녀 생식으로 낳을 수 있는지는 아직 알려지지 않고 있

743) 다수 여왕개미 사회의 여왕 사이 상호 작용에 관한 심도 깊은 설명은 다음을 참조할 것. J. Heinze, "Queen-queen interactions in polygynous ants," in L. Keller, ed., *Queen Number and Sociality in Insects*(New York: Oxford University Press, 1993), pp. ; 334-361; J. Heinze, "Reproductive conflict in insect societies," *Advances in the Study of Behavior* 34: 1-57(2004).

744) K. Schilder, J. Heinze, and B. Hölldobler, "Colony structure and reproduction in the thelytokous parthenogenetic ant *Platythyrea punctata*(F. Smith)(Hymenoptera, Formicidae)," *Insectes Sociaux* 46(2): 150-158(1999).

다. 게다가 다른 대부분 벌목 곤충 종에서처럼 짝짓기를 하지 않은 개체들 중 적어도 일부는 수컷 처녀 생식, 즉 수컷으로 자라는 미수정란을 낳을 수도 있다.

하지만 벌목 곤충에서 짝짓기를 하지 않고도 배수체 암컷을 낳는 일은 드문 현상이다. 이 침개미 외에 전적으로든 혹은 선택적으로든 이와 같은 암컷 처녀 생식을 하는 사례는 지금까지 두배자루마디개미아과 프리스토머멕스 풍겐스를 비롯, 케라파키아이니아과 케라파키스 비로이(*Cerapachys biroi*)와 불개미아과 카타글리피스 쿠르소르 등 단 3종에서만 확인되었다.[745][746][747]

이와 같은 암컷 처녀 생식은 유전자형이 매우 특화된 생태적 지위에만 적응하도록 만드는 일종의 진화의 막다른 골목으로 간주되어 왔다. 이런 번식 방식은 환경 조건이 변하는 상황에서 재빨리 다양한 유전자형을 만들어 내어 적응적 변이형이 새롭게 선택되도록 하지 못할 것으로 생각된다. 하지만 단성 생식 조건에서 진화 속도 역시 비슷하고, 또한 돌연변이율이 증가하고 환경적 민감성이 충분할 정도로 억제된다면 적어도 이론적으로는 처녀 생식 역시 비슷한 환경 조건에서는 무조건 양성 생식을 하는 종과 비슷한 수준으로 유지될 수도 있다.[748] 그러므로 처녀 생식을 하는 진화 계통의 기원은 단성 생식을 선호하는 생활사 양상과 환경 조건 변화에 근거하여 진화적으로 매우 역동적 과정이었을 것이다. 이를테면 군락 밀도가 매우 낮아 마땅한 짝짓기 상대를 찾기 힘든 환경 조건이라든지, 군락이 쪼개짐으로써 여왕을 잃을 위험이 큰 환경 조건에 대한 적응이었을 수 있다. 마지막으로 처녀 생식은 특히 빨리 군락을 만들어 내는 능력이 매우 유리하게 작용하는 환경 조건에 놓인 적은 수의 일개미 무리가 여왕 없이 군락을 만들어 내는 것이 이익이 되는 상황에서 기원했을 수 있다. 암컷 처녀 생식이 비록 유전적 재조합 가능성을

745)   K. Tsuji, "Obligate parthenogenesis and reproductive division of labor in the Japanese queenless ant *Prisomyrmex pungens*: comparson of intranidal and extranidal workers," *Behavioral Ecology and Sociobiology* 23(4): 247-255(1988).

746)   K. Tsuji and K. Yamauchi, "Production of females by parthenogenesis in the ant, *Cerapachys biroi*," *Insectes Sociaux* 42(3): 333-336(1995).

747)   H. Cagniant, "La parthenogenese thelytoque et arrhenotoque chez la fourmi *Cataglyphis cursor* Fonsc.(Hym. Form.) cycle biologique en elevage des colonies avec reine et des colonies sans reine," *Insectes Sociaux* 26(1): 51-60(1979).

748)   W. Gabriel and G. P. Wagner, "Parthenogenetic populations can remain stable in spite of high mutation rate and random drift," *Naturwissenschaften* 75(4): 204-205(1988).

낮추기는 하지만 장기적 선택을 통해 쌍둥이 군락들이 전체로서 다양한 비생물적 환경 변화에 맞서 포괄적 내성을 유지하여 버텨 내도록 만들 것이다.[749]

양성 생식도 표현형 진화 속도를 증가시키고, 새로운 쌍둥이 계통 발생을 촉진시킨다는 점에서 드물게나마 일어날 것으로 예측할 수 있다. 실제로 플라티티레아 풍크타타의 경우 야외나 실험실에서 수컷이 매우 드물게 나타나기는 하지만, 이들은 여전히 성적으로 기능할 수 있다. 야외 군락에서 채집한 암컷 824마리 중 2마리는 짝짓기를 했음이 밝혀졌다.[750] 그리고 지금까지 많은 야외 조사를 통해 밝혀진 바에 따르면 지금까지 확인한 이 종의 모든 개체군에서 처녀 생식이 사실상 가장 주도적 번식 양상이라는 사실로부터, 이 같은 번식 방법이 일반적으로 유리할 것으로 믿어지는 변방의 작고 부속적인 개체군에만 국한된 것이 아니라 사실은 이 종 전체에 일반적인 현상이라는 것을 알 수 있다.

이 종의 군락에 있는 모든 일개미가 균등하게 알을 낳을 능력은 있지만 번식은 대개 한 마리, 혹은 가끔 한 쌍의 일개미에 의해 독점된다. 다른 일개미들은 둥지 손질이나 채집, 양육 따위 일감을 맡는다. 이런 번식 임무 분담은 다른 침개미 종 일개미나 번식 일개미, 혹은 여왕들이 벌이는 것과 매우 비슷한 적대적 상호 작용에 의해 통제된다.[751] 플라티티레아 풍크타타 군락들은 모두 클론이기 때문에 이 현상은 언뜻 보기에 이해하기 어렵다. 즉 군락 구성원들 사이 어떤 유전적 갈등이나 번식 규제를 비롯한 경쟁이 있을 것 같지 않다. 하지만 우리가 앞서 침개미 생물학을 전반적으로 살펴보면서 강조했듯이, 군락의 모든 일개미들이 무분별하게 번식을 한다면 이는 군락 전체 효율을 심각하게 저해할 수 있다. 실제로 최근 분석 결과 이런 인과관계 현상이 정확하게 증명되었다. 임의로 번식을 하려는 일개미에 대해 다른 일개미들이 직접 공격을 가해 번식을 규제함으로써 플라티티레아 풍크타타 군락의 번식 개체 수는 적게 유지되고 그 결과 양육에 관한 군락 효율이 심대하게

749) M. Lynch, "Destabilizing hybridization, general-purpose genotypes and geographic parthenogenesis," *The Quarterly Review of Biology* 59(3): 257-290(1984).

750) K. Schilder, J. Heinze, and B. Hölldobler, "Colony structure and reproduction in the thelytokous parthenogenetic ant *Platythyrea punctata*(F. Smith)(Hymenoptera, Formicidae)," *Insectes Sociaux* 46(2): 150-158(1999).

751) J. Heinze and B. Hölldobler, "Thelytokous parthenogenesis and dominance hierarchies in the ponerine ant, *Platythyrea punctata*," *Naturwissenschaften* 82(1): 40-41(1995).

증가한다는 것이다.[752] 실제로 하인츠와 동료들은 일개미가 한 마리만 산란 할 때 새끼를 키워 내는 군락 효율은 최고조에 달한다는 것을 밝혔다. 또 이들은 오직 적은 수의 상위 개체들만이 공격과 알 포식을 통해 일개미 번식 규제를 행한다는 사실과 그리하여 '자기 파괴적 이기주의를 방지'한다는 것을 밝혀냈다.

공격과 독점 지위: 기원과 소실

군락 일개미들 사이 공격적 순위 다툼과 번식 독점 지위 형성은 일반적으로 성숙한 군락 크기가 작은 종에 국한된다. 이는 비단 침개미 종에만 국한된 것이 아니라 두배자루마디개미아과 호리가슴개미속과 템노토락스속을 포함한 다른 개미들에서도 확인된다.[753] 이런 종의 군락들은 대개 단 수십 마리 혹 드물게는 수백 마리 일개미들로 이루어지고, 이들 중 극소수만이 공격적 순위 다툼에 개입한다. 성숙한 군락에 수백에서 수천 마리에 이르는 잠재적 경쟁자들을 가진 종들에서는 몸싸움이 비효율적이면서도 개체에 지나친 손해를 입히기 때문에 더 이상 번식 규제 전략으로 적절하지 않은 것으로 보인다.[754] 게다가 몸싸움은 군락 내 번식 개체와 비번식 개체 비율이 평균적으로 높은 군락에서 가장 빈번히 일어난다. 특히 여왕-일개미 사이 형태적 차이가 별로 없고 일개미 번식 잠재력이 높은 경우에 그러하다. 그리하여 몸싸움은 계급 전문화가 부실하게 발달하고 모든 일개미들이 짝짓기를 하고 수정란을 낳을 능력이 있는, 즉 영구적으로 여왕이 없는 침개미 종들에서 일상적으로 일어난다. 이 원칙을 증명하기 위해 우리는 일개미들이 극단적으로 다양한 번식 기능 복원력을 보이는 하르페그나토스 살타토르를 다시 한 번 이야기하고자 한다.

---

752) A. Hartmann, J. Wantia, J. A. Torres, and J. Heinze, "Worker policing without genetic conflicts in a clonal ant," *Proceedings of the National Academy of Sciences USA* 100(22): 12836-12840(2003).

753) J. Heinze, B. Hölldobler, and C. Peeters, "Conflict and cooperation in ant societies," *Naturwissenschaften* 81(11): 489-497(1994).

754) H. K. Reeve and F. L. W. Ratnieks, "Queen-queen conflicts in polygynous societies: mutual tolerance and reproductive skew," in L. Keller, ed., *Queen Number and Sociality in Insects*(New York: Oxford University Press, 1993), pp. 45-85.

하르페그나토스속: 번식 행동 복원력

비록 자연 상태에서 하르페그나토스속에서 일개미들만으로 새로운 군락이 시작되진 않지만 실험실에서는 일개미들도 군락 창시에 필요한 행동 목록을 보유하고 있음을 증명했다. 이 능력이 확인된 한 경우를 보면,[755] 실험실에 몇 가지 종류로 군락을 조각냈는데 그중 어떤 것은 불임 일개미 한 마리만 둔 경우도 있었고, 혹은 불임 일개미 3마리, 그리고 또 다른 경우는 3마리의 번식 일개미들만 모아 먹이는 무제한으로 공급했다. 비록 실험에 참가한 일개미 중 20~40퍼센트가 다음 세대 성충을 만들어 내기 전에 죽었지만, 성공적 무리들은 160일 이내에 2~14마리의 일개미들을 생산해 냈고, 그 뒤로 군락들은 계속 자라났다. 처음 불임 일개미 한 마리와 3마리만으로 시작한 두 종류 군락은 1년이 지난 뒤 각기 일개미 110마리와 167마리를 보유한 군락으로 자라났다. 가장 놀라운 것은 단 한 마리의 불임 일개미만으로 시작한 군락에 23주 내에 수컷 2마리가 태어났으며, 이는 이 불임 일개미가 짝짓기를 하지 않았음을 시사한다. 그 후 13주가 더 지난 뒤 첫 일개미가 우화했는데 이는 원래 불임 일개미가 자기가 낳은 수컷과 짝짓기했음을 말해 준다. 두 번째 경우 번식 일개미 한 마리만 있는 경우 죽기 전에 일개미 6마리를 낳았다. 이들은 다시 수컷을 낳았고, 몇 주가 흐른 뒤 새로운 일개미들이 태어나기 시작했다. 이는 역시 수컷들이 어미들과 짝짓기를 했음을 의미한다.

하르페그나토스 일개미들은 비록 자연 상태에서는 거의 드러나지 않지만, 분명히 독립적인 군락 창시에 필요한 행동 잠재력을 가지고 있다. 이런 행동 복원력이 적응적일 수 있는 유일한 가능성은 군락을 침입자나 홍수로부터 막아 주는 정교하고 복잡한 둥지의 상당 부분이 어떤 사고에 의해 파괴되었을 경우이다. 이것이 비교적 드문 현상이긴 하겠지만, 살아남은 일개미들은 혼자서든 혹은 다른 일개미와 새끼들과 함께든 군락을 이어 갈 수도 있고 심지어 새로운 군락을 만들 수도 있을 것이다. 다른 식으로는, 일개미들이 독립적으로 군락을 창시할 수 있는 조상적 형질을 보유하고 있는 것은 이들이 전분화 능력을 가진 암컷들로 이루어진 종으로부

---

755) J. Liebig, B. Hölldobler, and C. Peeters, "Are ant workers capable of colony foundation?" *Naturwissenschaften* 85(3): 133-135(1998).

터 진화했으므로, 진화적 관성으로 손쉽게 이해할 수도 있다.[756]

생태적 적응으로서 군락 크기

군락 내부에서 번식을 둘러싼 경쟁이나 번식 독점 구조, 번식 규제 행동 등이 있는 침개미 사회는 여기에 다른 두 가지 특징을 더 가지고 있다. 일개미 사이 노동 분담이 잘 발달되지 않았고, 의사소통 체계도 단순하다는 것이다. 이들의 채집 일꾼은 대개 단독 사냥꾼이며 무리 동원을 위한 의사소통도 존재하지 않는다. 이들 종 대부분은 땅이나 썩어 가는 나무에 비교적 단순한 형태의 둥지를 건설하는데, 하르페그나토스 살타토르 등 드문 예외도 있다. 둥지 속 군락 규모 역시 작다. 이들의 군락 조성은 특정한 절지동물 먹잇감을 사냥하는 데 전문화된 사냥꾼으로서 삶을 영위하기 위한 제한된 생태적 지위에 적합하도록 재단되어 있다. 이들 중 일부는 간혹 꽃밖꿀샘에서 단물을 채집하거나 드물게는 매미목 곤충으로부터 단물까지 채집하는 경우도 있다(사진 26).[757]

적은 수의 침개미 종은 위계질서를 바탕으로 한 사회 구성과 내부 경쟁 탓에 침개미에 고유하달 수 있는 작은 규모의 군락 크기라는 제한을 넘어 화학 신호와 운동 신호에 근거한 정교한 무리 동원 의사소통을 지닌 고도로 효율적인 무리 사냥꾼으로 진화하기도 했다.[758] 이들 종 역시 다른 사회성 곤충이나 몸집이 큰 단독 먹이를 사냥하는 데 전문화된 사냥꾼이거나 혹은 땅바닥을 휩쓸어 닥치는 대로 모든 절지동물을 잡아 붙들어 사냥하는 군대개미 방식의 광범위 사냥꾼인 경우도 있다. 이런 종 군락들은 위계질서에 의한 조직을 포기했다. 이들의 번식은 여왕 한 마리가 독점한다. 일꾼은 여왕이 만들어 낸 신호에 의해 생리적으로 불임이 되도록 통제되며 그 대가로 군락은 엄청난 수의 일꾼 계급을 만들어 낼 수 있다. 아시

---

756) J. Liebig, B. Hölldobler, and C. Peeters, "Are ant workers capable of colony foundation?" *Naturwissenschaften* 85(3): 133-135(1998).

757) B. Hölldobler and E. O. Wilson, *The Ants*(Cambridge, MA: The Belknap Press of Harvard University Press, 1990).

758) B. Hölldobler, "Multimodal signals in ant communication," *Journal of Comparative Physiology A* 184(2): 129-141(1999).

아산 침개미 렙토게니스 디스팅구엔다(*Leptogenys distinguenda*)의 경우 3만 마리에 이르는 일개미를 거느린 군락을 만든다.[759]

일반적 침개미 특징과 또 다른 예외이면서 무리 사냥과 관계없는 사례로 아프리카산 악취 개미 파키콘딜라 타르사타가 있다. 이 종은 아프리카 대륙 사하라 사막 남쪽에 광범위하게 분포한다. 이 개미는 사냥꾼이며 사체를 주워 먹기도 하는데 일개미들은 단독 채집꾼이지만 먹잇감이 크거나 많은 경우에는 냄새길 신호를 이용해 군락 동료를 동원하기도 한다.[760]

아프리카 동부와 서부에서 광범위하게 이 종을 연구한 바에 따르면 둥지와 군락 크기에서 예상치 못한 사실이 밝혀졌다.[761] 케냐의 심바힐 보호 구역에서 발굴한 열 네 곳의 타르사타 군락들은 157~2,444마리의 일개미로 이루어져 있었으며, 예외 없이 군락마다 한 마리의 여왕이 있었다. 군락이 작을수록 더 어린 군락일 가능성이 높은데, 이는 작은 둥지 크기와 적은 새끼 수로도 알 수 있었다. 이 결과들은 코트디부아르 국립 공원들에서 다른 연구자들이 추가로 밝힌 결과들과 비슷하다. 세 곳의 서로 다른 서식지에서 41개의 둥지를 발굴했고, 여기에는 평균적으로 7,000마리 이상의 일개미들과 6,000마리에 달하는 날개 달린 여왕들, 2,000개의 일개미 번데기를 비롯 1만 마리 이상의 애벌레와 1,000개가 넘는 알로 구성된 성숙한 군락들이 서식하고 있었다. 그 결과 흥미로운 지리적 변이가 발견되었다. 초원 지역에서 발굴된 모든 군락들은 최대 일개미 수가 4,000여 마리에 이르렀고 군락에 여왕이 한 마리만 있었던 반면, 서부 아프리카인 코트디부아르 코모에 국립 공

---

759) U. Maschwitz, S. Steghaus-Kovac, R. Gaube, and H. Hanel, "A South East Asian ponerine ant of the genus *Leptogenys*(Hym., Form.) with army ant life habits," *Behavioral Ecology and Sociobiology* 24(5): 305-319(1989).

760) B. Hölldobler, "Communication during foraging and nest-relocation in the African stink ant, *Paltothyreus tarsatus* Fabr.(Hymenoptera, Formicidae, Ponerinae)," *Zeitschrift für Tierpsychologie* 65(1): 40-52(1984); E. Janssen, B. Hölldobler, and H. J. Bestmann, "A trail pheromone component of the African stink ant, *Pachycondyla(Paltothyreus) tarsatus* Fabricius(Hymenoptera: Formicidae: Ponerinae)," *Chemoecology* 9(1): 9-11(1999); B. Hölldobler and E. O. Wilson, *The Ants*(Cambridge, MA: The Belknap Press of Harvard University Press, 1990).

761) U. Braun, C. Peeters, and B. Hölldobler, "The giant nests of the African stink ant *Paltothyreus tarsatus*(Formicidae, Ponerinae)," *Biotropica* 26(3): 308-311(1994); U. Braun, C. Peeters, and B. Hölldobler, "Colonial reproduction and large queen-worker dimorphism in the African stink ant *Paltothyreus tarsatus*," 미발표.

원 물가숲과 타이 국립공원 우림에서 채집한 모든 군락에서는 군락마다 2~9마리 여왕이 존재하고 있었다. 군락 창시 여왕이 먹이 채집 하는 것이 관찰됨에 따라 군락 창시는 반은둔적 양상으로 보인다.

파키콘딜라 타르사타 둥지는 거대하다. 둥지 중심부는 분화구 모양 둥지 입구와 눈에 띄는 흙무덤을 비롯 넓은 지역에 걸쳐 퍼져 있는 쓰레기 더미로 식별할 수 있다(그림 8-17). 둥지 속 방들 대부분은 지표에서 30~150센티미터 아래 지하에 위치하고 있다. 지하 5~10센티미터에 복잡하게 얽힌 얕은 굴의 망이 둥지 중심부로부터 60여 미터까지 떨어져 있는 채집 구역까지 뻗어 있다. 굴을 통해 돌아다니는 채집꾼들이 땅 위의 채집 구역으로 드나들 수 있도록 굴은 드문드문 놓인 수직관을 통해 지상과 연결되어 있다. 발굴된 한 둥지의 경우 지하 채집굴 시스템은 1,200제곱미터라는 어마어마한 면적을 뒤덮고 있었다. 게다가 한 군락이 몇 미터씩 서로 떨어져 있는 2개 이상의 둥지 중심 공간을 가질 수도 있으며 이들은 또 50~70센티미터 지하에 있는 굴들로 연결되어 있다. 이렇게 널리 퍼진 영역이 지하 통로들로 종횡으로 연결됨으로써 일개미들은 포식에 의해 채집꾼을 잃는 위험 부담을 줄이면서 넓은 채집 구역을 모두 관장할 수 있게 된다. 이는 또한 빛이 제한되거나 혼란스러운 숲 속 조건에서 좀 더 정확히 방향을 유지할 수 있도록 돕는 기능도 있다(그림 8-18).[762]

실험실이나 야외에서 채집한 파키콘딜라 타르사타 일개미를 해부한 결과 일개미들은 여왕이 있을 동안은 불임임이 밝혀졌다. 하지만 500마리 정도 되는 일개미 무리를 여왕으로부터 떼어 놓은 실험에서는 일개미들이 약 15주 후부터 알을 낳기 시작했다. 이런 사실은 이 종의 일개미 번식력 역시 다른 많은 개미 종들과 마찬가지로 여왕 신호에 의해 생리적으로 규제되고 있음을 시사하는 것이다. 하지만 이는 또 다른 문제를 만든다. 파키콘딜라 타르사타 군락은 매우 크므로 여왕 페로몬이 광대한 둥지 영역 전체로 퍼져 나가 일개미들에게 전달되어야 한다는 것인데, 이것이 어떻게 가능한지는 아직 밝혀지지 않았다. 한 가지 가능성은 여왕의 독특한 화학 신호로 표지된 여왕이 낳은 알들이 둥지에 있는 모든 알 방으로 운반되어 퍼짐으로써 일개미들은 계속해서 여왕의 존재와 번식력 상태에 대한 정보를 받게 되

762) B. Hölldobler, "Canopy orientation: a new kind of orientation in ants," *Science* 210: 86-88(1980).

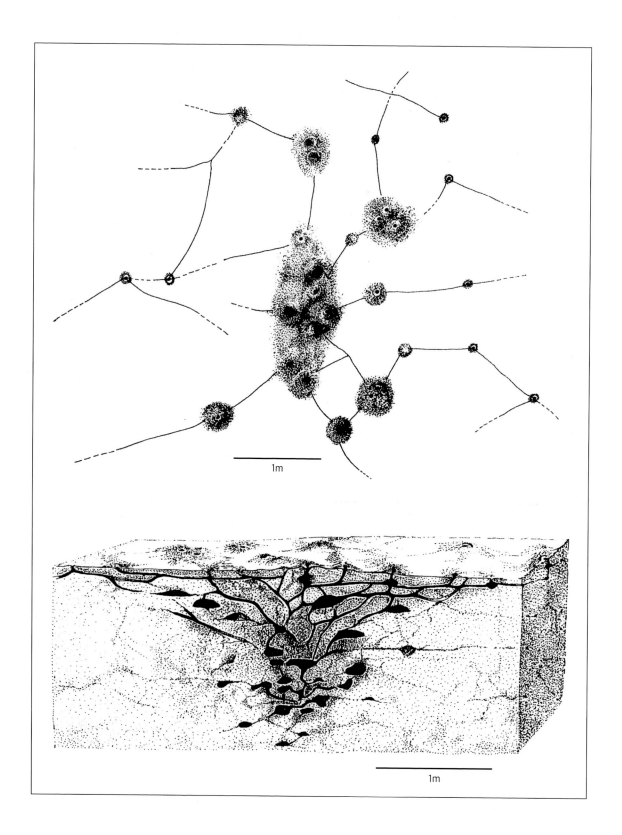

초유기체

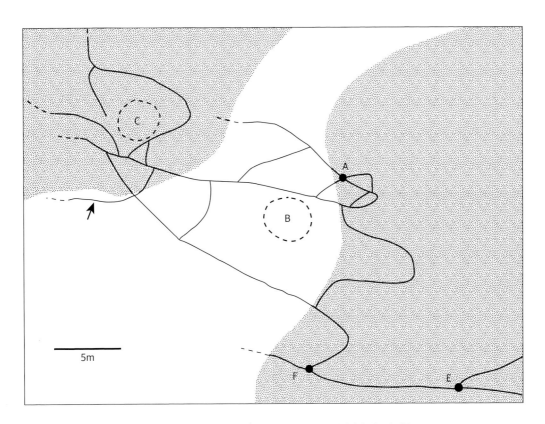

그림 8-18 | 아프리카산 악취개미 파키콘딜라 타르사타 땅굴 조직망. 지하 5~10센티미터 정도의 얕은 땅굴들만 보이고 있다. 화살표는 발굴이 시작된 지점을 나타낸다. A, E, F는 일개미와 새끼들이 채집된 깊은 방 위치이다. 많은 일개미들이 B와 C 인근 지상에서 발견되었다. 그늘진 부분은 숲과 깊은 수풀 위치, 밝은 부분은 초원 위치를 나타낸다. U. Braun, C. Peeters, B. Hölldobler, "The giant nests of the African stink ant *Paltothyreus tarsatus*(Formicidae, Ponerinae)," *Biotropica* 26(3): 308–311(1994)에서 발췌.

그림 8-17 | 위: 아프리카산 악취개미 파키콘딜라 타르사타 둥지의 핵심부에 흙과 내다 버린 쓰레기의 둔덕으로 둘러싸인 깔때기 모양 입구들이 보인다. 먹이 채집 영역으로 이르는 지하 터널 일부가 출구 구멍과 같이 보인다. 아래: 둥지 가운데 있는 방들과 이들을 연결하는 회랑을 수직 단면으로 보이는 그림. 이 그림은 실제 둥지 발굴 작업을 통해 얻은 여러 도면과 사진을 참조하여 만들었음. U. Braun, C. Peeters, B. Hölldobler, "The giant nests of the African stink ant *Paltothyreus tarsatus*(Formicidae, Ponerinae)," *Biotropica* 26(3): 308–311(1994)에서 발췌.

리라는 것이다. 이렇게 여왕 신호가 전달되는 방식은 실제로 최근에 다른 침개미를 비롯하여 불개미아과 캄포노투스 플로리다누스에서도 확인되었다. 정황 증거에 따르면 이러한 여왕 신호 기작은 오이코필라속 베짜기개미 종들에서도 사용되고 있을 것으로 생각된다.[763]

파키콘딜라 타르사타 여왕은 단 한 차례만 짝짓기할 것이 거의 확실하다. 짝짓기 이전의 여왕들이 지상에서 페로몬을 흘리며 짝 부르기를 하는 사례도 확인된 적이 있지만,[764] 코모에 국립공원에서는 건기가 끝난 뒤 두 번째 폭우가 쏟아진 직후 대규모 교미 비행이 관찰되었다. 교미 비행은 이른 아침에 일어나는데, 수컷 수백 마리가 지상 25미터가량 되는 나무 꼭대기 주위를 날고 있는 것이 관찰되었다. 잠시 뒤 암컷 수백 마리가 수컷 무리를 향해 날아올랐다. 짝짓기는 날고 있는 상태로 진행되었다. 오래 지나지 않아 짝짓기를 하는 짝들의 무리가 땅 위로 떨어져 내리기 시작했다. 암컷 하나를 두고 최대 10마리까지 수컷이 경쟁을 하지만, 단 한 마리만이 짝짓기에 성공했다. 짝들이 서로 떨어지자마자 여왕은 한 번만 짝짓기를 한 채로 수컷 무리에서 떨어져 나와 날아갔다.[765]

여기서 다시 우리는 일개미들이 자신의 수컷 형제보다 근친도 면에서 더 가까운 아들과 수컷 조카를 낳아 기르는 습성이 선택될 것임을 예상할 수 있다. 일개미들이 기능하는 난소를 가지고 성장 가능한 알을 낳기 때문에, 또 둥지가 워낙 넓어 여왕과 직접 물리적 접촉을 하는 일개미 수는 매우 드물기 때문에 일개미들은 여왕에 의한 번식 규제에서 벗어날 수 있다. 게다가 일개미들 사이 번식 규제는 아직 확인된 바가 없다. 하지만 그럼에도 일개미들은 여왕이 있는 군락에서는 번식을 하지 않는다. 우리는 여기서 다시 여왕이 있는 동안 어떠한 실제적 번식 규제의 흔적도 없음에도 불구하고 일개미들이 불임이 되는 것은 군락 수준 선택의 결과라고 결론을 내리고자 한다. 하지만 여왕이 제거되면 상황은 변한다. 이 경우 일개미들

---

763)   A. Endler, J. Liebig, T. Schmitt, J. E. Parker, G. R. Jones, P. Schreier, and B. Hölldobler, "Surface hydrocarbons of queen eggs regulate worker reproduction in a social insect," *Proceedings of the National Academy of Sciences USA* 101(9): 2945-2950(2004); P. D'Ettorre, J. Heinze, and F. L. W. Ratnieks, "Worker policing by egg eating in the ponerine ant *Pachycondyla inversa*," *Proceedings of the Royal Society of London B* 271: 1427-1434(2004).

764)   M. Villet, R. Crewe, and H. Robertson, "Mating behavior and dispersal in *Paltothyreus tarsatus* Fabr(Hymenoptera: Formicidae)," *Journal of Insect Behavior* 2(3): 413-417(1989).

765)   U. Braun, B. Hölldobler, and C. Peeters, 미발표 관찰.

초유기체

이 산란을 시작하고 일개미들 사이 공격적 행동들이 시작된다. 이는 개체에 직접 작용하는 개체 선택 압력에 의해 가장 잘 설명된다. 파키콘딜라 타르사타 단독 여왕 군락은 여왕을 잃으면 외부에서 대체 여왕을 영입하지 않는 한 절멸에 이르게 된다. 이런 상황에서는 개체 수준 선택이 군락 수준 선택을 '압도'하게 된다. 난소가 퇴화하여 더 이상 재생 불가능한 늙은 일개미들이 대신 수컷 조카를 키우게 된다. 이는 혈연 선택의 결과로 이해하는 것이 최선일 것이다.

이 종의 군락에는 사회 생물학적으로 고려해 볼 가치가 있는 특징이 또 하나 남아 있다. 이들 둥지의 구조는 각 군락 구성원들의 어마어마한 투자를 대변하고 있다. 타이 국립공원의 우림이나 혹은 가끔은 물가 숲 군락에서도 발견되는 다수 여왕이나 복합 번식 개체가 이룬 군락에서는 이 소중한 '부동산'을 수세대에 걸쳐 보수 유지한다. 불행히도 우리는 우림에 서식하는 군락에서 볼 수 있는 최대 9마리 여왕들 사이에 공존이 어떻게 일어난 것인지, 그 유전적 결과는 어떤 것인지 아직 모른다.

파키콘딜라속: 초다양성의 요약

이제 침개미 중에서도 하나의 속일 뿐인 파키콘딜라에서 지금껏 밝혀진 사회 조직화의 놀라운 다양성을 요약하고자 한다. 우선 비교적 작은 규모의 단독 여왕 사회인 파키콘딜라 아피칼리스와 파키콘딜라 옵스큐리코르니스에는 번식 독점 지위 경쟁과 일개미들 사이 번식 규제가 있다. 다음으로 여왕 없이 번식 일개미들이 번식을 담당하는 파키콘딜라 수블라이비스는 어린 일개미들이 짝짓기를 하여 이전에 번식 독점 지위를 누리던 늙은 개체를 갈아 치우는 '역 노인 지배' 방식을 취한다. 그리고 단체 사냥꾼인 파키콘딜라 포키의 거대 군락에서는 이와는 완전히 다른 양상을 볼 수 있다. 이들의 번식은 매우 많은 일개미들을 곁으로 끌어 모을 수 있는 일꾼형 여왕 한 마리가 독점하며, 이 지위는 일개미들이 넘볼 수 없다. 마지막으로 더 심오한 변이라 할 수 있는 파키콘딜라 타르사타의 거대 군락이 있다. 결국 그 어떤 다른 속의 개미도 파키콘딜라속이 보여 주는 사회 조직화의 어마어마한 다양성에 견줄 수는 없다.

사진 53 | 아타 섹스덴스 중형 일꾼
두 마리가 협동해 살아 있는 가지를
자르고 있다.

9

아티니족 잎꾼개미:
궁극적 초유기체

THE ATTINE LEAFCUTTERS:
THE ULTIMATE SUPERORGANISMS

동물계에 알려진 것 중 가장 복잡한 의사소통 체계와 가장 정교한 계급 체계, 통풍과 환기가 가능한 둥지 구조, 수백만에 달하는 개체를 거느린 잎꾼개미는 지구상의 궁극적인 초유기체라는 인정을 받아 마땅하다.

사회성 진화의 돌파구

인간 문명과 초유기체 곤충 진화는 모두 동물과 식물 혹은 균류 사이 상리공생의 한 형태인 농업에 의해 이루어진 결과이다. 대략 1만 년 전에 기원한 인간의 농업은 인간이라는 생물을 수렵-채집 생활 방식에서 인구의 폭발적 증가와 더불어 기술과 도시 생활이라는 생활 방식으로 도약하게 만든 중요한 문화적 변화라 할 것이다. 이후 인간이라는 존재 자체가 지구의 물리학적 변화의 동인이 되어 지표면 전체 환경을 바꾸기 시작했다.

이러한 중대한 변화가 일어나기 약 5000만~6000만 년 이전에 일부 사회성 곤충들은 이미 수렵-채집 생활 방식에서 농업으로 진화적 전이를 이루어 냈다. 특히 구대륙(아프리카, 유럽, 아시아 — 옮긴이)의 마크로테르미티나이아과(Macrotermitinae) 흰개미와 신대륙의 아티니족 개미들은 자신의 주요 먹잇감이 되는 균류를 재배하기 시작했다. 그 비교 대상인 인간과 마찬가지로 가장 농업이 발달한 곤충 사회 역시 생태계의 맹주로 부상했다. 이 추세는 특히 잎꾼개미에서 눈에 띈다.[766]

곰팡이를 재배하는 아티니족 개미들 대부분은 해부학적으로나 행동적으로나

---

766)   R. Wirth, H. Herz, R. J. Ryel, W. Beyschlag, and B. Hölldobler, *Herbivory of Leaf-Cutting Ants: A Case Study on* Atta colombica *in the Tropical Rainforest of Panama*(New York: Springer-Verlag, 2003).

초유기체

'원시적' 종들로 이루어져 주로 썩어 가는 잎 조각이나 죽은 유기물질을 채집, 가공해 그 위에 곰팡이를 재배하는 반면, 아크로미르멕스속과 아타속 종들은 살아 있는 식물 재료를 잘라 거둬들이는데, 이러한 진화적 발명은 영양적 측면에서 엄청나게 커다란 새로운 지평을 연 사건이었다. 인간의 역사와 마찬가지로 새로운 개량은 더 많은 진화적 발전의 원동력이 되었다.[767]

아티니족 개미들은 신대륙에 서식지가 국한되어 있으며 형태적으로 매우 특별한 무리들이다. 이 족에 속하는 13개 속 220여 종들 대부분은 멕시코와 중남미 열대 지역에 서식한다. 일부 종은 미국 남부에도 서식하고, 또 다른 일부는 미국 서남부 건조 지역에도 적응해 있다. 그중 한 종인 트라키미르멕스 셉텐트리오날리스는 미국 동북쪽 뉴저지 주의 소나무 불모지까지 서식지가 뻗어 있으며, 아크로미르멕스 몇몇 종은 아르헨티나 중부 한랭 사막 지역까지 서식지가 걸쳐 있다.[768]

아티니족 개미들은 대개 단계통군(monophylectic group)인데 모든 종이 곰팡이를 재배한다. 소위 잎꾼개미라 불리는 아크로미르멕스속과 아타속 개미들은 다른 3개 속들과 함께 묶여 아티니족 중에서도 특히 '고등 아티니 개미'라는 별도의 단계통군으로 분류되고 있다. 나머지 8개 속은 계통수 바닥에서 측계통군(paraphyletic group)을 이루며 '하등 아티니 개미'로 묶인다.[769][770]

이들이 재배하는 균류의 대부분은 담자균류(basidiomycete)인 레피오타키아이과(Lepiotaceae, 주름버섯목(Agaricales) 담자균문(Basidiomycota))에 속하며, 그중에서도 특히 레우코아가리쿠스(*Leucoagaricus*)와 레우코코프리누스(*Leucocoprinus*)

---

767) 인간과 개미 사회의 농업이 보이는 유사성에 대한 고무적인 비교를 위해 우리는 다음을 참조했다. T. R. Schultz, U. G. Mueller, C. R. Currie, and S. A. Rehner, "Reciprocal illumination: a comparison of agriculture in humans and in fungus-growing ants," in F. E. Vega and M. Blackwell, eds., *Insect-Fungal Associations: Ecology and Evolution*(New York: Oxford University Press, 2005), pp. 149-190.

768) B. Hölldobler and E. O. Wilson, *The Ants*(Cambridge, MA: The Belknap Press of Harvard University Press, 1990).

769) T. R. Schultz and R. Meier, "A phylogenetic analysis of the fungus-growing ants (Hymenoptera: Formicidae: Attini) based on morphological characters of the larvae," *Systematics Entomology* 20(4): 337-370(1995); T. R. Schultz and S. G. Brady, "Major evolutionary transitions in ant agriculture," *Proceedings of the National Academy of Sciences USA* 105(14): 5435-5440(2008).

770) U. G. Mueller, S. A. Rehner, and T. R. Schultz, "The evolution of agriculture in ants," *Science* 281: 2034-2038(1998).

두 속(레우코코프리니아이족(Leucocoprineae))에 대부분이 속한다.[771)772)] 울리히 무엘러(Ulrich Mueller)와 동료들은 "대부분 하등 아티니 분류군들이 레우코코프리누스속 곰팡이를 재배하는 것으로 미루어 아티니 개미 곰팡이 재배는 레우코코프리누스속 곰팡이를 재배하는 데서부터 기원했을 가능성이 높다."라고 주장했다.[773)] 하등 아티니 개미가 재배하는 곰팡이의 대부분은 레피오타키아이과 안에서 측계통군으로 뒤섞여 있으며 2개의 계통수로 대별된다.[774)] 이 큰 흐름에 눈에 띄는 몇 가지 예외도 있다. 압테로스티그마속(*Apterostigma*) 개미 중 몇 종은 레피오타키아이과가 아닌 송이버섯과(Tricholomataceae) 곰팡이로 재배종을 바꾸었다.[775)] 또 하등 아티니 개미들 중 적은 수의 종은 단세포상 효모를 재배하기도 한다. 앞서 한 가정들과는 반대로 이것이 곰팡이 재배 이전 단계의 모습은 아니다. 효모를 재배하는 아티니 개미(키포미르멕스 리모수스(*Cyphomyrmex rimosus*) 무리)의 계통 분류학적 분석에 따르면 이 계통은 계통수 뿌리에 있지 않고, 오히려 하등 아티니 개미 중에서 좀 더 진화적으로 나아간 쪽에 해당된다.[776)777)] 마지막으로 모

771) I. H. Chapela, S. A. Rehner, T. R. Schultz, and U. G. Mueller, "Evolutionary history of the symbiosis between fungus-growing ants and their fungi," *Science* 266: 1691-1694(1994).

772) G. Hinkle, J. K. Wetterer, T. R. Schultz, and M. L. Sogin, "Phylogeny of the attine ant fungi based on analysis of small subunit ribosomal RNA gene sequences," *Science* 266: 1695-1697(1994).

773) U. G. Mueller, T. R. Schultz, C. R. Currie, R. M. M. Adams, and D. Malloch, "The origin of the attine ant-fungus mutualism," The *Quarterly Review of Biology* 76(2): 169-197(2001).

774) T. R. Schultz and R. Meier, "A phylogenetic analysis of the fungus-growing ants(Hymenoptera: Formicidae: Attini) based on morphological characters of the larvae," *Systematics Entomology* 20(4): 337-370(1995).

775) U. G. Mueller, T. R. Schultz, C. R. Currie, R. M. M. Adams, and D. Malloch, "The origin of the attine ant-fungus mutualism," *The Quarterly Review of Biology* 76(2): 169-197(2001); P. Villesen, U. G. Mueller, T. R. Schultz, R. M. M. Adams, and A. C. Bouck, "Evolution of ant-cultivar specialization and cultivar switching in *Apterostigma* fungus-growing ants," *Evolution* 58(10): 2252-2263(2004).

776) J. K. Wetterer, T. R. Schultz, and R. Meier, "Phylogeny of fungus-growing ants (tribe Attini) based on mtDNA sequence and morphology," *Molecular Phylogenetics and Evolution* 9(1): 42-47(1998).

777) S. L. Price, T. Murakami, U. G. Mueller, T. R. Schultz, and C. R. Currie, "Recent findings in the fungus-growing ants: evolution, ecology, and behavior of a complex microbial symbiosis," in T. Kikuchi, N. Azuma, and S. Higashi, eds., *Genes, Behavior and Evolution of Social Insects*(Sapporo,

든 고등 아티니 개미들은 레우코코프리니아이족 곰팡이 중에서 파생된 한 무리의 단계통군 곰팡이들만 재배하고 있다.

곰팡이는 오직 수직적으로만, 즉 모체가 되는 개미 둥지로부터 후손 둥지로만 전달되는 것이라고 오랫동안 믿어져 왔다. 이는 수백만 년의 시간 동안 곰팡이와 공생하는 개미의 계통 진화와 평행하게 클론으로 번식하는 곰팡이 계통이 진화해 왔음을 내포하는 것이다. 하지만 적어도 일부 하등 아티니 개미에서는 레피오타키아이과 곰팡이들 중 자유 생활을 하는 개체군에서 새롭게 최근에 재배하기 시작한 재배형들도 퍼져 나가고 있다.[778] '고등 아티니 개미'들은 수백만 년 전 옛날부터 전해 내려온 곰팡이 클론들을 여전히 수직적으로 퍼뜨리고 있으리라 생각되긴 하지만,[779] 이들 클론이 실제로 얼마나 오래된 것인지는 아직 밝혀지지 않고 있다. 사실상 하등 아티니족인 키포미르멕스속(*Cyphomyrmex*) 종에서는 곰팡이 재배형들이 수평적으로 전파되는 양상이 밝혀진 바 있다. 곰팡이 농장이 없는 실험실 군락들은 인접 군락과 합치거나, 인접 군락으로부터 훔치거나, 혹은 인접 군락을 침입해서 재배형을 재획득하고 있었다. 앞으로 보게 되겠지만 자연 상태에서도 병균들이 아티니 개미 버섯 농장을 파괴할 수 있다. 따라서 인접 군락 농장과 합치거나, 훔치거나, 약탈하는 일은, 피해자 쪽에는 치명적인 일이지만, 농장이 손실된 쪽으로 봐서는 극한 상황을 극복하는 중요한 적응일 수 있다.[780] 아크로미르멕스속 두 동지역종 사이에서도 이와 비슷한 곰팡이 수평 전파가 가끔 일어난다는 것이 확인된 바 있다.[781]

게다가 최근 밝혀진 유전적 증거는 잎꾼개미와 공생하는 곰팡이들은 클론일 수밖에 없을 것이라는 예전부터 널리 믿어졌던 개념과 모순된다. 이 연구는 "중남

Japan: Hokkaido University Press, 2003), pp. 255-280.

778)   U. G. Mueller, S. A. Rehner, and T. R. Schultz, "The evolution of agriculture in ants," *Science* 281: 2034-2038(1998).

779)   I. H. Chapela, S. A. Rehner, T. R. Schultz, and U. G. Mueller, "Evolutionary history of the symbiosis between fungus-growing ants and their fungi," *Science* 266: 1691-1694(1994).

780)   R. M. M. Adams, U. G. Mueller, A. K. Holloway, A. M. Green, and J. Narozniak, "Garden sharing and garden stealing in fungus-growing ants," *Naturwissenschaften* 87(11): 491-493(2000).

781)   A. N. M. Bot, S. A. Rehner, and J. J. Boomsma, "Partial incompativility between ants and symbiotic fungi in two species of *Acromyrmex* leaf-cutting ants," *Evolution* 55(10): 1980-1991(2001).

미 대륙과 쿠바에 서식하는 잎꾼개미들 사이에 오랫동안 지속되어 온 공생 곰팡이 수평 전파"를 기록하고 있다. 이는 잎꾼개미와 곰팡이 공생자의 공진화가 상호 호혜적이지 않다는 것을 시사한다. 이 연구자들은 "널리 퍼진 유성생식 공생 곰팡이 한 종이 분지해 나가는 개미 분류군들과 다중 상호 관계를 맺고 있다."라고 주장한다.[782]

잎꾼개미의 부상

곰팡이를 재배하는 개미 종 대부분은 초유기체적 조직화라는 진화 단계의 최고봉에는 한참 미치지 못한 수준으로 존재하고 있다. 하등 아티니 개미들은 대부분 100~1,000마리 미만 개체로 이루어진 비교적 작은 군락을 이루어 살며 그들의 둥지 역시 그다지 특별할 것이 없고 곰팡이 농장도 비교적 작은 규모일 뿐이다. 이들 하등 아티니 개미들은 주된 곰팡이 배양기질로 나뭇잎보다는 낙엽 조각, 씨앗이나 열매 조각, 곤충 배설물, 사체 따위를 포함한 매우 다양한 종류의 식물성 물질을 채집해서 쓴다.[783] 이들 사회 조직은 비교적 간단하여 기껏해야 소형 일개미 몸집에서 극히 작은 정도의 이형성이 나타날 뿐이다. 이런 특성들은 아크로미르멕스속(24개 종, 35개 아종)과 아타속(15개 종) 잎꾼개미와 극명한 대조를 보인다. 극단적 사례를 들면, 어떤 아타속 개미 종의 성숙한 군락은 일개미 수백만 마리가 복잡하게 연결된 수백 개 버섯 재배실을 가진 거대한 지하 둥지를 만들어 살고 있다. 아타속 개미 사회는 1억 2000만 년 이상 되는 장구한 진화 역사를 통해 이들이 '발명'해 온 놀라운 생활양식의 최고봉을 대표한다. 지금부터 우리는 이 특별한 속의 개미들을 집중 조명할 것이다. 이 속에 속한 많은 종들에서 근간이 되는 생활사적 특징들은 서로 매우 비슷하기 때문에 이들의 대표적 생활사의 일반적 모습을 살펴볼

---

782)　A. S. Mikheyev, U. G. Mueller, and P. Abbot, "Cryptic sex and many-to-one co-evolution in the fungus-growing ant symbiosis," *Proceedings of the National Academy of Sciences USA* 103(28): 10702-10706(2006).

783)　I. R. Leal and P. S. Oliveira, "Foraging ecology of attine ants in a Neotropical savanna: seasonal use of fungal substrate in the cerrado vegetation of Brazil," *Insectes Sociaux* 47(4): 376-382(2000).

수 있다.

잎꾼개미들은 열대와 아열대 생태계에 엄청나게 중요하며 중남미 대륙 대부분에 걸쳐 경작지에 심대한 피해를 주는 초식 해충이 되고 있다.[784] 예를 들면 최근 파나마 열대 우림에서 장기 연구를 한 라이너 비르트(Rainer Wirth)와 동료들은 아타 콜롬비카(*Atta colombica*) 성숙한 군락들은 군락 당 매년 85~470킬로그램(건조 중량)에 이르는 총 식물 생물량을 거둬들인다고 추산했다. 이는 연간 835~4,550제곱미터에 이르는 잎 면적과 맞먹는다.[785] 이렇게 어마어마한 양의 식물성 물질을 거둬들이고 가공하는 것은 이들과 공생하는 버섯을 재배하기 위해 필수적 일이며, 수천 마리 일개미들 사이의 협동과 노동 분담을 통해서만 가능한 일이다.

아타속의 한살이

이 거대한 아타속 개미 군락은 대개 번식을 독점하는 한 마리 여왕과 수십만에서 수백만에 이르는 여러 가지 크기와 형태의 불임 일개미들로 이루어져 있다(사진 54, 55). 성숙한 군락은 매년 새로운 번식형 개체인 날개 달린 암컷과 수컷을 만들어 내고, 이들은 교미 비행 시기에 자신이 태어난 둥지를 떠난다. 아타속의 같은 종 개미들의 같은 지역 군락 교미 비행은 시기적으로 모두 일치하는 듯 보인다. 이를테면 남아메리카산 아타 섹스덴스 교미 비행은 시월 말에서 동짓달 중순에 이르는 기간의 어느 날이나 오후에 시작되며, 미국 남부산 아타 텍사나는 밤에 교미 비행을 한다. 짝짓기 자체는 높은 하늘에서 이루어지며, 많은 군락들이 하루 중 같은

---

784) 다음 설명을 참고할 것: J. M. Cherrett, "History of the leaf-cutting ant problem," in C. S. Lofgren and R. K. Vander Meer, *Fire Ants and Leaf-Cutting Ants: Biology and Management*(Boulder, CO: Westview Press, 1986), pp. 10-17; B. Hölldobler and E. O. Wilson, *The Ants*(Cambridge, MA: The Belknap Press of Harvard University Press, 1990).

785) R. Wirth, H. Herz, R. J. Ryel, W. Beyschlag, and B. Hölldobler, *Herbivory of Leaf-Cutting Ants: A Case Study on* Atta colombica *in the Tropical Rainforest of Panama* (New York: Springer-Verlag, 2003); H. Herz, W. Beyschlag, and B. Hölldobler, "Assessing herbivory rates of leaf-cutting ant(*Atta colombica*) colonies through short-term refuse deposition counts," *Biotropica* 39(4): 476-481(2007); H. Herz, W. Beyschlag, and B. Hölldobler, "Herbivory rates of leaf-cutting ants in tropical moist forest in Panama at the population and ecosystem scales," *Biotropica* 39(4): 482-488(2007).

시간에 교미 비행을 하기 때문에 다른 군락 개체들과 짝짓기할 가능성은 매우 높다. 자연 상태에서 짝짓기는 한 번도 직접 관찰된 적이 없지만 갓 짝짓기를 한 아타 섹스덴스 여왕 저정낭 속 정자 수로 미루어 볼 때, 여왕 한 마리가 대개 3~8마리까지의 수컷과 짝짓기를 하는 것으로 생각된다.[786] 이런 일처다부제는 차후 DNA 분석을 이용한 연구를 통해서도 확인되었다. 아타 콜롬비카는 군락마다 평균 3마리가 채 안 되는 아비가 정자를 제공한다고 분석되었는데, 이렇게 부성이 공유될 때 생기는 유전자상 변이를 감안할 때 이 종의 군락 당 실제 아비 수는 평균 2마리 정도에 그칠 것으로 보인다.[787] 아타 섹스덴스 군락 아비 수는 1~5마리가 되고,[788] 아크로미르멕스는 그 수가 1~10마리에 이른다.[789] 이와는 달리 세리코미르멕스속과 트라키미르멕스속을 비롯한 하등 아티니족 여왕들은 모두가 수컷 한 마리씩과만 짝짓기하는 것으로 보인다.[790]

잎꾼개미 종 여왕들이 여러 마리 수컷과 짝짓기를 하는 특성이 생물학적으로 어떤 중요한 의미를 갖는지는 아직 정확히 알려지지 않았다. 분명히 다부제는 군락 일개미들 사이 평균 근친도를 감소시킨다. 유전적 다양성이 증가하면 군락 적응도에 이익을 줄 것이라고(이를테면 질병에 대한 저항성 측면에서) 믿어져 왔다.[791][792] 이것은 특히 광대한 영역에 걸쳐 몇 해를 걸쳐 자라나는 거대 군락을 이룬 곰팡이

---

786) W. E. Kerr, "Tendências evolutivas na reprodução dos himenópteros sociais," *Arquivos do Museu Nacional* (Rio de Janeiro) 52: 115-116(1962).

787) E. J. Fjerdingstad, J. J. Boomsma, and P. Thorén, "Multiple paternity in the leafcutter ant *Atta colombica*-a microsatellite DNA study," *Heredity* 80(1): 118-126(1998).

788) E. J. Fjerdingstad and J. J. Boomsma, "Queen mating frequency and relatedness in young *Atta sexdens* colonies," *Insectes Sociaux* 47(4): 354-356(2000).

789) J. J. Boomsma, E. J. Fjerdingstad, and J. Frydenberg, "Mutiple paternity, relatedness and genetic diversity in Acromyrmex leaf-cutter ants," *Procedings of the Royal Society of London B* 266: 249-254(1999).

790) T. Murakami, S. Higashi, and D. Windsor, "Mating frequency, colony size, polytethism and sex ratio in fungus ants(Attini)," *Behavioral Ecology and Sociobiology* 48(8): 276-284(2000).

791) W. D. Hamilton, "Kinship, recognition, disease, and intelligence: constratins of social evolution," in Y. Itô, J. L. Brown, and J. Kikkawa, eds., *Animal Societies: Theroeis and Facts*(Tokyo: Japan Scientific Societies Press, 1987), pp. 81-102.

792) P. W. Sherman, T. D. Seeley, and H. K. Reeve, "Parasites, pathogens, and polyandry in social Hymenoptera," *American Naturalist* 131(4): 602-610(1988).

사진 54 | 아타 볼렌베이데리 초기 군락 여왕.

재배 개미들에게는 중요한 문제일 수 있다. 이렇게 지하에 쌓인 유기물들과 더불어 사는 많은 수의 개미들은 기생충과 병균에 매우 취약하다. 유전적으로 결정된 방어와 질병 저항 기작들이 개미들 사이에서 늘어나는 것은 군락 생존에 유리할 것이 틀림없다. 버섯 개미의 유전적 다양성에 발전이 생기면 이는 곰팡이 클론 한 종류만을 수백만 년에 걸쳐 재배해 온 아티니 개미들에게 특히 중요하다. 이렇게 긴 기간 동안 버섯 농장의 유전적 다양성이 낮아졌을 가능성이 높으며 그 결과 재배하는 버섯이 더욱 질병에 취약해지므로 이는 다시 개미들이 더 나은 위생 체계를 만들어야 함을 의미한다.[793)794)]

793) R. M. M. Adams, U. G. Mueller, A. K. Holloway, A. M. Green, and J. Narozniak, "Garden sharing and garden stealing in fungus-growing ants," *Naturwissenschaften* 87(11): 491-493(2000).

794) '질병 저항 가설'을 지지하는 가장 설득력 있는 증거는 다음과 같이 최근에 발표되었다. W. O. H. Hughes and J. J. Boomsma, "Genetic diversity and disease resistance in leaf-cutter ant societies," *Evolution* 58(6): 1251-1260(2004). 이 논문은 이 주제에 관한 포괄적 설명도 포함하고 있다.

꿀벌을 대상으로 한 두 가지 연구를 통해 여왕이 여러 마리 수컷과 짝짓기를 한 결과 군락의 활동성과 질병 저항성을 향상시킨다는 가설에 대한 신빙성 있는 증거가 드러났다. 그중 한 연구에서는 유전적으로 다양한 군락이 단순한 군락에 비해 새끼 방 온도를 더 안정적으로 유지한다는 것이 밝혀졌다.[795] 더 중요한 것은 실리와 데이비드 타피(David Tarpy)가 다부제 군락에서 질병 저항성이 향상된다는 사실을 발견한 점이다.[796] 이들은 꿀벌 군락에 미국 부저병(American foulbrood)이라는 몹시 치명적인 전염병 병원균인 파이니바킬루스 라르바이(*Paenibacillus larvae*) 세균 포자를 실험적으로 배양했다. 여왕이 여러 마리 수컷과 짝짓기를 한 군락 경우 눈에 띄게 낮은 전염률을 보였고, 군락 전체도 짝짓기를 한 번밖에 하지 않은 여왕이 있는 군락에 비해 건강했다.

다부제를 설명하기 위한 또 다른 가설은 여왕이 긴 수명 동안 자기 알을 수정하기에 충분한 많은 양의 정자를 필요로 하기 때문이라는 것이다. 잎꾼개미 군락에는 대개 엄청나게 많은 일개미가 있으며 군락의 수명도 대개 10~15년, 혹은 그 이상도 된다. 이 군락 일생 동안 여왕은 1억 5000~2억 마리에 이르는 암컷 자손(일개미와 날개 달린 암컷)을 낳는다. 그리고 여왕은 2억~3억 2000개에 이르는 정자를 저정낭에 저장한다.[797] 10년 넘는 시간 동안 지속적으로 사용해야 할 충분한 양의 정자를 확보하기 위해서는 여러 마리 수컷과 짝짓기를 해야만 한다는 주장이 가능할 것이다. 예상대로 이런 다수 짝짓기는 아타속 여왕 저정낭에 저장된 정자

사진 55 | 위: 아타 케팔로테스의 성숙한 군락 여왕. 잎꾼개미 여왕 계급은 언제나 버섯 농장 한 가운데에 살고 있다. 여기서 여왕은 일개미들에게 뒤덮인 채로 손질과 보호를 받는다. 아래: 아타 섹스덴스 버섯 농장. 모든 잎꾼개미에서처럼 버섯은 잎꾼들이 둥지로 물어 오는 식물의 잎 조각들에서 재배된다.

795) J. C. Jones, M. R. Myerscough, S. Graham, and B. P. Oldroyd, "Honey bee nest thermoregulation: diversity promotes stability," *Science* 305: 402-404(2004).

796) T. D. Seeley and D. R. Tarpy, "Queen promiscuity lowers disease within honeybee colonies," *Proceedings of the Royal Society of London B* 274: 67-72(2007).

797) W. E. Kerr, "Tendências evolutivas na reprodução dos himenópteros sociais," *Arquivos do Museu Nacional*(Rio de Janeiro) 52: 115-116(1962).

양을 늘리는 효과가 있음이 확인되었다.[798]

마지막으로 세 번째 가설은 아타속 개미 군락 안에 유전적 다양성이 높으면 일꾼 작업 능률이 좋아지고 형태적 버금 계급 발달을 유발하는 유전적 경향이 향상된다는 것이다.[799] 이렇게 부분적으로 노동 분담이 유전적으로 결정되는 것은 군락 수준의 선택에 의해 선호된다.

이 세 가지 가설은 각각의 정황 증거를 비롯 반드시 배타적이지만은 않은 증거로 뒷받침되는데 사실 군락 내 유전적 다양성은 여러 가지 복합적인 적응적 중요성이 있을 것이다(2장 참조).

교미 비행이 끝나면 모든 수컷은 죽는다. 수개미의 유일한 역할은 정자를 제공하는 것으로, 정자는 여왕의 저정낭에 몇 년이고 저장된 채로 살아 있다. 그러므로 수개미(비수정란에서 발달하므로 반수체) 개체의 수명은 매우 짧지만 여왕 몸속의 '정자 은행'에 보관되는 정자의 긴 보존 기간 덕분에, 수컷은 비록 자기는 죽더라도 사후 몇 년 동안 자기 새끼를 계속 수정시킬 수 있다. 특히 교미 비행 도중과 직후, 새로운 군락을 건설하려는 새로운 개척 여왕의 사망률 역시 매우 높다. 브라질에서 연구한 바에 따르면 아타 카피구아라(*Atta capiguara*) 종의 개미가 새로 만든 1만 3300개 군락 중 5개월이 지난 뒤 살아남은 것은 12개에 불과했다. 아타 섹스덴스 경우 3,588개의 새 군락이 3개월이 지난 뒤 90개(2.5퍼센트)로 줄어들었다. 다른 연구에서 아타 케팔로테스 군락의 경우 처음 몇 달 동안 단 10퍼센트만이 살아남았다.[800]

---

798) E. J. Fjerdingstad and J. J. Boomsma, "Multiple mating increases the sperm stores of *Atta colombica* leafcutter ant queens," *Behavioral Ecology and Sociobiology* 42(4): 257-261(1998). 비슷한 사례가 아프리카 꿀벌인 *Apis mellifera capensis*에서도 관찰되었다. F. B. Kraus, P. Naumann, J. van Draagh, and R. F. A. Moritz, "Sperm limitation and the evolution of extreme polyandry in honeybees(*Apis mellifera* L.)," *Behavioral Ecology and Sociobiology* 55(5): 494-501(2004).

799) R. H. Crozier and R. E. Page, "On being the right size: male contributions and multiple mating in social Hymenoptera," *Behavioral Ecology and Sociobiology* 18(2): 105-115(1985); R. E. Page Jr., "Sperm utilization in social insects," *Annual Review of Entomology* 31: 297-320(1986). 또한 일처다부제가 꿀벌 군락에서 배수성 수컷의 생산을 저해한다는 점이 제안되었다. D. R. Tarpy and R. E. Page Jr., "Sex determination and the evolution of polyandry in honey bees(*Apis mellifera*)," *Behavioral Ecology and Sociobiology* 52(2): 143-150(2002).

800) H. G. Fowler, V. Pereira-da-Silva, L. C. Forti, and N. B. Saes, "Population dynamics of leaf-cutting ants: a brief review," in C. S. Lofgren and R. K. Vander Meer, eds., *Fire Ants and Leaf-*

교미 비행에 나서기 전 아타속 여왕들은 각자 공생 버섯 균사의 작은 뭉치를 입속 식도 구멍 아래에 있는 작은 공간에 담는다. 교미 비행이 끝나면 여왕은 날개를 스스로 자르고 새로운 둥지를 건설할 구멍을 파들어 간다. 이 첫 둥지 구멍은 좁은 입구 회랑으로 이루어지며, 이 회랑은 땅 밑으로 20~30센티미터에 만들어진 길이 6센티미터 정도 되는 방으로 연결된다(그림 9-1). 여왕은 여기에 균사 뭉치를 뱉어 내고 이는 새로운 버섯 농장을 시작하는 첫 배양체가 된다. 3일이 지나면 새로운 균사가 자라나고 여왕은 알을 3~6개 낳는다.[801] 첫 달이 지나면 융성하는 버섯으로 된 깔개 가운데서 알, 애벌레, 그리고 때로는 번데기까지 포함된 첫 배 새끼들이 자라게 된다. 이 군락 창시 첫 단계에서 여왕은 자신의 배설물로 비료를 주며 혼자 버섯 농장을 재배한다. 여왕은 자기가 낳은 알의 90퍼센트를 다시 먹어 치운다. 첫 애벌레가 부화하면 이들 역시 자기가 낳은 알을 먹여 키운다. 분명한 것은 여왕은 재배 초기 단계의 매우 취약한 상태인 버섯 자체는 먹지 않는다는 것이다. 여왕이 초기에 건강한 버섯 농장을 길러 내지 못하면 군락 창시의 모든 것이 수포로 돌아간다. 그러므로 그 대신 여왕은 이제 필요 없어진 날개 근육을 대사하여 거기에 저장된 지방체에만 양분을 전적으로 의지하며 살아야 한다.

첫 일꾼들은 우화하면 일단 버섯을 먹이로 삼고 버섯 농장 관리를 맡게 된다. 비로소 여왕의 산란 속도가 빨라지기 시작한다. 여왕이 낳는 알도 전부가 일개미로 자라는 것은 아니다. 일부는 산란관 안에서 2개 이상의 뚜렷하지만 잘못 만들어진 알이 접합되어 생기는 커다란 영양란이다. 영양란은 일개미들이 물어다 애벌레에게 먹이로 준다. 일주일 정도가 지나면 새로 태어난 일개미들은 막혀 있던 둥지 출입구를 뚫고 둥지 근방으로 먹이 채집에 나선다. 일개미들은 잎 조각을 모아다 버섯 재배용 기질로 사용한다. 이때가 되면 여왕은 새끼와 버섯 농장 돌보는 일에서 완전히 손을 떼고, 나머지 일생 동안 죽을 때까지 '산란 기계' 역할만 하게 된다. 일개미들이 채집, 버섯 농장 관리, 새끼 키우기, 둥지 넓히기, 적과 경쟁자로부터 군락

Cutting Ants: Biology and Management(Boulder, CO: Westview Press, 1986), pp. 123-145.

801)   M. Autuori, "La fondation des sociétés chez les fourmis champignonnistes du genre *'Atta'* (Hym. Formicidae)," in M. Autuori, M.-P. Bénassy, J. Benoit, R. Courrier, Ed.-Ph. Deleurance, M. Fontaine, K. von Frisch, R. Gesell, P.-P. Grassé, J. B. S. Haldane, Mrs. Haldane-Spurway, H. Hediger, M. Klein, O. Koehler, D. Lehrman, K. Lorenz, D. Morris, H. Piéron, C. P. Richter, R. Ruyer, T. C. Schneirla, and G. Viaud, *L'Instinct dans le Comportement des Animaux et de l'Homme* (Paris: Massone et Cie Éditeurs, 1956), pp. 77-104.

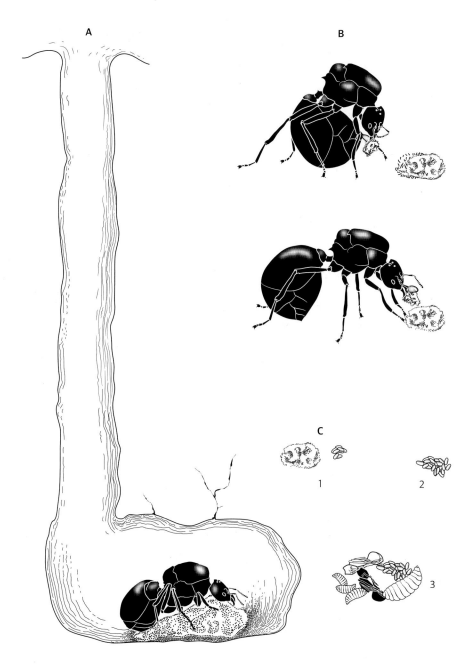

그림 9-1 │ 아타속 잎꾼개미 군락 형성 과정. A: 여왕 한 마리가 처음 만든 방에 버섯 농장을 갓 만들어 놓았다. B: 여왕은 균사 뭉치를 뽑아내고 항문 분비물을 발라 버섯 농장에 비료를 주고 있다. C: 버섯 농장과 첫 배 일꾼의 세 단계 성장 과정으로, 이 과정은 동시에 일어난다. E. O. Wilson, *The Insect Societies* (Cambridge, MA: The Belknap Press of Harvard University Press, 1971)에 있는 Turid Hölldobler-Forsyth의 원본 그림을 발췌했으며, 이 그림은 원래 J. Hüber, "Über die Koloniengrundung bei *Atta sexdens*," *Biologisches Centralblatt* 256(18): 609–619(1905)에 있었음; M. Autuori, "La fondation des sociétés chez les fourmis champignonnistes de genre '*Atta*'(Hym. Formicidae)," in M. Autuori et al., eds., *L'Instinct dans le Compoertement des Animaux et de l'Homme* (Paris: Masson, 1956), pp. 77–104.

지키기 같은 군락의 모든 '체세포적' 임무들을 도맡는다.[802]

신선한 잎과 식물 조각들이 둥지로 운반되면 이는 다시 더 작은 조각으로 거듭해서 잘라지고 일개미 배설물로 처리된 뒤 버섯 농장에서 버섯 배지로 사용된다. 일개미들은 농장의 다른 곳에서 균사 뭉치를 뜯어내어 새로 만든 배지에 옮겨 심는다. 이렇게 배양된 균사들은 빠르게 증식한다. 옮겨 심어진 균사들은 시간 당 최대 13마이크로미터까지 자라난다(사진 56~60).

아타속과 아크로미르멕스속 개미들이 기르는 곰팡이들은 공길리디아(gongylidia)라 불리는 균사 끝에 부푼 조직을 만들어 내는데, 이 조직은 다시 조밀하게 뭉쳐진 스타필레(staphylae)라 불리는 일종의 덩어리를 만든다. 이렇게 조밀하

사진 56 | 버섯 농장 건설과 식물 가공 첫 단계에서 아타 섹스덴스 잎꾼 한 마리가 채집 장소에 있는 나뭇잎 조각을 잘라 내고 있다. 한쪽 턱만이 '자름 날'로 기능하고, 다른 한쪽은 '조절기' 역할을 하게 놓아둔다. 잎꾼개미는 또 자르는 턱 쪽 앞발로 잘라 내는 잎을 잡고 절단면을 위로 당겨 올리고 있다. 이 동작은 잎을 빳빳하게 폄으로써 절단 작업을 돕는 것이 분명하다. 사진에서 잎꾼이 오른쪽 더듬이로 잘라지는 방향 잎 표면이 어떤지 검사하고 있음을 주목할 것.

---

802)　B. Hölldobler and E. O. Wilson, *The Ants*(Cambrdige, MA: The Belknap Press of Harvard University Press, 1990).

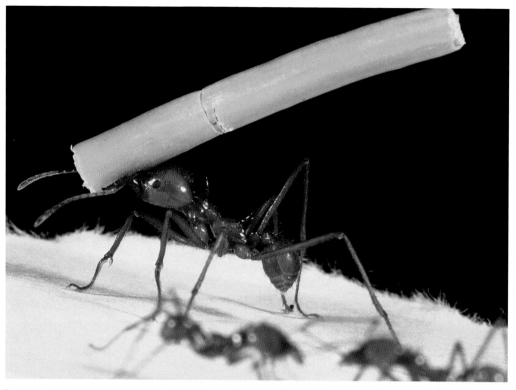

사진 57 | 아타속 잎꾼개미들이 페로몬으로 만들어진 수송로를 따라 잘라 낸 식물 조각을 둥지로 나르고 있다.

초유기체

사진 58 | 채집 작업 중 종종 가장 작은 버금 계급(미님) 일꾼들이 운반되고 있는 식물 조각 위에 올라타는 것이
관찰된다. 이들은 식물체를 운반하는 큰 일꾼들이 기생파리(phorid flies)에게 공격당하지 않도록 보호해 준다.

사진 59 | 아타속 잎꾼개미 채집 행렬은 언제나 잎을 나르는 일꾼들로 북적댄다. (사진 제공: Huber Herz).

게 뭉쳐진 균사들은 일개미들이 쉽게 뜯어내 먹거나 애벌레에게 먹일 수 있다. 이 조직은 지질과 탄수화물이, 균사 자체는 단백질이 풍부하다.[803] 먹이 선택 실험에

사진 60 | 여기에 보이는 것 같이 긴 수송로는 사용하지 않을 때라도 도로 작업을 하는 일개미들이 깨끗이 정리하기 때문에 쉽게 눈에 띈다. (사진 제공: Huber Herz).

803) M. Bass and J. M. Cherrett, "Fungal hyphae as a source of nutrients for the leaf-cutting ant *Atta sexdens*," *Physiological Entomology* 20(1): 1-6(1995).

서 아타속 개미들은 스타필레를 균사보다 더 선호했다. 또 균사를 먹일 때보다 스타필레를 먹을 때 더 오래 살았다.[804] 따라서 스타필레에 영양 성분들이 가장 최적 비율로 배합되어 있을 것으로 생각된다.

아타 섹스덴스가 재배하는 곰팡이에 의한 식물성 다당류 대사를 분석한 연구에서 공생 버섯과 잎꾼개미 사이 중요한 영양적 상호 의존성이 발견되었다. 일반적으로는 일단 버섯은 잎 조각을 섬유소(cellulose), 크실란(xylan), 펙틴(pectin), 녹말 등으로 분해 흡수하는 것으로 생각되는데, 즉 곰팡이 덕분에 식물 성분에 들어 있는 탄소가 개미로 전달된다. 이 대사적 통합 과정 덕분에 개미는 다른 방식으로는 이용할 수 없는 식물의 고형 성분을 섭취할 수 있게 된다. 이 통합에 중요한 물질은 곰팡이 성장 촉진과 관계있는 크실란과 녹말이다. 이전 가정과는 달리 섬유소는 곰팡이에 의해 쉽게 분해되거나 흡수되지 못하기 때문에 이 통합 과정에 덜 중요한 것으로 밝혀졌다. 따라서 이와 같이 실험실에서 밝혀진 생화학적 분석 결과가 실제 자연의 공생에서 곰팡이가 하는 역할을 제대로 반영하는 것이라고 하면, 섬유소가 아닌 크실란과 녹말이 개미의 영양에 주된 기여를 하는 식물성 다당류가 되는 것이다.[805]

이 핵심 발견은 아타속과 아크로미르멕스속 개미를 대상으로 한 최근 연구에서 섬유소가 버섯-개미 공생을 통한 중요 에너지 및 탄소원으로 사용되지 않는다는 것이 밝혀짐으로써 사실로 입증되었다. 실제로 버섯은 섬유소를 전혀 분해하지 못한다는 것을 강력하게 시사하는 정황 증거들이 있다.[806]

다른 연구에서 일개미에서 짜낸 추출물들이 녹말, 맥아당(maltose), 자당

---

804) 다음 설명을 참고할 것. J. M. Cherrett, R. J. Powell, and D. J. Stradling, "The mutualism between leaf-cutting ants and their fungus," in N. Wilding, N. M. Collins, P. M. Hammond, and J. F. Webber, eds., *Insectes-Fungus Interactions*(New York: Academic Press, 1989), pp. 93-120; U. G. Mueller, T. R. Schultz, C. R. Currie, R. M. M. Adams, and D. Malloch, "The origin of the attine ant-fungus mutualism," *The Quarterly Review of Biology* 76(2): 169-197(2001).

805) C. Gomes De Siqueira, M. Bacci Jr., F. C. Pagnocca, O. Correa Bueno, and M. J. A. Hebling, "Metabolism of plant polysaccharides by *Leucoagaricus gongylophorus*, the symbiotic fungus of the leaf-cutting ant *Atta sexdens* L.," *Applied and Enviornmental Microbiology* 64(12): 4820-4822(1998).

806) A. B. Abril and E. H. Bucher, "Evidence that the fungus cultured by leaf-cutting ants does not metabolize cellulose," *Ecology Letters* 5(3): 325-328(2002).

(sucrose), 배당체(glycoside)에 높은 효소 활성을 보이는 것이 밝혀졌다. 애벌레 추출물 효소 활성 역시 이와 비슷하지만 더 크다. 특히 이들 효소들은 자당, 맥아당, 라미나린(laminarin)을 분해하는데, 라미나린은 식물 세포벽 구성 성분으로 반섬유소성 저장성 다당류이다. 아크로미르멕스속 다른 종 개미의 공생 버섯 추출물들에서 보여지는 효소 활성은 종에 따라 변이를 보였다. 즉 아크로미르멕스 숩테라네우스(Acromyrmex subterraneus) 버섯 추출물은 라미나린, 크실란, 섬유소에 가장 큰 활성을 보였고, 아크로미르멕스 크라시스피누스(Acromyrmex crassispinus) 버섯 추출물은 라미나린, 녹말, 맥아당, 자당에 가장 큰 활성을 보였다.[807]

특히 라미나린과 섬유소 분해를 염두에 두면 이 연구 결과들은 기존 발견과 상충되는 듯 보인다. 개미 추출물이 식물 고분자인 라미나린을 직접 분해할 수 있다는 사실이 특히 문제이다. 이 문제는 버섯 효소가 개미의 내장까지 전달된다는 사실로 해결될 수 있을 것이다. 아마도 개미 애벌레 추출물에서 발견된 효소들은 적어도 일부는 이들이 먹은 버섯으로부터 전달된 것일 가능성이 높다.

어찌 되었든 잎꾼개미가 재배하는 버섯이 유일한 영양 공급원은 아니다. 적어도 실험실에서는 아타속과 아크로미르멕스속 일개미들은 식물의 수액을 직접 빨아먹기도 했다. 이 수액은 잎꾼과 운반 일개미들에게 직접적으로 에너지를 제공해 주는 '연료'와 같은 기능을 한다. 실제로 수액 섭취는 일개미들에게 필수적인 요소로 보이는데, 실험실에서 확인한 바에 따르면 버섯의 스타필레를 통해 얻을 수 있는 에너지는 전체 필요량의 단 5퍼센트 정도밖에 되지 않았다.[808] 이와는 달리 애벌레들은 오로지 스타필레만을 먹고 자랄 수 있다. 여왕의 경우 양분의 많은 부분을 일개미들이 낳아 빈번하게 갖다 바치는 영양란을 통해 섭취하는 것으로 보인다.

---

807) P. D'Ettorre, P. Mora, V. Dibangou, C. Rouland, and C. Errard, "The role of the symbiotic fungus in the digestive metabolism of two species of fungus-growing ants," *Journal of Comparative Physiology B* 172(2): 169-176(2002).

808) R. J. Quinlan and J. M. Cherrett, "The role of fungus in the diet of the leaf-cutting ant *Atta cephalotes*(L.)," *Ecological Entomology* 4(2): 151-160(1979).

아타속 계급 체계

갓 창시된 새 군락은 처음 2년 동안은 매우 더디게 자란다. 이후 3년 동안은 군락이 빠르게 커지다가 날개 달린 수컷과 여왕을 생산하기 시작하면서 성장 속도는 다시 더뎌진다. 아타속 개미 군락의 최대 군락 크기는 어마어마하다. 아타 콜롬비카의 경우 한 군락 일개미 머릿수는 100만~250만을 헤아리며, 아타 라에비가타(*Atta laevigata*)는 350만, 아타 섹스덴스의 경우 500만~800만, 아타 볼렌베이데리는 400만~700만으로 추산된다.[809]

버섯을 기르는 개미들 중 오직 2개의 잎꾼개미속인 아크로미르멕스속과 아타속에 속한 개미 종들만이 크기와 각 부위의 해부학적 비율이 매우 다른 형태적으로 고도로 분화된 일꾼 계급을 가지고 있다. 이 눈에 띄는 다형성은 군락 안에 존재하는 복잡한 노동 분담 양상을 그대로 반영하고 있다. 아타속 개미가 보이는 노동 분담 현상의 다양한 측면에 대해서는 많은 연구가 되어 있다. 대부분 연구들은 아타속 군락 노동 분담을 특징짓는 핵심적 양상에 대해 일치하는 결과를 보인다.[810] 다음 기술하는 내용은 아타 케팔로테스와 아타 섹스덴스 노동 체계에 근거한 사례들이다.[811]

아타속 잎꾼개미들은 일꾼 무리 속에 신체적 특징이 서로 다른 폭넓은 종류의 버금 계급들을 가지고 있다. 아타 섹스덴스의 경우 가장 작은 일개미와 제일 큰 일

---

809)   H. G. Fowler, V. Pereira-da-Silva, L. C. Forti, and N. B. Saes, "Population dynamics of leaf-cutting ants: a brief review," in C. S. Lofgren and R. K. Vander Meer, eds., *Fire Ants and Leaf-Cutting Ants: Biology and Management*(Boulder, CO: Westview Press, 1986), pp. 123-145.

810)   J. K. Wetterer, "Nourishment and evolution in fungus-growing ants and their fungi," in J. H. Hunt and C. A. Nalepa, eds., *Nourishment and Evolution in Insect Societies*(Boulder, CO: Westview Press, 1994), pp. 309-328.

811)   E. O. Wilson, "Caste and division of labor in leaf-cutter ants(Hymenoptera: Formicidae: *Atta*), I: The overall pattern in *A. sexdens*," *Behavioral Ecology and Sociobiology* 7(2): 143-156(1980); E. O. Wilson, "Caste and division of labor in leaf-cutter ants(Hymenoptera: Formicidae: *Atta*), II: The erganomic optimization of leaf cutting," *Behavioral Ecology and Sociobiology* 7(2): 157-165(1980); E. O. Wilson, "Caste and division of labor in leaf-cutter ants (Hymenoptera: Formicidae: *Atta*), III: Ergonomic resiliency in foraging by *A. cephalotes*," *Behavioral Ecology and Sociobiology* 14(1): 47-54(1983); E. O. Wilson, "Caste and division of labor in leaf-cutter ants (Hymenoptera: Formicidae: *Atta*), IV: Colony ontogeny of *A. cephalotes*," *Behavioral Ecology and Sociobiology* 14(1): 55-60(1983).

개미 머리 폭은 8배, 건조 중량은 200배 차이를 보인다. 하지만 새 여왕이 창시하여 새롭게 발달 중인 군락일 경우, 일개미 머리 폭 변이는 비교적 좁아서 0.8~1.6밀리미터 정도이며, 이 안에서 거의 단일한 크기 빈도 분포를 보이고 있을 뿐이다. 앞서 5장에서 자세히 설명한 것처럼, 이런 제한의 이유가 군락의 필요에 의한 것임이 실험적으로 확인되었다. 머리 폭이 0.8~1밀리미터 되는 일꾼들은 버섯 농장에서 직접 곰팡이를 돌보는 일을 하고, 머리 폭이 1.6밀리미터인 일개미는 평균적으로 억센 식물을 잘라 내는 데 필요한 최소 크기이다. 이 머리 폭 변이(0.8~1.6밀리미터)는 양육에 주로 투입되는 일꾼 크기들도 포함한다. 따라서 여왕은 필수적 군락 작업을 다 같이 해낼 수 있는 범용 개체들을 최대치에 가깝게 만들어 내는 것이다. 군락이 점점 자람에 따라 일꾼 크기 변이는 양쪽 방향으로 모두 커진다. 즉 머리 크기의 한 극단은 0.7밀리미터와 그보다 약간 좁은 쪽으로, 또 커지는 방향으로는 5밀리미터 이상으로 벌어지며, 이들의 빈도 분포 역시 양 극단으로 극명하게 쪼개져 큰 머리를 지닌 무리가 훨씬 더 개체 수가 많아진다. 이 복잡한 계급 체계는 아타속 개미 노동 분담을 반영하는데 버섯 재배 배지가 될 신선한 식물체를 수집하고 가공하는 일과 버섯을 재배하는 일 모두에 밀접하게 적응한 결과이다.

아타속 일개미들은 공장의 조립 공정 형태로 버섯 농장 작업을 조직화한다. 이 조립 라인의 출발점이랄 수 있는 채집꾼 크기 분포 중 가장 많은 것은 머리 폭이 2.0~2.2밀리미터에 이르는 일꾼들로 이루어져 있다. 조립 공정의 다른 끝은 민감한 버섯 균사를 다루는 초소형 일개미들로 이들은 머리 폭이 0.8밀리미터 되는 일개미들이 주가 되어 둥지 안에서 작업한다. 이 둘 사이에 일어나는 버섯 농장 작업 여러 중간 단계들은 점진적으로 변하는 다양한 크기의 일꾼들이 수행한다.

잎을 물고 돌아온 채집꾼들이(그림 9-2, 단계 1) 둥지 안에 있는 방바닥에 식물 조각을 부려 놓으면, 이들 채집꾼들보다 조금 작은 크기 일개미들이 이를 집어서 다시 지름 1~2밀리미터의 작은 조각으로 자른다(단계 2). 몇 분 지나지 않아 더 작은 일개미들이 일을 맡아 이 조각들을 씹고 주물러 젖은 알갱이로 만든 뒤 자기 배설물을 바르고(단계 3), 이 알갱이들을 다른 배양기질 무더기 사이에 집어넣는다(단계 4). 다음으로 이보다 더 작은 일개미들이 곰팡이가 빽빽하게 자라는 곳에서 균사 뭉치를 따 가지고 와서는 새롭게 만들어 놓은 배양기질 위에 심는다(단계 5). 마지막으로 군락에서 크기는 가장 작지만 머릿수가 가장 많은 일꾼들이 버섯 농장을 면밀하게 순찰하며 더듬이로 자라나는 버섯들을 점검하고 표면을 핥으며, 군락이 키우지 않는 다른 종류 곰팡이 홀씨와 균사들을 따내서 없애 버린다(단계 6).

해부학적으로 다른 종류의 버금 계급 일꾼들로 구분되는 이러한 노동 분담에 중첩되는 것은 나이에 따른 다중 노동성이다. 대부분 버금 계급들 중 비교적 젊은 일꾼들은 둥지 안 작업을 맡아서 하고 늙을수록 둥지 밖 작업에 관여하는 경향을 보인다. 이 구분은 초소형 버금 계급 일꾼들(미님 일꾼) 경우에서 극명하게 드러나

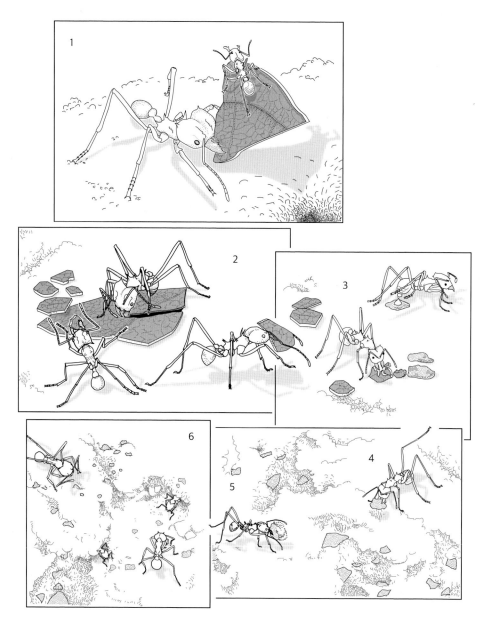

그림 9-2 │ 아타 케팔로테스 군락이 갓 잘라 온 잎과 기타 식물체를 가지고 버섯 농장을 만들어 내는 '조립 공정'.

는데, 이들은 원래 둥지 안에서 버섯과 작은 새끼 무리를 돌보는 일에 종사하지만 둥지 밖 식물 채집 장소에서도 보인다. 하지만 이들은 너무 작아서 실제로 잎을 자르거나 물어 나를 수도 없다. 이들 중 많은 개체들은 자기 힘으로 걸어서 둥지로 돌아오지 않으며, 대신 다른 대형 일개미들이 물어 나르는 잎 조각 위에 올라타고('무임승차') 둥지로 돌아온다(사진 58). 늙은 축에 드는 이들 미님 일꾼들은 아마도 잎을 물어 나르는 일개미들에게 알을 낳으려고 시도하는 벼룩파리과(Phoridae) 기생 파리 공격으로부터 잎을 들어 나르는 잎꾼을 보호하는 역할을 할 가능성이 매우 높다.[812][813]

아타속 개미 군락에 있는 대부분 계급들은 둥지 방어에 헌신하지만, 여기에서도 적을 공격하고 영토를 방어할 가능성이 가장 높은 개체들은 늙은 것들이다. 동시에 군락 방어 조직은 어느 정도는 일꾼 크기에 맞춰 짜여 있다. 이를테면 여기에 진정한 의미의 병정 계급이 등장하는 것이다. 이들은 극단적으로 큰 대형 일개미로 거대한 내전근이 움직이는 날카로운 턱을 가지고 있다(사진 61). 이들은 특히 척추동물 같은 커다란 적을 쫓는 데 각별히 유용하다. 아타 라에비가타 연구를 통해 각 일꾼 계급들이 어떻게 서로 다르게 둥지 방어에 관여하는지 잘 알려졌다. 군락이 잠재적 척추동물 포식자로부터 위협을 받으면 대부분 초대형 병정개미들이 동원된다. 하지만 군락이 동종 혹은 이종 경쟁 개미들로부터 둥지나 채집영역을 지켜야 하는 상황에서는 주로 병정 계급보다는 작은 일개미 계급이 동원된다. 이들은 병정 계급보다 머릿수가 많은데다 영토 싸움을 하는 데 더 적합하다.[814] 이와 비슷한 결과가 풀꾼 개미 아타 카피구아라의 경우에도 밝혀졌다. 이 종 일꾼 턱샘에서 추출한 경보 페로몬을 실험적으로 먹이 수송로에 분비해 놓았을 때 소형 일꾼들이 가장 민감하게 반응했다. 이 반응은 경보 페로몬이 수송로에 가깝게 뿌려질

812)   I. Ebil-Eibesfeldt and E. Eibl-Eibesfeldt, "Das Parasitenabwehren der Minima-Arbeiterinnen der Blattschneider-Ameise(*Atta cephalotes*)," *Zeitschrift für Tierpsychologie* 24(3): 278-281(1967).

813)   D. H. Feener and K. A. G. Moss, "Defense against parasites by hitchhikers in leaf-cutting ants: a quantitative assessment," *Behavioral Ecology and Sociobiology* 26(1): 17-26(1990).

814)   M. E. A. Whitehouse and K. Jaffé, "Ant wars: combat strategies, territory and nest defence in the leaf-cutting ant *Atta laevigata*," *Animal Behaviour* 51(6): 1207-1217(1996).

사진 61 │ 아타 케팔로테스 군락 초대형 병정개미.

때 가장 강력했다.[815] 풀잎 조각을 운반하던 채집꾼들은 전혀 반응하지 않았다. 하지만 아타 콜롬비카 일개미들은 에키톤속 군대개미 노마미르멕스 에센베키이 (*Nomamyrmex esenbeckii*)가 둥지를 침범한 경우 특별히 이들에 대한 방어 반응으로 주로 대형(병정) 개미들을 동원했다.[816]

815) W. O. H. Hughes and D. Goulson, "Polyethism and the importance of context in the alarm reaction of the grass-cutting ant, *Atta capiguara*," *Behavioral Ecology and Sociobiology* 49(6): 503-508(2001).

816) S. Powell and E. Clark, "Combat between large derived societies: a subterranean army ant established as a predator of mature leaf-cutting ant colonies," *Insectes Sociaux* 51(4): 342-351(2004).

식물 수확

아타속 일개미의 몸 크기가 다양한 것은 식물 수확 행동에도 중요한 영향을 미치는 요인일 것이다.[817)818] 잎을 직접 자르는 잎꾼은 대개 자기 몸 크기에 상응하는 무게만큼의 잎 조각을 잘라 낸다. 이는 잎 자르기 행동의 결과일 수 있다. 잎을 자르는 동안 일개미는 대개 뒷다리를 잎 가장자리에 박아 두고 자기 몸 축을 중심으로 서서히 몸을 회전시키면서 잎을 자르는 턱(자름 턱)날을 잎 조직에 대고 밀면서 잘라나간다(사진 56). 이 방식으로 인해 잘려진 잎 조각 크기는 잎꾼 몸 크기와 비례하게 된다. 하지만 아타 케팔로테스에 관한 다른 연구들에서는 이들 다리 길이와 잎 조각이 잘린 만곡부 길이 사이 연관 관계를 찾아내지 못했다.[819] 대신 머리와 가슴이 놓인 각도는 잎꾼 개체에 의해 변할 수 있으며, 이 결과 꽤 큰 변이가 생긴다. 따라서 잘린 잎 조각 크기는 지렛대로 사용하는 다리 길이에만 관련된 간단한 함수는 아닌 것이다. 또 잎꾼은 자르는 동안 직접 잎 조각 무게를 잴 수 없고 다만 잎의 억센 정도를 가지고 간접적으로 잘린 조각 크기를 조절하는 수단으로 사용한다고 주장할 수는 있겠다. 그러므로 개미가 자기의 전반적 몸 크기보다 더 큰 잎 조각을 자르지 못한다고 해도(절단면을 따라 움직이지 않는 한), 더 작은 조각들을 자르기 위해 자기 자세를 바꿀 수는 있다.

잎을 자르는 동안 아타속 잎꾼의 두 턱은 서로 다른 기능을 한다. 턱 하나(박힘턱)는 활발하게 움직이는 반면 다른 쪽인 자름 턱은 움직임 없이 거의 고정된 채로 실제 절단하는 날의 역할을 한다. 턱을 이용한 가위질 한 번의 과정은 다음과 같다(그림 9-3). 박힘 턱을 열었다가 잎 조직에 끝 부분을 갖다 박는 동안 자름 턱은 열리지 않은 채로 고정되어 있다. 박힘 턱이 열리는 동안 머리를 수평으로 움직임으로써 자르는 턱을 잎 쪽으로 민다. 다음으로 박힘 턱이 닫히고 자름 턱을 잎 쪽으로

817) C. M. Nichols-Orians and J. C. Schultz, "Leaf toughness affects leaf harvesting by the leaf-cutter ant, *Atta cephalotes*(L.)(Hymenoptera: Formicidae)," *Biotropica* 21(1): 80-83(1989).

818) 다음 설명을 참조. R. Wirth, H. Herz, R. J. Ryel, W. Beyschlag, and B. Hölldobler, *Herbivory of Leaf-Cutting Ants: A Case Study on* Atta colombica *in the Tropical Rainforest of Panama* (New York: Springer-Verlag, 2003).

819) J. M. van Breda and D. J. Stradling, "Mechanisms affecting load size determination in *Atta cephalotes*(L.)(Hymenoptera, Formicidae)," *Insectes Sociaux* 41(4): 423-434(1994).

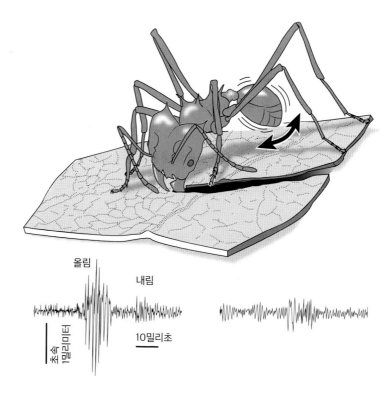

올림

내림

10밀리초

초속 1밀리미터

그림 9-3 | 잎꾼의 잎자르기. 잎꾼은 턱으로 잎을 자르면서 배를 떨어 마찰음을 발생한다. 이 매질 진동을 통해 주위의 다른 동료들을 불러 모으고 절단 작업을 가속한다. 마찰음은 레이저-도플러 진동 계측기(잎의 진동 속도로)로 기록되었다. 왼쪽 그래프: 절단 중 대부분 턱을 통해 전달되는 매질 진동. 오른쪽 그래프: 턱이 잎에 닿아 있지 않는 동안 다리를 통해 전달되는 매질 진동. F. Roces, J. Tautz, and B. Hölldobler, "Stridulation in leaf-cutting ants: short-range recruitment through plant-borne vibrations," *Naturwissenschaften* 80(11): 521-524(1993).

더 가까이 잡아당김으로써 잘린 면이 더 길어진다. 이 단계에서 박힘 턱 역시 잎 표면에 더 깊이 움직이게 되고 다음 번 자름 턱이 움직일 길을 마련해 준다. 두 턱이 만나자마자 이 동작은 반복된다. 따라서 턱 한쪽은 '자름 날'로, 다른 쪽은 '조절기'로 기능한다. 하지만 특별히 어느 한쪽 턱이 무엇으로 쓰일지 미리 정해진 것은 없다. 잎 조각이 잘려지는 방향에 따라 오른쪽이든 왼쪽 턱이든 자름 턱으로 쓸 수 있다.

잎꾼은 잎을 자르는 동안 종종 마찰음을 낸다. 잎을 자르는 일개미들 다수가 아타 일개미들이 소리를 낼 때 하는 동작과 똑같은 모습으로 꽁무니를 들었다 내렸다 한다(그림 9-3 및 9-4 참조). 소리는 첫 번째 배 윗마디에 있는 각질 주름과 배마디 뒤에 있는 긁개로 이루어진 마찰 기관에서 만들어진다. 주름을 긁개에 문질러

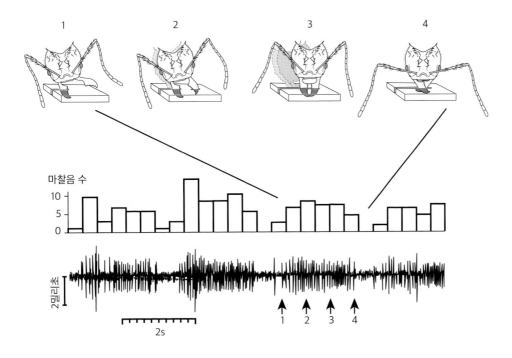

그림 9-4 | 위: 부드러운 잎을 한 번 자를 때 턱과 머리 움직임. 아래: 네 차례의 턱 움직임 동안 발생하는 마찰음. 도수 분포표는 400밀리초 간격으로 발생하는 마찰음 수를 나타낸다. 도수 분포표 아래 기록은 잎 위에서 마찰을 직접 기록한 레이저 진동 계측 결과임. J. Tautz, F. Roces, and B. Hölldobler, "Use of a sound-based vibratome by leaf-cutting ants," *Scinece* 267: 84-87(1995).

대면 개미는 사람도 들을 수 있는 진동음을 만들 수 있다.[820][821] 잎 자르는 행동을 비디오로 촬영하고 동시에 레이저 진동 계측기를 이용해 잎 표면에 전달되는 진동 신호를 기록하여 턱 움직임과 마찰음 사이 시간적 관계를 분석한 결과, 마찰은 대개 자름 턱이 잎 조직을 따라 움직일 때 자주 일어나는 것으로 밝혀졌다(그림 9-4). 이 마찰은 턱의 복잡한 진동을 일으키는데, 이는 턱이 일종의 진동 날(박편 절단기 진동 날처럼)로 기능하도록 만드는 것이다. 사실 잎 자르기 과정을 실험적으로 시뮬레이션한 결과 잎이 잘릴 때 어쩔 수 없이 발생하는 불안정한 힘의 변동을 턱 진동이 줄인다는 것이 밝혀졌다. 따라서 마찰 진동은 부드러운 잎 조직을 좀 더 효

---

820)   H. Markl, "Stridulation in leaf-cutting ants," *Science* 149: 1392-1393(1965).

821)   H. Markl, "Die Verständigung durch Stridulationssignale bei Blattschneiderameisen, II: Erzeugung und Eigenschaften der Signale," *Zeitschrift für vergleichende Physiolgie* 60(2): 103-150(1968).

과적으로 자를 수 있도록 도와준다.[822]

잎에서 일부를 잘라 내는 일은 강력한 턱 근육이 필요한 작업이다. 그래서 아타 개미 턱 근육은 머리 무게의 절반 이상, 전체 몸무게의 25퍼센트 이상을 차지하고 있다.[823] 잎 자르기는 또 어마어마한 에너지가 소모되는 강도 높은 노동이다. 매우 정교한 연속 흐름 호흡 계측기를 이용해서 잎 자르기 행동 대사율을 측정한 결과 정상 상태나 자르고 난 뒤 대사율에 비해 엄청나게 높았다. 잎 자르기 행동의 산소 소모율은 모든 동물 군에서도 신진대사 측면에서 가장 활성이 높다고 알려진 곤충의 비행 중 대사율에 맞먹는다. 잎 자르기에 소모되는 턱의 에너지 요구량은 따라서 개미가 개체와 군락 수준 모두에서 화물량(자른 잎 조각 무게) 선정과 채집 효율을 결정하는 중요한 요인으로 생각된다.

과거 20여 년 동안 잎꾼이 운반하는 화물량을 결정하는 점에 대해 많은 연구들이 쏟아져 나왔다. 이렇게 많고, 또 때로는 서로 상충되기도 하는 연구 결과들을 모두 정리 평가하는 것은 우리의 의도를 벗어난 일이다. 화물량을 결정하는 데 관계되는 요인들은 분명히 매우 많다. 앞서 지적한 대로 잎꾼 몸 크기와 이들이 자르는 잎 조각 크기(면적) 사이에는 일정한 상관관계가 있긴 하지만, 잎 조각 크기가 늘 화물량을 결정하는 최선의 지표가 되는 것도 아니다. 이는 잎 조각 무게가 단위 표면적 당 잎 조직 무게뿐 아니라 부피와도 관련되기 때문이다. 아타 케팔로테스와 아타 텍사나 채집꾼들은 잎 조직 밀도를 가늠해서 잎 자르기 행동을 조절하지는 않는다. 대신 서로 다른 크기의 잎꾼이 다른 조직 밀도를 가진 잎을 맡아서 자른다.[824][825] 이와 비슷한 채집꾼 이형성과 채집물 사이 상관관계가 다른 아타 개미들에서도 발견된다. 반면 몇 가지 다른 독립적 연구들에서는 자르는 잎 조직 밀도

822) J. Tautz, F. Roces, and B. Hölldobler, "Use of a sound-based vibratome by leaf-cutting ants," *Science* 267: 84-87(1995).

823) F. Roces and J. R. B. Lighton, "Larger bites of leaf-cutting ants," *Nature* 373: 392-393(1995).

824) J. K. Wetterer, "Forager polymorphism, size-matching, and load delivery in the leaf-cutting ant, *Atta cephalotes*," *Ecological Entomology* 19(1): 57-64(1994).

825) D. A. Waller, "The foraging ecology of *Atta texana* in Texas," in C. S. Lofgren and R. K. Vander Meer, eds., *Fire Ants and Leaf-Cutting Ants: Biology and Management* (Boulder, CO: Westview Press, 1986), pp. 146-158.

가 높을수록 자르는 잎 조각 크기는 작아진다는 사실도 발견되었다.[826]

운반되는 잎 조각 무게 역시 운반 속도에 영향을 미치고, 이 두 요인(화물량과 운반 시간)은 또 군락이 식물체를 받아들이는 효율에 영향을 미친다.[827][828] 무거운 잎 조각을 느린 속도로 운반한다 해도 운반 횟수당 생산량이 늘어나기 때문에 군락 전체 생산율이 감소하지는 않는다. 하지만 화물이 무거워서 운반 시간이 길어지기 시작하면 다른 부정적 결과를 초래할 수도 있다. 먹잇감에 대한 정보를 군락에 전달하는 시간이 늦어지고 이에 따라 일개미를 동원하는 속도와 강도 역시 약해질 수 있다.[829][830]

따라서 잎꾼개미 채집 체계에 있어서 화물 운반 시간이 짧다는 것은 중요한 자산인 것으로 보이며 화물 운반 일꾼 속도에 최소한의 영향만을 미치는 화물량을 선호하게 된다. 어찌 되었든 단독 채집을 하는 동물에게 종종 유용하게 적용되는 개념인 '개체당 최대 화물량 모형'은 아타속 잎꾼개미 화물량 선택을 설명하는 데는 적합하지 않다.[831] 실제로 작은 화물량이 효율을 극대화할 가능성이 매우 높지만, 이는 개별 일꾼에서가 아니라 군락 수준에서 그러한 것이다. 잎 조각 크기는 사실상 각 잎꾼의 몸집, 잎 자르는 데 드는 에너지 소비량, 잎 조직 밀도(무게), 채집 정보를 빨리 군락에 전달해야 할 필요성, 채집 장소의 거리와 질, 그리고 잎 조각 크기에 비례하여 늘어날 것이 분명한 '취급 비용' 등 수많은 요인들에 의해 영향을 받게 된다.

---

826) R. Wirth, H. Herz, R. J. Ryel, W. Beyschlag, and B. Hölldobler, *Herbivory of Leaf-Cutting Ants: A Case Study on* Atta colombica *in the Tropical Rainforest of Panama* (New York: Springer-Verlag, 2003)을 볼 것.

827) M. Burd, "Variable load-size-ant size matching in leaf-cutting ant, *Atta colombica* (Hymenoptera: Formicidae)," *Journal of Insect Behavior* 8(5): 715-722(1995).

828) M. Burd, "Foraging performance by *Atta colombica*, a leaf-cutting ant," *American Naturalist* 148(4): 597-612(1996).

829) F. Roces and B. Hölldobler, "Leaf density and a trade-off between load size selection and recruitment behavior in the ant *Atta cephalotes*," *Oecologia* 97(1): 1-8(1994).

830) F. Roces and J. A. Núñez, "Information about food quality influences load-size selection in recruited leaf-cutting ants," *Animal Behaviour* 45(1): 135-143(1993).

831) 이 주제들에 대한 상세한 논의는 다음을 참고할 것. M. Burd, "Server system and queuing models of leaf harvesting by leaf-cutting ants," *American Naturalist* 148(4): 613-629(1996).

거의 모든 측면에서 아타속 개미 군락 노동 분담에서는 개체 크기가 중요한 요인이 된다. 무엇보다도 일개미와 거대한 여왕 사이에 존재하는 어마어마한 크기와 해부학적 형태 차이가 눈에 띄는데, 특히 일개미의 '퇴화된' 난소와 비교할 때 여왕의 거대한 난소는 이러한 형태적 차이의 극단적인 예가 된다. 여왕은 이들 군락 유일의 번식 개체이다.

노동 전문화는 또 나이에 의해 결정되는 임무 교대에 의해서도 일어난다. 아타 섹스덴스의 네 가지 형태적 계급 중 적어도 세 가지 계급은 나이를 먹음에 따라 행동 변화를 겪게 된다. 아타 섹스덴스를 비롯 다른 아타속 개미의 계급 체계와 노동 분담은 다른 개미의 그것과 비교할 때 매우 복잡하지만, 실제로는 놀랍도록 기본적 요인들, 즉 개체 크기 변이 증가 및 상대 성장, 이형노동성(alloethism) 따위로부터 유래한 것이다. 실제로 일반적 개미 종을 비롯, 특히 아타속 개미들은 정교하게 분화된 계급 체계에 매우 제한을 받는다. 이들은 신체적 차이에 따른 계급을 만드는데 단 한 가지 변형 법칙에만 의존하며, 이 법칙은 머리 너비 대 가슴판 너비 같은 특정한 두 가지 계량 단위 사이에 늘 하나만의 상대 성장 곡선을 만들어 낸다. 따라서 아타속 개미 진화는 상상할 수 있는 어떤 제한 근처에도 미치지 못한다. 이를테면 계급 가짓수에 비해 일감 가짓수가 훨씬 더 많아서 대강 어림잡아 봐도 일곱 개 계급이 20~30가지 일감을 맡는다. 게다가 아타속 개미에서 신체적 계급 정교화를 제한하는 또 다른 중요한 현상을 발견할 수 있다. 다중 노동성이 형태적 이형성을 초월해서 진화했다. 진화 과정에서 아타속 개미들은 기본적으로 일꾼 몸 크기 차이에 생겨난 엄청난 변이에다, 적당한 정도의 상대 성장과 이보다는 좀 더 많은 양의 이형노동성을 더하여 노동 분담 체계를 만들어 냈다.[832]

이형노동성은 일꾼 크기에 대하여 특정 행동 목록 내용을 일정하게 변화시키는 것이다. 이는 작업 분담 현상과도 밀접한 관계에 있다. "한 가지 작업은 두 가지 이상 연속된 단계로 나뉘어 일개미 한 마리가 다른 일개미로 어떤 물품을 전달할 때 분담되었다고 말할 수 있다."[833][834] 이 현상은 개미학자들이 다양한 맥락에서

---

832)   B. Hölldobler and E. O. Wilson, *The Ants* (Cambrdige, MA: The Belknap Press of Harvard University Press, 1990).

833)   C. Anderson and J. L. V. Jadin, "The adaptive benefit of leaf transfer in *Atta colombica*," *Insectes Sociaux* 48(4): 404-405(2001).

834)   A. G. Hart and F. L. W. Ratnieks, "Leaf caching in the leafcutting ant *Atta colombica*:

여러 가지 개미 종으로부터 발견해 온 것이다. 이는 잎꾼개미 경우 '방화수 전달 부대' 방식으로 일꾼들이 잎을 자르고, 더 세밀하게 조각내기 위해 땅바닥에 잎 조각을 부려 놓는 과정을 포함한다. 이 잎 조각들은 수송로 곳곳에 있는 다른 일개미들이 물어서 둥지에 도착할 때까지 각자 맡은 여러 가지 거리만큼 운반한다.[835] 아타 콜롬비카의 경우 운반 개미들은 수송로 곳곳에 여러 곳의 물류 적하장을 마련해 놓고 있다. 아타 볼렌베이데리를 포함한 다른 종들은 수송로 곳곳에 되는 대로 여기저기에 잎 조각들을 내려놓는다. 풀꾼 개미 아타 볼렌베이데리는 길게는 150미터나 떨어진 채집장에서 거둔 풀잎들을 잘 만들어진 수송로를 따라 둥지까지 운반한다.[836][837] 풀잎 조각을 자르고 운반하는 작업은 서로 다른 과정으로 이를 담당하는 일개미들 역시 종종 몸 크기가 서로 다른 구분되는 개체들이다. 풀잎 자르기의 노동 강도는 운반에 비해 엄청나게 크기 때문에,[838] 큰 일개미들이 이 일감에 배정될 것으로 예상할 수 있다. 채집장이 둥지에 아주 가까운 경우에는 이 몸 크기 효과는 덜 드러나며, 또한 뚜렷한 수송로도 없다. 이런 경우에는 풀잎을 자른 일개미 혼자 자기가 직접 자른 잎 조각을 물고 둥지까지 운반하기도 한다. 하지만 수송로가 긴 경우는 2마리에서 5마리까지의 일개미들이 일련의 수송대를 이루어 연쇄 운반식으로 화물을 나른다. 첫 운반자는 일반적 규칙처럼 매우 짧은 거리만 들어 나른 뒤 화물을 내려놓는다. 가끔은 잎을 자른 잎꾼이 손수 첫 운반자가 되기도 하지만, 이들은 짐을 부려 놓은 뒤 대개 다시 채집장으로 되돌아간다. 마지막 차례 운반자가 제일 멀리까지 옮긴다. 게다가 옮기는 잎 조각을 부려 놓는 확률은 개체 크기나 화물량과는 무관하게 결정된다.

organizational shift, task partitioning and making the best of a bad job," *Animal Behaviour* 62(2): 227-234(2001).

835)   S. P. Hubbell, L. K. Johnson, E. Stanislav, B. Wilson, and H. Fowler, "Foraging by bucket-brigade in leaf-cutter ants," *Biotropica* 12(3): 210-213(1980).

836)   J. Röschard and F. Roces, "The effect of load length, width and mass on transport rate in the grass-cutting ant *Atta vollenweideri*," *Oecologia* 131(2): 319-324(2002).

837)   J. Röschard and F. Roces, "Cutters, carriers and transport chains: distance-dependent foraging strategies in the grass-cutting ant *Atta vollenweideri*," *Insectes Sociaux* 50(3): 237-244(2003).

838)   F. Roces and J. R. B. Lighton, "Larger bites of leaf-cutting ants," *Nature* 373: 392-393(1995).

아타 볼렌베이데리에서 볼 수 있는 이런 연쇄 운반의 이점은 무엇일까? 둥지에 이르는 수송로 곳곳에 임시 물류 적하장을 만들어 이용하는 잎꾼 개미들이 이를 통해 물류 효율을 극대화 한다는 가설이 제안되었다. 하지만 실험 증거들이 언제나 이 가설을 지지하는 것은 아니다.[839][840][841][842]

카를 안데르손(Carl Anderson)과 동료들은 따르면 아타 볼렌베이데리같이 채집장에서 둥지까지 연쇄 물류 시스템을 갖추고, 맨 마지막 운반자가 가장 먼 거리를 운반하는 경우 몇 가지 이점과 단점이 있다고 주장한다.[843] 이들은 일개미들이 일렬로 배치되었을 때 맡은 작업에 좀 더 전문화될 수 있기 때문에 이런 식의 작업 분담을 통해 일개미 개체의 노동 효율이 향상된다고 주장한다. 그 결과 군락 전체에 운반되는 자원의 물류 효율 역시 높아질 것이다. 하지만 역시 경험적 증거들이 이런 이론적 주장을 완전히 뒷받침하지는 않는다.

마침내 뢰샤르와 로체스가 두 번째 가설을 주장했다. 즉 아타 볼렌베이데리 연쇄 물류 시스템은 채집 중인 식물 종과 먹이 질에 대한 정보 전달을 빠르게 한다는 것이다.[844][845] 이들의 주장은 수송로 곳곳에 화물을 부려 놓음으로써 잎꾼들이 빨리 잎 자르기 행동으로 되돌아갈 수 있다는 것이다. 게다가 채집 도중 짧은 수송

839) S. P. Hubbell, L. K. Johnson, E. Stanislav, B. Wilson, and H. Fowler, "Foraging by bucket-brigade in leaf-cutter ants," *Biotropica* 12(3): 210-213(1980).

840) H. G. Fowler and S. W. Robinson, "Foraging by *Atta sexdens*(Formicidae: Attini): seasonal patterns, caste and efficiency," *Ecological Entomology* 4(3): 239-247(1979).

841) C. Anderson and F. L. W. Ratnieks, "Task partitionoing in insect societies, I: Effect of colony size on queuing delay and colony ergonomic efficiency," *American Naturalist* 154(5): 521-535(1999).

842) A. G. Hart and F. L. W. Ratnieks, "Leaf caching in the Atta leaf-cutting ant *Atta colombica*: organizational shift, task partitioning and making the best of a bad job," *Animal Behaviour* 62(2): 227-234(2001).

843) C. Anderson, J. J. Boomsma, and J. J. Bartholdi III, "Task partitionoing in insect societies: bucket brigades," *Insectes Sociaux* 49(2): 171-180(2002).

844) J. Röschard and F. Roces, "The effect of load length, width and mass on transport rate in the grass-cutting ant *Atta vollenweideri*," *Oecologia* 131(2): 319-324(2002).

845) J. Röschard and F. Roces, "Cutters, carriers and transport chains: distance-dependent foraging strategies in the grass-cutting ant *Atta vollenweideri*," *Insectes Sociaux* 50(3): 237-244(2003).

로 구간만을 왕복함으로써 냄새길 표지를 더 진하게 만들며, 이는 결과적으로 둥지로부터 더 많은 채집꾼을 동원하게 하여 채집장을 독점할 수 있도록 도와준다는 것이다. 게다가 수송로 곳곳에 부려진 화물들 자체가 정보 신호로 기능할 수 있다. 이를테면 채집장으로 향하는 일꾼들은 실제로 수확되는 자원에 대한 정보를 가는 길에서 얻을 수 있다. 이 '정보 전달 가설'이 맞다면 채집하는 잎에 대한 정보가 매우 긴요한 경우, 예를 들면 군락 전체 수확물이 빈곤하거나 매우 양질의 자원을 발견한 경우, 더 빈번하게 이런 연쇄 물류 시스템이 이용될 것으로 예측할 수 있다.[846] 뢰샤르와 로체스는 바로 이 가설을 뒷받침하는 증거를 찾아냈다.[847]

예를 들면 야외 실험에서 양질의 잎 조각들을 미리 선정한 채집 장소에 놓아둔 경우, 잎 조각 크기와 상관없이 연쇄 물류 시스템이 좀 더 빈번하게 만들어졌다. 또한 양질의 잎 조각을 운반하는 운반자들 간격은 더 좁아졌다. 수송로에 늘어선 운반자가 늘어나고, 각 운반자가 책임지는 거리가 줄어드는 것은 화물 가치가 올라간 것에 대한 반응으로서, 첫 운반자가 빨리 채집장으로 되돌아갈 수 있도록 해 준다. 예상대로 이 결과들은 연쇄 물류가 군락 수준 정보 흐름을 향상시킨다는 점을 시사한다. 질적으로는 같으면서 크기가 다른 잎 조각들을 가지고 추가적으로 연구한 결과, 이전에 제안된 것 같이 연쇄 물류가 개체 수준에서 화물 수송의 경제적 이익을 향상시킨다는 가설은 입증하지 못했다.[848]

전체적으로 봤을 때, 채집하는 잎의 질이 잎꾼 개미의 채집 동원과 수확 강도에 영향을 미치는 중요한 요소가 된다. 잎의 질을 가늠하는 요소는 부드러움, 영양 성분, 2차 대사 물질 함량 등이다. 아타 케팔로테스 잎 선호 현상을 연구한 한 실험에서 연구자들은 이들에게 코스타리카 열대 활엽수림에 서식하는 나무 마흔 아홉 종의 신선한 잎을 먹이로 제공했을 때, 잎의 단백질 함량과 잘려지는 잎 수에 양의 상관관계가 있었던 반면, 2차 대사 물질과 영양 성분은 채집꾼이 특정 종류 잎을 선택하는 데 서로 영향을 미치고 있었다.[849] 또 다른 연관된 연구에서 열대 콩류

---

846) F. Roces, "Individual complexity and sefl-organization in foraging by leaf-cutting ants," *The Biological Bulletin* 202(3): 306-313(2002).

847) F. Roces, 사견.

848) C. Anderson, J. J. Boomsma, and J. J. Bartholdi III, "Task partitioning in insect societies: bucket brigades," *Insectes Sociaux* 49(2): 171-180(2002).

849) J. J. Howard, "Leaf-cutting and diet selection: relative influence of leaf chemistry and

인 잉가 에둘리스(*Inga edulis*)의 부드러운 어린잎은 늙은 잎에 비해 2차 대사 산물 비율이 높고 영양 함량이 떨어지는 반면, 늙은 잎은 어린잎에 비해 세 배는 더 억세고, 따라서 자르기가 더 힘들었다. 연구자들의 결론은 군락 서식 환경 조건이 군락으로 하여금 먹이로서 덜 바람직한 잎이라도 수확할 것인지 결정하도록 만든다는 것이었다. 훨씬 더 좋은 식물을 찾아 수확 할 수 있는 개미들은 잉가 에둘리스 따위는 무시했지만, 서식지 생태가 좋지 않은 군락은 이 콩 잎을 수확했다. 또한 늙은 잎은 너무 억셌기 때문에 영양 성분이 좀 부족해도 부드러운 어린잎들을 주로 수확했다.[850]

몇 종류의 증거들은 아타속 잎꾼 개미 군락들이 수확하는 대상물을 결정하는 과정은 몇 가지 요인들 사이 균형 맞춤을 통해 결정된다는 점을 시사한다. 게다가 개미들은 특정한 잎의 특징뿐 아니라, 살고 있는 생태계의 전체적 특성까지 고려한다는 것이다. 이 개미들이 보여 주는 수확물 선호에 관한 복잡하게 중첩된 여러 요인을 이해하기 위해서는 소수 요인에만 집중한 비교 분석으로는 부족함이 있다.[851]

아타속 의사소통

아타속 잎꾼개미들의 고도로 조직화된 협동적 채집 행동은 정보 전달과 사회적 의사소통에 의존하고 있다. 이 정보 전달 대부분 채집 수송로 위에서 일어나고 있다. 잎꾼개미들은 길고 오래 가는 채집 수송로를 만들기로 유명하다(사진 49, 50 참고). 이들 장기 지속성 수송로들은 사람의 눈에도 매우 뚜렷하게 보인다. 수송로는 채집 장소를 들락거리는 수많은 채집꾼 떼를 안내하는데, 예를 들어 아타 케팔로테스와

physical factors," *Ecology* 69(1): 250-260(1988).

850) C. M. Nichols-Orians and J. C. Schultz, "Leaf toughness affects leaf harvesting by the leaf-cutter ant, *Atta cephalotes*(L.)(Hymenoptera: Formicidae)," *Biotropica* 21(1): 80-83(1989).

851) 아타속 개미 먹이 식물 선별에 관해서는 많은 문헌들이 있으며 그중 서로 모순되는 점도 있다. 이에 대한 부분적 설명은 R. Wirth, H. Herz, R. J. Ryel, W. Beyschlag, and B. Hölldobler, *Herbivory of Leaf-Cutting Ants: A Case Study on* Atta colombica *in the Tropical Rainforest of Panama* (New York: Springer-Verlag, 2003)에 실려 있음.

아타 콜롬비카, 아타 섹스덴스 종들은 대개 나무 꼭대기 부분이 채집장이며, 풀잎을 전문적으로 이용하는 아타 볼렌베이데리 경우는 사바나 초원 일부가 된다. 초기 행동 연구들은 이런 수송로들이 독샘 주머니에서 분비되는 화학 물질로 표지된다는 사실을 밝혔다.[852] 이 냄새길 페로몬은 적어도 두 가지 기능 요소로 구성된다고 알려져 있는데, 그중 하나는 동원 신호로 작용하는 휘발성 성분이고, 다른 하나는 휘발성이 덜하여 냄새길 위에 오랫동안 남아 있으면서 방향을 지시하는 성분이다. 아타속 개미 독샘 분비물의 화학적, 행동적 세부 사항과 그에 대한 반응은 여전히 풀리지 않은 숙제로 남아 있지만 채집 행동에 관계된 페로몬 의사소통의 몇 가지 중요한 측면은 일찍이 분석되었다.[853][854]

아타속 몇몇 종들이 동원용으로 이용하는 휘발성 화학 물질은 개미 냄새길 성분 중에서 최초로 화학적으로 동정된 페로몬 성분이 되었다.[855] 이 물질은 메틸-4-메틸피롤-2-카르복실레이트(MMPC)로서 3-에틸-2,5-디메틸피라진(EDMP)을 주된 동원용 냄새길 페로몬으로 사용하는 아타 섹스덴스를 제외한 모든 아타속 개미의 동원용 냄새길 페로몬 성분이다.[856] 실험실에서 키운 아타속 일개미들은 소량의 MMPC를 발라 만든 냄새길에 즉시 반응했다. 이들 일개미들은 복잡하게 일부러 꼬불꼬불하게 만든 냄새길을 온전히 따라갔다. 6장에서 지적했듯 MMPC 효과는 실로 놀랄 만하다. 계산상으로 이 물질 1밀리그램이면 아타 텍사나와 아타 케팔로테스 일개미들이 지구 둘레를 세 바퀴 돌 수 있는 길이의 냄새

852) J. C. Moser and M. S. Blum, "Trail marking substance of the Texas leaf-cutting ant: source and potency," *Science* 140: 1228(1963).

853) K. Jaffé and P. E. Howse, "The mass recruitment system of the leaf-cutting ant *Atta cephalotes*(L.)," *Animal Behaviour* 27(3): 930-939(1979).

854) B. Hölldobler and E. O. Wilson, *The Ants* (Cambrdige, MA: The Belknap Press of Harvard University Press, 1990).

855) J. H. Tumlinson, R. M. Silverstein, J. C. Moser, R. G. Brownlee, and J. M. Ruth, "Identification of the trail pheormone of a leaf-cutting ant, *Atta texana*," *Nature* 234: 348-349(1971).

856) J. H. Cross, R. C. Byler, U. Ravid, R. M. Silverstein, S. W. Robinson, P. M. Baker, J. S. De Oliveria, A. R. Justsum, and J. M. Cherrett, "The major component of the trail pheromone of the leaf-cutting ant, *Atta sexdens rubropilosa* Forel: 3-ethyl-2,5-dimethylpyrazine," Journal of Chemical Ecology 5: 187-203(1979).

길을 충분히 만들 수 있다.[857] 그리고 이 기록은 최근 풀꾼개미 아타 볼렌베이데리에 의해 갱신되었다. 이 종의 냄새길 페로몬 1밀리그램이면 채집꾼의 거의 반수가 냄새길을 따라 지구 둘레를 예순 바퀴 돌 수 있다.[858]

이런 장거리 수송로 페로몬 표지는 이 길을 오가는 채집꾼들에 의해 지속적으로 강화된다. 하지만 먹이의 질이나 추가적 배지의 필요성 등을 포함한 몇 가지 요인들에 의해 이런 표지 행동은 정교하게 조절하고 그 결과로 동원이 조절된다.[859][860] 냄새길 페로몬을 비롯한 어타 화학 표지는 먹잇감의 가치를 광고하는 데까지 영향을 미쳐, 잎 조각을 자르고 이를 채집 장소로부터 운반하는 등 일련의 행동 반응을 통제하는 듯이 보인다.[861][862] 냄새길 페로몬은 나무 둥치에 있는 주된 수송로뿐 아니라 개미들이 빈번히 쏘다니는 나뭇가지나 잔가지들을 표지하는 데도 쓰인다. 결과적으로 채집꾼들은 어디에서나 지속적으로 냄새길 신호를 감지하게 되는 것이다. 채집 장소에서 벌어지는 단거리 동원 행동을 매개하는 어떤 추가적인 신호들은 화학 신호 이외의 감각 신호를 사용할 때 가장 효율적일 것이다. 실제로 화학 신호에 덧붙여지는 기계적 신호가 발견되었다.[863] 잎꾼개미 전체로 볼 때 잎 수확 작업 대부분은 나무 꼭대기에서 이루어진다. 종종 관찰되는 사례는, 한 무리 개미들이 특정한 잎들에 몰려들어 잎맥만 남을 때까지 집중적으로 잎 조

857) R. G. Riley, R. M. Silverstein, B. Carroll, and R. Carroll, "Methyl 4-methylpyrrole-2-carboxylate: a volatile trail pheromone from the leaf-cutting ant, *Atta cephalotes*," *Journal of Insect Physiology* 20(4): 651-654(1974).

858) C. J. Keineidam, W. Rossler, B. Hölldobler, and F. Roces, "Perceptual differences in trail-following leaf-cutting ants relate to body size," *Journal of Insect Physiology* 53(12): 1233-1241(2007).

859) F. Roces and B. Hölldobler, "Leaf density and a trade-off between load size selection and recruitment behavior in the ant *Atta cephalotes*," *Oecologia* 97(1): 1-8(1994).

860) C. M. Nichols-Orians and J. C. Schultz, "Interactions among leaf toughness, chemistry, and harvesting by attine ants," *Ecological Entomology* 15(3): 311-320(1990).

861) J. W. S. Bradshaw, P. E. Howse, and R. Baker, "A novel autostimulatory pheromone regulating transpot of leaves in *Atta cephalotes*," *Animal Behaviour* 34(1): 234-240(1986).

862) B. Hölldobler and E. O. Wilson, "Nest area exploration and recognition in leafcutter ants(*Atta cephalotes*)," *Journal of Insect Physiology* 32(2): 143-150(1986).

863) F. Roces, J. Tautz, and B. Hölldobler, "Stridulation in leaf-cutting ants: short-range recruitment through plant-borne vibrations," *Naturwissenschaften* 80(11): 521-524(1993).

각을 잘라 내며, 동시에 그 주위에 가까이 있는 다른 잎들은 거의 거들떠보지도 않는 현상이다. 이렇게 채집꾼들이 집중적으로 채집하는 잎들은 다른 잎들에 비해 아마도 더 부드럽거나 2차 대사 산물이 적게 함유되어 있는 탓에 버섯 배지로 더 선호되는 것이 아닐까 생각된다. 개미들은 이렇게 특정한 고품질 잎들로 동료 채집꾼들을 불러 모으기 위해 특별한 단거리 작용성 동원 신호를 사용한다. 그 과정은 다음과 같다. 잎 조각을 잘라 내는 아타 일개미 일부는 진동 마찰음을 만들어 낸다. 레이저-도플러 진동 계측기를 이용하면 이들 개미가 만들어 잎 표면으로 퍼뜨리는 진동 신호를 녹음할 수 있다(그림 9-3 참고). 개미에게 다른 품질의 잎을 주면 잎을 자르면서 진동 마찰음을 만들어 내는 일개미 비율이 눈에 띄게 달라진다. 즉 두껍고 억센 잎에 비해 부드러운 잎이 주어질 때 진동음을 내는 개미들이 크게 늘어난다. 서로 다른 두 종류 잎 모두에 설탕물을 바르면 실제 잎의 물리적 특성이 어떠하든 거의 모든 개미들이 잎을 자르면서 진동음을 만든다. 이런 관찰 결과가 시사하는 바는 마찰 진동음을 만드는 행동은 잎의 품질에 관계가 있으며 잎꾼 개미들은 가까이 있는 동료들과 잎의 품질에 관해 소리로 소통한다는 사실이다.

개미들은 이런 진동 마찰음의 성분 중 공기 중으로 전파되는 부분에는 반응하지 않지만,[864] 매질을 통해 전파되는 진동에는 매우 민감하다. 채집 장소를 향해 가는 아타 일개미들은 진동하는 가지와 그렇지 않은 가지 둘 중 하나의 갈림길에 놓이게 된다. 선택이 가능한 경우, 더 많은 수의 채집꾼들은 페로몬 없는 매질 진동 마찰음보다는 동원 페로몬에 반응한다. 하지만 동원 페로몬 효율은 마찰 진동 신호와 함께할 때 훨씬 더 좋아진다. 자연 상태에서 가까이 있는 일개미들이 식물체 매질을 통해 전파되는 마찰 진동음을 향해 방향을 바꿈으로써 결국 잎 자르기 행동에 합류한다.[865]

마찰 진동음에 대한 개미의 반응은 맥락에 따라 달라진다. 아타 섹스덴스 일개

---

864) H. Markl, "Stridulation in leaf-cutting ants," *Science* 149: 1392-1393(1965); H. Markl, "Die Verstandigung durch Stridulationssignale bei Blattschneiderameisen, II: Erzeugung und Eigenschaften der Signale," *Zeitschrift für vergleichende Physiolgie* 60(2): 103-150(1968).

865) F. Roces, J. Tautz, and B. Hölldobler, "Stridulation in leaf-cutting ants: short-range recruitment through plant-borne vibrations," *Naturwissenschaften* 80(11): 521-524(1993); B. Hölldobler and F. Roces, "The behavioral ecology of stridulatory communication in leaf-cutting ants," in L. A. Dugatkin, ed., *Model Systems in Behavioral Ecology: Integrating Conceptual, Theoretical, and Empirical Approaches*(Princeton, NJ: Princeton University Press, 2001), pp. 92-109.

미들은 둥지 방어 사이 경보 신호로서 마찰음을 만들어 낸다. 마찰 진동은 또 잎 자르기 과정 자체를 물리적으로 돕기 때문에 잎 자르기가 바로 마찰진동의 가장 우선되는 기능이고, 이를 의사소통에 포함한 것은 진화적으로 파생된 특징이라고 추정하기 쉽다. 하지만 추가적 연구를 통해 오히려 그 반대가 사실이라는 정황 증거가 발견되었다. 진동이 잎 절단 작업을 돕게 된 것은 진동이 의사소통에 사용되는 현상에서 파생된 부가적 이익일 가능성이 높다는 것이다.[866]

잎꾼개미들은 둥지를 지을 때도 빈빈하게 진동 마찰음을 만들어 내는데, 특히 턱을 이용해 흙덩이를 조물거릴 때 그러하다. 이런 마찰 진동음은 동료들에게 도움을 청할 때 쓰이는 단거리 작용 동원 신호로 기능하는 듯 보인다. 하지만 이 진동은 마치 공기 드릴이 진동으로 땅을 파듯이 굴 파기 작업을 동시에 촉진시키는 기능을 하는 것일 수도 있다.[867]

잎꾼개미 진동음이 의사소통에 기능하는 경우가 하나 더 남아 있다. 가장 작은 일꾼의 버금 계급인 미님 일꾼들은 종종 다른 일꾼들이 둥지로 날라 오는 잎 조각 위에 올라타는 경우가 있다(그림 9-2, 단계 1 및 사진 58 참조). 이들 소형 초병들은 잎을 나르는 개미 몸에 알을 낳으려는 벼룩파리과 기생파리의 공격으로부터 자매들을 지킨다. 잎을 나르는 개미들이 잎 조각을 매질로 하는 진동음을 내어 이들 소형 초병들에게 언제 잎 조각을 들어 올리는지, 언제 둥지로 돌아가는지 알려 준다는 사실이 밝혀졌다. 대형 수송개미가 잎 조각을 나르기 시작하는 이 단계에서 만드는 마찰진동음이 소형 미님 일꾼을 불러 모으고, 그리하여 이들이 수송개미의 잎 조각 위에 올라타는 것으로 보인다.[868]

잎꾼개미들이 땅속 흙더미에 매몰되거나 적에게 붙들려 못 움직이게 된 경우 특히 눈에 띄게 마찰음을 만들어 낸다. 이런 매질 진동 마찰음은 인근의 동료들에게 단거리 경보 신호로 작용한다.[869] 개미들은 이 신호를 따라 몰려들고 매몰된

---

866) F. Roces and B. Hölldobler, "Use of stridulation in foraging leaf-cutting ants: mechanical support during cutting or short-range recruitment signal?" *Behavioral Ecology and Sociobiology* 39(5): 293-299(1996).

867) F. Roces, 사견.

868) F. Roces and B. Hölldobler, "Vibrational communication between hitchhikers and foragers in leaf-cutting ants(*Atta cephalotes*)," *Behavioral Ecology and Sociobiology* 37(5): 297-302(1995).

869) H. Markl, "Stridulation in leaf-cutting ants," *Science* 149: 1392-1393(1965); H. Markl,

동료를 구하기 위해 땅을 파기 시작하거나 동료를 붙들고 있는 적을 공격하기 시작한다. 자연 상태에서 이런 구조 신호는 대개 다중 감각을 이용한다. 물리적 마찰 진동음은 경보 페로몬에 시너지 효과를 내는 중요 요소가 된다. 하지만 영토 다툼같이 수십에서 수백 마리 일개미들이 뒤엉킨 패싸움 와중에는 방어 물질과 혼합된 경보 페로몬의 역할이 훨씬 더 중요하다.

아타속과 아크로미르멕스속 일개미들은 다른 많은 개미 종들과 마찬가지로 아래턱샘에서 경보 페로몬을 만들어 낸다. 실제로 아타 섹스덴스 아래턱샘 페로몬은 경보 페로몬 중에서도 아주 일찍이 그 화학적 행동적 특성이 밝혀진 사례 중 하나이다.[870] 아돌프 부테난트(Adolf Butenandt)와 동료들은 시트랄(citral)이 아래턱샘 분비물 주성분임을 밝혀냈다. 이 연구자들은 대형 버금 일꾼(병정개미) 머리 부피의 5분의 1이 아래턱샘으로 채워져 있을 정도로 아래턱샘이 비정상적으로 크다고 추정했다. 행동 연구를 통해 이들은 아래턱샘 분비물이 경보와 퇴치 기능이 있음을 확인했다. 하지만 다른 연구자들이 추가로 밝혀낸 바는 이와 다르다. 시트랄 및 제라니알(geranial)과 네랄(neral)을 비롯한 다른 많은 화합물들도 아래턱 샘 분비물에 포함되어 있지만, 실제 경보 페로몬 성분으로 유효한 것은 4-메틸-3-헵타논으로 밝혀졌다.[871] 이후 연구들을 통해서 주로 둥지 안에서 활동하는 소형 일개미 아래턱샘 분비물은 대개 4-메틸-3-헵타논을 많이 가진 반면, 둥지 밖에서 활동하는 대형 일개미 분비물은 주로 시트랄을 함유한다는 사실이 확인되었다.[872] 이런 흥미로운 발견들은 몸 크기와 형태로 결정되는 아타속 일개미 버금 계급들에 의해 노동 분담이 이루진다는 이전의 논의와 일치하며, 또 아래턱샘 분비물을 경우

"Die Verstandigung durch Stridulationssignale bei Blattschneiderameisen, II: Erzeugung und Eigenschaften der Signale," *Zeitschrift für vergleichende Physiolgie* 60(2): 103-150(1968).

870) A. Butenanadt, B. Linzen, and M. Lindauer, "Über einen Duftstoff aus der Mandibeldruse der Blattschneiderameise *Atta sexdens rubropilosa* Forel," *Archives D'Anatomie Microscopique et de Morphologie Experimentale* 48(Supplement): 13-19(1959).

871) M. S. Blum, F. Padovani, and E. Amante, "Alkanones and terpenes in the mandibular glands of *Atta* species(Hymenoptera: Formicidae)," *Comparative Biochemistry and Physiology* 26: 291-299(1968).

872) R. R. Do Nascimento, E. D. Morgan, J. Billen, E. Schoeters, T. M. C. Della Lucia, and J. M. S. Bento, "Variation with caste of the mandibular gland secretion in the leaf-cutting ant *Atta sexdens rubropilosa*," *Journal of Chemical Ecology* 19(5): 907-918(1993).

에 따라 다른 용도로 사용한다는 점을 강력히 시사한다. 물론 일꾼의 특정 버금 계급에서 아래턱샘 분비물 조성이 나이에 따라 어떻게 변하는지 조사하는 것과 서로 다른 장소와 행동 맥락에 따라 일개미들이 이런 구성 성분 물질에 어떻게 반응을 보이는지 분석하는 일 또한 매우 흥미로운 일일 것이다.[873]

초유기체 작동에 핵심적으로 중요한 것은 번식 단위로 기능하는 여왕과 체세포 단위로 군락을 구성하는 일꾼 사이 의사소통이다. 거대한 군락에서 10년이 넘는 긴 수명을 누리는 아타속 여왕은 많게는 1억 5000만 마리의 딸을 낳을 수 있고, 이들 중 대부분은 일개미들이다. 성숙한 군락의 경우 이들 중 매년 수천 마리는 일개미가 아닌 날개 달린 새 여왕으로 자라나는데, 이들 새 여왕들은 각자 짝짓기를 하고 자신의 새 군락을 창시한다. 또 여왕이 낳은 무정란으로부터 매년 수천 마리 새끼들이 단명하는 수컷으로 자라난다. 군락이 자신의 유전자를 재생산하고 전파하는 수단은 바로 이 새 여왕과 수컷들이다. 이러한 건강한 번식 개체들을 가장 많이 생산하는 군락이 다음 세대에서 자신을 재생산할 가장 좋은 기회를 가질 것이다. 하지만 이렇게 많은 수의 번식 개체들을 낳아 기른다는 것은 군락의 에너지 소비 측면에서 매우 비싸며, 이를 위해 필요한 자원을 확보하고 둥지로 운반하기 위해서는 어마어마한 규모의 일꾼이 필요하게 된다. 일꾼의 유일한 목적이란 가능한 많은 수의 번식 개체들을 바깥 세상에 내 보내는 것임은 아무리 말해도 지나침이 없다.

거대한 몸집을 가진 아타속 여왕은 언제나 많은 수의 일개미들에 둘러싸여 있다. 일개미들은 여왕을 끊임없이 닦고, 먹이며, 여왕은 어마어마한 수의 알을 낳는다. 얼추 계산해 본 결과 성숙한 군락의 여왕은 매분 평균 20개 정도 알을 낳고, 이는 하루에 2만 8800개, 연간 1051만 2000개가 된다. 산란하는 여왕이 있는 한 일개미들은 오직 기형인 영양란만을 낳고 이는 즉시 여왕의 먹이가 되는 것이 규칙이다. 정상적 아타속 군락에서 일개미들이 발달 가능한 알을 낳는 것은 군락 효율에 부정적인 영향을 끼치며 결국 개체군 안에 있는 다른 성숙한 군락과 번식 경쟁에서 심각한 약점이 될 것이다. 따라서 둥지 속 일개미들은 여왕의 존재와 번식력에 관해 끊임없이 정보를 받고 있을 것으로 생각된다. 하지만 이렇게 거대한 아타 군락에서 어떻게 그런 여왕-일개미 사이 의사소통이 가능할까? 그 기작은 아직은

873) 아타속에서 페로몬이 계급에 따라 달라지는 현상에 대한 추가적인 정보는 다음을 참조할 것. W. O. H. Hughes, P. E. Howse, and D. Goulson, "Mandibular gland chemistry of grass-cutting ants: species, caste, and colony variation," *Journal of Chemical Ecology* 27(1): 109-124(2001).

정확히 밝혀지지 않았지만, 다른 정보에 근거해서 다음과 같은 논리적 추론은 능하다.

아타속 여왕이 하는 일은 거대한 둥지 가운데에 위치한 버섯 농장으로 이용되는 방들 중 하나에 꼼짝 않고 머물러서 오로지 영양란을 먹고 알을 낳는 것뿐이다. 여왕이 낳은 알은 일개미들이 둥지 전체에 산재한 버섯 농장으로 옮긴다. (만약 알이 여왕 방에 머물러 있게 되면 늘어나는 알 무더기에 의해 여왕이 질식할 가능성이 있으므로, 이렇게 알을 옮기는 일은 필수적이다.) 이렇게 분산되는 알 자체가 여왕의 존재에 관한 어떤 신호를 전달할 수 있을까? 단독 여왕제 왕개미 캄포노투스 플로리다누스에서 최근 밝혀진 바에 따르면 바로 이런 형태의 의사소통이 존재한다. 여왕이 낳은 알은 여왕 전용 탄화수소 혼합물로 표지되어 있어, 이것이 여왕 번식력에 관한 신호로 기능한다.[874] 일개미들이 이 페로몬을 감지하면 생장 가능한 알을 낳지 못하게 된다. 여왕이 낳은 알을 일개미들이 사방에 옮겨다 놓는 일을 통해 여왕 신호가 군락 전체에 퍼진다. 이와 비슷한 방식의 여왕 신호 전달이 아타속 군락에서도 언젠가는 발견될 가능성이 매우 높아 보인다.

개미와 버섯의 공생

잎꾼개미와 그들이 재배하는 버섯 관계처럼, 두 종류 유기체가 밀접한 상리 공생 관계를 이루며 살고 있다면, 이 둘 사이에 어떤 의사소통이 있으리라는 것을 예상할 수 있다. 버섯은 개미에게 특정 식물체를 배지로 선호한다든지, 다양한 영양 성분을 유지하기 위해 새로운 잎으로 바꿔 달라든지, 심지어는 위해 물질이 있음을 알린다든지 하는 내용의 신호를 전달할 것으로 보인다. 오늘날까지 버섯과 개미 사이 의사소통 가능성을 탐구한 연구는 매우 드물다.

수확하는 잎을 선택함에 있어서 잎꾼이 식물의 물리적 화학적 특징을 고려한

874) A. Endler, J. Liebig, T. Schmitt, J. E. Parker, G. R. Jones, P. Schreier, and B. Hölldobler, "Surface hydrocarbons of queen eggs regulate worker reproduction in a social insect," *Proceedings of the National Academy of Sciences USA* 101(9): 2945-2950(2004); A. Endler, J. Liebig, and B. Hölldobler, "Queen fertility, egg marking and colony size in the ant *Camponotus floridanus*," *Behavioral Ecology and Sociobiology* 59(4): 490-499(2006).

다는 것은 잘 알려져 있다.[875] 그러므로 만약 잎이 버섯에 위해한 2차 대사 산물로 가득 차 있다면 개미들은 그런 잎은 더 이상 거둬 오지 않을 것이라고 추정하는 것이 논리적일 것이다. 하지만 이런 반응은 즉시 일어나지 않을 수도 있다. 일개미들이 이 특정 먹이를 완전히 포기할 때까지는 몇 시간 정도가 더 걸릴 수 있다.[876] 하지만 이 늦춰진 '거부'라 불리는 현상이 특정한 식물에 대해 확립되면 일개미들은 이 식물을 며칠에서 심지어 몇 주 동안이나 거부한다. 그렇다면 어떻게 특정 수확물이 버섯에게 부적절하다는 정보가 채집꾼에게까지 전달되는가?

리들리(P. Ridley)와 동료들은 실험실에서 아타속과 아크로미르멕스속 개미를 연구하여 일개미들이 버섯에 유해한 화학 물질을 함유한 식물을 거부하는 것을 학습한다는 것을 밝혀냈다. 채집꾼들은 처음에는 살균제인 시클로헥시미드로 처리한 오렌지 껍질이 함유된 먹이를 둥지로 날라 갔지만 얼마 지나지 않아 이 먹이를 채집하는 일을 그만두었고, 이러한 거부는 몇 주 동안 계속되었다. 실험 군락들은 이 살균제가 처리되지 않은 오렌지 껍질도 더 이상 채집하지 않았다. 연구자들은 만약 배지가 버섯에 치명적인 경우 버섯이 화학 신호를 만들어 내어, 그 특정한 버섯 농장을 관리하는 개미들에게 부정적인 강화 학습 효과로 작용한다는 가설을 만들었다.[877] 이 가설을 검증하기 위해 연구자들은 버섯이 만들어 낸다는 이 잠재

875) M. Littledyke and J. M. Cherrett, "Defence mechanism in young and old leaves against cutting by the leaf-cutting ants *Atta cephalotest* (L.) and *Acromyrmex octospinosus* (Reich) (Hymenoptera: Formicidae)," *Bulletin of Entomological Research* 68(2): 263-271(1978); S. P. Hubell, D. F. Wiemer, and A. Adejare, "An antifungal terpenoid defends a Neotropical tree(Hymenaea) against attack by fungus-growing ants(*Atta*)," *Oecologia* 60(3): 321-327(1983); J. J. Howard, "Leafcutting and diet selection: relative influence of leaf-chemistry and physical features," *Ecology* 69(1): 250-260(1988). R. Wirth, H. Herz, R. J. Ryel, W. Beyschlag, and B. Hölldobler, *Herbivory of Leaf-Cutting Ants: A Case Study on* Atta colombica *in the Tropical Rainforest of Panama* (New York: Springer-Verlag, 2003)의 설명을 참조할 것.

876) J. J. Knapp, P. E. Howse, and A. Kermarrec, "Factors controlling foraging patterns in the leaf-cutting ant *Acromyrmex octospinosus* (Reich)," In. R. K. Vander Meer, K. Jaffé, and A. Cedeno, eds., *Applied Myrmecology: A World Perspective* (Boulder, CO: Westview Press, 1990), pp. 382-409; H. L. Vasconcelos and H. G. Fowler, "Foraging and fungal substrate selection by leaf-cutting ants," in R. K. Vander Meer, K. Jaffé, and A. Cedeno, eds., *Applied Myrmecology: A World Perspective* (Boulder, CO: Westview Press, 1990), pp. 410-419.

877) P. Ridley, P. E. Howse, and C. W. Jackson, "Control of the behaviour of leaf-cutting ants by their 'symbiotic' fungus," *Experientia* 52(6): 631-635(1996).

적 신호의 경로를 추적하기 시작했다.[878] 연구 결과 버섯이 만들어 내는 신호가 채집꾼들에게 직접 영향을 미치지는 않는 것으로 밝혀졌다. 대신 잎꾼이 아닌 다른 실내 일개미들이 버섯과 접촉을 해야만 거부가 실행된다. 그러므로 이 결과는 정보가 버섯 농장의 소형 일꾼으로부터 대형 채집꾼에게 전달되는 경로가 있음을 시사한다.

스트레스를 받은 버섯 조직이 합성할 것으로 생각되는 이 잠재적 화학 신호의 정체는 아직 밝혀지지 않았다. 한편 노스(R. D. North)와 동료들은 이에 관한 대체 가설을 제안했다. 즉 거부는 개미들이 병들거나 죽은 버섯으로부터 나오는 산패물을 감지함으로써 일어나는데, 일개미들은 이 버섯의 죽은 조직과 '오렌지 향'을 연관시켜 결과적으로 오렌지를 함유한 모든 물질을 거부한다는 것이다.[879] 적어도 이것까지는 알려져 있다. 오염된 오렌지 껍질을 경험한 일개미들이 오염되지 않은 오렌지 껍질까지 거부하는 것으로 볼 때, 잎꾼 개미는 먹이와 관련된 냄새를 연상 학습한다는 것이다.[880] 개미가 연상 학습을 한다는 추가적 증거는 잎꾼 일개미들이 둥지 안으로 복귀하는 정찰병들이 날라 오는 특정 냄새에 노출된 경우, 자신들이 채집을 나섰을 때 그 특정한 냄새를 가진 물질을 찾아나서는 경향이 있다는 것이다.[881] 병든 버섯 가설이 여전히 답하지 못하는 점은 농장 일꾼들이 버섯의 건강 상태를 감지하는 수단과 이 정보를 다시 채집꾼들에게 전달하는 신호의 정체

---

878) R. D. North, C. W. Jackson, and P. E. Howse, "Communication between the fungus garden and workers of the leaf-cutting ant, *Atta sexdens rubropilosa*, regarding choice of substrate for the fungus," *Physiological Entomology* 24(2): 127-133(1999).

879) R. D. North, C. W. Jackson, and P. E. Howse, "Communication between the fungus garden and workers of the leaf-cutting ant, *Atta sexdens rubropilosa*, regarding choice of substrate for the fungus," *Physiological Entomology* 24(2): 127-133(1999).

880) F. Roces, "Olfactory conditioning during the recruitment process in a leaf-cutting ant," *Oecologia* 83(2): 261-262(1990); F. Roces, "Odour learning and decision-making during food collection in the leaf-cutting ant *Acromyrmex lundi*," *Insectes Sociaux* 41(3): 235-239(1994); J. J. Howard, L. Henneman, G. Cronin, J. A. Fox, and G. Hormiga, "Conditioning of scouts and recruits during foraging by a leaf-cutting ant, *Atta colombica*," *Animal Behaviour* 52(2): 299-306(1996).

881) F. Roces, "Odour learning and decision-making during food collection in the leaf-cutting ant *Acromyrmex lundi*," *Insectes Sociaux* 41(3): 235-239(1994).

이다.[882] 좀 더 자연 상태에 가까운 조건에서 수행된 새로운 연구를 통해 후베르트 헤르츠(Hubert Herz)와 동료들은 개미가 직접 감지할 수 없는 살균제(시클로헥시딘)를 식물에 직접 주입하여 잎이 버섯 재배에 적합하지 않도록 조작했다. 개미의 늦춰진 거부 행동은 해당 살균제로 처리한 식물 종에 국한되었다. 거부는 오염된 잎이 버섯 농장으로 날라진 뒤 열 시간 후부터 시작되었고, 이후 적어도 9주 이상 계속되었다. 전혀 경험이 없는 개미 역시 오염된 잎을 배지로 사용한 버섯 농장에 접촉한 뒤 거부 행동을 보이는 것이 관찰되었다. 하지만 이 실험 식물 종의 오염되지 않은 잎을 억지로 먹인 개미들은 3주가 지나자 더 이상 거부 행동을 하지 않았다. 이 결과 역시 개미들이 특정 식물 종이 버섯 재배에 좋지 않다는 정보를 버섯으로부터 직접 얻는다는 사실을 확인시켜 준다. 개미들은 이 특정 식물 종을 구별하고 이후 수확 작업에서 배제한다. 하지만 개미들은 버섯이 더 이상 부정적 반응을 보이지 않게 되면 다시 이 식물을 채집 목록에 집어넣는다. 이렇게 종 특이적으로 부적절한 식물 배지를 받아들이거나 거부하는 현상은 생태적으로 매우 다양한 서식지에 살고 있는 잎꾼개미 군락이, 자신의 서식지에 살고 있을 수 있는 식물 중 버섯 농장에 유해한 성분을 함유한 것을 배지에 포함시키지 않기 위한 기작으로 보인다.[883]

또 다른 종류의 버섯 신호가 잎꾼개미 군락에 존재한다. 개미들은 자신이 키우는 특정한 공생 버섯 균주를 구별해서 다른 군락으로부터 들어 온 경쟁 균주로부터 보호한다.[884] 미카엘 포울센(Michael Poulsen)과 야코뷔스 붐스마(Jacobus Boomsma)는 실험을 통해 이런 구별 행동이 기원한 기작이 바로 버섯 자체에 있음을 최근 밝혀냈다.[885] 이들은 파나마에서 같은 곳에 사는 잎꾼개미들인 아크로미

882)   J. J. Howard, L. Henneman, G. Cronin, J. A. Fox, and G. Hormiga, "Conditioning of scouts and recruits during foraging by a leaf-cutting ant, *Atta colombica*," *Animal Behaviour* 52(2): 299–306(1996).

883)   H. Herz, B. Hölldobler, and F. Roces, "Delayed rejection in a leaf-cutting ant after foraging on plants unsuitable for the symbiotic fungus," *Behavioral Ecology* 19(3): 575–582(2008).

884)   A. N. M. Bot, S. A. Rehner, and J. J. Boomsma, "Partial incompatibility between ants and symbiotic fungi in two sympatric species of *Acromyrmex* leaf-cutting ants," *Evolution* 55(10): 1980–1991(2001).

885)   M. Poulson and J. J. Boomsma, "Mutualisitc fungi control crop diversity in fungus-growing ants," *Science* 307: 741–744(2005).

르멕스 에키나티오르와 아크로미르멕스 옥토스피노수스 두 종 군락이 재배하는 버섯 농장을 이용했다. 두 종이 기르는 버섯 클론들은 유전적으로 다양한 같은 계통에 속한 것들이었다. 연구자들은 다른 군락에서 채취한 버섯 균사체를 배지 위에 1.5센티미터 간격으로 떨어뜨려 쌍으로 배양하는 방식으로 두 버섯의 공존성을 측정했다. 두 달 뒤 균사체 상호공존성은 완벽한 공존과 완전한 거부라는 양 극단 사이 어떤 단계로 등급을 매겨 측정할 수 있었다. 이 방법을 통해 한 군락이 재배하는 버섯들은 다른 군락(바로 이웃한 군락조차)에서 온 균사체와 접촉하면 적극적으로 거부한다는 것이 밝혀졌다. 이 거부 강도는 두 버섯 사이의 전반적 유전적 차이와 비례했다. 버섯 균주들에 이러한 비공존성 화합물이 존재한다는 것은 알려졌지만, 이들의 화학 구조는 아직 밝혀지지 않고 있다.

버섯을 기르는 개미는 모두 자기 배설물을 버섯 농장 비료로 삼는다. 놀랍게도 식물 재료를 생화학적으로 분해하는 버섯 효소들은 개미 내장을 거치는 동안에도 그대로 보존된다. 개미가 버섯을 먹은 뒤 이 효소들은 다른 배설물들과 함께 개미 직장 주머니에 축적된다. 이렇게 재활용된 효소들을 포함한 배설물 방울은 금방 잘라온 잎을 뒤덮은 균사체 배지 혹은 좀 더 오래된 버섯들 위로 직접 투여된다. 다른 군락에 속한 개미 배설물이 성장하고 있는 균사체에 닿으면 다른 버섯과 직접 접촉했을 때와 같은 부적합성 저해 효과가 발생한다. 공생하는 개미가 아닌 외부 개미 배설물에 대해 버섯이 거부 반응을 보이는 정도는 균사체의 배양체와 그것을 받아들이는 기존 버섯 사이 유전적 차이와 비례한다. 기이하게도 초기 부적합성은 개미들이 새로운 버섯을 억지로 열흘 이상 먹게 되면 사라지고 적응성이 회복된다. 그러면 이들 개미가 만들어 내는 새로운 배설물 방울은 이제 원래 이들이 기르던 버섯과 부적합 반응을 일으킨다. 이 놀라운 결과로부터 포울센과 붐스마는 공생 버섯이 공생 개미들로 하여금 버섯 특이적 부적합 신호를 군락 전체에 퍼져 있는 거대한 버섯 농장 구석구석에 전달하도록 이용하고 있다는 결론을 내렸다. 이 결론은 개미가 비료를 주는 작업이 군락이 한 종류의 공생 버섯 클론만을 기르도록 제한하는 결정적 요인임을 시사한다. 배설물을 비료로 이용할 수밖에 없도록 하는 것이 군락의 버섯들이 둥지 안에 새로 시작되는 농장 버섯들의 유전적 조성을 통제하도록 하여 개미들이 미처 그것을 먹기 전에 기존의 버섯들과 유전적으로 거리가 먼 버섯들이 제거되도록 하며, 결국 자신에게 적합한 배설물 방울들만이 계속 생

산되도록 한다는 것이다.[886]

지금까지 이야기를 정리하도록 하자. 공생자 사이의 적대적 상호 작용은 생산성을 전반적으로 떨어뜨리기 때문에 외부로부터 새로운 종류의 버섯 클론을 둥지로 유입하는 것은 기존 버섯에 위해가 될 뿐 아니라 개미 군락 전체 성장과 생산 활동까지 감소시킨다. 그러므로 경쟁 버섯 균주를 배제하는 것은 기존 버섯과 재배 개미 모두의 이익에 관계된 문제이다. 군락이 재배하는 특정 버섯 균주 클론의 순정성은 개미 배설물 방울에 포함된 버섯 비적합성 화합물의 활동에 의해 유지된다.[887]

공생과 관련된 이 모든 유기적 작업들은 공생 버섯이 얼마나 잎꾼개미 초유기체 사회에 복잡하게 뒤얽힌 일부분으로 진화했는가를 기막히게 잘 보여 주고 있다. 버섯과 개미 어느 한쪽만으로는 결코 살아남을 수 없게 되어 있다. 개미의 노동 분담과 이들의 사회성 행동 대부분은 이 공생 관계의 세부적 내용에 의해 형성되어 온 것이다. 반대급부로, 버섯의 생산성과 클론의 전파는 완전히 개미에 의존하고 있다. 이 두 공생 요인들 사이에도 물론 각자의 이익을 취하기 위한 진화적 갈등과 적응도상 이익을 위한 착취적 조작 관계 등이 존재할 수 있겠지만, 각자는 서로에게 진화적으로 잘 맞춰져 있어야만 한다. 그렇지 않으면 군락은 죽게 된다.

공생의 위생 문제

버섯 농장의 생기와 위생 수준을 높이 유지하는 것이야말로 개미 군락 생존과 번식에 핵심적 일이지만 적정 수준을 유지하는 일은 쉽지 않다. 버섯이 번성하려면 지하의 버섯 재배실들은 높은 습도와 열대 온도가 유지되어야 한다. 개미들이 버섯 농장 위생을 유지하기 위해 사용하는 기술은 예를 들어 외부에서 침입한 곰팡이들을 제거하고, 새롭게 수확해 온 배지에 정확한 종류의 버섯 균사를 접종하고, 자

---

886)   M. Poulson and J. J. Boomsma, "Mutualisitc fungi control crop diversity in fungus-growing ants," *Science* 307: 741-744 (2005).

887)   개미와 버섯 사이 갈등에 관한 더욱 자세한 설명과 탁월한 논의는 다음을 참고할 것. U. G. Mueller, "Ant versus fungus versus mutualism: ant-cultivar conflict and the deconstruction of the attine ant-fungus symbiosis," *American Naturalist* 160(Supplement): S67-S98 (2002).

신들이 기르는 특정 버섯 종과는 다른 균주를 쫓아내기 위해 부적합성 물질이 함유된 배설물 방울로 비료를 주고, 자신들이 기르는 버섯과 경쟁하는 곰팡이와 미생물을 억제하기 위해 항생 물질을 분비하고, 성장 호르몬을 합성하는 등 엄청나게 다양하다.[888]

1970년도에 마슈비츠와 동료들은 아타 섹스텐스 일개미 윗가슴분비샘에서 항생 물질이 합성된다는 선구적 발견을 했다.[889] 이들은 이 물질들이 공생 버섯 재배지를 청결하게 유지하는 데 여러 가지 다른 역할을 한다고 제안했다. 미르미카신(히드록시데카논산)은 외부에서 유입된 곰팡이 포자 발아를 억제한다. 식물 호르몬 중 하나인 인돌아세트산은 버섯 균사체 성장을 촉진한다.[890] 최근 아크로미르멕스 옥토스피노수스 윗가슴분비샘 분비물에 대한 좀 더 자세한 분석을 통해 이전에 알려지지 않았던 신물질 20여 종의 분비가 확인되었다.[891] 이들은 아세트산으로부터 긴 사슬 지방산에 이르는 모든 종류의 카르복실산을 비롯하여 키토산, 알코올, 락톤까지 포함한다.

잎꾼개미 일개미 윗가슴분비샘은 다른 종류 개미들보다 다소 크고, 또 흥미로

---

888) 다음 설명을 참고할 것. B. Hölldobler and E. O. Wilson, *The Ants* (Cambrdige, MA: The Belknap Press of Harvard University Press, 1990); R. Wirth, H. Herz, R. J. Ryel, W. Beyschlag, and B. Hölldobler, *Herbivory of Leaf-Cutting Ants: A Case Study on* Atta colombica *in the Tropical Rainforest of Panama* (New York: Springer-Verlag, 2003).

889) U. Maschwitz, K. Koob, and H. Schildknecht, "Ein Beitrag zur Funktion der Metathoracaldrüse der Ameisen," *Journal of Insect Physiology* 16(2): 387-404(1970); U. Maschwitz, "Vergleichende Untersuchungen zur Funktion der Ameisenmetathorakaldrüse," *Oecologia* 16(4): 303-310(1974).

890) H. Schildknecht and K. Koob, "Plant bioregulators in the metathoracic glands of myrmicine ants," *Angewandte Chemie* 9(2): 173(1970); H. Schildknecht and K. Koob, "Myrmicacin, the first insect herbicide," *Angewandte Chemie* 10(2): 124-125(1971)

891) D. Ortius-Lechner, R. Maile, E. D. Morgan, and J. J. Boomsma, "Metapleural gland secretion of the leaf-cutter ant *Acromyrmex octospinosus*: new compounds and their functional significance," *Journal of Chemical Ecology* 26(7): 1667-1683(2000).

운 점은 초소형 계급인 미님 일꾼에서 더욱 그러하다는 것이다.[892][893] 이는 버섯 농장을 관리하고 새끼를 돌보는 것이 주 임무인 소형 일개미에서 윗가슴분비샘 분비물에 더 많은 자원을 투여하는 것이 가장 중요한 일임을 시사한다.

예전에는 버섯개미들이 버섯 농장을 완벽하게 청결한 상태로 유지한다고 대부분 믿고 있었는데, 이는 이후 버섯 농장이 세균, 효모, 여타 곰팡이들로 자주 오염된다는 사실이 발견됨에 따라 다소 수정되어야만 했다.[894] 잎꾼개미 군락에 있는 병원균이나 기생자를 좀 더 면밀하게 찾아본 결과 개미들이 비록 오염을 완전히 차단하지는 못하더라도 외부 침입 미생물이나 곰팡이 성장을 최대한 억제하고 있다는 사실은 분명하다. 외부 침입 곰팡이에 맞서는 방법으로 개미들이 가장 주로 사용하는 것은 버섯 농장 배지를 자신의 공생 버섯에는 최적이지만 외부 침입 병원균성 곰팡이에는 치명적 산성인 pH5로 유지하는 것이다.[895] 이 가설을 지지하는 것은 개미가 제거되면 pH가 7~8로 올라가고 며칠 사이에 병원균성 곰팡이와 세균이 공생 버섯 재배지 전체로 퍼져 나간다는 사실이다. 이런 이유로 아크로미르멕스와 아타속 일개미 윗가슴분비샘 분비물의 주된 기능 중 하나는 군락에 유입되는 새로운 잎 조각들의 pH를 7~8에서 5로 낮추는 것이라고 생각된다. 이 분비물들에

---

892) E. O. Wilson, "Caste and division of labor in leaf-cutter ants(Hymenoptera: Formicidae: *Atta*), I: The overall pattern in *A. sexdens*," *Behavioral Ecology and Sociobiology* 7(2): 143-156(1980); E. O. Wilson, "Caste and division of labor in leaf-cutter ants(Hymenoptera: Formicidae: *Atta*), II: The erganomic optimization of leaf cutting," *Behavioral Ecology and Sociobiology* 7(2): 157-165(1980); E. O. Wilson, "Caste and division of labor in leaf-cutter ants(Hymenoptera: Formicidae: *Atta*), III: Ergonomic resiliency in foraging by *A. cephalotes*," *Behavioral Ecology and Sociobiology* 14(1): 47-54(1983); E. O. Wilson, "Caste and division of labor in leaf-cutter ants(Hymenoptera: Formicidae: *Atta*), IV: Colony ontogeny of *A. cephalotes*," *Behavioral Ecology and Sociobiology* 14(1): 55-60(1983).

893) A. N. M. Bot, M. L. Obermayer, B. Hölldobler, and J. J. Boomsma, "Functional morphology of the metapleural gland in the leaf-cutting ant *Acromyrmex octospinosus*," *Insectes Sociaux* 48(1): 63-66(2001).

894) C. R. Currie, "Prevalence and impact of a virulent parasite on a tripartite mutualism," *Oecologia* 128: 99-106(2001). 다음 탁월한 설명을 참고할 것; C. R. Currie, "A community of ants, fungi, and bacterai: a multilateral approach to studying symbiosis," *Annual Review of Microbiology* 55: 357-380(2001).

895) R. J. Powell and D. J. Stradling, "Factors influencing the growth of *Attamyces bromatificus*, a symbiont of attine ants," *Transactions of the British Mycological society* 87(2): 205-213(1986).

함유된 각종 산들이 또한 항생 작용을 하는 것은 추가적 이익이다.[896]

최근 개미 버섯 농장의 '농업 병리학'에 관계된 새로운 놀라운 사실이 밝혀졌다. 캐머런 커리(Cameron Currie)와 동료들은 아티니족 개미 버섯 농장에서 개미들이 기르지 않는 곰팡이들을 철저하게 분리 동정하여 에스코봅시스속(*Escovopsis*)(자낭균문(Ascomycota)유성 시대 히포크레알레스목(Hypocreales)) 미세 곰팡이 종류인 버섯 농장 기생 전문 곰팡이를 찾아냈다. 이 곰팡이들은 잎꾼개미 군락들 사이에 수평적으로 전파된다. 에스코봅시스는 치명적 곰팡이로 버섯 농장을 황폐화시켜 결국 군락 전체를 멸망시킨다. 가장 놀라운 것은 에스코봅시스속은 아티니족 버섯 농장에만 전문적으로 나타난다는 사실이다. 다른 어떤 서식지에서도 발견된 적이 없고, 오직 아타속과 아크로미르멕스속 개미 군락에서만 특별히 발견된다.

커리와 동료들은 기생 곰팡이 창궐을 다음과 같이 설명했다. 좀 더 진화적으로 분화된 아티니족 군락에서 번성하는 에스코봅시스속 곰팡이 증가는 무려 2300만 년에 이르는 잎꾼개미 버섯 재배 역사를 통해 만들어진 재배버섯 클론화가 결국 기생 곰팡이와의 '군비 경쟁'에 더 취약하게 만들었음을 시사한다. 이와 대조적으로 하등 아티니족 개미들은 군락 밖에서 자유로이 유성생식을 하는 곰팡이들로부터 재배형을 정기적으로 거두어들임으로써 공생 버섯 내에 엄청난 유전적 다양성을 확보할 수 있었다. 이것이 진화적으로 덜 분화된 아티니족 개미에서 기생 곰팡이에 의한 피해가 훨씬 적은 점을 설명한다.[897]

하지만 이 가설과 반대되는, 잎꾼개미 공생 버섯에서 유성생식에 의한 유전자 재조합 증거가 최근 발견되었다. 만일 이 현상이 널리 퍼진 것으로 확인된다면 이는 잎꾼개미 공생 진화에 버섯의 영양생식과 수직 전파가 결정적인 역할을 하지 않았다는 말이 된다.[898]

무엇이 그런 유독성을 초래하든지 여전히 질문은 남는다. 버섯을 재배하는 아

---

896) D. Ortius-Lechner, R. Maile, E. D. Morgan, and J. J. Boomsma, "Metapleural gland secretion of the leaf-cutter ant *Acromyrmex octospinosus*: new compounds and their functional significance," *Journal of Chemical Ecology* 26(7): 1667-1683(2000).

897) C. R. Currie, U. G. Mueller, and D. Malloch, "The agricultural pathology of ant fungus gardens," *Proceedings of the National Academy of Sciences USA* 96(14): 7998-8002(1999).

898) A. S. Mikheyev, U. G. Mueller, and P. Abbot, "Cryptic sex and many-to-one coevolution in the fungus-growing ant symbiosis," *Proceedings of the National Academy of Sciences USA* 103(28): 10702-10706(2006).

타속과 아크로미르멕스속 개미들은 어떻게 이런 지속적인 치명적 위협들을 이겨내는 것일까? 건강한 버섯 농장을 성공적으로 유지하는 일이 에스코봅시스 곰팡이 침입을 끊임없이 통제해야 하는 작업과 연관되어 있다는 것은 분명하다. 여기에 윗가슴분비샘 분비물이 어느 정도 효과를 보이고 있다. 하지만 이 침입자 곰팡이와 맞서는 주된 무기는 아티니족과 공생하는 제3의 공생자인 수도노카르디아속(*Pseudonorcardia*) 세균(액티노마이세탈리스목 사상체형 세균(actinomycetous filamentous bacterium))으로 드러났다.[899] 이 공생 세균은 에스코봅시아 성장을 강력히 억제하는 항생 물질을 분비한다.[900] 이 세균은 진정한 진화된 공생자이다. 이 세균은 개미 속(genus)마다 특별히 마련된 외골격 피질의 특정 장소에만 서식한다. 예를 들어 아크로미르멕스속에는 가슴 앞판 목 옆 부분으로 돌출한 판에 서식한다(그림 9-5). 아크로미르멕스속 개미들은 이 부분에 형태적 변형을 보이는데, 이를테면 외골격 각질에 돌기들이 줄을 선 움푹 패인 홈처럼 되어 있다. 이 돌기들에는 또 다양한 외분비샘 세포들이 각피로 된 도관으로 연결되어 있다. 공생 세균들은 이 홈 속에 산다. 이런 세균 서식 구조는 지금까지 버섯과 공생하는 개미에서만 발견된다. 하지만 이 구조의 형태와 위치는 아티니족 계통 분류 안에서 큰 변이를 보이고 있다.[901] 이 구조물 외분비샘에서 나오는 분비물들이 공생 세균 유지에 도움이 되는 것으로 보인다.

공생 세균은 공생 버섯 균사체와 같이 군락 창시 여왕 몸 안에 담겨 모 군락에서 자손 군락으로 수직 전파된다. 이 공생 세균은 오직 기생 곰팡이와 싸우는 일에만 적응된 것은 아니다. 이들은 실험실에서 공생 버섯 성장을 촉진시키기도 한다. 에스코봅시스 곰팡이 침입이 극단적으로 심각한 경우 개미 군락은 아예 둥지 자체를 통째로 옮겨야 할 경우도 생기는데, 이때도 새 둥지에서 쓸 목적으로 공생 세균

899) 원래 이 액티노마이세탈리스 세균은 스트렙토마이세스속 *Streptomyces* (Streptomycetaceae: Actinomycetes)으로 생각되었으나, 이 분류는 잘못으로 보이고(R. Wirth, 사견), 현재 분자 계통 분류학적 분석에 따르면 이 공생 세균은 액티노마이세탈리스목 수도노카디아스과 (Pseudonocardiaceae)에 속하는 것으로 생각된다. C. R. Currie, 사견; *Nature* 423: 461(2003)의 정오표 참조.

900) C. R. Currie, J. A. Scott, R. C. Summerbell, and D. Malloch, "Fungus-growing ants use antibiotic-producing bacteria to control garden parasites," *Nature* 398: 701-704(1999).

901) C. R. Currie, M. Poulsen, J. Mendenhall, J. J. Boomsma, and J. Billen, "Coevolved crypts and exocrine glands support mutualistic bacteria in fungus-growing ants," *Science* 311: 81-83(2006).

그림 9-5 │ 액티노마이세탈리스목 수도노카르디아속 사상체형 세균은 잎꾼개미와 공생한다. 이 세균은 항생제를 합성 분비하여 기생 곰팡이 성장을 강력하게 억제한다. 아크로미르멕스속 개미는 가슴 앞부분(가슴 앞판 목 옆 부분으로 돌출한 판)에 이 공생 세균을 보관하며, 여기서 세균은 특별한 세균 보관용 구조물 속에서 서식한다. C. R. Currie, M. Poulsen, J. Mendenhall, J. J. Boomsma, and J. Billen, "Coevolved crypts and exocrine glands support mutualistic bacteria in fungus-growing ants," *Science* 311: 81–83(2006).

을 함께 지니고 간다.[902]

아티니족 개미와 수도노카르디아속 세균의 독특하면서도 매우 밀접한 관계는 이 공생 현상이 아주 오래전부터 기원했음을 증언한다. 커리와 동료들은 다음과 같은 전반적 결론에 이르렀다. "개미-버섯 공생이 종종 고도로 진화된 공생의 가장 눈부신 사례로 간주되기는 하지만, 이제 우리는 이 복잡성이 얼마나 과소평가된 것인지 분명히 알게 되었다. 아티니족 개미의 공생은 에스코봅시스 기생 곰팡이가 한편에 있고, 다른 쪽에 액티노마이세탈리스목 공생 세균과 개미 및 공생 버섯 3자가 연합한 공진화하는 '군비 경쟁'이라고 생각된다." (그림 9-6)[903]

902) R. Wirth, H. Herz, R. J. Ryel, W. Beyschlag, and B. Hölldobler, *Herbivory of Leaf-Cutting Ants: A Case Study on* Atta colombica *in the Tropical Rainforest of Panama* (New York: Springer-Verlag, 2003).

903) C. R. Currie, U. G. Mueller, and D. Malloch, "The agricultural pathology of ant fungus

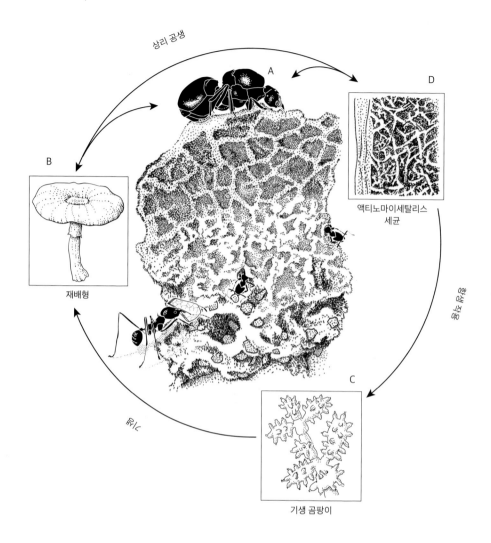

상리 공생

A

B
재배형

D
액티노마이세탈리스
세균

C
기생 곰팡이

그림 9-6 │ 잎꾼개미 4자 사이 공생. A: 여왕은 잎꾼개미 군락의 번식 단위이다. B: 자유 생활 레우코코프린 곰팡이 버섯형. C: 기생 미세 곰팡이인 에스코봅시스. D: 액티노마이세탈리스목 수도노카르디아속 사상체형 세균은 개미 외골격에 자라며 에스코봅시스 성장을 강력히 억제한다. 화살표는 상호 작용하는 요인들을 나타낸다. C. R. Currie, "A community of ants, fungi, and bacteria: a multilateral approach to studying symbiosis," *Annual Review of Microbiology* 55: 357–380(2001)의 Gara Gibson의 원본 그림 발췌.

쓰레기 관리

버섯이 쓰고 난 배지는 엄청난 양의 쓰레기가 된다. 아타속 개미 대부분은 둥지 안에 특별한 쓰레기 방을 만들어 두고 이 쓰레기를 처리하지만 아타 콜롬비카는 좀 다른 방법을 사용한다. 이들 군락은 둥지 밖에 쓰레기를 내다 버린다. 이 배지 쓰레기들은 2차 식물 대사산물을 함유하고 있고, 또 기생 곰팡이 균사체를 비롯한 기타 병원체를 포함하고 있을 것이다. 일단 쓰레기들이 둥지 밖으로 내쳐지면 개미들은 이를 굉장히 꺼려한다. 중남미 원주민들 사이에서 아타 개미 둥지에서 나온 쓰레기가 매우 강력한 개미 퇴치제로 쓰인다는 것은 오래전부터 잘 알려진 이야기이다. 아타 개미가 내다 버린 쓰레기를 어린 식물 주위에 뿌려 놓으면 더 이상 아타속 개미들이 잎에 해를 끼치지 않는다는 것이 실험으로 확인되었다.[904)905)]

아타 콜롬비카 군락은 분업 형태로 쓰레기를 둥지 밖으로 내다 버린다.[906)] 둥지에서 나온 쓰레기는 종말 하치장으로 이르는 수송로에 임시로 쌓인다. 다른 일개미들은 이 임시 하적장에서 쓰레기를 들고 종말 하치장으로 옮긴다. 이 쓰레기 처리 사이 분업의 적응적 가치는 둥지 안에서 쓰레기를 모으는 일꾼과 외부 종말 하치장 쓰레기 관리 일꾼을 구분함으로써 군락에 질병이나 기생 곰팡이가 퍼지는 것을 막는 데 있을 것이다.[907)] 쓰레기와 접촉한 개미들의 사망률은 매우 높고 쓰레기들은 종종 에스코봅시스 기생 곰팡이에 오염되어 있다. 쓰레기 관리는 어쨌거나 곧 죽게 될 늙은 일개미들이 주로 맡아서 한다.[908)909)] 늙은 일개미들이 위험한 일

gardens," *Proceedings of the National Academy of Sciences USA* 96(14): 7998-8002(1999).

904) J. A. Zeh, A. D. Zeh, and D. W. Zeh, "Dump material as an effective small-scale deterrent to herbivory by *Atta cephalotes*," *Biotropica* 31(2): 368-371(1999).

905) C. R. Currie, J. A. Scott, R. C. Summerbell, and D. Malloch, "Fungus-growing ants use antibiotic-producing bacteria to control garden parasites," *Nature* 398: 701-704(1999).

906) C. Anderson and F. L. W. Ratnieks, "Task partitionoing in insect societies: novel situations," *Insectes Sociaux* 47(2): 198-199(2000).

907) C. Anderson and F. L. W. Ratnieks, "Task partitionoing in insect societies: novel situations," *Insectes Sociaux* 47(2): 198-199(2000).

908) A. N. M. Bot, C. R. Currie, A. G. Hart, and J. J. Boomsma, "Waste management in leaf-cutting ants," *Ethology Ecology & Evolution* 13(3): 225-237(2001).

909) A. G. Hart and F. L. W. Ratnieks, "Waste management in the leaf-cutting ant *Atta*

에 목숨을 거는 경향은 군락 수준 효율로 봤을 때 분명히 적응적 형질이다. 이렇게 늙은 일개미들이 큰 위험을 감수하는 현상은 다른 많은 개미 종을 비롯, 다른 여러 가지 맥락에서 흔히 보인다.[910]

앞서 말한 대로 가끔 버섯 농장에 대규모 에스코봅시스나 기타 병원균이 침입하여 군락 전체가 둥지와 버섯 농장을 포기하고 새로운 둥지로 이주를 해야만 하는 상황이 벌어지기도 한다. 그러면 군락은 새로운 버섯 배지를 획득해야 한다. 유전자 검사를 통해 한 군락에서 다른 군락으로 버섯이 옮겨질 수 있다는 것이 밝혀졌고 하등 아티니족인 키포미르멕스에서 이 현상은 실험적으로 증명되었다.[911] 실험실 안에서 기른 망해 가는 아타 케팔로테스 군락 버섯 농장에 다른 군락의 건강한 농장 버섯 중 일부를 옮겨 여러 차례 다시 '재생'시킬 수 있었다. 이 맥락으로 볼 때, 아타 섹스덴스 루브로필로사(*Atta sexdens rubropilosa*) 대형 군락이 갓 시작된 초기 군락을 습격하여 새끼와 버섯을 옮기는 현상은 특히 흥미롭다.[912] 이런 사례는 실험실 안에서 기른 군락에서 관찰되었을 뿐, 아직은 자연 상태 아타 군락에서는 보고된 적이 없다. 하지만 자연 상태에서도 아크로미르멕스 베르시콜로르 초기 군락 사이에 습격이 일어나는 현상은 관찰된 적이 있다.[913] 오래된 아티니족 군락의 버섯 농장이 황폐화되었을 때 이들이 다른 군락을 습격해서 버섯을 훔쳐 오는 일은 농장 손실에 대한 자연적 반응으로 발생하는 듯이 보인다.[914]

---

colombica," *Behavioral Ecology* 13(2): 224-231(2002).

910) B. Hölldobler and E. O. Wilson, *The Ants* (Cambrdige, MA: The Belknap Press of Harvard University Press, 1990).

911) R. M. M. Adams, U. G. Mueller, A. K. Holloway, A. M. Green, and J. Narozniak, "Garden sharing and garden stealing in fungus-growing ants," *Naturwissenschaften* 87(11): 491-493(2000).

912) M. Autuori, "Contribuição para o conhecimento da saúva(*Atta* spp.-Hymenoptera-Formicidae), V: Número de formas aladas e redução dos sauveiros inidiais," *Arquivos do Instituto Biologico São Paulo*19(22): 325-331(1950).

913) S. W. Rissing, G. B. Pollock, M. R. Higgins, R. H. Hagen, and D. R. Smith, "Foraging specialization without relatedness or dominance among co-founding ant queens," *Nature* 338: 420-422(1989).

914) 이 맥락에서 잎꾼개미 사이에 공생균주를 먼 거리까지 전달해 주는 새로운 발견은 특히 흥미롭다. A. S. Mikheyev, U. G. Mueller, and P. Abbot, "Cryptic sex and many-to-one co-evolution in the fungus-growing ant symbiosis," *Proceedings of the National Academy of Sciences USA* 103(28): 10702-10706(2006) 참고.

농장 약탈자와 농업 기생자

아타 개미 군락 공생 버섯은 농장 배지를 노리는 기생 곰팡이와 자기 농장을 잃은 동종 개미의 다른 군락들뿐 아니라 다른 종 개미들에게도 매력적 자원이다. 미히엘 디크스트라(Michiel Dijkstra)와 붐스마는 파나마에서 침개미 그남프토제니스 하르트마니(Gnamptogenys hartmani)가 다른 군락 개미를 잡아먹기 위해 군락을 습격하는 현상을 묘사했다. 침개미 정찰대가 트라키미르멕스속이나 세리코미르멕스속 버섯개미 둥지를 발견하면 자기 군락으로 돌아가 습격대를 이끌고 와서 버섯개미 군락을 공격하고 둥지를 빼앗는다. 버섯개미들은 방어 행동을 거의 하지 않는다. 습격당한 개미들은 공황 상태가 되어 둥지를 포기하고 달아난다. 습격한 침개미 군락은 탈취한 둥지를 접수하고 이주해 들어와 재배되던 버섯과 새끼들을 일개미와 애벌레 먹이로 삼는다. 이렇게 둥지를 약탈한 뒤에는 다른 버섯개미 군락의 둥지를 찾아 다시 습격에 나서게 된다.[915]

이 습격 행동은 두배자루마디개미아과 메갈로미르멕스속(Megalomyrmex)에서 발견되는 것과 비슷하다.[916][917] 이들 농장 약탈자들은 잎꾼개미 키포미르멕스 롱기스카푸스(Cyphomyrmex longiscapus) 둥지를 습격하여 원래 일개미들을 모두 죽이거나 쫓아낸 뒤 이들이 기르던 버섯과 새끼들을 먹어 치운다. 이런 메갈로미르멕스 습격종의 행태는 이 종류의 개미들의 계통 분류상에서 볼 수 있는 어떤 진화 단계의 초기 경로를 나타낸다고 할 수 있다. 메갈로미르멕스 시메토쿠스(Megalomyrmex symmetochus) 종은 버섯개미 군락에 기생하면서 숙주인 버섯개미 버섯을 훔쳐 먹는 영양적, 사회적 기생 생활을 하며, 이는 이 종의 적응적 형질이다.[918]

---

915) M. B. Dijkstra and J. J. Boomsma, "*Gnamptogenys hartmani* Wheeler(Ponerinae: Ectatommini): an agropredator of *Trachymyrmex* and *Sericomyrmex* fungus-growing ants," *Naturwissenschaften* 90(12): 568-571(2003).

916) R. M. M. Adams, U. G. Mueller, A. K. Holloway, A. M. Green, and J. Narozniak, "Garden sharing and garden stealing in fungus-growing ants," *Naturwissenschaften* 87(11): 491-493(2000); R. M. M. Adams, U. G. Mueller, T. R. Schultz, and B. Norden, "Agro-predation: usurpation of attine fungus gardens by *Megalomyrmex* ants," *Naturwissenschaften* 87(12): 549-554(2000).

917) W. M. Wheeler, "A new guest-ant and other new Formicidae from Barro Colorado Island, Panama," *The Biological Bulletin* 49(1): 150-181(1925).

918) C. R. F. Brandão, "Systematic revision of the Neotropical ant genus *Megalomyrmex*

놀랍게도 다른 잎꾼개미들인 아타속과 아크로미르멕스속을 공격하는 농장 약탈자는 아직껏 발견된 적이 없다. 이는 어쩌면 이들의 둥지가 약탈하기엔 너무 크기 때문이거나, 혹은 복잡한 일꾼의 버금 계급 체계에 포함된 전문화된 수비대가 이런 약탈에 효과적으로 저항하기 때문인지도 모른다. 하지만 아크로미르멕스속 개미 군락에는 적어도 두 종류의 사회적 기생개미들이 살고 있다. 아크로미르멕스 룬디(*Acromyrmex lundi*) 군락에 기생하는 수도아타 아르겐티나(*Pseudoatta argentina*) 개미는 일꾼 계급이 아예 사라진 고도로 적응된 사회적 기생종이다. 다른 기생종인 아크로미르멕스 인시누아토르(*Acromyrmex insinuator*)는 위의 예에 비해서는 사회적 기생이라는 진화적 단계로 볼 때 좀 덜 발달한 단계에 있다. 이 종에는 일꾼 계급이 하나 남아 있으며 개체의 형태적 특성 역시 숙주 종인 아크로미르멕스 옥토스피노수스와 여전히 아주 비슷하다. 이들 사회적 기생종들은 숙주 개미에 밀접하게 기생하면서 숙주가 기르는 버섯을 먹고 살지만, 버섯을 기르는 일에는 전혀 참여하지 않는다.[919]

잎꾼개미 둥지

아타속 개미 군락이 보유한 어마어마한 수의 일꾼과 거대한 버섯 농장은 광대한 둥지 영역을 필요로 한다. 6년 이상 된 통상적 아타 섹스덴스 군락 하나가 만드는 둥지에는 방이 1,920개 있는데, 238개는 버섯 농장과 농장 일꾼이 사용한다. 둥지를 파들어 가면서 밖으로 버려내는 흙더미 양은 거의 40톤에 이른다. 아타속 다른 종 둥지들도 여러 연구자들에 의해 발굴되고, 논문상에서 재구성된 적이 있지만,[920] 루이스 포르티(Luiz Forti)와 그의 연구팀이 최근 브라질에서 면밀하게 그 정량적 세부 사항을 연구한 아타 군락 둥지는 이들이 짓고 사는 거대 도시에 대한

Forel(Hymenoptera, Formicidae, Myrmicinae), with the description of thirteen new species," *Arquivos de Zoologia* (São Paulo) 31: 411-418(1990).

919) T. R. Schultz, D. Bekkevold, and J. J. Boomsma, "*Acromyrmex insinuator* new species: an incipient social parasite of fungus-growing ants," *Insectes Sociaux* 45(4): 457-471(1998).

920) B. Hölldobler and E. O. Wilson, *The Ants* (Cambridge, MA: The Belknap Press of Harvard University Press, 1990) 참고; 따라서 *Acromyrmex* 종의 군락은 작고 덜 복잡하다.

우리의 이해에 하나의 비약적 진보를 가져다주었다고 할 것이다.[921]

이들이 조사한 바에 따르면 성숙한 아타 라에비가타 군락이 만드는 둥지의 둔덕 면적은 26.1~67.2제곱미터로 다양하다. 세심하게 한 겹 한 겹 떠내면서 둥지를 발굴한 연구 팀은 둥지 내부 구조의 주형을 뜨는 기술을 완성했다. 이를 위해 이들은 둥지에 시멘트를 부어 넣었는데, 큰 둥지 하나에 부어 넣어야 하는 양은 시멘트 6.3톤, 물 8,200리터가 필요했고, 이 정도 양이면 작은 집 하나를 지을 수 있는 양이다. 2~3주가 지난 뒤 '석화'된 둥지 주형을 조심스럽게 꺼냈다(사진 62~65).[922] 포르티 팀이 만든 둥지 주형에서 발견한 방의 수는 작은 군락 경우 1,149개에서 큰 군락 경우 7,864개에 이르렀고, 이들 모두 깊게는 지하 7~8미터까지 파고들어가 있었다. 방들의 대부분은 지하 1~3미터에 놓여 있었다. 매우 큰 둥지들 경우, 방의 30퍼센트는 지하 4미터 밑에서 발견되었지만, 그들 중 다수는 비어 있었다. 몇몇 방들의 버섯 농장은 쇠퇴해가고 있었지만, 다른 많은 방들에는 일꾼과 새끼들을 포함한 번성하는 버섯 농장들이 가득 차 있었다. 게다가 다른 여러 방들은 식물 찌꺼기와 분해된 버섯 물질들로 차 있었다. 지하에 복잡하게 얽혀 있는 먹이 채집 통로들은 버섯 재배실이 가장 밀집해 있는 중앙 구역으로 집중되어 있었다. 이보다 더 작은 통로들은 주 통로로부터 갈라져 나와 있었고, 더욱 작은 갈림길들이 각각의 작은 버섯 재배실에 직접 연결되어 있었다. 버섯 재배실 대부분은 이렇게 작은 통로를 하나씩만 연결해 놓고 있었는데, 이들의 연결점은 방바닥이나 중간 부분에 가까웠다. 이런 재배실 중 가장 큰 것들의 부피는 25~51리터에 달했고, 가장 작은 것들은 0.03~0.06리터 되었다.

아타속 모든 종의 둥지는 다양한 크기와 모양을 가진 많은 통로와 방으로 이루어진 비교적 복잡한 구조를 가지고 있다.[923] 적어도 아타 라에비가타, 아타 섹스덴

921) A. A. Moreira, L. C. Forti, A. P. P. Andrade, M. A. C. Boaretto, and J. F. S. Lopes, "Nest architecture of *Atta laevigata*(F. Smith, 1858)(Hymenoptera: Formicidae)," *Studies on Neotropical Fauna and Environment* 39(2): 109-116(2004); A. A. Moreira, L. C. Forti, M. A. C. Boaretto, A. P. P. Andrade, J. F. S. Lopes, and V. M. Ramos, "External and internal structure of *Atta bisphaerica* Forel(Hymenoptera: Formicidae) nests," *Journal of Applied Entomology* 128(3): 204-211(2004).

922) L. C. Forti and F. Roces, 사견.

923) 이에 대한 논의는 다음을 참고할 것. A. A. Moreira, L. C. Forti, A. P. P. Andrade, M. A. C. Boaretto, and J. F. S. Lopes, "Nest architecture of *Atta laevigata*(F. Smith, 1858)(Hymenoptera: Formicidae)," *Studies on Neotropical Fauna and Environment* 39(2): 109-116(2004); A. A. Moreira,

사진 62 | 거대한 아타속 개미의 성숙한 둥지. 아르헨티나산 아타 볼렌베이데리의 둥지가 보인다. (사진 제공: Flavio Roces)

스 루브로필로사, 아타 볼렌베이데리, 아타 비스파이리카(*Atta bisphaerica*) 둥지에 공통적 특징은 버섯 재배실들이 주로 지상의 둔덕 바로 밑에서부터 지하 3미터 정도 되는 공간에 몰려 있다는 점이다. 포르티 연구팀은 다음과 같은 건축학적 이유를 제시했다. "버섯 재배실 위에 흙을 성기게 쌓아 놓는 것은 단열 목적이 있는 듯 보인다. 왜냐하면 아타 라에비가타는 종종 수목이 없는 곳에 둥지를 짓고 지표 가까운 곳에 버섯 재배실을 만들기 때문이다. 버섯 재배실의 위치로 미루어 볼 때 지하 3미터까지 토양이 버섯 재배에 최적 미기후적 조건을 가지는 것으로 결론지을 수 있다."

그리하여 아타속 둥지 한 곳은 널리 퍼져 있으면서도 서로 잘 연결된 방들 속에

L. C. Forti, M. A. C. Boaretto, A. P. P. Andrade, J. F. S. Lopes, and V. M. Ramos, "External and internal structure of *Atta bisphaerica* Forel(Hymenoptera: Formicidae) nests," *Journal of Applied Entomology* 128(3): 204-211(2004).

초유기체

사진 63 │ 브라질산 아타 라에비가타 개미의 성숙한 둥지가 발굴되고 있다. 원형을 석화하여 보존하기 위해 시멘트 6톤과 물 8,000리터를 부어 넣었다. (사진 제공: Wolfgang Thaler)

수백만 마리 일개미와 새끼들과 함께 엄청난 양의 버섯을 보유하고 있다. 이 어마어마한 생물량이 물질대사를 하면 많은 양의 이산화탄소가 배출되는데, 이게 너무 많이 쌓이면 군락에 치명적일 수 있다. 아타 일꾼들은 더듬이에 이산화탄소에 매우 민감한 수용체를 지니고 있어 이산화탄소 농도를 잴 수 있다.[924]

아타 볼렌베이데리 둥지 안 이산화탄소 농도는 둥지 크기를 비롯, 둥지 환기 시스템 효율 차이, 그리고 군락 크기 차이에 따라 서로 다르다. 작은 규모 군락은 비가 오면 버섯 재배실에 비가 들이차지 않도록 둥지 입구를 닫으려고 한다. 이 경우 둥지 안 이산화탄소 농도는 급상승하고 군락 호흡률은 감소한다. 개미 호흡은 변하지 않고 유지되는 듯 보이지만 버섯의 호흡은 감소한다. 물론 이는 버섯 성장률에

924)　C. Kleineidam and J. Tautz, "Perception of carbon dioxide and other 'air-condition' parameters in the leaf-cutting ant *Atta cephalotes*," *Naturwissenschaften* 83(12): 566-568(1996).

사진 64 | 시멘트로 채워진 아타 라에비가타 둥지의 지하 통로, 관, 버섯 재배실 등의 일부. (사진 제공: Wolfgang Thaler)

부정적인 영향을 미치고, 버섯이 애벌레의 주된 먹이인 탓에 궁극적으로는 군락 성장이 감소하게 된다. 따라서 아직 어린 작은 군락은 둥지에 물이 차고 익사하는 위험을 최소화할 것이냐, 아니면 둥지 안에 적절한 환기를 보장할 것이냐를 놓고 타협을 해야 한다.[925]

반면 성숙한 군락 둥지에는 많은 입구들이 있고 방들이 깊은 곳에 있기 때문에 다소 변이가 있을지언정 끊임없이 환기된다. 둥지가 있는 둔덕 한가운데 열린 구멍은 종종 탑 모양으로 생겨 있다(사진 62 참조). 연구자들은 둥지 둔덕 밖 풍속과 둥지 내부 이산화탄소 농도에 큰 음의 상관관계가 있음을 밝혀냈는데, 이는 지상의

---

925) C. Kleineidam and F. Roces, "Carbon dioxide concentrations and nest ventilation in nests of the leaf-cutting ant *Atta vollenweideri*," *Insectes Sociaux* 47(3): 241-248(2000); C. Kleineidam, R. Ernst, and F. Roces, "Wind-induced ventilation of the giant nests of the leaf-cutting ant *Atta vollenweideri*," *Naturwissenschaften* 88(7): 301-305(2001).

사진 65 │ 왼쪽: 여기 보이는 통로와 관들로 연결된 공 모양 구조물이 '석화된' 버섯 재배실이다. 오른쪽: 살아 있는 버섯 재배실. (사진 제공: Wolfgang Thaler)

바람이 실내의 이산화탄소가 포함된 공기를 바깥으로 끌어내는 효과가 있기 때문이라고 생각된다. 쓰레기 방에서 썩고 있는 유기물은 종종 둥지 내부 온도를 올린다. 외부 온도가 낮으면 둥지 내부의 더운 공기에 실린 이산화탄소는 위로 올라가 탑 모양 입구 끝 구멍을 통해 밖으로 나가고, 다른 곳에 뚫려 있는 구멍들을 통해 차고 신선한 바깥 공기가 둥지 안으로 유입된다.[926]

따라서 아타 볼렌베이데리 둥지의 환기 시스템은 외부 풍속과 열 대류로 인한 수동적 환기에 의해 가동되는 듯 보이고, 다른 아타 종 둥지 역시 이와 비슷할 것이다. 개활지 초지에 위치한 아타속 둥지들은 아타 케팔로테스처럼 숲 속에 있는 둥지들보다 강한 바람에 더 노출되어 있다. 후자의 경우 대류가 좀 더 중요한 둥지 환기 기작일 것이다.

---

926) F. Roces, 사견.

잎꾼개미들이 전적으로 둥지 구조에만 환기를 의존하는 것은 아니다. 버섯 농장을 돌보는 일꾼들 역시 상대 습도 차이를 감지할 수 있고 그에 따라 가장 습도가 높은 방에 농장을 만들 수 있다. 방이 말라 가면 일꾼들은 습기가 높은 다른 방으로 농장을 옮긴다.[927] 실제로 마틴 볼라치(Martin Bollazi)와 로체스는 잎꾼개미 아크로미르멕스 암비구스(Acromyrmex ambiguus)를 이용해 기발한 실험을 했다. 이들은 실험실에 만든 군락 둥지에 건조하거나 습한 공기를 불어 넣었다. 건조한 공기가 들어가자 둥지 건설 활동이 늘어나고, 건조한 공기가 들어오는 통로 입구 쪽을 막기 시작했다. 반면 그 통로의 출구 쪽은 그다지 심하게 막지 않았다. 습한 공기가 들어 올 때는 통로를 막는 행동은 거의 일어나지 않았다. 공기 흐름의 방향이 둥지 건설 행동의 공간적 방향을 지시해 주는 환경적 암시로 작용했으며 둥지 안 미세 기후를 조절하는 것이 둥지 구조 설계에 중요한 지침이 되는 듯 보인다.[928]

지하 통로와 지상 수송로

아타 라에비가타 개미 둥지의 또 다른 건축적 특징은 지표 아래 40~50센티미터 깊이로 지표면과 평행하게 광범위하게 뻗쳐 있는 채집 통로들이다. 통로 단면은 타원형으로 폭 4~48센티미터, 높이 2~6센티미터 정도 된다. 큰 둥지 채집 통로는 더 넓어지긴 하지만, 반드시 더 높지는 않다.[929] 이 통로를 통해서 수많은 채집꾼 떼들이 지상에 있는 주 수송로로 통행한다. 이런 지하 통로들은 아타 볼렌베이데리

927)   F. Roces and C. Kleineidam, "Humidity preference for fungus culturing by workers of the leaf-cutting ant *Atta sexdens rubropilosa*," *Insectes Sociaux* 47(4): 348-350(2000).

928)   M. Bollazzi and F. Roces, "To build or not to build: circulating dry air organizes collective building for climate control in the leaf-cutting ant *Acromyrmex ambiguus*," *Animal Behaviour* 74(5): 1349-1355(2007).

929)   A. A. Moreira, L. C. Forti, A. P. P. Andrade, M. A. C. Boaretto, and J. F. S. Lopes, "Nest architecture of *Atta laevigata*(F. Smith, 1858)(Hymenoptera: Formicidae)," *Studies on Neotropical Fauna and Environment* 39(2): 109-116(2004).

를 비롯한 다른 아타속 개미들에도 존재한다.[930][931] 이런 통로 중 간혹 6미터 이상 되는 긴 것도 있다. 이 통로 끝은 둥지와 둥지로부터 최대 250미터 이상 떨어져 있는 곳에 있는 채집장을 연결해 주는 지상 수송로들과 맞닿아 있다. 지상 수송로는 고정된 채로 오랫동안 기능하기 때문에 한편으로 둥지 구조의 한 부분으로 인식되기도 한다. 대부분 경우 이 수송로는 땅 위에 깊이 새겨져 있어서 흘깃 쳐다봐도 눈에 확 띌 정도다. 이 수송로는 몇 달에서 몇 년이고 남아 있다. 한 동안 버려진 채로 놓아두어도 개미들이 쉽게 다시 이용한다. 아타 군락의 초고속 도로로 기능하는 이 수송로는 '도로 보수 일꾼'들이 끊임없이 잡초와 기타 장애물을 청소하며 관리한다(사진 60 참조). 수송로 시스템은 관리 정돈되지 않은 지상 통로에 비해 채집 수송 속도를 4~10배 이상 끌어 올림으로써 채집 효율을 증가시킨다.[932] 이 수송로들은 군락 자원을 경쟁자들로부터 지킬 목적으로 방어되는 영역 일부로 간주될 수 있다.[933]

이런 교통로 건설과 관리는 자원 획득을 위한 전반적인 에너지 비용에 상당한 부담을 가중시킨다. 하지만 아타 콜롬비카 연구에서 보듯이 여기에 투입되는 에너지 비용은 이를 이용해서 얻을 수 있는 에너지 생산에 비해 소규모이며 따라서 이 비용이 교통로 건설의 장애가 되지는 않는다.[934] 게다가 대부분 아타속 개미들은 교통로 중심으로 살아간다. 즉 고품질의 자원을 찾는 구역은 지상 수송로 근방을 벗어나지 않는다.

비르트와 동료들은 파나마에서 아타 콜롬비카 군락의 지상 수송로를 1년 내내 지속적으로 감시 관찰했다. 여기서 얻은 자료를 토대로 군락 채집 구역의 실제

---

930) J. C. M. Jonkman, "The external and internal structure and growth of nests of the leaf-cutting ant *Atta vollenweideri* Forel, 1893(Hym. Formicidae)," *Zeitschrift für angewandte Entomologie* 89(2): 158-173(1980).

931) F. Roces, 사견.

932) L. L. Rockwood and S. P. Hubbell, "Host-plant selection, diet diversity, and optimal foraging in a tropical leafcutting ant," *Oecologia* 74(1): 55-61(1987).

933) H. G. Fowler and E. W. Stiles, "Conservative resource management by leaf-cutting ants? The role of foraging territories and trails, and environmental patchiness," *Sociobiology* 5(1): 25-41(1980).

934) J. J. Howard, "Costs of trail construction and maintenance in the leaf-cutting ant *Atta colombica*," *Behavioral Ecology and Sociobiology* 49(5): 348-356(2001).

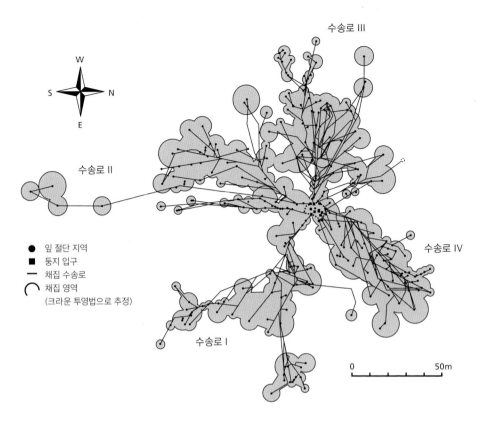

그림 9-7 | 아타 콜롬비카 잎꾼 개미 군락 하나에서 뻗어나온 수송로들이 1헥타르 면적을 완전히 뒤덮고 있다. 채집 영역(회색)은 크라운 투영법(crown projection)으로 회귀 추정하여 산출한 것임. R. Wirth, H. Herz, R. J. Ryel, W. Beyschlag, and B. Hölldobler, *Herbivory of Leaf-Cutting Ants: A Case Study on* Atta colombica *in the Tropical Rainforest of Panama*(New York: Springer-Verlag, 2003).

면적을 가늠할 수 있었다. 대표적인 한 군락은 4개의 주 수송로를 가지고 있었고, 각 수송로로부터 다수의 갈림길들이 뻗어 나와 있었다. 4개의 주 수송로 채집 영역은 각각 2,712제곱미터, 2,597제곱미터, 2,640제곱미터, 2,409제곱미터였다. 따라서 이들이 이용하는 채집 영역의 총 면적은 무려 1.03헥타르로 추정했다(그림 9-7).[935] 이 면적은 개발 도상국에서 사람 한 명이 살아가는 데 필요한 온갖 토지의 평균 면적, 즉 '생태 발자국(ecological footprint)'과 얼추 맞먹는 양이다.

---

935) R. Wirth, H. Herz, R. J. Ryel, W. Beyschlag, and B. Hölldobler, *Herbivory of Leaf-Cutting Ants: A Case Study on* Atta colombica *in the Tropical Rainforest of Panama* (New York: Springer-Verlag, 2003); 또 C. Kost, E. G. de Oliveira Kost, T. A. Knoch, and R. Wirth, "Spatio-temporal permanence and plasticity of foraging trails in young and mature leaf-cutting ant colonies(*Atta* spp.)," *Journal of Tropical Ecology* 21(6): 677-688(2005).

아타속 라에비가타, 비스파이리카, 볼렌베이데리, 카피구아라, 섹스덴스, 텍사나 둥지 구조를 비교 연구한 결과 많은 유사점과 더불어 종 특이적 차이점들이 발견되었다.[936][937][938][939] 둥지 구조는 태생적 종합 행동의 산물이다. 즉 둥지 구조란 이를테면 각 초유기체가 만드는, 도킨스가 발명한 은유적 표현인 '확장된 표현형'이라고 할 수 있다. 그 개미들의 해부학적, 생리적 특징과 마찬가지로 둥지의 건축적 특징 역시 자연 선택에 의해 다듬어진다. 건축적 특징은 개미 사회 전체 수준에 작용하는 자연 선택의 대표적 사례라 할 것이다. 다른 어떤 생물학적 조직화의 무리 수준 단위들처럼, 실리의 말을 빌면 둥지는 "수천 마리 곤충을 한데 모아 개체 능력을 초월하는 능력을 지닌 더 높은 단계의 존재를 만들기 위해 자연이 진화시킨 우아한 장치"이다.[940]

휠러가 처음으로 곤충 군락을 초유기체로 보는 생각을 세상에 공표한 후 반세기가 지나, 과학자들은 노동 분담에 근거한 군락 수준 적응적 개체군 구성과 조직화를 강조한, 즉 군락을 자기 조직하는 존재와 사회 선택 대상으로 보는 초유기체 개념을 되살렸다. 특히 데이비드 윌슨과 엘리어트 소버(Elliott Sober)는 곤충 군락들이 서로 다른 무리 적응도를 지니며 무리 적응도 변이가 유전 가능한 변이에 의해 생긴다는 이유로 곤충 군락이야말로 진정한 초유기체가 될 수 있다고 주장했다. 또한 군락 안에는 어떤 번식 경쟁도 있어서는 안 되거나, 혹은 그들의 관점에서는 적어도 군락 내 경쟁은 최소한 군락 사이 경쟁에 비해 눈에 띌 정도로 작아야 한

---

936) A. A. Moreira, L. C. Forti, A. P. P. Andrade, M. A. C. Boaretto, and J. F. S. Lopes, "Nest architecture of *Atta laevigata*(F. Smith, 1858)(Hymenoptera: Formicidae)," *Studies on Neotropical Fauna and Environment* 39(2): 109-116(2004); A. A. Moreira, L. C. Forti, M. A. C. Boaretto, A. P. P. Andrade, J. F. S. Lopes, and V. M. Ramos, "External and internal structure of *Atta bisphaerica Forel*(Hymenoptera: Formicidae) nests," *Journal of Applied Entomology* 128(3): 204-211(2004).

937) L. C. Forti and F. Roces, 사견.

938) N. A. Weber, *Gardening Ants: The Attines* (Philadelphia: American Philosophical Society, 1972).

939) J. C. Moser, "Contents and structure of *Atta texana* nest in summer," *Annals of the Entomological Society of America* 56(3): 286-291(1963).

940) T. D. Seeley, *The Wisdom of the Hive: The Social Physiology of Honey Bee Colonies* (Cambridge, MA: Harvard University Press, 1995).

다.[941]

　군락 동료 사이 번식 경쟁이 거의 전무해야 한다는 조건이 달린 이 초유기체 개념을 받아들인다면, 우리가 지금껏 설명해 온 많은 침개미와 미르메키나이아과의 개미들은 진정한 초유기체가 될 수 없을 것이다. 왜냐하면 이들에서는 군락 안 번식 경쟁이 분명히 매우 보편적 현상이기 때문이다. 그리하여 우리는 이제 좀 더 많은 연구자들이 일반적으로 받아들이는 관점인, 곤충 사회란 여러 위계적 단계에 작용하는 선택압을 받는 다양한 복잡성을 지닌 역동적이며 자기 조직하는 체계라는 개념을 따르고자 한다.[942] 이 관점이 데이비드 윌슨과 소버의 정의와 상충하는 것은 아니지만 그들이 주장한 잠재적으로 혼돈될 수 있는 좁은 의미의 제한 조건을 피할 수 있는 것으로 생각된다. 하지만 수천 종의 사회성 곤충들은 그들 속에서 번식 지위를 두고 일개미들 사이에 벌이는 경쟁으로부터 고도로 복잡하게 전문화된 버금 계급 체계에 이르는 상상 가능한 거의 모든 단계의 노동 분담을 보여 주고 있다. 이 중에서 어떤 단계에서 군락이 초유기체라고 불릴 수 있는지는 주관적인 문제다. 진사회성의 기원 단계(에드워드 윌슨 주장)일 수도 있고, 혹은 좀 더 높은 단계, 즉 '귀환 불능점'을 지나 번식 지위를 놓고 군락 속 경쟁이 거의 혹은 아예 없는 단계까지 이르러야 할 수도 있다(횔도블러 주장).

　어떤 잣대를 들이대든, 공생 사회구조와 공생자 사이의 극단적 복잡성과 연결 기작으로 꽉 맞물려 돌아가는 아타속 잎꾼개미의 거대한 군락이 현재까지 발견된 가장 위대한 초유기체로 특별대우를 받아야 한다는 점에는 이견이 없다.

---

941)　D. S. Wilson and E. Sober, "Reviving the superorganism," *Journal of Theoretical Biology* 136(3): 337-356(1989).

942)　T. D. Seeley, "Honey bee colonies are group-level adaptive units," *The American Naturalist* 150(Supplement): S22-S41(1997); S. D. Mitchell, *Biological Complexity and Integrative Pluralism* (New York: Cambridge Univerisity Press, 2003); R. E. Page and S. D. Mitchell, "The superorganism: new perspectives or tired metaphor?" *Trends in Ecology and Evolution* 8(7): 265-266(1993).

사진 66 | 아타 라에비가타 잎꾼개미 둥지의
지하통로 주형. 이 지하 고속도로를 따라
일개미들은 좌우에 놓인 버섯 재배실로 이르게
된다. (사진 제공: Wolfgang Thaler)

10

둥지 건축과
새 보금자리 찾기

NEST ARCHITECTURE AND HOUSE HUNTING

동물이 지은 구조물은 그것을 지은 동물의 또 다른 외부 기관, 혹은 좀 더 정확히 말해서 확장된 표현형의 일부라고 생각할 수 있다.[943][944] 사회성 곤충에서 종마다 특이한 둥지 구조는 수많은 개체들이 모여 종합적으로 행동한 결과물이고, 결국 그것을 건설한 협동하는 무리, 즉 초유기체의 확장된 표현형을 대표한다.

둥지 건축의 분석

흰개미와 사회성 벌, 말벌 둥지 구조에 대해서는 많은 정보가 존재하고 있지만 개미의 지하 둥지 건축은 여전히 대부분 알려지지 않고 있다.[945] 개미 둥지 건축에 관한 정량적 연구는 매우 적은 편인데, 그중 특히 월터 칭켈(Walter Tschinkel)의 연구가 독보적이며, 그는 또 개미 둥지에 치과용 회반죽이나 용융 알루미늄을 부어 넣어 둥지 구조의 3차원 주형을 만들기도 했다.[946][947][948] 다른 연구들에서는 둥지 전체를 조심스럽게 발굴하여 3차원 구조를 재건축하기도 했다. 이런 연구와 이

943) J. S. Turner, *The Extended Organism: The Physiology of Animal-Built Structures*(Cambridge, MA: Harvard University Press, 2000).

944) R. Dawkins, *The Extended Phenotype: The Gene as the Unit of Selection*(San Francisco: W. H. Freeman, 1982).

945) M. H. Hansell, *Animal Architecture and Building Behaviour*(New York: Longman, 1984).

946) W. R. Tschinkel, "Subterranean ant nests: trace fossils past and future?" *Palaeo* 192: 321–333(2003).

947) W. R. Tschinkel, "The nest architecture of the Florida harvester ant, *Pogonomyrmex badius*," *Journal of Insect Science* 4(21): 19 pp.(2004).

948) W. R. Tschinkel, "The nest architecture of the ant, *Camponotus* socius," *Journal of Insect Science* 5(9): 18 pp.(2005).

전 장에서 언급한 아타속 연구를 통해 개미 둥지가 복잡한 구조를 가졌을 뿐 아니라 특정 종마다 독특한 특성들을 빈번하게 드러내 보인다는 점이 명확해졌다. 대부분의 침개미 종 군락은 비교적 단순한 둥지를 가진다(주목할 만한 적은 수의 예외도 있다. 8장 참조). 진화적으로 좀 더 발달한 많은 종의 군락들은 나무나 땅속, 혹은 나뭇잎이나 풀잎 따위를 이용하거나, 식물성 섬유로 판지를 직접 만들어 그것으로 복잡한 둥지를 건설한다. 잎꾼개미 군락 둥지는 알려진 모든 개미 종의 둥지 건축 중에서 가장 복잡한 것이다.

잎꾼개미 군락과 여타 고도 사회성 곤충 대부분은 둥지 안과 땅 위 군락 영역에서 애벌레와 일꾼들의 분포와 활동이 공간적으로 자리매김되어 있다. 둥지 설계가 특정 작업을 하는 일꾼 무리 분류와 배치 '기판'으로 기능하는데, 이는 다른 개미 종에서도 발견된다.[949] 실험을 통해 적어도 제한된 기간 동안에는 단순하고 복잡한 둥지 구조 모두에서 일꾼의 공간 배치가 놀라울 정도로 사회적 복원력을 지니고 있음이 밝혀졌다.[950][951]

칭켈이 발전시킨 기술로 여러 개미 종이 건설한 지하 둥지 구조의 아름다운 사례들이 밝혀졌다(사진 67~69). 모양과 크기에 폭 넓은 변이가 있긴 하지만 속이나 심지어 종마다 특이한 형태적 특성들이 쉽게 눈에 띈다. 칭켈은 다음과 같이 자기 연구와 그것의 중요성을 설명했다.

> 행동 연구의 한 주제로서 둥지 건축은 다른 어떤 행동도 실질적으로 제공하지 못하는 매력적 특성을 드러낸다. 말하자면 둥지는 군락의 종합적 땅파기 노력의 완벽한 기록이며, 일단 주형이 만들어지면 즉시 연구를 시작할 수 있다. 크기가 다른 일련의 주형을 연구함으로써 둥지 성장과 발달 과정을 묘사할 수 있고, 종 특이적 특성들을 이해할 수 있으며 변이 범위를 가늠할 수 있다. 군락들

949)   W. R. Tschinkel, "The nest architecture of the Florida harvester ant, *Pogonomyrmex badius*," *Journal of Insect Science* 4(21): 19 pp.(2004).

950)   W. R. Tschinkel, "Sociometry and sociogenesis of colony-level attributes of the Florida harvester ant(Hymenoptera: Formicidae)," *Annals of the Entomological Society of America* 92(1): 80-89(1999); D. Cassill, W. R. Tschinkel, and S. B. Vinson, "Nest complexity, group size and brood rearing in the fire ant, *Solenopsis invicta*," *Insectes Sociaux* 49(2): 158-163(2002).

951)   S. J. Backen, A. B. Sendova-Franks, and N. R. Franks, "Testing the limits of social resilience in ant colonies," *Behavioral Ecology and Sociobiology* 48(2): 125-131(2000).

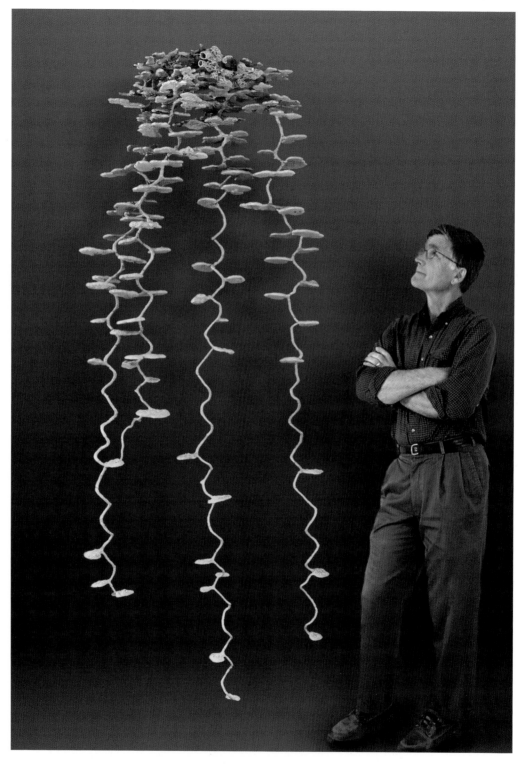

사진 67 │ 수확개미 포고노미르멕스 바디우스 성숙한 둥지 주형. 이를 만든 키 178센티미터의 월터 칭켈이 곁에 서 있다. (사진 제공: Charles F. Badland)

을 다양한 환경과 토양에 옮겨서 그들이 만든 서로 다른 둥지를 연구함으로써, 둥지 건축에 환경이 끼치는 변이를 알아낼 수도 있다. 현재 나의 시도는 둥지 건축이라는 연구 영역을 만들기 위한 작은 첫 발걸음이며, 이 연구 주제의 궁극적 목적은 어떻게 자기 조직하는 행동으로부터 둥지가 창발되며, 둥지가 가진 기능이 무엇이며, 종 안에서 그리고 종 사이에서 어떻게 둥지 건축이 변모하며, 어떻게 그것이 진화해 왔는가를 이해하는 것이다. 게다가 이런 주형들은 지금껏 볼 수 없었던 사실을 새로이 드러낸다. 그러므로 둥지 건축 연구는 의심할 수 없는 아름다움과 유형과 복잡성을 감추고 있는 숨겨진 세계에 대한 진정한 탐험인 것이다.[952]

둥지는 어떻게 만들어지는가

어떤 사회성 곤충들은 공기 조절 장치와 보강된 '성채'까지 보유한 복잡한 둥지를 지을 수 있다. 하지만 인간이 만든 건축물과 달리 여기에는 건축 과정을 총괄하는 건축가도, 청사진도, 전체를 아우르는 설계도 없다. 대신 둥지 구조는 서로 상호 작용을 하고 자신들이 변형하는 환경과 상호 작용하는 다수 일개미들의 자기 조직화 과정을 통해 드러난다. 이 과정에 대한 이론은 현미경적 수준에서 정의되는 상호 작용 과정에서 빚어져 나오는 거시적 패턴의 창발을 묘사하는 물리학과 화학에서 처음 기원했다.[953] 이 기본 개념이 사회성 곤충으로 확장되어, 종합적이고 복잡한 행동을 모형화함으로써 어떻게 사회적 패턴과 둥지 구조가 같은 행동 알고리즘을 따르는 개체들 사이 상호 작용으로부터 창발되어 나올 수 있었는가를 설명하는 데까지 이르렀다.[954] 스콧 캐머진(Scott Camazine)은 꿀벌 군락 둥지 안에서 놀랍도록 단순한 행동 역학에 의해 새끼와 꽃가루, 벌꿀이 담긴 방들의 특징적 질서

---

952) W. R. Tschinkel, "The nest architecture of the Florida harvester ant, *Pogonomyrmex badius*," *Journal of Insect Science* 4(21): 19 pp.(2004).

953) E. Bonabeau, G. Theraulaz, J. L. Deneubourg, S. Aron, and S. Camazine, "Self-organization in social insects," *Trends in Ecology and Evolution* 12(5): 188-193(1997).

954) S. Camazine, J.-L. Deneubourg, N. R. Franks, J. Sneyd, G. Theraulaz, and E. Bonabeau, *Self-Organization in Biological Systems*(Princeton, NJ: Princeton University Press, 2001).

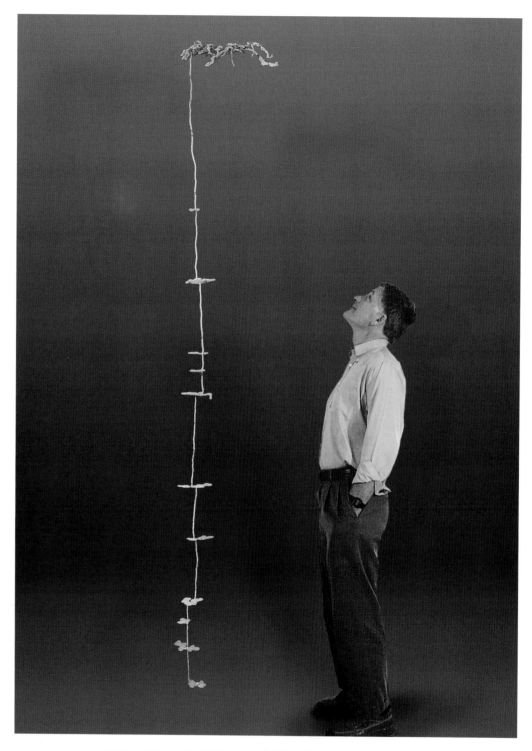

사진 68 │ 불개미아과 '겨울개미(winter ant)'인 프레놀레피스 임파리스(Prenolepis imparis) 둥지의
놀라운 구조가 칭켈이 만든 주형에 의해 드러나 있다. (사진 제공: Charles F. Badland)

가 만들어지는지를 설명했다.[955] 벌집의 일반적 패턴은 세 곳으로 뚜렷하게 구분되는 중심 구역들로 구성된다. 가운데 새끼 구역이 있고, 이를 둘러싼 꽃가루 방들과 주위에 넓게 퍼진 벌꿀 방들이 놓여 있다(사진 70). 자기 조직 이론과 실험 관찰을 통해 캐머진은 다음과 같은 규칙(알고리즘)들이 이런 패턴 창발에 관계되어 있음을 밝혀냈다.

1| 여왕은 둥지를 무작위로 순찰하다가 이미 새끼들이 차지하고 있는 방 주변 빈 방에 대부분의 알을 낳는다.

2| 벌꿀과 꽃가루는 비어 있는 방 어디에나 무작위로 저장된다.

3| 꽃가루보다 4배 많은 양의 꽃꿀이 둥지로 운반된다.

4| 꽃꿀과 꽃가루의 전형적인 제거 대 주입 비율은 각각 0.6과 0.95이다.

5| 꽃꿀과 꽃가루를 제거하는 일은 새끼가 들어 있는 방 수와 비례한다.

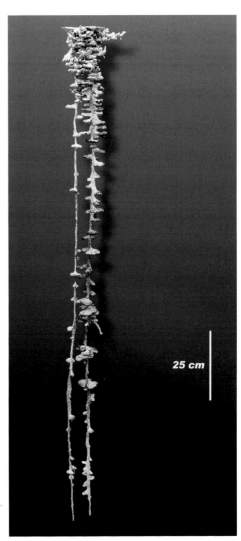

사진 69 | 페이돌레 모리시 둥지 구조. (주형 및 사진 제공: Walter Tschinkel)

이런 규칙에 근거한 시뮬레이션과 실험 관찰을 통해 어떻게 새끼, 꽃가루, 벌꿀의 중심 구역들이 형성되는 과정이 창발되는지를 알게 되었다. 규칙 1과 규칙 5는 첫 번째 알들이 벌집의 중앙부 근처에 낳아졌다는 조건 하에, 벌집 가운데에 새끼 구역이 자라나게 한다. 꽃꿀과 꽃가루는 처음에는 무작위로 저장되지만 규칙 3과 규칙 4에 의해 점차로 꽃가루 방은 비워지고, 대신 꽃꿀이 채워지게 된다. 이는 벌집 가장자리에 있는 꽃가루 방들은 점차 꽃꿀 방으로 바뀌고, 꽃가루 방 전환률이 더 높기 때문에, 꽃가루를 넣을 수 있는 방은 단지 새끼 구역 주변에만 남게 됨을 의미한다.[956]

그러므로 벌집 전체에 걸쳐 무작위로 갖다 넣은 꽃가루와 꽃꿀은 새끼 방 근처에서 이루어지는 선택적 제거 작업으로 인해 조직화

955) S. Camazine, "Self-organizing pattern formation on the combs of honey bee colonies," *Behavioral Ecology and Sociobiology* 28(1): 61-76(1991).

956) 또 E. Bonabeau, G. Theraulaz, J. L. Deneubourg, S. Aron, and S. Camazine, "Self-organization in social insects," *Trends in Ecology and Evolution* 12(5): 188-193(1997)를 참고할 것.

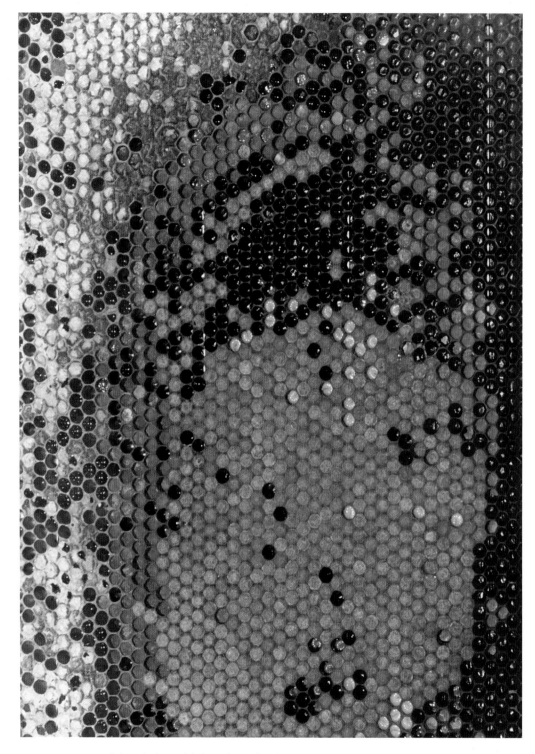

사진 70 │ 다소 뚜렷하게 구분되는 중심부 세 곳으로 이루어진 꿀벌 방의 명확한 패턴: 새끼 방으로 이루어진 중앙부, 꽃가루를 모아 놓은 방들이 그 주위를 둘러싸고 있고, 벌꿀이 모아져 있는 거대한 주변부가 보인다. (사진 제공: Marco Kleinhenz)

되는 결과에 이른다. 그 결과 새끼 방과 벌꿀 방 사이에 오로지 꽃가루 저장에만 사용되는 일정한 구역이 형성된다. 하지만 새끼 수가 늘어나면서 새끼 방 주변에서 제거되는 꽃가루 비율 역시 늘어나고 차례로 더 많은 방이 여왕으로 하여금 알을 낳을 수 있게 비워져 결과적으로 꽃가루 섭취율 역시 더욱 증가한다. 빈 벌꿀 방과 꽃가루 방이 더 많이 늘어나면 그 결과 자라나는 애벌레를 먹이는 데 필요한 새로운 꽃가루를 저장할 공간 역시 늘어난다. 이런 양의 되먹임 과정은 벌집 안에서 방들을 비우고 채우는 단순한 행동 규칙과 상호 작용한다.

이 연구는 꿀벌이 지역적 신호에 반응하는 간단한 규칙을 수행할 때, 둥지 조직화 과정에서 군락 수준 패턴이 어떻게 만들어지는가를 아름답게 그려 낸다. "국지적 혼돈으로 보이는 상태로부터 어떻게 전체적 질서가 창발되는가? 이는 컴퓨터 프로그래머들이 좀 더 효율적으로 기능하는 네트워크를 만들기 위해 수 년 동안 곤충 행동으로부터 모방해 온 바로 그 개념이다." [957]

이런 접근 방법의 전망은 매우 밝다. 꿀벌 둥지의 육각형 방들의 정확한 배열을 생각해 보자. 이런 배열의 정확성은 최근 크리스천 퍼크(Christian Pirk)와 동료들이 분석해 냈듯이, 물리적 제한 요소와 단순한 행동 규칙에 따라 만들어지는 것으로 드러났다. [958] 이들은 방 내벽의 주형을 뜨기 위해 합성수지를 꿀벌 방에 부어 넣었는데, 이로부터 놀라운 결과를 얻었다. 굳어진 합성수지 옆면은 예상대로 육각형이었지만, 바닥은 이전에 생각했던 것처럼 3개의 평행사변형이 모여 이루어진 것이 아니었다. 대신 납작한 볼록 타원형이었다. 평행사변형처럼 보였던 것은 시각적 착각이었던 것이다. 벌집 구조는 온도가 오르내림에 따라 물러졌다 단단해지는 열가소성 건축 자재인 밀랍으로 만들어진다. 밀랍은 빼곡하게 늘어선 원통들, 즉 밀랍을 내어 집을 짓고 있는 꿀벌 자체 주위를 돌아 흐른다. 바로 옆으로 늘어선 원통 속에서 어깨를 맞대고 일하는 각 일벌들은 방을 마지막 길이까지 마감하고 일을 하면서 밀랍을 덥힌다. 방의 둥근 벽은 인접한 방과 맞대진 채로 육각형을 갖출 때까지 늘어난다. 하지만 바닥은 방을 만들기 시작할 때부터 반구형이었을 뿐, 3개의 평행사변형을 형성하지 않는다. 벌은 그 자신이 일꾼이면서 동시에 가열 엔진이

957)   B. Shouse, "Getting the behavior of social insects to compute," *Science* 295: 2357(2002).

958)   C. W. W. Pirk, H. R. Hepburn, S. E. Radloff, and J. Tautz, "Honeybee combs: construction through a liquid equilibrium process?" *Naturwissenschaften* 91(7): 350-353(2004).

다. 방 안의 벌은 밀랍의 열가소성 특질을 최적화하는 온도인 섭씨 40도까지 열을 낼 수 있는 것으로 밝혀졌다.

꿀벌 집 패턴 형성을 분석하는 것은 수학적 형형링이 경험적 실험으로 이어지는, 자기 조직화로부터 질서정연한 구조가 만들어지는 과정을 밝히는 연구 사례가 된다. 이와 비슷한 연구들은 개미와 흰개미 둥지 건설과 벽 건축을 밝혔고,[959][960][961][962] 쌍살벌 둥지의 방 배열,[963] 사회성 곤충 떼 형성,[964][965] 개미의 새끼 정리,[966] 채집 무리와 수송로 형성[967]을 비롯한 종합적 행동으로부터만 창발될 수 있는 여타 대규모 무리 형성과 대규모 생물학적 특성을 설명해 왔다.

다양한 종류의 흰개미, 말벌, 꿀벌, 개미의 집짓기 행동을 직접적으로 통제하는 종 특이적인 청사진 같은 것은 없지만 단순하면서도 구체적인 행동 '규칙'과 되먹임 고리 몇 가지가 각 종마다 독특한 형태의 둥지 구조를 만들어 내는 종합적 노력을 통제하고 있다. 각 군락 구성원들이 핵심적 자극에 대해 어떻게 반응하는가는

---

959) N. R. Franks, A. Wilby, B. W. Silverman, and C. Tofts, "Self-organizing nest construction in ants: sophisticated building by blind bulldozing," *Animal Behaviour* 44(2): 357-375(1992).

960) J. L. Deneubourg and N. R. Franks, "Collective control without explicit coding: the case of communal nest excavation," *Journal of Insect Behavior* 8(4): 417-432(1995).

961) G. Theraulaz and E. Bonabeau, "Modelling the collective building of complex architectures in social insects with lattice swarms," *Journal of Theoretical Biology* 177(4): 381-400(1995).

962) P. Rasse and J. L. Deneubourg, "Dynamics of nest excavation and nest size regulation of *Lasius niger* (Hymenoptera: Formicidae)," *Journal of Insect Behavior* 14(4): 433-449(2001).

963) I. Karsai and Z. Pénzes, "Optimality of cell arrangements and rules of thumb of cell initiation in *Polistes dominulus*: a modeling approach," *Behavioral Ecology* 11(4): 387-395(2000).

964) C. Anderson, G. Theraulaz, and J. L. Deneubourg, "Self-assemblages in insect societies," *Insectes Sociaux* 49(2): 99-110(2002).

965) A. Lioni and J.-L. Deneubourg, "Collective decision through self-assembling," *Naturwissenschaften* 91(5): 237-241(2004).

966) N. R. Franks and A. B. Sendova-Franks, "Brood sorting by ants: distributing the workload over the work-surface," *Behavioral Ecology and Sociobiology* 30(2): 109-123(1992).

967) N. R. Franks, N. Gomez, S. Goss, and J. L. Deneubourg, "The blind leading the blind in army ant raid patterns: testing a model of self-organization(Hymenoptera: Formicidae)," *Journal of Insect Behavior* 4(5): 583-607(1991); I. D. Couzin and N. R. Franks, "Self-organized lane formation and optimized traffic flow in army ants," *Proceedings of the Royal Society of London B* 270: 139-146(2003).

유전적으로 결정되어 있으며, 따라서 자연 선택의 대상이 된다. 곤충 종의 건축 구조 변이를 연구하는 것은 사회성 곤충들의 둥지 구조에 담긴 진화적 적응과 이런 둥지 건설을 통제하는 일반적 행동 규칙들과 되먹임 반응들을 더 자세히 이해할 수 있도록 만든다.[968)969)970)]

스티그머지 과정

둥지 건축 사이의 자기 조직화를 설명하는 선구적인 개념인 스티그머지(Stigmergy)는 1959년 프랑스 위대한 동물학자인 피에르-폴 그라세(Pierre-Paul Grassé)가 아프리카산 마크로테르미티나이아과 흰개미 둥지 건설을 설명하기 위해 처음으로 제안했다.[971)] 이 용어는 '일하도록 만들다'라는 그리스 어에서 파생되었다. 일꾼들 사이 직접적 상호 작용은 필요하지 않다. 대신 그라세가 밝힌 것처럼 각 둥지 건축 일꾼들은 그들 행위의 부산물로 서로에게 영향을 미친다. 둥지를 만들기 시작하는 그 순간부터 일꾼은 똥 덩어리나 기타 물질을 특정 장소에 가져다 놓아 환경을 변화시킨다. 이런 환경 변화는 이제 새로운 자극이 되어 다른 일꾼으로 하여금 이를테면 두 번째 덩어리를 더하거나 무더기를 정리한다든지 하는 새로운 반응을 유발할 수 있다. 스티그머지 노동 과정에서 곤충으로 하여금 추가적 노동을 하게 만드는 것은 군락 구성원 사이 직접적 의사소통이 아니라 이전까지 되어 온 일의 결과이다. 일꾼들이 계속 교체되는 상황에서도 이미 만들어진 만큼의 둥지가 그 자체의 위치와 높이, 모양, 그리고 아마도 냄새를 가지고 새로운 일꾼들에게 무슨 일이 더해져야 하는지를 알려 준다. 이런 스티그머지 노동은 또 사회

---

968) J. S. Turner, *The Extended Organism: The Physiology of Animal-Built Structures* (Cambridge, MA: Harvard University Press, 2000).

969) 다음 문헌을 참고할 것. R. L. Jeanne, "The adaptiveness of social wasp nest architecture," *The Quarterly Review of Biology* 50(3): 267-287(1975).

970) J. W. Wenzel, "Evolution of nest architecture," in K. G. Ross and R. W. Matthews, eds., *The Social Biology of Wasps* (Ithaca, NY: Cornell University Press, 1991), pp. 480-519.

971) P.-P. Grassé, "La reconstruction du nid et les coordinations interindividuelles chez *Bellicositermes natalensis* et *Cubitermes* sp. la théorie de la stigmergie: essai d'interpretation du comportement des termites constructeurs," *Insectes Sociaux* 6(1): 41-84(1959).

성 곤충들이 여러 장소에 동시에 집을 지을 수 있게도 만드는데, 이는 가장 복잡한 둥지 구조 발달에 이르는 매우 중요한 진화적 단계이다.[972]

또 하나 중요한 점은 스티그머지에 양의 되먹임 과정이 포함된다는 것이다. 가장 빠르게 성장하는 구조가 가장 강력한 자극으로 기능하고 그 결과 자극의 최정점에 이를 때까지 계속 더 빠르게 성장한다. 자극의 최정점에 이르면 더 이상의 자극은 음의 되먹임 고리를 촉발시켜 자극은 퇴보되고 다른 건설 작업으로 옮겨 가게 된다. 이런 안내 규칙은 다른 환경적 맥락에서는 또 변화한다. 그렇지 않으면 건축물은 그저 단순해질 것이며 지하 채집 통로나 구형의 버섯 재배실 같은 주요 건축 요소들이 만들어질 수 없을 것이다.

스티그머지 반응들은 사회성 곤충 일반에서 둥지 건축의 중요 요인으로 드러났다. 이런 반응들이 명백히 확인됨으로써 쌍살벌 둥지 건설 행동의 통제 과정을 이해할 수 있었고,[973][974] 몇 종의 개미에서 보이는 공동 굴착 작업과 자기 조직적 둥지 건축 과정,[975][976] 그리고 베짜기개미(오이코필라 롱기노다 및 오이코필라 스마라그디안(*Oecophylla smaragdian*))의 불가사의할 정도로 복잡한 협동 작업 과정이 비로소 밝혀지게 되었다.

이제 열대 아프리카와 아시아의 숲지붕을 점령하고 있는 베짜기개미를 살펴보자. 이들은 나무 꼭대기에서 일하며 애벌레가 뱉어 내는 끈끈한 실을 이용해 푸른 잎들을 한데 묶어 둥지를 만든다. 이런 독특한 잎과 명주실을 이용한 천막을 만들기 위해서는 여러 무리의 일꾼들이 다 함께 동시에 잎들을 잡아당기면서 다른 무

972) I. Karsai and J. W. Wenzel, "Productivity, individual-level and colony-level flexibility, and organization of work as consequences of colony size," *Proceedings of the National Academy of Sciences USA* 95(15): 8665-8669(1998).

973) I. Karsai and Z. Pénzes, "Nest shapes in paper wasps: can the variability of forms be deduced from the same construction algorithm?" *Proceedings of the Royal Society of London B* 265: 1261-1268(1998).

974) I. Karsai, "Decentralized control of construction behavior in paper wasps: an overview of the stigmergy approach," *Artificial Life* 5(2): 117-136(1999).

975) N. R. Franks, A. Wilby, B. W. Silverman, and C. Tofts, "Self-organizing nest construction in ants: sophisticated building by blind bulldozing," *Animal Behaviour* 44(2): 357-375(1992).

976) J. L. Deneubourg and N. R. Franks, "Collective control without explicit coding: the case of communal nest excavation," *Journal of Insect Behavior* 8(4): 417-432(1995).

리는 명주실을 뱉어 내는 애벌레를 마치 살아 있는 북실통처럼 입에 물고 잎 가장자리 사이를 왔다 갔다 하면서 고정시켜야 한다(사진 17~19 참조). 어떻게 이런 협동이 가능할까?

존 서드(John Sudd)가 발견한 기초적 해답은 단순한 형태의 스티그머지가 관련되어 있다.[977] 잎을 잡아당기고 말려는 일개미들은 처음에는 혼자서 일한다. 잎의 어떤 부분에서 한 마리 혹은 그 이상 일개미들이 어쩌다 성공하면 근처에서 일하던 다른 일개미들은 자기가 하던 일을 제쳐 두고 거든다. 그리하여 작업에 성공한 일개미들이 만든 환경 변화가 다른 일개미들로 하여금 공동 작업에 참여하도록 하는 자극이 되는 것이다. 그리고 그것이 다시 자극을 더 강하게 하여 더 많은 일개미들을 협동 작업에 끌어들이게 된다. 일개미들은 이제 한 줄로 늘어서서 잎을 함께 잡아당긴다. 다른 경우 잎과 잎 사이 간격이 한 마리가 붙들어 오기 어려울 정도로 길면 일개미들은 서로 서로의 허리 마디를 붙들어 살아 있는 하나의 사슬처럼 잎들을 붙들어 당긴다. 이런 사슬들이 여러 줄 늘어 선 경우 이들이 합친 힘은 놀랄 정도로 강력하다.

최근 아노 리오니(Arnaud Lioni)와 장-루이 드뇌브르(Jean-Loui Deneubourg)는 베짜기개미 사슬 만들기 과정을 설명하는 수학식을 만들었다. 이들은 사슬이 크면 클수록 더 많은 일개미들이 모여들 확률이 높아지고, 사슬이 작을수록 기존 일개미들이 사슬을 떠나는 확률이 더 낮다는 것을 확인했다.[978] 물론 이 모든 것은 사슬이 만들어지는 구역에 있는 일개미 무리 크기와 사슬 안에 있는 일개미 수에 대한 개체 반응 사이 상호 작용에 영향을 받는다. 실제로 페로몬 냄새길과 운동 신호를 통해 둥지 건설 장소로 동료 일개미를 동원함으로써 이런 종합적 선택이 증폭되고 안정된다.[979][980]

---

977) J. H. Sudd, *An Introduction to the Behaviour of Ants* (London: Edward Arnold, 1967).

978) A. Lioni and J.-L. Deneubourg, "Collective decision through self-assembling," *Naturwissenschaften* 91(5): 237-241(2004).

979) B. Hölldobler and E. O. Wilson, "The multiple recruitment systems of the African weaver ant *Oecophylla longinoda* (Latreille)(Hymenoptera: Formicidae)," *Behavioral Ecology and Sociobiology* 3(1): 19-60(1978).

980) A. Lioni and J.-L. Deneubourg, "Collective decision through self-assembling," *Naturwissenschaften* 91(5): 237-241(2004).

그라세의 스티그머지 개념을 정교화하는 과정은 지금까지도 그랬고, 앞으로도 매우 성공적일 것이다. 하지만 과학의 많은 작업이 그러하듯이, 정당한 역사적 명예를 부여하자면, 스티그머지의 기본 생각은 그라세 이전으로 올라간다. 이 개념은 통찰력 있는 위베가 1810년에 처음 만들었지만 그 특별한 단어까지 고안한 것은 아니다. 포르미카 푸스카 둥지 건설에 대해 언급하면서 위베가 말하기를, "이 일을 수천 번 관찰한 뒤 나는 일개미 각각이 동료들과 무관하게 독립적으로 움직인다는 것을 확신한다. 뭔가 실행하는 간단한 계획에 착안한 첫 개체가 즉시 그 계획의 밑그림을 그린다. 다른 놈들은 그저 첫 번째 개미가 한 일을 보면서 같은 일을 함께 계속할 뿐이다."[981]

새 보금자리 찾기와 군락 이주

말벌과 벌을 비롯하여, 많은 개미 종들은 땅속과 나무를 비롯 갈라진 바위틈이나 빈 나뭇가지와 도토리 속에 이미 만들어진 공간에 둥지를 짓는다. 이 공간 크기가 적당한 둥지 터를 고르는 결정적인 기준이 된다. 새 둥지 터를 찾아 나선 꿀벌 정찰대가 이를 결정할 때 매우 까다롭다는 것은 이미 오랫동안 알려져 왔다. 꿀벌이 둥지 터를 고르는 행동을 가장 면밀히 연구한 사람은 실리이다.[982] 실리는 꿀벌들이 원래 둥지로 사용하는 나무 둥치 속 공간의 대체물로 삼을 만한 다양한 모양과 크기의 둥지 상자를 가져다주었다. 야생 꿀벌 떼가 이 여러 가지 종류의 상자를 둥지로 사용하는 빈도를 조사한 결과 그는 첨병들이 상자의 높이, 폭, 깊이 모두를 입체적으로 재며 이로부터 전체 부피를 계산한다는 것을 밝힐 수 있었다. 첨병들이 상자 안을 탐색하며 돌아다니는 행동을 녹화한 실리는 이들이 40여 분에 이르는 상당한 시간에 걸쳐 체계적으로 상자 내벽을 걸어 다니는 것을 발견했다. 벌들은 내부 공간을 걷는 데 걸리는 시간으로 부피를 가늠하는 것으로 보인다. 이 가설을 검증하기 위해 실리는 움직이는 상자 벽으로 실험했다. 첨병이 상자 내벽을 탐험하기

---

981)   P. Huber, *Recherches sur les Moeurs des Fourmis Indigenes* (Paris: J. J. Paschoud, 1810).

982)   T. Seeley, "Measurement of nest cavity volume by the honey bee (*Apis mellifera*)," *Behavioral Ecology and Sociobiology* 2(2): 201–227(1977); T. D. Seeley and R. A. Morse, "Nest site selection by the honey bee, *Apis mellifera*," *Insectes Sociaux* 25(4): 323–337(1978).

초유기체

시작하면 벽이 벌의 진행 방향, 혹은 그 반대 방향으로 움직인다. 이로써 첨병은 내부 공간이 실제보다 더 크거나 작다는 착각을 하게 된다. 실험 결과 첨병들은 분명히 어떤 걷는 방법으로써 공간의 직선거리를 가늠한다는 것이 확인되었고 또 "벌은 둥지 입구로 추정하는 고정된 점에 이르는 직선과 자신이 움직인 경로가 교차하는 각도를 끊임없이 측정하고 있다. 이 각도들 사이 변화를 지속적으로 관찰하고 각 각도마다 움직인 거리를 기억함으로써 벌은 공간에 연관된 단면을 결정하고 부피를 직접 '계산'"한다는 것을 보여 주었다.[983]

이런 첨병의 능력은 처음 보면 대단하게 보인다. 하지만 실리가 지적하듯이 '벡터 미적분학 가설'로 설명되는 종합적 작업 능력은 이미 꿀벌의 능력 범위 내에 들어 있는 것이고, 또 다음과 같이 꽁무니춤을 이용한 의사소통 중에 보이는 행동에서도 확인되는 것이다. "여러 차례의 우회 경로 실험들은…… 꿀벌이 둥지와 먹잇감 사이를 굴곡 많은 비선형 경로로 비행하도록 강요함으로써 꿀벌들이 둥지와 먹잇감 사이의 공중 직선 경로에 상응하는 각도를 계산해서 꽁무니춤을 출 수 있음을 증명했다. 여기에는 해의 각도와 여러 개 서로 다른 비행 경로 구간 거리를 종합하는 능력이 필요하다.…… 꿀벌이 둥지와 먹잇감 사이의 구부러진 우회 경로를 날아가야 하는 경우에도 이들은 역시 해의 각도를 측정하고 움직인 거리를 재는 작업을 통해, 둥지와 먹이 사이의 직선 경로를 계산해 낼 수 있었다."[984] 새 둥지 공간의 부피는 품질 검사의 한 가지 요소에 불과하다. 다른 요소들로는 높이, 면적, 입구 방향, 둥지 내부 바닥과 입구 위치의 관계, 장소의 질 및 이전에 살던 군락이 남긴 둥지의 존재 여부 등이 포함된다.[985][986]

첨병들이 새 둥지 터를 발견해서 탐색을 마치면 어미 여왕과 함께 자신들을 기

983)　T. Seeley, "Measurement of nest cavity volume by the honey bee(*Apis mellifera*)," *Behavioral Ecology and Sociobiology* 2(2): 201-227(1977); T. D. Seeley and R. A. Morse, "Nest site selection by the honey bee, *Apis mellifera*," *Insectes Sociaux* 25(4): 323-337(1978).

984)　꿀벌의 부피 추산에 관한 새로운 알고리즘이 최근 하나 제시되었지만 아직 실험적으로 검증되지는 않았다. N. R. Franks and A. Dornhaus, "How might individual honeybees measure massive volumes?" *Proceedings of the Royal Society of London B* 270(Supplement): S181-S182(2003).

985)　T. D. Seeley, *Honeybee Ecology: A Study of Adaptation in Social Life*(Princeton, NJ: Princeton University Press, 1995).

986)　P. C. Witherell, "A review of the scinetific literature relating to honey bee bait hives and swarm attractants," *American Bee Journal* 125(12): 823-829(1985).

다리는 동료들이 있는 벌떼로 되돌아간다. 이 벌떼는 이전 둥지에 살던 군락으로부터 갈라져 나와 새 군락을 만들기 위한 벌들로, 이전 둥지에는 원래 군락의 영속을 위해 절반 가까운 일벌들과 새로운 여왕 한 마리를 남겨 둔 상태이다. 이 벌떼는 어디까지나 적절한 크기의 새로운 둥지가 발견되기까지만 유지되는 한시적 예비 무리이다. 성공적으로 새 둥지 터를 찾은 첨병이 떼로 돌아가 꽁무니춤으로 새로 찾은 둥지 터의 위치와 품질을 동료들에게 알린다는 것은 이미 반세기 전부터 알려진 사실이다(그림 10-1).[987)988)] 방향과 거리 정보가 담긴 꽁무니춤의 요소들은 이미 잘 이해되었다.[989)] 둥지 터 품질을 춤의 '지속성'과 '생동감'을 조절해서 알린다는 사실도 잘 연구되었다.[990)] 하지만 새 둥지 터를 찾아 나선 첨병 수가 수백 마리에 달하고 많은 수가 돌아와 서로 다른 둥지 터를 제각각 보고한다. 벌떼는 어떻게 이렇게 많은 수의 둥지 터 중에서 하나를 결정해 낼 수 있는가? 이를 처음으로 밝혀낸 것은 마틴 린다우어(Martin Lindauer)로, 춤추는 첨병들은 서로 경쟁할 뿐 아니라 서로에게 영향을 미친다는 사실을 1950년대에 이미 알아냈다.[991)] 린다우어는 자기가 찾은 둥지 터를 광고하는 춤을 멈춘 첨병이 다른 둥지 터로 이끌려 간 뒤 그 둥지 터를 광고하는 춤을 춘다는 것을 관찰했다. 하지만 이 둥지 터 선정 과정에 꿀벌 떼 안에서 정확히 어떤 의사 결정 과정 기제가 필요한지는 여전히 알려지지 않고 있다.

작은 뇌를 가진 벌들로 이루어진 꿀벌 떼가 어떻게 의사 결정의 가장 정교한 전략을 추구할 수 있는 일이 가능할까? 이는 실리와 수재너 버먼(Susannah Buhrman)

---

987) M. Lindauer, "Schwarmbienen auf Wohnungssuche," *Zeitschrift für vergleichende Physiologie* 37(4): 263-324(1955).

988) M. Lindauer, *Communication among Social Bees*(Cambridge, MA: Harvard University Press, 1961).

989) K. V. Frisch, *The Dance Language and Orientation of Bees*(Cambridge, MA: The Belknap Press of Harvard University Press, 1967; 2nd printing, 1993).

990) M. Lindauer, "Schwarmbienen auf Wohnungssuche," *Zeitschrift für vergleichende Physiologie* 37(4): 263-324(1955).

991) M. Lindauer, "Schwarmbienen auf Wohnungssuche," *Zeitschrift für vergleichende Physiologie* 37(4): 263-324(1955); M. Lindauer, *Communication among Social Bees*(Cambridge, MA: Harvard University Press, 1961).

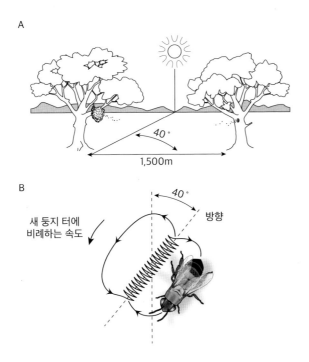

그림 10-1 | 꿀벌이 새 둥지 터로 무리를 동원하는 과정. 위: 군락이 나무 위에 임시 둥지 터를 마련하고 모든 일벌들이 여왕 주위에 모여 들어 떼를 만들고 있고, 밖으로 나간 첨병이 1,500미터 정도 떨어진 나무 둥치 안에 새 둥지를 짓기에 적절한 구멍을 발견한다. 아래: 첨병은 새로 발견한 둥지 터의 거리와 방향을 새 둥지 터의 질에 걸맞는 꽁무니춤으로 동료들에게 알린다. M. Lindauer, "Schwarmbienen auf Wohnungssuche," *Zeitschrift für vergleichende Physiologie* 37(4): 263–324(1955); T. D. Seeley and S. C. Buhrman, "Group decision making in swarms of honey bees," *Behavioral Ecology and Sociobiology* 45(1): 19–31(1999).

이 이 놀라운 현상에 대한 새로운 분석을 시작할 때 지니고 있던 질문이다.[992][993] 이들은 각 첨병이 꽁무니춤을 추는 모든 과정을 녹화함으로써 첨병과 본대 사이 상호 작용을 자세히 추적할 수 있었다.[994] 이 춤을 '읽음'으로써 이들은 첨병들이

---

992) T. D. Seeley and S. C. Buhrman, "Group decision making in swarms of honey bees," *Behavioral Ecology and Sociobiology* 45(1): 19–31(1999).

993) T. D. Seeley and S. C. Buhrman, "Nest-site selection in honey bees: how well do swarms implement the 'best-of-*N*' decision rule?" *Behavioral Ecology and Sociobiology* 49(5): 416–427(2001).

994) 다음도 참고할 것. S. Camazine, P. V. Visscher, J. Finley, and R. S. Vetter, "House-hunting by honey bee swarms: collective decisions and individual behaviors," *Insectes Sociaux* 46(4): 348–360(1999); P. K. Visscher and S. Camazine, "Collective decisions and cognition in bees," *Nature* 397: 400(1999).

처음에는 수 킬로미터 거리를 거치며 다양한 방향에 걸쳐 새로운 둥지 터를 찾는 다는 것을 확인했다. 다수의 첨병들이 처음에는 여러 곳의 둥지 터를 제각각 광고 하지만, 시간이 지날수록 결국 단 하나의 장소로 수렴했다. 그 결과 1시간 정도가 지나면 벌떼는 선택된 둥지를 향해 이주를 시작한다. 이 과정을 각개 첨병 수준에 서 분석함으로써 둥지 터가 더 나은 곳일수록 이를 광고하는 꿀벌의 꽁무니춤은 시간이 더 길고 꽁무니를 흔드는 빈도도 높다는 것을 밝혀냈다. 이는 과거 린다우 어가 "좀 더 생동감 있고" "더 오래 지속되는"이라고 묘사한 그 특성과 일치하고 있 다. 따라서 첨병들은 자신이 찾은 둥지 터 품질에 맞춰 춤 행동을 조절하는 듯 보인 다. 그저 그런 둥지 터를 광고하는 첨병은 더 나은 둥지 터를 광고하는 첨병에 비해 동료를 동원하는 일에 성공적이지 못했다. 금세 고품질 둥지 터를 방문하는 벌 수 가 그저 그런 둥지 터를 찾는 벌 수를 압도했다. 결국 고품질 둥지 터가 마지막에 선 택된다는 결론에 이른다.[995]

원래 자기 둥지 터를 광고하다가 스스로 춤을 멈춘 첨병은 이후 다른 첨병의 춤 을 특별한 선호 없이 무작위로 관찰하는 것으로 보인다. 심지어는 이미 이전에 자 신이 광고하다가 그만 둔 둥지 터를 광고하는 다른 첨병까지 쳐다본다.[996] 여러 둥 지 터로 동원되는 일벌의 상대적 비율은 각 둥지 터를 광고하는 춤의 원형 회전수 로 대표되는 상대적 강도와 비례해야만 한다. 이 방법에 의해 가장 많은 첨병들이 광고춤을 추는 바로 그 둥지 터가 벌떼에 의해 궁극적으로 선택된다.

따라서 애당초 그저 그런 둥지 터를 광고하던 첨병들 사이의 합의 결정 알고리 즘은 비교적 빨리 스스로 춤을 멈추고 더 높은 품질의 둥지 터를 살피러 가는 첨병 이 되는 것이다. 실리와 버먼은 첨병들은 "점차 춤을 그만두도록" 프로그램되어 있 으며, "이로써 두 곳 이상 둥지 터를 광고하는 벌들이 서로 양보하지 않고 맞서는 의 사 결정 과정의 교착상태에 이를 가능성을 줄인다."라고 결론지었다.[997]

---

995) T. D. Seeley and S. C. Buhrman, "Nest-site selection in honey bees: how well do swarms implement the 'best-of-*N*' decision rule?" *Behavioral Ecology and Sociobiology* 49(5): 416-427(2001).

996) 다음도 참고할 것. S. Camazine, P. V. Visscher, J. Finley, and R. S. Vetter, "House-hunting by honey bee swarms: collective decisions and individual behaviors," *Insectes Sociaux* 46(4): 348-360(1999); P. K. Visscher and S. Camazine, "Collective decisions and cognition in bees," *Nature* 397: 400(1999).

997) T. D. Seeley and S. C. Buhrman, "Group decision making in swarms of honey bees,"

벌떼에게 서로 다른 품질의 둥지 터를 몇 개 제공한 뒤 선택하도록 한 실험에서 벌떼는 '가진 것 중에서 최선'의 결정 규칙을 실행할 수 있음을 확인했다. 즉 첨병들은 새 둥지 터의 품질에 비례하여 동원하는 일벌의 양을 조절할 수 있다는 것이다. "둥지 터가 더 좋으면 동원되는 일벌 수가 늘어나고, 벌이 모여드는 속도도 빨라지고, 결국 그 터가 선택될 가능성이 높아진다."[998][999]

꿀벌 개체별 행동을 조정하는 알고리즘을 통하는 전체론적 방법을 이용하는 꿀벌 떼는 각 첨병들이 광고하는 여러 둥지 터의 품질을 드러내는 요인들을 검수하여 최종적으로 하나의 결론에 이르게 된다. 분명한 것은 이 과정에 개별 의견을 종합해서 군락의 최종 결정을 내리는 감독 역은 존재하지 않는다는 점이다. 대신 실리와 버어먼이 지적하듯, 그리고 자기 조직화의 일반 원칙에 부합되듯이 의사 결정은 최고의 둥지 터를 발견하는 첨병들 사이에 벌어지는 우호적 경쟁이 고도로 나누어진 과정이다. 그리고 실제로 이것은 민주주의적이다. 잠재적 둥지 터들을 평가하여 한 곳의 특별한 둥지 터를 최종적으로 선별하는 것은 많은 일벌들 사이에 골고루 나누어져 진행되는 작업이며, 각개 일벌들이 자신이 조사한 특정 둥지 터로 동원하게 되는 동료 일벌 수는 서로 다르다.

실제로 이 의사 결정 과정은 '합의 도출'이 아니라 '정족수 감지'라는 것이 이제 잘 이해돼 있다. 즉 다양한 둥지 터 후보군 중 하나를 선택하는 것은 일종의 경주와도 같은 것으로, 한 무리 첨병들끼리 누가 먼저 정족수(15~20마리)에 해당하는 만큼의 동료 일벌을 특정 시간에 특정 둥지 터로 동원해서 데려갈 수 있느냐를 두고 경쟁하는 작업이다. 어떤 둥지 터로 날아 갈 준비가 된 일벌 수가 일단 이 정족수에 도달하면 거기 있는 첨병들은 이를 감지하고 모여든 일벌들에게 둥지 터로 날아갈 준비를 하도록 자극하는 신호를 만들어 내기 시작한다. 이 행동의 결과 아마도

Behavioral Ecology and Sociobiology 45(1): 19-31(1999); T. D. Seeley, "Consensus building during nest-site selection in honey bee swarms: the expiration of dissent," *Behavioral Ecology and Sociobiology* 53(6): 417-426(2003).

998) T. D. Seeley and S. C. Buhrman, "Nest-site selection in honey bees: how well do swarms implement the 'best-of-*N*' decision rule?" *Behavioral Ecology and Sociobiology* 49(5): 416-427(2001).

999) 다음에서 이 규칙이 수학적으로 다루어졌음. N. F. Britton, N. R. Franks, S. C. Pratt, and T. D. Seeley, "Deciding on a new home: how do honeybees agree?" *Proceedings of the Royal Society of London B* 269: 1383-1388(2002).

다른 둥지 터로부터 돌아온 첨병들은 더 이상 동원 노력을 포기하게 되는 것으로 생각된다. 따라서 춤추는 첨병들 사이에 일반적 합의가 도출되기는 하지만, 이것이 군락 전체 의사 결정 과정에서 주목하는 점이 아니라는 사실이 밝혀졌다. 이런 정족수 감지하기는 아래에서 간략히 기술하듯 렙토토락스와 템노토락스 개미들이 둥지를 이사하는 과정에서 보여 주는 의사 결정 과정과 놀라울 정도로 비슷하다. 두 가지 경우 모두 '특정 둥지 터로 동료 일꾼을 동원하는 경쟁'이 개입되어 있다.[1000]

각 첨병의 지각적 노력은 전체 벌떼가 수행하는 총합적 정보 처리에 비해서는 무척 작은 부분에 지나지 않음이 분명하다. 떼는 개체보다 높은 수준의 지각 체계라고 할 수 있다. 벌떼가 장래 둥지를 결정하는 방식은 또 다른 알고리즘에 의한 방식들과 아울러 여기저기 나누어져 있는 과정이며, 이로 인해 꿀벌 군락을 초유기체 지위에 올려놓기에 충분하다.[1001][1002][1003]

이주하는 개미 군락도 같은 원칙을 보여 준다. 군락 이주는 하나의 군락이 둘로 갈라지거나, 둘 이상 군락이 하나로 합쳐질 때 일어나는 일이다. 또 군락이 지금 살고 있는 둥지가 포용할 수 있는 한계를 넘어 너무 커졌을 때나 더 넓은 둥지를 필요로 할 때도 일어난다. 게다가 군락은 이웃 군락들과 경쟁이나 둥지를 침범한 기생충을 피해서 이주하기도 한다.

개미의 군락 이주는 첨병들이 더 나은 둥지 터를 발견하는 순간부터 시작된다.

1000) 꿀벌과 *Leptothorax*속 개미가 둥지 터를 찾고 정보를 전달하는 행동에 관한 설명과 비교는 다음을 참고할 것. N. R. Franks, S. C. Pratt, E. B. Mallon, N. F. Britton, and D. J. T. Sumpter, "Information flow, opinion polling and collective intelligence in house-hunting social insects," *Philosophical Transactions of the Royal Society of London B* 357: 1567-1583(2002).

1001) T. D. Seeley and S. C. Buhrman, "Group decision making in swarms of honey bees," *Behavioral Ecology and Sociobiology* 45(1): 19-31(1999).

1002) T. D. Seeley and S. C. Buhrman, "Nest-site selection in honey bees: how well do swarms implement the 'best-of-N' decision rule?" *Behavioral Ecology and Sociobiology* 49(5): 416-427(2001); K. M. Passino, T. D. Seeley, and P. K. Visscher, "Swarm cognition in honey bees," *Behavioral Ecology and Sociobiology* 62(3): 401-414(2008).

1003) 다음도 참고할 것. S. Camazine, P. V. Visscher, J. Finley, and R. S. Vetter, "House-hunting by honey bee swarms: collective decisions and individual behaviors," *Insectes Sociaux* 46(4): 348-360(1999); P. K. Visscher and S. Camazine, "Collective decisions and cognition in bees," *Nature* 397: 400(1999).

이 첨병들은 다양한 동원 기제를 가지고 있으며, 이에 사용되는 통신 신호들은 종종 군락 이주 목적을 위해 특성화된 것들이 많다.[1004]

두배자루마디개미아과 호리가슴개미속과 템노토락스속에서 이주 사례들이 잘 연구되었다. 이들 종에 속하는 군락 대부분은 매우 작아서 일개미 수가 100마리를 넘는 경우가 거의 없다. 따라서 이들은 바위의 얕게 갈라진 틈이나 빈 나뭇가지나 속이 빈 도토리 등을 둥지로 삼고 산다. 이런 둥지 터들은 비교적 불안정하기 때문에 군락들은 새 둥지를 찾아 빈번히 이주를 하게 된다. 야외에서 관찰한 결과 아주 가벼운 물리적 교란에 의해서도 군락이 둥지를 옮기는 것으로 밝혀졌다. 템노토락스 루가툴루스(*Temnothorax rugatulus*, 템노토락스는 예전에는 호리가슴개미속 밑에 분류되었음)를 이용해서 템노토락스속의 둥지 이주 과정에서 일어나는 통신 기제와 사회 조직 행동을 처음으로 자세히 분석한 사람은 미하엘 뫼글리히(Michael Möghlich)였다.[1005] 이주 과정은 첨병이 새로운 둥지 터를 찾은 뒤 그것을 면밀히 조사하는 순간 시작된다. 이 안내자는 둥지로 되돌아간다. 최종적으로 동료들을 새 둥지 터로 동원하기 시작할 때까지 이 첨병은 몇 차례나 다시 자기가 발견한 새 둥지 터로 되돌아가 다시 조사를 반복하는데, 이는 마치 '마음 굳히기' 과정과도 같다. 다음 단계로 첨병은 여러 마리 동료들에게 빠르게 더듬이질을 하고 몸을 돌려 꽁무니를 위로 구부려 듦으로써 침을 노출시킨 뒤 독샘에서 휘발성 페로몬을 분비한다. 이 '꽁무니 물기 신호'에 이끌린 다른 일개미가 첨병과 접촉하자마자 꽁무니 물기 이동이 시작된다(그림 10-2).[1006] 동원된 일개미가 첨병 뒤에 바짝 붙어 이동하는 동안 물리적 접촉과 화학 신호가 동시에 이들의 접촉을 유지하기 위해 쓰인다. 동원된 개미가 새 둥지 터를 검사한 뒤, 원래 둥지보다 새 둥지 터가 낫다는 걸 알게 되면, 이 일개미 자신이 다시 더 많은 일개미를 동원하는 안내자 역할을 하게 된다. 꽤 나아 보이는 둥지 터를 발견한 각 첨병은 더 많은 잠재적 첨병을 충원하기 위해 분투한다. 이런 '잠재적 첨병 동원' 현상은 둥지 이주 초기 단계에서

1004)　B. Hölldobler and E. O. Wilson, *The Ants*(Cambrdige, MA: The Belknap Press of Harvard University Press, 1990).

1005)　M. Möglich, "Social organization of nest emigration in *Leptothorax*(Hym., Form.)," *Insectes Sociaux* 25(3): 205-225(1978).

1006)　M. Möglich, U. Maschwitz, and B. Hölldobler, "Tandem calling: a new kind of signal in ant communication," *Science* 186: 1046-1047(1974).

그림 10-2 | 군락 이주 과정 중 보이는 호리가슴개미속과 템노토락스속 동원 행동. 위에서 아래로: 일개미가 다른 일개미를 동원하기 위해 꽁무니를 내밀어 독샘에서 분비된 분비물 한 방울을 침 끝에 내놓음으로써 부르기 신호를 보낼 자세를 취하고 있다. 동료가 다가와 신호하는 첨병과 접촉한다. 꽁무니 물고 달리기가 시작된다. 정찰 일개미가 될 동료는 새로 발견된 둥지 터로 안내한다. 이주 과정 후반에는 성체를 직접 물어 운반하는 행동이 진행된다. M. Möglich, U. Maschwitz, and B. Hölldobler, "Tandem calling: a new kind of signal in ant communication," Science 186: 1046-1047(1974)에 근거.

만 나타나는 현상이고 이를 통해 군락 전체가 이주를 결정하기 전에 새 둥지 터를 검사할 수많은 정찰 일개미를 빠르게 모집할 수 있게 된다.

꽁무니 물기 방식으로 동원되어 새 둥지 터로 불려 간 일개미들은 각자가 둥지 터의 품질과 추가적 동원 여부에 대한 결정을 내린다. 개미 기준으로 볼 때 개인주의자들인 이들은 첫 첨병이 했던 정도로 각자가 다시 새 둥지 터의 위치와 거리, 방향, 지형의 난이도, 둥지 터 입지 조건 등을 면밀히 검사하는 것으로 생각된다. 게다가 꽁무니 물기 방식으로 이끌려 오는 것 자체가 목표한 둥지 터에 관한 정보를 수집하는 좋은 방법이 된다. 이렇게 다음 동원 행동에 첨병으로 이용될 새로운 일개미를 동원함으로써 가장 이상적인 둥지 터로 빠른 시간에 더 많은 정찰 일개미들을 불러 모을 수 있고 이 숫자 자체가 군락 전체가 이주 여부를 결정하는 데 영향을

초유기체

미치는 중요한 정보가 되는 듯이 보인다. 일단 군락 전체가 이주를 시작하면 성충과 미성숙 새끼들 대부분은 통째로 들어 옮겨진다(그림 10-2 참조). 이전 첨병들이 운반자로도 일하기 때문에 새 정찰 일개미 동원 방식으로 활발히 기능하는 운반자 수를 늘리게 되고, 이로써 군락 전체 이주가 더욱 촉진된다.

템노토락스 루가툴루스 군락 둥지 이주 과정의 통신 기제와 사회 조직은 뫼글리히의 관찰을 통해 세상에 알려졌지만,[1007] 둥지 터 선정을 위한 의사 결정 과정에 관계되는 구체적 요인들과 정보가 어떻게 군락 내 일개미 사이에 전달되는지는 여전히 알려지지 않고 있었는데 이런 의문은 프랭크스와 동료들이 해결했다. 이들은 개미 사회 둥지 터 평가와 정보 흐름, 의사 결정 과정을 연구하기 위한 대상으로 템노토락스 알비펜니스를 사용했다. 꿀벌에서와 마찬가지로 핵심 질문은 어떻게 군락 전체가 여러 곳의 경쟁적인 대안 둥지 터들 중 최선의 것을 선택하느냐 하는 것이다. 다시 말해 개미 군락이 과연 어떻게 '가진 것 중에 최선'의 의사 결정 규칙을 잘 수행해 내느냐 하는 점이다. 템노토락스 개미와 꿀벌 군락은 군락 크기를 비롯한 여러 면에서 매우 다르지만 프랭크스와 연구자들은 둥지 터 찾기 과정에서 서로 다른 이들 곤충 사회가 따르는 알고리즘에서 몇 가지 유사성을 발견했다.[1008]

개미와 꿀벌이라는 서로 다른 두 종류 사회성 곤충들은 서로 다른 통신 방법을 이용한다. 템노토락스 군락의 첨병은 일반적으로 여러 둥지 터를 비교하지만 통신 방법에는 제한이 있다. 이들은 서로 사이에 새 둥지 터에 대한 평가를 직접적으로 알리지 못한다. 첨병들은 군락 동료를 새로운 정찰 일개미로 동원해서 새 둥지 터로 불러 가고, 이 새 정찰 일개미들은 또다시 각자 평가 작업을 실시한다. 이와는 달리 꿀벌은 먼 거리에서 파악한 새 둥지 터의 입지와 품질에 관한 정보를 동원용 꽁무니춤으로 전달한다. 따라서 군락 동료들은 이런 정보들을 직접 둥지 터를 방문하지 않고도 첨병으로부터 직접 전달받아 처리한다.

프랭크스와 연구자들은 군락 이주 실험을 위해 템노토락스 개미 둥지의 벽을

1007)   M. Möglich, "Social organization of nest emigration in *Leptothorax*(Hym., Form.)," *Insectes Sociaux* 25(3): 205–225(1978).

1008)   꿀벌과 *Temnothorax* 및 *Leptothorax*속 개미에서 둥지 터 물색과 정보 전달에 관한 설명과 비교는 다음 문헌을 참고할 것. N. R. Franks, S. C. Pratt, E. B. Mallon, N. F. Britton, and D. J. T. Sumpter, "Information flow, opinion polling and collective intelligence in house-hunting social insects," *Philosophical Transactions of the Royal Society of London B* 357: 1567–1583(2002).

무너뜨리거나, 입구를 넓히거나, 기타 물리적 방법으로 교란을 하여 첨병들이 새 둥지 터를 찾아 나서도록 유도했다. 연구자들은 군락 실험 구역 내에 두 종류 둥지 터를 동시에 제공했다.[1009][1010] 실험 군락의 각개 일꾼들은 서로 다른 색으로 개체별로 표지가 되었고, 이로써 전체 군락의 완전한 행동 양상이 영상으로 기록될 수 있었다. 이 연구 결과 각 개미 개체가 실제로 두 둥지 터를 직접 방문하여 비교하고 그중 나은 것을 각자 결정한다는 사실이 밝혀졌다. 이 과정에서 대부분 개미들은 둘 중 한 곳만 방문했지만, 이들이 새로운 동원을 시작하는 확률은 이들이 방문한 둥지 터 품질에 비례하기 때문에, 여전히 군락 전체의 의사 결정에 기여할 수 있었다.[1011]

템노토락스 알비펜니스 군락이 꽁무니 물기 방식으로 새로운 정찰 일개미를 동원하는 단계에서 군락의 개미들을 직접 물어 옮기는 더 빠른 동원 방식으로 옮겨 결국 군락 전체가 이주하게 되는 단계로 발전하는 과정은 새 둥지 터에 모여드는 일개미 수가 늘어남으로써 시작된다.[1012] 스티븐 프랫(Stephen Pratt)과 동료들은 새 둥지 터에 모여든 일개미들에서 어느 정도 정족수가 충족되면 첨병들은 일개미와 여왕, 새끼들을 옛 둥지로부터 물어 나르기 시작한다는 것을 발견했다. 이 정족 수는 군락이 최선의 둥지 터를 결정하는 핵심 요소가 되며, 심지어는 실제로 둥지 터를 직접 방문해서 비교해 본 첨병 수가 그리 많지 않은 경우에도 적용된다. 그 이

1009)   E. B. Mallon, S. C. Pratt, and N. R. Franks, "Individual and collective decision-making during nest site selection by the ant *Leptothorax albipennis*," *Behavioral Ecology and Sociobiology* 50(4): 352-359(2001).

1010)   S. C. Pratt, E. B. Mallon, D. J. T. Sumpter, and N. R. Franks, "Quorum sensing, recruitment, and collective decision-making during colony emigration by the ant *Leptothorax albipennis*," *Behavioral Ecology and Sociobiology* 52(2): 117-127(2002); S. C. Pratt, D. J. T. Sumpter, E. B. Mallon, and N. R. Franks, "An agent-based model of collective nest choice by the ant *Temnothorax albipennis*," *Animal Behaviour* 70(5): 1023-1036(2005).

1011)   E. B. Mallon, S. C. Pratt, and N. R. Franks, "Individual and collective decision-making during nest site selection by the ant *Leptothorax albipennis*," *Behavioral Ecology and Sociobiology* 50(4): 352-359(2001).

1012)   S. C. Pratt, E. B. Mallon, D. J. T. Sumpter, and N. R. Franks, "Quorum sensing, recruitment, and collective decision-making during colony emigration by the ant *Leptothorax albipennis*," *Behavioral Ecology and Sociobiology* 52(2): 117-127(2002); S. C. Pratt, D. J. T. Sumpter, E. B. Mallon, and N. R. Franks, "An agent-based model of collective nest choice by the ant *Temnothorax albipennis*," *Animal Behaviour* 70(5): 1023-1036(2005).

유는 특정 둥지 터를 방문한 동원자들이 군락에 남아 있는 개미 대부분을 옮기는 다음 단계의 빠른 운반 작업을 실시하기 위해서는 새 둥지 터 가치에 대한 '확신'을 가진 개미 수가 충분해야만 하기 때문이다. 이 알고리즘은 곤충 사회에서 "비교적 상황을 잘 모르는 곤충들이 집중되고 중앙 통제되지 않은 방식의 상호 작용을 통해 각자가 가진 제한된 양의 직접 정보를 다른 개체들의 경험과 관계된 간접적 암시들과 연합함으로써" 군락 수준 적응적 행동적 결정에 이르는 과정의 또 다른 사례가 된다.[1013]

이 의사 결정 체계는 간단하고 효율적이지만 완벽함과는 거리가 멀다. 군락은 새 둥지 터가 더 낫다고 결정되면 즉시 새 둥지 터로 옮겨 가는데, 특히 원래 둥지가 물리적으로 교란 됐을 때 그렇다. 따라서 군락이 가능한 것들 중 최선의 둥지 터를 고른다기보다는 그저 그 때 바로 옮겨 갈 정도로 적당한 둥지 터를 고를 수도 있다는 것이다. 그럼에도 불구하고 현재 살고 있는 둥지가 교란되지 않고 괜찮은 상태인데도 그것을 버리고 그보다 더 나은 둥지 터를 찾아 이주하는 결정은, 이주를 시작하기 전에 새 둥지 터에 대해 많은 수의 첨병들이 합의를 도출하는 과정을 요구하기 때문에, 결국 최선의 결정이 될 가능성이 높아진다.[1014]

둥지 터의 품질을 결정하는 여러 가지 요소들 중 가장 중요한 것은 공간이다. 템노토락스 군락들은 습관적으로 작은 공간에 둥지를 짓고, 특히 템노토락스 알비펜니스는 갈라진 바위 틈을 선호한다. 이런 틈은 군락 전체가 넉넉하게 거주할 수 있을 만큼 너무 넓지도 좁지도 않은 적당한 크기여야 한다. 따라서 첨병의 가장 중요한 임무 중 하나는 정확한 모양과 크기를 갖춘 둥지 터를 찾는 일이다. 이들은 첨병 꿀벌이 자기가 속한 군락 벌떼 전체가 들어가기에 충분한 공간을 찾아 나설 때 지닌 문제와 매우 비슷한 문제를 가진 셈이다.

템노토락스 개미의 첨병들은 어떻게 새 둥지 터 크기를 추산하는가? 에이먼

1013) S. C. Pratt, E. B. Mallon, D. J. T. Sumpter, and N. R. Franks, "Quorum sensing, recruitment, and collective decision-making during colony emigration by the ant *Leptothorax albipennis*," *Behavioral Ecology and Sociobiology* 52(2): 117-127(2002); S. C. Pratt, D. J. T. Sumpter, E. B. Mallon, and N. R. Franks, "An agent-based model of collective nest choice by the ant *Temnothorax albipennis*," *Animal Behaviour* 70(5): 1023-1036(2005).

1014) A. Dornhaus, N. R. Franks, R. M. Hawkins, and H. N. S. Shere, "Ants move to improve: colonies of *Leptothorax albipennis* emigrate whenever they find a superior nest site," *Animal Behaviour* 67(5): 959-963(2004).

맬런(Eamon Mallon)과 프랭크스는 소위 뷔퐁(Buffon)의 바늘 알고리즘(Buffon's needle algorithm)이라 불리는 경험칙을 사용한다고 주장했다.[1015][1016] 18세기 프랑스 자연주의자 조르주-루이 르클레르 드 뷔퐁(Georges-Louis Leclerc de Buffon)의 통계 기하학을 적용하면, 무작위로 산재한 길이를 알고 있는 두 무리 직선들 사이에 만들어지는 교점 빈도로부터 어떤 평면의 면적을 추산하는 것이 가능하다. 맬런과 프랭크스는 템노토락스 알비펜니스 첨병들이 둥지 터 후보지 입구를 통해 걸어 들어간 뒤 나오고 다시 들어간다는 사실에 주목했다. 첨병이 처음으로 둥지를 검사하면서 자기 자신에게 신호하기 위해 냄새길 페로몬으로 경로를 표지한다. (그 이전에 마슈비츠와 동료들이 템노토락스 아피니스로 실험한 바에 따르면 일개미들은 자신이 분비한 페로몬과 다른 동료들이 낸 것을 구분할 수 있다.[1017]) 맬런과 프랭크스는 이론과 경험적 증거를 모두 이용하여 개미들은 바위의 갈라진 틈을 두 번째로 조사할 때 자신이 첫 번째 조사 때에 만들어 놓은 냄새길을 교차해서 지나가는 수를 '세어' 둥지 터 크기를 가늠한다고 주장했다. 둥지 터 면적이 작을수록 이들이 같은 장소를 두 번 방문할 가능성은 더 커지게 된다. 이 놀라운 가설은 아직 실험적으로 검증되지 않았으나 템노토락스 첨병들이 둥지 터를 처음 방문할 때 언제나 같은 길이만큼의 경로를 밟아 간다는 관찰 결과는 이들이 실제로 뷔퐁의 바늘 알고리즘을 채용하고 있을 수 있으리라는 가정을 강력하게 지지한다. 바위틈을 통해 첫 번째로 둥지에 들어가는 거리는 나중에 조사를 마치기 위해 두 번째로 돌아왔을 때 거리 측정을 하기 위해 다시 사용하기 위한 단위 길이가 된다.[1018]

단독 여왕을 모시는 개미 군락의 이주 과정에 대해 지금껏 연구된 종에서는 여왕이 이주 과정 중간이나 후반부쯤에 일개미들에 의해 이끌리거나 수행을 받아 이주하는 것으로 드러났다. 이와 비슷한 사례가 관찰된 개미들은 왕개미속, 베짜기

1015)   E. B. Mallon and N. R. Franks, "Ants estimates area using Buffon's needle," *Proceedings of the Royal Society of London B* 267: 765-770 (2000).

1016)   S. T. Mugford, E. B. Mallon, and N. R. Franks, "The accuracy of Buffon's needle: a rule of thumb used by ants to estimate area," *Behavioral Ecology* 12(6): 655-658 (2001).

1017)   U. Maschwitz, S. Lenz, and A. Buschinger, "Individual specific trails in the ant *Leptothorax affinis* (Formicidae: Myrmicinae)," *Experientia* 42(10): 1173-1174 (1986).

1018)   S. T. Mugford, E. B. Mallon, and N. R. Franks, "The accuracy of Buffon's needle: a rule of thumb used by ants to estimate area," *Behavioral Ecology* 12(6): 655-658 (2001).

562

초유기체

개미속, 수확개미(포고노미르멕스속), 장다리개미속, 혹개미속, 아타속 잎꾼개미 등과 안정된 둥지 터에 집을 짓지 않고 임시 야영을 하며 옮겨 다니는 몇 가지 개미 종(이를테면 오니코미르멕스속과 렙토게니스속을 비롯 에키톤속과 도릴루스속의 '진'군대개미들)이 포함된다. 이런 종에서는 여왕이 자력으로 이동하는데, 이때 수많은 수행 일개미로 이루어진 빽빽한 경호 부대에 둘러싸여 보호된다.[1019] 이런 양상은 적응적이라 보인다. 여왕은 군락의 가장 중요한 생존 단위이며, 따라서 군락의 큰 무리가 새 둥지 터에 안착한 뒤, 또 다른 큰 무리는 여전히 옛 둥지에 남아 있는 상태에서만 군락을 떠나도록 허용될 것이 당연하다. 이 양상은 템노토락스 알비펜니스에서 아주 명백한 규칙인데, 이 종의 32개 군락 이주를 통계적으로 분석한 결과 드러난 사실이다. 따라서 이 전략은 '선택에 의해 선호되고 무리 수준 적응적 단위로서 기능하는 군락의 한 면모'로 생각하는 것이 논리적일 것이다.[1020]

우리는 지금껏 꿀벌과 템노토락스 개미를 둥지 터 선정 과정에서 벌어지는 무리적 의사 결정을 소개하기 위한 대상으로 골랐는데, 이는 이들이 가장 잘 연구된 사례이기 때문이다. 이들의 자연사적 특징들은 군락 수준 의사 결정에 관한 몇몇 핵심 질문을 탐구하는 데 이상적인 대상으로 만들었다. 하지만 군락 이주와 둥지 터 선정은 다른 많은 개미 종에서는 훨씬 더 복잡하게 보이며 따라서 통신과 병참 측면에서 군락이 해결해야 하는 문제들도 훨씬 많다. 대개의 경우 사회 생물학자들은 개미들이 이런 문제들을 어떻게 해결하는지에 대해 전혀 모르고 있다.

지금껏 연구된 개미 종 대부분은 군락 이주 과정에서 특정한 동원 신호를 사용하며, 이주 단계 초기에 추가적으로 동원자를 동원하는 현상도 매우 보편적인 것으로 보인다. 하지만 적은 수의 종들만이 꽁무니 물기 방식을 채택하고 있다. 템노토락스속 종들 이외에는 이 꽁무니 물기 방식의 동원이 파키콘딜라 테세리노다, 파키콘딜라 옵스큐리코르니스 등 침개미를 비롯 몇 종의 디아캄마속과 불개미아과 왕개미속 및 폴리라키스속 몇몇 종들에서도 확인된 바 있다(6장 참조).

꽁무니 물고 달리기의 행동적 조직화 방식으로는 한 번에 한 마리 씩만 동원할 수 있을 뿐이다. 이미 6장에서 상세히 설명한 것처럼 꽁무니 물기로 뒤를 따르는 개

1019) B. Hölldobler and E. O. Wilson, *The Ants*(Cambrdige, MA: The Belknap Press of Harvard University Press, 1990).

1020) N. R. Franks and A. B. Sendova-Franks, "Queen transport during ant colony emigration: a group-level adaptive behavior," *Behavioral Ecology* 11(3): 315-318(2000).

미는 첨병과 더듬이로 밀접한 접촉을 유지해야 한다. 일단 이 접촉이 끊어지면 첨병은 추종자가 원형을 그리며 자기를 찾는 동안 그 자리에 움직이지 않고 기다린다. 간단한 실험을 통해 추종자의 접촉 신호가 꽁무니 물고 달리기 중에 첨병으로 하여금 행동 반응을 하도록 하기에 충분하다는 점이 밝혀졌다. 추종자와 첨병을 연결하는 신호 패턴은 훨씬 더 복잡하지만 지금까지 연구된 모든 꽁무니 물고 달리기 행동을 보이는 개미들에서 기본적 바탕은 비슷하게 드러났다(6장 참조). 모든 경우 추종자는 첨병의 외분비샘이나 꽁무니 외골격 각질 표면에서 분비되는 화학 신호를 감지하여 접촉을 유지한다. 이렇게 꼬리를 물고 따라갈 때 첨병과 물리적 접촉이 정확한 방향 유지를 보장할 뿐 아니라, 추종자는 일단 목적지에 도착한 뒤 어떤 방법으로 단독으로 원래 둥지로 되돌아갈 수 있고, 그 뒤 다른 동료를 같은 꼬리 물기 방식으로 목적지로 이끌고 올 수 있다.[1021] 이렇게 꽁무니 물고 달리기 방식으로 새 목적지로 향하는 경로에 대한 정보를 아무것도 모르는 다른 군락 동료에게 알려 주는 잘 알려진 행동이 최근 들어 개미에서 나타나는 '교육'의 사례로 언급되기도 했다. 즉 첨병이 '교관'이며 추종자는 '피교육생'이 된다.[1022] 이는 물론 매력적 비유이기는 하지만 그렇다고 우리가 이 기가 막힌 동원 행동을 이해하는 데 별로 더 큰 보탬이 될 것은 없다.

캄포노투스 세리케우스에서 더 복잡한 의사소통 사례가 발견되었는데(그림 6-25와 6-26 참조), 여기서 이들은 이 복잡한 의사소통과 꽁무니 물고 달리기 방식을 합쳐 먹잇감과 새 둥지 터로 동료들을 동원한다. 하지만 둥지 이주 과정에 보이는 행동과 새 먹잇감으로 동료를 이끄는 과정에서 나타나는 동원 행동에는 뚜렷

1021) B. Hölldobler, M. Möglich, and U. Maschwitz, "Communication by tandem running in the ant *Camponotus sericeus*," *Journal of Comparative Physiology A* 90(2): 105-127(1974); M. Möglich, U. Maschwitz, and B. Hölldobler, "Tandem calling: a new kind of signal in ant communication," *Science* 186: 1046-1047(1974); U. Maschwitz, B. Hölldobler, and M. Möglich, "Tandemlaufen als Rekrutierungsverhalten bei *Bothroponera tesserinoda* Forel(Formicidae: Ponerinae)," *Zeitschrift für Tierpsychologie* 35(2): 113-123(1974); J. F. A. Traniello and B. Hölldobler, "Chemical communication during tandem running in *Pachycondyla obscuricornis*(Hymenoptera: Formicidae)," *Journal of Chemical Ecology* 10(5): 783-794(1984); U. Maschwitz, K. Jessen, and S. Knecht, "Tandem recruitment and trail laying in the ponerine ant *Diacamma rugosum*: signal analysis," *Ethology* 71(1): 30-41(1986).

1022) N. R. Franks and T. Richardson, "Teaching in tandem-running ants," *Nature* 439: 153(2006).

한 차이가 있다.[1023] 군락 동료에게 머리를 맞대고 선 첨병은 몸을 앞뒤로 빠르게 흔들거나 턱을 턱으로 물어 앞으로 잡아당긴다. 그러고는 180도 몸을 돌려 꽁무니를 보인다. 이를 본 동료개미가 꽁무니나 뒷다리에 더듬이를 갖다 대는 식으로 반응하면 꼬리 물고 달리기가 시작된다. 이 행동은 매우 전형적이고 새 둥지 터로 동료를 이끌 때 빈번히 사용된다. 새 둥지 터를 둘러본 뒤, 첨병에 의해 처음 동원되어 온 일개미들 중 다수가 둥지로 돌아가 스스로 새로운 안내자가 된다. 둥지 이주 과정이 시작되면 동원되어 새 둥지 터로 온 개미들 중 원래 둥지로 되돌아가지 않는 개미 수가 점점 늘어난다.

둥지 이주가 점점 진행되는 와중에 원래 둥지에 있는 일개미 중 꽁무니 물고 달리기 요구에 반응하지 않던 놈들은 새 둥지 터로 직접 들어 운반된다(그림 6-27 참고). 이렇게 들어 옮기는 행동을 시작하는 행동 단계는 꼬리 물고 달리기를 시작하는 행동 과정과 거의 흡사한데, 한 가지 예외는 일단 안내자가 상대방 턱을 물면 자기가 몸을 돌리면서도 계속 놓지 않고 있기 때문에 자연스럽게 상대방을 살짝 들어 올리게 된다는 것이다. 일단 이렇게 살짝 들려 올려진 일개미는 다리와 더듬이를 몸에 바싹 접어 붙이고 꽁무니를 몸 안쪽으로 말아 넣는 고치 자세를 취하게 된다. 이렇게 몸을 꼭 접은 상태로, 쉽게 새 둥지 터로 운반될 수 있다. 수컷과 날개 달린 공주개미들도 때로는 직접 운반되기도 하지만 수컷의 경우 운반 자세가 다르며 날개 달린 공주개미들 대부분은 꼬리 물고 달리기로도 새 둥지까지 충분히 옮겨 갈 수 있다(6장 참조).

실험실에서 사육한 소규모 캄포노투스 세리케우스 군락 사회 행동을 정량적으로 분석한 결과 둥지 이주는 뚜렷한 노동 분담 체계에 의해 조직되는 것으로 드러났다.[1024] 단 6퍼센트의 일개미들만이 모든 둥지 이주 과정 단계 대부분에서 동원 개미로 활발하게 활동하는 것으로 밝혀졌다. 전체 일개미 무리를 차례로 분석한 결과 동료를 '물어 옮기는' 안내자들은 난소가 퇴화한 한 무리 늙은 일꾼들이었고, 반면 물어 옮겨지는 개미들은 비교적 잘 발달된 난소를 가진 일개미들이 많았다. 퇴화한 난소를 가진 늙은 일꾼들은 일반적으로 먹이 채집이나 둥지 방어 등, 밖

1023) B. Hölldobler, M. Möglich, and U. Maschwitz, "Communication by tandem running in the ant *Camponotus sericeus*," *Journal of Comparative Physiology A* 90(2): 105-127(1974).

1024) M. Möglich and B. Hölldobler, "Social carrying behavior and division of labor during nest moving in ants," *Psyche*(Cambridge, MA) 81: 219-236(1974).

에서 일하는 경우가 많았다. 하지만 이 '바깥 일꾼'들 중에서도 극히 일부만 '물어 옮기는' 작업을 전문으로 수행하는 것으로 드러났다. 반면 둥지 내부에서 주로 일하는 일꾼들은 잘 발달된 난소를 가진 젊은 것들이었는데, 물어 옮기는 늙은 전문가들이 죽어 없어져도 젊은 일꾼이 이들을 대체하지 않았다. 이와 비슷한 결과들이 잘 연구된 포르미카 폴릭테나와 분개미(Formica sanguinea)를 비롯한 다른 불개미아과 개미들에서도 발견되었는데, 이들 종들의 동원 행동은 또 다른 것들이었다.[1025][1026][1027]

수만 마리, 혹은 그 이상 일개미로 이루어진 군락에 사는 종의 둥지 이주는 명백히 중요한 병참 문제를 야기한다. 이것이 어떻게 해결되는가는 수확개미 포고노미르멕스 바르바투스와 포고노미르멕스 루고수스에서 분석되었다.[1028] 이들 군락은 지하에 정교하게 연결된 통로와 방들로 이루어진 복잡한 둥지에 산다. 군락이 이주하려면 새로운 둥지가 수많은 군락 구성원의 대부분을 충분히 수용할 수 있을 정도로 이미 완성되어 있어야 한다. 첨병들은 독샘에서 분비된 냄새길 페로몬을 이용해서 대개 10미터 이상 떨어진 곳에 자신들이 발견한 적당한 새 둥지 터로 군락 동료들을 동원함으로써 이주를 시작한다. 조만간 이들은 새로운 둥지 터에서 대규모 새 둥지를 파들어 가기 시작하고, 두 둥지 사이를 왕복하는 일개미 수가 점차 늘어나고, 이 교통 흐름을 가속하는 수송로가 만들어지기 시작한다. 수송로 화학 표지는 주로 독샘에서 분비되는 단기 지속성 동원 페로몬(주로 3-에틸-2,5-디메틸피라진)들을 포함할 것이 분명하며 여기에 뒤포어샘에서 나오는 군락 특이적 탄화수소들이 첨가될 것이다. 이 탄화수소들은 장기 지속성 방향 지시 신호로 일개

1025) M. Möglich and B. Hölldobler, "Social carrying behavior and division of labor during nest moving in ants," *Psyche* (Cambridge, MA) 81: 219-236(1974).

1026) D. Otto, "Über die Arbeitsteilung im Staate von *Formica rufa* rufopratensis minor Gössw. und ihre verhaltensphysiologischen Grundlagen," *Wissenschaftliche Abhandlungen Deutsche Akademie der Landwirtschaftswissenschaften zu Berlin* 30: 1-169(1958).

1027) G. Kneitz, "Saisonales Trageverhalten bei *Formica polyctena* Foerst.(Formicidae, Gen. *Formica*)," *Insectes Sociaux* 11(2): 105-130(1964).

1028) B. Hölldobler, "Recruiment behavior, home range orientation and territoriality in harvester ants, *Pogonomyrmex*," *Behavioral Ecology and Sociobiology* 1(1): 3-44(1976); B. Hölldobler, 미발표 관찰 결과.

초유기체

미 각자가 가끔씩 재분비하여 다시 활성화시킨다.[1029)1030)] 한 두 주가 지나면 두 둥지 사이를 왕복하는 일개미 수는 계속 늘어나며 점차 새로운 둥지로 일꾼과 새 끼들이 물어 운반된다. (하지만 때로는 오해에 의해 반대 방향, 즉 새 둥지에서 옛 둥지로 다시 옮겨지는 경우도 있다.) 마지막으로 애벌레와 성충, 수확한 식물의 씨앗 등을 물고 있는 수백 마리의 일꾼들이 떼를 지어 새 둥지 터로 옮겨 가면서 둥지 이주는 절정에 이르게 된다. 드문 경우지만 여왕이 이 두 번째 이주 단계에서 수행 일개미들에 둘러싸여 자력으로 걸어서 둥지를 옮겨 가는 것도 관찰되었다.

페로몬 냄새길을 이용한 의사소통이 포고노미르멕스 수확개미 둥지 이주에 사용되는 주된 동원 기제이기는 하지만 직접 물어서 성충을 옮기는 것 또한 중요한 역할을 한다. 다른 대부분 개미 종에서도 볼 수 있는 이 물어 옮기기 행동은 여러 가지 맥락에서 일어날 수 있지만,[1031)] 둥지 이주 과정에서 가장 빈번히 관찰된다. 개미가 성충을 물어 옮기는 행동 패턴은 매우 전형적이며 때때로 각 분류군마다 특징적이다. 대부분 불개미아과 개미들은 상대방을 마주 본 채로 몸을 말아 들지만, 두배자루마디개미아과 대부분과 일부 엑타톰미나이아과 운반 개미들은 상대를 자기 몸과 나란히 두고 들어 올려 자기 리리 위에서 몸을 말게 한다. 이때 옮겨지는 개미는 꽁무니를 몸 안으로 말아 넣고 더듬이와 다리를 몸에 바짝 말아 붙인다 (그림 10-2와 사진 71 참조). 하지만 여기에 몇 가지 예외도 있다. 수확개미 포고노미르멕스 바디우스, 포고노미르멕스 바르바투스, 포고노미르멕스 루고수스는 전형적인 두배자루마디개미아과 방식을 거의 사용하지 않는 대신 상대방 몸 어느 곳이나 가리지 않고 잡아 물고 들어 올려 그대로 옮기는 좀 더 기초적인 방법을 이용한다. 이렇게 옮겨지는 개미들은 더듬이와 다리를 몸에 바짝 붙인다. 이런 물어 옮기기 행동은 해부적으로 원시적인 미르메키이나이아과, 즉 오스트레일리아산 불독 개미와 침개미 종류에서 또한 관찰되었다. 하지만 적어도 포고노미르멕스 마리코

1029)   B. Hölldobler, E. D. Morgan, N. J. Oldham, and J. Liebig, "Recruitment pheromone in the harvester ant genus *Pogonomyrmex*," *Journal of Insect Physiology* 47(4-5): 369-374(2001).

1030)   B. Hölldobler, E. D. Morgan, N. J. Oldham, J. Liebig, and Y. Liu, "Dufour gland secretion in the harvester and genus *Pogonomyrmex*," *Chemoecology* 14(2): 101-106(2004).

1031)   다음 설명을 참고할 것. E. O. Wilson, *The Insect Societies*(Cambridge, MA: The Belknap Press of Harvard University Press, 1971); M. Möglich and B. Hölldobler, "Social carrying behavior and division of labor during nest moving in ants," *Psyche* (Cambridge, MA) 81: 219-236(1974).

사진 71 | 성충을 물어 옮기는 자세는 개미 종마다 다르다. 위: 대부분 불개미아과 개미들은 이 팜포노투스 퍼티아나의 경우처럼 상대를 마주본 채로 진행 방향과 반대로 높이 들어 올린다. 아래: 이와 달리 두배자루마디개미아과와 엑타톰미나이아과 종 대부분은 이 엑타톰마루이둠처럼 상대방을 거꾸로 들어 올린다.

파(*Pogonomyrmex maricopa*)와 포고노미르멕스 칼리포르니쿠스를 포함한 포고노미르멕스속 일부 종들에서는 여전히 다른 두배자루마디개미아과 개미들이 사용하는 전형적인 수송 방식이 사용되고 있는 사실 또한 주목할 만한 점이다.[1032]

정교하고 복잡한 둥지를 짓는 일에 많은 자원을 투입하는 개미 군락 경우는 오랜 시간 공들여 만든 '부동산'을 쉽게 포기하기를 거부하고, 비교적 한 곳에 오래 머물러 있으리라는 예측을 할 수 있다. 실제로 지하 깊숙이 수많은 새끼방과 꿀단지 역할을 하는 저장개미(꿀단지 방을 만드는 꿀단지개미(honeypot ant, 미르메코시스투스속(*Myrmecocystus*) 종들)에서는 아직까지 둥지 이주를 한다는 증거가 나오지 않았다(꿀단지개미들; 사진 15, 31 참조). 이들은 사막 오소리(desert badger)가 둥지를 파고들어와 꿀단지 방을 습격하는 경우에도 둥지를 포기하지 않을 정도로 둥지에 대한 집착이 대단하다. 이와 비슷하게 빈 나무 둥치에 살며 식물 섬유로 판지를 가공해서 그것으로 정교하게 방을 만들어 둥지를 채우는 라시우스 풀리기노수스 개미 역시 전혀 둥지 이주를 하지 않는 것으로 알려져 있다. 살아 있는 나무 둥치를 파들어 가 정교한 터널망으로 복잡하게 방을 만들어 둥지로 삼는 유럽산 왕개미 캄포노투스 헤르쿨레아누스 역시 이주를 하지 않는 또 하나의 사례로 꼽힌다.

그렇지만 둥지 건설에 막대한 자원을 투입하지 않는 종 대부분에 비해서는 훨씬 덜 빈번하지만, 큰 둥지를 짓고 사는 개미 중에서도 둥지를 옮기는 경우가 분명히 있다. 가장 눈에 띄는 사례는 아타속 잎꾼개미들이다. 이전 장에서 설명했듯이 아타속 개미 군락들은 지금까지 알려진 모든 개미들 중에서 가장 크고 가장 복잡한 둥지 구조를 가지고 있다. 많은 아타 개미 군락들은 한 둥지에 그대로 머무른 채로 10~20년에 달하는 생애를 마치는 경우가 많다. 하지만 몇몇 성숙한 군락들이 가깝게는 33미터에서 멀게는 258미터나 떨어져 있는 새로운 둥지 터로 둥지를 옮기는 사례도 관찰된 적이 있다. 파나마의 배로 콜로라도 섬에서 관찰된 아타 콜롬비카 개체군 중 25퍼센트에 달하는 군락들이 1년의 관찰 기간 동안 둥지를 옮겼다. 이 예외적으로 높은 이주율의 원인은 아직 명확하지 않다. 이들 군락 둥지들은 매우 조밀하게 분포되어 있었고, 따라서 이웃한 군락들 사이에 발생하는 공격적 경쟁이 원인의 하나가 아니었을까 생각된다. 에스코봅시스 곰팡이 같은 버섯 농장 기생

[1032] M. Möglich and B. Hölldobler, "Social carrying behavior and division of labor during nest moving in ants," *Psyche*(Cambridge, MA) 81: 219–236(1974).

균에 의한 감염 역시 원인 중 하나였을 수 있다.[1033]

수백만 마리 일꾼으로 이루어진 아타속 개미 군락 전체가 둥지를 옮긴다는 것은 필연적으로 복잡한 과정이다. 우리는 아직 어떻게 새 둥지 터가 선별되며 어떻게 '건설 일꾼'들이 새 둥지 터로 동원되어 가는지 알지 못한다. 이주가 시작되기 전 새 둥지가 적어도 부분적으로나마 어느 정도 건설되어 있어야 한다는 것은 분명한 사실이다. 이 초기 건설 기간 동안 식물 조각들 역시 새 둥지 터로 날라지기 시작한다. 새끼와 일꾼, 버섯 농장 일부를 옮기는 일이 어느 정도 이루어지면서 이에 맞춰 새 둥지 역시 더 깊고 넓게 만들어지기 시작한다. 둥지 이주 과정 중간이나 후반부에 여왕은 수많은 수행 일개미에 둘러싸인 채로 자력으로 걸어서 새 둥지로 옮겨 간다. 여왕이 이렇게 새 둥지로 옮겨 가는 데는 꼬박 하루 종일 이상이 걸린다. 마지막으로 군락이 완전히 새 둥지로 옮겨 간 뒤에도 어느 정도의 일개미들은 새 둥지와 옛 둥지 사이에 만들어진 교통로를 통해 두 둥지를 여전히 왕복하며 옛 둥지에 아무것도 남은 것이 없을 때까지 물자를 날라 온다.[1034] 우리는 아타속 개미의 이 장엄한 둥지 이주에 대해 어느 정도는 알고 있지만 이들이 조직화되는 과정의 원인이나 통신 방법에 대해서는 전혀 아는 바가 없다.

요약하자면 군락 이주와 둥지 건설의 다양한 협동적 과정은 군락 수준(무리 사이) 선택을 가장 극명하게 드러내 보이며 곤충 사회를 초유기체로 규정할 수 있는 현상들 중 하나라 할 것이다.

1033) 다음 설명을 참고할 것. R. Wirth, H. Herz, R. J. Ryel, W. Beyschlag, and B. Hölldobler, *Herbivory of Leaf-Cutting Ants: A Case Study on* Atta colombica *in the Tropical Rainforest of Panama* (New York: Springer-Verlag, 2003).

1034) 다음 설명을 참고할 것. R. Wirth, H. Herz, R. J. Ryel, W. Beyschlag, and B. Hölldobler, *Herbivory of Leaf-Cutting Ants: A Case Study on* Atta colombica *in the Tropical Rainforest of Panama* (New York: Springer-Verlag, 2003).

에 필 로 그

사회성 곤충과 그 초유기체가 드러내는 너무나도 아름다운 현상들에 대한 우리의 지식은 지난 20세기 동안 엄청나게 성장했다. 하지만 우리는 이제야 겨우 이 경이로운 세계의 탐험을 시작한 것이나 다름이 없다.

약 1만 4000종의 개미가 지금껏 알려졌지만, 두 배 이상 되는 종이 지구상에 존재하고 있을 것으로 믿어진다. 알려진 종들 중에도 단지 100여 종 미만만이 나름대로 잘 연구되었다고 말할 만하다.

이제는 연구가 어느 방향으로 나아갈 것인가? 어떤 연구 분야의 미래를 점치는 것은 위험한 일이지만 적어도 다음과 같은 연구들은 풍성한 발견을 약속해 줄 수 있을 만하다. 진사회성의 진화적 출현 단계와 진화적 귀환 불능점에서 바뀌어 버린 대립 형질 유전자를 찾아내고 그 염기 서열을 밝히는 일, 이러한 변화 단계의 대립 유전자들에 의한 개체 발달 단계와 초유기체 사회 형성 과정에 내재하는 발달 기작 추적, 이 두 가지 핵심적 진화 문턱에서 무리 사이의 유효한 선택에 이르게 하는 생태적 압력을 적시하는 일, 엄청나게 확장된 과학적 자연사를 통해서 군락 생활의 근접 현상에 내재하는 다수준 선택의 새로운 현상을 발견하는 일 등이다.

프랑스 과학자 레오뮈르가 1737년에 『곤충의 역사 연구를 위한 회고록』을 집필할 당시에는 그 뒤 1810년에 위베가 『토착종 개미의 습성에 관한 연구』에 무엇을 쓰게 될지 상상할 수 없었던 점을 생각해 볼 만하다. 레오뮈르든 위베든 결국 오귀스트 포렐(Auguste Forel)의 『스위스 개미상(*Le Fourmis de la Suisse*)』(1874년)이라든지, 더 나아가 휠러가 『개미: 구조, 발달, 행동(*Ants: Their Structure, Development, and Behavior*)』(1910년)이나 『사회성 곤충의 기원과 진화(*The Social Insects: Their Origins and Evolution*)』(1928년) 같은 권위 있는 문헌에 무슨 내용을 쓰게 될지는 꿈도 꿀 수 없었던 것이다. 하지만 휠러의 저술조차도 이후 1970년대까지 발전한 연구에는 한참 미치지 못한다. 또한 그런 발전 역시 이 책에 소개된 수많은 후발 연구들에 의해 이미 케케묵은 내용으로 취급받고 있는 것이다.

그리고 앞으로 반세기 이내에 또 같은 일이 반복될 것이다. 지금 현재 어느 누구도 앞으로 분명히 다가올 엄청난 발전을 감히 상상조차 할 수 없다. 하지만 물론 그것이 바로 미래 세대의 존재 이유이기도 하다.

결국 이런 지식들이 인간 종에게 어떤 중요성을 가질까? 개미나 다른 곤충들을 통해 우리는 인간과는 다른 복잡한 사회가 어떻게 진화되었는가(그리고 시청각보다는 후각과 미각에 의해)뿐 아니라, 점점 더 분명해지듯이 진보된 사회 질서와 그것을 만들고 진화시킨 자연 선택 사이의 관계까지 엿볼 수 있다.

인간이 속한 호모속(Homo) 초기 종들은 사회성 곤충 조상 종들이 그러했듯이 진화 역사 속에 아주 드물게 출현했고, 예외적인 초기 적응 형질을 가지고 있었다. 두 종류의 동물군 모두 놀랄 만큼 생태적으로 성공했고, 경쟁하는 비사회성 생물 종들을 성공적으로 이겨 왔다. 이 두 종류의 사회적 생물이 거둔 성공은 무리 안에서 이루어지는 협동과 노동 분업에 힘입은 것이다. 이들의 진화는 무리 사이 경쟁이나 직접적 갈등을 타협하는 방식의 집단 선택에 의해 이루어져 왔다. 그 진화적 힘의 관성이 여전히 우리의 비이성적이고 파괴적인 부족 사이 전쟁에 영향을 끼치고 있는 것이다.

하지만 여전히 사회성 곤충과 인간 사이에는 근본적 차이가 존재한다. 사회성 곤충은 본능에 의해 철저히 지배당하며, 앞으로도 영원히 그러할 것이다. 하지만 인간에게는 지능과 빠르게 진화하는 문화가 있다. 우리는 스스로를 이해할 수 있는 잠재력을 통해 우리의 자기 파괴적 갈등을 조절하는 방법을 찾을 수 있을 것이다. 1억 년이 넘는 시간 동안 사회성 곤충의 융통성 없는 본능은 그들이 자연계 속에 조화롭게 자리 잡도록 해 왔다. 인간의 지능은 지구 역사상 최초로 생명체가 단기적 이익을 위해 지구 전체 환경을 통제하고 파괴할 수 있게끔 했다. 인간이 점점 더 명료하게 우리 자신이 누구이며 어떻게 여기까지 왔는가를 이해함으로써, 우리는 인간뿐 아니라 다른 생명체 전부와 조화롭게 살아가는 더 나은 방법을 찾을 수 있게 될 것이다.

감사의 글

이 책을 쓴 지난 5년(2002~2007년) 동안, 우리에게 조언을 해 주고 연구와 저술에 도움을 준 많은 동료들에게 많은 빚을 졌다. 먼저 캐슬린 호튼(Kathleen M. Horton)에게 감사를 표한다. 그녀의 문헌 검색, 편집, 복잡한 원고 작성 기술과 인내심 있는 작업이 아니었다면 이 책은 완성되지 못했을 것이다. 우리의 편집자 로버트 와일(Robert Weil)의 격려와 창의적인 제안 덕분에 더 좋은 책이 나올 수 있었다. 원고 편집자인 재닛 그린블랫(Janet Greenblatt)의 탁월한 솜씨 또한 이 책을 훨씬 멋지게 만들어 주었다.

원고를 읽고 첨언해 준 각 분야 전문가들에게도 고마움을 전하고자 한다. 제임스 코스타(James Costa), 제니퍼 퓨엘(Jennifer Fewell), 케빈 포스터(Kevin Foster), 데이비드 헤이그(David Haig), 로버트 페이지(Robert Page), 데이비드 퀠러(David Queller), 컨 리브(Kern Reeve), 진 로빈슨(Gene Robinson), 플라비오 로체스(Flavio Roces), 토머스 실리(Thomas Seeley), 메리제인 웨스트에버하드(Mary-Jane West-Eberhard), 데이비드 윌슨(David S. Wilson)에게 감사한다.

또한 이 책의 핵심을 이루는 연구 주제들을 놓고 토론을 해 준 동료들, 로 앰댐(Gro Amdam), 커크 앤더슨(Kirk Anderson), 브루스 아치벌드(Bruce Archibald), 야코뷔스 붐스마(Jacobus Boomsma), 앤드루 버크(Andrew F. G. Bourke), 캐머런 커리(Cameron Currie), 애넷 엔들러(Annett Endler), 유르겐 가다우(Jürgen Gadau), 데이비드 그리말디(David Grimaldi), 유르겐 하인츠(Jürgen Heinze), 제임스 헌트(James Hunt), 마이클 캐스패리(Michael Kaspari), 유르겐 리비히(Jürgen Liebig), 티머시 링스베이어(Timothy Linksvayer), 티바드 모닌(Thibaud Monnin), 코리 모로(Corrie Moreau), 크리스티앙 피터스(Christian Peeters), 스티븐 프랫(Stephen Pratt), 테드 슐츠(Ted Schultz), 브라이언 스미스(Brian Smith), 필립 워드(Philip Ward), 밍셩 왕(Ming-Sheng Wang), 다이애나 윌러(Diana Wheeler)와 애리조나 주립 대학교 사회성 곤충 연구 그룹(Social Insects Research Group, SIRG)에 속한 대학원생들과 사회

적 역동성 및 복잡성 센터(Center for Social Dynamics and Complexity, CSDC)의 구성원들에게도 감사를 전한다.

로 앰댐, 빈센트 디트먼(Vincent Dietemann), 허버트 허츠(Hubert Herz), 제임스 헌트, 마르코 클라인헨츠(Marco Kleinhenz), 플라비오 로체스, 볼프강 탈러(Wolfgang Thaler), 월터 칭켈(Walter Tschinkel)은 사진 자료들을 제공해 주었다. 나머지 사진은 모두 베르트 휠도블러가 촬영한 것이다.

이 책에 소개된 베르트 휠도블러의 연구는 독일 과학 재단(German Science Foundation), 미국 국립 과학 재단(National Science Foundation), 미국 국립 지리학회(National Geographic Society)와 애리조나 주립 대학교의 연구비 지원으로 이루어졌다. 에드워드 윌슨의 연구는 미국 국립 과학 재단의 지원을 받았다.

옮긴이 후기

'초유기체'라는 매력적인 용어는 어느새 그것이 처음 비롯된 사회성 곤충 연구 분야를 벗어나 미생물학에서부터 인공 지능을 망라하는 자연과학 및 공학의 여러 분야를 비롯해, 일상생활에 이르기까지 직접적으로 혹은 비유적으로 낯설지 않게 사용되고 있다. 이런 폭발적 확장성 때문에, 초유기체로서 사회성 곤충에 대한 연구는 여전히 활발하게 진행 중이며, 이 책은 그러한 연구의 최신 과학적 성과를 학술저작의 전문성을 유지하면서, 일반 독자의 눈높이를 만족시키는 친절한 설명으로 풀어낸 보기 드문 업적이라 할 수 있다. 저자들은 이 책에서 수많은 관찰 및 실험 사례와 그에 기반을 둔 치밀한 논증을 통해 '초유기체' 개념이 오랜 생명 역사를 통해 진화해 온 생물학적 실체임을 매우 설득력 있게 주장하고 있다. 독자들은 평범해 보이는 개미와 꿀벌 사회에 미처 몰랐던 많은 원리가 작동하고 있음을 이해하게 될 뿐 아니라, 평생을 사회성 곤충 연구에 바친 저자들만이 전달할 수 있는 연구 현장의 생생한 긴장감마저 느끼고, 글보다는 몸으로 자연을 배울 것을 힘주어 이야기하는 저자들의 목소리 또한 들을 수 있을 것이다.

그럼에도 불구하고 2장 「유전학적 사회성 진화」에서 소개하듯, '초유기체'라는 개념에 대한 논쟁도 여전히 학계에서 왕성한데, 개념 자체가 진화의 기작으로서 첨예하게 대립하는 소위 개체 선택과 집단 선택을 둘러싼 논쟁 한가운데 서 있기 때문이다. 사실 이 논쟁은 매우 이론적이고 수학적이며 역사적 맥락과도 밀접히 연관된 탓에 쉽사리 이해하거나 어느 한 편을 따르기 쉽지 않다. 논쟁의 핵심은 '자기 자신의 번식은 완전히 포기한 채 군락의 생존과 여왕의 번식을 위해 목숨까지 내놓는 일개미는 번식도 못하고 죽어 버리는데 어떻게 그 행동이 개미 전체로 퍼져나갈 수 있었을까?'라는 질문에 대한 설명이 두 가지로 나뉘어 있다는 사실이다. 다윈으로부터 시작된 이 궁금증은 1950년대부터 본격적으로 연구되기 시작했는데, 그중 하나는 1976년 도킨스가 『이기적 유전자』를 통해 대중에게 널리 알린 '유전자 선택론'이며, 그 대척점에는 이 책의 저자들이 주장하는 '다수준 자연 선택론'

이 있다. 유전자 선택론은 이런 희생이 유전자에 의한 것이며, 군락은 바로 '그 희생 유전자를 나눠 가진 개체들이 모인 것'이므로 이런 희생이 생존한 군락의 여왕이 번식함으로써 유전된다고 주장한다. 반면 다수준 자연 선택론은 굳이 그러한 군락에 대한 전제 없이도, 군락 전체가 유기체, 즉 '초유기체'로서 행동하고 번식하기 때문에 개체의 희생 자체가 초유기체의 특성 중 하나로 진화한 것뿐이라고 주장한다.

이를 둘러싼 논쟁은 사회성 곤충의 행동과 진화에 대한 실험적 증거가 여전히 충분하지 않은 현실에서 비롯된 측면도 없지 않다. 예를 들면 거대한 군락 안에서 이루어지는 복잡한 방식의 의사소통과 상호작용은 초유기체의 생태적 성공에 결정적 역할을 함에도 불구하고 군락 전체에 대한 통제된 실험을 통해 '초유기체'적 기능과 효과를 정확히 밝히는 일은 여전히 매우 어렵거나 불가능에 가까운 일이다. 다행히 이런 행동에 관한 군락 전체의 유전자 조성 및 특정 유전자의 발현 조절과 그 상대적 발현 비율이 개체군 전체의 행동 양상에 어떻게 영향을 미치는지 밝히기 위한 실험적 증거는 비로소 조금씩 모아지고 있다.

한 발 더 나아가 이러한 유전적 기작과 효과가 생태계에서 군락의 진화적 적응도에 어떻게 적용되고 있는지 이해하기 위해서는 현장에서 수많은 야외 관찰과 실험이 함께 이루어져야 할 것이다. 이 역동적이고 흥미로운 연구 분야의 미래를 옮긴이가 내다보기는 힘들지만, 개별 유전자의 기능과 발현을 유전체 수준에서 직접 조작하고 해석하는 수준에 이른 분자 생물학 및 유전학 연구 기법을 곤충 분류학과 생리학 및 행동 생태학이 효과적으로 사용한다면, 사회성 곤충을 비롯한 초유기체 진화에 대한 논의는 가까운 장래에 커다란 전기를 맞이할 것은 분명해 보인다.

이 책에서는 현재 우리나라에서 사용되는 생물학 용어와 라틴어 표기법을 사용했지만, 개념이나 학명이 아직 생소해서 널리 쓰이는 우리말 낱말이나 표현이 없는 경우에는 최대한 우리글에 적합한 방식으로 번역하려고 노력했다. 또한 사회성 곤충에 대해 우리글로 처음 쓰인 『개미제국의 발견』의 용어와 표현을 참고해서 이 분야에 관심 있는 독자들의 불필요한 혼동을 줄이려고 애썼다. 그럼에도 불구하고 이 책에 있는 내용상 잘못은 모두 옮긴이의 공부가 부족해 저자들의 원래 뜻을 잘못 해석했기 때문이며, 읽기 어색한 문장은 오랜 외국 생활 동안 우리글을 많이 써 보지 못한 까닭이므로, 미리 양해를 구하는 바이다.

임항교(메릴랜드 노트르담 대학교 생물학과 교수)

「당신의 마.음.을 위한 무언가(Something for Your M.I.N.D.)」라는 노래가 있다. 2017년 이 노래로 데뷔한 밴드의 이름은 흥미롭게도 'Superorganism(초유기체)'다. 리드 보컬 17세 소녀의 목소리에는 퇴폐와 냉소가 감겨 있다. 게다가 예전 아날로그 시대에 오래된 레코드가 튀듯 음악이 중간 중간 뚝뚝 끊기며 불편한 침묵을 강요한다. 그런데 무슨 까닭인지 자꾸 반복해서 듣게 되는 묘한 매력이 있다. 밴드는 모두 여덟 명으로 구성되었는데 미국 메인 주와 영국 런던에 흩어져 있다. 포스팅에는 "우리는 여덟인데 증식하고 있어. 우리는 지각 능력을 얻었어."라고 적고 있다.

2016년 12월까지 내가 초대 원장으로 일한 충남 서천의 국립생태원에는 그야말로 세계 최고 수준의 개미 전시가 마련되어 있다. 수많은 일개미들이 나무에 매달려 제가끔 열심히 잎을 잘라 입에 물고 무려 10미터나 되는 먼 길을 달려 집에 다다르면 몸집이 더 작은 일개미들이 기다리고 있다 모아온 이파리를 더 잘게 썰고 침과 섞어 부식시켜 만든 퇴비를 거름 삼아 대규모 버섯 농장을 경영한다. 이름 하여 '잎꾼개미'라 부르는 이들은 인간 농부가 농사를 짓는 과정을 수많은 일개미들이 분업과 협동을 통해 나눠 수행하는 거대한 조직이다. 밭을 갈고 씨앗을 뿌리고 거름을 줘 경작한 다음 수확해서 저장하는 전 과정을 분담해서 수행하고 있는 일개미들은 마치 농부의 몸을 이루고 있는 세포와 그 세포들이 모여서 만든 기관처럼 조직적으로 움직인다.

오스트레일리아에서 데려와 안착시킨 베짜기개미는 또 다른 형태의 협업을 연출한다. 땅 속에 굴을 파고 사는 대부분의 개미와 달리 베짜기개미는 살아 있는 나무의 잎들을 한데 엮어 방을 만들고 그 안에 들어가 산다. 베짜기개미 일개미들이 함께 잎을 끌어당기는 장면은 협동의 극치를 보여 준다. 오죽하면 개미 허리라고 하랴마는 그 가는 허리를 다른 개미가 입으로 물고, 그 놈의 허리를 또 다른 놈이 입으로 물고 하는 방식으로 긴 몸 사슬을 촘촘히 여럿 만들어 마치 현장에 작업 반장이라도 있어 구령이라도 부르는 것처럼 일사분란하게 한 반향으로 끌어당긴다. 그런 다음 애벌레를 데려다 고치를 틀 때 자기 몸을 감싸기 위해 분비하는 실크를 사용해 잎들을 엮는다. 베짜기개미가 둥지를 만드는 행동을 관찰하고 있노라면 장인이 설계에서부터 제작까지 일관되게 수행하고 있는 모습을 보는 것 같다. 그래서 우리는 이 같은 개미 군체를 초유기체라고 부른다.

사실 초유기체에 대한 생각은 퍽 오래 전부터 있었다. 하나의 사회 또는 국가에는 제가끔 다른 임무를 맡고 있는 사람 또는 조직이 있고 그들이 유기적으로 잘 맞물려 돌아가기 때문에 유지되는 걸 보며 인간 사회도 하나의 유기체와 같다고 생각한 사람이 많았다. 다만 유기체의 조직보다는 조금 느슨할 뿐 기본 메커니즘은 같을 것으로 믿는다.

이 점에 있어서는 찬반의 여지가 다분해서 앞으로도 진지한 토론이 이어져야 할 것이지만 이미 지나치게 엇나간 몇몇 주장은 짚어 줄 필요가 있다고 생각한다. 가장 대표적인 것이 바로 가이아(Gaia) 가설이다. 지구가 스스로 조절 능력을 갖춘 하나의 시스템이라는 주장은 진화적으로 전혀 근거 없는 발상이다. 지구와 같은 행성들이 가까이 모여 있으면서 서로 경쟁하고 협력하며 득세하거나 낙오하며 급기야 재생산(reproduction) 과정을 거치는 게 아니라면 무생물인 행성을 유기체에 비유할 수는 없다. 아울러 어느 특정 지역의 생태계 또는 생물 군집도 독립적이며 자가조직적인 단위로 보기 어려운데 생명계 전체를 온전한 하나의 생명으로 간주하는 일련의 생각들도 논리적으로 취약하기는 마찬가지다. 외계의 생명 존재 여부도 같은 맥락에서 접근해야 한다.

하지만 이 책에서 보듯이 개미, 꿀벌, 흰개미 군체의 경우는 다르다. 이 책을 읽으며 사회성 곤충의 군체가 독립적으로 삶을 영위하는 생명체와 흡사하다는 저자들의 주장에 설득당하지 않기란 매우 어려울 것이다. 시스템의 경이로운 효율성에 탄복할 수밖에 없다.

『초유기체』는 특히 개미 연구의 두 세계 최고의 권위자가 쓰고 실제로 개미를 연구한 경험이 있는 연구자가 번역한 책이라 더욱 설득력을 지닌다. 옮긴이 임항교 교수는 내가 서울 대학교 교수로 재직하던 시절 우리 연구실에서 일본왕개미 연구로 석사 학위를 한 본격적인 개미학자이다. 그 후 미국에 유학해서 캔자스 대학교에서 나방의 화학적 의사소통에 관한 연구로 박사 학위를 하고 오랫동안 미네소타 주 하천과 호수에서 잉어의 행동과 생태 프로젝트를 총괄해 온 탁월한 생물학자이다. 당연히 그래야 하지만 실제로는 그리 흔치 않은 조합이다. 믿을 수 있는 학자들의 연구 내용을 믿을 수 있는 번역으로 읽을 수 있는 책이라 자신 있게 권한다. 귀한 배움과 행복한 책읽기를 함께 누릴 수 있을 것이다.

최재천(이화 여자 대학교 에코과학부 교수, 『개미제국의 발견』 저자)

용 어 해 설

가족/과(科)FAMILY 사회 생물학에서 부모와 자손을 일컬으며, 이들과 밀접하게 관련된 다른 친족까지 망라하는 단위. 분류학에서는 목의 하위, 속의 상위 분류군. 즉 한 무리 연관되고 비슷한 속의 집합. 분류군으로서 과의 예를 들면 모든 개미를 망라하는 개미과(Formicidae)와 모든 고양이를 망라하는 고양이과(Felidae) 등이 있음.

감시 순찰PATROLLING 둥지 내부와 외부 영역을 점검하는 행동. 예를 들어 일벌들은 특히 활발히 순찰을 하며 따라서 둥지에 위험이 닥쳤을 때 무리로서 빠르게 대응할 수 있다.

개미학MYRMECOLOGY 개미를 연구하는 과학 분야.

거미류ARACHNID 거미강에 속하는 거미, 진드기, 전갈 등 곤충.

결속BINDING 사회 구성원들 사이 유대와 조화를 촉진하는 진화적 요인 혹은 힘.

경보-방어 체계ALARM-DEFENSE SYSTEM 군락 안에서 경보 신호 장치로서도 기능하는 방어 행동. 예로는 경보 페로몬 효과를 가중시키는 방어용 화학 물질을 분비하는 몇몇 개미 종에서 이용되는 방어체계가 포함된다.

계급CASTE 노동 공학 이론 측면에서 넓게 볼 때 군락에서 특정 노동을 수행하는 특별한 행태적 특성이나 나이, 혹은 그 둘 모두에 의해 구분되는 개체들의 무리. 좀 더 좁게 정의하자면 어떤 군락에서 형태적으로 구분되며 전문적 행동을 하는 개체의 무리로 한정됨.

계통 발생PHYLOGENY 유기체들의 특정한 무리의 진화적 역사. 또는 어떤 종(혹은 종의 무리들)이 어떤 종을 낳았고 누가 후손이 되는지를 보여 주는 '가계도' 같은 도표.

곤충 사회INSECT SOCIETY 엄밀한 의미로 진사회성 곤충(개미, 흰개미, 진사회성 말벌, 진사회성 벌) 군락. 이 책에서 넓은 의미로 사용될 때는 전사회성과 진사회성을 포괄한 곤충 무리를 일컬음.

곤충학ENTOMOLOGY 곤충을 과학적으로 연구하는 학문.

공생SYMBIOSIS 한 종의 구성원과 다른 종 구성원 사이에 매우 밀접하고 비교적 오래된 상호 의존적인 관계. 공생의 세 가지 주된 종류는 편리공생, 상리공생, 기생이 있음.

교미 비행MATING FLIGHT 혼인비행 참조.

군단개미LEGIONARY ANT 군대개미 참조.

군대개미ARMY ANT 군단개미로도 불림. 유목 행동과 무리 사냥 행동을 모두 가지고 있는 개미 종. 달리 말하면 둥지 터는 비교적 빈번하게, 어떤 경우 매일도 바뀌며, 일개미들은 무리를 이루어 먹이를 사냥함.

군대개미DRIVER ANT 아프리카에 서식하는 '군단개미'로 아놈마속(Anomma)이나 드물게는 도릴리니족(Dorylini)에 속하기도 한다.

군락COLONY 짝짓기한 암수와 직계 가족 이상으로 이루어진 한 무리 개체들이 둥지를 짓거나 협동하여 새끼를 돌봄(군서에 대비되는 개념으로서). '군서' 참조.

군락 냄새COLONY ODOR 사회성 곤충 몸에서 발견되는 냄새로 특정 군락마다 독특함. 같은 종에 속하는 개체의 군락 냄새를 맡아서 곤충은 군락 동료를 구분할 수 있음. '둥지 냄새' 참조.

군서AGGREGATION 짝짓기한 암수와 직계 가족 이상으로 이루어진 한 무리 개체들이 같은 장소에 모여 살지만, 둥지를 짓거나 협동하여 새끼를 돌보거나 하지는 않는 현상(군락과 대비되는 개념으로서). '군락' 참조.

군중 의사소통MASS COMMUNICATION 단일 개체 사이에서는 전파될 수 없는 종류의 정보가 어떤 특정 무리 안에 있는 개체 사이에 전달되는 것. 이를테면 군대개미 습격대의 공간적 조직이라든지 냄새길 위의 일개미 수 조절이나 둥지의 열 관리 등 특정한 측면 등에 관계됨.

규제POLICING 군락 동료인 일개미나 여왕, 특히 번식 지위를 노리려는 특정 개체를 선별해서 괴롭히거나 죽이거나 이들이 낳은 알을 제거하는 행위.

근친교배INBREEDING 밀접한 친족과 짝짓기. 근친교배의 정도는 공동 조상으로부터 기원한 탓에 일치하게 되는 유전자 비율로 측정됨.

근친도 계수COEFFICIENT OF RELATEDNESS 근친도라고도 불리며 r라는 기호를 쓰며 두 개체 사이에 유전에 의해 일치하는 유전자 존재 확률.

긁기STRIDULATION 몸 표면의 일부를 다른 부분에 맞대어 긁어서 소리나 몸의 진동을 만드는 일. 일부 곤충 분류군(메뚜기, 귀뚜라미, 많은 개미 종을 비롯한)은 특별한 긁개를 가지고 있다.

꽁무니 물고 달리기TANDEM RUNNING 어떤 개미 종 일꾼이 탐험이나 동원 행동을 위해 사용하는 의사소통 형태로 추종자는 첨병 뒤를 바싹 붙어 따르며 빈번하게 앞선 첨병의 복부를 자신의 더듬이로 접촉한다. 첨병과 추종자는 지속적으로 신호를 주고받으며 밀접하게 붙어 다닌다.

꽁무니춤WAGGLE DANCE 여러 꿀벌 종 일꾼이 발견한 먹이나 둥지 터 위치를 알리기 위해 추는 춤. 이 춤은 기본적으로 8자형 주행으로 이루어져 있는데, 8자 허리 연결선이 목표의 방향과 거기까지 거리에 관한 정보를 담고 있음.

꿀단지HONEYPOT 침 없는 벌이나 뒤영벌이 부드러운 밀랍으로 만들어 벌꿀을 저장하기 위해 사용하는 용기. 혹은 어떤 개미(예를 들면 미르메코키스투스속과 수염개미속(Prenolepis)의 종들) 종에서 멀떠구니가 거대하게 부풀어 올라 군락 전체가 사용하는 액상 먹이 저장소로 이용되는 특별한 계급.

꿀벌HONEYBEE 아피스속(Apis) 곤충. 다르게 규정되기 전까지 꿀벌은 양봉꿀벌(Apis melifera)을 일컬으며, 또 일반적으로는 일꾼 계급에 주로 적용됨.

난소 소관OVARIOLE 한데 모여 암컷 곤충 난소를 형성하는 난관의 하나.

낱눈OMMATIDIUM 곤충 겹눈을 이루는 기본적인 단위 눈. 낱눈들은 외부적으로 한데 묶여 전체적으로는 유리같이 매끄럽고 둥근 형태의 겹눈 외표면을 만들게 된다.

냄새길ODOR TRAIL 한 곤충 개체가 땅에 뿌려 놓은 화학 물질의 흔적 경로로 다른 개체가 이를 따름. 이를 만드는 냄새 물질은 냄새길 페로몬이나 냄새길 물질이라 불림.

냄새길 페로몬TRAIL PHEROMONE 한 마리의 동물이 길 모양으로 뿌려 놓은 화학 물질로 같은 종 다른 개체가 이를 따른다.

노동 공학ERGONOMICS 작업, 성취, 효율에 관한 정량적 연구.

다부제POLYANDRY 암컷 한 마리가 한 마리 이상 수컷을 짝짓기 상대로 얻는 일. 사회성 곤충 생물학에서는 한 마리 암컷이 2마리 이상 수컷과 짝짓기하는 일.

다수준 선택MULTILEVEL SELECTION 다른 수준의 생물학적 조직을 대상으로 하는 선택으로 특히 유기체 수준과 군락이나 여타 무리 수준 선택을 말함.

다수 창시 여왕제PLEOMETROSIS '다수 여왕제' 참조.

다윈주의DARWINISM 찰스 다윈에 의해 처음 주창된 자연 선택에 의한 진화라는 이론. 이 이론의 현대적 개량판 역시 유전자로부터 무리에 작용하는 자연 선택이 여전히 진화의 핵심 과정이라고 간주하기때문에 종종 신다윈주의(neo-Dawinism)이라 불린다.

다처제/다수 여왕제POLYGYNY 한 군락에 산란하는 여왕이 2마리 이상 공존하는 현상. 다수 여왕이군락을 함께 창시하는 경우(다수창시여왕제(pleometrosis)), 또 이들이 군락이 성숙한 후에도 함께 군락에 공존하는 경우 이를 일차적 다수 여왕제라 부름. 군락이 만들어지고 난 뒤 다수 여왕들이 보충적으로 더해지는 경우는 이차적 다수 여왕제라 부름.

다형성POLYMORPHISM 사회성 곤충에서 기능적으로 서로 다른 둘 이상의 계급이 한 성 내에 동시에존재하는 현상. 개미의 다형성은 상대 성장으로 좀 더 정확히 정의되는데, 이는 정상적으로 성숙한 군락 안에서 개체 크기 변이의 충분한 범주에 걸쳐 극단적으로 크기가 다른 계급들에 대해 눈에 띄게 다른 비율로 개체를 생산할 때를 일컬음.

단계통 생물군CLADE 계통수에서 독립적으로 구분되는 한 가지에 속한 한 종, 혹은 한 무리 종들로 단일한 공통 조상에서 기원함.

단물HONEYDEW 식물 물관에서 나온 수액을 빨아 먹는 진딧물과 다른 곤충 내장을 통해 분비되는 당분이 풍부한 액체. 단물은 많은 종류 개미의 주식이 된다.

단순 상대 성장MONOPHASIC ALLOMETRY 상대 성장 회귀직선의 기울기 어떤 한 측정치보다 크든지작든지 하나만 있는 경우의 다형성.

단형성MONOMORPHISM 한 종이나 군락에 단 하나의 일꾼 버금 계급만이 존재하는 것.

대립 형질ALLELE 한 유전자의 다른 형태와 구분되는 특정 형태 유전자.

대형 일꾼MAJOR WORKER 특히 개미에서 가장 큰 일꾼의 버금 계급. 개미에서 이 버금 계급은 대개 둥지 방어 전문 기능을 수행하며 이에 속하는 성충은 종종 병정으로 불리기도 함. 중형 일꾼 및 소형 일꾼참조.

덩어리 먹이 공급MASS PROVISIONING 산란하는 순간 애벌레 발달에 필요한 먹이 전부를 저장하는 행위(진행성 먹이 공급)과 반대 개념). '진행성 먹이 공급' 참조.

독점 순위DOMINANCE ORDER 독점 위계질서와 비슷하지만 종종 엄격한 선형 위계질서 이외의 구조를 갖기도 함.

독점 위계질서DOMINANCE HIERARCHY 독점 순위 혹은 '먹이 쪼는 순서(pecking order)'라고도 불림;한 무리의 일부 구성원들이 다른 구성원들을 물리적으로 압도하는 양상으로 비교적 순위적이고 장기지속됨. 일인자와 최하위 개체를 제외하면 한 개체가 하나 이상의 다른 개체를 압도하고 역으로 하나

이상의 다른 구성원에 의해 압도된다. 위계질서는 때론 미묘하고 간접적 방식의 적대적 행동에 의해 비롯되며 유지된다.

돌연변이MUTATION 넓은 의미로는 한 유기체의 유전적 조성에서 발생한 어떤 비지속성 변화를 일컬음. 좁은 의미로 '점 돌연변이'만을 말하며, 이는 핵산 염기 서열의 아주 좁은 부분에 일어난 변화를 의미함.

동물학ZOOLOGY 동물을 과학적으로 연구하는 학문.

동원RECRUITMENT 사회 구성원들이 작업이나 기타 종합적 행동이 요구되는 어떤 특정 공간의 한 점으로 안내되는 특정한 형태의 무리 움직임.

동원 냄새길RECRUITMENT TRAIL 다수의 일꾼을 새로 찾은 먹이나 새 둥지 터, 둥지 벽의 허물어진 곳을 비롯 영역 방어 같이 도움이 필요한 장소로 안내하기 위해 첨병이 만드는 냄새길.

둥지 냄새NEST ODOR 둥지의 특징적인 냄새로 이로써 둥지에 사는 개체들이 다른 군락에 속한 개체들의 둥지나 적어도 주위 환경으로부터 자신의 둥지를 구분할 수 있다. 몇 가지 경우에, 곤충(이를테면 꿀벌과 몇 종류 개미들)은 냄새를 가지고 둥지의 방향을 알 수 있다. 둥지 냄새는 어떤 경우 군락 냄새와 같을 수 있다. 꿀벌의 둥지 냄새는 종종 벌집 아우라나 벌집내로 불리기도 함. '군락 냄새' 참조.

등비율 성장ISOMETRY 개체가 성장함에 있어 신체 다른 부분들의 상대적 크기가 몸 크기가 성장함에 따라 다른 비율로 달라지지 않는 현상.

딤 사이 선택INTERDEMIC SELECTION 완전히 상호교배 가능한 개체군(딤)을 기본 단위로 하는 선택. 넓은 의미로 정의된 집단 선택의 한 형태임. 집단 선택 참조.

령INSTAR 곤충 발달 과정에서 두 허물벗기 사이를 말하는 기간.

매미목 곤충HOMOPTERAN 매미목에 속하는 곤충으로 진딧물, 뿔매미, 깍지벌레 등과 이와 연관된 곤충이 포함됨. 최근 연구들에 따르면 매미목은 반시목(Hemiptera)의 하위 무리로 다루어지기도 함.

먹이 교환TROPHALLAXIS 사회성 곤충의 군락 구성원끼리, 군락 구성원과 외부 개체들 사이에 호혜적이거나 일방적으로 소화계에 저장된 액상 먹이가 교환되는 과정. 구강 먹이 교환에서는 입에서 교환 물질이 분비되고 항문 먹이 교환에서는 항문에서 먹이가 분비됨.

몸 닦기GROOMING 군락 동료 몸 표면을 닦는 행동. 개미는 자기 몸 닦기도 하는데, 이때 자기 몸을 핥거나 다리로 때려서 청결하게 만든다.

무리 효과GROUP EFFECT 한 종에서 시간과 공간과 특별히 연관되지 않은 신호와 암시에서 비롯된 행동과 생리학의 변화. 간단한 예로 같은 행동을 하고 있는 다른 개체의 모습, 냄새, 소리(혹은 기타 형태의 자극)만으로 그와 같은 행동 빈도가 높아지는 사회적 부추김을 들 수 있음.

무척추동물INVERTEBRATE 척추가 없는 동물. 무척추동물은 원생동물부터 곤충과 불가사리에 이르는 많은 동물 분류군을 포함한다.

반배수성HAPLODIPLOIDY 수컷은 반수체 알에서, 암컷은 배수체 알에서 발생하는 성 결정 방식.

발목마디TARSUS 곤충의 발목마디 부분으로 종아리 혹은 아랫다리 마디 아래에 붙은 부분으로 하나에서 5개까지 있음.

방계 친족(비직계 친족)COLLATERAL KIN 부모나 조부모 같은 직계 존비속 관계를 벗어난 친족.

배GASTER 개미를 비롯한 침을 지닌 벌목 곤충에서 세 부분으로 나뉜 몸의 구조 중 마지막 부분을 일컫는 전문 용어.

배수-배수성DIPLODIPLOIDY 암수 모두 수정된 배수체 알에서 발생하는 성 결정 방식으로 성은 대립 형질이나 염색체 차이, 혹은 다른 방식에 의해 결정된다. 비교를 위해 반배수성 참조.

배수체DIPLOID 세포나 유기체를 말할 때 각 염색체의 상호 보완적인 복사본(상동 염색체)을 갖고 있는 상태. 배수체 세포나 유기체는 일반적으로 각 염색체 한쪽 복사본만 가지고 있는 두 성세포 결합에 의한 결과로 만들어진다. 따라서 배수체 세포의 각 염색체의 상동 염색체 쌍은 각기 모체와 부체로부터 기원하기 때문에, 서로 다른 기원을 가지고 있다.

버금 사회성SUBSOCIAL 성충이 약충이나 애벌레를 어느 정도 기간 동안 돌보는 무리의 곤충을 이르는 말.

번데기PUPA 완전 탈바꿈하는 곤충에서(불완전 탈바꿈하는 곤충도 포함) 마지막 성충 단계로 완전히 성장하기 직전의 비활동성 단계.

번식 일개미GAMERGATE 짝짓기를 하고 산란하는 일개미. 이들은 유일한(단독 번식 개체 사회) 혹은 여러 마리의 번식 개체 중 하나(다수 번식 개체 사회)로 기능할 수 있음. 번식 일개미는 몇몇 침개미 종에서 보임. 또한 미르메키이나이아과와 두배자루마디개미아과의 각 한 종에서도 발견되었음. 어떤 경우 형태적으로 구분되는 여왕과 번식 일개미가 한 군락에 동시에 공존하는 경우도 있음.

벌목HYMENOPTERAN 벌목에 관련된 곤충. 또 말벌, 벌, 개미 등 이 목에 속한 곤충.

범군락성UNICOLONIAL 사회성 곤충의 한 개체군에 속한 군락들 사이에 행동적으로 구분되는 경계가 없는 상태.

병정SOLDIER 군락 방어를 전문으로 하는 버금 계급의 일꾼.

본능INSTINCT 단순한 반사 행동을 넘어선 고도로 복잡하고 전형적 행동으로 일반적으로 환경의 특정 대상을 향해 보여지거나, 같은 종이나 군락의 다른 구성원을 향해 행해지는 행동. 본능적 행동 발달에 학습이 연관될 수도 있고 안 될 수도 있음. 중요한 점은 행동이 제한적이고 예상 가능한 결과물을 향해 발달된다는 것이다.

부추김FACILITATION 사회적 부추김 참조, 무리 효과 참조.

비직계 혈연 선택NONDESCENDANT KIN SELECTION 방계 혈연 선택과 같은 말; 직계 비속 이외 친족을 통해 유전되는 동일한 유전자 전파 과정.

빈도 곡선FREQUENCY CURVE 특정 빈도 분포를 나타내기 위해 그래프로 그려진 곡선.

빈도 분포FREQUENCY DISTRIBUTION 몇몇 변이 가능한 수량의 빈도(풍부도)를 가지고 있는 개체의 숫자 배열. 다른 나잇대에 속하는 동물 숫자나 서로 다른 숫자의 어린 개체를 포함하는 둥지 수 등.

사회SOCIETY 같은 종에 속하는 개체들이 협동적 방식으로 조직화된 무리. 이의 판단 기준은 단순한 성적 행위 이상의 협동적 상태의 호혜적 의사소통이다.

사회 생물학SOCIOBIOLOGY 모든 형태의 사회성 행동의 생물학적 기초에 대한 체계적 연구 분야.

사회성 곤충SOCIAL INSECT 엄격한 통상적 의미로('진' 혹은 '고등' 사회성 곤충들에 대하여), 진사회성 종에 속한 곤충 개체. 이를테면 개미, 흰개미, 진사회성 말벌, 벌, 딱정벌레, 진딧물 등 곤충의 한 마리. 넓은 의미로는 구성원들이 서로를 어떤 방식으로든 붙들고 있는 상태로 무리생활을 하는 무리의 곤충.

사회적 부추김SOCIAL FACILITATION   같은 행위를 하고 있는 다른 개체가 가진 모습, 냄새, 소리(혹은 다른 형태의 자극)에 의해 특정 행위의 빈도가 증가하는 현상.

상대 성장ALLOMETRY $y=bx^a$(a와 b는 적절한 상수)로 표현할 수 있는 두 신체 부분들 크기 사이 상관관계. 등비율 성장이라는 특별한 경우 $a=1$이며, 두 신체 부분의 상대적 비율은 전체 몸 크기 변화에 대해 같은 수준으로 유지된다. 다른 모든 경우($a \neq 1$), 전체 몸 크기가 변함에 따라 두 신체 부분의 상대적 비율은 달라진다.

상부 절판TERGITE   곤충의 몸을 둘러싼 외골격 부분 중 봉합선으로 연결되어 몸 위쪽에 있는 절판. 하부 절판 참조.

새끼BROOD   알, 약충, 애벌레, 번데기를 포함한 군락의 미성숙 개체의 총칭. 알과 번데기는 종종 사회 구성원은 아니지만 여전히 새끼의 일부로 간주됨.

생물량BIOMASS   식물, 동물, 미생물 무리의 무게. 이 무리는 필요에 따라 선택된다. 이를테면 곤충 군락 하나, 늑대 개체군 하나, 혹은 전체 숲이 그 대상이 될 수 있음.

생태적 지위NICHE   한 종의 생물이 존재하고 번식할 수 있는 온도 및 습도와 먹이 종류 등 환경적 변수들의 일정한 범위. 선호되는 생태적 지위는 특정 종이 최선의 성취를 할 수 있는 것이고, 실제적 지위는 특정 환경 조건에서 그 종이 실제로 살게 된 생태적 지위를 말함.

생태학ECOLOGY   유기체와 환경 사이 상호 작용에 대한 과학 분야. 환경은 물리적 환경 및 환경 내 다른 유기체를 모두 포함함.

성충원기IMAGINAL DISK   애벌레 몸에서 발견되는 상대적으로 덜 분화된 조직 덩어리로 이후 성충의 각 기관으로 발달하도록 되어 있음.

소수 여왕제OLIGOGYNY   한 군락에 2마리 이상 몇 마리 정도 번식하는 여왕이 존재하는 현상. 이런 군락 일개미들은 한 마리 이상 여왕을 해치지 않고 모시나, 여왕들끼리 적대적 상호 작용으로 인해 이 여왕들은 가까운 곳에 한데 모여 살 수는 없으며 어느 정도 거리를 두고 살아야 함.

소형 일꾼MINOR WORKER   특히 개미에서 가장 작은 버금 계급에 속한 일개미. 미니마(minima)로도 불림. 초창기 소형(nanitic) 일꾼, 중형 일꾼, 대형 일꾼 참조.

속(屬)(복수형, genera)GENUS   연관되고 비슷한 종들의 집합. 이를테면 아피스속(Apis, 4종 이상의 꿀벌로 이루어진 속)과 개속(Canis, 늑대, 개, 기타 가까운 근연종으로 이루어진 속) 등이 있음.

수벌DRONE   특히 꿀벌과 뒤영벌 수컷 벌.

수염질PALPATION   아랫입술이나 윗턱의 수염을 갖다 대는 행동. 이 움직임이 감각 수용기로 기능하기도 하고, 다른 곤충에게 촉각 신호가 되기도 함.

수확개미HARVESTING ANTS   둥지에 식물 씨앗을 채집하여 저장하는 개미 종. 많은 개미 분류군들이 진화상에서 이 행동 특성을 독립적으로 발달시켰다.

신호SIGNAL   동종이나 같은 무리의 구성원들에게 정보를 전달하기 위한 행동 작용. 암시와는 달리 진정한 의미의 신호는 특정 의사소통에 사용되기 위해 자연 선택에 의해 조형되고 또 변형된다. 암시 참조.

아랫입술LABIUM   곤충의 아래 '입술' 혹은 아래턱과 위턱 바로 아래 위치하며, 입 부분을 형성하는 마디 중 아랫부분 마디.

알로다페속ALLODAPINE   알로다페속(*Allodape*)이나 이와 밀접한 유연관계를 가진 일련의 속에 속하는 벌로, 케라티니니족(Ceratinini)에 속하며, 이들 전부는 진사회성이거나 사회적 기생종임. 케라티니니족에 속하는 유일한 다른 현존 과인 케라티나속(*Ceratina*)은 이 비공식적 분류군에 포함되지 않는다.

암브로시아딱정벌레AMBROSIA BEETLE   나무 속에 굴을 파고 살며 먹이로 곰팡이('암브로시아')를 재배하는 스콜리티니아과(Scolytinae) 딱정벌레

암시CUE   의사소통용 신호로 기능하기 위해 자연 선택에 의해 '형성'되지 않은 정보를 담고 있는 자극.

애벌레LARVA   성충과 형태적으로 전혀 다른 미성숙 단계. 벌목을 포함한 완전 탈바꿈 곤충의 한 특징. 흰개미에서는 날개의 싹이나 병정흰개미의 어떤 외부적 특성도 가지지 않은 미성숙 개체를 따로 부르기 위해서만 사용됨.

약충NYMPH   일반적으로 곤충학에서 불완전 탈바꿈으로 발달하는 곤충 종에서 미성숙 단계를 지칭하는 용어로 성충과 몸의 구조는 얼추 비슷하다. 흰개미에서는 외부에서 확인되는 날개 싹과 어느 정도 큰 생식소를 가지고 있어서 이후 허물벗기를 통해 번식 개체로서 기능할 수 있는 성충으로 발달할 수 있는 미성숙 개체만을 좀 더 제한적으로 이르는 데 사용됨.

여왕QUEEN   준사회성 혹은 진사회성 종의 번식 계급의 한 구성원. 여왕 계급의 존재는 군락의 한살이의 어떤 단계에서 일꾼 계급도 존재한다는 것을 전제함. 번식 계급의 기능적 정의에 의해서는 여왕은 형태적으로 일꾼과 다르지 않을 수도 있음. 이런 개체들은 번식 일개미로 불림. 형태적 기준을 이용할 때 여왕 계급은 일꾼 계급과 확연히 다른 해부학적 특징으로 정의됨.

여왕이 있는QUEENRIGHT   특히 꿀벌 군락에서 번식하는 여왕이 있는 군락을 일컫는 말.

역할ROLE   한 사회의 특정 구성원들이 보여 줌으로써 다른 구성원들에게 영향을 미치는 행동의 양상.

영양란TROPHIC EGG   형태적으로 부실하고 차후 개체로 발달할 수 없는 알로 군락의 다른 구성원들에게 먹이로 제공됨.

영역TERRITORY   동물이나 동물 무리(개미 군락 같이)가 노골적인 방어나 공격적 광고 등 방법 등으로 적을 적극적으로 내치며 다소 배타적으로 점유하고 있는 구역.

와해적DISSOLUTIVE   사회 구성원들 사이의 유대와 조화를 저해하는 진화적 요인 혹은 힘을 일컫는 말. 다른 연구자들은 이것이 협동과 반대로 갈등을 초래하는 요인이라 부르기도 함.

완전 탈바꿈HOLOMETABOLOUS   발달 과정에서 애벌레, 번데기, 성충 단계의 모든 탈바꿈 과정을 겪는 상태. 예를 들어 벌목은 완전 탈바꿈을 함.

외분비샘EXOCRINE GLAND   침샘과 같이 몸 외부나 소화기 계통으로 물질을 분비하는 분비샘. 외분비샘은 대부분 동물에서 의사소통 수단으로 쓰이는 화학 물질인 페로몬의 가장 보편적인 출처이다.

우화ECLOSION   번데기에서 성충이 깨어 나오는 현상; 드물게는 알에서 곧장 깨어나는 경우도 있음.

윗입술LABRUM   곤충의 위 '입술'로, 여닫을 수 있음.

유목 상태NOMADIC PHASE   군대개미 군락의 활동 단계 기간들 중 이들이 다른 때에 비해 더 활발하게 먹이를 채집하고 한 임시 야영 장소에서 다른 장소로 더 빈번하게 이동하는 기간을 일컬음(정주 상태와 반대되는 개념). 이 기간 동안 여왕은 산란하지 않고 새끼들 중 많은 수는 애벌레 상태에 있다. '정주 상태' 참조.

유전자GENE   유전의 기본 단위.

유전적 적응도GENETIC FITNESS 한 개체군에서 하나의 유전자형이 다음 세대에 기여하는 정도를 다른 유전자형과 비교한 상대적인 값. 정의에 따르면 자연 선택 과정에 의해 궁극적으로 최고의 적응도를 가진 유전자형이 개체군에서 우세하게 됨.

유전체GENOME 어떤 유기체의 완전한 유전자 조성.

의례화RITUALIZATION 형태적, 생리적 특질들이나 행동 패턴이 의사소통 목적 신호로 쓰이도록 변했거나 신호로서 효율이 더 나아지도록 변한 진화적 변모.

의사소통COMMUNICATION 한 유기체(혹은 세포)가 다른 유기체(혹은 세포)의 행동 패턴의 확률을 변화시킬 수 있는 유기체 일부의 작용. 의사소통은 '조작적'일 수 있는데 수신자의 행동을 발신자의 이익을 위해 조작하거나, 수신자 발신자 모두에게 이익이 되도록 할 수 있다. 후자 방식은 호혜적 의사소통이라 부르며 사회성 곤충에서 가장 쉽게 발견할 수 있다.

이중 상대 성장DIPHASIC ALLOMETRY 변수를 이중 로그로 하여 그래프를 그렸을 때 상대 성장 회귀직선이 서로 다른 기울기를 가지며, 그 가상 선단은 중간점에서 서로 만나는 '절단된' 두 선분으로 구성되는 다형성.

이타성ALTRUISM 진화생물학에 사용되는 개념으로 이타주의적 행동을 하는 개체의 유전적 적응도를 낮추면서 동시에 수혜자의 적응도는 높이는 행동. 유전적 적응도 참조.

이형성DIMORPHISM 계급 체계에서 한 군락 내에 중간형으로 연결되지 않은, 예를 들면, 두 가지 대별되는 몸 크기 같이 두 가지 다른 형태가 존재하는 상태.

일꾼WORKER 준사회성 및 진사회성 종에서 비번식 노동 계급 구성원. 일꾼 계급의 존재는 군락에 번식 계급이 있음을 전제한다. 벌목, 특히 개미와 벌의 일꾼 계급은 형태적으로 정의될 수 있는데 대부분 종에서는 일꾼과 여왕이 형태적으로 뚜렷하게 차이가 나고, 일부 침개미 종과 몇몇 말벌 종에서는 형태적으로 구분되는 여왕 계급 없이 기능적으로만 구분된다. 흰개미과에서 이 용어는 좀 더 제한적으로 사용되는데, 날개 가슴, 눈, 생식 기관이 퇴화하고 날개가 완전히 없어진 개체를 특칭하기 위해 쓰인다.

일꾼형 번식 개체ERGATOGYNE 일꾼과 여왕 사이의 형태적 중간 단계의 개체; 중간 계급 혹은 중간형으로도 불림.

일꾼형 여왕ERGATOID QUEEN 개미에서 날개 없는 여왕 계급으로 일꾼 계급과 형태적으로 비슷하나 면밀히 조사한 결과 외형상 해부적 특징은 형태적으로 쉽게 구분되는 여왕계급과 일치하는 것으로 밝혀짐.

일부제MONANDRY 암컷 한 마리가 단 한 마리 수컷과만 짝짓기하는 경향.

일인자ALPHA 군락의 번식 위계질서의 최고 지위를 차지하여 독점적으로 번식 하는 개체.

일처제/단독 여왕제MONOGYNY 동물에서 일반적으로 수컷 한 마리가 단 한 마리 암컷과만 짝짓기를 하는 경향(다처제의 반대). 사회성 곤충에서 군락에 번식하는 여왕이 한 마리만 존재하는 현상. '다수 여왕제' 참조.

임시 야영BIVOUAC 군대개미 일꾼의 대규모 무리로 그 안에 여왕과 새끼들이 보호됨; 또 이들 무리가 임시 야영하는 장소.

자기 구역HOME RANGE 어떤 동물이 완전히 숙지하고 정기적으로 순찰하는 영역. 자기 구역은 적극적으로 방어될 수도 있고, 아닐 수도 있음. 적극적으로 방어되는 부분은 영역이 됨. '영역' 참조.

자연 선택NATURAL SELECTION 같은 개체군에 속하지만 서로 다른 유전자형을 가진 개체에 의해 다음 세대에 그 후손이 살아남는 가능성이 달라지게 되는 과정. 이것이 다윈이 진화의 구동력으로 제안한 기본 기제이며 현재에도 여전히 진화의 주된 구동력으로 생각되고 있다.

장수말벌HORNET 베스피니아과(Vespinae) 대형 말벌로 특히 베스파속(Vespa)이나 (미국에서는) 대머리 장수말벌인 베스풀라 매컬라타(Vespula(Dolichovespula) maculata)에 속하는 것을 일컬음.

재조합RECOMBINATION 대부분 유기체들의 전형적인 성적 주기에서 일어나는 감수 분열과 수정 과정을 통해 유전자들의 새로운 조합이 계속해서 형성되는 현상.

저장 개미REPLETE 멀떠구니가 액상 먹이로 가득 차서, 복부 마디들이 서로 다 벌어지고 마디 사이 막들이 최대한 늘어져 있을 정도로 팽창된 개미. 이들은 살아 있는 먹이 저장고로 이용되며, 군락 동료들의 요구에 따라 먹이를 되뱉어 냄. 꿀단지 참조.

저정낭SPERMATHECA 암컷 곤충 몸속에 정자를 저장할 수 있는 저장소로 정자 주머니라고도 불림.

적응도FITENSS 유전적 적응도 참조.

전사회성PRESOCIAL 전-진사회성(pre-eusocial)으로도 불림. 진사회성 행동보다는 덜 발달된 사회성 행동을 보이는 종을 일컬을 때 쓰는 말.

절지동물ARTHROPOD 절지동물문에 속하는 갑각류, 거미류, 노래기류, 지네류, 곤충 등 동물.

절판SCLERITE 봉합선으로 맺어진 외골격 벽의 일정 부분 조각판.

정주 상태STATARY PHASE 군대개미 군락의 활동 단계의 기간들 중 이들이 비교적 정적으로 활동하고, 임시 야영 장소에서 다른 장소로 이동하지 않는 기간을 일컬음(유목 상태와 반대되는 개념). 이 기간 동안 여왕은 산란하고 새끼들 중 많은 수는 알과 번데기 상태에 있다. 유목 상태 참조.

종(種)SPECIES 생물학적 분류의 기본이 되는 하위 분류군으로 밀접하게 연관되고 비슷한 개체들로 이루어진 개체군이나 일련의 개체군들로 이루어짐. 좀 더 좁게 정의하자면 생물학적 종은 자연 상태에서 같은 종에 속하는 개체들과는 자유롭게 상호 교배를 할 수 있지만 다른 종 개체와는 하지 못하는 개체들로 구성됨.

중형 일꾼MEDIA WORKER 3개 이상 일꾼 계급을 가진 다형성 개미 종에서 중간 크기 버금 계급에 속한 개체. 소형 일꾼 및 대형 일꾼 참조.

진사회성의EUSOCIAL 개체가 이루는 무리에 대해 말할 때 다음과 같은 세 가지 특성, 즉 새끼를 돌보는 데 협동하고, 번식을 담당하는 개체를 대신해서 일하는 일꾼들이 다소 불임성을 띠는 형태의 번식 분담이 있고, 군락 노동에 기여할 수 있는 형태로 이루어진 두 세대 이상이 한 번에 같이 존재하는 특성을 모두 가지고 있는 상태. 이는 보편적으로 쓰였지만 덜 엄밀한 뜻을 지닌 진보된 사회성(advanced social)과 고등 사회성(higher social)을 대체하는 공식 용어임.

진행성 먹이 공급PROGRESSIVE PROVISIONING 애벌레가 성장하면서 늘어 가는 필요에 맞춰 간격을 두고 먹이를 공급해 주는 행동(덩어리 먹이 공급과 반대 개념). '덩어리 먹이 공급' 참조.

진화EVOLUTION 세대를 거듭하면서 유기체에 생기는 유전적 변화, 혹은 좀 더 엄격하게는 세대를 거듭하면서 개체군에 발생하는 유전자 빈도 변화.

진화 생물학EVOLUTIONARY BIOLOGY 생태학, 행동학, 분류학을 포함하는 유기체 개체군의 특성과 진화적 과정을 다루는 생물학의 종합적 분과 학문.

집단 선택GROUP SELECTION 좀 더 정확히는 무리 사이 선택. 둘 이상의 진화적 유연관계에 속한 구성원들을 단위로 하여 작용하는 선택. 넓은 의미로는 집단 선택은 딤 사이 선택을 포함한다. 딤 사이 선택을 참조.

처녀 생식PARTHENOGENESIS 미수정란으로부터 유기체가 발생하여 번식하는 현상.

초유기체SUPERORGANISM 진사회성 곤충 군락 같이 단일 유기체의 생리적 특성에 버금가는 사회 조직적 특징을 가진 사회. 예를 들어 진사회성 군락은 번식 계급(생식소와 비견됨)과 일꾼 계급(체세포 조직과 비견됨)으로 나눌 수 있음. 이 사회 구성원들은 예를 들어 구강 먹이 교환과 몸 닦기 행동으로(순환계와 비견되는) 영양분과 페로몬을 교환할 수 있음. 지금까지 알려진 수천 종의 사회성 곤충들에는 상상 가능한 거의 모든 단계의 노동 분담이 번식 지위를 노린 구성원들 사이의 경쟁에서부터 고도로 복잡하게 체계화된 전문적 버금 계급까지에 걸쳐 존재한다. 어떤 수준에서 한 군락이 초유기체 지위를 얻느냐 하는 것은 주관적이다. 진사회성의 기원(에드워드 윌슨이 선호하듯)이거나 그보다 더 높은 수준, 즉 군락 안에서 일어나는 번식 지위를 위한 경쟁이 거의 없거나 아예 없는 상태인, '귀환 불능점'을 넘어선 단계 (횔도블러가 선호하는)일 수도 있다.

초창기 소형 일꾼NANITIC WORKER 극단적으로 작은 일꾼으로 일반적으로 군락을 창시한 여왕이 만든 첫 세대의 일꾼에 제한적으로 사용됨. 미님 일꾼으로도 불림.

친족성KINSHIP 부모 새끼 사이, 혹은 다른 경우 둘 이상 개체가 그리 멀지 않은 과거에 같은 공동 조상을 공유하는 경우. 친족성은 근친도로 정확히 측정할 수 있음. 근친도 계수 참조.

침을 지닌ACULEATE 침을 가진 벌목 곤충 분류군(Aculeata)인 꿀벌과 개미를 비롯한 다수의 말벌에 해당하는 특징.

클론CLONE 하나의 같은 조상 개체에서 무성생식으로 분화한 개체들의 집합.

페로몬PHEROMONE 통상적으로 외분비샘 분비물로서 같은 종 개체 의사소통에 사용되는 화학 물질, 혹은 화학 물질 혼합물. 한 개체는 이 물질을 신호로 분비하며 다른 개체는 이를 맛보거나 냄새 맡은 뒤 반응함. 프라이머 페로몬은 개체의 생리적 상태를 변화시켜 새로운 행동들을 준비하게 만든다. 해발자 페로몬은 직접 행동 반응을 유발함.

포괄 적합도INCLUSIVE FITENSS 혈연 선택 참조.

표지 자극SIGN STIMULUS 동물이 적이나 잠재적 짝이나 적절한 둥지 터와 같은 핵심 대상물을 구별하기 위하여 사용하는 단일 혹은 극소수 결정적 자극들 중 하나.

표현형PHENOTYPE 개체나 초유기체(군락)가 개체의 유전적 조성과 환경 요인의 영향들의 복합적 영향 하에서 발달하면서 드러나는 가시적인 특성들.

하부 절판STERNITE 곤충의 몸을 둘러싼 외골격 부분 중 봉합선으로 연결되어 몸 아래쪽에 있는 절판. 상부절판 참조.

한살이LIFE CYCLE 최초 발생으로부터 번식에 이르기까지 한 유기체(혹은 한 사회)의 일생 전체 범위.

해발자RELEASER 의사소통에서 쓰이는 신호 자극. 이 용어는 신호 자극 일반을 지칭하기 위해서도 사용됨.

허리마디PETIOLE 침 있는 벌목 곤충의 '허리' 첫째 마디. 실제로 이것은 두 번째 복부절인데, 첫째 복부절(propodeum)은 가슴으로 융합되었다.

허물벗기MOLT　곤충 및 기타 절지동물에서 몸 크기보다 작아진 피부나 외골격이 성장과정에서 벗겨지는 과정. 또 허물을 벗는 일 그 자체. 이 단어는 이 행동 작업을 지칭하는 동사로도 사용됨.

혈연 선택KIN SELECTION　어떤 개체가 자신과 공동 조상을 가진 친족인 이유로 유전자를 공유하는 다른 개체의 생존과 번식을 선호하거나 혹은 그러지 않음으로써 어떤 유전자들이 선택되는 것. 혈연 선택 이론은 포괄 적합도 이론과 같은 것임. 좁은 의미에서 혈연 선택은 방계 친족(비직계 친족) 선택을 의미하며, 직계 비속을 제외한 모든 친족을 대상으로 함.

혼인 비행NUPTIAL FLIGHT　날개 달린 여왕과 수컷의 짝짓기 비행.

찾아보기

임항교

서울 대학교 생물학과에서 학사 및 석사 학위를 받고 2006년 미국 캔자스 대학교에서 곤충학 박사 학위를 받았다. 미네소타 대학교에서 잉어과 외래위해어종 퇴치를 위해 성 페로몬과 연관된 생리, 행동, 생태 특성 및 그 응용 방법을 연구했으며 세인트 토머스 대학교 생물학과 교수를 지내고 현재 메릴랜드 노트르담 대학교 생물학과 교수로 있다.

초유기체

1판 1쇄 찍음 2017년 6월 5일
1판 1쇄 펴냄 2017년 6월 16일

지은이 베르트 횔도블러, 에드워드 윌슨
옮긴이 임항교
펴낸이 박상준
펴낸곳 (주)사이언스북스

출판등록 1997. 3. 24.(제16-1444호)
06027 서울특별시 강남구 도산대로1길 62
대표전화 515-2000 팩시밀리 515-2007
편집부 517-4263 팩시밀리 514-2329

ISBN 978-89-8371-802-0 93470